湛江远通高新技术有限公司

湛江远通高新技术有限公司坐落在具有旖旎热带风光的湛江市遂溪县岭北工业基地。公司占地面积 33000 多平方米，其中生产车间、仓库共有建筑面积 7000 多平方米，办公及科研场所建筑面积 3000 多平方米。公司从事环保节能装备及水处理剂的研发、生产、销售与技术服务，现拥有自主知识产权发明专利 4 项，实用新型专利 16 项，是广东省高新技术企业。

公司长期与中石化石油化工科学研究院（简称石科院）合作，生产了八大系列三十余种水处理剂，炼化达标污水适度处理全回用于循环水的技术及绿色低磷阻垢缓蚀剂的配方均是使用石科院的专利技术。

公司通过了 ISO9001:2008、ISO14001:2015、GB/T 28001-2011 三个管理体系认证，也通过了易派客法人信用认证和产品质量评价，并取得了企业安全生产标准化证书和 ICA 信用等级证书。公司奉行“诚信经营，合作共赢”的经营理念，同时也坚持合法经营、依法纳税的原则，连续多年被评为“广东省守合同重信用企业”。

地址：广东省湛江市遂溪县岭北工业基地　　联系人：黄松林（公司总经理）
电话：13929721962、0759-7908866　　传真：0759-7908836
邮箱：hsl196298@163.com

集成特殊润湿性材料的废水高效除油技术

中国石化 SINOPEC

水中油类污染物分布特征

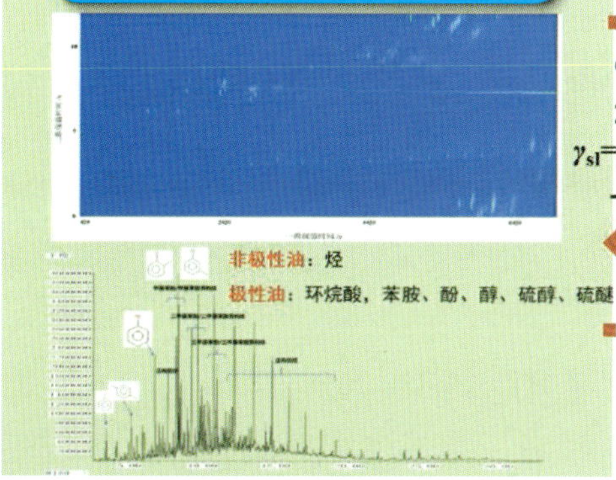

■ 指导材料理性制备

$$\cos\theta=(\gamma_s-\gamma_{sl})/\gamma_l$$

$$\gamma=\gamma^d+\gamma^p+\gamma^H$$

$$\gamma_{sl}=\gamma_s+\gamma_l-2(\gamma_s^d\gamma_l^d)^{0.5}-2(\gamma_s^p\gamma_l^p)^{0.5}-2(\gamma_s^H\gamma_l^H)^{0.5}$$

■ 满足不同极性油类的润湿聚并需求

特殊润湿性材料

材料仿生集成

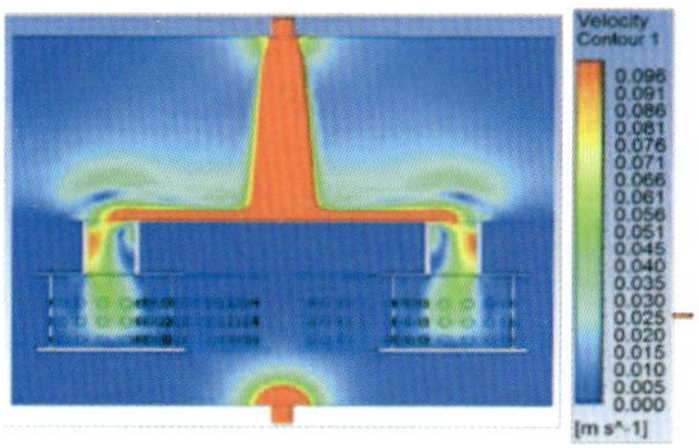

流场优化设计

废水高效除油侧线试验装置

现场侧线试验验证

电脱盐切水

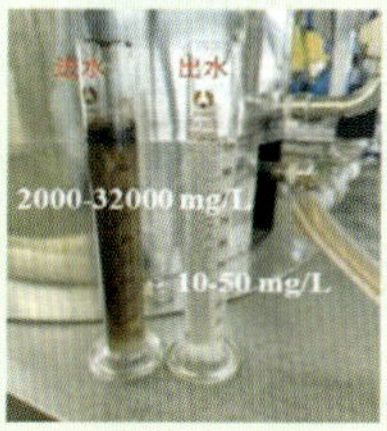

焦化放空污水

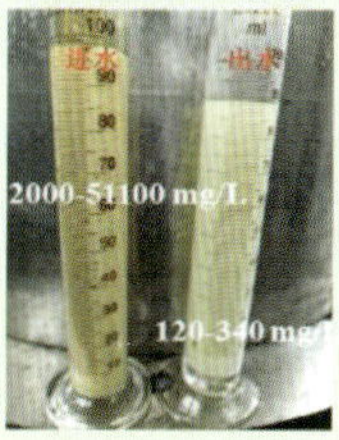

回收污油

- 分离效果好
- 流程短
- 无需外场能量输入
- 无浮渣、废气等二次污染物排放

中石化石油化工科学研究院有限公司

联系人：赵锐　　Tel：010-82368901　　Email：zhaorui.ripp@sinopec.com

工业水处理技术

（第十九册）

秦　冰　王　辉　曹晓磊　主编

中国石化出版社

内 容 提 要

本书为《工业水处理技术》第十九册，集中介绍水处理技术有关内容，是众多从事水处理技术和管理人员近几年来研发成果和经验的总结。主要内容包括：新技术、新材料、新方法，污水处理及污水回用技术，循环水、化学水与工业水处理技术，废气及危废治理技术，土壤修复技术，节能降耗等。

本书可供从事水处理工作的技术管理人员参考。

图书在版编目（CIP）数据

工业水处理技术．第19册/秦冰，王辉，曹晓磊主编．—北京：中国石化出版社，2023.7
ISBN 978-7-5114-7132-1

Ⅰ.①工… Ⅱ.①秦… ②王… ③曹… Ⅲ.①工业用水-水处理 Ⅳ.①TQ085

中国国家版本馆CIP数据核字(2023)第111836号

中国石化出版社出版发行

地址:北京市东城区安定门外大街58号
邮编:100011 电话:(010)57512500
发行部电话:(010)57512575
http://www.sinopec-press.com
E-mail:press@sinopec.com
北京艾普海德印刷有限公司印刷
全国各地新华书店经销

*

787×1092毫米 16开本 26.25印张 662千字
2023年7月第1版 2023年7月第1次印刷
定价：98.00元

前　　言

水资源是一种战略资源，特别是在我国的北方地区，依然是制约生产发展的硬约束。石油化工行业属于五大高耗水行业之一。2021 年，石油化工行业总取水量约 72 亿 m^3，位居工业行业第三位。在习近平生态文明思想指引下，“十三五”以来，全国万元工业增加值用水量从 2015 年的 58. $3m^3$ 下降至 2021 年的 28. $2m^3$，规模以上工业用水重复利用率从 89%提高至 92. 9%。石油化工行业节水亦取得一定成效，单位产品取水量呈下降趋势。2022 年，工业和信息化部、国家发展改革委等六部门发布的《工业水效提升行动计划》提出，到 2025 年，全国万元工业增加值用水量较 2020 年下降 16%，其中，石油化工行业主要产品单位取水量下降 5%。这些成绩与目标的实现与广大水务和环保工作者的不懈努力密不可分。

中国石化始终秉持绿色低碳发展理念，以“清污分流、污污分治、分级控制、分类利用、达标排放、总量控制全过程管理”为原则，通过优化过程控制，采取新工艺和新技术，减少废水的产生量并进行资源化再利用。在多年的摸索实践中，在中国石油化工集团公司的支持和鼓励下，下属各企业在新技术开发和应用上开展了大量工作，管理和操作更加科学精细，从研究层面到生产操作层面均积累了丰富经验，节水减排取得了明显成效。在生态环保要求的不断提升和“双碳”驱动的大背景下，环保工作的范围不断扩大，扩展至废气、固废、土壤和地下水的污染防控和治理等。

为了加强集团内和国内同行业的企业及研发机构间的经验沟通和交流，自 1995 年以来中国石油化工集团公司水处理技术服务中心每两年召开水处理技术研讨会，在技术发展、应用等方面互通有无，共同进步，为国家的节水减排贡献力量。在新形势下，研讨会旨在搭建高层次的“产学研用”学术交流平台，与石油化工业界及环境保护领域的专家学者、政府环境部门管理者、企业单位的研究开发、工程技术人员等，共同探讨企业合理用水、节水减排、废水处理、废气治理、固体废物处理、土壤修复等技术，助力石油化工行业减污降碳协同增效，推动绿色发展转型。

本书为《工业水处理技术》第十九册，系中国石化第十八届水处理技术研讨会论文集，共收录科技论文60余篇，汇集了作者们近几年来的研发成果和经验总结，论文内容丰富、信息广泛、技术新颖、实用性较强，对业内同仁具有较好的参考价值。在此，向本书积极投稿的论文作者们表示感谢！同时向为中国石化水处理技术研讨会和本书审稿和发行做出贡献的全体工作人员表示感谢！

限于水平和经验以及时间仓促，书中疏漏和不妥之处在所难免，敬请读者批评指正。

目　　录

集成特殊润湿性材料的废水高效除油技术研究

张　峰　秦　冰　陆　语　李　博

（中石化石油化工科学研究院有限公司，北京 100083）

【摘要】 典型含油废水的油类污染物的分布特征和分散相油滴润湿聚并机理研究表明，采用常规的润湿性呈现各向同性特质的聚结材料难以满足废水中不同极性油类物质的润湿聚并需求。通过仿生集成具有特殊润湿性的聚结材料开发了高效废水除油装置并以侧线试验考察了其运行效果：当进水(放空塔顶冷凝水)的石油类质量浓度为2000~51100mg/L、温度为35~60℃时，出水的石油类质量浓度基本维持在120~340mg/L；当进水(电脱盐切水)的石油类质量浓度为1380~32000mg/L、温度为19~49℃时，出水的石油类质量浓度不超过50mg/L；回收油中水的质量分数仅为0.1%~0.8%。表明该装置及其内置的特殊润湿性材料油水分离效果良好，对进水含油在高水平波动具有较好耐冲击性。

【关键词】 油水分离　聚结　膜分离　乳化　含油废水　润湿性

由于化学反应、气液相变、机械剪切、泄漏等原因，原油的开采、输送、储存、炼制过程均产生大量含油废水。这些含油废水成分复杂、处理难度大，严重威胁水体环境和人类健康。在炼油厂内，罐区、电脱盐、常减压、催化裂化、延迟焦化、加氢裂化、加氢精制等单元均产排含油废水。当生产装置处理重劣质原料油或运行不稳定时，排水常严重带油并呈乳化状态。有效分离生产装置排水夹带的油类物质，有利于减轻企业污水处理场的负荷。

目前，针对废水的除油方法可归纳为四大类：物理法、化学法、物理化学法及生物化学法。物理法不降低回收油的品质，无化学药剂消耗，不产排二次污染物。物理法中，聚结依靠相应的油水分离材料实现废水除油，聚结具有设备小、操作简单、成本低等优势，被视作优良的、前景广阔的除油方法，得到了广泛的研究与应用。但是，常规的聚结材料普遍存在选择性分离能力差、使用寿命短等问题，对高含油废水的分离效果并不理想，鲜见工业成功应用的报道。制备具有高选择性分离能力且可长期循环使用的新型聚结材料已成为研究热点。

受自然界中荷叶、水稻叶、鱼鳞等生物表面所呈现的特殊润湿性的启发，科研人员获得了利用仿生的特殊润湿性材料实现油水分离的灵感，继而设计并制备出多种特殊润湿性材料[3]。相对于传统的油水分离材料，具有特殊润湿性的新型油水分离材料不仅可以选择性地对油水混合液进行分离，而且展现出更高分离效率，回收油更容易满足回炼要求；另一方面，这些新型油水分离材料还可以多次循环使用并一直保持较强的分离能力，这大幅降低了分离成本，展现出良好的应用前景，相关研究成果层出不穷[3-7]。但是，这类材料普遍对小试评价采用的模拟含油废水具有良好的分离效果，对成分更复杂的实际含油废水应用效果不佳；且制备工艺普遍较为繁琐、成本高[5,6,8-12]，目前鲜见成功的工业应用案例。从油水分离设备角度来看，由于技术边界的存在，目前实际应用的废水除油装置常常由单台设备多级串联组合而成[例如，重力沉降(除浮油)+气浮/混凝/聚结等(除分散油、乳化油)+生物/过滤(深度处理)]，这导致除油工艺冗长复杂、装置占地面积大；这种传统装置抗冲击能力弱，难以应对高含油来水的冲击。近年来，通过技术耦合除油装置正在向高效、紧凑的一体化设备方向发展。

本研究力求克服传统废水除油技术中的不足，解决传统聚结材料选择性分离能力差、稳定性不强以及分离设备体积庞大的问题，主要基于低成本、绿色制备的具有特殊润湿性的聚结材料，并且通过合理集成特殊润湿性材料，开发设计结构紧凑的废水除油装置。

1 实　　验

1.1 实验原料与试剂

试验所用四氯乙烯(环保级)购自北京伊诺凯科技有限公司；无水乙醇(分析纯)、正己烷(分析纯)、液体石蜡(分析纯)、均购自国药集团化学试剂北京有限公司。用于研究油类污染物分布特征的放空塔顶冷凝水样品采自某炼油厂的延迟焦化装置，水样的主要性质如表1所示。该水样含油量较高，BOD_5/COD 仅为0.07。

表1 放空污水样品的主要性质

项　目	数　据	项　目	数　据
烃类化合物质量浓度/(mg/L)	824.6	COD/(mg/L)	2726.5
pH	7.62	BOD_5/(mg/L)	187.5
悬浮物质量浓度/(mg/L)	41		

1.2 分析方法与仪器

水样的含油量依照 HJ 637—2018《水质 石油类和动植物油类的测定 红外分光光度法》规定的步骤进行操作，采用 SH-21A 型红外测油仪(江苏盛奥华环保科技有限公司)测定。

采用 Solarix XR 15T 型傅里叶变换离子回旋共振质谱仪(FT-ICR MS；德国 Bruker 公司)对水样中的油类污染物进行分子表征。采用全二维气相色谱飞行时间质谱仪(Pegasus GC-HRT 4D 型，美国 LECO 公司)鉴别水样萃取-蒸发后的浓缩物中的化合物。采用 Chroma TOF 软件对放空塔顶冷凝水中的油类污染物进行定性鉴别，并基于峰面积归一化法近似表征各油类污染物的相对含量。

液体(水、油)与油水分离功能材料表面的接触角采用 DSA100 型界面黏弹性测量仪(德国 KRUSS 公司)测定。油水分离功能材料的表面微观形貌采用 S-4700 型场发射扫描电镜

(日立公司)表征，测试条件为：工作电压20.0kV，工作距离10.8mm。

1.3 侧线试验

试验装置主体包括预过滤单元和油水分离单元两部分，装置示意图如图1所示。现场试验时，利用水泵将含油废水从主管线支管抽出，依次送入试验装置的预过滤单元、油水分离单元；预过滤单元内部填充有改性滤料，主要用于除去含油废水中的焦粉、泥沙等固态颗粒物，并在压缩气体(可利用压力≥0.2MPa的压缩空气、氮风)的作用下通过与气缸连杆相接的压板调节滤料的压紧或蓬松状态(进水时压板压紧滤料，反冲洗时压板被收缩的连杆向上拉，滤料在反冲洗水流的作用下处于蓬松状态)；油水分离单元利用内置于分离器的功能材料表面对油水的润湿性差异实现油水分离，分离的油相在分离器上端的集油室富集并定期外送至污油回收系统，分离出的除油水自管口排出。

图1 放空塔顶冷凝水侧线试验现场

2 结果与讨论

2.1 典型含油废水中油类污染物的分布特征

延迟焦化装置的放空塔顶冷凝水乳化严重、油水分离难度大。采用二氯甲烷萃取-旋蒸浓缩的方法得到放空塔顶冷凝水中的油类污染物，然后以全二维气相色谱飞行时间质谱仪分析放空塔顶冷凝水中的油类污染物分布特征。放空塔顶冷凝水中的油类污染物包括烃类化合物("非极性油")和非烃类化合物("极性油")两大类有机物。其中，非烃类化合物主要为含氮、含硫、含氧的有机物，而且多为具有一定界面活性的极性分子。因此，非烃类化合物的存在会加剧水体乳化，造成放空塔顶冷凝水普遍呈高度乳化状态。

(1) 烃类污染物

放空塔顶冷凝水中共鉴别出340种烃类有机物，包括130种烷烃类化合物、31种烯烃类化合物、179种芳烃类化合物。烃类化合物的碳数分布与组成如图2所示。从图2可以看出：烃类化合物的碳数分布为$C_5 \sim C_{29}$；在全部油类污染物中，烃类化合物的质量分数为60.20%，且以$C_{11} \sim C_{22}$柴油组分和$C_5 \sim C_{10}$汽油组分为主，二者的质量分数分别为35.49%和22.82%；从分子结构角度分析，油类污染物中烷烃类、烯烃类和芳烃类化合物的质量分数分别为26.15%(链烷烃14.34%、环烷烃11.81%)、1.08%和32.96%，对环境和人体危害大的芳烃化合物占比最大。芳烃组分包括苯类、联苯类、茚类、萘类、苊类、芴类、苯并芴类、蒽类、苯并蒽类、菲类、苯并菲类、茚并菲类、芘类、苯并芘类、䓛类、苝类化合物。

(2) 含氮有机物

放空塔顶冷凝水中共鉴别出144种含氮有机物，占油类污染物的质量分数为11.77%。放空塔顶冷凝水中的含氮有机物的分布情况如图3所示。由图3可知，放空塔顶冷凝水中的含氮有机物多以芳杂环结构存在，主要包括吡啶类、芳香胺类、喹啉类、吲哚类、咔唑类、

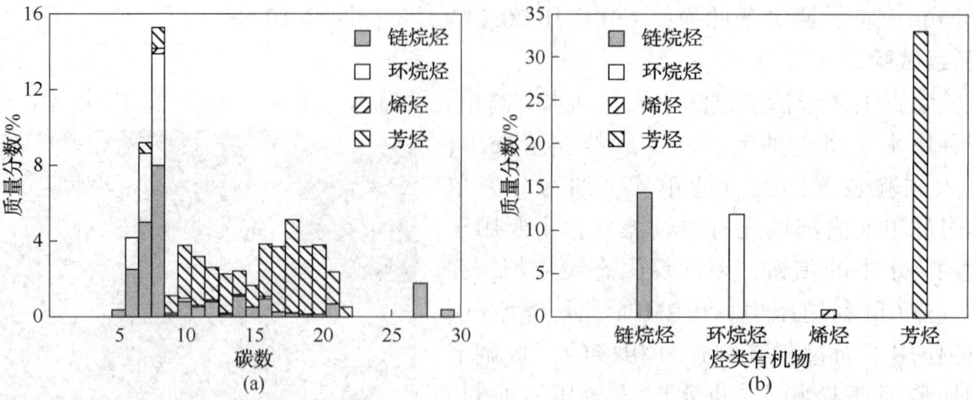

图 2 放空塔顶冷凝水中烃类的碳数分布与组成

嘧啶类化合物等；含氮有机物的碳数分布在 $C_1\sim C_{28}$，且相对集中在 $C_2\sim C_{19}$。其中，吡啶类化合物以二取代或三取代甲基吡啶为主；芳香胺类化合物以一取代或二取代甲基苯胺、苯胺为主；喹啉类化合物以喹啉、一取代或二取代的甲基喹啉为主；吲哚类化合物以吲哚、一取代或二取代的甲基吲哚为主；咔唑类化合物以三取代或一取代的甲基咔唑、苯并咔唑为主。此外，放空塔顶冷凝水中的其他含氮有机物主要有肼类、苯腈类、吡嗪类、吲嗪类化合物等。

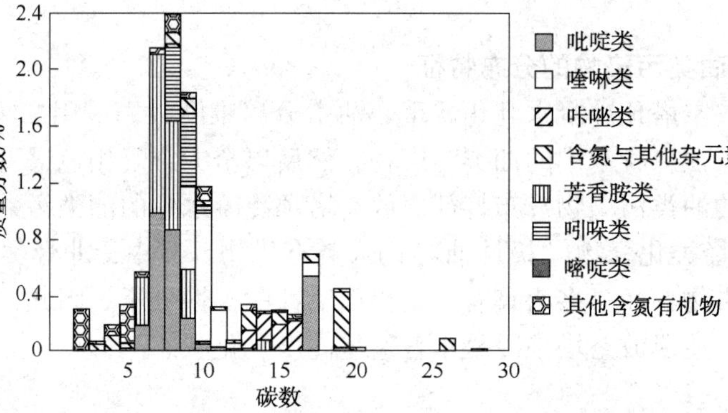

图 3 放空塔顶冷凝水中含氮有机物的碳数分布

（3）含硫有机物

放空塔顶冷凝水样品中共鉴别出 69 种含硫有机物，占油类污染物的质量分数为 15.42%，有机硫化物的分布情况见图 4。从图 4 可以看出，放空塔顶冷凝水中鉴别出的有机硫化物主要为含硫杂环化合物，包括苯并噻吩类、苯并萘并噻吩类、二苯并噻吩类、菲并噻吩类、萘并噻吩类、蒽并噻吩类、噻吩类、苯硫酚类化合物等，还有其他有机硫化物，分别以 S_2(分子中有 2 个硫原子的硫化物)、O_1S_1(分子中同时含有氧原子与硫原子的化合物)形式存在；含硫有机物的碳数分布在 $C_5\sim C_{21}$，主要集中在 $C_6\sim C_{18}$。因此，放空塔顶冷凝水中的含硫有机物主要为苯并噻吩类、苯并萘并噻吩类、二苯并萘并噻吩类、菲并噻吩类、萘并噻吩类等含硫多环芳烃，在其分子结构中，除相应的母环外，几乎都带有 1~4 个较短的烷基侧链(多数为甲基或乙基)。

（4）含氧有机物

放空塔顶冷凝水中共鉴别出 60 种含氧有机物，占油类污染物的质量分数为 8.09%，见

表2。由表2可知，放空塔顶冷凝水中的含氧有机物包括酚类、醇类、酯类、醚类、酮类、羧酸类等6大类化合物。其中，酚类化合物是放空塔顶冷凝水中最主要的含氧有机物；鉴别出的酚类化合物主要包括苯酚、单取代甲基苯酚、二取代甲基苯酚、三取代甲基苯酚及其他取代基苯酚。此外，酚类、醇类、羧酸类等有机物均具有较强的表面活性，其存在会引发含油废水的严重乳化[23]，导致含油水体体积大幅增加，造成石油资源损失，并带来严重的环境污染问题。

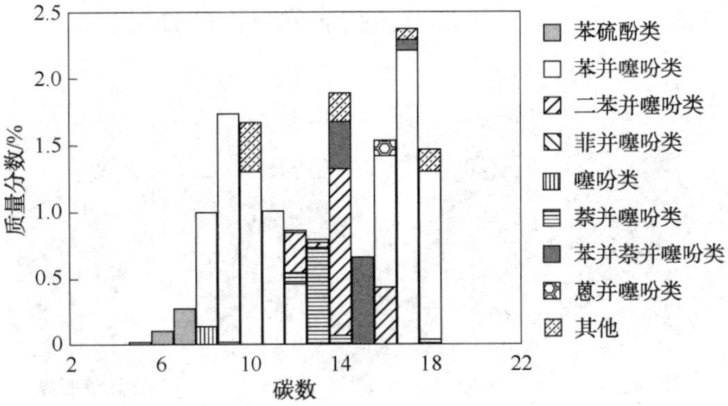

图4　放空塔顶冷凝水中含硫有机物的碳数分布

表2　放空塔顶冷凝水中的含氧有机物分布

类别	种数	质量分数/%	类别	种数	质量分数/%
酚类	22	4.88	醚类	9	0.78
醇类	8	0.15	酮类	11	0.77
酯类	6	1.36	羧酸类	4	0.15

2.2　集成特殊润湿性材料促进废水除油的理论基础

材料聚结已经广泛用于废水(尤其是高含油废水)除油。材料聚结利用固体材料的润湿性表面与床层空隙为分散相油滴聚结提供场所，分散相液滴在材料床层流道内流动的过程中被材料捕获或碰撞融合从而聚结长大，进而以更快的速度自水体上浮和分离；该过程涉及的油滴聚结机理包括润湿聚并和碰撞聚并，前者受到油滴在聚结材料表面的润湿铺展性能影响，后者受材料层流道的几何结构影响。

接触角表征了液体对固体表面的润湿程度，本征接触角 θ 与液体表面自由能 γ_l(即表面张力)、固体表面自由能 γ_s及固-液界面自由能 γ_{sl}的关系可用 Young 方程表示：

$$\cos\theta=(\gamma_s-\gamma_{sl})/\gamma_l \tag{1}$$

表/界面自由能是由于界面区域分子间的相互作用而产生的，而分子间的相互作用按性质可分为静电力、诱导力、色散力和氢键力等不同类型，同时不同类型物质之间的相互作用也不相同，但是不同类型分子间的相互作用满足可加性原则，因此表/界面自由能也具有多个分量。据此，材料的表面自由能可分为色散表面自由能分量 γ^d、极性表面自由能分量 γ^p 和氢键表面自由能分量 γ^H，而总的表面自由能 γ 可表示为

$$\gamma=\gamma^d+\gamma^p+\gamma^H \tag{2}$$

根据不同类型物质分子间相互作用的规律，固液界面自由能可表示为：

$$\gamma_{sl}=\gamma_s+\gamma_l-2(\gamma_s^d\gamma_l^d)^{0.5}-2(\gamma_s^p\gamma_l^p)^{0.5}-2(\gamma_s^H\gamma_l^H)^{0.5} \tag{3}$$

式中 γ_{sl}——固体物质 s 和液体物质 l 形成界面的界面自由能；

γ_s——固体物质 s 的表面自由能；

γ_l——液体物质 l 的表面自由能；

γ_s^d，γ_s^p，γ_s^H——固体物质 s 的色散、极性及氢键表面自由能分量；

γ_l^d，γ_l^p，γ_l^H——液体物质 l 的色散、极性及氢键表面自由能分量。

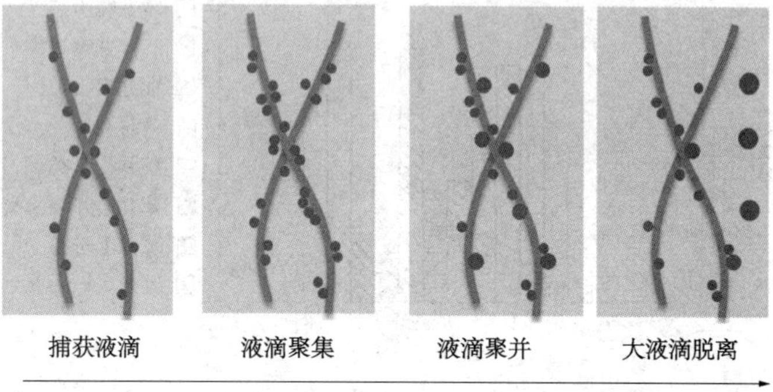

(a)

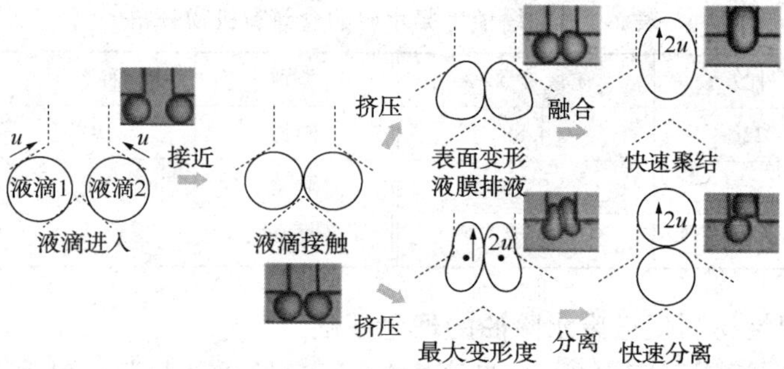

(b)

图 5　分散相油滴在聚结材料层的润湿聚并(a)和碰撞聚并(b)机理示意图

将式(3)代入式(1)，可以得到

$$\cos\theta=2[(\gamma_s^d\gamma_l^d)^{0.5}+(\gamma_s^p\gamma_l^p)^{0.5}+(\gamma_s^H\gamma_l^H)^{0.5}]/\gamma_l-1 \tag{4}$$

从式(4)可以看出，液体在固体表面的润湿状况(接触角)受到液/固表面自由能及其分量的影响；表面自由能或表面自由能分量不同的液体，其在同一个固体表面的润湿铺展状态是不同的。结合上述废水中油类污染物包含“非极性油”与“极性油”的分布特征(表 3 列出了典型油类污染物和聚结材料的表面自由能)，可以确认，采用常规的润湿性呈现各向同性特质的聚结材料难以满足废水中具有不同极性油类物质的润湿聚并需求。因而，本研究针对性开发了系列具有特殊润湿性的聚结材料，并通过仿生集成聚结材料构建能满足不同极性油类污染物润湿聚并需求的分离单元，再结合油水两相流的物性与流动特性，开发了高效废水除油装置。

表 3　典型油类污染物和聚结材料的表面自由能

油类污染物	表面自由能/(mN/m)	聚结材料	表面自由能/(mN/m)
异辛烷	21.2	聚四氟乙烯	18
正辛烷	22.3	聚氯乙烯	39
正十六烷	29.7	聚偏二氯乙烯	40
甲　胺	28.4	聚　酯	43
苯　胺	43.1	尼龙 66	46
苯　酚	47.0	聚丙烯	33
噻　吩	39.3	陶　瓷	61
十二硫醇	31.6	不锈钢	75
苯并噻吩	35~40		

2.3　废水除油设备对放空塔顶冷凝水的除油效果

在长岭炼化的焦化装置开展放空塔顶冷凝水除油侧线试验。考察试验装置对放空塔顶冷凝水的除油效果，结果见图 6，试验装置进水和出水样品见图 7。从图 6 可以看出，试验装置进水的石油类质量浓度为 2000~51100mg/L(均值为 8734mg/L)、温度为 35~60℃时，出水的石油类质量浓度基本维持在 120~340mg/L(均值为 240.2mg/L)；相应的除油率达到 85.0%~99.5%(均值为 93.4%)；试验装置进水的石油类质量浓度不超过 2000mg/L、温度为 35~60℃时，出水的石油类质量浓度基本维持在 200mg/L 以下，相应的除油率基本达到 85.0%以上。从图 7 可以看出，放空塔顶冷凝水为致密的水包油乳状液，乳化稳定性高；经过试验装置处理后，水质明显改善，水体中的油类物质明显减少。另一方面，由于进水含油高，试验装置从放空塔顶冷凝水中回收大量的石油资源(见图 8)，回收油中水的质量分数仅为 0.1%~0.8%，回收油含水低、品质较好，有利于回收油回炼。

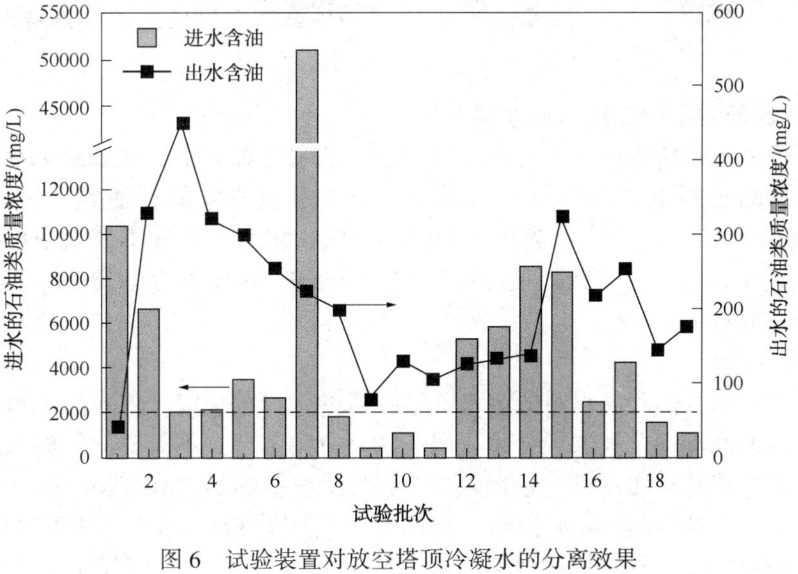

图 6　试验装置对放空塔顶冷凝水的分离效果

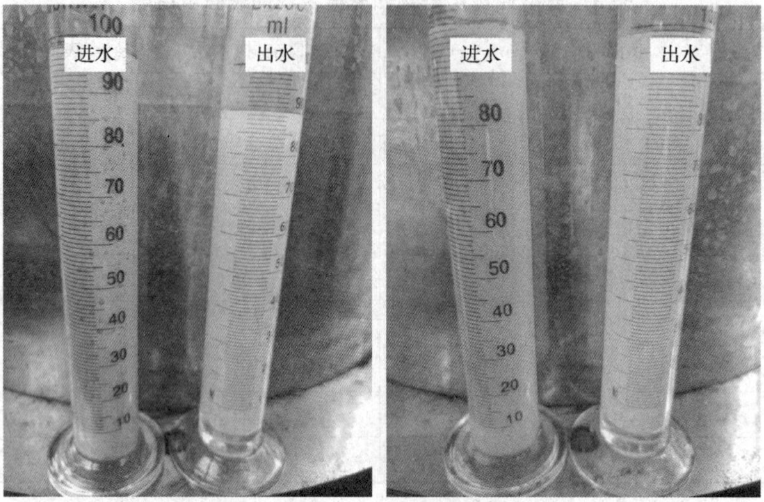

图 7　试验装置进水和出水

图 8　试验装置回收油

2.4　废水除油设备对电脱盐切水的除油效果

采用高含油电脱盐切水进一步验证试验装置的油水分离效果，试验结果见图 9，试验装置进水和出水样品见图 10。从图 9 可以看出，试验装置进水的石油类质量浓度为 1380～32000mg/L(均值为 12072mg/L)、温度为 19～49℃时，出水的石油类质量浓度为 9～49mg/L(均值为 24.6mg/L)；相应的除油率达到 97.42%～99.97%(均值为 99.80%)。另一方面，回收油中水的质量分数为 0.4%。

2.5　碳排放强度

研究了基于油水分离功能材料的废水除油技术的碳排放强度。该除油技术利用油水两相在固体材料表面的润湿性差异实现分离，属于物理分离工艺，不需要额外输入能量和添加化学药剂，并且无浮渣等二次污染[气浮工艺产生的浮渣量约是 PAC 絮凝剂(干基)使用量的 35 倍]。以处理炼厂典型含油废水为例，对比气浮(溶气气浮为例)、基于油水分离功能材料的废水除油技术的能耗及碳排放强度，结果见表 4。可以看出，气浮工艺的碳排放主要源于加压溶气系统的电耗，气浮工艺的电耗和相应的 CO_2 排放强度分别为 0.40kW·h/t 水和

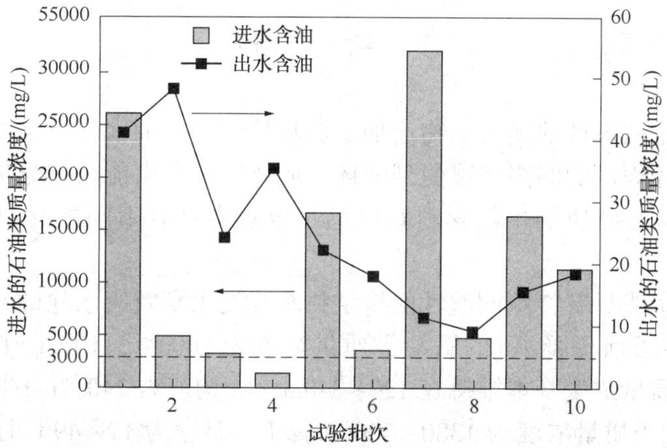

图 9　试验装置对高含油电脱盐切水的分离效果

图 10　试验装置进水、出水与回收油

0.344kgCO_2/t 水(未计入加注絮凝剂及处理浮渣产生的碳排放;)。基于油水分离功能材料的废水除油技术不需要额外供应能量，仅在反冲洗阶段消耗少量新鲜水(也可以用除油水代替新鲜水)；该技术的 CO_2排放强度为 0.006kgCO_2/t 水。可以看出，与气浮工艺相比，基于油水分离功能材料的废水除油技术的吨水处理碳排放降低 98.3%；若以两者组合工艺(假设基于油水分离功能材料的废水除油技术承担一半的除油负荷)代替气浮工艺，组合工艺的吨水处理碳排放较气浮降低 48.7%。

表 4　气浮与基于油水分离功能材料的废水除油技术能耗与碳排放对比表

项　　目	基于油水分离功能材料的除油技术	气　浮	组合工艺②
新鲜水/(t/t 水)	0.01		0.005
电/(kW · h/t 水)		0.40	0.20
碳排放①/(kgCO_2/t 水)	0.006	0.344	0.176

① 忽略加注絮凝剂及处理浮渣产生的碳排放。

② 基于油水分离功能材料的废水除油技术与气浮工艺组合。

3 结　论

（1）含油废水中的极性油类污染物增加了乳化稳定性与油水分离难度。

（2）液体在固体表面的润湿状况受到液体、固体表面自由能及其分量的影响；采用常规的润湿性呈现各向同性特质的聚结材料难以满足废水中具有不同极性油类物质的润湿聚并需求。

（3）通过仿生集成具有特殊润湿性的聚结材料开发了高效废水除油装置，侧线试验结果表明：当进水（放空塔顶冷凝水）的石油类质量浓度为2000～51100mg/L、温度为35～60℃时，出水的石油类质量浓度基本维持在120～340mg/L（均值为240.2mg/L）；当进水（高含油电脱盐切水）的石油类质量浓度为1380～32000mg/L、温度为19～49℃时，出水的石油类质量浓度不超过50mg/L；回收油中水的质量分数仅为0.1%～0.8%；试验装置及其内置的特殊润湿性材料油水分离效果良好，对进水含油在高水平波动具有较好耐冲击性。

参 考 文 献

[1] Ye H, Liu B, Wang Q, et al. Comprehensive chemical analysis and characterization of heavy oil electric desalting wastewater in petroleum refineries[J]. Science of the Total Environment, 2020, 724: 138117.

[2] 程海鹰，张洁，梁利平，等. 采油污水处理现状及其深度处理技术[J]. 工业水处理，2003，23(8)：5-8.

[3] 江雷. 仿生智能纳米材料[M]. 北京：科学出版社，1-14.

[4] 孟凡宁，宋菁，张新妙，等. 超润湿性油水分离膜的研究进展[J]. 化工环保，2019，39(4)：373-380.

[5] 董哲勤，王宝娟，许振良，等. 油水分离功能膜制备技术研究进展[J]. 化工进展，2017，36(1)：1-9.

[6] Cheryana M, Rajagopalan N. Membrane processing of oily streams. Wastewater treatment and waste reduction [J]. Journal of Membrane Science, 1998, 151: 13-28.

[7] Asatekin A, Mayes A M. Oil industry wastewater treatment with fouling resistant membranes containing amphiphilic combcopolymers[J]. Environmental Science and Technology, 2009, 43(12): 4487-4492.

[8] Liu F, Hashim N A, Liu Y, et al. Progress in the production and modification of PVDF membranes[J]. Journal of Membrane Science, 2011, 375(1/2): 1-27.

硫自养反硝化脱氮技术应用实践

季晓雯　冯蕴仪　王　晨

（中国石化集团南京化学工业有限公司，南京 210048）

【摘要】 本文介绍南化公司采用单质硫自养反硝化工艺对强氧化出水及生化出水进行脱氮处理运行中出现的问题，分析异常情况产生的原因，并通过现场设置临时冷水源、开启强氧化换热、污水池加盖以及调整回流量、滤池反洗周期时间和增大生物量等方法，有效解决了装置现场硫化氢异味、水质发白和系统运行不稳定等难题，实现了硝氮废水稳定达标排放。

【关键词】 硫自养　自养反硝化　废水脱氮　强氧化出水

随着合成氨技术的发展，工业水体中出现了大量的硝酸盐，破坏了地球表面最初的氮平衡。NO_3^--N 是氮元素在生命周期中的最高化合价，更容易在水生生态系统中累积，是引起水体富营养化的重要因素。随着人类氮排放量的逐年增加，水体中 NO_3^--N 的积累日益加重，NO_3^--N 污染会严重影响人类和动物的健康。一些国家曾针对水体中硝酸盐污染采取过积极的预防措施，但其他大多数国家及地区水体硝酸盐浓度目前依旧处于不断上升的状态，引进、开发低成本且具有创新性的处理工艺仍迫在眉睫。

1　含硝酸盐氮废水处理技术

传统硝酸盐处理工艺主要有物理化学法（如离子交换、反渗透、电渗析等）、化学法（活泼金属反硝化、催化反硝化等）和生物法（异养和自养反硝化等）[1~3]。

其中生物处理技术是利用反硝化细菌以 NO_3^--N 作为电子受体进行反硝化反应，将 NO_3^--N 还原为 N_2 排放到大气中的技术。根据反硝化菌所能够利用的碳源形式，又可以分为异养反硝化技术和自养反硝化技术。目前普遍认为生物处理方法是去除水中硝酸盐污染物最经济有效的方法。

1.1　自养反硝化处理技术

自养反硝化技术是一种新型生物处理硝酸盐污染废水的方法。自养反硝化指自养反硝化菌（某些化能自养型微生物）利用无机碳（CO_2、HCO_3^-、CO_3^{2-}）作为碳源，主要以无机物（S、S^{2-}、H_2、$S_2O_3^{2-}$、Fe、Fe^{2+}、NH_4^+ 等）作为 NO_3^--N 还原的电子供体完成微生物新陈代谢[4]，将硝酸盐氮污染的水中的 NO_3^--N 还原为 N_2。如图 1 所示[5]，自养反硝化

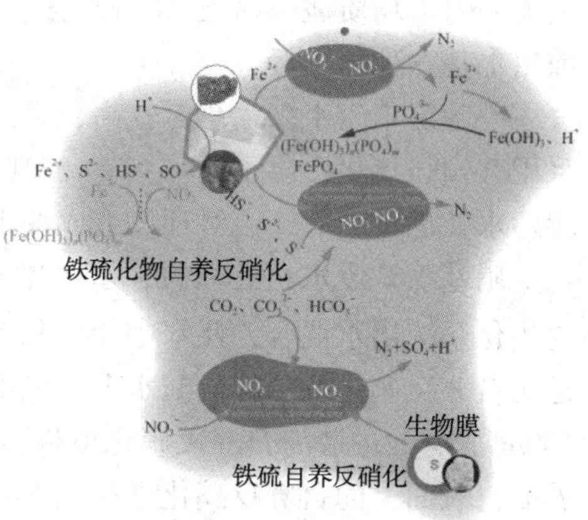

图 1　硫/硫铁矿自养反硝化过程示意

细菌可以利用硫化物以及铁离子去除水体中的硝酸根，生成 N_2和 Fe^{3+}。

1.2 硫自养反硝化处理技术

自养反硝化细菌中存在一些能够以无机碳源作为电子供体的硫氧化细菌[7]（*Thiobacillus denitrifications* 等），可以在缺氧或厌氧条件下从还原态的硫化物（S_0、S^{2-}、SO_3^{2-}、$S_4O_6^{2-}$、$S_2O_3^{2-}$ 等）获取能量及电子[6]，以 NO_3^--N 作为电子受体，将其还原为 N_2。这种硫自养反硝化的化学反应式如下：

$$55S_0+50NO_3^-+38H_2O+20CO_2+4NH_4^+ \longrightarrow 25N_2+55SO_4^{2-}+4C_5H_7O_2N+64H^+$$

$$1.11S_0+1.06NO_3^-+0.785H_2O+0.3CO_2 \longrightarrow 0.5N_2+1.11SO_4^{2-}+0.06C_5H_7O_2N+1.16H^+$$

$$2S_0+3O_2 \longrightarrow 2SO_4^{2-}+2H^+$$

单质硫生物毒性小、硫成分含量高、易制备、成本较低、易于存放和运输，已经逐渐成了硫自养反硝化工艺的首选电子供体。作为固体电子供体的一种，单质硫还具有固体金属硫化物所具备的一些优点。如易于被微生物所吸附，更加廉价易得。且单质硫不溶于水，无毒害作用，价格低廉，作为自养反硝化硫源处理工业废水备受青睐[7]。而硫自养反硝化细菌可以以无机碳为碳源，避免有机碳源的投加[8]。

硫自养反硝化工艺的污泥产率低于异养反硝化，可减少后续污泥处理。硫自养反硝化工艺有着价格低廉、无二次污染、污泥产量低等诸多优点，已被证实能够应用于地表水、市政污水、生产废水和日常饮用水中的 NO_3^--N 处理，有广阔的应用前景。此外，其运行与管理成本也相对较低。由于其优势，逐渐成替代异养反硝化的脱氮技术。

2 硫自养反硝化工程应用

中国石化集团南京化学工业有限公司（简称南化公司）采用单质硫自养反硝化生物滤池处理硝氮废水。南化公司综合污水装置主要有两股废水总氮较高，分别为生化出水和硝基氯苯废水。

生化系统主要来水设计水量 $300m^3/h$。进水总氮约 250mg/L（其中氨氮约 200mg/L），出水执行 DB 32/939—2020《化学工业水污染物排放标准》，出水总氮要求≤20mg/L。现有工艺流程为：均质池→两级 AO→出水，通过大量补充碳源，加大回流量来实现降氮效果，目前出水基本稳定达标。

硝基氯苯废水来水总氮较高，且波动较大（300~2000mg/L），水量约 $15m^3/h$。本段工艺采用芬顿强氧化，出水可将 COD 控制在 100mg/L 以内，但对总氮无去除作用，出水排入下游污水处理系统后，会对环境造成冲击。

硝基氯苯废水预处理后，水体中有机氮转化成 NO_3^--N，通过泵送至硝氮废水收集池，与生化系统出水混合，使水中盐分和 NO_3^--N 保持在适宜自养反硝化菌反应状态，再通过泵送至自养反硝化脱氮滤池配水渠，依次进入反硝化滤池，滤池分成 8 个小格，每个小格面积 $100m^2$。滤池内装有自养反硝化填料，利用自养滤料提供的电子供体和碱度，附着生长在自养滤料表面上的自养反硝化细菌把 NO_3^--N 转换成 N_2，完成脱氮反应过程。自养反硝化滤池需进行反冲洗，将截留和生成的固体排出。反冲洗流程需要三个阶段：①气洗；②气水联合反洗；③水洗、漂洗。反冲洗利用大量强有力的空气使滤料相互搓擦，使截留的悬浮物及老化生物膜全部清洗出池。反洗周期正常为 4 天。并且在反硝化过程中，由于 NO_3^--N 不断被还原为 N_2，滤池中会集聚大量的 N_2，这些气体会使污水绕窜介质之间，这样增强了微生物与水流的接触，同时也提高了过滤效率。但是当池体内积聚过多的 N_2气泡时，则会造成水头损失，这时就必须采用驱氮技术，恢复水头，每次持续 1~2 分钟，每天进行数次。脱氮废水自流进入清水池，再通过泵送至监控池，经监控合格后排放。南化公司自养反硝化工艺流程如图 2 所示。

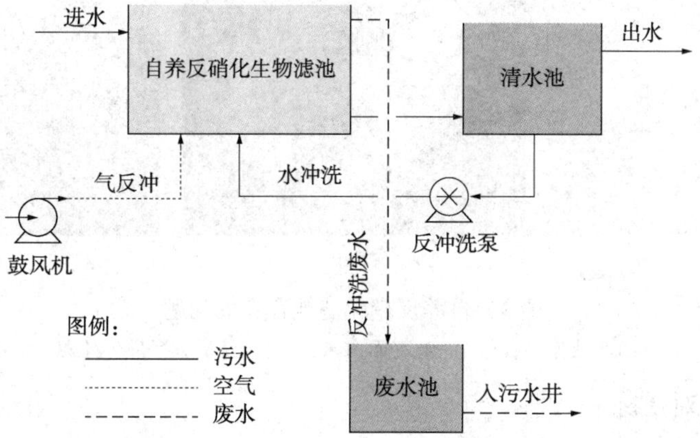

图 2　南化公司自养反硝化工艺流程图

2.1　自养反硝化装置存在的问题

南化公司自养反硝化系统设计流量 250m³/h，共设计 8 格滤池，单格尺寸 $L \times B = 8.0\text{m} \times 8.0\text{m}$。同时配套废水池和清水池。反洗水泵自清水池取水，用于滤池反冲洗；废水池用于缓冲滤池反冲洗废水量。自养反硝化滤池进出水指标见表 1。

表 1　自养反硝化滤池进出水指标

序号	项　目	进水	出水	备注
1	总氮(TN)/(mg/L)	≤100	≤15	
2	悬浮物(SS)/(mg/L)	≤40	≤30	
3	总溶解固体(TDS)/(mg/L)	≤9000	≤10000	
4	水温/℃	25~35	25~35	
5	pH	6~9	6~9	
6	碱度/(mg/L)	≥450	≥10	以碳酸钙计
7	游离氯/(mg/L)	≤0.1	≤0.1	
8	双氧水/(mg/L)	≤0.1	≤0.1	
9	化学需氧量(COD)/(mg/L)	≤50	≤50	

首先，减氮项目自投运以来，装置现场有刺鼻气味。自养系统运行过程中密闭的出水渠有硫化氢积累，且由于水温高于气温，硫化氢会随着热气飘散到周边，现场异味明显。现场监测硫化氢浓度在 2.158~49.96mg/m³。其次，自养反硝化滤池运行过程中系统出水会出现偶尔发白情况[图 3(a)]，色度的变化影响观感。此外，自养反硝化滤池在工程应用中系统

运行不稳定。由于硝基氯苯废水经过强氧化处理后具有冲击性或毒性，导致本系统出水波动。系统运行10天左右，会出现亚硝积累严重的情况，出现大量白沫和死泥[图3(b)、(c)]，从而影响出水总氮。

(a) (b) (c)

图3 自养反硝化滤池存在的问题

(a)水质发白；(b)滤池表面白沫；(c)反洗后大量散碎死泥

2.2 原因分析及应对措施

2.2.1 现场硫化氢异味

硫化氢产生原因是自养反硝化滤池温度较高时，硫酸盐还原菌成为主要菌种，占据竞争优势。硫自养细菌在缺氧或厌氧条件下利用还原态硫作为电子供体，通过还原态硫获取能量。硫酸盐还原菌(SRB)，是一类独特的原核生理群组，是一类具有各种形态特征，能通过异化作用将硫酸盐作为有机物的电子受体进行硫酸盐还原的严格厌氧菌。SRB在地球上分布很广泛，通过多种相互作用发挥诸多潜力，尤其在微生物的代谢等活动中造成的缺氧的水陆环境，如土壤、海水、河水、地下管道以及油气井、淹水稻田土壤、河流和湖泊沉积物、沼泥等富含有机质和硫酸盐的厌氧生境和某些极端环境[12]。因此自养反硝化系统中必然存在两大类细菌分别为：脱氮硫杆菌(自养反硝化菌)及硫酸盐还原菌(产物及来水底物中均有硫酸根)，两种细菌存在共存、竞争关系。自养反硝化系统中，进水中硫酸盐浓度1000~2000mg/L，适于硫酸盐还原菌生长。自养反硝化菌在底物浓度充足(NO_3^--N充足)的情况下占竞争优势，会有效抑制硫酸盐还原菌的还原作用。但当反硝化菌因底物浓度不足活性下降时，硫酸盐还原菌会占竞争优势而还原硫酸根产生硫化氢。

针对现场硫化氢异味应对措施有，一是夏季水温过高时，建议现场设置临时冷水源并开启强氧化换热；二是加盖需设置填料装填口及滤池观察口。

治理前现场出水渠硫化氢浓度最高可达49.96mg/m^3，加盖后将硫化氢集中收集至废气处理装置排放浓度为0.38mg/m^3。大大降低了现场环境风险。

2.2.2 水质发白

调查水质发白的原因，这种情况主要发生在进水总氮有较大波动情况时产生。通过稳定进水浓度，调大回流量时能避免水质发白。同时将白色物质委外检测，发现其成分主要是细菌组成成分蛋白质(见表2)。

针对水质发白应对措施有：一是水质发白多发生于进水浓度突然由高转低等水质突变时，因此需尽量稳定进水浓度。根据外委检测结果，白色物质多为蛋白质，可能是水质波动导致系统内微生物受到冲击或抑制而随水流出滤料层导致；二是根据现有运行及前期经验，白色物质未对出水指标产生影响，出水在线指标检测合格，加大回流量会明显改善水质发白现象，后期系统出水稳定后，可通过调整回流量改善水质发白现象；三是通过加强反洗，减少出水发白的影响。

经过上述处理措施，出水水体颜色不再发白，呈无色透明状。

表 2 白色固体物质成分分析

组分编号	化合物名称	质量分数/%	固体物占比/%
1	蛋白质(可能为明胶)	15.7	84.9
2	脂肪酸甘油酯	0.6	3.2
3	硫酸钠	1.2	6.5
4	硫酸铝	0.2	1.1
5	三聚磷酸钠	0.1	0.5
6	四氧化三铁	0.7	3.8
7	水	81.5	—

2.2.3 系统运行不稳定

硝基氯苯废水采用芬顿强氧化法，利用二价铁离子(Fe^{2+})和双氧水之间的链反应催化生成羟基自由基，强氧化出水中残留的双氧水具有杀菌、消毒的作用。因为双氧水与污泥相遇后，会立即分解生成氧。这种尚未结合成氧分子的氧原子，具有很强的氧化能力，与细菌接触时，能破坏细菌菌体，杀死细菌。因此会影响滤池底部污泥的生长，从而白沫及死泥上浮于滤池表面。且强氧化水水质总氮波动较大，NO_3^--N 浓度大致在 600～2170mg/L 间波动，不适宜微生物的稳定生长。

为解决强氧化出水中残留的双氧水的影响，采取投加亚硫酸钠的措施。亚硫酸钠可以和双氧水反应生成硫酸钠和水，从而减轻双氧水对自养反硝化细菌的影响。同时采取调整滤池反洗周期、反洗时间参数以及向单格滤池接种自养菌种、增大生物量的措施来应对强氧化出水的冲击性。

经过上述处理措施，系统出水总氮保持稳定，在 3mg/L 左右，见图 4。

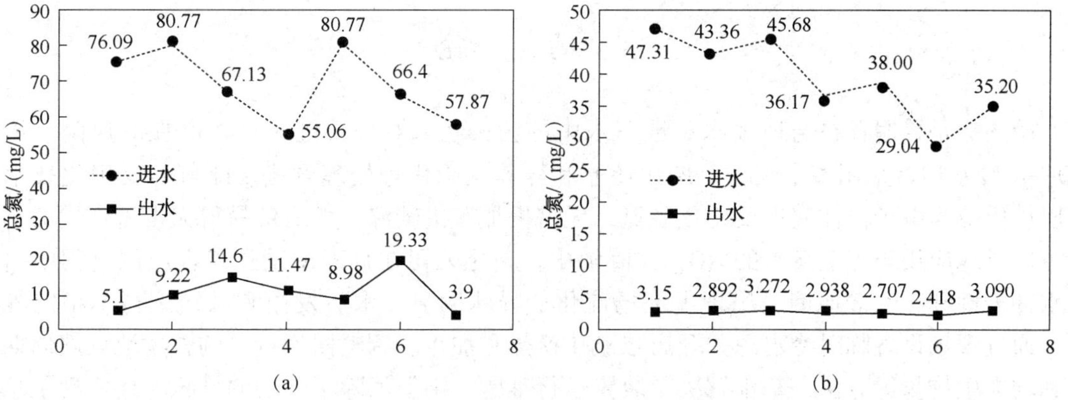

图 4 自养反硝化滤池进出水总氮

(a)处理前进出水总氮；(b)处理后进出水总氮

2.2.4　南化工程改造效果

自养反硝化工艺在南化公司运行期间，运行费用低。较外加碳源异养型反硝化滤池节省运行费40%(表3)。运行期间总排出水总氮去除率高，去除效率可达到90%；且单池多用、功能集中，脱除总氮的同时可有效降低总磷及悬浮物(表4)。装置无碳源加药系统，反洗频率低(1次/4日)；不投加有机碳源，避免了出水COD超标，同时避免了CO_2的产生，实现CO_2减排率100%。工程应用期间运行维护简单，出水稳定，污泥产量减少60%。异养型细菌的细胞产率(0.4~0.9kgVSS/kgN)远大于自养型细菌的细胞产率(0.04~0.13kgVSS/kgN)。

表3　不同生物脱氮工艺运行费用对比

工艺原理	处理水量/(m^3/h)	新增污泥(30%含水率)/(t/a)	污水运行成本/(万元/a)	污泥处理费用/(万元/a)	投资/万元	投资+5年运行费用/万元
异养反硝化	350	161	569.5	72.45	2900	6109.75
自养反硝化	230	21	345.9	9.45	2330	4106.75

表4　自养反硝化滤池进出水水质指标对比

水质指标	总氮/(mg/L)	氨氮/(mg/L)	总磷/(mg/L)	悬浮物/(mg/L)
进水浓度	49.828	2.73	0.323	12.655
出水浓度	5.867	1.414	0.145	7.75

2.2.5　社会效益与经济效益

通过工艺调整和技术改造，系统设备运行正常，系统处理水量250m^3/h左右。进水总氮27mg/L，出水总氮2mg/L。排口在线其余出水水质指标COD 12mg/L，氨氮0.8mg/L，总磷0.2mg/L。化验分析与在线仪表分析水质指标均合格，满足当地环保要求总氮≤15mg/L，COD≤50mg/L。减排效果良好，改善了环境，提高了操作监控水平，也减少了人力负荷，社会效益明显。

南化公司自养反硝化运行费用低，节省约40%的运行费，减少了污泥处理量，也节省了危险废物处置费。装置经过技术改造后，可稳定实现废水脱氮，为企业降低了成本费用。

3　结　　论

硝酸盐是普遍存在与地表水和地下水中的污染物，对公共健康存在潜在的风险。传统NO_3^--N废水通常采用离子膜法、催化还原和异养反硝化等处理方法。硫自养反硝化技术可以以单质硫为电子供体实现反硝化脱氮，无需投加有机碳源，而廉价易得无毒害作用的单质硫更广泛地应用于工业废水的NO_3^--N降解中。南化公司在自养反硝化工程应用过程中由于进水冲击性和毒性等原因，出现了现场硫化氢异味明显、水质发白和系统运行不稳定等问题。通过现场设置临时冷水源并开启强氧化换热和加盖、调整回流量、调整滤池反洗周期时间和增大生物量等方法，基本解决了装置运行难题。不但消除了现场的异味，还实现了总排口出水的稳定运行，技术改造取得了显著成效。

参 考 文 献

[1] ZHANG H, ZHANG X, WEI D, et al. Establishment of anammox coupled with sulfide-depending autotrophic denitrification process and its efficient pollutants removal performance[J]. Chemosphere, 2023, 313.

[2] HAN J, QI X, LIANG P. Improved sulfur autotrophic denitrification using supplementary bovine serum albumin. [J]. The Science of the total environment, 2022, 859(P2).

[3] SHEN Z, XIE L, LYU C, et al.. Effects of salinity on nitrite and elemental sulfur accumulation in a double short-cut sulfur autotrophic denitrification process[J]. Bioresource Technology, 2023, 369.

[4] BAI Y, WANG S, ZHUSSUPBEKOVA A S, et al. High-rate iron sulfide and sulfur-coupled autotrophic denitrification system: Nutrients removal performance and microbial characterization[J]. Water Research, 2023, 231.

[5] 魏秋，王春荣，宋俊学，等. 硫/铁硫化物自养反硝化脱氮除磷研究进展[J]. 工业水处理，2022，42(12)：10-16.

[6] 李文斐. 短程硫自养反硝化运行效能研究[D]. 青岛：中国石油大学(华东)，2018.

[7] 苏柏懿，吴莉娜，王春艳，等. 硫自养反硝化在工业废水处理中的研究进展[J]. 应用化工，2022，51(04)：1070-1076.

[8] 张娆. 硫自养反硝化工艺深度脱氮的研究与应用[D]. 大连：大连理工大学，2020.

环保型无磷循环水处理技术研究及应用

孙　飞[1]　余正齐[1]　高　嵩[1]
王金华[1]　傅晓萍[1]　罗先桃[2]　周　超[2]
（1. 中石化石油化工科学研究院有限公司，北京 100083；
2. 中韩（武汉）石油化工有限公司，武汉 430080）

【摘要】 针对新水和回用水水质特点及炼油装置循环水系统工况条件，开发了环保型无磷循环水处理技术。在炼油装置循环水系统进行6个月的工业试验，平均污水回用比62.73%，平均浓缩倍数5.32，碳钢监测试管平均腐蚀速率0.0450mm/a，平均黏附速率5.31mcm，效果良好，具有显著的经济和社会效益。

【关键词】 污水回用　循环水处理　腐蚀　结垢　无磷

1　前　　言

自20世纪70年代以来，磷系水处理剂长期应用于工业循环冷却水系统，为解决循环水系统的结垢、腐蚀问题做出了重大贡献，给社会带来巨大效益。与此同时，在运行时可能引起磷酸钙垢的形成，诱发新的结垢和腐蚀问题，并且磷的排放会引起环境水体的富营养化，促进菌藻的滋长并形成湖水水华、海水赤潮等危害。现已全面施行的GB 31570—2015《石油炼制工业污染物排放标准》和GB 31571—2015《石油化学工业污染物排放标准》中规定，总磷“一般排放限值为1.0mg/L”、“特别排放限值为0.5mg/L”。因此，磷系水处理剂的应用受到限制，开发和应用环保型低磷或无磷的缓蚀阻垢剂，是工业水处理领域的必然趋势[1~5]。

工业循环冷却水是工业企业的取水和用水大户，将污水处理厂处理后的达标外排污水回用至循环水系统，是工业企业节水减排的有效方案。但是，与新鲜水相比，达标外排污水中的无机盐、电导率及有机物均大幅增加，回用至循环水系统易引起换热设备的腐蚀和结垢、微生物大量繁殖和生物黏泥滋生等问题，影响工业生产装置的正常和长周期运行。因此，必须开发适合污水回用循环水系统的绿色低磷，乃至无磷水处理技术[6,7]。

2　主要水质

中国石化某企业污水处理系统出水经过适度处理后回用作为循环水系统的补充水，新水和回用水水质指标见表1。其中，回用水的电导率为813μS/cm，Cl^-质量浓度为74.3mg/L，SO_4^{2-}质量浓度为117.1mg/L，COD为50.9mg/L，均明显高于新水，表明回用水的腐蚀性强于新水。但整体上，回用水质较好，符合Q/SH 0628.2—2014《水务管理技术要求 第2部分：循环水》的要求。

表 1 新水、回用水水质

项目	新水	回用水	项目	新水	回用水
pH 值	7.99	8.18	$\rho(Cl^-)$/(mg/L)	21.2	74.3
电导率/(μS/cm)	327	813	$\rho(SO_4^{2-})$/(mg/L)	6.5	117.1
钙硬度($CaCO_3$计)/(mg/L)	140	160	ρ(总磷，PO_4^{3-}计)/(mg/L)	0.18	0.23
总碱度($CaCO_3$计)/(mg/L)	112.8	124	ρ(正磷，PO_4^{3-}计)/(mg/L)	0.06	0.14
$\rho(K^+)$/(mg/L)	2.2	3.4	COD/(mg/L)	25.5	50.9
ρ(总铁)/(mg/L)	0.01	0.11			

3 环保型无磷循环水处理技术研究

补充水由新水和回用水组成，回用水量占补充水量的比例为污水回用比。现场需尽可能提高污水回用比，故以污水回用比 50%(即 $V_{新水}:V_{回用水}=50:50$)和 100%($V_{新水}:V_{回用水}=0:100$)两种条件开展试验，通过旋转挂片试验考察不同种类、不同剂量缓蚀剂、阻垢剂及相互复配的缓蚀、阻垢效果，进行阻垢缓蚀剂筛选研制，并进行不断优化，得到了由无机锌盐、羧酸聚合物等组成的阻垢缓蚀剂 RP-21(WH)。药剂不含无机磷或有机膦，为环保型无磷药剂。

3.1 缓蚀效果

以旋转挂片腐蚀试验评价在两种水质中，RP-21(WH)的质量浓度对缓蚀效果的影响，结果见表 2。可见，在两种水质中，RP-21(WH)质量浓度大于 70mg/L 时，腐蚀速率小于 0.0600mm/a，且随着药剂质量浓度的增加，腐蚀速率逐渐降低，具有良好缓蚀效果。

表 2 不同质量浓度 RP-21(WH)的缓蚀效果

ρ(药剂)/(mg/L)	腐蚀速率/(mm/a)	
	$V_{新水}:V_{回用水}=0:100$	$V_{新水}:V_{回用水}=50:50$
70	0.0597	0.0502
80	0.0432	0.0315
90	0.0304	0.0228
100	0.0218	0.0183
110	0.0174	0.0161
120	0.0159	0.0146

3.2 阻垢效果

以静态阻垢试验评价 RP-21(WH)的阻垢性能。为了强化阻垢试验条件，在补充水中添加 $CaCl_2$和 $NaHCO_3$，将补充水的钙硬度、总碱度调至浓缩倍数为 4 时的质量浓度。即在 $V_{新水}:V_{回用水}=50:50$ 的补充水中钙硬度和总碱度分别调至 600mg/L 和 474mg/L，在 $V_{新水}:V_{回用水}=0:100$ 的补充水中钙硬度和总碱度分别调至 640mg/L 和 496mg/L，加入不同质量浓度的 RP-21(WH)，用十水合四硼酸钠调节 pH 值为 9.0，80℃下恒温 10h，试验结果分别见表 3 和表 4。可见，当药剂质量浓度超过 70mg/L 时，阻垢性能良好，阻碳酸钙垢率超过 95%，稳锌率大于 70%。

表3 $V_{新水}:V_{回用水}=50:50$ 中不同质量浓度 RP-21(WH)的阻垢效果

ρ(药剂)/(mg/L)	阻碳酸钙垢率/%	稳锌率/%
70	98.1	82.7
80	99.2	80.5
90	100.0	79.1
100	100.0	78.0
110	100.0	77.1
120	100.0	76.3

表4 $V_{新水}:V_{回用水}=0:100$ 中不同质量浓度 RP-21(WH)的阻垢效果

ρ(药剂)/(mg/L)	阻碳酸钙垢率/%	稳锌率/%
70	95.1	79.8
80	97.8	77.4
90	99.1	75.7
100	100.0	74.6
110	100.0	73.2
120	100.0	71.7

3.3 动态模拟试验

以70%回用水和30%新水的混合水作为动态模拟试验补充水，试管不进行预膜处理，控制系统浓缩倍数4.8~5.2，连续运行15d，动态模拟试验结果见表5。RP-21(WH)质量浓度为90~110mg/L时，碳钢试管的腐蚀速率和黏附速率分别为0.0702mm/a和7.03mcm，处理效果良好。

表5 动态模拟试验结果

项 目	数 值	项 目	数 值
试管腐蚀速率/(mm/a)	0.0702	试管黏附速率/mcm	7.03

4 工业试验

环保型无磷循环水处理技术在炼油装置循环水系统进行6个月工业试验。回用污水与新水的混合水作为循环水系统补充水，采用连续投加RP-21(WH)控制循环水系统的腐蚀和结垢，采用连续投加氧化性杀菌剂和间断投加非氧化性杀菌剂控制微生物的生长和繁殖。

工业试验期间，新水浊度低于3NTU，满足技术要求。回用水水质整体较好，主要指标符合Q/SH 0628.2—2014《水务管理技术要求 第2部分：循环水》的要求，但部分指标超出标准要求，主要为：①COD_{Cr}较高，多次超过60mg/L，平均值60.6mg/L，最高值86.7mg/L；②电导率较高，多次超过1200μS/cm，平均值1267.2μS/cm，最高值1740μS/cm；③硫酸根较高，多次超过300mg/L，平均值387.7mg/L，最高值595.2mg/L。这三项指标超标会增强水质的腐蚀性。工业试验开始阶段，污水回用比设定为约50%，在监测换热器的试管腐蚀速率及黏附速率均合格的基础上，逐月提高污水回用比，具体水量数据见表6。

表6 工业应用期间每月补充水量统计

时间	新水量/m^3	回用水量/m^3	补充水量/m^3	回用比/%
2022-05	10084	1237	11321	10.93
2022-06	8682	7240	15922	45.47
2022-07	8770	11177	19947	56.03
2022-08	6942	14840	21782	68.13
2022-09	4514	10039	14553	68.98
2022-10	4145	12336	16481	74.85
合计值	33053	55632	88685	62.73

工业应用期间，浓缩倍数在4.1~6.5之间波动，平均值5.32，维持了高浓缩倍数运行。循环水监测换热器中试片腐蚀速率、试管腐蚀速率、试管黏附速率见表7。可见，试片腐蚀速率平均值为0.0340mm/a，试管腐蚀速率平均值为0.0450mm/a，试管黏附速率平均值为5.31mcm，明显优于Q/SH 0628.2—2014《水务管理技术要求　第2部分：循环水》中碳钢试管腐蚀速率≤0.100mm/a、黏附速率≤20mcm的管理要求，表明无磷阻垢缓蚀剂RP-21(WH)的处理效果良好，确保生产装置安全稳定运行。

表7 工业应用期间监测结果

时　间	试片腐蚀速率/(mm/a)	试管腐蚀速率/(mm/a)	试管黏附速率/(mcm)
2022-06	0.0271	0.0480	1.68
2022-07	0.0423	0.0356	7.53
2022-08	0.0221	0.0766	7.53
2022-09	0.0074	0.0687	8.46
2022-10	0.0552	0.0280	4.18
2022-11	0.0498	0.0133	2.48
平均值	0.0340	0.0450	5.31

工业应用期间，总计使用回用水55632m^3，节约新鲜水55632m^3，减少污水外排量55632m^3。更重要的是，实现了无磷水处理剂在高比例污水回用工况条件下发挥良好的处理效果，解决了无磷药剂存在的腐蚀和结垢难题，具有良好的经济和社会效益。

5 结　　论

（1）针对新水和回用水水质特点和工况条件研制的无磷阻垢缓蚀剂RP-21(WH)，以30%新水和70%回用水的混合水作为动态模拟试验系统的补充水，控制系统浓缩倍数4.8~5.2、药剂质量浓度90~110mg/L时，碳钢试管腐蚀速率和黏附速率分别为0.0702mm/a和7.03mcm，处理效果良好。

（2）环保型无磷循环水处理技术在炼油装置循环水系统工业试验6个月，平均污水回用比62.73%，平均浓缩倍数5.32，现场监测试管平均腐蚀速率0.0450mm/a，黏附速率5.31mcm，实现了高比例污水回用工况条件下的良好处理效果。

参考文献

[1] 王文波，陈国力，王雅. 聚合物类阻垢剂的最新研究进展[J]. 应用化工，2018，47：1007-1010.

[2] Guanhua Yue, Man Zhang, Yinghan Yu. Research on Scale Inhibition of Green Scale Inhibitors Used In the Industrial Recycling Cooling System with Reclaimed Wastewater[J]. *Advanced Materials Research*, 2014, 864-867, 1767-1771.

[3] Jun Cui, Yange Yang, Xiuqing Li, et al. Toward a Slow-Release Borate Inhibitor To Control Mild Steel Corrosion in Simulated Recirculating Water[J]. *ACS Appl. Mater. Interfaces*, 2018, 10: 4183-4197.

[4] Rayane Menzri, Samira Ghizellaoui, Mohamed Tlili. Calcium carbonate inhibition by green inhibitors Thiamine and Pyridoxine[J]. *Desalination*, 2017, 404: 147-154.

[5] Hong-ping Zhang, Xue-gang Luo, Xiao-yan Lin, et al. Biodegradable carboxymethyl inulin as a scale inhibitor for calcite crystal growth Molecular level understanding[J]. *Desalination*, 2016, 381: 1-7.

[6] 高嵩，李本高，赵锐. 美国炼油厂循环冷却水处理与污水回用现状[J]. 化工环保，2017，37：129-135.

[7] 傅晓萍，李本高，余正齐，等. 乙烯装置污水回用循环水技术研究与应用[J]. 石油炼制与化工，2011，42：83-87.

炼化循环水系统漏油溯源技术开发与应用

钱　钦　宋春侠　刘颖荣　李长秀

（中石化石油化工科学研究院有限公司，北京 100083）

【摘要】 为快速、准确定位循环水系统油料泄漏源，开发了智慧循环水溯源专家系统，利用智慧循环水溯源分析软件，将循环水泄漏物料烃指纹与典型油品烃指纹数据库进行匹配，并根据智能算法等技术，自动完成循环水泄漏物料的智能监测和溯源，减少人为主观判断，提高循环水物料泄漏源查找方法的可靠性和自动化水平，为炼油装置安全平稳运行提供保障。

【关键词】 循环水系统　泄漏　烃指纹数据库　溯源

1 前　　言

石油是非常重要的化石燃料和化工原料，其应用几乎涵盖了人类衣食住行的各个方面，重要性不言而喻。近年来，随着人类对能源消耗的增大，世界可开采石油储量不断下降，原油的重质化、劣质化严重，导致了其对设备的腐蚀性和破坏性也增强，循环水中油料泄漏问题就日益频繁[1]。据统计，我国的炼油系统中，存在物料泄漏问题的装置达到了85%以上，并且运行周期长、运用时间久的装置物料泄漏现象更加突出和频繁。循环水系统中发生油料泄漏时，如果能够及时找到泄漏源，则可以在短时间内及时对泄漏装置或循环水的水质进行处理，避免泄漏恶化，保证装置的正常运行以及减少水质污染和降低经济损失。

国外在换热器物料泄漏监测方面进行了一些研究，并发明了一些用于在线监测的产品，主要是基于红外、紫外、荧光等方法。例如，德国DRI公司的红外仪、加拿大Arjay公司的荧光仪、Turner Designs公司的荧光仪及美国生产的UIS200、OSl00、TDI4100TDI~4100XD、Petrolarm等系列产品等。这些仪器监测的污染物质量浓度范围从0~30mg/L到1~1000mg/L不等，在溢油监测的使用中起到了一定的作用，其中Turner Designs公司的TD-4100荧光仪对溶解或分散于水中的微量的石油类污染物(尤其是芳烃)的在线监测达到ppb级。这类仪器的主要特点是根据光信号进行判断，因而需要在每台换热器上都安装仪器，投资成本较高且维护不易。

国内的炼油厂在发生换热器物料泄漏时，主要通过对循环水的物理、化学性质的分析寻找泄漏点。物理指标包括循环水的颜色、气味、浊度大小以及有无气泡等，化学指标指的是循环水的pH值、化学需氧量(COD)、余氯含量等以及总有机碳(TOC)和油含量的高低。物料泄漏发生后，需要大量的工作人员对所有循环水所涉及的所有换热器进口、出口进行采样并进行各种各样的分析，消耗大量的人力、物力和时间，在判断时还需要凭借丰富的行业经验，因为主观因素较强，常发生误判或找不到溢油源的情况，效果十分不理想[2~8]。

本文通过建立循环水中油料的分析方法；分析炼油循环水系统水冷器台账，对工艺物料进行，总结物料特征，确定用于形成烃指纹数据库的物料品种；建立泄漏物料的烃指纹数据库，基于所建立的泄漏物料烃指纹数据库，快速确定出现物料泄漏的装置区，再通过烃指纹的细化特征辨识，实现泄漏水冷器的定位。

2 试验部分

2.1 仪器与试剂

仪器：7890B 气相色谱仪(美国 Agilent 公司)，配有电子压力控制(EPC)的分流/不分流进样口、氢火焰离子检测器(FID)和化学工作站(Chemstation Rev. A Plus Family 9.03，美国 Agilent 公司)，B11-3 型恒温磁力搅拌器(上海司乐仪器有限公司)，Agilent 7890B-MSD 5977B 气相色谱-质谱仪(美国 Agilent 公司)。

试剂：甲醇、二氯甲烷均为分析纯(国药集团化学试剂北京有限公司)，其余液体试剂均为化学纯及以上纯度，购于国药集团化学试剂北京有限公司和北京伊诺凯科技有限公司。二氯甲烷，分析纯，甲醇，色谱纯，均购自伊诺凯科技有限公司；超纯水，电阻率≥18MΩ·cm；所用汽油、柴油和减压蜡油等样品均由某石化有限公司提供。

材料：色谱仪器所用气体：氮气(纯度大于 99.999%)，氦气(纯度大于 99.999%)，氢气(纯度大于 99.99%)；色谱柱：PONA 柱(50m×0.2mm×0.5μm，美国 Agilent 公司)，DB-624 柱(60m×0.25mm×1.4μm，美国 Agilent 公司)，HP-5MS 色谱柱(30m×0.25mm×0.25μm，美国 Agilent 公司)；容量瓶 10mL；刻度吸管 0.5mL、1mL；微量注射器 5μL、10μL、100μL、250μL。

2.2 仪器条件

2.2.1 GC-FID 条件

GC 条件：分离柱 PONA 柱(50m×0.2mm×0.5μm，Agilent 公司)，汽化室温度 280℃，检测器温度 280℃，载气 N_2，柱前压 86kPa，检测器为 FID 检测器。对于油料直接进样，进样量为 0.2μL，分流比为 20：1。柱温：初始温度为 40℃，保持 5min，以 5℃/min 的速率升至 280℃，保持 5min。氢气的流速 30mL/min，氮气的流速为 25mL/min，空气的流速为 350mL/min。

2.2.2 GC-MS 条件

7890/5977 型气相色谱/质谱仪(美国 Agilent 公司产品)，配有 HP-5MS 色谱柱(30m×0.25mm×0.25μm，Agilent 公司产品)和 7693A 自动进样器。色谱柱：HT-1MS(30m×250μm×0.1μm)；载气：高纯氦气；流速：1.5mL/min；升温程序：40℃保持 10min，以 20℃/min 升至 350℃，保持 5min；进样口温度：350℃；进样量：1μL，不分流进样。

质谱条件：EI 电离源(70eV)，离子源温度 230℃，四极杆温度 150℃，无溶剂延迟；m/z 扫描范围：35~800。

3 应 用

3.1 油料烃指纹数据库和溯源软件的开发

3.1.1 循环水漏油溯源软件的开发

为了实现炼厂循环水漏油溯源分析工作的快速化、信息化和智能化，便于科学地管理炼厂循环水系统相关装置潜在泄露油料的组成信息，我们编写了循环水泄露油溯源分析软件系统。

以 GC-FID 分析方法为例，该软件系统首先基于 GC-FID 分析方法获得了炼厂循环水系统所有潜在可能泄露油品物料的色谱指纹图谱数据，采用色谱峰的保留时间值和其对应的相对峰面积或峰高，对各种油料样品的色谱指纹图谱进行量化处理并录入软件系统的数据库。在此基础上，考察了不同种类油品的组成信息和分布特征以及多种相似度分析识别的算法，并通过 C#编程语言完成了循环水漏油溯源分析软件系统的编写工作。该软件系统可以在 Microsoft. Net FrameWork 4.0 以上平台上运行(包括 XP，Win7，Win8，Win10)，具有管理人员登录模块、色谱或质谱数据读取模块、溯源识别模块、油料指纹数据库的管理模块和报告模块。

图 1 为该溯源分析软件系统的业务功能示意图，该系统具有溯源分析和数据库管理两大功能模块，其具体实施流程为：

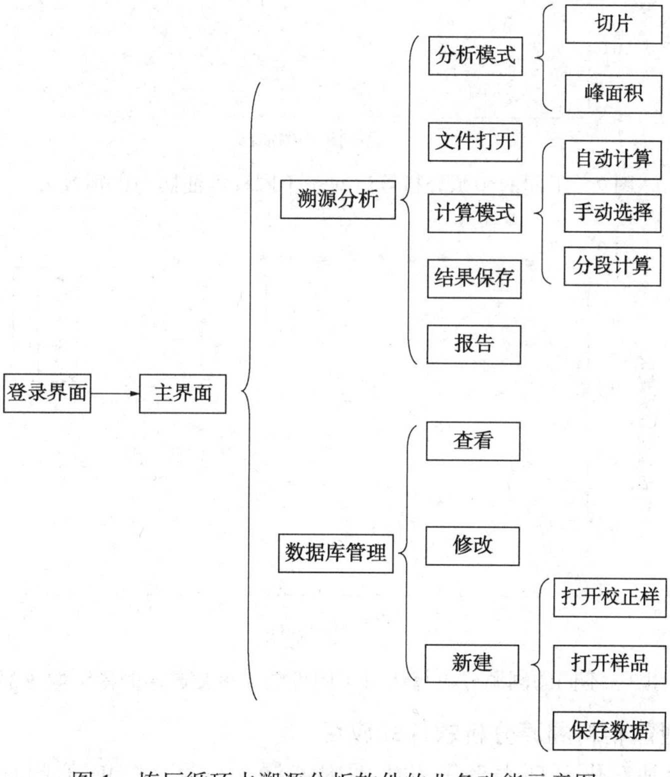

图 1　炼厂循环水溯源分析软件的业务功能示意图

(1) 基于 GC-FID，建立循环水中污染物的烃指纹分析方法；

(2) 采集炼厂循环水系统中装置潜在漏油位点的油料样品，通过所建立的分析方法，提取并获得不同潜在漏油位点中样品的色谱指纹信息、并录入循环水漏油溯源分析系统的数据库；

(3) 在炼厂循环水系统运行过程中：①定期采集循环水系统水样，通过气相色谱法分析方法，判断是否发生漏油；②如果发生漏油，通过已建立的分析方法，获得污染水样中的烃类化合物的指纹信息；③基于循环水漏油溯源分析软件系统，将从污染水样中提取到的烃指纹信息与数据库中的油品数据通过相似度算法进行自动比对；④以报告形式给出获得污染水样中的泄漏油料的溯源分析结果。

3.1.2 溯源分析算法的优化

本文考察了5种不同的算法对于不同种类油样的识别效果，结果如图2所示，A算法最稳定，受样品前处理影响最小。本文还考察了5种不同的算法对于重复性，结果如图3所示，A算法最稳定，受样品前处理影响最小。

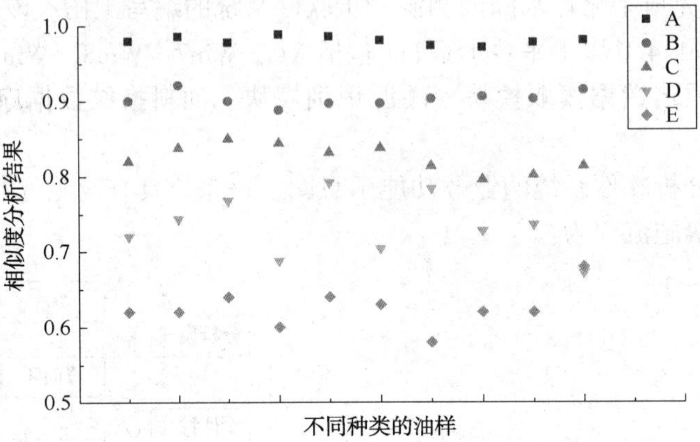

图2 不同的溯源分析算法对于不同种类油样的识别效果

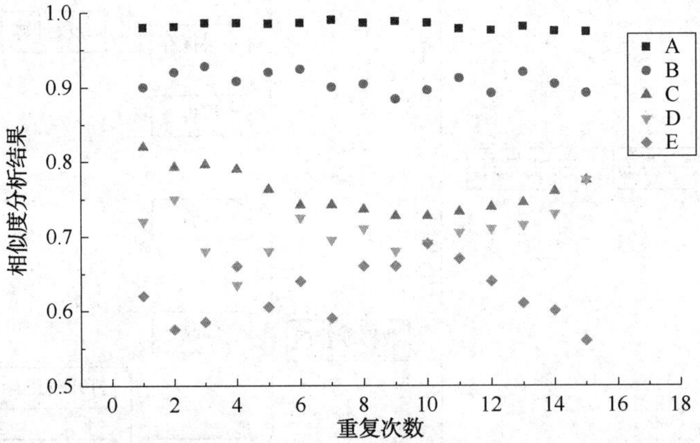

图3 不同的溯源分析算法对于同种油样重复进样的稳定性考察

3.2 循环水系统泄露物料溯源分析软件的应用

2022年6月份某石化循环水系统发生油料泄漏，余氯、COD值超标且居高不下，图4为某石化循环水系统发生油料泄漏的现场。某石化相关工作人员组织多次排查也未找到泄露源。联系某石化相关工作人员在采样，并将采集到的污染水样通过建立的分析方法分析，将得到的烃指纹信息通过循环水系统溯源分析软件分析，与数据库中75种物料的烃指纹信息计算比较，得到3个依次泄漏点，分别为E105、E201WX和E225柴油水冷器，溯源分析结果如表1所示，帮助某石化迅速查找到泄露源。

上述结果表明，基于烃指纹数据库和溯源软件的开发和应用，某石化物料泄漏被及时发现，物料泄漏带来的危害被及时消除。

图 4　某石化循环水系统发生油料泄漏的现场

表 1　某石化污染水样分析结果

样品编号	某石化污染水样	样品编号	某石化污染水样
E105	0.616	E225 柴油	0.442
E201WX	0.478		

4 结　　论

（1）建立了循环水漏油的烃指纹分析方法。

（2）分两批次共采集了某石化炼油单元三套循环系统涉及的上百种物料，基于建立的某石化炼油单元循环水中泄漏油的分析方法，建成了焦化、加氢裂化，常减压，柴油加氢，汽油加氢，催化裂化等十几套工艺装置中共 75 种油品烃指纹信息数据库，完善了循环水漏油溯源分析软件。

（3）某石化循环水系统发生了油料泄漏，采集了 3 次水样，基于开发的循环水漏油溯源分析软件实现了对泄漏物料的溯源分析。

参 考 文 献

[1] 翁艺斌，韩政，朱宇硕，等. "新行业标准"下某炼化企业污水处理评价研究[J]. 环境工程，2016，34(S1)：833-836.

[2] 梁芬，王爽. 循环水系统泄漏的判断与处理[J]. 当代化工，2014，43(6)：958-960.

[3] 黄圣. 循环水场物料泄漏的排查及措施优化[J]. 硫磷设计与粉体工程，2019，(03)：39-42.

[4] 沈阳. 洛阳石化循环水系统快速查漏方法研究[J]. 中国化工贸易，2015，(11)：191-192.

[5] 李其伦. 循环水冷却器泄漏的原因和查漏方法[J]. 广州化工，2010，38(02)：165-166.

[6] 牛进龙，丁雪红. 炼油循环水系统工艺物料泄漏快速定位技术[J]. 工业水处理，2013，33(07)：86-88.

[7] 尹光耀. 乙烯装置循环水换热器快速查漏方法的应用[J]. 河南化工，2010，27(13)：58，64.

[8] 周磊，张洪林. 色谱指纹图谱相似度在炼油厂循环水漏点检测中的应用[J]. 沈阳理工大学学报，2010，29(3)：70-73.

高盐炼化污水高效生化处理中试研究

刘继勇[1] 高 峰[2] 杨宇宁[2] 王晓龙[3] 赵 锐[2] 桑军强[2] 马 欣[2]

(1. 中国石化塔河炼化公司，新疆 842000；2. 中石化石油化工科学研究院有限公司，北京 100083；
3. 天津德鑫石化设备有限公司，天津 300270)

【摘要】 塔河炼化 RO 浓水盐含量高，可生化性差，现有的催化臭氧氧化+MBBR 的处理工艺处理效果差，难以满足新标要求。采用高效生物反应器(ABR)处理塔河炼化检修后的低盐 RO 浓水和正常运行时的高盐 RO 浓水，在现场开展工业侧线试验。结果表明，塔河炼化 RO 浓水中有机物可被 ABR 技术有效去除，在来水 COD 为 40～100mg/L 时，出水的 COD 在 40mg/L 以下，COD 去除率在 60%左右。根据中试结果设计了 RO 浓水提标改造方案。

【关键词】 RO 浓水 高效生物反应器(ABR) COD 去除率

我国属于水资源贫乏的国家[1]，随着工业化、城镇化进程的加快，工业用水量还将持续增长，水资源供需矛盾将更加突出。废水深度处理与回用是解决我国水资源短缺的有效途径，且通过回用可减少污染物的排放量，从而有利于缓解水环境污染。

石化行业提出《中国石化 2021—2023 年环保提升方案》，方案要求至 2023 年，先进企业外排污水水质指标应达到：COD≤30mg/L，氨氮≤2mg/L；同时，环保提升方案要求污水回用率≥60%。反渗透(Reverse Osmosis，RO)技术因具有操作简单，成本较低，出水水质较好的优点被广泛应用。但 RO 处理过程中不可避免的会产生含有大量难降解有机物和无机盐的 RO 浓水(Reverse Osmosis Concentrate，ROC)[2]。ROC 中 DOC 通常在 19.2～60mg/L[3~6]，COD 在 60～184mg/L[6]，TDS 在 1129～5560mg/L[6~8]，电导率在 1700～10000μS/cm[3~8]。

中国石化塔河炼化有限责任公司目前利用 O_3催化氧化+MBBR 组合工艺处理 ROC，工艺流程图如图 1 所示。低可生化性 ROC 经过臭氧催化氧化预处理，提高可生化性后进一步通过 MBBR 进行处理，然后进入气浮装置，最后进入检测池。为增强公司的社会效益和环保效益，做好南疆地区环保标杆，塔河炼化拟执行中石化环保提升方案。但由于塔河炼化 RO 浓水盐含量高，电导率大于 10000μS/cm，现有工艺对污水处理效果差，出水不能满足《中国石化 2021—2023 年环保提升方案》COD≤30mg/L 的技术要求，塔河炼化拟进行提标改造工作，工作重点在于 ROC 处理的生化改造，为此，开展利用高效生化处理技术(Advanced Biological Reactor，ABR)直接处理 ROC 的中试研究。

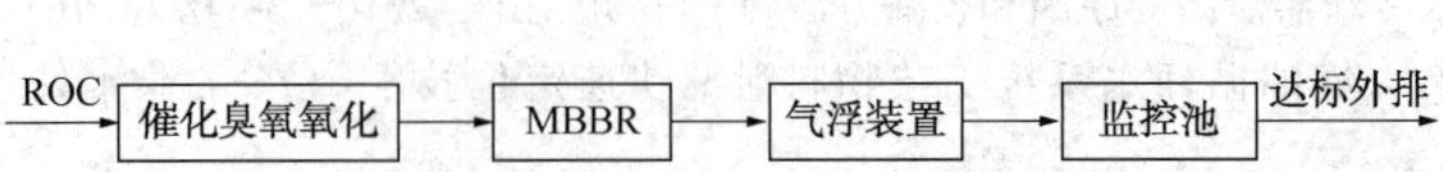

图 1 塔河 ROC 处理工艺流程图

1 中试装置及分析方法

1.1 中试装置

高效生物反应器(ABR)是针对难降解 COD 开发的专利技术。ABR 是由针对难降解 COD 的特效复合功能菌群接种于一种碳基的颗粒状高效生物载体上，能够快速形成长期稳定并可耐受多种底物作为能量来源的高密度、强活性生物膜反应器[9-13]。其核心技术是特效复合功能菌群和高效生物载体．这些独立培养的复合功能菌与传统驯化的微生物相比生长或发育更慢，包含了选自以下的至少一种微生物物种：杆菌属、丛毛单胞菌属、节杆菌属、微球菌属、假单胞菌属、片球菌属、无色杆菌属、黄杆菌属、分枝杆菌属、产黄杆菌属、寡养单胞菌属和酵母，基于上述特性，ABR 除具有常规生化工艺(如 MBBR))去除 COD、氨氮、石油类等污染物的功能外，还能去除常规生化很难降解的难生化性降解有机物，同时出水的悬浮物也低。

该中试由配水单元、曝气单元、在线仪表控制单元以及高效生物反应罐组成；具有启动时间短，运行方便，耐高盐，抗冲击能力强等特点。除在启动挂膜阶段，需要接种特效菌群，投加一定营养源使其快速挂膜成功外，正常运行时，无需再添加任何其他药剂，且设备水头损失较小，运行成本低。反应产水可收集作为系统自身的维护性清洗用水；可根据系统运行情况进行维护性清洗，且维护性清洗用时短(全程 1~2h/次)、频率低(2~6 月/次)。

本次中试系统为一体化中试装置，主要设备为 ABR 反应池，设计流量为 $1m^3/h$，ABR 填料体积为 $3.5m^3$，设计空床停留时间为 4h。本次中试工艺流程图和现场装置如图 2 所示。

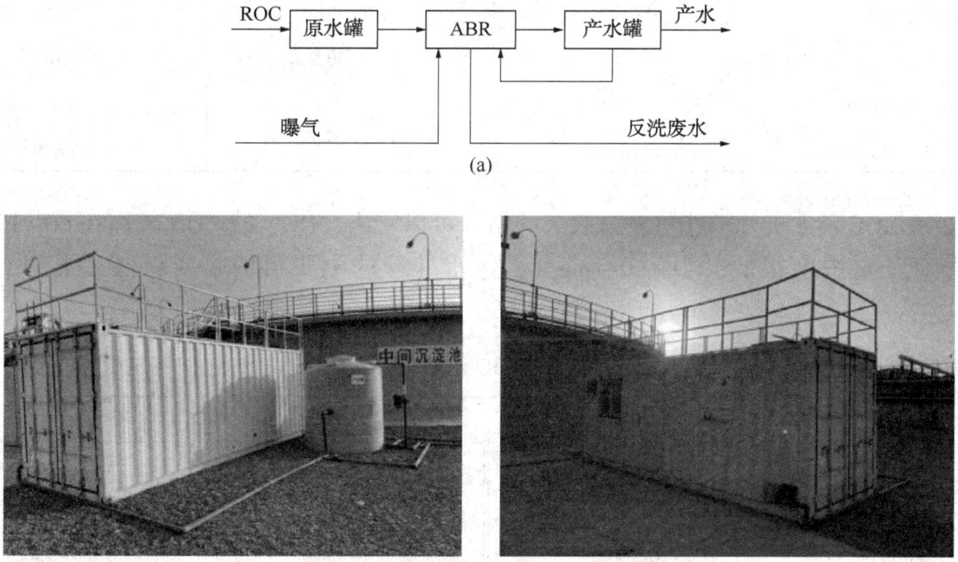

图 2 ABR 中试流程图和现场装置

(a)ABR 中试流程图；(b)ABR 现场装置

ABR 处理 ROC 试验分两阶段进行，4 月 18 日开始为第一阶段对刚检修后的低盐 RO 浓水开展连续 ABR 中试，共运行 7 天。6 月 15 日开始第二阶段中试试验，对装置正常运行的

高盐 RO 浓水开展连续 ABR 中试。(6 月 21 日至 6 月 24 日因工业装置故障断水，期间试验暂停)

1.2 中试分析方法

pH 参考 HJ 1147—2020《水质 pH 值的测定 电极法》。

电导率参考 GB/T 11007—2008《电导率仪试验方法》。

COD 参考 HJ 828—2017《水质化学需氧量的测定 重铬酸盐法》。

溶解氧参考 GB 11913—1989《水质溶解氧的测定电化学探头法》。

2 结果与讨论

2.1 污水水质

表 1 是塔化污水外排污水的水质指标与 GB 31570 和《中国石化 2021—2023 年环保提升方案》中水质指标的比较。从表 1 的结果可以看出，塔化目前外排污水能满足 GB 31570 的要求，除 COD 外，其他指标也能满足《中国石化 2021—2023 年环保提升方案》对水质指标的要求。

表 1 ROC 水质指标

指 标	塔化外排污水	CB 31570	中国石化环保提升方案
pH 值	6~9	6~9	6~9
COD/(mg/L)	25~50	≤60	≤30
氨氮/(mg/L)	0~1.5	≤8	≤2
总氮/(mg/L)	5~30	≤40	≤40
总磷/(mg/L)	0.1~1	≤1	≤1
石油类/(mg/L)	0~0.3	≤0.5	≤0.5

表 2 是 ROC 污水的水质指标。从表 2 的结果可以看出，ROC 的 COD 较高在 60~100mg/L 之间，氨氮质量浓度很低，小于 0.1mg/L，污水处理的主要目的是要降低污水的 COD 的含量。

表 2 ROC 水质指标

指 标	结 果	指 标	结 果
pH 值	7~9	氨氮/(mg/L)	0~0.1
电导率/(μS/cm)	15100~26900	TOC/(mg/L)	23~43
COD/(mg/L)	60~100	氯离子/(mg/L)	5100~7500

从表 2 还可以看出，ROC 的盐含量很高。电导率在通常在 15000μS/cm 以上，最高接近 27000μS/cm。表 3 是部分炼化企业反渗透浓水的电导率，从表 3 可以看出一般石化企业反渗透浓水的电导率通常在 10000μS/cm 以下。此外，ROC 中的氯离子质量浓度也很高，超过 5000mg/L，RO 浓水属于高盐高氯炼化污水。

表 3　部分石化企业反渗透浓水的电导率

企业名称	电导率/(μS/cm)	企业名称	电导率/(μS/cm)
燕山石化	4500~7000	天津石化	3000~10000
齐鲁石化	3000~8000	大连西太平洋	3000~4000

2.2　催化臭氧氧化+MBBR 工艺 ROC 处理效果

塔河现场利用催化臭氧氧化+MBBR 的工艺处理 ROC，催化臭氧氧化的目的是提高 ROC 的可生化性[14-16]，再利用流动床生物膜工艺(MBBR)处理催化臭氧氧化的出水。塔河现场 5~9 月 ROC 处理效果如图 3 所示，从图 3 可以看出，催化臭氧氧化+MBBR 的工艺对于塔河 RO 浓水处理效果不佳，COD 平均去除率仅为 15%左右。

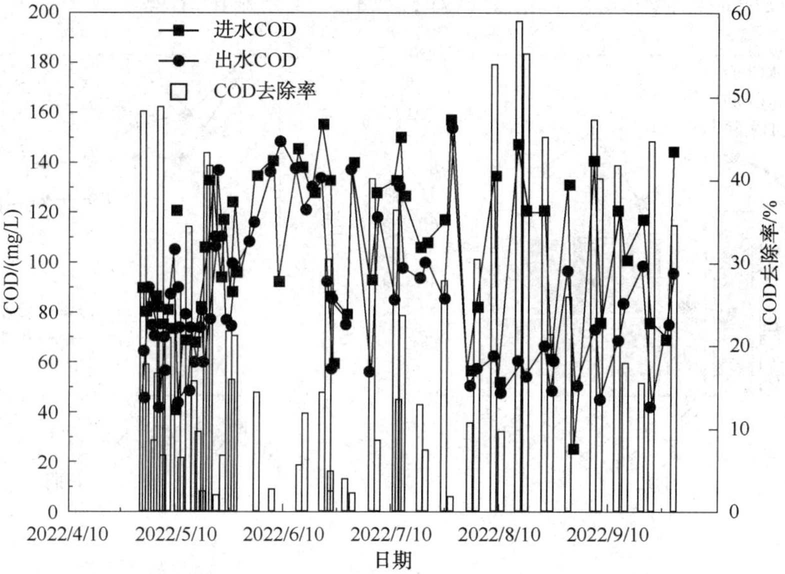

图 3　塔河现场催化臭氧氧化+MBBR 工艺对 ROC 处理效果

表 4 是取不同批次现场催化臭氧氧化装置进出水的检测结果。从表 4 的数据可以看出，经过臭氧催化处理，ROC 的 COD 从 72~78mg/L 降低到 51~55mg/L，臭氧催化氧化对 ROC 的去除率在 27.8~32.0%之间。ROC 的 B/C(BOD 与 COD 的比值)处理前为 0.05~0.11 之间，处理后为 0.04~0.09 之间，表明催化臭氧氧化对提高污水的可生化性没有效果。

表 4　塔河现场 ROC 处理效果

指　标	批次 1	批次 2	批次 3
臭氧催化氧化装置进水 COD/(mg/L)	75	78	72
臭氧催化氧化装置出水 COD/(mg/L)	51	55	52
COD 去除率/%	32.00	29.49	27.78
臭氧催化氧化装置进水 B/C	0.1	0.05	0.11
臭氧催化氧化装置出水 B/C	0.04	0.05	0.09

结合表 4 和图 3 的结果可以看出，催化臭氧氧化+MBBR 的工艺处理 ROC 去除污水中的

COD 起主要作用的是催化臭氧氧化工艺，MBBR 工艺对塔化 ROC 中有机物的去除基本没有效果。主要原因是塔化 ROC 污水的 B/C 比低，可生化性差，而催化臭氧氧化工艺无法提高 ROC 的可生化性，处理后的污水 B/C<0.1，可生化性依然很低，该类可生化性差的污水难于用 MBBR 等常规生化工艺处理。

2.3 ABR 工艺处理 ROC

2.3.1 第一阶段 ROC 处理结果

第一阶段 ROC 经 ABR 处理后，结果如图 5 所示。从图 5 可知，在进水 pH 值为 8~10，电导率为 10~13mS/cm，COD 为 40~100mg/L 时，经 ABR 处理后，出水的 COD 为可以降到 20~40mg/L，COD 去除率几乎稳定在 60%。同时出水电导率在 10~13mS/cm 相较于进水没有明显变化，表明载体没有吸附水中的无机离子。而出水的 pH 基本稳定在 8~9 之间说明该阶段中试试验反应器内微生物生长情况良好，没有发生水解酸化现象。

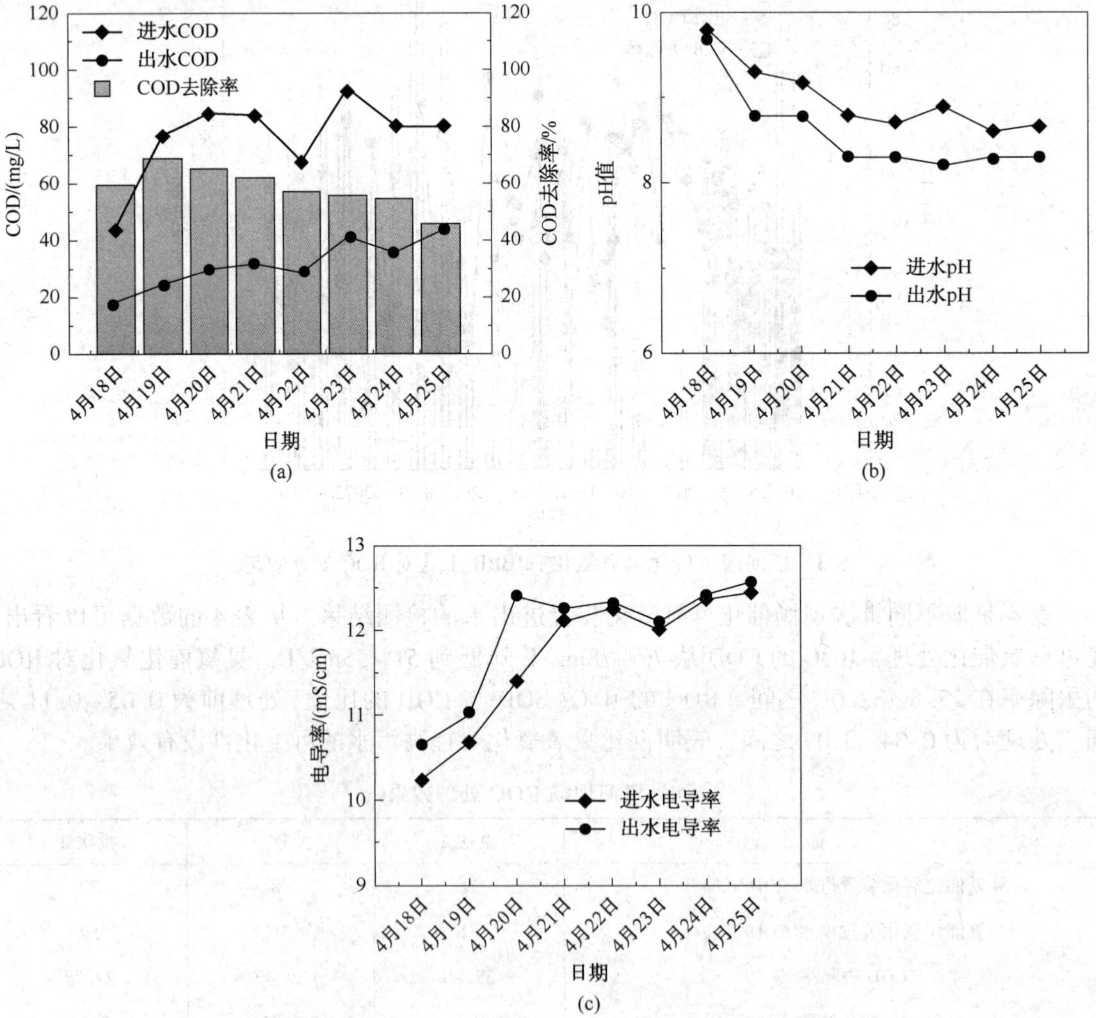

图 5 第一阶段低盐 ROC 经 ABR 处理后效果

2.3.2 第二阶段 ROC 处理结果

第二阶段 ROC 经 ABR 处理后，结果如图 6 所示。从图 6 可知，在进水 pH 值为 8~8.2，电导率为 15~27mS/cm，COD 为 40~100mg/L 时，经 ABR 处理后，出水 COD 稳定在 40mg/L 以下，平均值为 25.5mg/L。COD 去除率在 40%~80%之间，平均去除率为 62.2%。其中 6 月 25 日到 6 月 27 日中试装置标定期间来水的 COD 保持在 55~70mg/L 之间，平均值为 62.7mg/L。出水 COD 保持在 35mg/L 以下，平均值为 29.6mg/L，平均 COD 去除为 52.8%。实验结果表明尽管第二阶段 ROC 的盐含量远高于第一的阶段的 ROC，但 ABR 对于高盐的 ROC 也具有良好的处理效果。

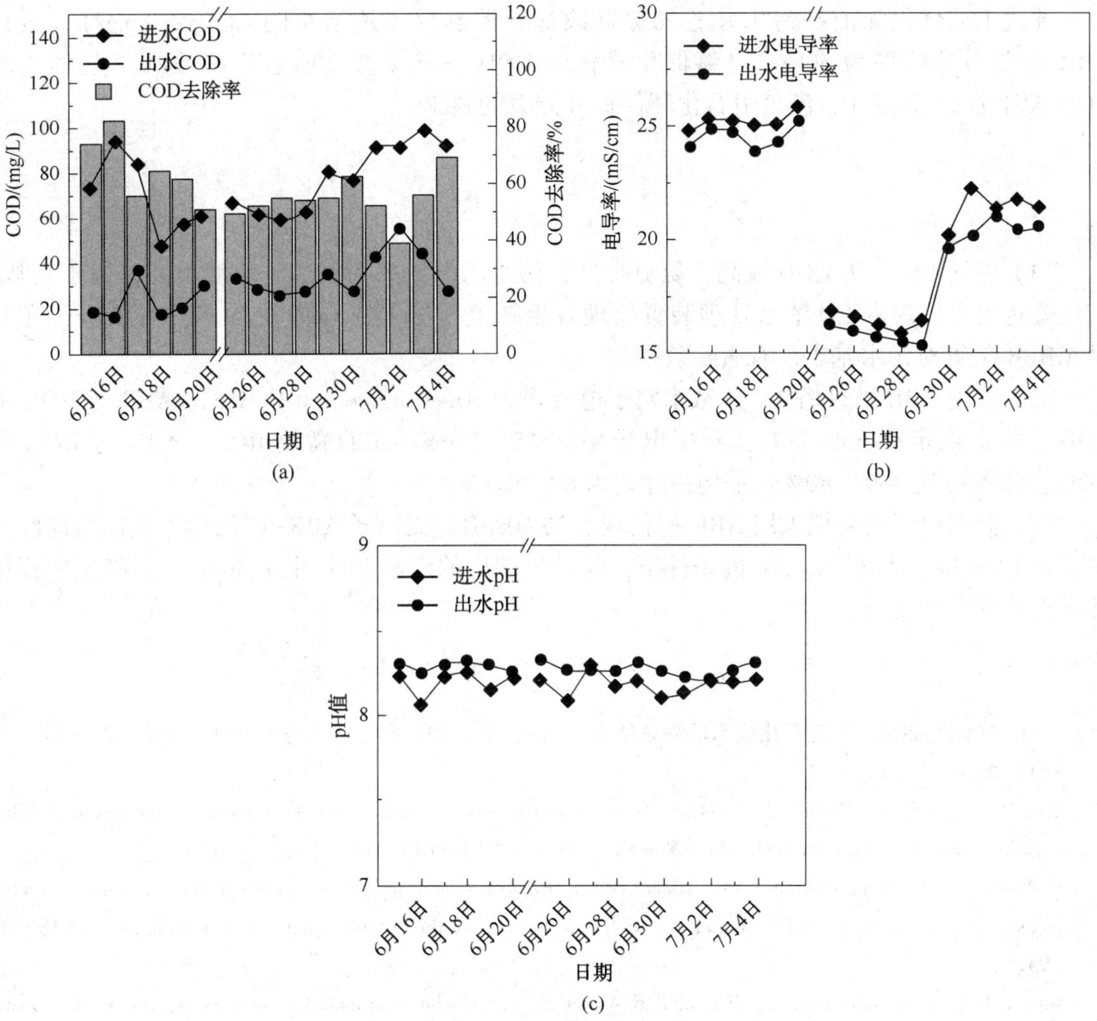

图 6 第二阶段高盐 ROC 经 ABR 处理后效果

3 ROC 系统提标改造方案

根据 ROC 中试试验的结果，结合现有装置的处理效果提出了 ROC 处理的提标改造方案，如图 7 所示。将现有的 MBBR 池改造为 ABR 反应池，ABR 具有优异的悬浮物去除效果，出水悬浮物质量浓度小于 10mg/L，再采用气浮去除悬浮物已经没有显著效果，因此停用气浮装置；ROC 先经过 ABR 处理降低 COD 后进入再进入催化臭氧氧化装置进一步去除污水中的 COD，污水达标后进入检测池外排。臭氧催化氧化出口设置回流线，水质波动时部分污水返回 ABR 生化处理系统。

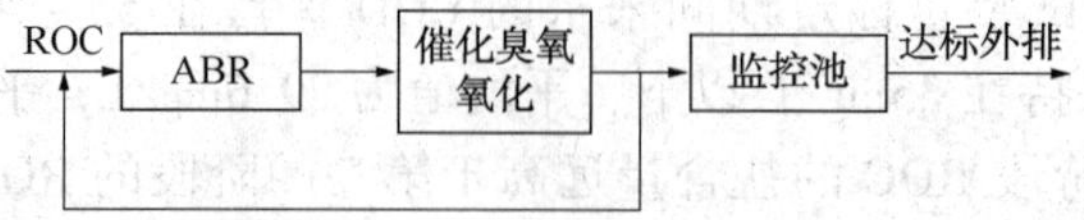

图 7　提标改造流程图

通过工艺优化和前端污水装置的提标改造，控制反渗透浓水的 COD≤70mg/L，设计 ABR 的 COD 去除率为 50%，臭氧催化氧化的 COD 去除率按 20%，提标改造工艺的出水 COD 设计小于 30mg/L，满足中石化环保提升方案的要求。

4　结　　论

（1）塔河 RO 浓水 COD 较高，氨氮很低，污水的电导率和氯离子浓度很高，属于高盐、高氯炼化污水；现有 RO 浓水处理装置处理效果较差，污水的 COD 去除率只有 15%，尤其是 MBBR 装置对污水基本没有去除效果。

（2）采用 ABR 处理塔化 RO 浓水对于电导率为 10～13mS/cm 低盐 ROC，ABR 对 ROC 中 COD 去除率稳定在 60%左右；对于电导率为 15～27mS/cm 的高盐 ROC，ABR 对 ROC 中 COD 去除率可达 40%～80%，平均去除率为 62.2%。

（3）根据中试结果拟采用 ABR 替代现有的 MBBR，提出了 ABR+催化臭氧氧化的提标方案，在 ROC 进水小于 70mg/L 的条件下，设计处理后的出水 COD 小于 30mg/L，满足中石化环保提升方案的要求。

参 考 文 献

[1] 吴月．强化电芬顿法处理石化废水反渗透浓水的研究[D]．中国科学院大学(中国科学院过程工程研究所)，2017.

[2] Woo H，Yang H S，Timmes T C，et al. Treatment of reverse osmosis concentrate using an algal-based MBR combined with ozone pretreatment[J]. Water Research，2019，159(AUG. 1)：164-175.

[3] G Perez，AR Fernandez-Alba，AM Urtiaga，et al. Electro-oxidation of reverse osmosis concentrates generated in tertiary water treatment[J]. Water research：A journal of the international water association，2010，44(9).

[4] Jelena Radjenovic，Bagastyo A，Rozendal R A，et al. Electrochemical oxidation of trace organic contaminants in reverse osmosis concentrate using RuO_2/IrO_2-coated titanium anodes[J]. Water Research，2011.

[5] Chaplin B P，Schrader G，Farrell J. Electrochemical destruction of N-nitrosodimethylamine in reverse osmosis concentrates using Boron-doped diamond film electrodes[J]. Environmental Science & Technology，2010，44(11)：4264.

[6] Zhou，Lim，TT，et al. Treatment of organics in reverse osmosis concentrate from a municipal wastewater reclamation plant：Feasibility test of advanced oxidation processes with/without pretreatment[J]. CHEM ENG J，2011，2011，166(3)：932-939.

[7] Ersever I，Ravindran V，Pirbazari M. Biological denitrification of reverse osmosis brine concentrates：I. Batch reactor and chemostat studies[J]. Revue Du Génie Et De La Science De Lenvironnement，2007，6(5)：

519-532.

[8] Lai Yoke Lee, Ng H Y, Ong S L, et al. Integrated pretreatment with capacitive deionization for reverse osmosis reject recovery from water reclamation plant[J]. Water Research, 2009.

[9] Garcia-Figueruelo C, Montag B, Bes-Pia A, et al. Study of the behavior of a reverse osmosis membrane for wastewater reclamation-influence of wastewater concentration. Desalination, 2008, 222(1-3): 585-598.

[10] 温培源，刘红斌，马军，等. VMD处理反渗透浓水操作参数及水质评价[J]. 水处理技术，2011，37(7)：4.

[11] 王军，栾兆坤，曲丹，等. 疏水膜蒸馏浓缩技术用于RO浓水回用处理的研究[J]. 中国给水排水，2007，23(19)：5.

[12] 张志辉，郑天龙，王孝强，等. 活性炭吸附处理锂电池厂含酯废水及微波再生实验[J]. 中国环境科学，2014(3).

[13] 殷志明. $O_3/H_2O_2+K_2FeO_4$耦合体系处理煤化工RO浓水的研究. [D]. 合肥工业大学，2020.

[14] 何灿，黄祁，王建兵. 反渗透浓水与生化出水的催化臭氧氧化试验[J]. 中国造纸，2020，39(6)：7.

[15] 张正义，张千，楼紫阳，等. 催化臭氧氧化处理渗滤液RO浓液的氧化特性及光谱分析[J]. 化工学报，2021，072(010)：5362-5371.

[16] 张华，唐卫军，吴百春，等. 改性花生壳活性炭吸附-催化臭氧氧化处理反渗透浓水[J]. 环境工程学报，2016，10(10)：6.

石油石化企业环保现状分析

谢菁涵

（中国石化镇海炼化公司，宁波 315000）

【摘要】 对石油石化环保现状进行了介绍，从宏观碳减排、废水处理、废气处理及固体废物处置四个方面，分析了石油石化企业环保问题的处理新技术及相关管理措施，以期为关注石油石化环保问题的业者提供参考。

【关键词】 石油石化 环保 技术 环境

石油石化产业作为国家经济发展的主体之一，是国民经济发展的重要支柱。一方面，石油化工勘探、开发活动过程中的泄露、渗漏或突发事件，会直接或间接排放大量废气、废水和固体废物。这些污染物对生态环境和人类健康构成严重威胁。另一当面，石油石化行业原料和产品品种复杂，而且多为易燃、易爆、有毒有害、高挥发性的物质，其生产过程中能源的消耗和碳排放也对环境造成一定的影响。与此同时，由于其易燃易爆、有毒有害的特殊性以及所带来的诸多环境问题，石油石化行业的环保形势备受关注。近年来，随着环保意识的提升，石油石化企业也面临着诸多环保挑战。

1 基于双碳目标背景下石油石化企业碳减排分析

由于石油石化行业属于高碳行业，因此必须要通过低碳化转型，保障自身的可持续发展。通过分析碳排放的产生机理，石油石化行业的碳排放共可分为能源消耗排放、工业生产过程排放两种类型。前者是企业采购电力及热力能源后，通过化石能源燃烧所产生的碳排放，而后者则是由于生产过程中的化学反应导致的碳排放。研究显示，石油化工行业的碳排放具备三方面特点，一是碳排放过程全程化发展，二是碳排放总量不高但排放强度较大，三是碳排放压力日增、提效减排需求不断提高。随着研究的不断深入以及基于碳中和背景的石油化工行业减排措施的不断发展，现阶段，我国逐步出台并深化推行了碳中和政策，因此，石油化工行业需要秉持节能、环保、低碳发展的原则，通过合理减碳，为石油化工行业的长效性与持久性发展提供了路径。

在此过程中，石油化工企业需要加强源头控制、推行无碳技术，强化过程控制、应用减碳技术，严格末端控制、引入去碳技术，在减碳、去碳的同时促进 CO_2 能效转化，降低石油化工企业的碳排放总量。同时还需要提升碳排放市场交易参与度、加快化工企业退市入园步伐、加强化工行业节能降耗力度、依托产学研合作攻克碳中和关键技术，为石油化工企业的碳中和实现提供可靠保障，进而维持石油化工行业发展的可持续性。在炼油行业碳减排过程中，优先考虑节能减排技术的使用，大力推广工业冷却塔用混流式水轮机技术等节能减排技术的使用。继续进行行业结构优化，淘汰高能耗企业[1]。在国家大力投资清洁能源下，可考虑能源结构优化。2030 年以后可以考虑产业结构优化。石油化工企业需要以国家政策为引领，充分展现出国家能源结构转型升级中自身所起到的重要作用，积极调整管理模式，加强科技创新，优化和改造化工企业的生产流程，降低企业自身的碳排放总量，进而为国家碳中和总体目标实现提供助力。

2 石油石化企业环保问题及其分析及其应对策略

要想充分缓解石油化工行业所造成的各种污染，就必须要提高对新环保技术的应用效果，并采取各种有效措施，不断深入对石油化工中新环保技术的研究和创新。近些年随着科技的进步，各种针对石油石化污染的高新尖技术被广泛应用，并且在实际应用过程中取得了优异的成效。石油化工生产与其他行业不同，不可控因素很多，如环境、气候变化等都会影响生产工作的正常进行。石油化工生产的主要特征有如下两点：生产方式复杂，投资规模大。而在生产过程中，所产生环保问题的环境污染表现形式可分为三类，包括废水污染、废气污染、固体废料污染。

2.1 废水污染及其处理技术

石油石化企业生产过程中，高温、高压是常见的环境状态，其中多项环节为了保证产品品质，难以脱离水的支持，例如汽提、注水及冷凝等工艺就是典型代表环节。基于此，必然会产生大量石化废水。石油化工废水一方面废水排量大，另一方面废水组成复杂，其中包含有机物、无机物、污泥杂质等内容，多种杂质含有毒性，例如多环芳烃化合物(PAHs)、芳香胺类化合物等。基于废水中的污染物种类，可将其划分为烃类、有机和无机物三类。有机组分多数都可被微生物降解，但也存在部分难以降解的无机物[2]。由于石油化工行业生产期间产生的废水数量非常大，如果不能及时针对废水成分进行有效处理，会对周围环境造成非常严重的负面影响。

目前，对石油化工企业的污水一般会采用气浮滤池进行处理，所有经过处理的污水都必须满足石油炼制工业污染物的相关排放标准，达标后的污水不仅可以通过排放的方式进行处理，还可以在二次回收过程中对污水进行再利用。不同的处理方式适合在不同的情况下使用，企业只要能够综合考虑企业的实际情况以及污水处理的经济性，就可以最大限度降低污水带来的负面影响。依据石化工业关于污水的处理方式与处理的手段不同，可以将石化工业污水处理技术分为以下几类。

2.1.1 活性吸附法

吸附技术中一般采用吸附性物质来处理污染物。常见的吸附物有活性炭、活性炭纤维、水沸石、腐殖酸基吸附性，以及煤基吸附性。吸附技术主要利用吸附物质的疏松空隙度，把污水中的有害物质吸附到吸附剂上，进而除去。石油化工企业中常用活性炭吸附方法，凭借自身的性能优势，活性炭的应用范围极为广阔。其具有强大的吸附能力，可以针对含有苯环结构的有机污染物实现高效吸附。基于活性炭的优势，其在清除水中有毒重金属、臭味等处理工艺中极为常见。在对石油化工废水进行处理时要控制好活性炭材料的使用量和使用时间，活性炭材料的吸附能力会随着使用时间的延长而逐渐降低，所以工作人员在进行使用时必须要进行严格的时间规划和定期更换，避免时间活性炭吸附饱满过长活性炭失效造成石化废水反复污染。

2.1.2 高级氧化法

此方法是借助强氧化性的羟基自由基（·OH），对废水中的小分子物质进行处理的技术。其可以将废水中的高分子物质进行分解，使其转化为低毒或者无毒的小分子物质，进而达到废水处理回用的目的。高级氧化单元采用自主研发催化剂为主的臭氧催化氧化技术，在环保、化工等领域污水臭氧化处理法被大量的使用。以臭氧为氧化剂，采用空气和低浓度臭氧对污水进行净化消毒。该方法主要用于水脱色，去除铁、锰等金属离子，去除水中苯酚、氰化物以及异味等污染物。

2.1.3 膜分离技术

膜分离技术[3]基于膜的选择透过性进行分离，对废水的不同颗粒进行分类处理，实现污染物的分离或富集，可有效提高废水处理质量。膜分离技术是一种现代化高新技术，它具有分离效率高、能耗低、适用范围广以及易于与其他工艺耦合等优点，在石化废水处理中应用较为广泛。膜分离技术的核心是具有选择透过性的半透膜。根据材质的不同，膜可以分为有机膜、无机膜以及有机无机杂化膜。根据驱动力的不同，膜分离又可以分为压力驱动膜，电驱动膜，渗透气化膜等。其中压力驱动膜根据膜孔尺寸及筛分机理的不同，又可分为微滤、超滤、纳滤以及反渗透等。不同类型和材质的膜可以对应满足石化领域不同的分离需求。部分生产过程会采取多种膜过程集成耦合的工艺。

膜分离技术能够有效对污水的味道和色泽进行过滤是膜分离技术的最大优点，同时膜分离技术还能对污水中的杂质进行过滤，将污水中的金属离子、微生物等物质进行过滤，令被处理后的污水变得更加稳定。因其成本较低、实用性强，膜分离技术在石化工业中得到了大量的应用。目前膜分离技术已经在石油化工行业得到了广泛的应用，如油田回注，水的净化，轻烃的分离，天然气的除湿、脱酸、芳烃/烷烃/烯烃分离等[4]。

2.1.4 废水处理管理措施

石油石化企业是水污染的重要源头，因此，水污染防治对于这些企业非常重要。炼化企业水污染防治的现状管理措施包括以下几个方面：

（1）废水排放标准加强：国家和地方政府加大了对炼化企业的环保监管力度，对废水排放标准进行了调整和升级。企业必须要严格遵守国家和地方政府的水污染排放标准，保证废水排放的达标和治理。

（2）制定和完善环保管理制度：石油石化企业必须拟定并完善环保管理制度，明确企业的环保责任与义务，防止环境污染的发生。

（3）加强废水处理设施建设和运营管理：石油石化企业必须建设国家和地方政府要求的废水处理设施，确保废水达标排放。在运营管理方面，企业必须严格执行废水的收集、前处理、主要处理和后处理等环节的管理，以防止污染逃逸。

（4）石油石化企业应积极研发和应用清洁生产技术，减少废水的产生和排放。同时，企业可以采用再生水利用技术，将处理后的废水再生利用，减少水资源的消耗和排放的量。这有助于企业实现循环经济、节水减排和环保维护。

2.2 废气污染及其处理技术

石油化工企业日常生产中不可避免地会产生大量的废气，废气中含有大量的有毒有害重金属物质和化学物质。同时，炼油和化工生产等过程中会产生二氧化碳、一氧化碳、挥发性有机物等大量有害气体，对大气环境造成污染，增加空气中悬浮颗粒物的含量[5]。在废气污染中，酸性气体最为常见。这些有害气体与粉尘会给环境带来极大压力。对于石油化工生产中产生的废气，如果不采取合理措施进行净化处理，直接排放到大气中就会导致大气污染和酸雨等情况的发生，严重的甚至会导致地区土壤酸化，对动植物生存和农业、畜牧业发展产生难以估量的损失。

根据石油化工企业的废气污染物处理情况来看，目前石化企业废气处理中常采用超临界流体萃取技术以及光催化技术。如果想要大量减少石油化工废气中的各类有毒有害物质，就必须要进行加压回收、化学反应处理以及排放三方面的工作，只有经过这三道工序的全面处理才能确保排放到空气中的石油化工废气不会污染大气环境。目前，废气处理的技术效果完全可以满足企业需求，但是因为成本支出相对较高，所以企业必须平衡成本支出与废气处理效果的关系。

同时，在废气处理管理措施中也要加大管理力度。在城市区域或工业园区等大尺度区域网格化监测经验成功的基础上，在完善相应网格化技术标准规范、明确大气污染和扩散机理、提升监测设备关键技术，增强监测设备稳定性和精准性，加强数据分析有效性的基础上，适时逐步有序地推进有条件的企业进行网格化示范，使环境监测稳步实现数据采集、决策依据、响应体系、信息支持、溯源、应急和预警等多种功能集成化、网络化和智慧化。

2.3 固体废物处置及其资源化利用

石油石化生产会排放出大量的工业废渣，污泥、碱渣等固体废料，不仅难以处理，还会对生态环境造成严重影响。固体石化污染物是石油化工生产中最为常见的污染物之一，并且这类固体污染物的种类很多，其本身的挥发性和产生的毒性都非常强，需要采取合理的新环保技术手段进行处理，否则就会严重影响地区环境质量[6]。

从固体石油化工污染物处理的角度来看，常见的固体污染物处理技术主要有两类，即资源化和无害化处理技术。废渣处理可以优先选择无害化处理与资源优化处理相结合的处理模式，前者可以直接降低废渣对环境的影响，而后者则能够将废渣制作成为混合肥，以此提高废渣的经济性。资源化处理技术就是将石化生产过程中的大量固体废弃物进行有针对性的二次处理，最终将其转化为混合肥料，投入到农业等其他行业当中，这类方式可以提高资源利用效率并充分降低石油化工企业的成本损耗，具有多方面的优势。

石油化工企业需要从技术层面加强废渣处理能力，以此降低废渣对周围环境的影响。在石油化工环保工作中，企业只要能够结合实际需求找出适合的环保技术方法，就可以最大限度降低石油化工生产对环境的影响。

3 总　　结

综上所述，石油石化行业的生产和加工过程会对环境产生较大的影响，对人类生活和健康等方面造成一定的危害。为减少这些影响，石油石化企业可以加强环境监管，落实环保手段和技术，推进清洁生产，减少有害物质的排放，进一步保护生态环境和人类健康。通过从资源、环境视角对石油化工生产期间的环保问题进行分析，可以有效减少石油化工生产对生态环境造成的压力，进而使石油化工企业实现长期可持续发展。

参 考 文 献

[1] 司喜飞. 基于碳中和背景下化工行业可持续发展的路径探析[J]. 中国石油和化工标准与质量, 2023, 43(05): 90-92.

[2] 胡静. 基于资源和环境的石油化工环保问题分析[J]. 皮革制作与环保科技, 2023, 4(03): 106-108.

[3] 陈太生. 石油化工中新环保技术实践研究[J]. 山西化工, 2022, 42(09): 175-177.

[4] 易砖. 膜分离在石油化工领域中的应用: 现状、挑战及机遇[J]. 水处理技术, 2022, 48(08): 7-13.

[5] 陈晨咏. 我国石化废水深度处理回用技术实践应用分析——以石家庄化纤公司为例[J]. 化纤与纺织技术, 2022, 51(05): 89-91.

[6] 王丽. 石油化工中新环保技术的应用分析[J]. 现代盐化工, 2021, 48(2): 50-51.

环己酮-氨肟化法生产己内酰胺废水处理工程实例

张　哲　乐淑荣　叶　子　马雲龙　翁　奥

（苏州科环环保科技有限公司，苏州 215332）

【摘要】 环己酮-氨肟化法生产己内酰胺工艺流程长，副产物和中间产物多；所产生的废水中含有大量苯环、杂环等多环类有机污染物，废水水质复杂，毒性高，氨氮浓度高，可生化性较差。采用调节-气浮-水解酸化-两级 A/O-COBR 深度处理工艺可有效处理该污水。工程运行结果表明，主要出水指标可达到 GB 18918—2002《城镇污水处理厂污染物排放标准》中的一级 A 标准。

【关键词】 己内酰胺废水　水解酸化　臭氧催化氧化　内循环曝气生物滤池

环己酮-氨肟化法生产己内酰胺以环己酮、氨、双氧水为原料，采用双氧水氨肟化工艺生产环己酮肟，环己酮肟在发烟硫酸中进行贝克曼液相重排生成己内酰胺，再经中和、精制得到己内酰胺产品[1]。生产工艺流程长，副产物和中间产物多，生产废水中含有大量苯环、杂环等多环类有机物，废水成分复杂，COD、氨氮浓度高，生物可降解性较差[2]，在石油化工行业中属于典型的难处理废水。

本文以某化工厂己内酰胺污水处理场工程为例，主要介绍该污水场处理工艺应用情况，包括工艺流程、主要设计参数、处理效果及运行成本等，以期为己内酰胺生产废水处理工艺提供参考。

1　工程概况

某化工厂新建 60 万 t/a 己内酰胺装置，配套建设一套污水处理装置。装置处理的污水包括生产装置污水（含事故污水）、装置区的初期雨水、生活污水及循环水排污，生产污水主要来自己内酰胺装置、环己酮装置、双氧水装置等。污水水量和水质统计如表 1 所示。

表 1　污水水量和水质统计

来　源	废水量/(t/h)	pH	ρ(COD)/(mg/L)	ρ(SS)/(mg/L)	ρ(氨氮)/(mg·L^{-1})	ρ(TP)/(mg/L)	ρ(苯)/(mg/L)	ρ(甲苯)/(mg/L)	ρ(石油类)/(mg/L)
甲醇制氢装置	2	6~9	≤7500	—	—	—	—	—	—

续表

来源	废水量/(t/h)	pH	ρ(COD)/(mg/L)	ρ(SS)/(mg/L)	ρ(氨氮)/(mg·L^{-1})	ρ(TP)/(mg/L)	ρ(苯)/(mg/L)	ρ(甲苯)/(mg/L)	ρ(石油类)/(mg/L)
双氧水装置	10.5	6~10	≤1000	≤100	—	≤550	—	—	≤50
烯法环己酮装置	47.4	5~9	≤2000	≤300	—	≤1	≤10	—	≤50
己内酰胺装置	141.45	6~9	3661	192	~415	—	~3	20	32
分析化验中心化排水	6	4~10	≤1000	≤300	≤200	≤1	—	—	≤20
储罐区废水	3.5	6~9	≤500	≤200	≤15	≤1	—	—	≤20
装置区、罐区初期雨水	25	6~9	≤500	≤200	≤15	≤1	—	—	≤20
办公及生活污水	10	6~9	≤500	≤300	≤35	≤8	—	—	—

2 污水处理工艺

2.1 工艺设计

根据己内酰胺污水水质特点，参考多位研究学者及目前实际运行的几套己内酰胺污水处理装置的工程实例[2~9]，该污水处理装置采用预处理、生化处理和深度处理组合工艺，工艺路线为调节—气浮—水解酸化—两级 A/O—臭氧催化氧化+BAF(COBR)深度处理工艺，设计水量 400m^3/h，运行操作弹性达到 120%，并在负荷 120%工况下能够长期稳定运行，设计进出水水质表如表 2 所示。

表 2 工程设计进出水水质表

项目	进水指标	生化处理出水指标	深度处理出水指标
pH	6~9	6~9	6~9
ρ(COD)/(mg/L)	≤1800	≤150	≤60
ρ(BOD_5)/(mg/L)	≤700	≤20	≤20
ρ(氨氮)/(mg/L)	≤180	≤10	≤8
ρ(TN)/(mg/L)	≤400	≤60	≤60
ρ(TP)/(mg/L)	≤50	≤0.5	≤0.5
ρ(SS)/(mg/L)	≤100	≤70	≤10

2.2 工艺流程

己内酰胺污水的处理工艺流程见图 1。根据水质的不同进入污水处理装置不同的处理段，确保既能达到污水处理效果又能节省投资。高浓度、高氨氮、高含磷生产污水(含事故污水)因有机物含量较高，处理流程最长。生产污水经过调节池进行调质后，通过混凝+溶气气浮预处理，去除污水中的油类物质、TP；进入水解酸化池，将大分子有机物降解为小分子有机物，提高污水的可生化性，再进入一级 A/O 池的生物处理段，去除大部分的有机物和氨氮；然后与循环水排污、初期雨水、生活污水等混合后一同进入二级 A/O 池，进一步去除部分 TN、有机物与氨氮，实现对易降解、可生化处理污染物的去除。为防止进入深度处理单元 SS、TP 超标，将生化出水进行混凝、沉淀、过滤处理，去除 SS、TP 后，再进行深度处理。

经过生化处理后的污水剩余污染物均为难生化降解污染物，再进行常规生化处理不经济，亦不能稳定达标，采用COBR组合工艺对其进行深度处理。其中，高级氧化改性池可有效脱色，同时提高废水的可生化性，为IRBAF进一步生化降解残余有机污染物提供条件；将IRBAF置于高级氧化改性池后，可充分发挥其作为生物法深度处理工艺的优势，降低能耗。IRBAF池后增加强氧化池确保污水的达标排放。

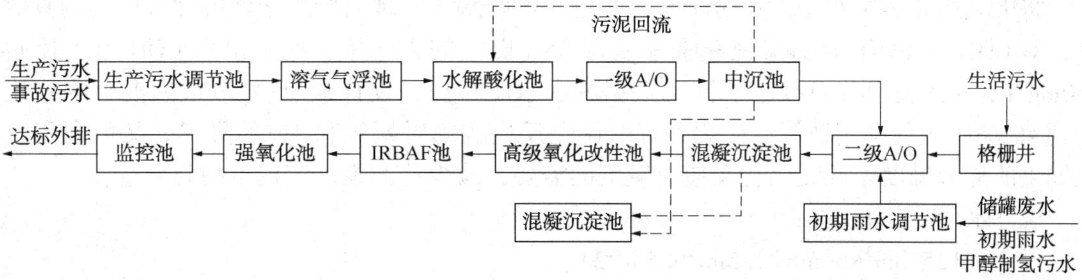

图1 工艺流程图

3 主要构筑物及设计参数

3.1 生产污水调节池

由于各装置生产和排水不稳定性，需将峰值的水量保存以供连续处理，同时调节均匀水质，避免出现剧烈的浓度和水力负荷冲击。在调节池中设置伞形水下搅拌器对污水进行充分搅拌混合，并避免悬浮物在调节池内沉积。设置两座生产污水调节池便于倒池和检修运行。调节池出水经泵提升，进行溶气气浮池。

设计水量：220m^3/h；

尺寸：11115m^3(45m×38m×6.5m)1座，均分为2格。

3.2 溶气气浮

溶气气浮的原理为利用溶气罐产生溶气水，溶气水通过释放器减压释放到待处理的水中。溶解在水中的空气从水中释放出来，形成20-40um的微小细泡，微气泡同污水中的悬浮物结合，使悬浮物比重小于水，并逐渐浮到水面形成浮渣。水面上备有刮板系统，将浮渣刮入浮渣池。清水从下部经溢流槽流出气浮池。用于去除污水中粒径较小的悬浮物、分散油及部分乳化状态的污油、TP等。

溶气气浮池采用成套设备，置于调节池池顶，出水自流进入水解酸化池。

设计水量：240m^3/h；

进水悬浮物：400mg/L；出水悬浮物：100mg/L；

进水石油类：35mg/L；出水石油类：20mg/L。

3.3 水解酸化池

根据己内酰胺废水水质成分的分析，废水中大部分有机污染物属于较难生物降解的有机物，通过水解酸化可以改变有机物的局部结构，提高废水的可生化性。其作用在于兼氧菌使来自均质池废水DO降至0.1mg/L以下，进行水解酸化反应，同时部分降低废水的COD、BOD_5，初步分解有机物，尤其是芳香族化合物在此阶段进行开环反应、将污水同有机氮转化为氨氮。水解酸化是将大分子有机物转化为易降解的小分子化合物，提高好氧降解的可生化性。水解酸化池设计伞形水下搅拌器，搅拌机功率 N=4kW。

设计水量：220m³/h；

尺寸：4777.5m³(45m×28m×6.5m)2 座。

3.4 一级 A/O 池

将厌氧酸化后废水中的小分子有机物进一步降解，实现对废水中溶解性有机物的有效去除，对 COD 及 BOD_5 分别实现 90%左右及 95%以上的去除率，使总出水 COD 出水控制在 150mg/L，基本达到设计要求。同时根据废水水质特点，设计缺氧/好氧最大混合物回流比达到 400%，充分利用缺氧反硝化和好氧硝化反应实现对氨氮和 TN 的降解。又可利用反硝化提供的部分碱度来补充硝化反应对碱度的需要，减少药剂投加实现生物脱氮过程。

设计水量：220m³/h；

尺寸：12500m³(51m×22.5m×6.5m×2)。

3.5 二级 A/O

二级缺氧以超越一级缺氧/好氧的低浓度易生化污水为碳源进行反硝化，去除一级好氧池出水中的硝氮、二级好氧生化接触氧化池硝氮，实现出水 TN 达标。

生物接触氧化法是一种介于活性污泥法与生物滤池之间的生物膜法工艺，其特点是在池内设置填料，池底曝气对污水进行充氧，并使池体内污水处于流动状态，以保证污水与污水中的填料充分接触，避免生物接触氧化池中存在污水与填料接触不均的缺陷；生物接触氧化活性污泥浓度高，有利于世代周期长的硝化菌生化，防止污泥流失。用于进一步去除污水中的有机物、氨氮。

设计水量：400m³/h；

二级 A/O 池尺寸：10237.5m³(35m×45m×6.5m×2)。

3.6 高级氧化改性池

污水经生化处理后，可生化处理的有机污染物已大部分得到去除，剩余污染物以难生化处理的污染物为主。通过高级氧化改性工艺，对难降解有机污染物进行开环、断链，将难降解的大分子转化为可降解小分子有机污染物，去除部分有机污染物、同时提升污水可生化处理性。

设计水量：400m³/h；

氧化改性池尺寸：4.0m×4.0m×6.5m，6 间；3 间 1 组，共 2 组；

氧化改性稳定池：12.0m×6.5m×6.5m，1 座；

改性剂投加量：20~30mg/L。

3.7 IRBAF 池

污水经改性处理后，可再次进行生化处理。曝气生物滤池处理投资省、运行费用低。曝气生物滤池技术的核心就在于维持生化系统中的微生物总量，采用了类土壤结构填料，并在填料床内部构造了一个传质速率快、水力扰动小的环境，提高了微生物活性，所形成的生物床具有生物过滤、生物絮凝和生物吸附作用，解决了微生物流失的问题，从而大幅度提高了系统内活性微生物的数量，在贫营养型污水的处理中表现出较高的效率。

设计水量 Q=400m³/h，填料 1000m³，停留时间 2.5h；

尺寸：2385m³(26.6m×16.3m×5.5m)埋深 0.5m。

3.8 强氧化池

通过 IRBAF 生化处理后，污水中残留的污染物浓度较低、总量少，已不再适合采用生化处理，故采用会产生大量·OH的强氧化工艺。·OH氧化能力(2.80v)仅次于氟(2.87v)，可对低浓度污水高效处理，可直接将有机污染物氧化成二氧化碳和水。

设计水量：400m^3/h；

氧化池尺寸：钢混结构，3.5m×4.0m×6.5m，共18间，每3间组成1组，共6组；

稳定池尺寸：钢混结构，31.5m×6.5m×6.5m，共1座；

氧化剂投加量：50~70mg/L。

4 工程运行分析

4.1 运行效果

该装置从2018年12月开始进水，运行至今，系统运行基本平稳，出水水质良好，部分出水水质指标优于GB18918—2002《城镇污水处理厂污染物排放标准》中的一级A标准。污水处理站连续30日运行监测数据统计如图2所示。

由图2可见，在实际进水负荷远超设计进水负荷时，水解酸化-两级A/O工艺仍有稳定的降解效果，工艺抗冲击能力强；COBR组合工艺对剩余难降解污染物也具有良好的处理效果，出水水质满足排放标准。

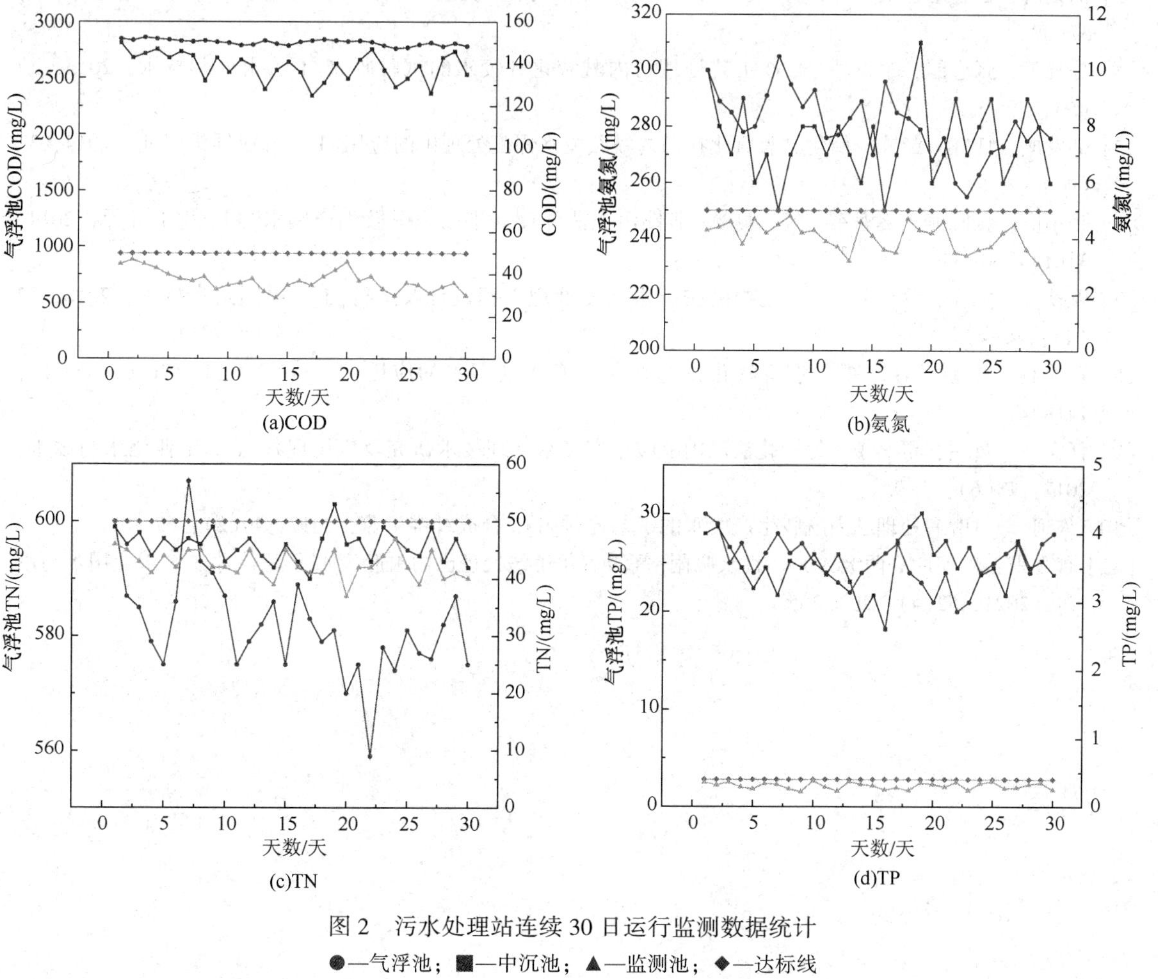

图2 污水处理站连续30日运行监测数据统计

●—气浮池；■—中沉池；▲—监测池；◆—达标线

4.2 运行成本

污水处理运行成本包括药剂、生产用水、生活用水、循环水、压缩空气、仪表空气、氧气及电能等，经计算：污水处理场处理水量400m³/h，不含人工、污泥处置费，直接运行成本约4.1558元/t污水。

5 结 论

（1）工程实践证明，调节-气浮-水解酸化-两级A/O-COBR深度处理的工艺路线对环己酮-氨肟化法生产己内酰胺的废水具有较优的处理效果，主要出水指标可达到GB 18918—2002《城镇污水处理厂污染物排放标准》中的一级A标准。

（2）调节-气浮-水解酸化-两级A/O-COBR联合工艺抗冲击能力强，根据废水的不同水质特点进行分段处理，有效降低投资成本和运行成本，具有良好的经济效益和社会效益。

参 考 文 献

[1] 钟厚璋．典型己内酰胺生产项目污染防治要点分析[J]．化学工程与装备，2019(3)：251-254.

[2] 凌文华．A/O工艺处理己内酰胺生产废水及运行控制[J]．工业用水与废水，2003，34(3)：50-52.

[3] 刘久清，王春志，刘婉蓉，等．己内酰胺生产污水可生化性研究[J]．水处理技术，2009，35(10)：37-39.

[4] 陈晓英，张忠园，李卓坪．A/O工艺处理己内酰胺化纤废水的试验研究[J]．水处理技术，2013，39(5)：49-51.

[5] 邹发成，任旺，彭锋．催化臭氧氧化在己内酰胺废水深度处理中的应用[J]．合成纤维工业，2014，37(4)：61-63.

[6] 张小庆，张晓燕，奚海军，等．臭氧-活性污泥法深度处理己内酰胺生产废水[J]．化工环保，2014，34(1)：60-63.

[7] 顾秋月，宋洋，陈思蒙，等．己内酰胺废水深度处理工程设计及运行[J]．中国给水排水，2016，32(4)：44-47.

[8] 孙兰梅，李鹏，方广军．水解酸化工艺在化工废水处理中的应用[J]．山东化工，2016，45(4)：141-142.

[9] 任文杰，魏白，贾会敏．氨肟化法己内酰胺生产废水处理技术研究及应用现状[J]．工业用水与废水，2017，48(6)：7-9.

[10] 许珂．O_3-BAF处理己内酰胺生产废水的工艺探讨[J]．合成纤维工业，2017，40(2)：67-69.

[11] 魏爱书，巴德朋．两级AO-活性炭吸附-高级氧化工艺处理己内酰胺废水工程实例[J]．工业用水与废水，2021，52(4)：203-205.

自养反硝化滤池工艺处理石化高总氮污水应用研究

陈云峰　王　晨　宋国光

（中国石化集团南京化学工业有限公司，南京 210048）

【摘要】 本文介绍了自养反硝化生物滤池工艺处理石油化工领域高总氮（主要成分为硝氮）污水的中试及工程应用情况。利用自养反硝化工艺处理硝基氯苯强氧化出水和生化出水混合水，中试中可将进水总氮由300mg/L降至15mg/L以下，工程上也可将总氮从100mg/L降至15mg/L，日处理水量6000t。该工艺具有无需投加碳源、不产生二氧化碳的优势；总氮去除率高达95%以上；此外，还具有污泥产量低，可同时降低系统悬浮物的特点，运行成本比传统异养脱氮工艺减少30%~50%。经过在石化领域的中试研究及工程应用，证明该工艺在处理煤化工、苯化工总氮在500mg/L以下的污水中取得良好脱氮效果，是该领域的优选脱氮工艺。

【关键词】 自养反硝化　异养反硝化　生物滤池　总氮　碳中和

某石化厂污水站处理的废水主要为煤化工、硝基氯苯、苯胺、橡胶助剂、催化剂等产品废水，每股废水中都含有较高浓度的总氮，且总氮浓度波动较大，如何通过提标改造保证既省成本又能在减少碳排放的前提下使出水总氮稳定达标成为污水处理的难题。若采用传统的异养反硝化脱氮，需要大量投加碳源，运行成本高，出水COD易超标，且所投碳源最终基本被转化成CO_2而排放到大气中。自养反硝化生物滤池技术能够很好地解决这一难题。

自养反硝化指自养反硝化菌（某些化能自养型微生物）利用无机碳（CO_2、HCO_3^-、CO_3^{2-}）作为碳源，主要以无机物（S、S^{2-}、H_2、$S_2O_3^{2-}$、Fe、Fe^{2+}、NH^{4+}等）作为硝酸盐氮还原的电子供体完成微生物新陈代谢，将硝酸盐氮污染的水中的NO_3^--N还原为N_2。

国内外近20年来关于自养反硝化的研究表明，自养反硝化菌在处理地下水、地表水硝酸盐氮污染，生活污水深度脱氮方面有广泛的应用前景，工艺原理见图1。根据其工艺原理，该技术具有以下优点：①以还原态硫化合物、Fe^{2+}、H_2等无机物作为电子供体，不会产生残余有机物；②不需外加有机碳源，投资和运行成本大大降低；③自养型细菌生长周期长、增长率低，降低了污泥产量和出水生物污染的风险；④不排放CO_2，为绿色脱氮工艺。

本文通过生物滤池启动自养反硝化工艺，研究其处理石化含氮废水的效果。通过中试、实际工程的启动、运行，验证了该工艺在石化废水脱氮处理中的可行性。

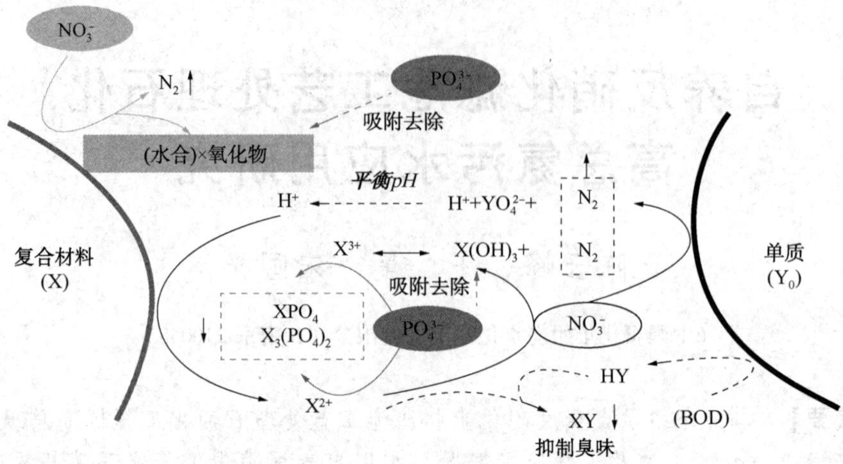

图1　工艺原理

1　中试情况

1.1　中试概况

中试名称：某石化自养反硝化生物滤池中试

中试时间：2020 年

中试地点：某石化厂内

中试规模：20~80m^3/d(综合废水出水+硝基氯苯强氧化出水)

中试主工艺：自养反硝化生物滤池

1.2　试验水质指标

(1) 试验进水

试验进水水质指标见表 1。

表 1　试验进水水质

指　标	TN/(mg/L)	温度/℃	COD/(mg/L)	SS/(mg/L)
综合废水出水	25~30	35~40	40~50	≤50
硝基氯苯强氧化出水	300~2000	80~85	80~100	≤50

综合废水和硝基氯苯强氧化出水混合后进水总氮为 100~300mg/L。

(2) 试验出水

经过自养反硝化生物滤池后，出水总氮小于 15mg/L，COD 不高于进水。

1.3　试验流程

中试工艺流程见图 2。

1.4　中试过程及运行数据

(1) 中浓度验证

此阶段进水：总氮 100~200mg/L，进水量 30~60m^3/d。

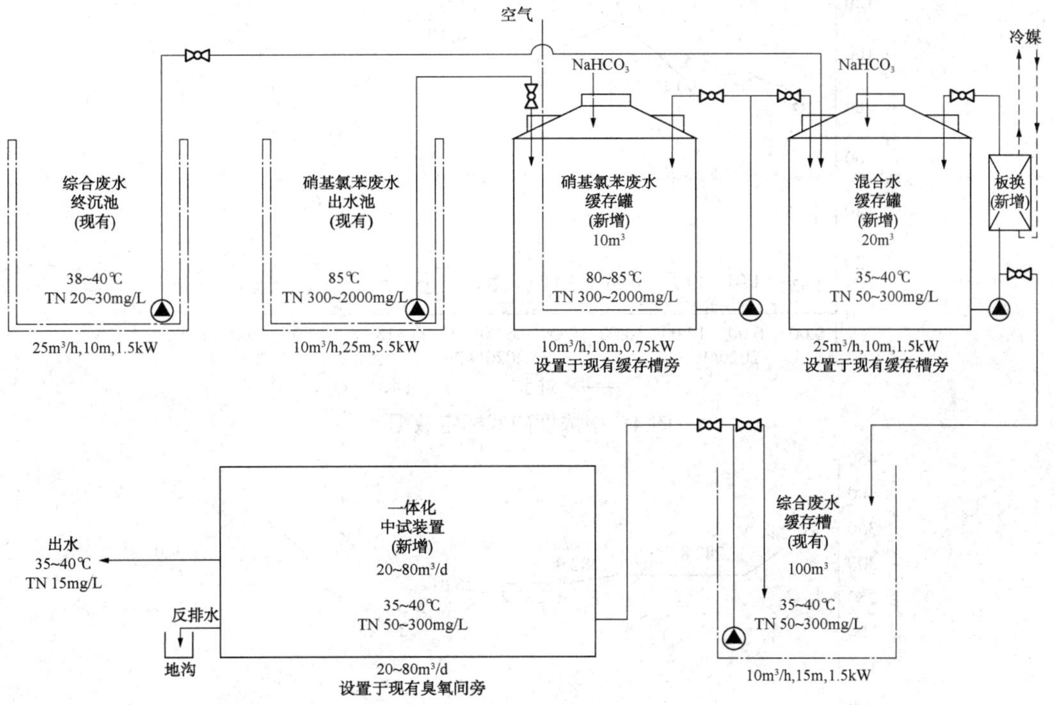

图 2　中试工艺流程

9 月 25 日 ~28 日期间，中试设备 $1m^3/h$ 运行，强氧化废水与大生化废水的混合水标定期间进出水总氮、硝氮标定数据如图 3、图 4 所示。

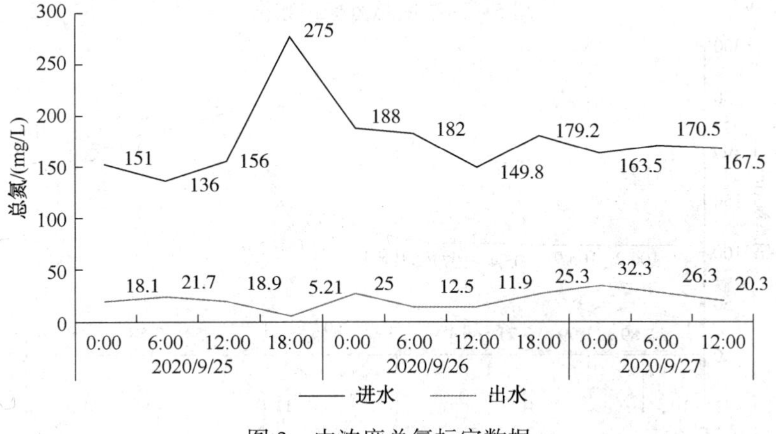

图 3　中浓度总氮标定数据

（2）高浓度验证

此阶段进水：总氮 200~300mg/L、进水量 $10 \sim 30m^3/d$。

10 月 31 日 ~11 月 2 日期间，中试设备 $0.5m^3/h$ 运行，强氧化废水与大生化废水的混合水标定期间进出水总氮、硝氮水质数据如图 5、图 6 所示。

（3）同步样比对数据

9 月 27 日 11 时同步样检测比对数据见表 2。

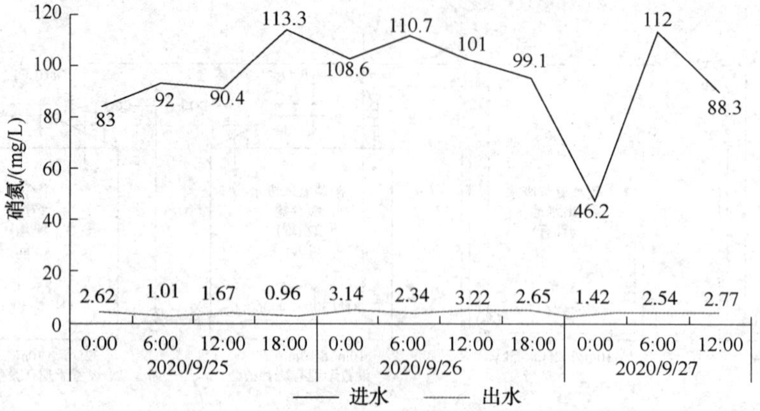

图 4 中浓度硝氮标定数据

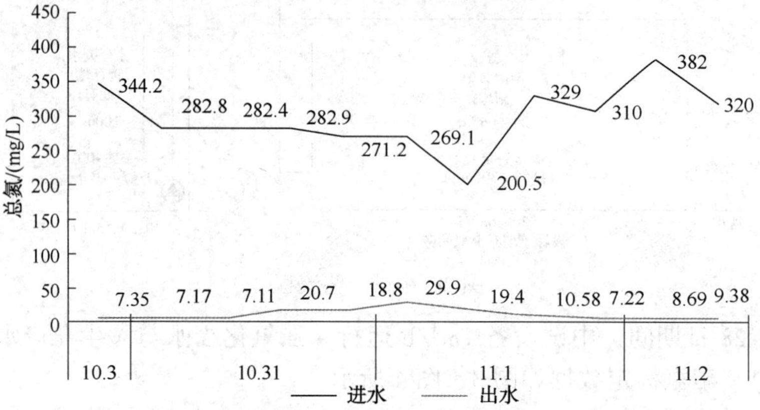

图 5 高浓度总氮标定数据

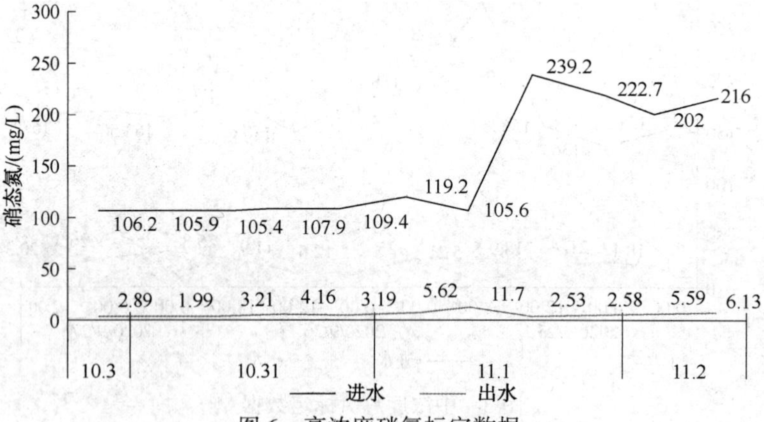

图 6 高浓度硝氮标定数据

表 2 同步样比对数据

项 目	总氮/(mg/L)			硝态氮/(mg/L)		
	进水	出水	去除率	进水	出水	去除率
用 户	167.5	20.3	88%	88.3	2.77	97%
布瑞林特	208	17	92%	194	4.1	98%
白云检测	196	17.5	91%	190	1.49	99%

从上述数据中可以看出：

（1）进水总氮在高达 300mg/L 以上时，出水总氮效果仍然稳定，总氮去除率最高达到 98%，硝氮去除率最高达 99%。

（2）出水硝氮在 5mg/L 以下，但总氮仍大于 15mg/L。来水总氮有一些不明物质，需做进一步详细分析。

（3）用户硝氮数据检测（国标）与布瑞林特（哈希快速检测仪）和第三方白云检测公司（色谱检测）比较，数据值偏低。

1.5 中试小结

（1）采用新型自养脱氮，无需外加有机碳源，脱氮效率 95%以上，原料来源石化行业附属产品，对行业意义重大。

（2）自养型细菌的细胞产率（0.04～0.13kgVSS/kgN）远低于异养型细菌的细胞产率（0.4～0.9kgVSS/kgN），污泥产量减少 60%以上。

（3）因无需补充有机碳源，且自养反硝化过程消耗二氧化碳，实际二氧化碳释放量可减少 95%以上。

（4）同步消耗氨氮、无机磷，可以进一步优化生化系统。

从中试运行情况看该工艺适用于石化企业高总氮污水处理。

2 工程应用情况

2.1 项目背景

2020 年江苏省发布了 DB 32/939—2020《江苏省化学工业水污染物排放标准》，提高了 COD、氨氮、总氮、悬浮物排放要求，要求现有企业从 2022 年 1 月 1 日起执行该标准。GB 31571—2015《石油化学工业污染物排放标准》与 DB 32/939—2020《江苏省化学工业水污染物排放标准》的主要污染物排放标准对比见表 3。

表 3 污染物排放标准对比

项 目	直接排放限值	
	GB 31571—2015	DB 32/939—2020
悬浮物/（mg/L）	50	30
化学需氧量/（mg/L）	50	50
五日生化需氧量/（mg/L）	20	20
氨氮/（mg/L）	5	5
总氮/（mg/L）	30	15

新标准施行后，某石化厂现有污水处理系统总氮排放已经不能满足标准要求，因此必须对现有综合污水处理站进行改造，在新标准实施的影响下，系统脱氮的实行迫在眉睫。

2.2 常用脱氮工艺比选

目前市场上采用的基本是生物脱氮工艺，生物脱氮工艺大体分成自养反硝化脱氮和异养反硝化脱氮。自养反硝化与异养反硝化滤池工艺对比表 4。

表 4 自养反硝化与异养反硝化滤池工艺对比

处理方法	异养反硝化滤池	自养反硝化滤池
工艺特点	可前置，处理高浓度硝态氮废水，填料流化状态，不易堵塞，耗能高	处理中、低浓度硝态氮废水，滤池形式，不需有机碳源，出水 TN 低，且有 SS 过滤作用，反洗频率低
填料	无机填料	自养脱氮滤料
碳源	需要投加有机碳源，C/N>4	不需要有机碳源，无机硫为电子供体
CO_2排放量/(t/a)	增加约 930	0
产污泥量(H_2O 30%)/(t/a)	376	49
污水处理费用/(万元/a)	672	395
污泥处理费用/(万元/a)	169.2	22
建设费用/万元	1500	2500

由表 4 可见，异养反硝化初期投资低、但运行成本高，而自养反硝化滤池初期投资略高但运行成本较低。以投资+运行的全成本分析，自养与异养滤池在投产后约 2.5 年成本齐平，而之后自养每年比异养节省约 50%运行成本(节省 425 万元/a)。

自养型细菌的细胞产率 0.04～0.13kgVSS/kgN 远低于异养型细菌的细胞产率 0.4～0.9kgVSS/kgN。根据项目硝态氮负荷估算，自养反硝化每日增加绝干污泥约 40.4kg，异养反硝化每日增加绝干污泥约 308.9kg。按含 H_2O 30%估算全年污泥产量，自养反硝化污泥产量约 49t/a，异养反硝化污泥产量约 376t/a。自养反硝化比异养反硝化污泥处置费用每年节省约 147 万元。

运行费用中电费及人工费占比较小，暂不计算。乙酸钠(质量分数为 20%的溶液)单价按 1200 元/t 计算，投加比例为 6：1，全年投加约 5600t，全年运行费用 672 万元。自养填料单价 7000 元/t，投加比例 3：1，全年投加 565t，全年运行费用 395 万元。且自养反硝化没有碳源投加系统，省去了设备购置、维护、保养等费用，同时也避免碳源投加过量造成出水 COD 增加的风险。

自养反硝化生物滤池工艺与异养反硝化相比，碳减排效果显著。自养反硝化需要利用水中无机碳来合成微生物而且不产生 CO_2。异养反硝化每投加 1t 乙酸钠产生 0.83tCO_2。若项目按投加乙酸钠比例 6：1 计算，全年投加乙酸钠约 1120t，相应产生约 930tCO_2。

2.3 自养反硝化工艺组成

2.3.1 自养工艺流程图

自养反硝化生物滤池工艺流程图如图 7 所示。

2.3.2 反冲洗流程

自养反硝化生物滤池需反冲洗，将截留和生成的固体排出。反冲洗流程通常需要三个阶段：气洗、气水联合反洗、水洗或漂洗。

自养反硝化生物滤池的反冲洗模拟人的搓手模式，大量强有力的空气使滤料相互搓擦，使截留的 SS 及老化生物膜全部清洗出池，清洗率达到 100%，冲洗用水仅为总量 2%～4%。

2.3.3 滤池结构

滤池结构如图 8，主要组件如下：

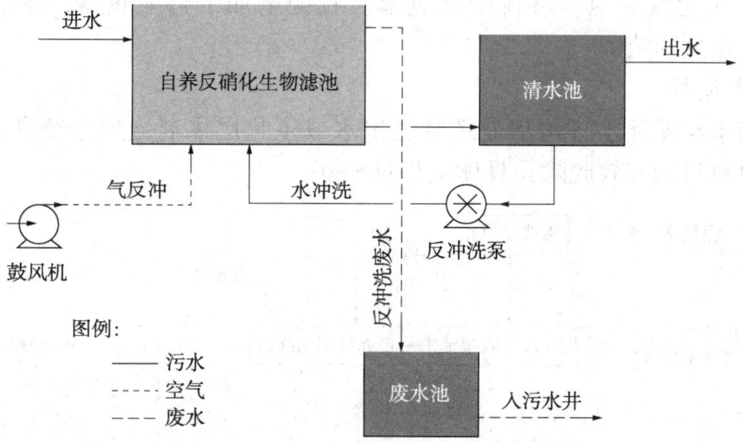

图 7 自养反硝化生物滤池工艺流程图

(1) 滤料：新型复合滤料，圆形尺寸范围 3~5mm。
(2) 砾层：圆形硬硅质砂，尺寸范围 3~38mm。
(3) 长柄滤头：均匀布水布气，ABS 材质。
(4) 进气管：当需要进气管配置时，不锈钢的进气管能够提供均匀的反冲洗气分配。
(5) 堰板：使滤池与反冲洗水槽分开，为进水和反冲洗出水的均匀分配提供条件。
(6) 控制系统：专为控制滤池的各种设备而开发的控制系统。
(7) 阀门：自动和手动的阀门控制水和空气的进出。
(8) 反冲洗泵：为滤池提供反冲洗水，用于反冲洗滤料和驱氮。
(9) 鼓风机：为滤池提供反冲洗空气来源，用于反冲洗滤料。

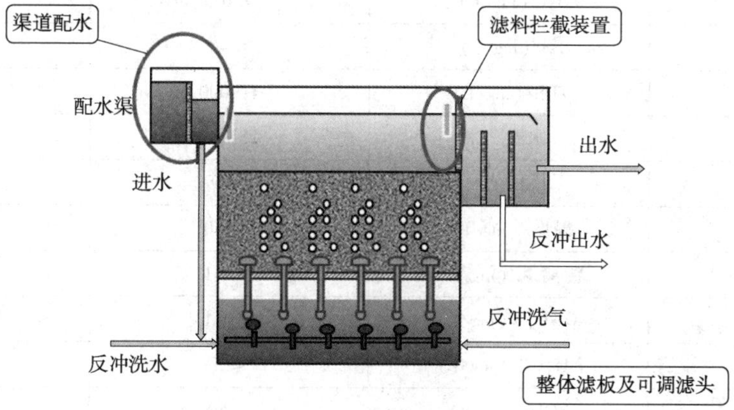

图 8 自养生物滤池结构

2.4 实施方案

自养反硝化生物滤池技术在某石化厂中试效果良好的基础上，进一步采用本工艺处理硝基氯苯废水脱氮。为保证自养反硝化稳定运行，将循环水排污水处理系统出水与硝基氯苯强氧化出水混合一起脱氮。其中循环水排污水处理系统出水总氮平均值约 15mg/L，与硝基氯苯废水混合后，混合废水 TDS 约 3500mg/L，总氮约 100mg/L，适宜自养反硝化菌生长，通过自养脱氮可使出水总氮降到 15mg/L 以下。现有硝基氯苯废水温度在 70~80℃，需降温后才能进入自养反硝化脱总氮，可在硝基氯苯装置处增加1台换热器，将废水温度降低到35℃以下再送入预处理装置。

2.4.1 项目工艺流程

硝基氯苯废水与循环水排污水处理装置出水或生化尾水混合后，经自养反硝化装置处理，废水中的总氮得到有效脱除，具体流程见图9。

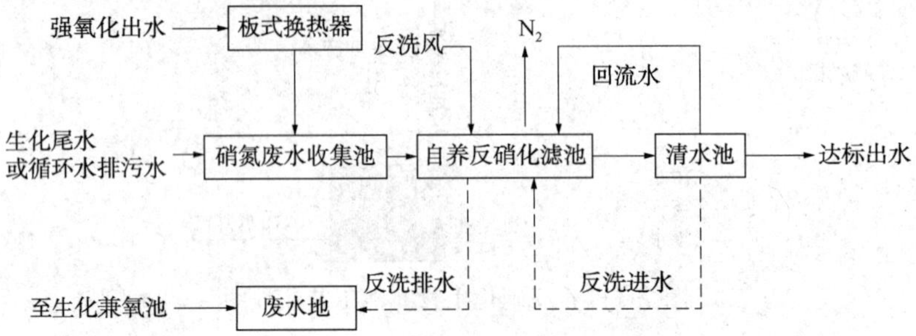

图9 工艺流程图

2.4.2 设计参数

根据某石化厂提供的基础条件资料、水质和处理要求进行设计。该装置硝态氮负荷主要来自硝基氯苯废水，其中硝基氯苯废水20t/h，为控制盐分，配水可以为循环水排污水，也可以为生化装置出水，正常设计规模按250m³/h。进水水质指标和出水水质指标见表5和表6。

表5 自养反硝化滤池进水指标

序号	项 目	进水	备注
1	TN/(mg/L)	≤100	
2	SS/(mg/L)	≤40	
3	TDS/(mg/L)	≤9000	
4	水温/℃	25~38	
5	pH值	6~9	
6	碱度/(mg/L)	≥450	以碳酸钙计
7	游离氯/(mg/L)	≤0.1	
8	双氧水/(mg/L)	≤0.1	
9	NH_3-N/(mg/L)	≤5	
10	COD/(mg/L)	≤50	

表6 自养反硝化滤池出水指标

序号	项 目	出水	序号	项 目	出水
1	TN/(mg/L)	≤14	4	NO_3-N/(mg/L)	≤10
2	SS/(mg/L)	≤30	5	NH_3-N/(mg/L)	≤5
3	TDS/(mg/L)	≤10000	6	COD/(mg/L)	≤50

2.4.3 运行参数

(1) 反洗强度参数：气洗强度 30~60$m^3/(m^2 \cdot h)$；水洗强度 20$m^3/(m^2 \cdot h)$。

(2) 反洗顺序：气洗(3~5min)—气水联合(5~8min)—水洗(8min)。

(3) 装置运行：24h 连续运行，反洗频率 3~4d/次(每日至少反洗 2 格滤池)。

(4) 回流量：900~1200m^3/h。

(5) 进水流量：250~270m^3/h。

2.4.4 反硝化滤池构筑物

(1) 反硝化滤池：

功能：去除 TN、SS

类型：半地下式矩形钢筋砼构筑物

数量：8 格

内净尺寸：$L \times B \times H$ = 8.0m×8.0m×7.5m(单格)

(2) 管廊：

功能：用于滤池阀门的检修与维护

类型：半地下式矩形钢筋砼构筑物

内净尺寸：$L \times B$ = 33.0m×24.0m

(3) 清水池：

功能：滤池出水，贮存反洗水量

类型：半地下式矩形钢筋砼构筑物

内净尺寸：$L \times B \times H$ = 10.0m×8.5m×7.0m

(4) 废水池：

功能：作为反洗废水存放单元

类型：半地下式矩形钢筋砼构筑物

内净尺寸：$L \times B \times H$ = 10.0m×8.5m×7.0m

2.4.5 工程育菌

(1) 污泥接种。接种污泥为缺氧池混合液，接种量按照 250g/m^3(绝干污泥/滤料体积)；污泥接种完毕后进污水至高出滤料表面 1m 左右；接种完成后，为保证污泥与滤料混合均匀，采用反洗风机气洗 2min 左右。

(2) 污泥接种完毕后，静置闷池 2 日，每日检测池内总氮、硝氮、碱度、氨氮、总磷。

(3) 第 3 日进配置好的污水置换池中污水，污水排放至清水池，开启内循环，每日检测 TN、硝氮、碱度、氨氮、总磷。直至总氮降低至 14mg/L 以下。

(4) 总氮降低后继续进配置好的污水、继续内循环，直至清水池水质满足排水标准后外排，不满足标准需排至废水池，由废水池外排至大生化兼氧池。

2.4.6 调试进展

自养反硝化装置自 9 月 28 日进强氧化废水开始，调试过程中出现系统进水总氮波动大、强氧化水对系统冲击等问题。找出问题点后采取了相应工艺优化措施。11 月底强氧化出水已全部进入系统处理，进水流量 13~18m^3/h，系统总进水流量 250~270m^3/h，进水总氮 40~60mg/L 左右，出水总氮 2~5mg/L。

2.4.7 标定

考核标定于2月12日9时开始。按每组进出水总氮去除率≥90%，24小时取样6组水样，标定168个小时进行考核，标定数据如图10、图11所示。

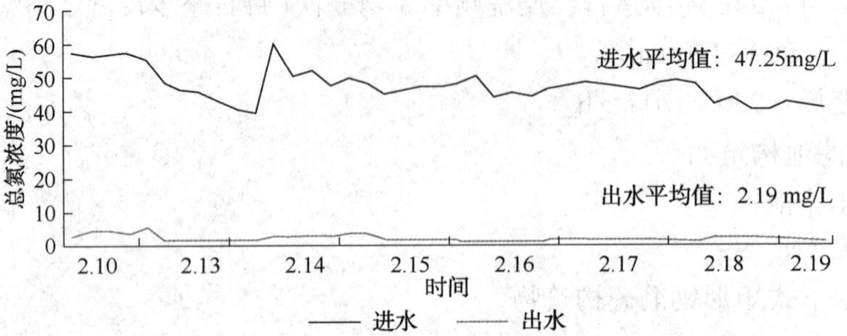

图10 标定进出水总氮

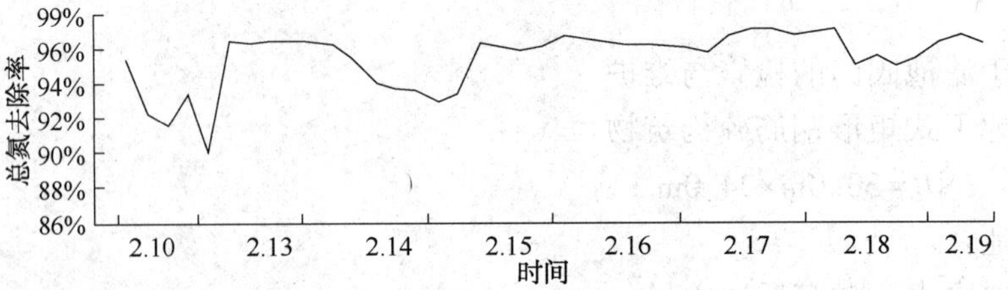

图11 总氮去除率

进水总氮最大值为59.5mg/L，最小值39.4mg/L。平均进水总氮47.25mg/L；

出水总氮最大值为5.41mg/L，最小值1.37mg/L。平均出水总氮2.19mg/L；

总氮去除率最大值为97.01%，最小值90.2%，平均总氮去除率95.46%。

2.4.8 运行药剂成本分析

表7 运行药剂成本分析表

药剂	单价/(元/kg)	投加量/(mg/L)	吨水药耗/(元/t)
亚硫酸钠	1.8	83	0.149
碳酸氢钠	1.8	62	0.112
磷酸二氢钾	2	1.6~3.3	0.0032~0.0064
氯化铵	2.4	4~8	0.0096~0.0192
合计			0.2738~0.2866

因药剂市场价时有变动，表7中费用仅供参考，实际运行费用应以市场价计算为准。且运行过程中强氧化出水双氧水含量不稳定，亚硫酸钠按照最高量投加进行计算。综合计算每日药剂费用0.2866元/t水×6000t=1719元，每日消耗滤料约5000元，合计约6719元；对比异养反硝化每天乙酸钠费用10000元，且未计算额外产生污泥所需的处置费用。

2.5 项目小结

目前技改项目已完成考核标定验收，自养反硝化脱氮工艺在该石化厂处理硝基氯苯强氧化废水工程中技术优势明显，整体调试及运行过程中具有以下优点：

（1）运行费用低，较外加碳源异养型反硝化滤池节省运行费 40%。

（2）总氮去除率高，总氮去除率达到 90%以上。

（3）运行过程中有机碳源零投加，不产生 CO_2，CO_2减排率达到 100%，同时避免出水 COD 超标风险，维持出水水质稳定。

（4）污泥产量减少 60%，主要功能菌为自养型细菌，细胞产率为 0. 04～0. 13kgVSS/kgN，远低于异养型细菌的细胞产率 0. 4～0. 9kgVSS/kgN。

（5）运行维护简单，无碳源加药系统，反洗频率低(1 次/4 日)。

3 结 论

（1）自养反硝化工艺处理石化高总氮废水中试研究脱氮效果显著，总氮由最高 382mg/L 降至 8. 65mg/L，去除率高达 98%，总氮平均去除率达到 90%以上。硝氮由最高 239. 2mg/L 降至 2. 53mg/L，去除率高达 99%，中试稳定运行中硝氮去除率在 98%左右。整个试验过程中且无需投加碳源，处理大生化综合废水时不需投加碱，处理中高浓度废水时需补充碱度，由于工业水中营养物质缺乏及含有双氧水，需投加极少量氮、磷营养物质及去除硝基氯苯强氧化出水中的双氧水，较异养反硝化 CO_2每日减排量 12. 7kg。

（2）工程运行上该工艺技术优势明显，考核标定期间进水总氮最大 59. 5mg/L，最小 39. 4mg/L，平均进水总氮 47. 25mg/L，出水总氮最大 5. 41mg/L，最小 1. 37mg/L，平均出水总氮 2. 19mg/L；总氮去除率最高达到 97. 01%，平均总氮去除率 95. 46%。整体工艺运行过程中无需碳源投加，不产生二氧化碳；运行费用低，较传统外加碳源异养型反硝化滤池节省运行费用 40%以上；出水水质稳定，避免出水 COD 超标风险。

因此，该工艺作为生物脱氮优选工艺，项目建成后，污水排放满足最新地方标准，作为排污企业的治污能力和水平将得到提高。

苯胺工艺废水有机杂质对蛋白核小球藻生长及生理指标的影响

李 煦 郭宝文 荣峻峰 宗保宁

（中石化石油化工科学研究院有限公司，北京 100083）

【摘要】 苯胺是应用广泛的化工原料，其生产过程中会产生含氮废水，其中的有机杂质会对微藻处理产生影响。选取了苯胺工艺废水中两种典型的有机杂质苯胺和硝基苯，研究其对蛋白核小球藻的毒性，以及蛋白核小球藻对苯胺和硝基苯潜在清除作用。蛋白核小球藻对暴露不同浓度苯胺、硝基苯后生长速率与色素含量均表现出浓度依赖性的下降。蛋白核小球藻对苯胺的耐受性高于硝基苯，且对二者具有一定的清除作用

【关键词】 苯胺 硝基苯 蛋白核小球藻 废水

1 前 言

微藻是一类以单细胞或细胞聚集体形式存在的低等生物，能高效地利用光能、二氧化碳和水进行光合作用。微藻普遍存在于地球上的水环境中，从咸水到淡水，甚至潮湿的陆地表面，各种生境均发现有不同类别的藻类生长。微藻具有生长周期短、生长速度快、适应性强等特征[1]。

随着环保要求及标准日益提高，工业废水中的氮磷去除已成为工业污染治理的重要方向。微藻能够将废水中的碳、氮、磷、无机盐等营养物质转化为蛋白质、淀粉、色素及油脂等有用成分，用于生产能源、动物饲料和高价值产品的生物质，从而在废水净化的同时，实现对废水中营养物质的回收利用，获得高值微藻生物质，因而被认为是一种有前途的废水处理方式[2]。微藻细胞能利用水体中多种无机氮和有机氮化合物作为氮源，利用二氧化碳和碳酸盐作为碳源，进行光能自养生长。被藻细胞吸收的硝酸盐、亚硝酸盐和铵盐可以用于氨基酸和蛋白质等物质的合成；水中的磷可直接被藻细胞吸收，并通过多种磷酸化途径转化成核酸、磷脂等有机物或以聚磷的形式保存在细胞内[3]。利用废水养殖藻类可以达到双重目的：一方面可以将废水中的氮磷去除并作为自身的营养物质；另一方面，生产的高价值生物质可以降低废水处理的成本[4]。因此，微藻在环境保护领域具有巨大潜力。

在利用微藻对工业排放的废水进行处理时，需要对废水的性质进行分析，确定是否能够直接进行微藻处理，以及是否需要进行预处理。微藻细胞作为生物体，对外界环境具有一定敏感性，用于进行微藻处理的工业排放水不能含有大量的对微藻细胞具有毒性的物质。苯胺

为常见化工原料，广泛应用于染料、医药等行业。苯胺生产过程排放的废水中含有铵根、硝酸根与亚硝酸根等无机物，可以作为微藻生长的氮源，因此可以使用微藻对苯胺工艺废水进行脱氮处理。但苯胺废水中还含有硝基苯、苯胺等有机杂质，可能会对微藻细胞产生一定的毒害作用。因此，在使用微藻对苯胺废水进行处理之前，需要研究有机杂质成分对微藻生长产生的影响，并提出有针对性的应对手段，包括耐受性藻种选育、废水添加工艺优化与废水预处理等。本论文以苯胺生产工艺排放废水中的常见有机杂质为研究对象，分析了硝基苯和苯胺对废水处理常用藻种蛋白核小球藻生长状况以及细胞生理生化指标的影响，并初步探索了微藻对有机杂质的代谢清除能力，为微藻处理工业排放废水技术的开发奠定了基础。

2 材料与方法

2.1 藻种和试剂

蛋白核小球藻来自石油化工科学研究院藻种库。苯胺(分析纯)和硝基苯(分析纯)购自伊诺凯(北京)。

2.2 预培养

配制蛋白核小球藻培养基，121℃高温灭菌后备用。无菌条件下，向培养基中接入藻种，置于光照培养箱中进行培养。光照强度 3000lx，光暗周期 14h：10h，温度 28±1℃，震荡转速 150r/min。

2.3 毒性试验

通过离心收获处于指数生长期的蛋白核小球藻，并重新悬浮在无菌的新鲜培养基中。分别加入不同终浓度的苯胺或硝基苯溶液。按照 1.2 的条件培养 48h，每 12h 取样进行分析。

2.4 测定方法

2.4.1 藻生长测定

采用吸光度法对细胞密度进行测定，以蒸馏水为空白对照，在 680nm 波长下测定藻液吸光值。以干重表征蛋白核小球藻生物质含量。取 5mL 藻液于预先称重的 0.22μm 的纤维素滤膜上抽滤，去离子水冲洗三次，置于 105°C 烘箱中烘 3h 至恒重，称重。

2.4.2 光合色素含量测定

将微藻藻泥用 80%丙酮在 4℃暗处提取 24h，提取物 8000r/min 离心 10min，取上清液，使用分光光度计测量 663nm、645nm 和 470nm 波长处的吸光度。使用文献[5]中报道的公式计算叶绿素 a(Chl a)、叶绿素 b(Chl b)和类胡萝卜素(Car)的含量。

2.4.3 叶绿素荧光参数测定

叶绿素荧光参数 F_v/F_m 和 Y_{II} 使用叶绿素荧光仪(DUAL-PAM Walz，德国)测定，并计算获得光合作用系统 II(PSII)光化学最大量子效率(F_v/F_m)和光化学实际量子效率(Y_{II})。

2.4.4 苯胺和硝基苯含量测定

采用高效液相色谱法检测苯胺和硝基苯含量。色谱柱为反相 C-18 柱(250mm×5mm)，检测波长 254nm，进样量 10μL。流动相为甲醇和水的混合物，体积比为 40：60，流速为 1mL/min。

3 试验结果

3.1 苯胺和硝基苯对蛋白核小球藻生长的影响

苯胺和硝基苯对蛋白核小球藻的生长表现出一定程度的抑制作用(图 1)。与对照相比，低于 100mg/L 的苯胺或低于 10mg/L 的硝基苯对其生长没有明显的抑制作用。超过上述浓度水平，蛋白核小球藻的细胞密度出现显著下降，且抑制作用随苯胺、硝基苯浓度的增加而增强，表现出明显的剂量-效应关系。蛋白核小球藻对苯胺的耐受剂量显著高于硝基苯。

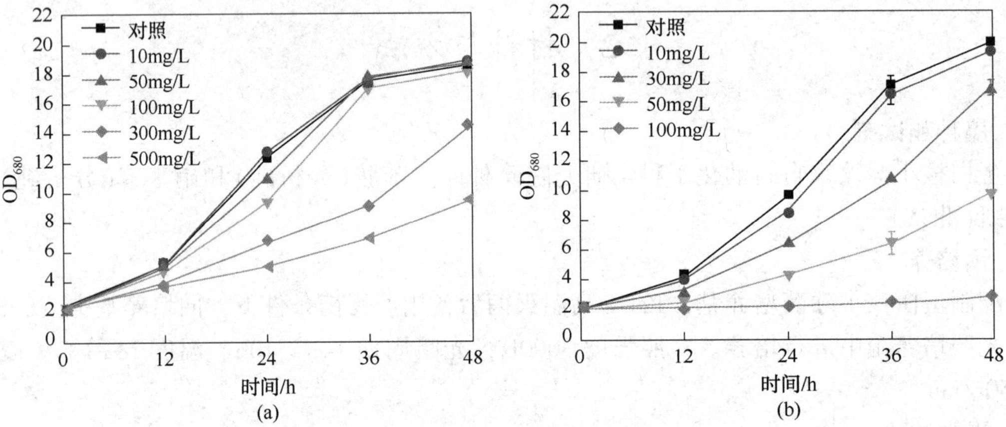

图 1 暴露于不同浓度苯胺和硝基苯下蛋白核小球藻的生长曲线

(a)苯胺；(b)硝基苯

3.2 苯胺和硝基苯对蛋白核小球藻光合色素含量的影响

光合色素(叶绿素 a、b 和类胡萝卜素)在光能的吸收和转化中起着重要作用。蛋白核小球藻光合色素含量随培养时间的延长整体呈下降趋势。高浓度苯胺(大于 100mg/L)和硝基苯(大于 30mg/L)显著降低了蛋白核小球藻的光合色素含量(图 2、图 3)。

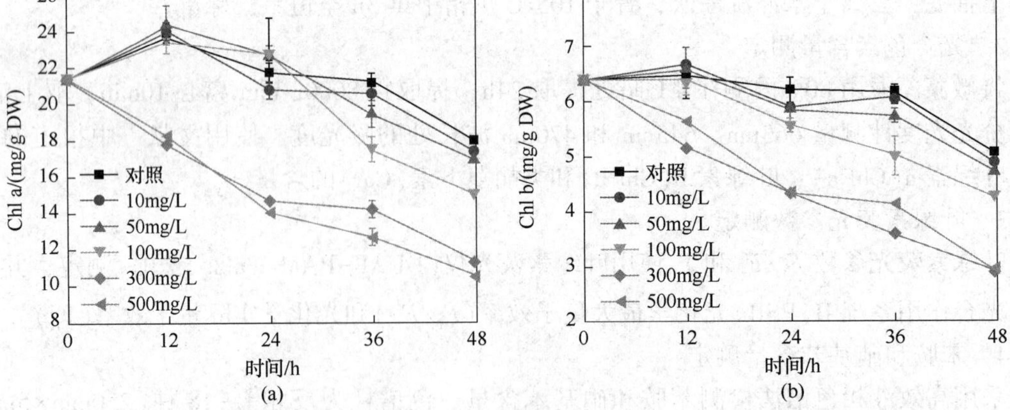

图 2 暴露于不同浓度苯胺下蛋白核小球藻叶绿素含量的变化

(a)叶绿素 a；(b)叶绿素 b；(c)类胡萝卜素

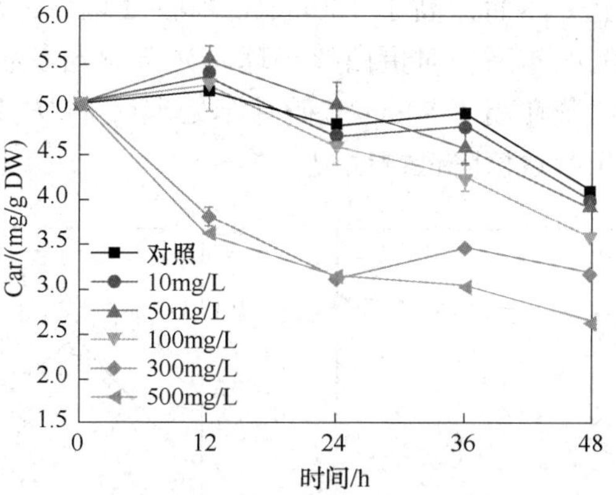

(c)

图 2　暴露于不同浓度苯胺下蛋白核小球藻叶绿素含量的变化(续)

(a)叶绿素 a；(b)叶绿素 b；(c)类胡萝卜素

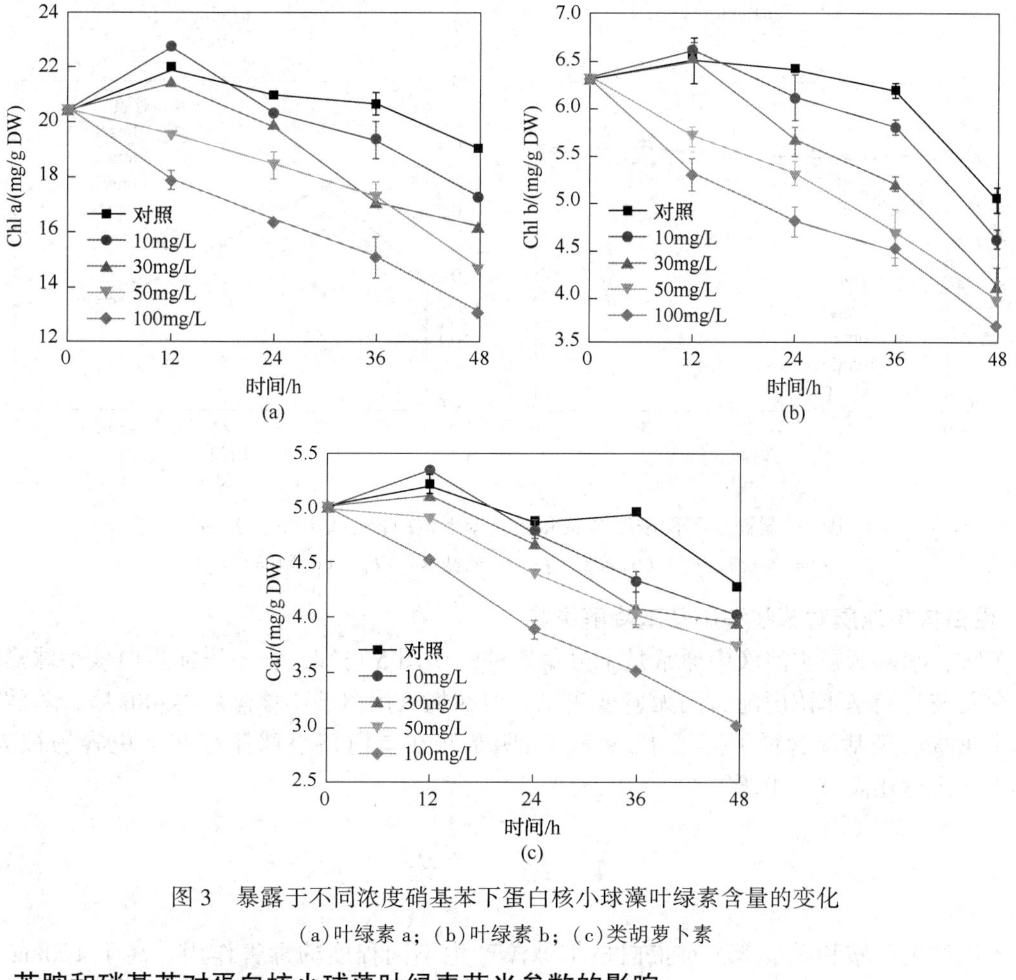

图 3　暴露于不同浓度硝基苯下蛋白核小球藻叶绿素含量的变化

(a)叶绿素 a；(b)叶绿素 b；(c)类胡萝卜素

3.3　苯胺和硝基苯对蛋白核小球藻叶绿素荧光参数的影响

低于 100mg/L 苯胺浓度处理后蛋白核小球藻 F_v/F_m 比值变化较平稳；Y_{II} 呈先升后降的

趋势，总体保持在 0.2 以上。然而，高于 100mg/L 苯胺处理后，F_v/F_m比值和 $Y_{Ⅱ}$ 与对照组比较出现显著下降；苯胺浓度越高，对蛋白核小球藻光合荧光参数的影响越明显。硝基苯处理组与之类似，蛋白核小球藻在高于 50mg/L 硝基苯处理后 F_v/F_m比值和 $Y_{Ⅱ}$ 均显著降低，且随硝基苯含量升高，其荧光参数值降低越明显。

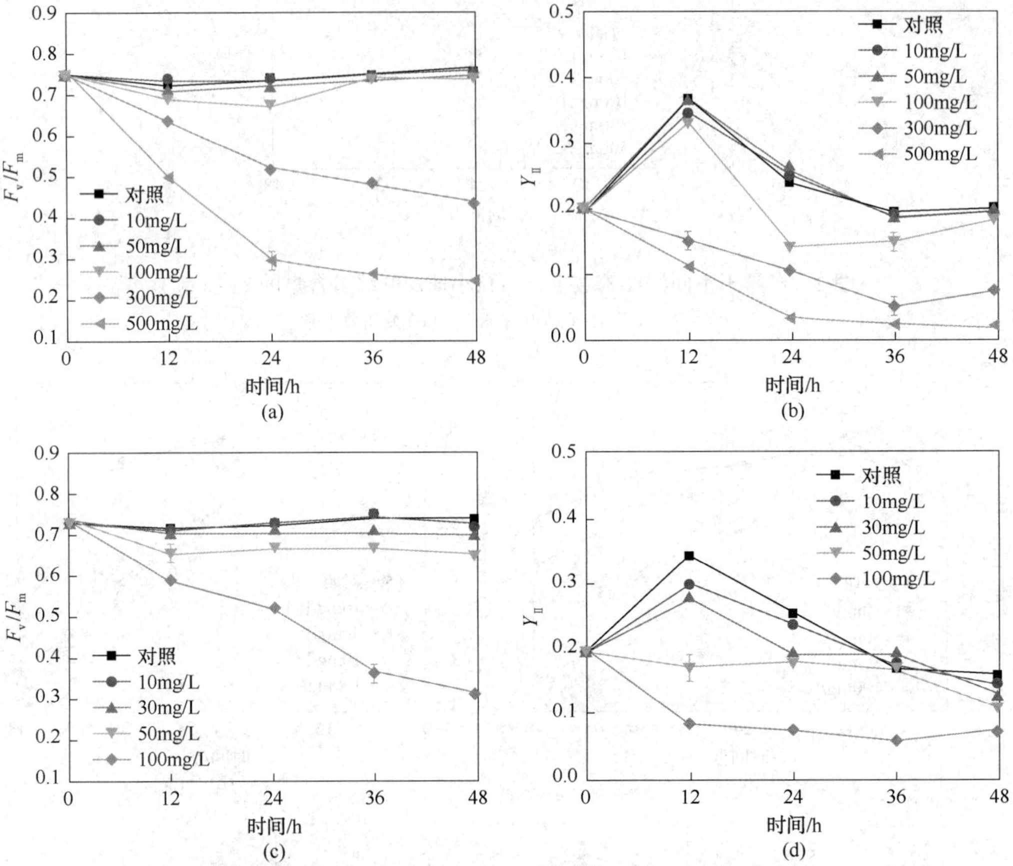

图 4 暴露于不同浓度苯胺和硝基苯下蛋白核小球藻的荧光活性

(a)苯胺 F_v/F_m；(b)苯胺 $Y_{Ⅱ}$；(c)硝基苯 F_v/F_m；(d)硝基苯 $Y_{Ⅱ}$

3.4 蛋白核小球藻对苯胺和硝基苯降解影响

苯胺、硝基苯在水溶液中通常是十分稳定的。由图 5 可知，在不添加蛋白核小球藻的对照组中苯胺与硝基苯浓度随时间无显著变化。但在加入蛋白核小球藻培养 48h 后，苯胺含量下降了 40%，硝基苯含量下降了 12.9%。表明苯胺在蛋白核小球藻存在下更容易被去除，但其去除机理还需进一步研究。

4 结　论

不同浓度苯胺和硝基苯会对蛋白核小球藻产生不同程度的毒害作用。高于 100mg/L 苯胺和高于 30mg/L 硝基苯处理均会对蛋白核小球藻的生长、光合活性与色素含量造成显著抑制。高浓度的苯胺、硝基苯会抑制光合活性，阻遏光合电子传递，造成氧化胁迫。本研究还

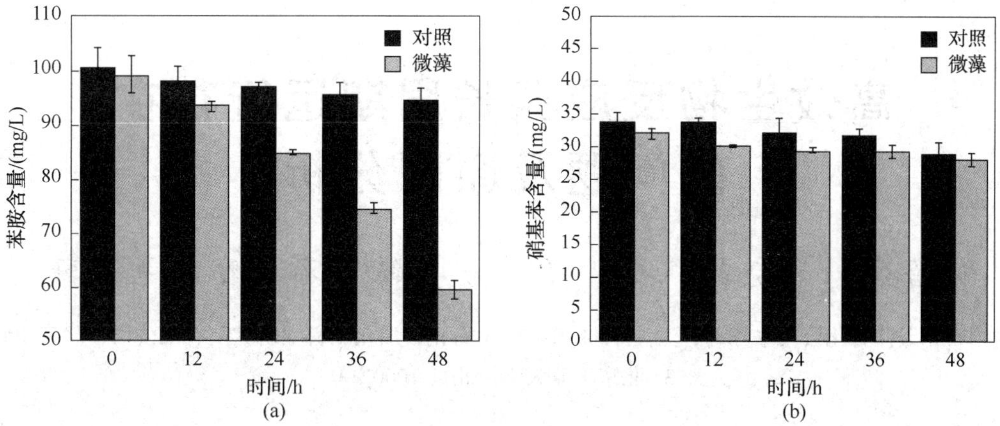

图 5　苯胺与硝基苯含量随时间变化情况

(a)苯胺；(b)硝基苯

发现在蛋白核小球藻存在下会促进苯胺和硝基苯的清除，其中对苯胺的清除效率要高于硝基苯。本研究探索了苯胺及硝基苯对蛋白核小球藻生长与生理指标的影响，以及蛋白核小球藻对苯胺与硝基苯的去除作用，为化工含氮废水生物处理提供了一条新思路。

参　考　文　献

[1] Fernandez F G A, Reis A, Wijffels R H, et al. The role of microalgae in the bioeconomy[J]. Nature Biotechnology, 2021, 61: 99-107.

[2] Park J B K, Craggs R J, Shilton A N. Wastewater treatment high rate algal ponds for biofuel production [J]. Bioresource Technology, 2011, 102(1): 35-42.

[3] Moore L R, Post A F, Rocap G, et al. Utilization of different nitrogen sources by marine cyanobacteria *Prochlorococcus* and *Synechococcus*[J]. Limnology and Oceanography, 2002, 47(4): 989-996.

[4] Liu C, Li X, Li Y, et al. The Influence of Cyclohexanone/Cyclohexanol on the Growth and Nitrogen Removal of Arthrospira platensis and the Cyclohexanone/Cyclohexanol Biotransformation[J]. Water, Air, & Soil Pollution, 2020, 231(7): 331.

[5] Mao Y, Yu Y, Ma Z, et al. Azithromycin induces dual effects on microalgae: Roles of photosynthetic damage and oxidative stress[J]. Ecotoxicology and Environmental Safety, 2021, 222: 112496.

高效生物反应器长周期运行存在的问题及原因分析

代蓓蓓[1]　曹晓磊[2]　张　亮[3]　王　辉[2]　蒋　玲[3]　纪　轩[1]

（1. 中国石化天津石化公司水务部，天津 300270；2. 中石化石油化工科学研究院有限公司，北京 100083；3. 北京工业大学，北京 100021）

【摘要】 某石化水务部提标装置高效生物反应器由于进水悬浮物高、pH 偏高等情况，出现了填料结垢、出水量下降、微生物菌群结构发生变化等问题。本文从微生物分布情况、填料结垢情况、进出水水质情况对高效生物反应器的运行进行了相应的问题原因分析，并给出下一步运行的建议。

【关键词】 高效生物反应器　微生物　结垢

难降解有机废水深度处理大多采用高级氧化法（包括臭氧催化氧化、芬顿试剂氧化、电子束氧化、电化学氧化、臭氧双氧水氧化、微电解法和超临界水氧化法）、混凝沉淀、活性炭或大孔树脂吸附和生物处理（包括膜生物反应器、曝气生物滤池）等相结合的措施或采用特种生物处理措施。烟气脱硫脱硝废水、反渗透浓水及化学水中和水具有难生物降解、含盐量高等特点，需要处理效果好、运行成本低、处理效果稳定的处理技术实现 COD≤30mg/L 的目标。某石化水务部提标装置高效生物反应器+高密度澄清池工艺处理烟气脱硫脱硝废水、反渗透浓水及化学水中和水。但随着运行时间的不断延长，高效生物反应器及高密度澄清池单元出现了不同程度的问题，且该类问题严重影响了生产运行及达标排放。

1　高效生物反应器运行概况

高效生物反应器作为提标装置的核心工艺，具体进出水水质情况详见表 1。

表 1　高效生物反应器设计进出水水质情况　　mg/L

项目		进水	均质调节罐	高效生物反应器生物反应池
COD_{Cr}	水质	100	100	33
	去除率	—	—	67%
氨氮	水质	5	5	1.5
	去除率	—	—	70%
总氮	水质	10	10	10
	去除率	—	—	—
悬浮物	水质	20	20	20
	去除率	—	—	—

续表

项目		进水	均质调节罐	高效生物反应器生物反应池
总磷	水质	1	1	1
	去除率	—	—	—

高效生物反应器专门针对低负荷且难生物降解($BOD_5/COD<0.2$)废水深度处理的一种上向流好氧高效生物反应器专利技术，工作原理见图1。

由图1可知，其池型结构与上向流好氧生物滤池相同，采用气水同向上向流的运行方式，水流自下而上通过高效生物反应器载体，但空床停留时间是传统上向流好氧生物滤池的1~2倍，高效生物反应器是由针对难降解COD的特效复合功能菌群接种于一种碳基的颗粒状高效生物载体上，能够快速形成长期稳定并可耐受多种底物作为能量来源的高密度、强活性生物膜反应器。其核心技术是特效复合功能菌群和高效生物载体，这些独立培养的复合功能菌与传统驯化的微生物相比生长或发育更慢，包含了选自以下的至少一种微生物物种：杆菌属、丛毛单胞菌属、微球菌属、假单胞菌属、无色杆菌属、黄杆菌属、分枝杆菌属、产黄杆菌属、寡养单胞菌属和酵母。在好氧条件下，通过高效复合功能菌群利用水中难降解COD作为维持功能菌稳定的能量来源，将污水中的有机物进一步生物降解，最终合成微生物内源物质或用于代谢，从根本上消除水中的难降解有机污染物。

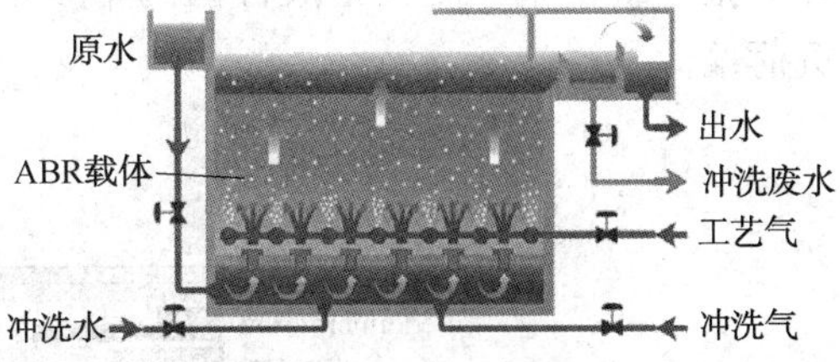

图1 ABR的工作原理

2 运行存在的问题及原因

2.1 微生物性能及菌群发生变化

为了判定微生物性能及优势菌群是否发生变化，因此采用16sRNA基因测序技术对微生物群落在门水平以及属水平进行了相应检测分析。

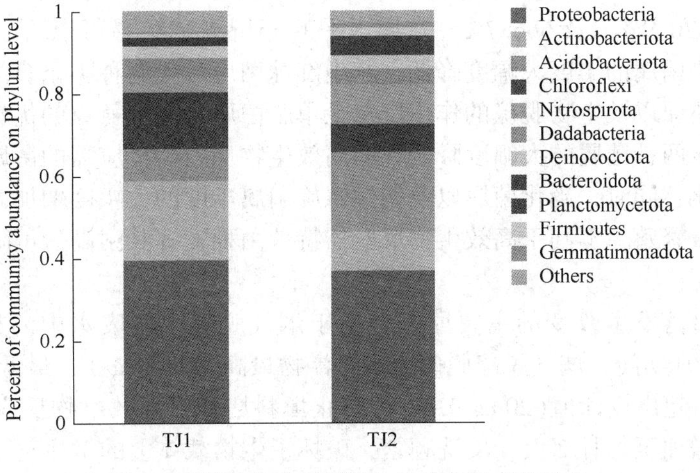

图2 高效生物反应器微生物分布门水平对比

通过图2可以看出，在门水平上，变形菌门的相对丰度由运行初期的39.6%降低至36.9%，放线菌门由19.2%降低至9.3%，绿弯菌门从13.7%降低至6.9%；酸杆菌门由7.8%上升至19.4%，硝化菌门由3.7%上升至9.8%。其中变化幅度较大的为放线菌门，绿弯菌门，酸杆菌门以及硝化菌门，变化幅度分别为51%，50%，148%以及165%。从门水平的分析测试结果可以看出，放线菌门和绿弯菌门丰度显著减少，这两类菌门中的微生物主要是厌氧和缺氧菌，具有发酵和降解有机物的能力。而硝化菌和酸杆菌的丰度大幅度增加说明好氧菌大量繁殖，尤其是酸杆菌的丰度增加表明该系统内长期处于贫营养的状态内，即有机负荷偏低。

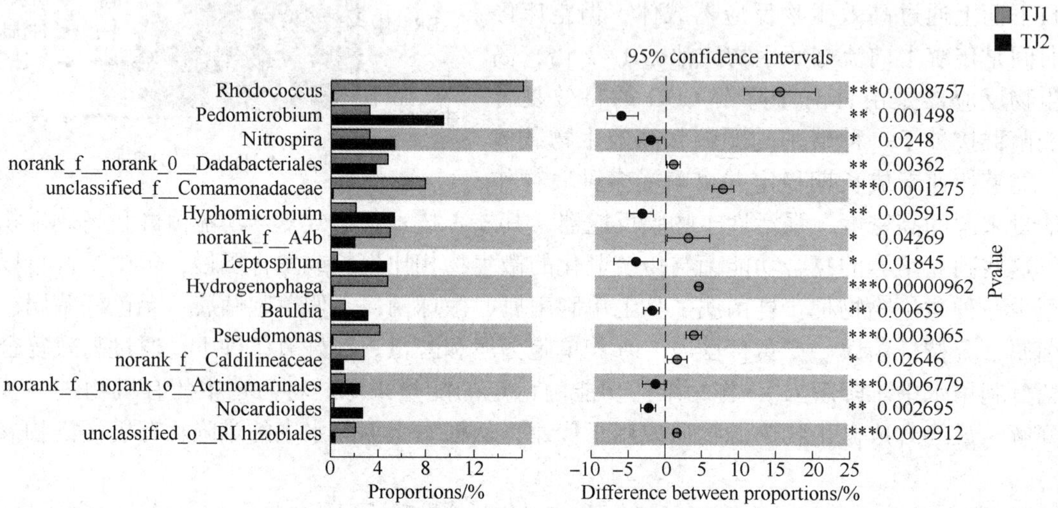

图3 高效生物反应器微生物分布属水平对比

通过图3可以看出，在属水平上，发生较大变化的分别是红球菌属、硝化菌属、钩端螺旋菌属、从毛单胞菌属以及嗜氢菌属。其中红球菌属的相对丰度由15.7%降低至0.1%，从毛单胞菌属从7.9%降低至0.1%，嗜氢菌属从5.4%降低至0.1%；硝化菌属的相对丰度则由3.1%上升至5.3%，钩端螺旋菌属由0.6%上升至4.6%。变化幅度分别为99.4%，98.7%，98.1%，70.9%以及666.7%。从属水平的分析测试结果可以看出，红球菌属、从毛单胞菌属、嗜氢菌属的丰度大幅度降低，其中红球菌属可代谢种类繁多的有机化合物，具有重金属吸附，还原以及生物脱硫的作用。从毛单胞菌属为降解氨氮的优势菌属，嗜氢菌属则是近海菌属，该两种菌属的大幅度降低说明高效生物反应器反应器的菌属结构以及优势菌属已发生很大变化，同时，硝化菌属以及钩端螺旋菌属丰度的大幅度增加，说明在这种运行状况下，杂菌大量繁殖，不利于高效生物反应器特效菌种发挥其耐高盐可降解难降解有机物的作用。

导致微生物群落发生改变的主要原因是由于烟气脱硫脱硝废水中的悬浮物长期超标，2022年8月至10月期间，烟气脱硫脱硝废水悬浮物最高为362mg/L，最低为32mg/L，均值为170mg/L，严重超出设计值(20mg/L)。为防止填料堵塞，高效生物反应器反应器的反洗周期由每年2次增加至每月2次，反洗频繁，破坏了生物载体上的微生物结构及生物膜内部的缺氧环境，导致生物量减少，厌氧菌及缺氧菌丰度比例降低，耐盐菌及短程硝化反硝化优势菌属丰度降低，生物载体菌属丰度比例发生改变。

2.2 处理水量降低，填料出现结垢现象

在运行过程中发现，高效生物反应器处理水量由设计值 $300m^3/h$ 降低至 $170m^3/h$，处理水量较大幅度降低，高效生物反应器反应器出现曝气不均，曝气风机出口憋压；曝气效果很难监测的情况。同时高效生物反应器进水管线混合器淤堵频繁，清淤时发现混合器中均为硬垢；高效生物反应器滤池配水渠出水堰处覆盖白色固体，质地坚硬；滤池出水滤网淤堵频繁。经检查填料后发现，填料出现板结、结垢现象。详见图 4。

图 4　高效生物反应器装置填料结垢情况

从图 4 中可以看出，填料表面形成灰白色致密硬垢，且部分板结填料呈中空锥体，初步判断该位置中空部分由于曝气管内置所致，且填料大面积出现板结、结垢情况，严重影响曝气量及曝气效果。

为了研究填料内部的情况，对填料的比表面积、微孔面积、孔体积、微孔体积做了相应的检测和对比。检测结果详见表 2。

表 2　填料性质对比

检测项目	上层未结垢填料	结垢填料
比表面积	687.2575m^2/g	449.7840m^2/g
微孔面积	643.5719m^2/g	399.4766m^2/g
孔体积	0.3470cm^3/g	0.2418cm^3/g
微孔体积	0.3003cm^3/g	0.1850cm^3/g

从表 2 可以看出，下层结垢的填料的比表面积、微孔面积、孔体积、微孔体积都较上层未结垢的填料有不同程度的减少。其中比表面积减少了 34.6%，微孔面积减少了 37.9%，孔体积减少了 30.3%，微孔体积减少了 38.4%。同时为了验证垢样的主要成分，还对此垢样进行了 XRF 组分分析、金属含量测定以及电镜扫描。结果详见表 3。

表 3　垢样元素分布

元素(以氧化物计)	Na_2O	MgO	Al_2O_3	SiO_2	P_2O_5	SO_3	Cl	K_2O
%(W)	1.28	0.786	10.3	14.4	1.07	4.31	0.262	0.219

续表

元素（以氧化物计）	CaO	TiO_2	MnO	Fe_2O_3	Co_2O_3	NiO	ZnO	SrO
%(W)	61.1	0.498	0.177	3.31	0.0712	0.233	0.558	0.822

元素	Al	Si	Fe	Na	Ca	Zn	P
mg/kg	559	10880	796	4470	170500	446	1048

通过表 3 可以看出，垢样中的主要金属元素为钙和硅，这是由于烟气脱硫脱硝工艺中使用的催化剂的主要成分是二氧化硅，同时催化剂的磨损为 10%，这些物质随烟气脱硫脱硝废水进入到污水处理系统中。同时烟气脱硫脱硝废水 pH 长期维持在 9 以上，高效生物反应器反应器内含有反渗透浓水，在高 pH 的情况下，水中碱度主要以碳酸盐的形式存在，和反渗透浓水的钙离子结合生成碳酸钙垢及硅酸钙垢，造成填料板结、结垢。

通过电镜结果同样可以看出填料内部形成了大量的晶体垢。证实填料内部也已形成碳酸钙及硅酸钙垢。结果详见图 5。

图 5 填料内部电镜结果

2.3 工艺性能恶化，处理 COD 效率偏低

高效生物反应器原设计进水 COD 100mg/L，出水 COD 33mg/L，设计去除率为 67%。在 2021 年 8 月至 10 月运行情况如图 6 所示。

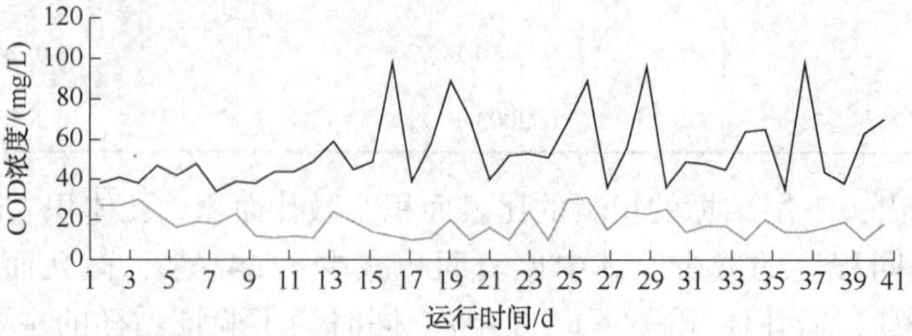

图 6 2021 年 8 月至 10 月高效生物反应器装置进出水水质情况

由图 6 可知，在运行周期内，进水 COD 均值为 53.8mg/L，出水 COD 均值为 17.7mg/L，平均去除率为 67.1%，达到基础设计指标。但是 2022 年 8 月至 10 月运行期间，COD 去除率严重下降。具体数据见图 7。

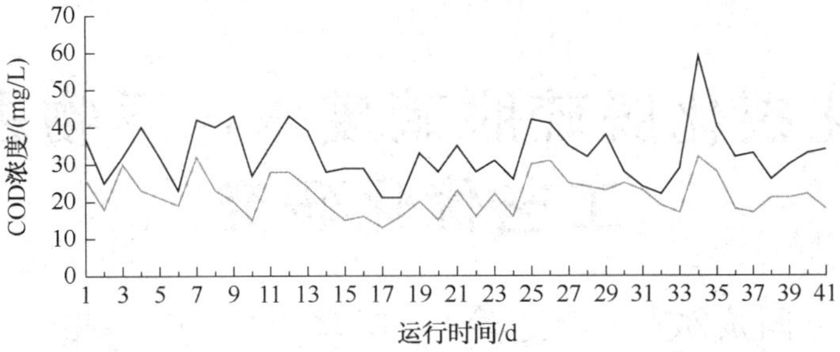

图7 2021年8月至10月高效生物反应器装置进出水水质情况

由图7可知，在该运行周期内，进水COD均值为32.8mg/L，出水COD均值为21.7mg/L，平均去除率为33.8%，去除率较设计值降低了33.3%，去除率出现明显下降的情况。

导致COD去除率明显降低的原因是进水COD较低，运行负荷较低。实际运行COD较设计值降低了67.2%，属于低负荷运行状态，但溶解氧控制参数、高效生物反应器水力停留时间、运行间数仍按照设计值运行，COD去除负荷由设计值0.15kgCOD/(m^3d)降低至0.014kgCOD/(m^3d)。有机负荷大幅度降低，导致生物量及生物性能出现变化，从而影响了COD去除率。

3 运行建议

3.1 控制烟气脱硫脱硝进水pH及SS等指标

目前为了确保高效生物反应器的高效运行，应将烟气脱硫脱硝废水的pH控制在8以下，悬浮物指标控制在20mg/L以下，pH<8能确保水中的碱度以HCO_3^-的形态存在，即不会由于反渗透浓水中钙离子的引入而产生结垢现象。同时悬浮物在20mg/L以下能减少填料微孔堵塞的情况。以上措施可确保填料不发生进一步结垢和板结，降低反洗频次，维持较好的优势菌种生长环境，同时实现部分生物性能的恢复。

3.2 通过加酸措施，降低高效生物反应器反应器pH，减少结垢风险

为了确保装置pH稳定控制在8以下，应在高效生物反应器内增加加酸设施，当pH值超过8.5时，实现应急加酸，减少填料板结风险。

3.3 调整有机物负荷

根据实际进水情况，调整高效生物反应器的运行间数，将有机负荷提升至0.15kg COD/(m^3d)，同时根据生物性能投加部分特效菌种以恢复优势菌种的丰度及占比。

4 结 论

本文根据高效生物反应器的运行现状分别从进出水水质、微生物群落分布、填料性质、结垢情况等四个方面对高效生物反应器存在问题进行了相应的原因分析，得出烟气脱硫脱硝废水悬浮物高、pH偏高是影响微生物群落，导致填料结垢、填料性质改变的主要原因，下一步工作应围绕改善进水水质、提高有机负荷、再生填料等方面恢复高效生物反应器装置的生物性能。

催化裂化脱硫脱硝废水悬浮物去除工艺优化研究

陈承启[1]　闫成波[1]　辛志玲[2]　赵晓丹[2]　周　振[2]　张　淳[2]

（1. 中国石化上海高桥石油化工有限公司，上海 200129；
2. 上海电力大学环境与化学工程学院，上海 201306）

【摘要】 选取PAC、PAFC、$FeCl_3$、PFS、$FeSO_4 \cdot 7H_2O$五种混凝剂及十一种絮凝剂对催化裂化脱硫脱硝废水进行处理，考察混凝剂和絮凝剂的种类及投加量、pH、搅拌转速及时间、沉降时间对浊度、粒径、Zeta电位的影响，重点探究了絮凝剂I、絮凝剂J及XN324型絮凝剂对混凝效果的影响。结果表明，混凝沉降后可显著降低出水悬浮颗粒物浓度，悬浮物去除率可达99%以上且PAC对悬浮物的去除效果最好，经胀鼓过滤器可大幅度减少滤袋表面污堵情况，减轻过滤负荷；絮凝剂I混凝后絮体粒径较大，但滤袋污堵情况较严重。絮凝剂J混凝沉降后浊度去除效果最好，可低至0.8NTU，但其粒径与XN324形成的絮体不易被滤袋截留。

【关键词】 脱硫脱硝废水　悬浮物　混凝剂　絮凝剂

我国石油炼制企业加工高硫原油比例增加，原油劣质化日趋严重，催化装置SO_2及NO_x排放浓度及排放量呈上升趋势，污染物排放总量控制任务越发艰巨。在国家政府对SO_2、NO_x以及颗粒物排放标准要求下，各地石油炼制企业为应对日益严格的环保要求和企业发展需求，大幅建设催化裂化装置脱硝脱硫及除尘设施，随之而来的催化裂化脱硫脱硝废水也大幅增加。催化裂化装置产生再生烟气中的颗粒物部分会随着脱硫脱硝流程进入烟脱废水中，再生烟气中的颗粒物粒径较小且硬度大，是造成悬浮物高于GB 31570—2015《石油炼制工业污染物排放标准》中70mg/L要求的主要因素。为降低出水悬浮物的含量，石油炼制企业多采用混凝剂和絮凝剂对烟脱废水进行悬浮物处理。目前国内外已经有不少强化混凝方面的理论研究[1]，但是由于不同石油炼制企业的环境和水质不同，故需因地制宜选择适宜的混凝剂和絮凝剂配方处理废水中的悬浮物。刘学东等[2]对某石油炼制企业的烟脱废水进行处理时发现，目前通常应用无机絮凝剂降低出水中悬浮物的含量，但仍难以达到生产工艺要求。而选择使用聚丙烯酰胺(PAM)虽然可以达到生产工艺要求，但是高分子量的PAM会造成胀鼓过滤膜压力快速上升，很快堵塞胀鼓过滤膜而降低过滤速度，影响水处理的效果。为更好实现固液分离，多在絮凝装置后接胀鼓过滤器，防止外排废水悬浮物超标。

本文选取五种混凝剂和十一种絮凝剂对水样进行处理，研究混凝剂和絮凝剂的种类及投加量、pH、搅拌转速及时间、沉降时间对浊度、粒径、Zeta电位的影响。并通过对分形维数数据进行分析，进一步讨论三种絮凝剂的絮体情况从而探究其对混凝效果的因素，为催化裂化装置中再生烟气中悬浮物的高效去除提供理论依据。

1 材料与方法

1.1 实验材料

实验用水取自上海某石化炼制厂。

实验所用试剂包括五种混凝剂（PAC、PAFC、$FeCl_3$、PFS、$FeSO_4 \cdot 7H_2O$），十一种絮凝剂（将其编号为A—J，其中一种是选取常州市振邦化工制造有限公司的XN324型絮凝剂，使用此絮凝剂无需添加混凝剂）。

1.2 实验方法

实验首先研究五种混凝剂对水样的浊度去除效果的影响。量取100mL水样至烧杯中，加入不同浓度（0~30mg/L）的五种混凝剂，使用六联搅拌机进行混凝实验。混凝搅拌程序设置为：快速搅拌（300r/min）2min，慢速搅拌（50r/min）10min。搅拌结束后，静置30min。取上清液样测定浊度、Zeta电位和粒径。

在得到最佳混凝剂及最佳投加量的条件下，研究絮凝剂PAM的不同类型对混凝的强化效果。混凝实验同上，慢速搅拌阶段，加入不同质量浓度（0.1~0.5mg/L）的十种PAM和不同质量浓度（40~200mg/L）的XN324型混凝剂。测定方法同上。

在得到最佳混凝剂、絮凝剂及最佳投加量的条件下，通过控制不同pH值、搅拌转速、搅拌时间研究其对混凝效果的影响。并通过测定上清液测定浊度、Zeta电位和粒径研究沉降时间对混凝的强化效果。最后将混凝沉降后通过滤膜与混凝后直接通过滤膜的水样进行对比，并对混凝后絮体进行显微镜观察和分形维数分析。

1.3 分析方法

实验采用pH计（HQ30d，美国）对水样进行pH测定。六联搅拌机（ZR4-6，中国）对水样进行混凝搅拌。浊度仪（TSS portable，美国）对水样进行浊度测定，最后用Zeta电位分析仪（Nano-ZS90，英国）和激光衍射式粒度分布仪（SALD-2201，日本）对水样进行Zeta电位和粒径表征。

2 结果与讨论

2.1 药剂类型及投加量对混凝效果的影响

2.1.1 混凝剂类型及投加量对浊度、粒径、Zeta电位的影响

混凝剂种类及投加量对浊度去除效果如表1所示，混凝剂种类对其浊度有较大的影响，水样中所有类型混凝剂的浊度去除效果都随着投加量的增加而增加。当混凝剂投加量均为15mg/L时，PAC和PAFC去除浊度能力最好，$FeSO_4 \cdot 7H_2O$最差。当混凝剂为PAC和PAFC时，水样的浊度及去除率分别在15、10mg/L后达到趋于稳定，此时的投加量能够在去除效果与经济性之间实现良好平衡。故五种混凝剂的最佳投加量分别为15、10、15、25、20mg/L，水样的浊度及去除率在投加量为15mg/L后基本均趋于稳定，说明此时增加投加量不利于增加浊度去除效果，反而会增加经济成本。故可选取PAC和PAFC这两种聚合物混

凝剂作为优选。这两种混凝具有较好去除效果可能是因为聚合物混凝剂在混凝过程中对废水中细小颗粒的捕集作用较强，同时对废水中电位的中和性能较好[3]。

表 1 混凝剂种类及投加量对浊度去除效果的影响

样品	投加量/(mg/L)	浊度/NTU				
		PAC	PAFC	$FeCl_3$	PFS	$FeSO_4 \cdot 7H_2O$
静置 30min 后浊度为 256NTU	5	4.74	5.87	19	45	32.6
	10	2.19	1.67	8.38	14.4	22.1
	15	1	1.13	3.83	6.66	13.5
	20	0.87	0.95	4.1	3.79	10.5
	25	0.93	0.83	3.31	2.93	8.31
	30	0.7	0.67	2.85	2.48	8.31

PAC 投加量对粒径和 Zeta 电位的影响如图 1 所示，随着投加量的变化，Zeta 电位和粒径均呈现出不同的变化趋势。在 PAC 投加量为 5 和 20mg/L 时，混凝效果和粒径大小相当，但随着投加量增加至 30mg/L 时，粒径和 Zeta 电位均减小，絮体粒径在一定范围的大小会影响混凝时絮体的沉降速度，絮体越小则沉降越慢[4]，说明 PAC 投加过量不利于较好混凝效果的实现。综合混凝效果和粒径大小，选取 20mg/L 的投加量为宜。

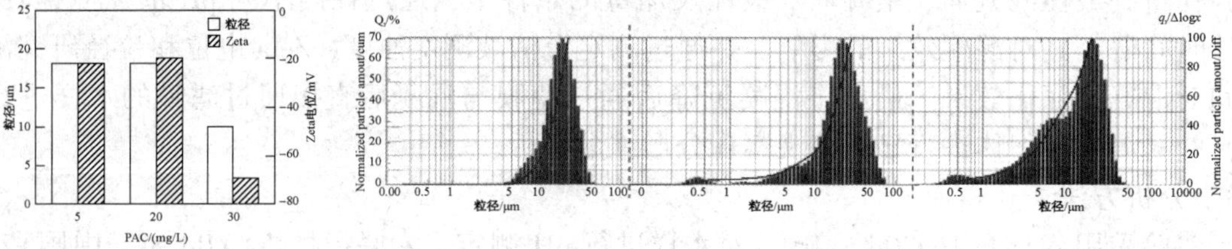

图 1 PAC 投加量对粒径和 Zeta 电位的影响

2.1.2 絮凝剂类型及投加量对浊度、粒径、Zeta 电位的影响

在对混凝剂类型优选的基础上，选取混凝剂为 PAC，投加量为 15mg/L，以此来研究絮凝剂种类对水样中浊度的影响如表 2 所示，絮凝剂 H 和絮凝剂 J 对悬浮物的去除效果较好，浊度去除率高达 99.6%。同时，在实验过程中观察到絮凝剂 H 的絮体较小，不利于沉降，会导致沉降时间延长。相反，絮凝剂 I 絮体较大，沉降时间较短。基于此，后续将对絮凝剂 I、絮凝剂 J 以及厂内现用的 XN324 型絮凝剂进行投加量优化研究。

表 2 絮凝剂种类对浊度去除效果的影响

PAM/(mg/L)	A	B	C	D	E	F	G	H	I	J
浊度/NTU	1.76	1.49	1.63	1.73	3.33	2	3.33	0.94	2.01	0.9

对絮凝剂优选后，为减少经济成本，故减少混凝剂 PAC 投加量。在 PAC 投加量为 5mg/L 情况下，絮凝剂 I、J 投加量对浊度去除效果的影响如表 3 所示，絮凝剂 I 和絮凝剂 J 在投加量分别为 0.1、0.15mg/L 时，可实现 98.2%、99.2%的浊度去除率，去除效果较好。

表 3　絮凝剂 I、J 投加量对浊度去除效果的影响

投加量/(mg/L)	0.1	0.15	0.2	0.25	0.3	0.35	0.4	0.45	0.5	
浊度/NTU	I	4.57	4.93	5.79	5.8	6.45	6.6	6.1	6.1	5.98
	J	2.64	2.04	2.02	2.4	2.67	2.73	2.53	3.26	2.89

XN324 投加量对絮体状态以及浊度去除的影响的实验数据如表 4 所示，NX324 在投加量大于 160mg/L 时，可现实将浊度降低至 1NTU 以下，但与其余两种絮凝剂相比，投加量过大，可能导致经济成本升高。

表 4　XN324 投加量对浊度去除效果的影响

投加量/(mg/L)		40	60	80	100	120	140	160	180	200
浊度/NTU	XN324	5.4	2.36	1.73	1.22	0.98	0.92	0.6	0.64	0.64

三种絮凝剂种类及其投加量对粒径和 Zeta 电位的影响如图 2 所示，随着投加量的变化，Zeta 电位和粒径均呈现出不同的变化趋势。对于絮凝剂 I 而言，随着投加量增加，粒径大小维持在一定水平，Zeta 电位由负转正并持续增加，综合混凝效果和粒径大小，选取 0.3mg/L 的投加量为宜；对于絮凝剂 J 而言，粒径随着其投加量增加而增加，最大可至 14μm，而 Zeta 电位随着投加量增加呈现出不同变化趋势，最佳值在 0.1mg/L 处；XN324 的絮体粒径均较大，说明其沉降速度较快，故最佳投加量为 40mg/L 和 80mg/L。

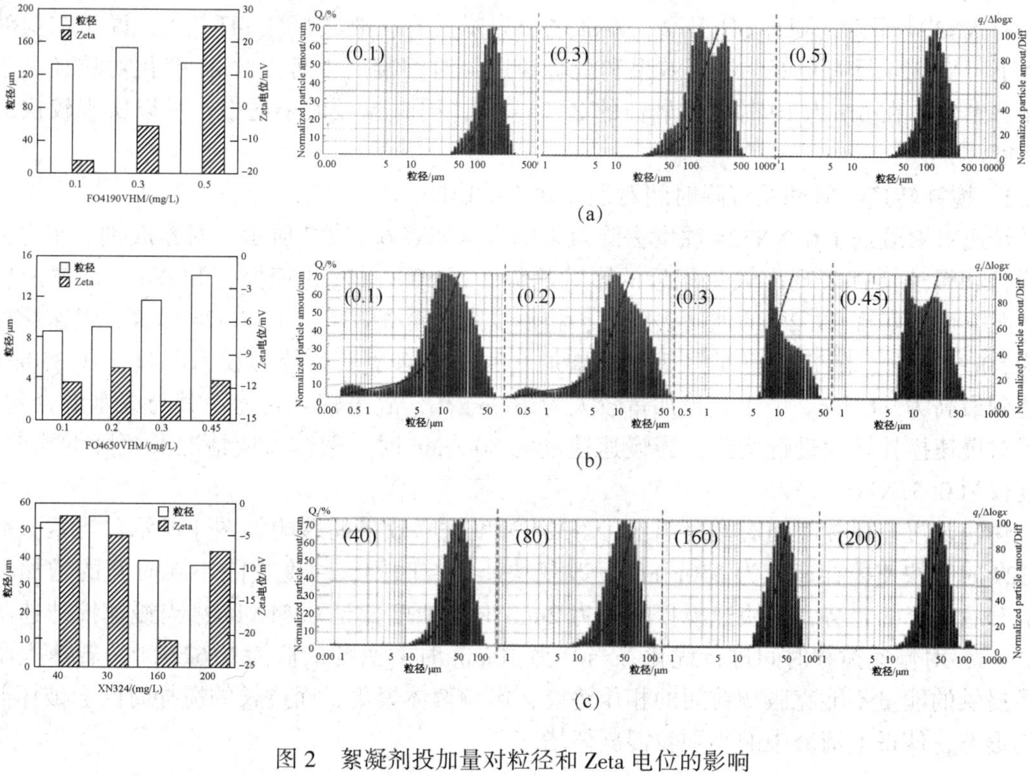

图 2　絮凝剂投加量对粒径和 Zeta 电位的影响

(a) 絮凝剂 I；(b) 絮凝剂 J；(c) XN324

2.2 混凝条件优化实验

2.2.1 pH 值对混凝效果的影响

pH 对絮凝剂 I、XN324 及絮凝剂 J 浊度去除效果的影响的实验数据如表 5 所示，絮凝剂 I、XN324 及絮凝剂 J 的最佳 pH 分别为 8.5、7 和 8.5，在此情况下，能够分别实现 97.6%、99.1%和 99.2%的浊度去除率，将浊度分别降低至 6、1 和 2NTU。此外，pH 的变化会影响混凝剂所形成胶体的表面电荷，从而对其混凝过程中的沉降效果造成影响[6]。pH 过高及过低都会影响混凝效果，都有可能导致废液电位发生变化，导致电中和作用受到抑制，混凝效果变差等，且不同 pH 达到最佳有机物去除效果所需的混凝投加量是不同的，pH 越低，所需的投加量就越少[7]。

表 5 pH 对浊度去除效果的影响

pH		6.5	7	7.5	8	8.5	9	9.5	10
浊度/NTU	I	13.1	12.7	10.5	10.8	6.63	–	–	–
	XN324	1.76	1.46	2.3	2.27	1.42	1.35	14.4	17.5
	J	3.48	3.42	3.53	3.42	2.22	2.43	2.47	2.49

三种絮凝剂中 pH 对混凝过程中粒径和 Zeta 电位的影响如图 3 所示，当絮凝剂为 I 时，pH 对粒径的影响较小。但随着 pH 从 6.5 升至 8.5，Zeta 先减后增，故选取 8.5 为最佳 pH，在此情况下，Zeta 电位接近于 0，混凝效果良好，同时絮体粒径较大为 150μm，沉降速度较快；对 XN324 而言，随着 pH 升高，Zeta 电位先降后升，故其最佳 pH 为 9，说明在弱碱性环境下，XN324 具有更好的混凝效果和沉降速度；对絮凝剂 J 而言，pH 变化对粒径大小并无显著影响，在 pH 为 10 时取得最佳的 Zeta 电位，同时粒径大小适中，可以实现较快的沉降速度。

2.2.2 搅拌转速、时间及沉降时间对混凝效果的影响

转速对絮凝剂 J 和 XN324 浊度去除效果的影响如表 6、表 7 所示，对絮凝剂 J 而言，快速搅拌和慢速搅拌表现出较为相近的影响趋势，在 300r/min 快速搅拌和 80r/min 慢速搅拌的情况下可以实现 99.2%的浊度去除率，将浊度降低至 2NTU；对 XN324 而言，慢速搅拌速度为 50r/min 时，随着快速搅拌速度的增加，浊度去除率上升趋势较为明显，在 350r/min 时达到最高为 99.7%。由于其投加量较大为 160mg/L，故需较大转速使其与废水混合均匀。随后对慢速搅拌转速进行优化，当慢速速度为 80r/min 时，絮体形成情况及沉降性能较好，浊度仅为 0.51NTU。

快速及慢速搅拌时间对絮凝剂 J、XN324 浊度去除效果的影响如图 4 所示，当絮凝剂为 XN324 时，快速搅拌速度为 350r/min，改变快速搅拌时间，浊度去除率随时间的增加呈现先上升后下降的趋势，当快速搅拌时间为 2min 时，浊度低至 0.51NTU；当慢速搅拌速度为 80r/min，对慢速搅拌时间进行优化，当其为 10min 时，浊度最低为 0.62NTU。转速太小即外界提供的能量不能克服颗粒间的相斥势能，影响絮体聚集，而过长的搅拌时间会破坏混凝体的形态，使得上清液中的小颗粒混凝体增多[6]。

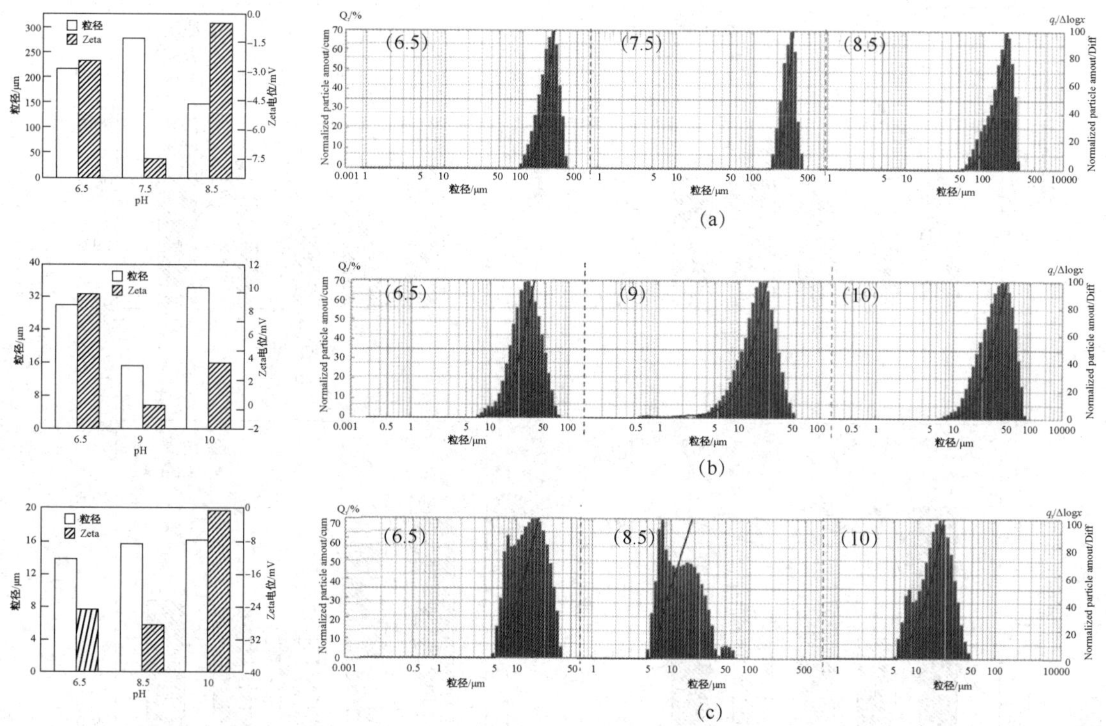

图 3 不同絮凝剂中 pH 对混凝过程中粒径和 Zeta 电位的影响

(a) 絮凝剂 I；(b) XN324；(c) 絮凝剂 J

表 6 快速搅拌转速对浊度去除效果的影响

转速/(r/min)		200	250	300	350	400
浊度/NTU	J	4.53	3.93	2.22	2.38	2.96
	XN324	1.27	0.94	0.9	0.71	0.78

表 7 慢速搅拌转速对浊度去除效果的影响

转速/(r/min)		30	40	50	60	70	80	90
浊度/NTU	J	2.29	2.99	2.22	2.64	1.95	1.8	2.26
	XN324	0.99	0.7	0.71	0.65	0.64	0.51	0.54

在 PAC 投加量为 5mg/L 的情况下，加入絮凝剂 J。当快速搅拌转速为 300r/min，快速搅拌时间为 2min，浊度去除率可达 99.3%，随着快速搅拌时间的增长，浊度去除率呈下降趋势；当慢速搅拌转速为 80r/min，对慢速搅拌时间进行优化，当其为 15min 时，浊度去除率为 99.7%。

沉降时间对浊度去除效果的影响的实验数据如表 8 所示，随着沉降时间的增加，XN324 和混凝剂 J 的浊度及去除率均在 30min 后趋于稳定，因此，选取沉降时间为 30min 为宜，此时可以实现 99.7%的浊度去除率。说明在一定范围内，沉降时间越长，浊度的去除效果越好。

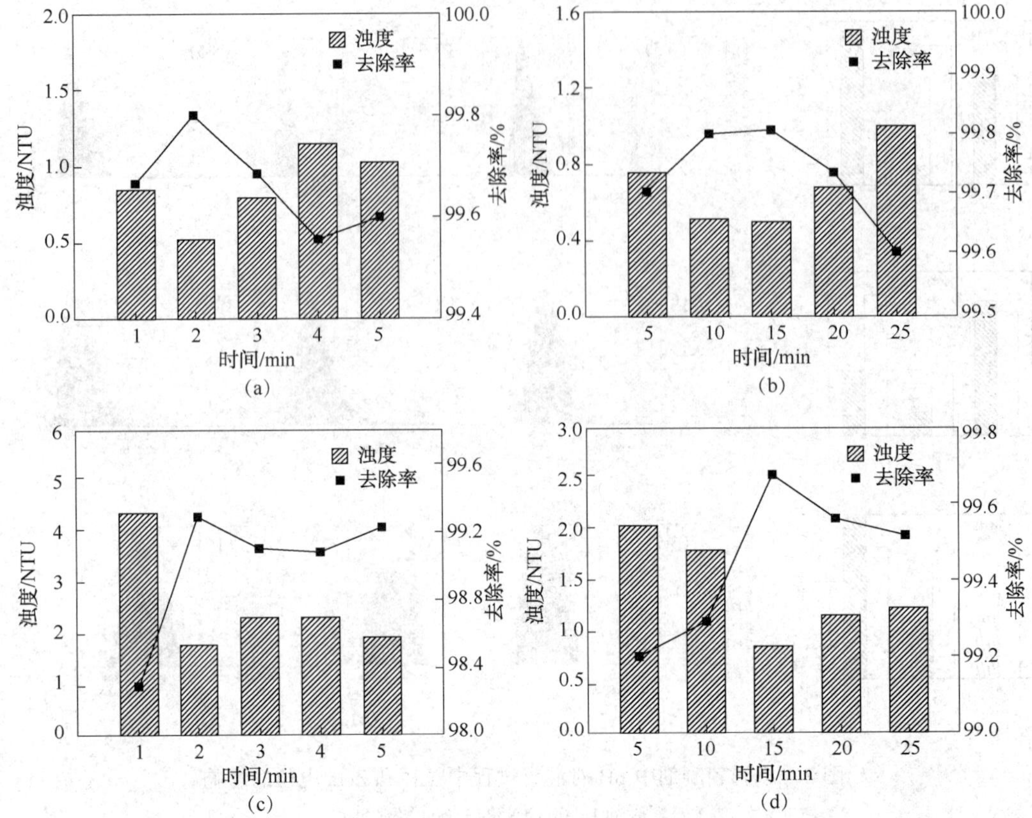

图 4　快速(a)、(c)及慢速(b)、(d)搅拌时间对 XN324、FO4560VHM 浊度去除效果的影响

表 8　沉降时间对浊度去除效果的影响

沉降时间/min		5	10	15	20	25	30	40	50	60
浊度/NTU	XN324	2.28	1.34	0.93	0.72	0.79	0.52	0.54	0.52	0.56
	J	2.34	1.63	1.05	1.33	0.97	0.88	0.85	0.85	0.83

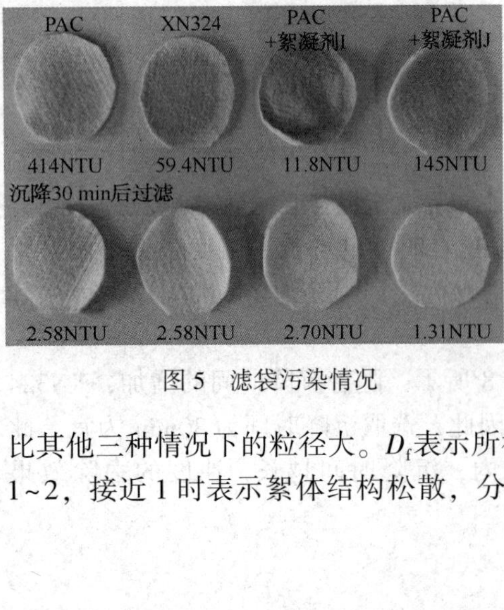

图 5　滤袋污染情况

2.3　分形维数分析

将混凝沉降后通过滤膜与混凝后直接通过滤膜的水样的浊度以及滤膜污染情况进行了对比，如图 5 所示，沉降 30min 后进行过滤可有效减少滤袋表面污染情况且浊度去除率显著增加，可有效减少后续处理流程负荷。

此外，还观察测定了水样中 PAC、絮凝剂 I、絮凝剂 J、和 XN324 的显微图和分形维数，以此进一步分析絮体颗粒的形态和结构，如图 6 所示，投加 PAC 和絮凝剂 I 的水样中絮体颗粒粒径明显比其他三种情况下的粒径大。D_f表示所截取所有絮体的二维边缘分形维数，分形维数范围为 1~2，接近 1 时表示絮体结构松散，分支多，呈线形；接近 2 则表示絮体结构紧密，分支少，呈球形[8]，D_f值越大，说明絮体越不规则。如图6(a)所示，该分形维数回归线的R^2为0.9778，表明该模型较好地反映了絮体的分布特征，同时$D_f=1.3756$，说明混凝剂PAC所产生絮体呈不规则形状。如图6(b)所示，R^2为0.9717表明$\ln A$与$\ln P$之间具有十分显著的相关性，$D_f=1.4515$，表明絮凝剂I产生的絮体呈现出略微的不规则形。如图6(c)和图6(d)所示，絮凝剂J和XN324的R^2分别为0.9249和0.9487，表明$\ln A$与$\ln P$之间具有较为显著的相关性。同时，两种絮凝剂$D_f=1.3488$和$D_f=1.3764$，说明XN324的絮体较为规则，絮体紧密、内部孔隙小。加入PAC后，再加入絮凝剂J能够让絮体变得更加紧密和规则。

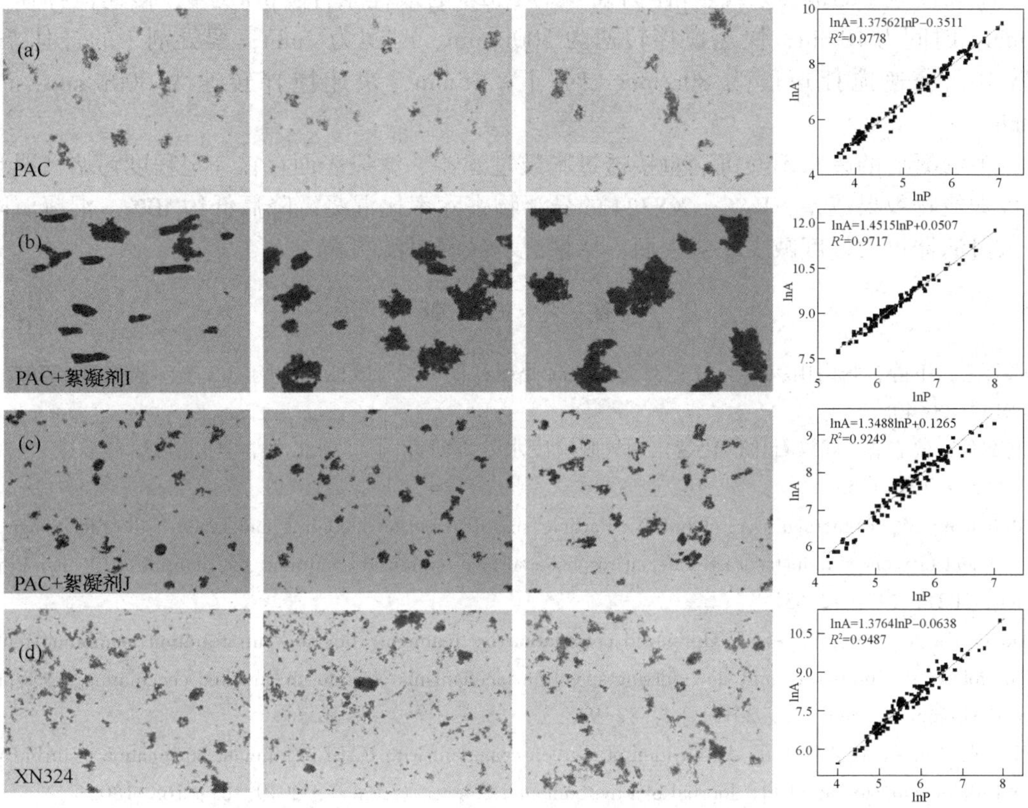

图6 显微图及分形维数图

(a) PAC投加量为20mg/L，$D_f=1.3756$；

(b) PAC投加量为20mg/L，FO4190VHM投加量0.5mg/L，$D_f=1.4515$；

(c) PAC投加量为20mg/L，FO4650VHM投加量为0.45mg/L，$D_f=1.3488$；

(d) 5XN324投加量为140mg/L，$D_f=1.3764$

3 结论

(1) 混凝沉降可显著降低出水悬浮颗粒物浓度，浊度低于10NTU，悬浮物含量大大降低且对滤袋污染较少。选取五种混凝剂对烟脱废水悬浮物的去除进行研究，结果表明PAC对悬浮物的去除效果最好，当PAC投加量为15mg/L时，悬浮物去除率均可高于99%，现有XN324型絮凝剂处理后废水混凝沉降后也可达到99%的浊度去除率，投加量为160mg/L，投加量较大。

（2）投加混凝剂的同时投加絮凝剂（PAM），絮凝效果随不同PAM的加入而不同。PAM（絮凝剂I）混凝后絮体粒径较大（>100μm），直接过滤后的出水浊度明显低于絮体粒径较小时的情况，但滤袋污堵情况较严重。PAM（絮凝剂J）混凝沉降后浊度去除效果最好，可低至0.8NTU，但其粒径与XN324形成的絮体相似，约20~40μm，不易被滤袋截留，直接通入胀鼓过滤器后悬浮物去除效果不能达到理想要求，而沉降后废水中悬浮物的含量显著降低，去除率可达99.7%。

（3）絮凝剂I的最佳条件：pH为8.5；XN324的最佳条件：pH为9，慢速搅拌速度为80r/min，时间为10min，快速搅拌转速为300r/min，时间为2min；絮凝剂J的最佳条件：pH为10，慢速搅拌速度为80r/min，时间为15min，快速搅拌转速为300r/min，时间为2min。

（4）混凝后的废水不经沉降直接透过胀鼓过滤器，滤袋表面存在一定程度污堵情况且去除悬浮颗粒物效果较差，PAC、XN324的悬浮物去除率比混凝沉降后低约40%。混凝沉降后过胀鼓过滤器可大幅度减少滤袋表面污堵情况，减轻过滤负荷。

参考文献

[1] 张秀芝，王静，张雨山，等. pH值对海水混凝处理过程中絮凝效能的影响[J]. 盐业与化工，2011，40(01)：38-40.

[2] 刘学东，曹志春. 武汉石化催化裂化烟气脱硫废水处理研究[J]. 湖北大学学报(自然科学版)，2017，39(02)：171-175.

[3] Marichamy M，Kumaraguru A，Jonna N. Particle size distribution modeling and kinetic study for coagulation treatment of tannery industry wastewater at response surface optimized condition[J]. Journal of Cleaner Production，2021，297：126657.

[4] Du P，Li X，Yang Y，et al. Optimized coagulation pretreatment alleviates ultrafiltration membrane fouling：The role of floc properties and slow-mixing speed on mechanisms of chitosan-assisted coagulation[J]. Journal of Environmental Sciences，2019，82：82-92.

[5] Xue Y，Liu Z，Li A，et al. Application of a green coagulant with PACl in efficient purification of turbid water and its mechanism study[J]. Journal of Environmental Sciences(China)，2019，81：168-180.

[6] 伍彬，李一平，王海英，等. 预氧化-混凝处理高浑浊度高氨氮水的试验研究[J]. 净水技术，2022，41(S1)：28-33.

[7] 董秉直，曹达文，范瑾初. 最佳混凝投加量和pH去除水中有机物的研究[J]. 工业水处理，2002，(06)：29-31.

[8] 桑稳姣，张文斌，卢伟，等. 聚苯乙烯微塑料对自来水厂混凝絮体的影响[J]. 中国给水排水，2022，38(11)：32-37.

[9] Zheng H，Zhu G，Jiang S，et al. Investigations of coagulation-flocculation process by performance optimization，model prediction and fractal structure of flocs[J]. Desalination，2011，269(1)：148-156.

[10] Xu Y，Zheng L，Geng H，et al. Enhancing acidogenic fermentation of waste activated sludge via isoelectric-point pretreatment：Insights from physical structure and interfacial thermodynamics[J]. Water Research，2020，185：116237.

高浓度含氨氮废水处理技术的探讨

刘文彬　黄　亮　潘先煌　曾凡奇　邓　阳

（中国石化催化剂有限公司长岭分公司，岳阳 414012）

【摘要】 汽提脱氨是采用化学反应结合蒸汽吹脱的工艺脱除废水中的氨氮，本文通过实验探讨了汽提脱氨工艺的最佳控制温度为90℃，最优进水 pH 值为11.5，并验证了该条件下了汽提脱氨工艺的运行效果，分析了装置运行能耗及物耗，结果表明装置运行安全平稳，氨氮废水处理后满足排放指标要求，副产物硫铵可资源化利用，降低了氨氮废水处理成本，对同类装置的应用具有一定借鉴意义。

【关键词】 高浓度　氨氮废水　汽提脱氨工艺　资源化利用

氨氮（NH_3-N）是指水中以游离氨（NH_3）和铵离子（NH_4^+）形式存在的氮。氨氮的氧化会造成水体中的溶解氧浓度降低，进而导致水体发黑发臭，使得水质下降。氨氮含量太多会使光和微生物（大多数为藻类）的数量大量繁殖增加，使水体发生富营养化现象[1]，造成水体阻塞，妨碍水上运动，甚至造成鱼类、家畜死亡。据生态环境部数据统计，随着工业化的不断发展，全国废水氨氮排放总量不断增加，2020 年全国氨氮排放量为 98.4 万 t，其中氨氮排放量排名前三的行业依次为化学原料和化学制品制造业、农副食品加工业、纺织业，三个行业的排放量合计为 0.8 万 t，占全国工业源重点调查企业氨氮排放量的 42.9%。

随着人们对环境的保护意识不断增强，国家对环保的高度重视，废水排放指标也越来越严格。对于含氨废水的处理，国内外有过许多的研究，常见的氨氮废水处理技术有离子交换法、电渗析法、折点加氯法、生物脱氮法、化学沉淀法、吹脱法、蒸汽汽提法等方法[2-4]。企业应根据实际需求选取合适的废水脱氨工艺。

在石油化工企业生产排放的废水中，高浓度氨氮的废水是最常见的废水之一。以催化剂公司为例，在其催化剂的生产过程中，需要使用大量不同形式的铵盐作为原材料，经过一系列工艺过程，最终这些原材料中的铵绝大部分以氨氮的形式进入到废水中，废水中的氨氮含量约 2000～4000mg/l，如此高浓度的氨氮含量必须经过一系列处理，使废水达到国家规定的标准后才能进行排放。本文主要探讨热泵闪蒸汽提脱氨技术在高氨氮废水处理中的应用，旨在为该类废水的处理和同类型装置的应用提供一定的参考。

1　工艺原理

当废水温度达到 100℃，且废水的 pH≥11.5 时，废水中的铵离子几乎全部转变成游离氨[5]，其反应原理如下：

$$NH_4^+ + OH^- \xlongequal{} NH_3 + H_2O$$

根据化学反应的平衡原理，随着 pH 的提高，平衡向右移动，游离氨的浓度会增加。同时，该反应为吸热反应，随着温度的提高，平衡也会向右移动，使得游离氨的浓度增加[6-7]。

在一定的温度下，通过蒸汽汽提的方法，废水中的游离氨容易从液相进入气相，进入气相的氨通过双级硫酸吸收系统生成硫铵溶液，其反应方程式如下：

$$2NH_3+H_2SO_4 = (NH_4)_2SO_4$$

2 流程简介

如图 1 所示，含氨氮的废水通过与汽提脱氨塔闪蒸段来的气相进行混合预热后进入汽提脱氨塔的混合段，然后混合液碱进入汽提脱氨塔的汽提段，系统蒸汽混合吸收塔来的蒸汽通过蒸汽喷射器进入汽提脱氨塔的汽提段，在汽提段中高氨氮废水与蒸汽进入对流，游离氨随着蒸汽通过热泵进入吸收塔系统，在吸收系统中气相中的氨与硫酸充分反应，被彻底吸收，富余的蒸汽返回蒸汽喷射器。汽提脱氨塔汽提段中的高氨氮废水被脱去氨氮后，进入闪蒸段，从闪蒸段出来的脱氨废水经检测氨氮合格后进入后续的处理工序。

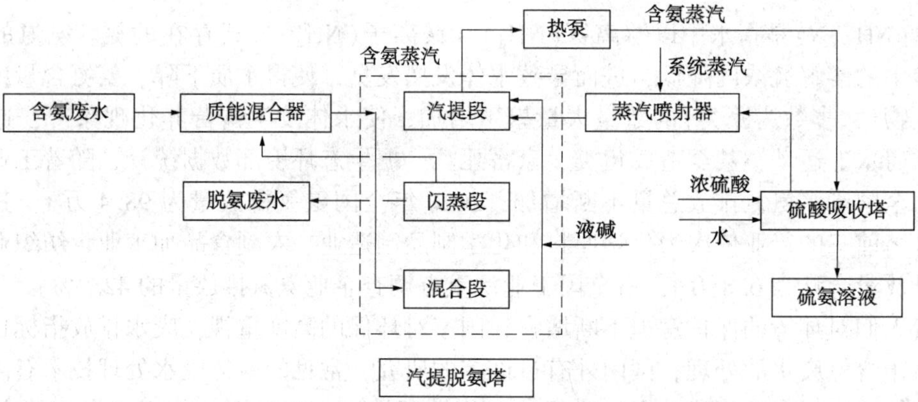

图 1 汽提脱氨技术工艺流程方块图

3 运行参数选择

3.1 汽提塔顶部温度参数

将氨氮废水与碱液混合，调节 pH 值至 12，考察不同的汽提塔顶部温度设置下的脱氨效果，其中进水氨氮浓度为 3218mg/L，通过检测脱氨废水中的氨氮浓度选择最优温度控制，实验结果如图 2 所示。从图中可以看出，当汽提塔顶部温度为 80℃时，脱氨废水中的氨氮浓度急剧下降，测得此时的氨氮含量为 36. 5mg/L，随着温度继续上升到 85℃时，脱氨废水中的氨氮浓度为 8. 9mg/L，继续提高温度到 90℃，测得脱氨废水中氨氮含量为 1. 2gm/L，此时废水中的氨氮浓度已经很低，满足 GB 31571—2015 中 NH_3-N≤5mg/L 排放标准，故认为汽提塔顶部最优的温度控制参数为 90℃。

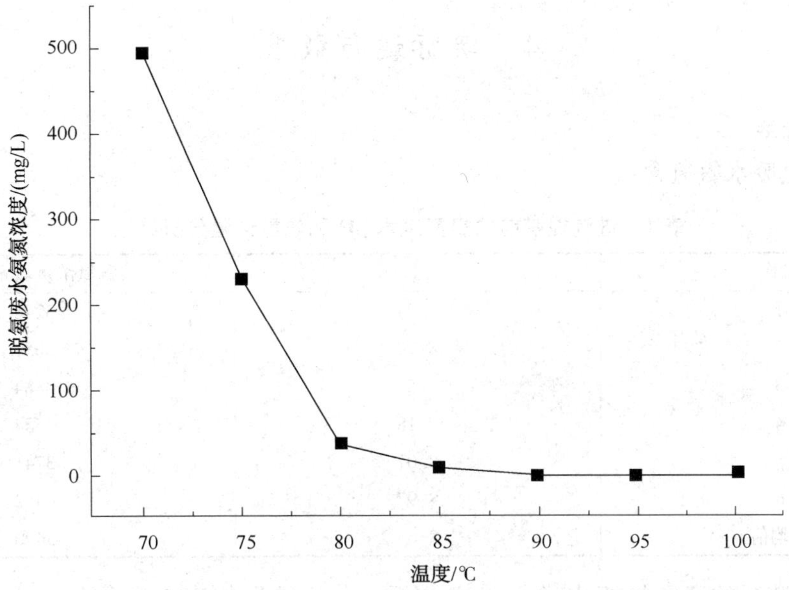

图 2　汽提塔顶部温度与脱氨废水氨氮浓度的关系

3.2　汽提塔进水 pH 参数

在进水氨氮浓度为 3218mg/L，汽提塔顶部温度控制 90℃的条件下，通过调整含氨氮废水中加入的碱液量，考察不同 pH 值的脱氨效果，结果如图 3 所示。从图 3 中可以看出，当氨氮废水加入液碱调节 pH 至 11.5 左右时，脱氨废水的氨氮浓度为 3.2mg/L，满足 GB 31571—2015 的排放要求，因此，氨氮废水进汽提塔的最优 pH 为 11.5。

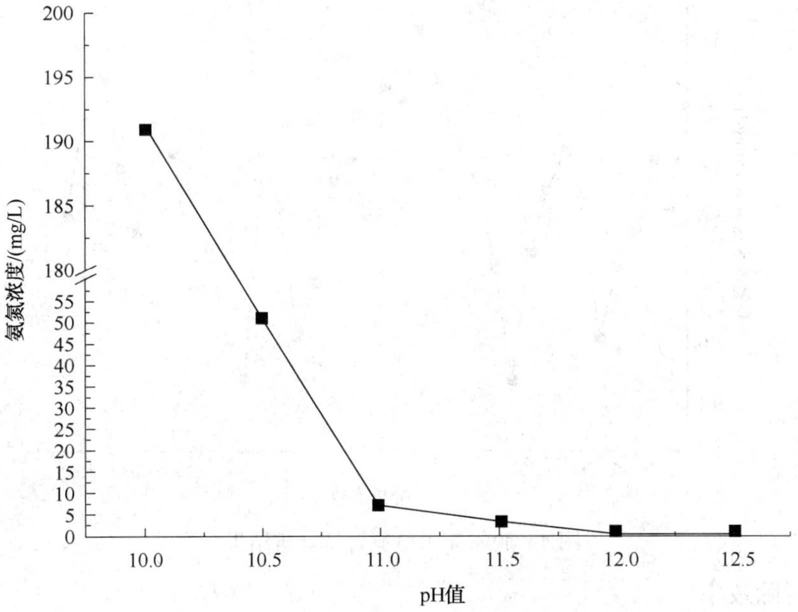

图 3　汽提进水 pH 值与脱氨废水氨氮浓度的关系

4 实际运行效果

4.1 氨氮去除率

4.1.1 高氨氮废水氨氮含量

表1 进汽提塔前的氨氮废水 pH 和氨氮含量分析结果

批次	pH	氨氮浓度/(mg/L)
1	8.24	3248
2	8.90	3051
3	8.55	3884
4	9.18	3554
5	8.07	3741
6	8.97	3462
平均值	8.65	3490

对进汽提装置的高氨氮废水进行采样分析，分析结果如表1所示，进水的平均 pH 为 8.65，进水平均氨氮浓度为 3490mg/L。

4.1.2 脱氨废水氨氮含量

在汽提塔顶部温度 90℃，控制汽提进水 pH 值约 11.5 的条件下，对氨氮废水进行汽提脱氨工艺处理，每2小时对汽提出水的氨氮进行采样分析，分析结果见图4，计算得出平均出水氨氮含量为 2.19mg/L。

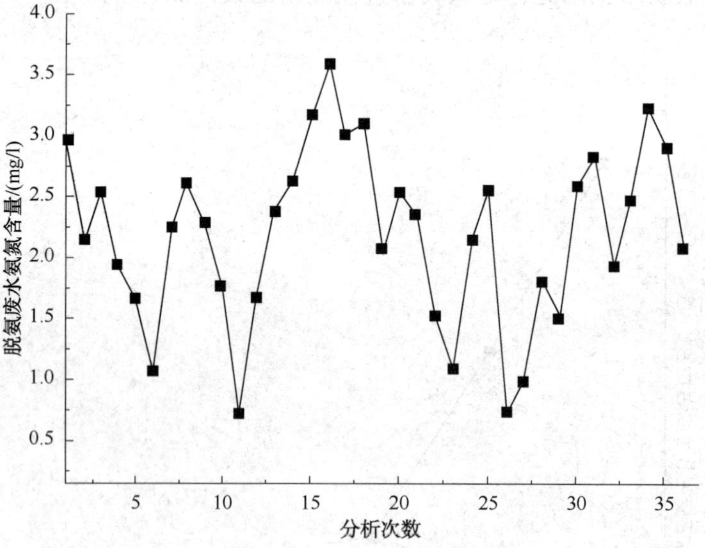

图4 脱氨废水氨氮含量分析结果

4.1.3 氨氮脱除效率

汽提装置的进水平均氨氮浓度为 3490mg/L，通过汽提装置处理后的废水平均氨氮浓度为 2.19mg/L，氨氮的去除率高达 99.94%，处理后的废水氨氮含量满足 GB 31571—2015《石油化学工业污染物排放标准》的要求，即 NH_3-N≤5mg/L。

4.2 副产物硫铵 pH 值

采用汽提脱氨技术处理氨氮废水，处理废水的过程中利用硫酸吸收氨气，对其副产物硫铵溶液分析 pH，测量温度为 60~70℃。结果如图 5 所示，最高 pH 值为 2.52，最低 pH 值为 2.06，平均 pH 值为 3.01，硫铵溶液浓度为 25%~30%。

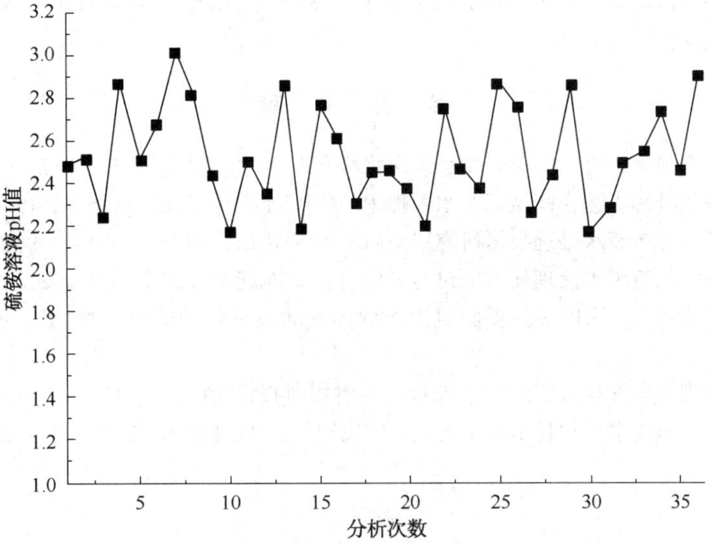

图 5 硫铵溶液 pH 值

4.3 运行成本

核算装置运行成本，共计处理氨氮废水 6040m^3，装置所消耗的能耗物耗成本包括浓硫酸(98%)、液碱(30%)、工业水、动力电以及蒸汽成本，处理氨氮废水过程中产生的硫铵溶液可以回用于生产装置，具体能耗、物耗以及硫铵产量如表 2 所示，每吨氨氮废水的处理成本约 42.36 元，将副产物硫铵折算效益，剔除硫铵效益后的废水处理成本为 34.84 元/m^3。

表 2 汽提脱氨工艺处理氨氮废水的运行成本

项目	总耗	单耗	单价	成本
液碱	162.3t	0.0269t/m^3	1200 元/t	32.28 元/m^3
浓硫酸	62.8t	0.0104t/m^3	380 元/t	3.95 元/m^3
工业水	191.8t	0.0318t/m^3	2.391 元/t	0.08 元/m^3
动力电	26796kWh	4.4364kWh/m^3	0.728 元/kWh	3.23 元/m^3
蒸汽	77.4t	0.0128t/m^3	220 元/t	2.82 元/m^3
成本总计				42.36 元/m^3
硫铵	195t	0.0227t/m^3	232.6 元/t	7.51 元/m^3
去硫铵后成本				34.85 元/m^3

5 结 论

针对氨氮含量较高的高浓度含氨废水，采用汽提脱氨工艺具有良好的应用效果，该工艺能够适应不同的氨氮浓度，采用化学反应结合物理吹脱，能够将氨氮浓度从 2000~5000mg/L

降低到5mg/L以下，氨氮脱除率高达99.97%，完全满足GB31571—2015《石油化学工业污染物排放标准》中的特别排放限值标准。并且可在一定范围内根据不同的氨氮浓度调整装置处理量，操作简便，具有较好的运行灵活性。经过核算，在氨氮浓度约3500mg/L的条件下，每吨氨氮废水的处理成本约42.36元，而其产生的副产物硫铵具有一定的经济效益，可以抵消部分成本，硫铵可以作为原料回用于其他生产装置，实现了铵的资源化利用，具有良好的社会效益和经济效益。

参 考 文 献

[1] 朱丽丽，张路，李换平，等．富营养化水体净化研究进展[J]．绿色科技，2017，(4)：44-46.
[2] 卜令海．气提脱氨处理工艺在高氨氮废水处理中的应用[J]．化工设计通讯，2019，45(4)：78-79.
[3] 胡雪飞，黄万抚．氨氮废水处理技术研究展望[J]．金属矿山，2017，(08)：119-203.
[4] 彭彦龙，刘丽敏．氨氮废水治理技术探讨与展望[J]．广东化工，2015，42(292)：100-101.
[5] 申涛，郭明，王晓伟．热泵闪蒸汽提脱氨生产固体硫酸铵过程的能量利用[J]．现代化工，2019，39(6)：194-198.
[6] 杨帆．吹脱法处理高浓度氨氮废水工艺研究[J]．甘肃科技，2019，35(13)：65-69.
[7] 胡继峰，刘怀．含氨废水处理技术及工艺设计方案[J]．水处理技术，2003(04)：244-246.

油田采出水注汽锅炉资源化利用技术研究

于丹丹[1,2]　潘永强[1,2]　徐博文[1,2]　王　冠[1,2]　徐　鹏[1,2]　徐　闯[1,2]

（1. 中国石化胜利油田石油工程技术研究院，东营 257000；
2. 中国石化微生物采油重点实验室，东营 257000）

【摘要】 针对胜利油田油井采出水处理负荷过大、锅炉用水短缺的问题，对油井采出水进行生化双膜工艺处理研究，处理后的产水用于锅炉给水，浓水用于低渗油田回注。在胜利油田某采油厂注水站建立了 $200m^3/d$ 的生化双膜工艺中试流程，长期跟踪试验结果表明：生化处理后的采出水含油为 0.63mg/L，超滤后悬浮物为 0.2mg/L，反渗透后产水电导率为 81~245μS/cm，满足锅炉给水 SY/T 0097—2016 设计规范中含油、悬浮物、矿化度等指标的进水要求。

【关键词】 采出水　锅炉　生化　双膜

1　引　　言

我国大部分油田进入高含水开采期，油田在生产开发过程中产生大量的采出水，而热采工艺需要消耗大量的蒸汽，蒸汽的水源主要是自来水，导致的后果是采出水处理量和回注量逐年增加[1]，同时消耗大量的淡水资源。为了解决这一难题，近年来对采出水资源化进行了许多研究[2]。

资源化利用的关键是解决采出水中含油量、悬浮物、矿化度、硬度过高的问题[3]。目前较为成熟的技术是 MVR[4,5]和反渗透工艺，MVR 工艺的优点是产水率高，适用于高矿化度水质，但由于其成本较高、核心技术不易掌握限制了推广范围，而反渗透工艺在一定程度上克服了这些缺点。反渗透膜不仅能有效去除有机物、降低 COD，而且具有优异的脱盐效果[6]。而采出水进行反渗透处理前通常需要超滤进行预处理，超滤的主要作用是为了去除水中的悬浮物和细菌，以达到保护反渗透膜的目的。而超滤工艺之前也需要进行预处理，主要是为了减轻采出水中原油对超滤膜的污染问题，以延长超滤膜的使用寿命。常用的超滤预处理工艺有混凝沉降、多介质过滤、生化，其中生化工艺对原油的去除较为彻底，能耗较低，是一种值得推广的超滤预处理工艺。

本研究通过调研国内外和胜利油田污水处理现状[6]，充分利用功能微生物对原油和有机物降解的特点，以联合站外输水为研究对象，制定了污水预处理、生化处理、超滤膜处理的技术研究思路。对联合站外输水进行了全分析，并对目前造成精细膜堵塞成分进行了分析[7]。在注水站建立日处理能力为 $200m^3$ 的 MBBR-双膜工业化流程，目前已稳定运行 36 个月。实现采出水的注汽锅炉回用符合油田注采循环理念，既减少清水需求，又降低富余采出水处理费用及无效回注量。

2 联合站外输水水质分析

检测水样取自联合站外输水。水质分析见表1。

表1 水质分析结果

项 目	含 量	项 目	含 量
pH	7.55	Mg^{2+}/(mg/L)	127
SS/(mg/L)	50	Ca^{2+}/(mg/L)	457
T/℃	48	Sr^{2+}/(mg/L)	68
油/(mg/L)	58	Cl^-/(mg/L)	9022
COD/(mg/L)	376	S^{2-}/(mg/L)	12.9
BOD_5/(mg/L)	125	SO_4^{2-}/(mg/L)	92
TN/(mg/L)	18	CO_3^{2-}/(mg/L)	0
TP/(mg/L)	2.2	HCO_3^-/(mg/L)	614
Na^+/(mg/L)	6587	TDS/(mg/L)	19890
K^+/(mg/L)	15		

从外输水出口提取水样，样品均密封在塑料瓶内，并及时测定，以防止水变质。测量样品的粒径中值时，加入5mg/L EDTA稳定剂，以防止粒径的变化。

3 菌种筛选及性能评价

3.1 实验所用培养基

3.1.1 富集培养基

KH_2PO_4 0.5g，$K_2HPO_4 \cdot 3H_2O$ 0.5g，$MgCl_2 \cdot 6H_2O$ 0.3g，$(NH_4)_2SO_4$ 1g，微量元素溶液10mL，滨一联合站污水1000mL，联合站原油10g，pH=7.5。121℃灭菌20min。

微量元素溶液：$ZnSO_4 \cdot 7H_2O$ 0.2g，$FeSO_4 \cdot 7H_2O$ 0.5g，$CaCl_2$ 3g，$MnSO_4 \cdot H_2O$ 0.06g，蒸馏水1000mL。

3.1.2 分离培养基

富集培养基中加入2%琼脂。

3.2 功能菌的筛选流程

取2g滨一石油污染过的土壤，加入100mL联合站污水于250mL三角瓶内，摇床振荡，将土团打碎，以备使用。

将已破碎好的土壤样品加入富集培养基中，40℃、140r/min摇床培养7d。待培养液混浊后，吸取2mL培养液重新转接入富集培养基中，与上述培养条件相同连续转接富集培养3次。吸取2mL富集培养液接种于分离培养基进行涂布，40℃恒温培养48h，从分离培养基挑取占优势的2株功能菌落命名为3-2-1和1-2-1。

3.3 功能菌特性及作用效果

3.3.1 菌落和革兰氏染色

两株细菌菌落照片见图 1，将两株细菌进行革兰氏染色，照片见图 2。

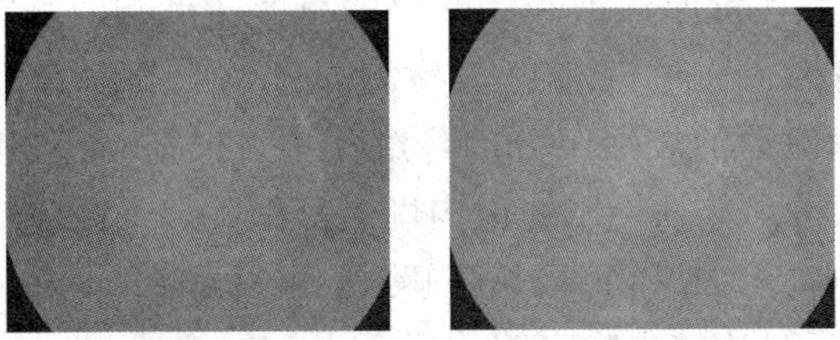

(a)3-2-1　(b)1-2-1

图 1　菌落

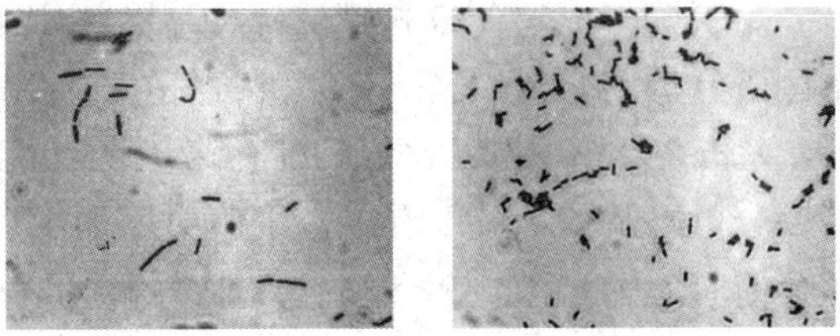

(a)3-2-1　(b)1-2-1

图 2　革兰氏染色

3.3.2 功能菌种作用效果

250mL 三角瓶中加入原油 1g 和滨一联合站污水 100mL，加入 3-2-1 和 1-2-1 菌液各 1mL，降解 7d 后，原油乳化效果显著，见图 3。

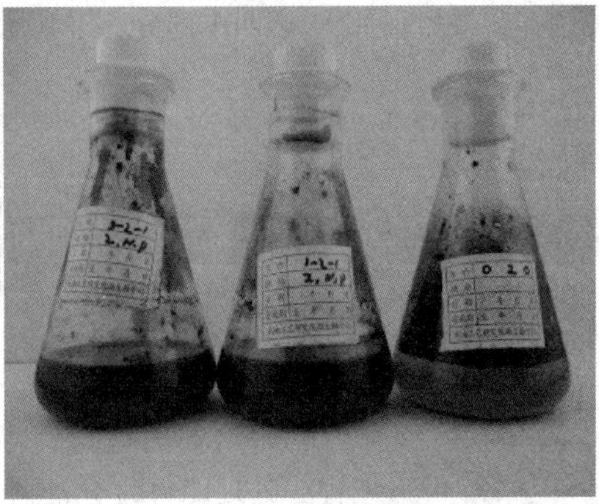

图 3　功能菌与原油作用效果

对(a)和(b)降解前后的原油进行了饱和烃组分的气相色谱分析，见图 4。

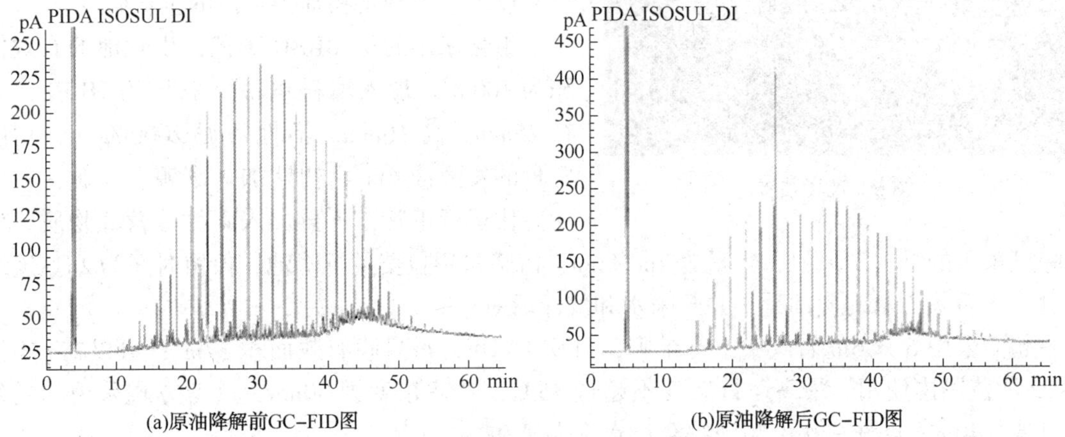

(a)原油降解前GC-FID图　(b)原油降解后GC-FID图

图 4　饱和烃组分气相色谱分析

分析条件为：载气：氦气，2.5mL/min；进样口温度：290℃；检测器温度：300℃；升温程序为：50℃保持2min，以6℃/min的速度升到300℃，在300℃保持16min。进样量：1μL；进样方式：不分流；进样时间：1min。

姥姣烷($n-C_{17}$/Pr)和植烷($n-C_{18}$/Ph)比值是评价原油饱和烃降解的重要指标，因此气相色谱分析时以姥姣烷(Pr)和植烷(Ph)为内标，通过气相色谱检测原油组分在降解后$n-C_{17}$/Pr和$n-C_{18}$/Ph比值的变化来表明功能菌对原油烷烃组分的降解作用。根据GC-FID结果分析以及图4可以看出，细菌对原油中碳链$n-C_9 \sim n-C_{40}$的正构烷烃都能降解；微生物降解前原油中$n-C_{17}$/Pr和$n-C_{18}$/Ph的比值分别为1.22和1.12，降解7d后，原油中$n-C_{17}$/Pr和$n-C_{18}$/Ph的比值分别为0.038和0.016，通过比较生物降解前后$n-C_{17}$/Pr和$n-C_{18}$/Ph的比值进一步证明原油中饱和烃被3-2-1和1-2-1有效降解。

4 流程启动及初期调试

4.1 流程

整套流程包括预处理、生化、超滤、反渗透四个部分，整套流程如图5所示，现场装置如图6所示。

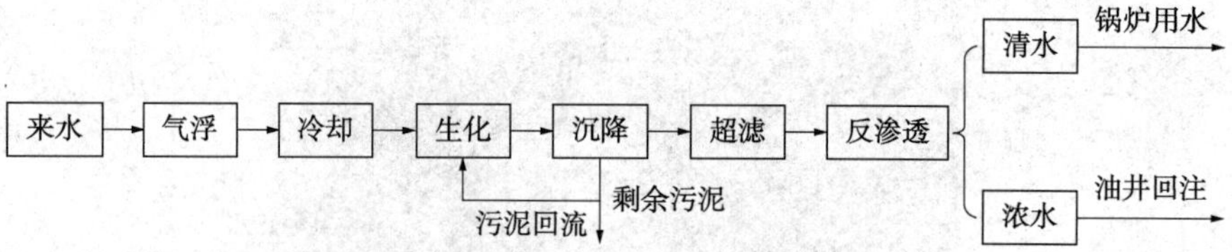

图5 工艺流程

图6 现场装置

来水首先进行气浮工艺，气浮采用溶气气浮，处理能力为10m³/h，可以去除大部分含油和悬浮物，降低生化部分负荷。再进行冷却，冷却采用风式冷却塔，将来水的温度由48℃降低到35℃以下，为微生物提供合适的生长温度。

生化采用的是MBBR工艺，生化池的有效体积为100m³。加入填料40m³，材质为HDPE，直径25mm，高10mm。活性污泥2000mg/L，功能菌种的发酵液6m³，初期加入碳源、氮源，一周后生化运行正常，不再加入碳氮等营养物质。生化曝气采用的是罗茨风机，气量为4m³/min，沉降采用拉美兰沉降池，停留时间为2h。连续检测生化后采出水的含油量，并与来水和气浮后对比。

超滤采用6只6in管式中空纤维膜，材质PVDF，每只膜有效面积37m²，可以在pH值2~12的范围内使用，最高运行温度不超过45℃，过滤精度为30nm，过滤方式采用的是死端过滤，40min反洗一次，超滤综合产水率大于97%。

反渗透采用的是陶氏提供的专用反渗透膜，每个膜元件的有效膜面积为41m²，可以在

pH2-11 的范围内使用，最高运行温度不超过 40℃。进水泵为固定频率，最高可提供 2.3MPa 的进水压力，通过控制浓水阀门，调节进水压力。通过调节风式冷却塔和系统进水量，调节整个系统水温。

5 水质跟踪检测与分析

强化挂膜完毕，设备开始正常运行，水维持 8.7m^3/h，日处理水量为 200m^3，生化停留时间为 12h，生化温度为 38℃，运行过程中对外观、pH、含油、悬浮物、COD、碳酸氢根、SRB、粒径中值、超滤压力等参数进行跟踪。

5.1 外观

各个节点的处理水样见图 7。来水颜色发黑，含有大量悬浮物，出水无色澄清透明。

图 7 各个节点水质外观

5.2 pH

表 2 各个节点 pH 均值

来水	气浮	生化	超滤	RO
7.55	7.57	7.31	7.31	6.86

pH 由生化后的 7.31 下降到 6.86，是因为 RO 膜可以脱除溶解性的离子而不能脱除溶解性的气体，产水中的 CO_2和进水中 CO_2的基本相等，但是产水中 HCO_3^-大幅度减少，因此原有的平衡被打破，平衡方程式向右移动，氢离子 H^+浓度增加，因此 pH 下降。

$$CO_2+H_2O \rightleftharpoons HCO_3^-+H^+$$

5.3 含油

表 3 各个节点含油均值 mg/L

来水	气浮	生化	超滤	RO
127	5.14	0.63	0.18	0

这个过程含油降低 99.9%。其中气浮可以除掉大部分原油，去除率为 96.0%，生化进一步除掉剩余的原油，去除率为 3.6%，这个结果符合微生物降解原油的特点，即微生物可以降解污水中的乳化油和溶解油，这是普通物理化学方法难以达到的效果。

5.4 悬浮物

表 4 各个节点悬浮物均值 mg/L

来水	气浮	生化	超滤	RO
63	12.3	13.2	0.2	0

气浮可以除掉大部分悬浮物，生化对悬浮物的去除不起作用，超滤可以截留掉绝大部分悬浮物，出水稳定的控制在 0.3mg/L 以内，反渗透后悬浮物含量为 0。

5.5 COD

表 5 各个节点 COD 均值 mg/L

来水	气浮	生化	超滤	RO
371	312	115	90	3.5

来水到超滤 COD 减少 75.8%。其中，气浮可以除掉 15.9%的 COD，这是因为通过气浮可以去除大部分原油和悬浮物，同时降低了 COD，生化部分更大程度的减少有机物组分，降低 53.1%的 COD，超滤后 COD 减少了 6.7%，说明超滤可以进一步减少悬浮物和大分子产生的 COD。

5.6 碳酸氢根

表 6 各个节点碳酸氢根均值 mg/L

来水	气浮	生化	超滤	RO
671	658	387	375	18.2

碳酸氢根在生化部分大幅度减小，原因是生化产生的乙酸与碳酸氢根反应生成二氧化碳：

$$CH_3COOH+HCO_3^- \longrightarrow CO_2+H_2O+CH_3COO^-$$

5.7 SRB

表 7 各个节点 SRB 个/mL

来水	气浮	生化	超滤	RO
45	45	4.5	0	0

来水中 SRB 的含量为 45 个/mL，通过生化可以除掉 90%的 SRB，原因有两个：一方面生化菌种可以竞争掉 SRB 生长所需要的营养，另一方面，生化过程为好氧过程，氧气可以杀灭 SRB。通过超滤可以截留掉全部的 SRB。

6 结 论

（1）从土壤中筛选的两株功能菌作用后的原油 GC-FID 表明，原油碳链变短，原油得到了有效降解。工业化运行表明，污水中的乳化油和溶解油通过功能菌的作用几乎完全去除，这一点是其他物理、化学方法无法比拟的。

（2）挂膜工艺可以快速建立 MBBR 工艺。生化-双膜处理工艺对污水中油含量、悬浮物含量、碳酸氢根含量、SRB 数量等指标都有很好的改善，出水达注汽锅炉用水要求，浓水水质优于 A1 回注水标准。

（3）油田采出水利用生化双膜工艺制备锅炉用水的方法是可行的，处理后的水质指标包括含油、悬浮物、矿化度等可以达到锅炉给水的要求。

参 考 文 献

[1] 杜春安，马力，吴晓玲，等．胜利油田污水资源化利用技术研究进展[J]. 石油与天然气化工，2012，41(4)：432-434.

[2] 郑路，李学凤，占程程，等．采油污水资源化利用技术研究[J]. 石油天然气学报，2012，34(9)：346-347.

[3] Jou Chih-Ju G，Huang Guo-Chang. A pilot study for oil refinery wastewater treatment using a fixed-film bioreactor [J]. Advances in Environmental Research，2003，7：463-469.

[4] 刘立，张继军，刘燕，等．机械蒸汽再压缩技术在蒸发领域的应用[J]. 化学工程，2014，42(7)：1-5.

[5] 袁鹏，雷江辉，马尧，等．新疆油田超稠油采出水处理技术优化研究[J]. 化学工程，2018，37(8)：33-36.

[6] 李希明，胜利油田污水生化处理技术进展 [J]. 石油钻采工艺，2008，30(2)，97-99。

[7] 潘永强，吴晓玲，袁长忠，徐鹏，徐闯等．稠油污水膜污染生物控制技术研究[J]，石油与天然气化工，2016，45(5)，90-94.

PACT+WAR 工艺处理
石化污水工程实例及分析

徐　斌

（中国石化九江石化公司，九江 332004）

【摘要】 采用 PACT+WAR 工艺处理某石化企业含油、含盐污水，处理规模均为 500m^3/h。针对装置运行过程中存在的问题进行了分析和优化，工程运行监测结果表明：该工艺脱氮除碳能力强且耐冲击负荷；含油污水出水 COD、氨氮平均质量浓度分别为 36.8mg/L 和 0.3mg/L，平均去除率分别为 87.8%和 97.2%；含盐污水出水 COD、氨氮平均质量浓度分别为 48.4mg/L 和 0.4mg/L，平均去除率分别为 89.9%和 98%，达到了装置出水水质指标要求；直接运行成本为 3.07 元/m^3，且实现了装置废气达标排放、生化剩余污泥近零排放，具有较好的示范作用。

【关键词】 PACT　WAR　石化污水　脱氮　除碳

石化企业产品生产过程长，生产装置多，产生的污水量大，且随着重质、劣质原油加工比例不断加大，高浓度有机污水的排放量不断增加，该污水具有种类多、水质不稳定、污染物成分复杂和可生化性差等特点[1,2]，如处理不当，将造成周边水体污染。

某石化企业油品质量升级改造工程配套建设一座污水处理场，根据污污分流、分质处理、污水回用的原则，按含油污水和含盐污水两个系统进行分质处理设计，其中含油污水主要来源于炼油装置及辅助设施排放的含油污水、装置区地面冲洗水、围堰内初期雨水及生活污水等，经处理后作为循环水补充水回用于循环水场，回用水水质执行 Q/SH 0104—2007《炼化企业节水减排考核指标与回用水质控制指标》标准要求；含盐污水主要来源于常减压蒸馏装置排放的电脱盐水、原油罐切水、碱渣处理装置排水、循环水场排污水及预处理后的煤制氢污水等，经处理达到 GB 8978—1996《污水综合排放标准》中第二类污染物一级标准后排入河流。以下对该石化企业的污水处理情况进行介绍。

1　工程概况

该石化企业排放的含油污水和含盐污水采用相同的污水处理工艺，污水经均质、除油后，均采用粉末活性炭活性污泥法（Powdered Activated Carbon Treatment，PACT）生化处理，设计处理规模均为 500m^3/h，设计进、出水水质如表 1 所示。两套 PACT 系统在运行过程中会产生大量废炭泥，共用一套最大处理规模为 13.5m^3/h 的湿式氧化再生装置（Wet Air Regeneration，WAR）对其进行氧化再生处理，恢复吸附能力的再生活性炭返回 PACT 系统，以减少新鲜活性炭的投加量。该 PACT+WAR 工艺实现了石化污水高效处理、污水处理场废气达标排放、生化剩余污泥近零排放。

表 1　设计进出水水质

项　目	含油 PACT 系统		含盐 PACT 系统	
	进水	出水	进水	出水
pH 值	6~9	6.5~8.5	6~9	6~9
COD/(mg/L)	≤650	≤40	≤600	≤60
电导率/(μS/cm)	≤540		≤2100	
氨氮质量浓度/(mg/L)	≤60	≤5	≤50	≤10
总氮质量浓度/(mg/L)	≤80	≤20	≤80	≤20
石油类物质质量浓度/(mg/L)	≤20	≤2	≤20	≤2
悬浮物质量浓度/(mg/L)	≤80	≤10	≤80	≤60

2　工艺系统设计

2.1　PACT 系统工艺流程

图 1 为污水处理工艺流程示意。单套 PACT 系统由 A、B 两个系列并联运行，采用前置反硝化 A/O 工艺流程，按活性污泥法并投加粉末活性炭设计。经除油后的污水与新鲜活性炭、再生活性炭、磷盐在配水池中通过搅拌器充分混合，然后经溢流堰依次流至 PACT 系统的缺氧池、好氧池，通过硝化反硝化去除氨氮、降低总氮，并降低有机污染物浓度。好氧池的出水溢流至混合池，在搅拌器的作用下与絮凝剂反应生成絮体，强化澄清池内炭泥与水的分离效果，出水经砂滤池过滤后得到高质量产水。好氧池末端硝态液及澄清池底部污泥通过泵回流至 PACT 系统前端脱氧池，少量剩余污泥送至共用的污泥浓缩池进一步脱水，浓缩后的废炭泥进入 WAR 系统处理，使失效的活性炭得到再生。

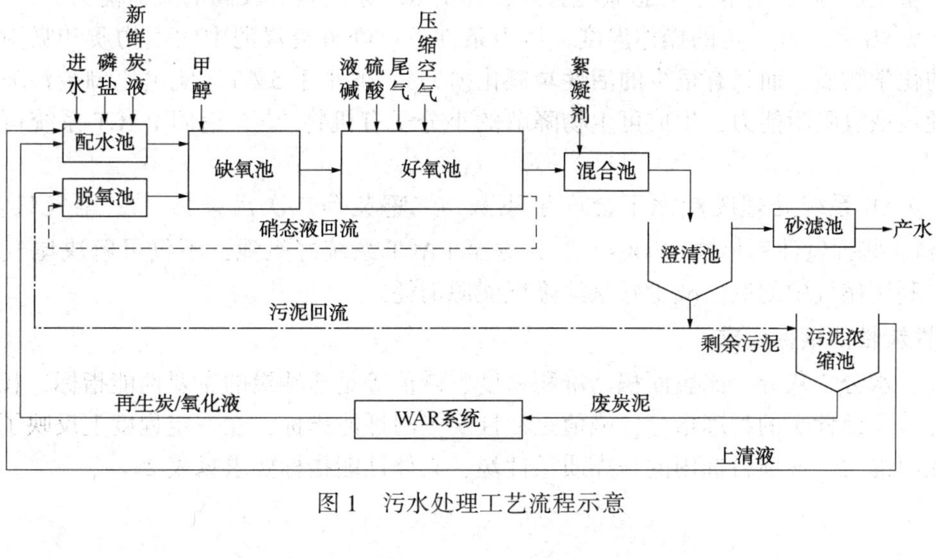

图 1　污水处理工艺流程示意

2.2 WAR 系统工艺流程

图 2 为 WAR 系统工艺流程示意。废炭泥(含固率 7.5%)经高压泵加压与空气压缩机注入的高压空气混合，形成的三相混合物被输送至换热器管程，预热后的混合物进入加热器，如果需要额外的热量，加热器将提供蒸汽来加热。加热后的混合物被输送至反应器的底部发生氧化反应，当空气和液体在反应器中上升的时候，氧被转移至液相中继续反应，控制反应温度 243℃、压力 6.2MPa、停留时间 60min，在此大部分的湿式氧化反应完成。氧化液/再生炭/尾气混合物从反应器顶部流出，流经换热器壳程，减压的再生炭混合液送至 PACT 系统配水池，尾气送至 PACT 系统好氧池底部。

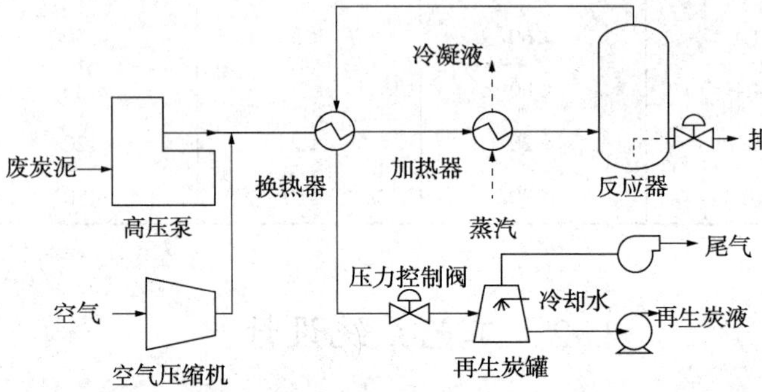

图 2 WAR 系统工艺流程示意

2.3 PACT+WAR 工艺技术特点

(1) 粉末活性炭的吸附作用可以缓冲污染物浓度变化，故 PACT 系统具有很好的抗冲击负荷能力，能够承受较大幅度进水污染物浓度变化[3]。

(2) 粉末活性炭可改善污泥的沉降性能，提高氧的利用效率[4,5]，延长有机物与微生物的接触时间，使 PACT 系统具有更强的污染物去除能力，能够去除难生物降解的有机污染物[6]。

(3) 粉末活性炭可吸附污水中对硝化菌和反硝化菌有抑制作用的物质(如：酚类、有机氯化物、重金属等)，有利于对总氮的去除，使 PACT 系统具有较高的脱氮能力[7]。

(4) WAR 系统在一定的操作温度、压力条件下可降解废炭泥中的生物质和吸附在活性炭表面的化学物质，而只有很少的活性炭氧化损失(一般小于 5%)，使生化剩余污泥得到处理、活性炭恢复吸附能力，生成可生物降解的小分子有机物[8,9]，返回 PACT 系统可减少碳源投加[10]。

(5) WAR 系统处理废炭泥不会产生飞灰、二噁英等二次污染物[11]，尾气只含 CO_2、CO、O_2和一些挥发性有机物(VOCs)[12]，送至 PACT 系统好氧池，不仅可解决尾气治理问题，还可利用尾气中的氧，减少好氧池曝气能源消耗。

2.4 活性炭性能指标要求

粒径、水分、灰分、比表面积、堆积密度、碘值等是活性炭的主要性能指标，粒径、水分和灰分等是活性炭的物理指标，碘值是活性炭吸附性能指标，在一定程度上反映了其对污染物的吸附能力。该项目选用的是煤质活性炭，具体性能指标要求见表 2。

表 2 活性炭性能指标

项 目	指 标	项 目	指 标
粒径	通过 325 目≤70%，通过 200 目≥80%	堆积密度/(g/cm^3)	0.48~0.64
水分/%	≤5	比表面积/(m^2/g)	600~900
灰分/%	15~25	碘吸附值/(mg/g)	≥900

3 存在的问题及优化措施

(1) PACT 系统配水池出水从溢流堰流入并联运行的两个缺氧池，因设计时未考虑两个系列进水量的差异化调整，导致系统运行异常时无法根据需要调整单系列的进水量；增加调节堰板后，可通过调整堰板高度来调节单系列进水量。

(2) PACT 系统曝气主管线设计采用硬密封蝶阀控制好氧池曝气量，实际运行过程中，蝶阀容易受管道内铁锈等杂质影响，导致阀板卡涩、阀门开度无法调整；更换为气动单闸板闸阀后，好氧池曝气风量控制整体正常。

(3) PACT 系统澄清池中的炭泥混合液(质量浓度为 15000~25000mg/L)在离心泵的作用下回流至脱氧池，高浓度的炭泥混合液对泵体、阀门及管道(20 号碳钢)具有强烈的冲刷腐蚀作用，特别是在炭泥混合液流速增大的位置表现得更加明显，如泵体、泵出口阀后管线等经常出现穿孔泄漏，且炭泥混合液回流量越大，设备运行周期越短，对装置运行维护造成影响。因此，在设计时可考虑对设备材质升级或降低炭泥混合液的流速，以延长设备运行周期。

(4) WAR 系统在运行过程中将剩余污泥自身存在的硫氧化生成硫酸根，与废炭泥中的溶解性钙离子反应生成硫酸钙(永久硬度)，且硫酸钙溶解度在大于 40℃时随着温度的升高而下降，而 WAR 系统换热器和反应器的运行温度均在 100℃以上，故在 WAR 系统运行一段时间后换热器和反应器内壁易结垢，导致换热效率下降、系统压差上升，影响装置运行。设计采用烧碱-纯碱软化法，将结成的垢以碳酸钙等碳酸盐(暂时硬度)形式存在，并配套硝酸清洗流程，定期进行清洗，因反应器体积较大(约 11m^3)，每次清洗需消耗大量硝酸，未纳入正常酸洗流程，故每年打开反应器人孔人工清理 1~2 次，防止反应器堵塞，维持装置稳定运行，反应器垢样及附着物如图 3 所示。

(a) 反应器内结垢　(b) 反应器清出物　(c) 反应器塔盘堵塞

图 3 WAR 反应器垢样及附着物

4 运行效果分析

4.1 污水处理效果

2021年5月，该石化企业开展全厂性大检修，经检修后各装置恢复正常运行。2021年6月1日至2022年4月30日期间，含油PACT系统进水水量为350~520m³/h，平均进水量为424m³/h；含盐PACT系统进水水量为230~360m³/h，平均进水量为290m³/h，经处理后，平均出水COD、氨氮均达到了系统设计出水水质指标要求。

4.1.1 COD降低效果

图4为该PACT+WAR工艺对石化污水COD的降低效果。从图4可以看出，含油PACT系统进水COD在200~650mg/L范围内波动，平均为335.3mg/L，出水COD基本稳定在小于45mg/L，平均出水COD为36.8mg/L，平均降低率为87.8%；含盐PACT系统进水COD在350~900mg/L范围内波动，平均为519.4mg/L，出水COD浓度基本稳定在小于55mg/L，平均出水COD为48.4mg/L，平均降低率为89.9%。可见PACT+WAR工艺可有效应对进水COD波动，具有较强的抗冲击负荷能力，能有效去除石化污水中的有机污染物。

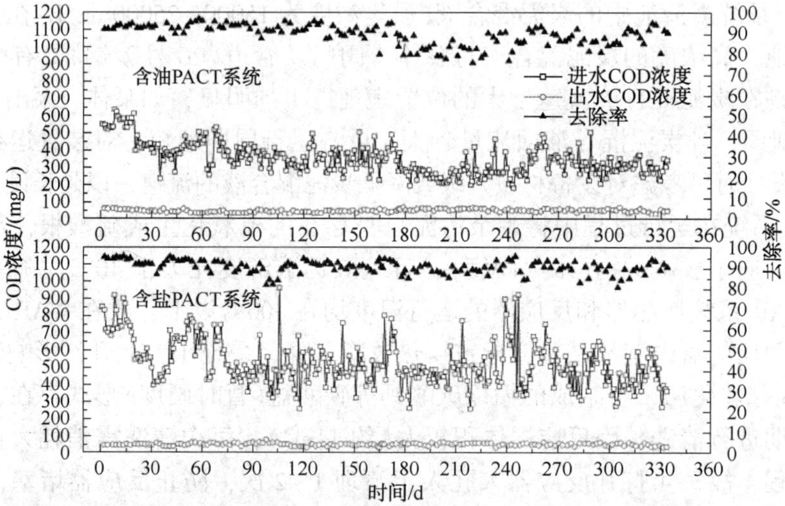

图4 PACT+WAR工艺对石化污水COD的降低效果

4.1.2 氨氮去除效果

图5为该PACT+WAR工艺对石化污水氨氮的去除效果。从图5可以看出，该工艺具有良好的氨氮去除效率，含油PACT系统进水氨氮质量浓度相对偏低，在7~20mg/L之间变化，平均为12.4mg/L，出水氨氮质量浓度基本小于0.5mg/L，平均为0.3mg/L，平均氨氮去除率达97.2%；含盐PACT系统进水氨氮质量浓度在10~40mg/L之间变化，平均为19.4mg/L，出水氨氮浓度基本小于0.5mg/L，平均为0.4mg/L，平均氨氮去除率达98%。

4.1.3 总氮去除效果

图6为该PACT+WAR工艺对石化污水总氮的去除效果。总氮的分析频次为1次/周。从图6可以看出，含油、含盐PACT系统进水总氮平均质量浓度分别为28.1mg/L和47.2mg/L，平均出水总氮质量浓度分别为16.3mg/L和20.4mg/L，平均总氮去除率分别为44.6%和

55.5%。因系统出水达到 GB 31570—2015《石油炼制工业污染物排放标准》对总氮(质量浓度≤40mg/L)的排放要求，考虑能源消耗问题，硝态液回流基本处于停运状态，只有污泥回流至缺氧池发生反硝化脱氮反应，故系统出水总氮去除率相对较低。

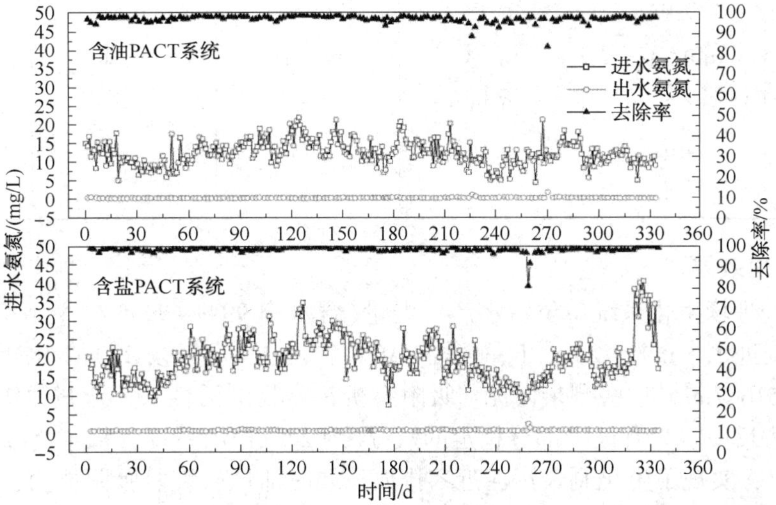

图 5　PACT+WAR 工艺对石化污水氨氮的去除效果

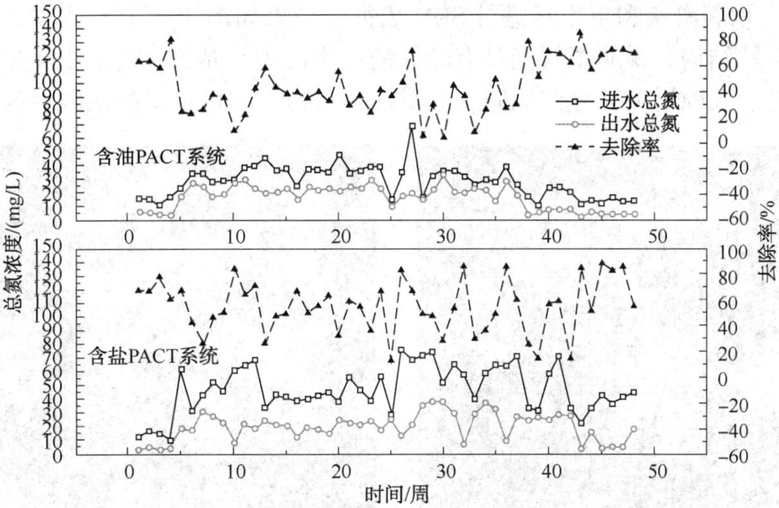

图 6　PACT+WAR 工艺对石化污水总氮的去除效果

4.2　尾气处理效果

WAR 系统排出的尾气经离心风机送至含油 PACT 系统好氧池处理，污水处理场均质、除油设施(包括污水调节罐、斜板除油器、涡凹气浮及溶气气浮等)尾气经离心风机送至含盐 PACT 系统好氧池处理，具体数据见表 3。由表 3 可见，出装置气体浓度均达到 GB 31570—2015《石油炼制工业污染物排放标准》对大气污染物的排放控制要求，说明 PACT 系统活性炭吸附和生物降解技术可有效去除装置运行过程中产生的挥发性有机物和臭气，无需加盖及另建尾气处理设施，同时减少了尾气处理带来的安全风险[13]。

表 3 装置进出气体浓度 mg/m³

项 目	含油 PACT 系统		含盐 PACT 系统		GB 31570—2015 指标要求
	入口	出口	入口	出口	
硫化氢	7.39	0.22	19.39	0.24	
非甲烷总烃	1012.21	31.24	1986.11	44.40	120
苯	3.26	0.16	8.55	0.40	4
甲苯	4.03	0.41	6.67	1.12	15
二甲苯	1.61	0.65	7.38	1.55	20

4.3 废炭泥处理效果

炼油污水处理场生化系统单位污水产污泥量(含水率 99%~99.5%)为 0.0036m³/m³[14]，含油 PACT 系统进水水量按 424m³/h、含盐 PACT 系统进水水量按 290m³/h 计算，则每年产生剩余污泥 22516.7m³，这些剩余污泥与吸附有机污染物的活性炭一起进入 WAR 系统反应器进行氧化分解反应，只有极少部分稳定的灰分(约 2%)排出系统，每年可减少剩余污泥外排量约 22066m³，实现了生化剩余污泥近零排放，同时活性炭恢复吸附能力，返回 PACT 系统循环利用。

对 WAR 系统再生炭的碘吸附值进行分析，仅为 50~100mg/g，只恢复到新鲜炭碘吸附值的 5%~11%。取新鲜炭和再生炭进行 SEM 表征，结果如图 7 所示。从图 7(a)可以看出，新鲜炭表面呈多孔结构，说明新鲜炭具有较好的吸附能力。从图 7(b)可以看出，再生炭表面变得非常粗糙、孔隙增大，且已吸附了大量的颗粒物，故再生炭的碘吸附值非常低。

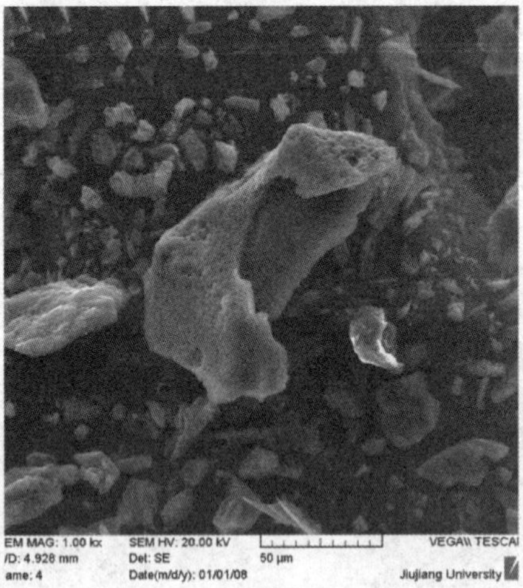

(a)

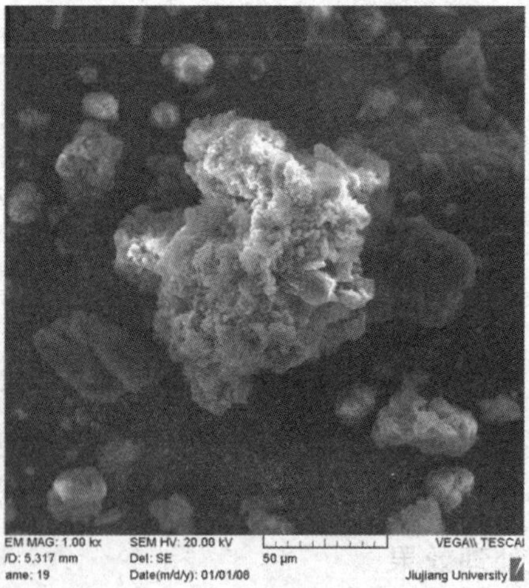

(b)

图 7 新鲜炭和再生炭的 SEM 表征结果

(a)新鲜炭放大 1000 倍；(b)再生炭放大 1000 倍

在废炭泥的氧化分解过程中，活性炭吸附的难降解有机污染物及污泥中的蛋白质、多糖和纤维素等大分子有机物逐渐分解为乙酸、丙酸等小分子有机物，有机氮化物则转化为氨、硝酸盐等物质[15]，废炭泥的氧化液中 COD 高达 2000~5000mg/L、氨氮质量浓度高达 300~500mg/L。再生炭与氧化液一直处于混合状态，使再生炭吸附饱和，但这并不意味着再生炭返回 PACT 系统后不起作用。姜昆[7]指出，在 PACT 系统中存在“吸附-降解-再生-再吸附”的过程，再生炭吸附的小分子有机物在 PACT 系统中很容易被利用，空出的吸附点位可以继续吸附有机物。

5 运行成本分析

经统计，2021 年 6 月 1 日至 2022 年 4 月 30 日期间，该 PACT+WAR 工艺处理石化污水所需公用工程费用为 2.117 元/m^3，具体见表 4；活性炭、絮凝剂及甲醇等化工辅材费用合计约为 0.761 元/m^3；人员编制 8 人，平均工资按 8000 元/(月·人)计算，则人工成本为 0.192 元/m^3，合计直接运行成本为 3.07 元/m^3(不含设备折旧)。

表 4 PACT+WAR 工艺处理 $1m^3$ 石化污水所需公用工程费用

项目	消耗量	单价	费用/元
电	3.76kW·h	0.54 元/(kW·h)	2.03
生产水	$0.24m^3$	0.96 元/m^3	0.023
循环水	$0.028m^3$	0.26 元/m^3	0.0073
3.5MPa 蒸汽	0.00038t	151 元/t	0.057
合计	—	—	2.117

6 结论

(1) 采用 PACT+WAR 工艺处理石化污水具有较强的抗冲击负荷能力，出水水质稳定，处理效率高。经装置处理后，含油 PACT 系统出水 COD、氨氮质量浓度均值分别为 36.8mg/L 和 0.3mg/L，平均去除率分别为 87.8%和 97.2%，达到了 Q/SH 0104—2007《炼化企业节水减排考核指标与回用水质控制指标》标准要求；含盐 PACT 系统出水 COD、氨氮质量浓度均值分别为 48.4mg/L 和 0.4mg/L，平均去除率分别为 89.9%和 98%，达到了 GB 8978—1996《污水综合排放标准》中第二类污染物一级标准要求。

(2) PACT 系统活性炭吸附和生物降解技术可有效去除装置运行过程中产生的挥发性有机物和臭气，达到了 GB 31570—2015《石油炼制工业污染物排放标准》对大气污染物的排放控制要求。

(3) WAR 系统可有效处置废炭泥，实现了生化剩余污泥近零排放，活性炭循环利用，大幅降低了装置运行成本，处理每吨污水直接运行成本为 3.07 元。

参考文献

[1] 李静怡，徐斌，谭慧月，等. $KMnO_4/NaHSO_3$ 氧化还原体系处理难生化石化污水的试验研究[J]. 石油石化绿色低碳，2022，7(2)：51-57.

[2] 栾金义，傅晓萍. 石油化工水处理技术与典型工艺[M]. 北京：中国石化出版社，2013：328-330.

[3] 李朦. 粉末活性炭强化活性污泥法处理综合化工废水的研究[D]. 天津：天津大学，2014.

[4] 周晓霞，孙亚兵，李署，等. PACT 工艺处理 PAM 生产废水的实验研究[J]. 环境工程学报，2010，4

(4)：817-821.

[5] 陈莉荣，杨艳，尚少鹏. PACT 法处理煤制油低浓度含油废水试验研究[J]. 水处理技术，2011，37(11)：63-65.

[6] 杨婉如. 制药废水中典型污染物微生物强化降解效能研究[D]. 哈尔滨：哈尔滨工业大学，2017.

[7] 姜昆. PACT 工艺处理煤化工废水的效能研究[D]. 哈尔滨：哈尔滨工业大学，2019.

[8] ZhouLinbi，Cao Hongbin，Descorme C，et al. Wet air oxidation of indole，benzopyrazole，and benzotriazole：Effects of operating conditions and reaction mechanisms[J]. Chem Eng J，2018，338：496-503.

[9] Chung J，Lee M，Ahn J，et al. Effcts of operational conditions on sludge degradation and organic acids formation in low-critical wet air oxidation[J]. J Hazard Mater，2009，162(1)：10-16.

[10] Djafer M，Luck F，Rose J P，et al. Transforming sludge into a recyclable and valuable carbon source by wet air oxidation[J]. Water Sci Technol，2000，41(8)：77-83.

[11] Luck F. Wet air oxidation：past，present andfuture[J]. Catal Today，1999，53(1)：81-91.

[12] Kolaczkowski S T，Plucinski P，Beltranf J，et al. Wet air oxidation：A review of process technologies and aspects in reactor design[J]. Chem Eng J，1999，73(2)：143-160.

[13] 杨忠霖，解强，栾志强. VOCs 治理工程安全研究现状[J]. 中国环保产业，2020(12)：28-32.

[14] 石油化工污水处理设计规范：GB 50747—2012[S]. 2012.

[15] 李德彬，周平，吴毅晖，等. 污水厂污泥湿式空气氧化的研究进展[J]. 化工环保，2022，42(1)：1-9.

石油化工行业含油废水处理技术研究现状及展望

李　博　秦　冰　张　峰

（中石化石油化工科学研究院有限公司，北京 100083）

【摘要】 石油化工行业含油废水是一种复杂的工业废水，其体系性质、处理技术一直是石油化工领域研究的重要课题之一。物理分离法可减少化学和生物药剂消耗、减排二次污染物，为我国水环境安全提供一条新路线，因而受到广泛关注。本文系统地综述了含油废水处理的常规单元处理技术，包括物理法、化学法、生物法等，比较了各种技术的优缺点和适用范围。同时，本文还对国内外已投入工业化应用的新型单元处理技术和基于单元处理技术的高效集成技术进行了梳理，分析了这些技术的原理特性、除油效果、技术优势。最后，本文对石油工业含油废水处理技术的未来发展趋势进行了展望，为石油化工行业含油废水的治理提供了参考。

【关键词】 石油化工　含油废水　物理分离　新型处理技术

1　引　　言

1.1　含油废水特点

石油工业含油废水是指在石油开采、石油炼制等生产过程中产生的含有不同形式和浓度的油类物质的废水，是一种典型的复杂有机废水[1]。含油废水中的油类物质主要以浮油、分散油、乳化油和溶解油四种形式存在于含油废水中[2]，其中乳化油和溶解油难以分离，给废水处理带来了很大的困难[3]。此外，含油废水中还含有苯酚、丙酮、芳烃等有毒有害物质，以及硫化物、氨氮、盐类等无机物质，具有高浓度、高毒性、高盐度、高色度等特点[4,5]。如果不经处理直接排放，含油废水会对环境造成严重的污染和破坏，影响饮用水和地下水资源、农作物生产和水生生物等生态系统的正常运行[6-8]。我国的环境保护战略正在从"末端治理"向"源头控制、过程减排、末端治理"的全生命周期绿色发展转变[9]，石油类污染物直接排放限值提升为 5.0mg/L[10]。因此，开发高效、稳定、绿色的石油工业含油废水处理技术，是保护环境、节约资源、实现可持续发展的重要课题。

目前，石油工业含油废水的处理方法主要有物理法、化学法、生物法等[11-13]。这些方法各有优缺点，适用于不同类型和条件的含油废水。一般来说，单一的处理方法很难达到理想的效果，需要根据含油废水的性质和处理要求，采用组合工艺进行综合处理。本文首先对石油工业含油废水现有处理技术进行总结，进而介绍了近些年来的新型单元处理技术和集成技术的研究进展。最后，对石油工业含油废水处理技术的未来发展趋势进行了展望，指出了该领域未来的发展方向。

2 含油废水常规单元处理技术

2.1 物理法

物理法是利用物理力学原理来实现含油废水中油与水的分离或者是去除悬浮固体等杂质的方法。常用的物理法有重力分离法、气浮法、旋流分离法、过滤法和聚结法等。

2.1.1 重力分离法

重力分离法是利用含油废水中不同成分之间的密度差，在重力作用下实现分离的方法(图1)。该方法主要适用于去除含油废水中较大粒径(>100μm)的浮油和悬浮固体，对于乳化油和溶解油则效果不佳。常见的重力分离设备有隔油池(API隔油池)、斜板隔油池(CPI)和自然除油罐等。该方法优点是原理简单，操作方便，分离通量大，同时适用于多种类型体系。缺点是精致分离时间较长，无法实现连续性操作，设备占地面积较大，分离不彻底。所以一般搭配其他油水分离技术一起使用，作为油水分离预处理步骤[14]。

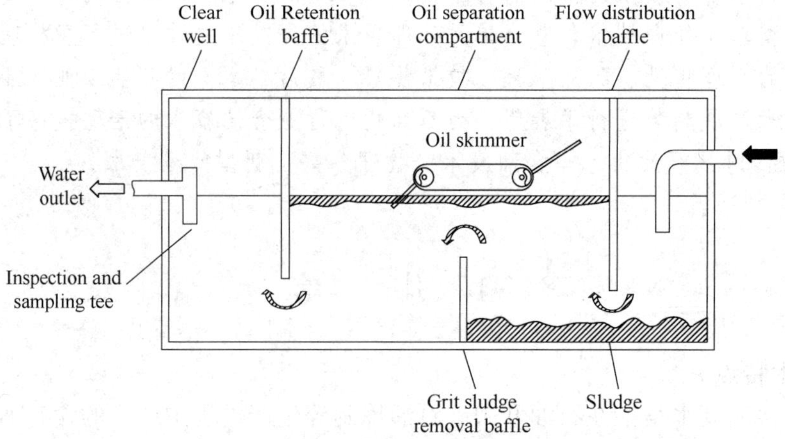

图1 连续式重力法油水分离装置[14]

2.1.2 气浮法

气浮法是利用气体在液体中产生微小气泡，并与含油废水中的细小颗粒或者是乳化液相结合，在浮力作用下上升到液面形成浮渣并被移除的方法(图2)。该方法主要适用于去除含油废水中较小粒径(10~100μm)的分散油和乳化油，对于溶解油则效果不佳。常见的气浮设备有溶气气浮器(DAF)、电解气浮器(EAF)和压溶气浮器(CAF)等。该方法具有处理量大、处理效率高、占地面积小等优点，但也存在耗能大、运行费用高、易产生二次污染等缺点[15]。

2.1.3 旋流分离法

旋流分离法是利用旋转流体产生的离心力来实现含油废水中不同成分之间的分离的方法(图3)。该方法主要适用于去除含油废水中较小粒径(<10μm)的乳化油和溶解油，对于浮油和悬浮固体则效果不佳。常见的旋流分离设备有旋流器(HC)和静态旋流器(HSC)等。该方法具有设备体积小、分离效率高、运行稳定等优点，但也存在对进水量和进水压力敏感、易堵塞、难以调节等缺点[16]。

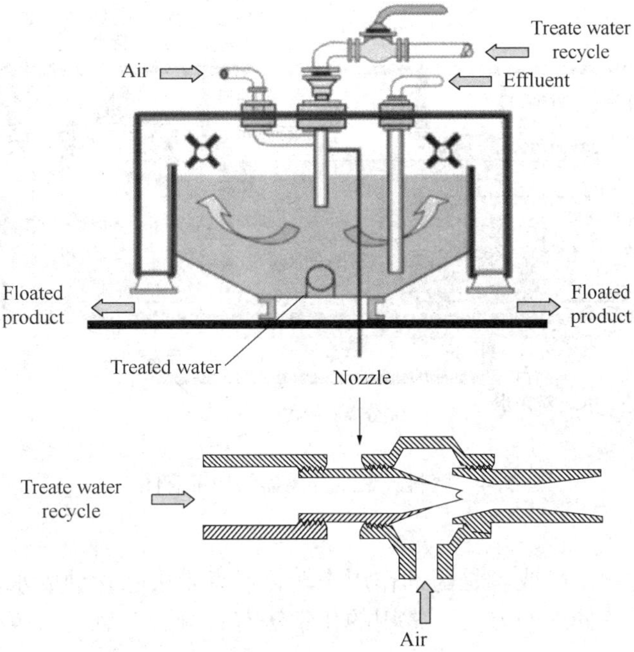

图 2　连续式喷嘴气浮分离装置[15]

2.1.4　过滤法

过滤法是利用过滤介质对含油废水进行机械筛选或者是吸附作用来去除其中的悬浮固体或者是残余油脂的方法。该方法主要适用于深度净化含油废水，提高出水质量，对于各种形式的油都有一定效果。常见的过滤介质有石英砂、无烟煤、陶粒、核桃壳、纤维球、陶瓷膜和有机膜等。该方法具有操作简单、出水质量好等优点，但也存在耗能大、过滤介质易失效或者是堵塞、需要定期更换或者是再生等缺点[17]。

2.1.5　聚结法

聚结法又称粗粒化法，是粗粒化及相应的沉降过程的总称，该法是利用油水两项对聚结材料亲和力相差悬殊的原理，使分散相在聚结材料表面和内部聚并，从而实现进行油水分离[18]。聚结法的处理对象主要是水中的分散油和非表面活性剂稳定的乳化油[19]。聚结材料可以是天然或人工的纤维、颗粒、膜等，其主要作用是增加油滴的碰撞机会，促进油滴的聚并和增大，从而提高油水分离效率。常见的聚结分离设备有板式聚结器、填料式聚结器(图 4)、滤芯式聚结器等[20]。聚结法可以与其他油水分离方法如气浮、旋流、超声波等相结合，形成复合分离技术，以适应不同类型和不同水质的含油废水[19,21,22]。

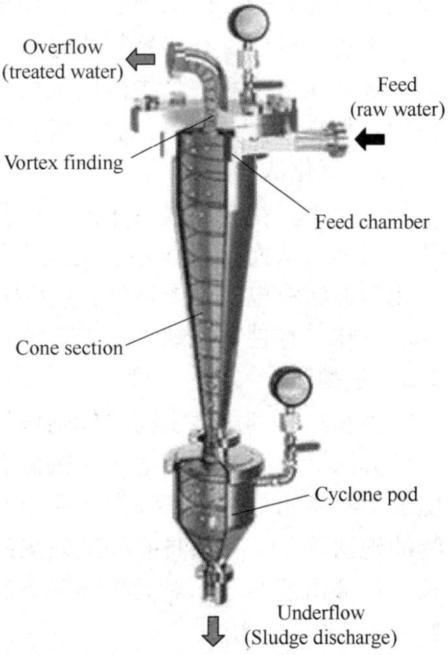

图 3　旋流分离装置结构示意图[16]

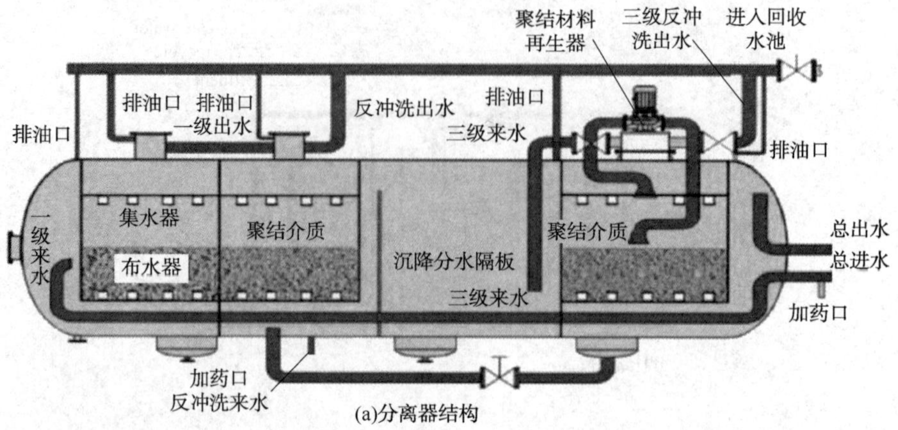

图 4 填料式聚结分离器结构示意图[1]

2.2 化学法

化学法是利用化学反应或者是药剂作用来转化或者是去除含油废水中的污染物质或者是改善其性质以便于后续处理的方法。常用的化学法有絮凝法、氧化法等[23]。

2.2.1 絮凝法

絮凝法是指向废水中加入化学试剂，在其作用下使得细小颗粒或者是乳化液聚集成大颗粒或者是絮状物，使水中的污染物凝聚，沉降，达到固液分离的效果。它主要包括有机絮凝法和无机絮凝法。有机絮凝法是指使用有机高分子聚合物作为絮凝剂，如聚丙烯酰胺、聚乙烯醇等。无机絮凝法是指使用无机盐类作为絮凝剂，如硫酸铁、氯化铝等。絮凝法的优点是处理效率高，操作简单，成本低；缺点是会产生大量的污泥，需要进一步处理[24]。

2.2.2 氧化法

氧化法是指利用强氧化剂或电化学方法来氧化降解废水中的难降解有机物或转化为易降解有机物，从而提高其可生化性[25]。常用的氧化剂有臭氧、过氧化氢、双氧水等。常用的电化学方法有电解、电催化、电 Fenton 等[26]。氧化法的优点是能够有效地去除废水中的色度、臭味、毒性等。缺点是需要消耗大量的能源，设备复杂，运行成本高。

2.3 生物法

生物法是利用微生物的代谢作用来降解或者是转化含油废水中的有机物质或者是无机物质的方法。该方法主要适用于去除含油废水中的生化需氧量（BOD）、化学需氧量（COD）和氨氮等污染指标，对于油类物质也有一定效果。常见的生物法有活性污泥法、生物膜法和生物滤池法等。该方法具有处理效果好、运行费用低、无二次污染等优点，但也存在处理周期长、抗冲击能力弱、对微生物种类和数量要求高等缺点。

2.3.1 厌氧生物法

厌氧生物法是利用在无氧条件下的微生物来降解含油废水中的有机物质的方法。该方法相比于好氧生物法，具有能耗低、污泥产量少、能产生可利用的沼气等优点，但也存在处理效率低、启动时间长、运行控制难等缺点。厌氧生物法常用的反应器有厌氧滤池（AF）、上流式厌氧污泥床（UASB）、厌氧流化床（AFB）和膜生物反应器（MBR）等[27]。

2.3.2 好氧生物法

好氧生物法是利用在有氧条件下的微生物来降解含油废水中的有机物质的方法[28]。该方法相比于厌氧生物法，具有处理效率高、出水质量好、运行控制易等优点，但也存在能耗高、污泥产量多、易产生二次污染等缺点。好氧生物法常用的反应器有活性污泥法(AS)、曝气生物滤池(BAF)、旋转生物接触器(RBC)和膜生物反应器(MBR)等[29]。

含油废水常规单元处理技术的施用对象和主要优缺点如表1所示，具体包括重力法、旋流法、聚结法、气浮法、化学法、过滤法、吸附法和生物法。从表中可发现对10μm以上的油滴，存在大量处理技术可供选择，但对于高乳化态废水中常见的1~10μm油滴的处理，可供选择的技术偏少，且综合性能欠佳。这些传统处理方法中，或处理设备复杂、成本高昂，或处理范围和效果有限，或不具备长周期稳定运行能力，面对乳化程度和待处理量剧增的含油废水，以及日趋严格的排放标准，有必要对油水分离技术提出更高的要求[9]。

表1　含油废水常用单元处理技术的分离对象和主要优缺点

处理技术	处理对象	分离粒径/μm	优点	缺点
重力法	浮油、分散油	≥60	效果稳定、成本低	时间长、占地大
气浮法	分散油、乳化油	10~30	能有效去除质量浓度100~1000mg/L的分散油和乳化油，工艺较成熟	一般需加浮选剂，浮渣较难处理
旋流法	浮油、分散油	15~20	体积小，质量轻，要求配套设施少，能有效去除质量浓度2000mg/L以下的浮油和分散油	操作条件要求高、能耗大
过滤法	乳化油	≥2	有效去除粒径大于2μm的乳化油，出水水质较好	通量小、速度慢、反洗操作要求高、成本高
板式聚结	分散油	30~50	无能耗、无需投加药剂	材料需要定期维护或更换
填料聚结	分散油、乳化油	10~15	若填料使用得当，可以处理10μm以下的乳化油滴，有深度发展的潜质	尚没有形成规范，其能够处理的油滴粒径也没有固定的标准或经验图表可查询
滤芯聚结	分散油、乳化油	>2	分离精度高，除油性能优异	压降高，纳污能力差，流速大时滤芯易损坏
化学法	乳化油	3~7	破乳效果好、速度快	药剂消耗大，运行成本较高，存在产泥问题
生物法	溶解油	≤1	绿色环保，成本低	进水水质要求高、速度慢、占地多

3　新型单元处理技术

为了瞄准未来污染物近零排放、能耗物耗近零消耗的废水处理长远目标，国内外的研究者也在积极开发创新型单元处理技术。总体来看，围绕物理法为核心的含油废水处理技术，凭借其低能耗、低排放、低污染、资源化等优势，成为未来发展的主流[30]。一些已实现工业化的典型实例如下：

天然气凝析液注入聚结技术(CTour)[31]：这是一种利用井口产出的天然气凝析液作为聚结剂，与含油废水混合后，通过萃取和相似亲和的原理，促进油滴聚并增大的预处理手段。该技术由美国ProSep公司研发，具有处理效率高、运行成本低、无需添加化学药剂等优点。该技术的工作原理(图5)：收集足够的天然气凝析液，使其在工作压力和温度下处于液态；

凝析液与含油废水在混合器中充分混合，使油类污染物被凝析液萃取；后续再经由聚结器或旋流器等设备处理，分离凝析液与水。该技术的优势是：天然气凝析液作为聚结剂，可有效提高油滴的亲和性和聚并速度；同时，天然气凝析液也是一种有价值的资源，可以回收利用；此外，该技术无需添加化学药剂，避免了二次污染和药耗成本，已在北美和中东地区得到了工业化应用。

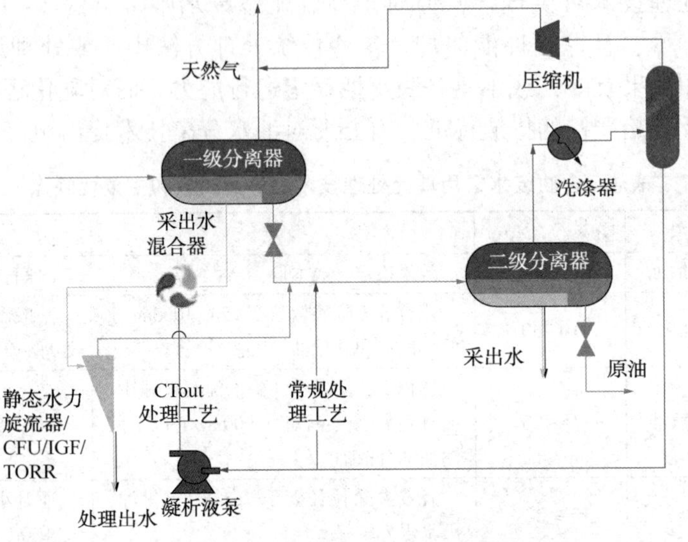

图 5　CTour 技术的基本工作原理示意图[31]

大孔隙聚合物萃取技术(MPPE)[32]：这是一种利用大孔隙聚合物颗粒作为载体，内填不易挥发的特殊疏水性萃取剂，通过萃取和蒸汽再生的方式，高效去除水中的油类物质的技术。该技术由荷兰阿克苏诺贝尔(Akzo Nobel)公司开发，适用于处理含油量较高、油类物质较复杂的含油废水，去除率高达 99.99%。该技术的工作原理(图 6)：含油废水与填充在 MPPE 装置内部的大孔隙聚合物颗粒接触，疏水的聚合物颗粒和在颗粒内部孔隙中填充的特殊疏水性萃取剂将油类物质从水相中萃取出来，实现油水分离。分离完成后向 MPPE 装置内注入低压蒸汽，将吸附在颗粒上的油类物质脱附出来，并通过冷凝回收。该技术的优势是：大孔隙聚合物颗粒具有高比表面积和高孔隙率，能提供充足的接触面积和萃取空间；特殊疏水性萃取剂对水中的油类物质具有高选择性和高亲和力，能实现高效去除；蒸汽再生方式能实现连续运行和资源回收，无需添加化学药剂。

图 6　MPPE 技术的工艺流程示意图[32]

OMS 含油废水处理技术[33]：这是一种利用 OSORB 吸附剂作为载体，通过吸附和蒸汽或凝析液再生的方式，广泛去除水中的油类物质的技术。该技术由美国 ProSep 公司开发，具有吸附能力强、再生途径多、再生效率高等优点。该技术的工作原理：含油废水进入 OMS 装置后，与填充在装置内部的 OSORB 吸附剂接触，OSORB 吸附剂是一种基于硅基材料的有机改性介孔材料，通过对水中的油类物质的吸附作用，从而实现油水分离。分离完成后，向 OMS 装置内注入蒸汽或凝析液，将吸附在 OSORB 上的油类物质脱附出来，并通过冷凝回收。该技术的优势是：OSORB 吸附剂具有高比表面积和高孔隙率，能提供充足的接触面积和吸附空间；OSORB 吸附剂对水中的油类物质具有高选择性和高亲和力，能实现广谱去除；蒸汽或凝析液再生方式能实现连续运行和资源回收，无需添加化学药剂，无二次污染。

沸腾床分离技术[34]：这是一种利用亲水和亲油的混合颗粒介质构造颗粒微通道分离床层，并耦合旋流再生技术实现连续分离的技术。该技术由洪波等人开发，具有分离性能稳定、处理量大、占地面积小等优点。该技术的工作原理是：含油废水与填充在分离器内部的混合颗粒介质接触，混合颗粒介质由亲水颗粒和亲油颗粒按一定比例混合而成，构成了具有梯度润湿性的床层；由于对油水对介质的亲和力差异和流速差异，实现油水分离；分离完成后向分离器内注入旋流气体，将混合颗粒介质搅动起来，并将其输送至旋流再生器；在旋流再生器中，利用旋流气体的离心力，将混合颗粒介质中的油滴和悬浮物分离出来，并通过冷凝回收；再生后的混合颗粒介质重新输送回分离器，实现循环利用。该技术的优势是：颗粒微通道分离床层具有高分离效率和高处理量，能适应不同浓度和粒径的含油废水；旋流再生技术能实现混合颗粒介质的高效清洗和回收，无需添加化学药剂，无二次污染。

组合纤维聚结除油技术(CFC)[35]：这是一种利用特殊润湿性的纤维聚结模块作为核心，以"X/Ω"形态将亲/疏水纤维组合编织，实现不同尺寸油滴的分步分级脱除的技术。该技术由杨强等人研发，具有破乳优势、分离效率高、耐久性好等优点。该技术的工作原理(图7)：含油废水在泵的推动下进入 CFC 装置，在装置内部形成上升流动；含油废水与填充在装置内部的组合纤维聚结模块接触，组合纤维聚结模块由亲水纤维和亲油纤维按一定比例和形态组合编织而成，构成了多级纤维聚结单元；在多级纤维聚结单元中，油水乳液流动过程中乳化液滴会在异质纤维交叉节点处因油水极性受力差异而发生破乳。该技术的优势是：组合纤维聚结模块具有梯度润湿性和高孔隙率，能提供充足的特殊润湿性表面和聚结空间；组合纤维聚结模块具有良好的破乳能力，能处理难以分离的乳化油；组合纤维聚结模块具有良好的耐久性和抗污染性，能长期稳定运行。

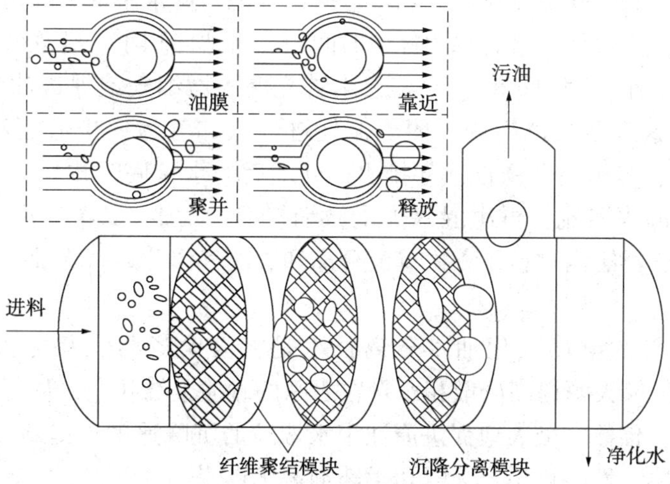

图7　新型纤维聚结装置结构及分离原理[35]

还有一些新型的单元处理技术也值得关注，如超声波技术、臭氧催化氧化技术(O3/AC)、Fenton 氧化技术(Fenton)、电催化氧化技术(EC)、湿式氧化技术(WAO)、催化湿式氧化技术(CWAO)、超临界水氧化技术(SCWO)等[36]。这些技术主要利用物理或化学作用对含油废水中难降解或有毒有害物质进行深度处理或无害化处理，提高含油废水的可生化性或达到达标排放或回用要求。这些技术在实验室或中试阶段已经取得了一定的效果，但也存在一些问题和挑战，如能耗高、运行成本高、操作复杂等，需要进一步完善和优化[37,38]。

4 基于单元处理技术的高效集成技术

为了充分发挥各类常规单元处理技术的优势，避免其单独应用时的局限性，研究者们将重力法、旋流、气浮、聚结、电场等技术通过耦合作用与协同作用高效集成，形成了一些新型的耦合处理技术，有效地提升了油水分离效率，一些已实现工业化的典型实例如下：

胜利油田团队研发的高梯度聚结气浮水处理技术(HCF)是将材料聚结、高速度梯度聚结和气浮三种技术有机结合的一种创新技术，无需投加任何处理药剂用于一次除油，不产生老化油，具有产泥量少、不增加溶氧和腐蚀的特点，获得了较好的乳化油去除性能[39]。

“罐中罐”技术是静态旋流和重力沉降两种技术的集成，其集除油、均质、调节、排泥于一体，完全可以替代高含油废水传统的一级处理工艺，具有高效、紧凑、抗冲击性能好等优势，在国内已有较多工程应用实例[40]。

英国 Cyclotech 公司推出的 PECT-F 技术是聚结和静态旋流两种技术的集成，聚结材料填充在多管并联静态水力旋流器入口区域的空隙处，主要基于材料润湿聚结增大进入静态水力旋流器单体内的油颗粒粒径，从而改善油水分离效果在 Andrew 和 Cyrus 油田取得了良好的分离效果[41]。

陈家庆团队开发的气浮旋流一体化技术(CFU)[42]是将旋流分离技术与竖流式气浮分离技术有机结合，借助低强度旋流离心力场促进微细气泡与原水中待去除污染物颗粒的碰撞黏附，进而强化气浮分离过程，具有水力停留时间短、占地面积小、处理效率高和操作要求低等优点。该技术的工作原理(图 8)：含有废水首先混入微细气泡促进油颗粒与气泡碰撞黏附，进而通入立式紧凑型气浮罐内，弱旋流促进油相和气泡向中心运移并碰撞黏附，发生“一次气浮作用”，多相混合物自顶部排出，处理后的水从底部排出。为进一步改善分离效果，部分处理后的水回流，再次混入大量微细气泡，发生“二次气浮作用”。总的来看，含油污水在紧凑型气浮罐内进行了 1 次旋流分离和 2 次气浮分离，除油效率较常规设备有较大幅度提升。

唐晓旭等人开发的电场强化油水分离技术是将静电场与三相分离器相结合的技术(图 9)，电场作用能够大幅提高分散相水颗粒之间的碰撞聚结几率，从而在极短时间内实现高达几十的粒径增长倍数，极大地促进原油中水颗粒的沉降速度，提高油气水的分离效率。该技术具有结构紧凑、性能稳定、无需化学药剂等优点[43]。

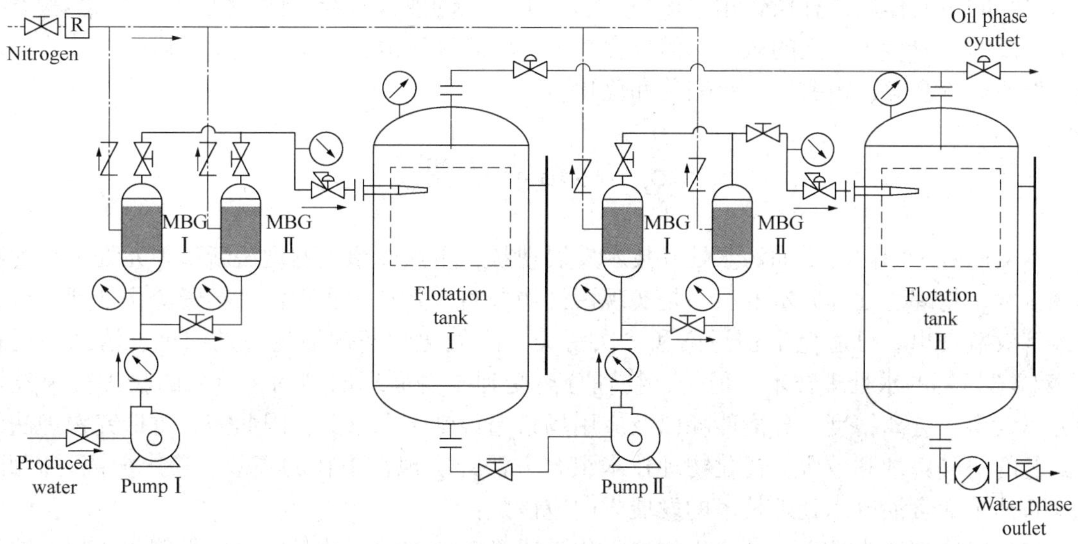

图 8　两级串联型气旋浮装置的工艺流程

高波等人开发的电场-旋流场耦合强化破乳技术是将电聚结与旋流相耦合(图 10)，高电场可以使聚结的时间延迟效应大幅降低，提高碰撞的聚结效率；同时湍流导致的液滴之间的高聚集性，可以缩短液滴之间的距离，提高电聚结率。因此耦合场对液滴聚结有双向促进作用，具有快速和高聚结率的特点。该技术的工作原理是：乳化液进入旋流器后，小液滴在高电场作用下迅速聚结变大，聚结后的大液滴在离心力作用下向旋流器边壁运动，实现相间分离，最后水相由底流口流出，油相由溢流口流出，实现油水两相的分离[44]。

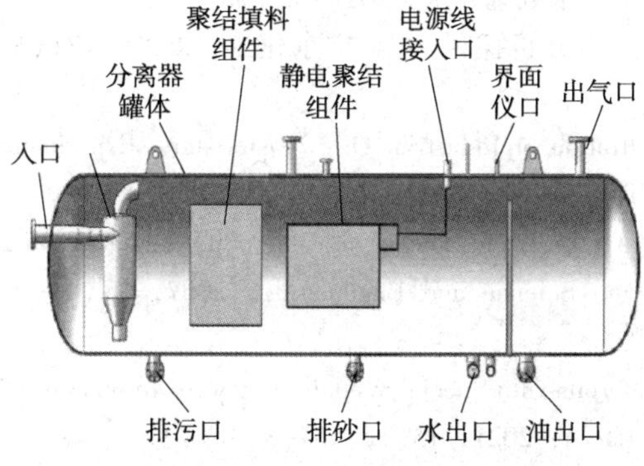

图 9　电场强化油水分离器结构

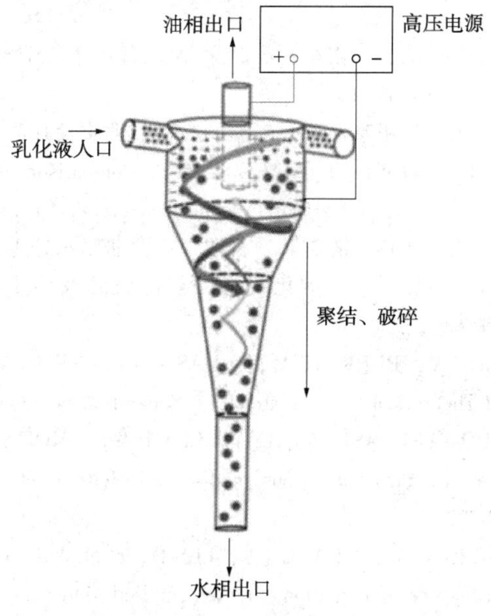

图 10　电场-旋流场耦合强化破乳装置结构及原理

还有一些新型的集成处理技术也值得关注，如超声波-混凝-气浮组合工艺、电催化氧化-活性炭吸附组合工艺、Fenton 氧化-超滤组合工艺等。这些技术主要利用不同单元处理技术之间的协同作用或补偿作用，提高含油废水处理的效果和经济性。这些技术在实验室或中试阶段已经取得了一定的效果，但也存在一些问题和挑战，如工艺复杂、运行参数难以控制、设备投资高等，需要进一步完善和优化。

5 总结与展望

本文回顾了国内外含油污水处理技术发展现状，重点介绍了物理法新型单元处理技术和集成技术。物理法处理废水的核心是实现污染物分离，并利于实现污染物资源化处理，其综合经济效益突出、可避免生物污染和二次污染、降低化学药剂消耗，是绿色、清洁、更符合“双碳”目标的水处理技术。但是，物理分离受到本身原理的制约，单一的物理分离技术在分离效率、分离精度、分离能耗以及应用场景上很难十全十美，因此需着重探究物理法组合工艺的协同原理和效应，优化物理技术组合方法，实现污染物的高效、稳定分离。因此，未来石油工业含油废水处理技术的发展方向应该是：

（1）以物理法为核心，结合生物法、化学法等其他技术，辅以电场、光催化、超声波等增强手段，构建多级联合或者是一体化的处理工艺，开发出更优化、协调、创新的处理技术，实现含油废水的高效处理和深度回收；

（2）以智能化为导向，结合物联网、大数据、人工智能等信息技术，开发智能化的监测、控制和优化系统，实现含油废水处理过程的自动化和智能化。

（3）以资源化为目标，探索含油废水中油类、水溶性有机物和无机盐等有价值成分的回收利用途径，实现含油废水的零排放和循环利用。

参 考 文 献

[1] 杨强，卢浩，李裕东，等．聚结分离技术在含油污水处理中的应用研究进展[J]．环境工程学报，2021，15(3)：15.

[2] 孙刚正．羧甲基油酰壳聚糖的制备、性质及其对含油废水絮凝机理的研究[D]．中国海洋大学，2010.

[3] GALI A，DOSTA J，MACE S，et al. Comparison of reject water treatment with nitrification/denitrification via nitrite in SBR and SHARON chemostat process[J]. Environmental Technology，2007，28(2)：173-6.

[4] 胡天佑，唐瑾，陈志莉．石油工业含油废水处理进展[J]．水处理技术，2021，47(06)：12-7.

[5] 王旭东，张秀青．催化裂化工艺污染源及污染防治措施分析探讨[J]．广东化工，2020，47(05)：166-7.

[6] SINGH V，PURKAIT M K，DAS C. Cross-Flow Microfiltration of Industrial Oily Wastewater：Experimental and Theoretical Consideration[J]. Separation Science and Technology，2011，46(8)：1213-23.

[7] SOUDMAND-ASLI A，AYATOLLAHI S S，MOHABATKAR H，et al. The in situ microbial enhanced oil recovery in fractured porous media [J]. Journal of Petroleum Science and Engineering，2007，58(1-2)：161-72.

[8] ZHENG W W，HUANG J Y，LI S H，et al. Advanced Materials with Special Wettability toward Intelligent Oily Wastewater Remediation[J]. Acs Applied Materials & Interfaces，2021，13(1)：67-87.

[9] 吕进，康勇，王泽鹏，彭枫．油田油水分离技术及设备研究进展 [J]．石油化工设备，2019，第48卷(第5期)：69-75.

[10] 石油炼制工业污染物排放标准：[S]．国内-国家标准-国家市场监督管理总局 CN-GB，2015：

[11] 黄琼志．油水分离技术在炼厂含盐污水处理中的应用 [J]．化学工程与装备，2021，(04)：17-9.

[12] 吕进，康勇，王泽鹏，et al. 油田油水分离技术及设备研究进展［J］. 石油化工设备，2019，48(05)：69-75.
[13] 栾雪薇. 浅谈油田注聚采油废水油水分离技术［J］. 化学工程与装备，2019，(01)：288-9.
[14] 张博，王建华，吴庆涛，et al. 现代油水分离技术与原理［J］. 过滤与分离，2014，24(02)：39-45.
[15] 张佳起. 气浮法在油田污水处理中的应用现状分析［J］. 石化技术，2019，26(01)：277.
[16] 付鹏波，黄渊，王剑刚，等. 旋流分离过程强化新技术[J]. 化工进展，2020，39(12)：4766-78.
[17] 张玲玲，陈强，殷梦辉，等. 膜分离技术在乳化态含油废水处理中的应用研究进展[J]. 应用化工，2021，50(10)：2791-6.
[18] 熊路，石磊，王闻宇，等. 基于润湿性梯度设计的单向导水/油多孔材料研究进展[J]. 化工进展，2022，41(05)：2526-36.
[19] 刘晓成. 介质流动特性与材料表面性能对聚结油水分离的影响[D]；中国石油大学，2010.
[20] SHI P，ZHANG R，PU W，et al. Coalescence and separation of surfactant-stabilized water-in-oil emulsion via membrane coalescer functionalized by demulsifier［J］. Journal of Cleaner Production，2022，330：129945.
[21] 杨玉洁，陈雯雯，张倩，等. 聚结技术及其乳化油水分离性能［J］. 化工进展，2019，38(S1)：10-8.
[22] 杨强，卢浩，李裕东，等. 聚结分离技术在含油污水处理中的应用研究进展［J］. 环境工程学报，2021，15(03)：767-81.
[23] HAN Y R，HE L M，LUO X M，et al. A review of the recent advances in design of corrugated plate packs applied for oil-water separation［J］. Journal of Industrial and Engineering Chemistry，2017，53：37-50.
[24] ZHAO C L，ZHOU J Y，YAN Y，et al. Application of coagulation/flocculation in oily wastewater treatment：A review［J］. Science of the Total Environment，2021，765.
[25] 马佳麟，王恩革，张雪洁，等. 光催化氧化在难降解废水处理中的应用进展[J]. 山东化工，2021，50(8)：4.
[26] 高志一，赵瑞君，韩梅，等. 含油废水电化学处理研究进展［J］. 应用化工，2022，(003)：051.
[27] 梁家豪，刘知远，姚显阳，等. UASB 处理含油废水的研究及微生物群落动态分析［J］. 工业水处理，2017，37(12)：5.
[28] 阙添进，李光倜，王胤. 温度影响好氧颗粒污泥处理含油废水机制探究［J］. 水处理技术，2022，(006)：048.
[29] 孙成家，陆文懿. 含油废水生物处理工艺综述［J］. 能源与环境，2021.
[30] SHOLL，DAVID S，LIVELY，et al. Seven chemical separations to change the world［J］. Nature，2016.
[31] VOLDUM K，GARPESTAD E，ANDERSSEN N O，et al. The CTour Process，An Pption to Comply with Zero Harmful Discharge Legislation in Norwegian Waters - Experience of CTour Installation on Ekofisk After Start up 4th Quarter 2007；proceedings of the Abu Dhabi International Petroleum Exhibition and Conference，F，2008［C］. SPE-118012-MS.
[32] 邓欣艳，陈家庆，孔惠. 大孔隙聚合物萃取技术及其在水处理中的应用［J］. 工业水处理，2009，29(2)：5.
[33] SMATHERS C，JACKSON T，BUCKWALD S，et al. Removing Dispersed and Dissolved Hydrocarbons From Water Using Adsorption Media Systems With Multiple Regeneration Processes［M］. 2018.
[34] 洪波. 取消药剂消耗的电脱盐污水物理法预处理［J］. 化工进展，2022，41(5)：9.
[35] SUN G，LIU Y，LU H，et al. Experiment and Application Study on a Novel Fibrous Coalescence Technique for Oily Sewage Treatment［J］. Technology of Water Treatment，2019，45(9)：110-4.
[36] 刘天乐，鱼涛，张晓飞，等. 超临界水氧化技术在含油污泥处理中的应用分析［J］. 化工技术与开发，

2022，(001)：051.
[37] 胡天佑，唐瑾，陈志莉．石油工业含油废水处理进展［J］．水处理技术，2021，第47卷(第6期)：12-7.
[38] ABUHASEL K A，KCHAOU M，ALQURAISH M M，et al. Oily Wastewater Treatment：Overview of Conventional and Modern Methods，Challenges，and Future Opportunities［J］. Water，2021，13：980.
[39] 高纯玺，马涛．高梯度聚结气浮技术处理含聚采出水［J］．油气田地面工程，2013，32(3)：2.
[40] 李立宏，孙江虎，李建雷，等．浅谈“罐中罐”技术在炼油化工污水处理过程中的应用［J］．化学工程师，2014，028(012)：40-2.
[41] 陈家庆，刘涛，王春升，等．海上油气田采出水处理技术的现状与展望［J］．石油机械，2021，49(7)：11.
[42] OSER D. Combined degassing and flotation tank［J］. US，2009.
[43] 唐晓旭，张勇，王秀军，等．电场强化油水分离技术在油田采出液中的应用研究［J］．工业水处理，2022，(003)：042.
[44] 高波，蒋明虎，赵立新，等．电场-旋流场耦合强化乳化液脱水技术研究进展［J］．化工机械，2023，50(1)：10.

碱度对零排放系统运行工况的影响

张庆星　黄嘉逸

（中天合创能源有限责任公司化工分公司，鄂尔多斯 017000）

【摘要】 对中天合创化工分公司污废水装置的运行现状进行介绍，从碱度对污废水系统中生化单元、结晶的运行及相关单元酸碱投加量的影响进行了研究，同时对如何降低系统碱度、减少水系统盐分引入，降低酸碱消耗量，减少杂盐等危废及相关改进措施进行了分析、说明，旨在分析零排放系统因碱度产生的问题、解决装置瓶颈提供一定的理论依据。

【关键词】 碱度　酸碱　零排放　溶解氧

在环保压力日渐增大的今天，处于沙漠腹地的煤化工企业，环保压力与日俱增。煤化工中循环水中带入的盐占到系统盐水的1/2以上，工业污水处理回收利用过程中添加化学药品产生的盐水占到1/3以上，其余基本为废水回收利用中过程中除盐设备运行带入以及沉淀的盐。鉴于环保效益与经济效益的平衡问题，如何降低碱度，减少酸碱的投加量，减少盐分的引入，提高结晶系统的换热效果，增加出盐率，降低零排放系统的运行压力，显得更为突出。通过日常运行过程中的经验积累，发现碱度对零排放系统中多个环节均造成了一定的影响。但是并未进行深入研究，因此我们有必要研究与探讨碱度对污废水系统运行工况的影响，明确其中的关系，并据此提出相应的控制手段，以利于指导生产实践。

1　概　　述

污废水系统上游来水为气化装置排水、MTO净化水、全厂其他污水以及循环水、化学水排污和清洗废水，处理后的水作为回用水供全厂使用。具体工艺为“调节池+一级氧化池+A/O+MBR+高效机械澄清池+V型滤池+超滤+中压反渗透+高压反渗透”，高压反渗透浓水经高含盐预处理单元去除二氧化硅、硬度后进入一级反渗透和超高压反渗透进一步浓缩，浓缩后的水进双效结晶器进行浓缩，结晶器产生的凝液作为回用水的一部分进行回收或者回凝液管网。当浓盐水提浓至一定浓度，经过离心脱水机分离达到出盐的目的。具体流程见图1。

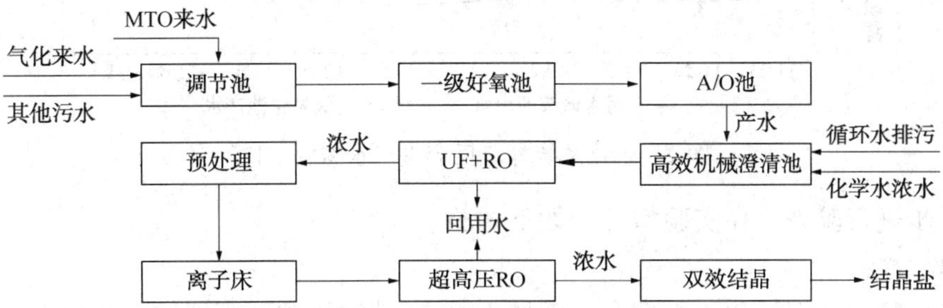

图1　污废水系统流程示意图

2 碱度对污废水单元运行工况的影响

碱度是指水中能与强酸发生中和作用的物质的总量。这类物质包括强碱、弱碱、强碱弱酸盐等。天然水中的碱度主要是由重碳酸盐(碳酸氢盐)、碳酸盐和氢氧化物引起的，其中重碳酸盐是水中碱度的主要形式。

经过长时间的运行与经验积累，发现碱度对调节 pH 所需酸碱投加量、结晶器的真空度、生化系统碱度等方面均形成不同程度的影响。比较突出的问题如下：

2.1 经生化系统发生硝化反应后，系统碱度上升

污水装置生化系统脱氮，主要依靠硝化菌进行将氨进行硝化作用，转化为硝酸根及亚硝酸根，再经反硝化均转化为氮气，从系统中脱除。硝化细菌对 pH 值反应很敏感，在 pH 中性或微碱性条件下(pH 值为 8~9)，其生物活性最强，硝化过程迅速。

在硝化反硝化过程中，硝化反应每氧化 1g 氨氮消耗碱度 7.14g，在反硝化过程中可以补偿碱度 3.57g，所以，全程硝化反硝化过程需要消耗 3.57g 碱度。如果原水中碱度不足，将使系统的 pH 值下降，导致生化受阻，因此，为了提高 pH 需要进行碱度的投加。

通常，碱度以碳酸钙($CaCO_3$)计，但其可以和氢氧化钠(NaOH)碱度进行换算。

NaOH 和 $CaCO_3$中和酸的离子方程式为：

$$OH^- + H^+ = H_2O;\ CO_3^{2-} + 2H^+ = CO_2 + H_2O。$$

由以上两个反应式可知 1 个 CO_3^{2-} 能消耗 2 个 H^+，即 NaOH 溶液中的 1 个 OH-相当于 0.5 个 CO_3^{2-}，亦即 1mol/L 氢氧化钠碱度相当于 0.5mol/L 碳酸钙碱度。据此对氢氧化钠碱度与碳酸钙碱度进行换算，即 40g/L 氢氧化钠碱度与 0.5×100 = 50g/L 碳酸钙碱度相当，亦即 1mg/L 碳酸钙碱度相当 0.8mg/L 氢氧化钠碱度。在硝化过程中，每降解 1mg/L 氨氮需消耗 7.14mg/L 碳酸钙碱度；而在反硝化过程中，每还原 1mg/L 氨氮将释放出 3.57mg/L 碳酸钙碱度。即在硝化和反硝化过程中，共需消耗 3.57mg/L 碳酸钙碱度。

换而言之，在硝化过程中，每降解 1mg/L 氨氮需消耗 5.712mg/L 氢氧化钠碱度；在反硝化过程中，每还原 1mg/L 氨氮将释放出 2.856mg/L 氢氧化钠碱度。即在活性污泥降解和还原氨氮的过程中，共需消耗 2.856mg/L 氢氧化钠碱度[1]。

但是，在实际运行过程中，发现污水系统经好氧硝化反应后，碱度不但没有下降，一级氧化池出水碱度较进水碱度升高 6.33mg/L，有待进一步研究。具体见图 2。

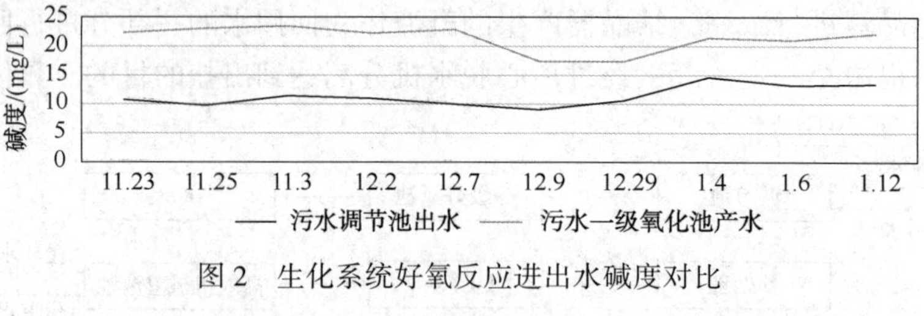

图 2 生化系统好氧反应进出水碱度对比

为进一步进行验证，在实验室开展如下试验。

2.1.1 实验方法

将一级好氧池污泥活化 3 天后，每天加入 1mM 碳酸钙溶液模拟结垢物质继续培养 7 后，

开始实验。实验体系为 300ml，SV_{30} 为 15%，实验进水采用加入以甲醇和葡萄糖作为模拟 COD 的调节池污水，进水 pH 值 7.5 左右，采用序批式的方式，好氧反应 17h，排水比为 1/3。实验对照分别为只含有 7mM 碳酸钙无活性污泥的无泥对照和含有相同污泥浓度的活性污泥但无碳酸钙的无碳酸钙对照。

2.1.2 实验结果

（1）调节池废水 pH 值和碱度的关系

碱度表示废水中酸中和的能力，而 pH 值代表废水中 H^+ 或 OH^- 的浓度，由于废水中碳酸盐（包含 CO_3^{2-}、HCO_3^- 和 H_2CO_3）浓度和 CO_3^{2-}、HCO_3^- 和 H_2CO_3 占比各不同，会导致废水中 pH 和碱度的关系各不相同，因此，首先考察调节池废水的 pH 和碱度关系（表 1）。用酸调节废水 pH 并测定碱度，三次平行实验发现，当废水溶液 pH 在 8~8.5 时，废水的碱度在 1160~1190mg/L 之间变化不大；当废水溶液 pH 在 7.5 时，废水碱度 1110mg/L 左右，当 pH 在 7 时，废水碱度在 890mg/L 左右，碱度下降了 200mg/L 左右。因此，试验进水 pH 保持在 7.5~8 的范围内。

表 1　废水 pH 和碱度的关系　　mg/L

碱度	实验 1	实验 2	实验 3
pH=7	893	887	891
pH=7.5	1100	1120	1110
pH=8	1190	1180	1190
pH=8.5	1160	1160	1180

（2）调节池废水 COD 与碱度的关系

图 3 表示当碳酸盐垢存在于一级氧化单元时的进出水 COD 和碱度的变化；图 4 表示无泥对照；图 5 表示一级氧化单元无结垢物质时的 COD 和碱度的变化。从图 3-5 中可以看出，当除个别点波动外（不排除取样误差），图 3 中的出水碱度基本上高于进水碱度，而图 4 和图 5 中，出水碱度基本上低于进水碱度。

COD 在好氧条件下被活性污泥转化为 CO_2，酸性气体 CO_2 溶于水则会生成 H_2CO_3，生成的 H_2CO_3 易于碱性物质反应[反应式（1）]。而另一方面废水中 HCO_3^- 水解生成 H_2CO_3，而 H_2CO_3 容易形成 CO_2 被空气吹脱，使废水中的碳酸盐浓度下降、pH 和水中 CO_3^{2-} 浓度提高，增大了碳酸钙的生成的可能性[反应式（1）~式（4）]。因此，图 3 出水碱度升高的原因是由于 COD 生成的 CO_2 和碳酸盐垢反应，增大了废水中的碳酸盐的浓度[反应式（5）]；图 4 和图 5 碱度的降低则是由于 CO_2 被空气吹脱而导致废水 CO_3^{2-} 浓度增大，CO_3^{2-} 与钙离子反应，使得水中碱度转化为不溶于水的碳酸钙。

$$CO_2+H_2O \rightleftharpoons H_2CO_3 \tag{1}$$

$$HCO_3^-+H_2O \rightleftharpoons H_2CO_3+OH^- \tag{2}$$

$$HCO_3^-+OH^- \rightleftharpoons CO_3^{2-}+H_2O \tag{3}$$

$$CO_3^{2-}+Ca^{2+} = CaCO_3 \tag{4}$$

$$H_2CO_3+CaCO_3 = Ca(HCO_3)_2 = Ca^{2+}+2HCO_3^- \tag{5}$$

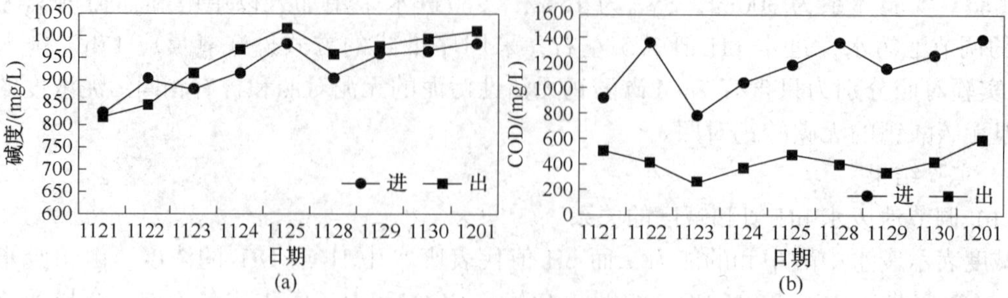

图 3 当碳酸钙存在于生化系统时进出水 COD 和碱度的变化

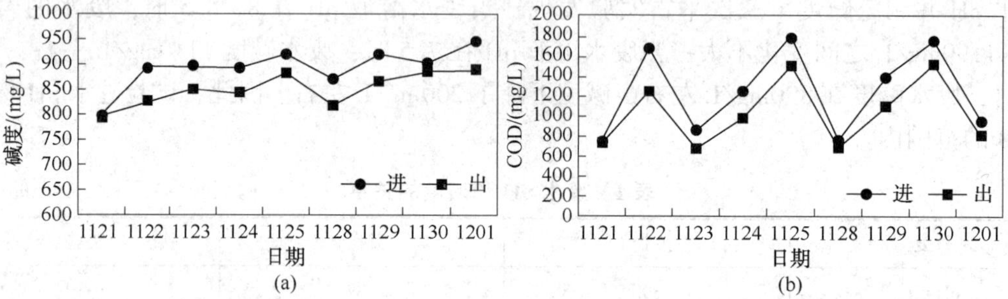

图 4 当废水中仅存在碳酸钙时进出水 COD 和碱度的变化

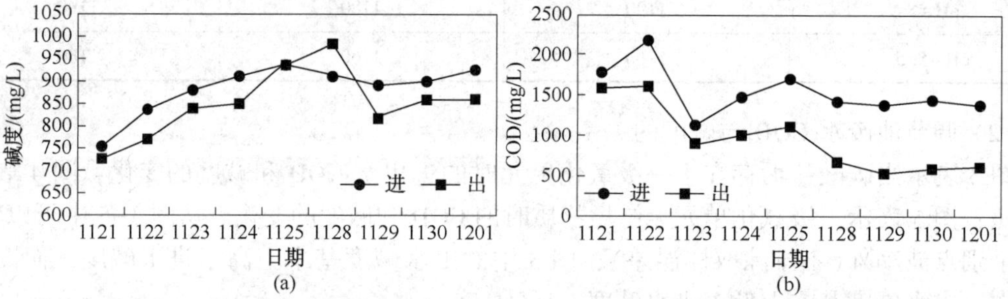

图 5 生化系统时无碳酸盐垢时进出水 COD 和碱度的变化

图 6 为三组试验中的出水 pH 值。在启动 pH 值为 7.5 左右的情况下，碳酸盐垢存在的生化体系出水 pH 最低，这是由于 COD 转化的 CO_2 与水反应生成 H_2CO_3，H_2CO_3 可以与碳酸钙反应生成 HCO_3^-，H_2CO_3 也可以与 CO_2 吹脱生成的 OH^- 反应，同时生成 HCO_3^- 也可以与 OH^- 反应；只含有碳酸钙无活性污泥的废水的出水 pH 最高，则是由于 CO_2 被空气吹脱但无外源补充，导致 OH^- 增高。无碳酸钙的生化体系的出水 pH 略低于无泥对照，但高于碳酸盐垢存在的生化体系，则是由于废水中碳酸钙量较少，H_2CO_3 只能与 CO_2 吹脱生成的 OH^- 反应。

当生化单元存在碳酸盐垢的时候，会与 COD 转化的 CO_2 发生反应，增大废水中的碳酸盐的浓度，进而增大体系碱度，随之后续单元酸碱消耗量增加。

2.2 碱度与酸碱消耗量成正相关的关系

污废水系统中为了提高硬度、二氧化硅等的去除率，在预处理单元需要将来水的 pH 提至 11 左右，根据离子方程式：$HCO_3^-+H^+ = H_2O+CO_2\uparrow$；$HCO_3^-+OH^- = H_2O+CO_3^{2-}\uparrow$。

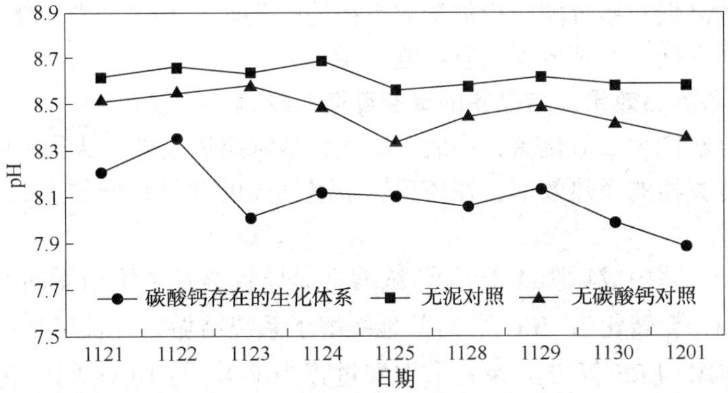

图 6 三组试验中出水 pH 值

可知，碱度作为一种缓冲物质，会中和加入 H^+、OH^-，进而影响酸碱消耗量。图 7、图 8 为废水装置预处理单元高密池出水碱度与酸碱消耗量的关系。

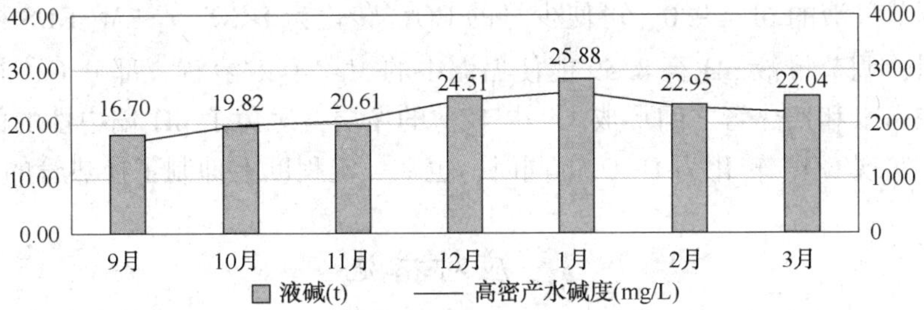

图 7 产水碱度与液碱消耗量趋势图

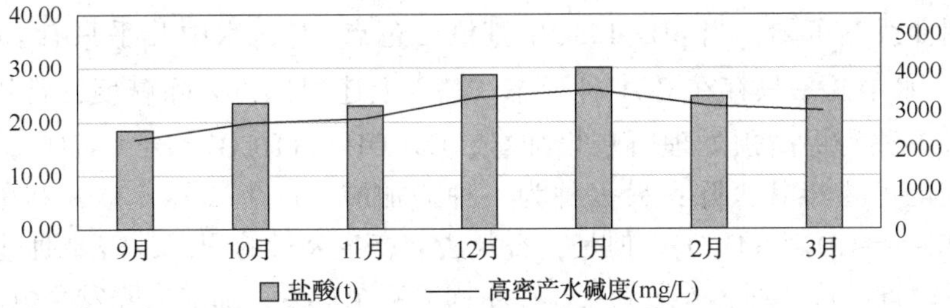

图 8 产水碱度与盐酸消耗量趋势图

由图 7、图 8 可知，碱度的增减趋势同酸、碱消耗量的趋势基本一直，呈正相关。

同时，通过对污废水系统含盐量的来源进行逐项分析和统计分析，具体见图 9，污废水装置上游来水带入盐分占比 69%，加酸碱带入盐分占比 31%。

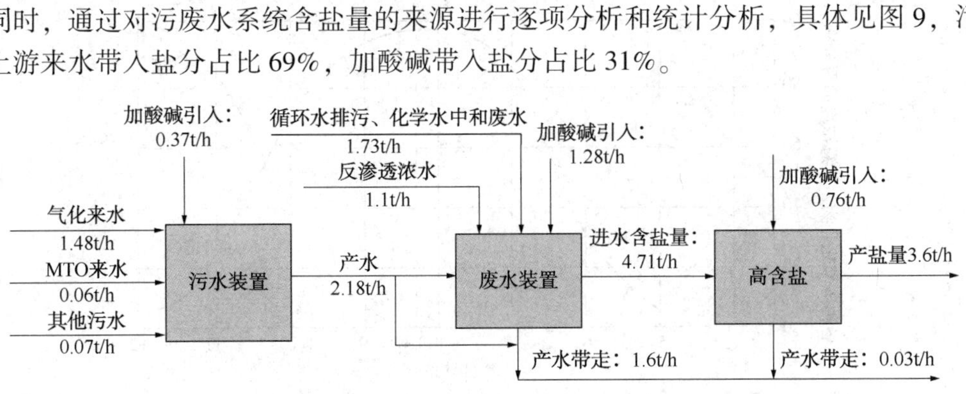

图 9 中天合创污废水装置盐平衡图

因此，碱度的高低对系统酸碱投加量成正相关的关系，高碱度的水对后续系统盐分的引入，装置负荷、盐平衡、处理成本均有影响。

2.3 碱度对结晶器换热效果、结晶器的真空度造成影响

碳酸氢根的分解产生二氧化碳，形成不凝气，影响换热效果。从化工原理上分析，不凝气体的存在影响冷凝器的换热效率，在塔顶，不凝气体的含量每增加1%，冷凝器的换热效率下降60%[2]。

针对盐硝联产工艺中成垢阴离子 CO_3^{2-} 浓缩富集导致蒸发系统结垢问题，采用盐酸多段调节卤水 pH，使 CO_3^{2-} 转化为 HCO_3^-，有效地缓解了系统结垢，延长了生产周期。通过热力学计算、XRD、SEM-EDS 等方法探究了加酸过程中 CO_3^{2-} 与 HCO_3^- 间的转化行为。结果表明，盐硝蒸发系统垢泥主要由 $CaCO_3$ 垢和 $Mg(OH)_2$ 垢组成，但结垢机理有所区别。盐系统结垢的诱因是，逐效富集的 Ca^{2+} 随着温度的升高形成低溶解度的 $CaCO_3$ 达到过饱和状态沉积析出形成垢层；硝系统结垢的主要原因是卤水中 CO_3^{2-} 和 OH-的成倍富集。理论计算和实验结果指出，调节母液的 pH=9.0，可使少量的 CO_3^{2-} 转化为 HCO_3^-；SEM-EDS 检测和垢泥的成分分析表明，调节母液 pH 至 8.59 能使垢泥中的 Mg^{2+} 有效溶解，部分 Ca^{2+} 被溶解。未被溶解的 Ca^{2+} 在卤水和换热管之间形成了一层较薄的垢层，避免了 pH 偏中性的卤水与换热管直接接触，在实现 CO_3^{2-} 转化为 HCO_3^- 的同时，也在一定程度上抑制了换热管的腐蚀进程[3]。

3 应对措施

3.1 通过加药降低系统中的碱度

通过下图曲线图可知，当 pH<4.3（甲基橙变色点）时，水中几乎只有 CO_2 一种形态；当 pH>12 时，水中几乎只存在 CO_3^{2-} 种形态。基于上述理论，去除碱度，常用的方法有如下两种：一种方法为提高预处理石灰投加量，$Ca(OH)_2+HCO_3^- \longrightarrow CaCO_3\downarrow+H_2O+OH^-$，以碳酸钙沉淀的形式将其去除；另一种为一种为加酸，产生二氧化碳，利用风机进行吹脱，$H^++HCO_3^- \longrightarrow CO_2\uparrow+H_2O^-$。但是，石灰法会产生大量的积泥，需要通过泵、离心机/板框压滤机等设备进行处理、外运处置，产生固废甚至危废；加酸去除发会引入硫酸根或者氯离子，导致下游结晶器处理负荷增加，成本增加，同时，引入氯离子，对后续设备带来腐蚀的隐患。

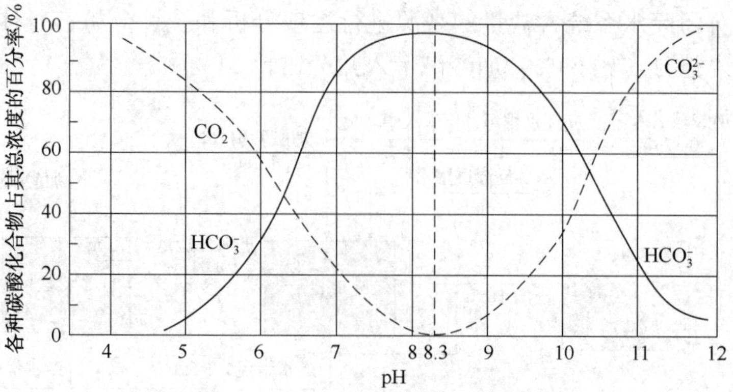

图 10 三种离子在不同 pH 下的占比

3.2 利用密度差排出系统中的二氧化碳

若在结晶系统换热器内产生二氧化碳不凝气，则可利用二氧化碳比蒸汽密度重这一特点，通过排下不凝气的方式，将其排至大气中，避免频繁调整上不凝气阀门造成的蒸汽损耗。

3.3 生化系统工段避免过量曝气

生化系统工段为保证系统内的溶解氧，需要进行曝气。由于曝气头的损坏等原因，溶解氧低于标准值，为保证系统溶解氧，部分区域存在过量曝气的情况。因此，要及时修复系统内的曝气头，严格控制系统溶解氧在 2~4mg/L 的要求，避免过量曝气，导致 CO_2溶解在系统内，引入碱度，从而引起系统酸碱投加量的增加，引起系统盐分升高。

4 结　　语

综上，如何控制碱度对零排放系统的稳定运行至关重要。首先要从源头上解决问题，在生化工段进行研究，查明碱度的来源，从而找到降低碱度的办法。要严格控制系统内的溶解氧，避免过量曝气，导致 CO_2溶解在系统内，导致碱度升高。在上游暂时无法很好地控制碱度的情况下，装置要根据脱水设备的负荷、对下游工段负荷的影响，成本的投入等进行分析，确定选用合适经济的办法，降低碱度对后续系统的影响。要充分发挥后续工段脱碳器的作用以及及时通过不凝气的排放，释放系统内的二氧化碳。

同时，碱度的去除，对零排放系统是一个的离子分离、转移的过程，对设备的负荷、药剂量的投加、经济成本的控制、运行条件的优化、设备的腐蚀等一系列问题均会产生影响，是处理煤化工高盐水处理过程中比较实际而又严峻的问题。

参 考 文 献

[1] 段付岗. 活性污泥降解氨氮过程中碱度和碱量控制研究及应用[J]. 中氮肥，2017(4)：36-39.

[2] 李军，石凯，秦丽丽. 不凝气在污油处理厂的回收利用[J]. 化工管理，2014(21)：210-210. DOI：10.3969/j.issn.1008-4800.2014.21.182.

[3] 罗兴国，魏昶，李兴彬，等. 真空制盐中碳酸根离子的转化与阻垢防垢[J]. 精细化工，2020，37(12)：2571-2577. DOI：10.13550/j.jxhg.20200420.

低温对污水处理场活性污泥运行影响及对策

顾伟锋　郝玉香

（中国石化上海高桥石油化工有限公司，上海 200129）

【摘要】 针对污水处理场活性污泥的特性，分析低温对活性污泥中微生物的影响，探讨了保持污泥活性的应对措施，有助于低温环境下活性污泥的工艺调整。

【关键词】 低温　活性污泥　工艺调整

污水处理场是保障水环境安全和实现水资源可持续发展的重要基础设施。污水处理场目前普遍采用生物处理工艺（活性污泥法或其改进工艺）降解污水中的有机污染物。我国冬季和夏季的气温差在20℃以上，季节变换带来的气温变化可能会影响微生物的活性。因此探究温度这一环境因素对活性污泥中微生物的影响，可以提高生化处理工艺的运行效果，为污水处理系统的精准调控及优化设计提供依据，对污水处理场的稳定运行具有重要意义。

1　活性污泥处理工艺概述

活性污泥是粒径为200～1000μm的类似矾花状不定型的絮凝体，絮凝体具有较大的表面积，通常呈茶褐色。活性污泥中的微生物主要由真菌、细菌、原生动物及后生动物等多种微生物群体组成，通常以菌胶团的形式存在。菌胶团是由细菌分泌的多糖类物质将细菌等包覆成的黏性团块。活性污泥中的微生物（主要是细菌）利用污水中的有机物、氮、磷等营养物质，进行新陈代谢和增殖，表现为污泥浓度增加，同时通过污泥絮体的生物絮凝和吸附去除污水中的悬浮固体和胶体状态物质。

1#污水活性污泥法工艺流程如图1所示，主要由曝气池、二次沉淀池（分离活性污泥和污水），以及曝气系统（供氧和搅拌混合液）、污泥回流系统（通过调整回流比以保持曝气池中的微生物浓度适宜）、剩余污泥排除系统（去除增殖的多余微生物）等单元组成。来水经过隔油、浮选等处理工艺后COD的含量低于20mg/L，再进入曝气池进行生化处理。曝气池的控制指标为：溶解氧（DO）为2～6mg/L，污泥沉降比（SV）为15%～40%，污泥体积指数（SVI）为50～200mL/g。

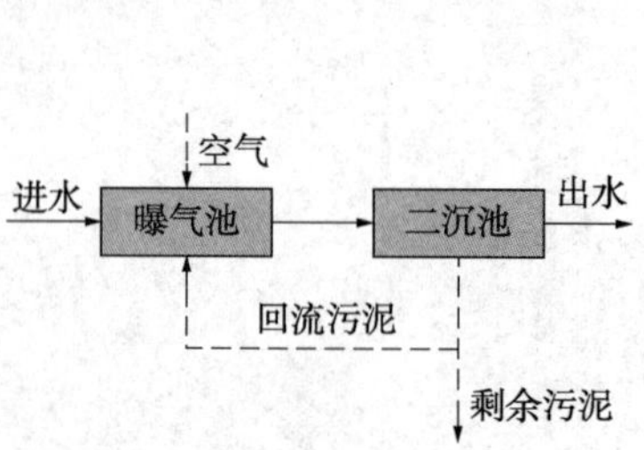

图1　活性污泥法基本流程

2 低温对活性污泥运行的影响

有研究表明[1]，总氮、氨氮、总磷、化学需氧量和温度是影响微生物生长的主要环境因子，其中温度对物种组成影响最大，其次是总氮。活性污泥中微生物的最佳生长温度为25~35℃。温度过高或过低均对大多数微生物细胞的生长繁殖及代谢等生命活动造成不利影响。主要表现在影响活性污泥的活性、营养组分比例、污泥沉降性、微生物种群等方面，最终导致出水水质超标，甚至造成活性污泥大量死亡。

2.1 低温使污泥中微生物的活性降低

有研究表明，低温降低了微生物表面的蛋白质活性和原生质膜流动性[2]，不利于污水中有机污染物及无机盐通过生物膜运输进细胞内，同时低温抑制微生物体内生物酶的活性，降低对营养物质的吸收和利用速率，从而抑制了微生物的生长代谢活动，造成污泥活性下降。

2.2 低温使污水中营养组分浓度发生变化

低温影响了微生物摄取的营养物质浓度。一方面，较低的水温整体降低了微生物生长所需的营养物(如：碳源、氮源等)在水中的溶解度，需要投加更多的营养物质才能保证活性污泥中微生物的正常生长，增加了污水处理场的运营成本。另一方面，不同种类营养物受温度影响的溶解度降低程度不同，营养组分的比例偏离了微生物生长代谢的需求，也不利于微生物的生长繁殖及代谢过程。

2.3 低温条件使活性污泥的沉降性能变差

在秋冬季节，受环境温度降低的影响，污水处理场的活性污泥沉降性能会相应降低。在低温环境下，微生物细胞表面胞外聚合物的分泌量减少，从而不易结合形成团状物，造成活性污泥颗粒细碎，难以形成大颗粒絮状物，最终使得沉降性能下降，出水中含有细小悬浮颗粒，对出水水质造成影响，不利于污水处理系统的运行[3]。有研究表明，在10~25℃的温度条件下，SVI值随温度的降低呈下降趋势。

2.4 低温条件影响了活性污泥中的微生物群落结构

活性污泥中含有大量的杆状菌、球状菌和丝状菌，分布比例的排序为杆状菌>球状菌>丝状菌，杆状菌的整体分布比例最大，超过50%[4]。有研究表明，低温会降低活性污泥中微生物多样性。低温会影响微生物的数量和物种组成，当污水温度低于10℃时，活性污泥中的原生动物种群数量减少，部分种群消失，如盾纤虫和小口钟虫会明显减少[5]。

3 案例分析

活性污泥的性能评定有三个常用指标：沉降数(SV)、污泥浓度(MLSS)、污泥体积指数(SVI)。1#污水曝气池的SV、MLSS、SVI、灰分每日测定一次。

以1#污水的1#曝气池和2#曝气池为实验对象，获取2020年1月1日~2022年12月16日这三年内的MLSS、SVI、灰分数据进行作图如图2。

污泥浓度MLSS指曝气池单位体积混合液中活性污泥的质量，常用单位为g/L。由图2可知，曝气池的每月污泥浓度范围大多数在1~3g/L之间，略微偏移指标范围。1#曝气池与

2#曝气池的污泥浓度总体差距不大，MLSS 数值与季节变化的相关性不明显。

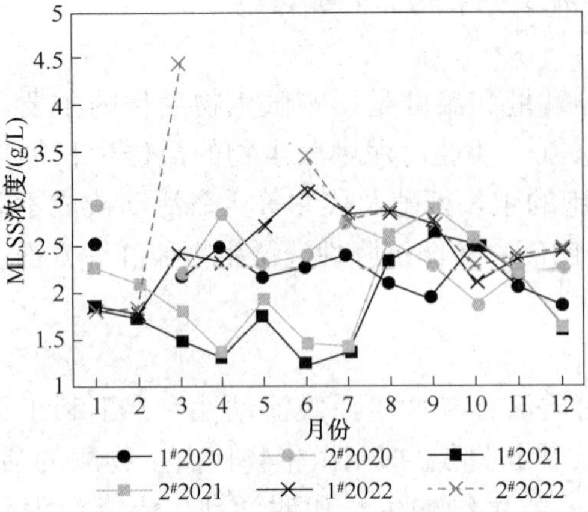

图 2　2020 年~2022 年 1#曝气池和 2#曝气池的污泥浓度变化趋势图

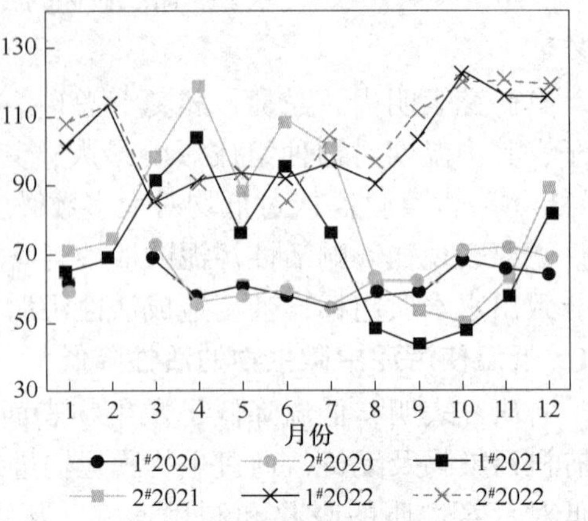

图 3　2020 年~2022 年 1#曝气池和 2#曝气池的污泥体积指数变化趋势图

污泥体积指数 SVI 指曝气池混合液沉淀 30min 后，每单位质量干泥形成的湿污泥的体积，常用单位为 mL/g，反映活性污泥的松散程度和凝聚、沉降性能。由图 3 数据图可知，每月污泥体积指数的范围在 40~120mL/g。冬季 12 月、1 月的污泥指数略高于夏季 7 月、8 月。因为每年不同季节的温度变化幅度不同，以及受其他因素的影响，数值随季节的变化曲线会存在不同，与季节的相关性也不够明显。2022 年 1#和 2#曝气池的单日污泥指数存在少量偏低的情况。若需提高 1#污水活性污泥的生化效率，可以采取措施升高污泥体积指数。活性污泥性能较好的 SVI 值范围为 100~150mL/g。当活性污泥的 SVI 值小于 50 时，污泥颜色发黑，絮体细小紧密，含无机物较多，微生物数量少，污泥活性差；当 SVI 值大于 200 时，污泥呈浅褐色，絮体结构松散，含有大量的微小悬浮污泥颗粒，沉降性能较差，易发生污泥膨胀现象。

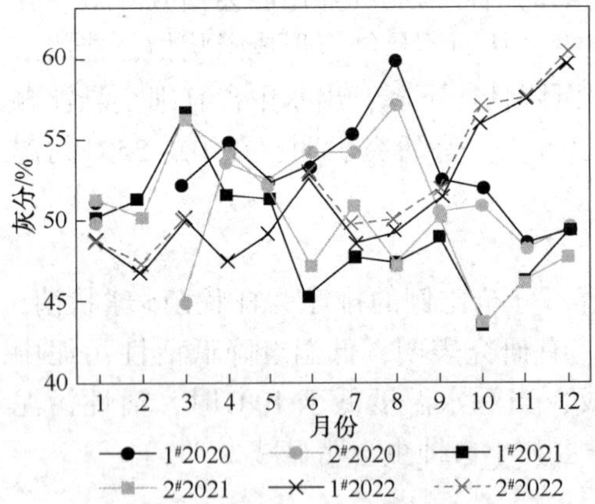

图 4　2020 年~2022 年 1#曝气池和 2#曝气池的灰分变化趋势图

干污泥经灼烧后(600℃)剩下的不挥发固体残渣称为污泥灰分。图 4 中 1#污水曝气池每月的灰分含量在 40%~60%之间。灰分过高说明微生物和有机物的含量较少，水中惰性悬浮固体含量高，可以增加前处理工序，降低来水中的惰性悬浮固体，或者是由于污泥龄较长，需及时排泥。

4　低温条件下活性污泥系统的工艺调整

通常在生存环境不发生显著变化情况下，活性污泥中微生物的生长代谢都能适当调节以适应环境。但是在秋冬季节，污水处理场的气温可能会发生骤降，需要采取相应的改进措施以适应降温变化，确保出水水质达标。

4.1 提高污泥浓度

冬季温度低，污水处理场活性污泥系统的沉降性能、菌群数量都会降低。可以通过延长污泥停留时间以提高污泥浓度来保持微生物活性。污泥浓度的适当增加，可以增加活性污泥的表面积，即吸附位点增多，吸附作用增强，进而提高了有机污染物的去除率。但是该方法存在局限性，在短时间内通过减少剩余污泥排放量的方式来提高污泥浓度，可能会造成污泥老化，从而产生生物泡沫或者造成污泥膨胀。

4.2 更换耐冷型菌

提前做好曝气池污泥置换的预案，更换更适应低温环境的微生物。在秋末完成置换，逐步提升污泥浓度到冬季运行工况的要求，以维持污水处理场生化处理工艺的平稳运行。

4.3 调整营养组分比例

为保证微生物在低温环境中能够正常的生长增殖，需要密切关注污水中各营养组分的含量，并调整其比例与微生物实际需求相符合。例如可以通过补充投加碳源或者调整碳源、氮源等比例的方式，为微生物的生长提供适宜的营养，保持微生物的活性与降解能力。

5 结 语

在活性污泥法污水处理工艺中，污水温度对微生物的生长繁殖及代谢至关重要。污水温度过低会对活性污泥和污水处理造成不良影响。因此，需要各个污水处理场结合实际，通过采用控制污泥龄、提前采取措施提升微生物适应性和调整营养比例等方式，保持活性污泥中微生物的良性生长，才能保证出水水质的稳定达标，确保污水处理场的安、稳、长、满、优运行。

参 考 文 献

[1] 贺赟，李魁晓，王佳伟，等. 不同季节城市污水处理厂微生物群落特性[J]. 环境科学，2021，42(03)：1488-1495.

[2] 冯振涛. 秋冬季节污水处理厂活性污泥运行问题及对策[J]. 化工管理，2021(22)：33-34.

[3] 张舸，朱青，祁子博. 污水活性污泥驯化与污泥膨胀的调控[C]//. 第十六届宁夏青年科学家论坛石化专题论坛论文集，2020：480-483.

[4] 郝凯越，赵立帅，宗永臣，等. 基于微观和宏观角度下活性污泥性能的研究[J]. 高原农业，2022，6(04)：377-386.

[5] 段付岗. 污水温度对活性污泥法工艺的影响及优化措施[J]. 大氮肥，2018，41(04)：275-277+282.

MABR技术在石化废水处理中的应用现状及展望

张　扬　赵　锐

（中石化石油化工科学研究院有限公司，北京 100083）

【摘要】 由于石化废水具有复杂的构成成分、较高的污染物浓度和极端的物理条件，导致传统生化工艺无法适用，又考虑到物化法的成本较高，在“碳达峰”和“碳中和”的背景下，急需一种低能耗低物耗的新型生物深度处理技术。无泡膜曝气生物反应器(Membrane Aeration Biofilm Reactor，MABR)是气体分离膜技术与生物膜法污水处理技术耦合产生的新型污水处理工艺，具有高氧气利用率、同步去除COD和氨氮等污染物、能耗低和设备紧凑等优点，广泛应用于工业废水深度处理环节。基于此，本文系统梳理了当前常用的石化废水处理技术、MABR技术近年来的研究与应用进展，介绍了MABR技术的基本原理、技术优势、MABR技术的研究进展。最后总结了目前MABR技术存在的问题，并指出了未来的研究和发展方向。

【关键词】 无泡膜曝气生物反应器　石化废水处理　无泡曝气　异向传质

1　前　　言

1.1　石化废水处理领域研究现状

石化行业作为我国二氧化碳排放源第四的行业，二氧化碳排放量约占我国二氧化碳总排放的9%。而污水处理行业碳排放量占全社会总排放量的1%到2%，位居前十大碳排放行业。因此，石化废水处理领域在节能减排方面具有较高的优化提升空间。

石化废水主要来源于石化工业在生产汽油、柴油、煤油、润滑油等石油产品以及乙烯、甲苯、合成树脂、合成橡胶和合成纤维等有机化工材料过程中产生的废水，由于石化废水来源复杂，在生产过程中涉及不同的生产类型、生产工艺、生产周期、生产活动中所用的油品属性不同等多种原因，所产生的石化废水水质和水量具有较大的波动。但通常具有含油量高、污染物性质稳定、可生化性差、生物毒性强等特征[3]。因此，在现有传统处理技术的基础上，在实际废水处理过程中需要加深对已有技术的研究和拓展，开发出具有高氧气传质效率、无需添加药剂的新路径显得至关重要。

目前，根据处理技术的作用原理，国内外石化废水处理技术主要分为：物理法(重力沉降、膜分离、活性炭吸附)、化学法(化学氧化、湿空气氧化)、物化法(吸附、化学沉淀、空气浮选、电解)和生化法(曝气生物滤池、厌氧消化法、微藻处理技术)[4~26]。

传统处理手段往往依靠投加大量药剂或者提供高曝气量才能满足现有的出水水质要求，而这种处理思路带来的后果便是高昂的能耗成本和药剂成本，并且很难保证出水水质稳定。同时还会存在以下问题：①吸附剂后续处理成本较高，易形成二次污染；②氧化药剂腐蚀投加设备及构筑物，维护成本提高；③曝气设备能耗高，同时挥发性有机物会随气泡逸散进入空气。

由此可见，上述的技术已经无法满足石化废水污染物去除性能提升及降耗减排的需求。在"碳达峰"和"碳中和"的背景下，石化废水处理领域应追求全面的绿色转型，改造和发展减污降碳的新处理工艺和技术。

1.2 MABR 在石化废水处理领域的技术优势

无泡膜曝气生物反应器(Membrane Aeration Biofilm Reactor，MABR)在工业废水处理领域是一种新兴技术。中空纤维膜作为载体的同时，也为在其表面生长的生物膜提供氧气，从而达到了异向传质的效果[21]。该技术的突出优点是极低的能耗、无需污泥的二次处理、水质适应性强、脱碳除氮性能优秀[22]。因此，MABR 技术完全可以应用在石化废水处理领域，并在降低能耗方向上具有极高的发展潜力与价值。

另外，我国生活污水处理厂和工业废水处理厂每年有大量的膜丝因膜污染被淘汰，成为我国塑料垃圾的主要来源之一[18]。废弃膜丝(如 PVDF、PDF、PSF)具有耐老化、耐化学药品、耐气候等理化性质，处理难度极高。多数废弃膜丝是中空纤维膜，可以作为生物膜的生长载体与供气管路。MABR 技术为废弃膜丝的废物资源化再利用提供了可能。近年来，随着膜材料科学的进步、新型菌群的开发和曝气技术的更新换代，无泡膜曝气生物反应器成为石化废水处理的重要研究方向。

2 无泡膜曝气生物反应器

2.1 MABR 的概念和特点

无泡膜曝气生物反应器是利用中空纤维膜进行曝气供氧的新型废水生物膜处理技术。中空纤维膜由于其较高的比表面积，作为生物膜生长载体的同时，为微生物提供氧气。在压力差和浓度差的作用下，中空纤维膜中的氧气和水相中的污染物质扩散进入生物膜。MABR 技术可以有效应对高浓度、水质波动较大的石化废水[24]。

传统生物膜技术需要大量填料作为生物膜的支撑结构；传统生物膜技术中表层生物膜直接接触水体，吸收大量溶解氧和营养性物质，生长旺盛，生长过厚会堵塞填料间的孔隙；底层生物膜为厌氧细菌，在反硝化过程中产生的氮气等代谢物质容易导致生物膜脱落[25]。另外，为了保持水体中的溶解氧水平，传统生物膜技术大多采用曝气装置或搅拌装置，进一步加强了生物膜脱落的风险和处理设施的能耗。

MABR 技术在具有传统生物膜技术所有优点的同时，优化改善了上述弊端。MABR 技术生物膜层次丰富，具有与传统技术不同的微生物功能分区，可以同步去除 COD 和氨氮等污染物[26]；不需要投加碳源和二次污泥处理设施，设备紧凑，经济效益出色。MABR 具有高氧气利用率，理论氧气利用率可达 100%[27]。

2.2 MABR 的发展历史

20 世纪 70 年代末，出于含挥发性有机物废水的处理高供氧的需求，透氧膜的使用及膜内氧气的传质规律成为研究热点。在实验和应用过程中，透氧膜表面普遍出现微生物膜，研究重心逐渐向气体分离膜和生物膜耦合方向倾斜。1978 年，Yeh 和 Jenkins 率先提出“Pule Fixed Film Reactor”的概念，即 MABR 的雏形。他们采用聚四氟乙烯中空纤维膜供氧，借助膜外附着的微生物处理废水[28]。1980 年，Onishi 成功申请到第一个类 MABR 处理生活污水的技术专利[29]。1983 年，Vick Roy 等系统论证了微生物中空纤维生物反应器在污水处理领域的可行性和优越性[30]。自此，MABR 技术作为一种新兴技术正式出现在水处理领域，随着膜材料技术和生物膜表征手段的不断发展与创新，在最近二十年受到学者的广泛关注。

目前研究主要集中在以下几个方面：①处理高浓度有机废水、挥发性有机物废水、难降解废水领域的研究；②生物膜脱碳除氮的生物化学过程的研究；③探究处理效率影响因素的研究；④生物膜表征及新型菌群培养的研究。

2.3 MABR 的工作原理

2.3.1 生物膜结构

由于 MABR 独特的异向传质方式，污染物和氧气的浓度梯度完全相反，所以微生物出现了独特的分层结构和种群分布：好氧层、缺氧层和厌氧层(由中空纤维膜至水相)[31]。在厌氧层，溶解氧浓度最低而污染物质浓度最高，该环境适合兼性异养菌生长繁殖。厌氧反硝化菌以水体中的有机污染物为碳源进行厌氧反硝化反应，反硝化代谢产物直接进入水体，不会影响生物膜的稳定性。在好氧层，溶解氧浓度最高而污染物浓度最低，该环境适合硝化细菌生长繁殖[32]。经过外层生物膜的缓冲，内层水流剪切力较小，生物膜不容易脱落[33]。生物膜上微生物的特征如表 1 所示。得益于生物膜上复杂的微生物种类，MABR 可以实现同时硝化反硝化，并且水质适应力强，出水稳定。

表 1 生物膜各微生物特征

项目	好氧菌	硝化菌	亚硝化菌	反硝化菌
微生物种类	好氧菌、兼性菌	自养菌	自养菌	兼性异养菌
电子受体	O_2	O_2	O_2	NO_2^-、NO_3^-
能量来源	有机物	化学能	化学能	有机物
溶解氧要求	1~2	>2	>2	0~0.5

2.3.2 无泡曝气

无泡曝气是指将曝气压力保持在膜材料泡点以下曝气时，空气或氧气以微米级气泡进入水体，全过程不产生肉眼可见的气泡[34]。与传统的机械曝气和鼓风曝气相比，无泡曝气具有许多优点[35]：①能耗低，节省废水处理开支；②氧气以分子形式扩散进入水相，理想氧气传质效率是 100%；③因曝气过程中不产生气泡，消除了废水中挥发性有机物随气泡进入大气的二次污染风险；④不会因废水中含有表面活性剂而产生大量气泡。中空纤维膜材料和结构的不同，对其曝气性能起着决定性影响。⑤对水体几乎没有扰动，生物膜不易脱落；⑥通过控制曝气压力，可以调控生物膜的厚度和种群分布，容易与计算机技术相结合。

根据膜材料的不同，MABR 中无泡曝气的中空纤维膜大致分为三类：微孔膜、致密膜和复合膜[36]。微孔膜是指由聚偏氟乙烯、聚丙烯等高分子材料制作而成的疏水性中空纤维膜；致密膜是指由均相聚合物材料制成的一种富氧疏水性膜；复合膜是指表面经过修饰的微孔膜，同时具有微孔膜和致密膜的优点。微孔膜和致密膜二者曝气的机理也有所不同[37]：致密膜的富氧属性使其可以在一侧吸附氧气后向另一侧渗透，氧气的选择性高。氧气在浓度梯度的作用下在膜间扩散，因此致密膜的传质阻力较大，膜泡点较高；微孔膜的孔径一般在微米级别，远大于氧气的分子直径。因此氧气在微孔膜间的扩散等同于在膜间的空气中扩散，传质阻力较小，但是氧气的选择性较差，膜泡点较低。

根据膜结构的不同，分为贯通式和死端式(图 1)[38]。贯通式指中空纤维膜两端都不密封，通入的气体一部分进入生物膜，另一部分从另外一端排出。优点是水体中的微生物代谢产物可以随气体一同排出，多用于空气曝气；死端式指中空纤维膜一端密封，通入的气体在压力作用下可以全部进入生物膜和水体中。优点是氧气利用率高于贯通式，更适合纯氧曝气。

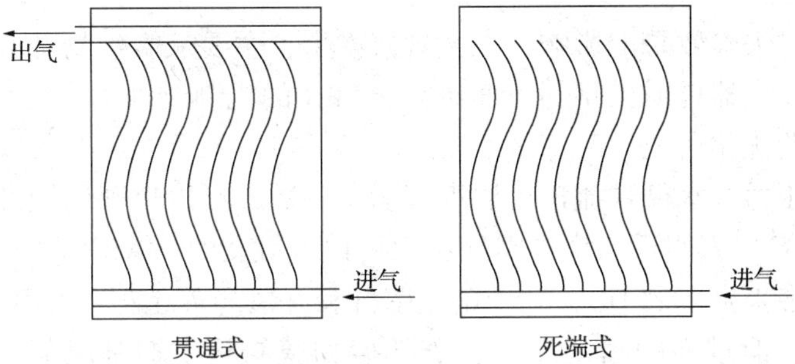

图 1　贯通式和死端式 MABR 示意图

2.3.3　微生物反应机理

传统生物脱氮主要分为氨化、硝化、反硝化三个过程[39]。氨化作用是指含氮有机物通过微生物蛋白酶水解作用释放出氨的过程，氨化作用在好氧或者厌氧环境下都可以进行；硝化作用是指微生物将氨氧化为亚硝酸盐后，再氧化为硝酸盐的过程，两次氧化反应连续而又独立进行；生物反硝化作用是指硝酸盐和亚硝酸盐被还原为氮气的过程，主要在厌氧环境下进行。

MABR 在继承传统生化反应的基础上，基于其独特的分层生物膜结构和异向传质的曝气方式，在反应器中存在同时硝化反硝化反应(simultaneous nitrification and denitrification, SND)[40]，即硝化和反硝化作用发生在同样的处理条件和同一处理空间中。关于同时硝化反硝化反应的机理目前尚未完全探明，但可能的成因有以下几点：(1)如图 2 所示，MABR 在宏观环境下的溶解氧分布是不均匀的，并形成了好氧段与厌氧段，使得反应器中硝化反应与反硝化反应同时进行；(2)从生物学角度分析，MABR 生物膜存在多种微生物环境，适合多种特殊微生物菌群生长繁殖，已有研究表明生物膜中存在好氧反硝化菌和异养硝化菌。通过细菌间的序列反应，为同时硝化反硝化反应提供了发生的可能性。SND 有以下优点：(1)有效维持环境的 pH 稳定，节省碱度投加的开支。(2)降低反应器容积，节省构筑物建设成本。

2.4　MABR 研究进展

通过生物膜上微生物菌群的生化反应，去除石化废水中的 COD 和氨氮等污染物质，是 MABR 技术的关键所在。因此，探明控制生物膜的生长情况和微生物种类的分布的影响因素至关重要。近年来，研究人员从宏观和微观两个方面对 MABR 进行研究。在宏观层次上，主要从无泡曝气方式、中空纤维膜材料优化和反应器膜组件优化等方面提高氧传质效率，并

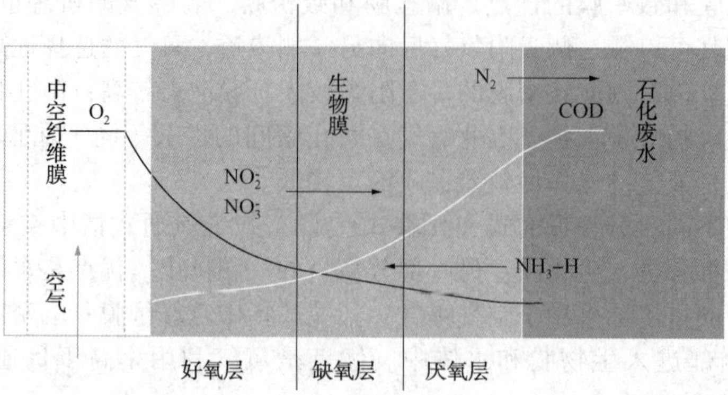

图 2 MABR 机理示意图

探讨不同运行参数对去除效果的影响；在微观层次上，主要从微生物种群及生物膜结构、生化反应作用机理和反应器传质模型等方面研究 MABR 的机制。

（1）运营参数的优化研究

通过改变曝气压力、水循环流速、温度等运营参数，可以达到调控微生物的种群占比和生物膜厚度。有研究[41]表明适当增加曝气压力可以有效提高 MABR 的去除效率，主要原因是升高的曝气压力带来更多的 DO，利于硝化菌群和好氧异养菌群的生长繁殖，进而增强硝化作用和除碳效果；但过高的曝气压力会破坏生物膜结构，抑制厌氧微生物的生长繁殖。Wu[42]和 Mei[45]等人研究发现反应器在不同阶段对于流速的要求差别较大。在微生物驯化挂膜阶段水循环流速不易过高，促进微生物在中空纤维膜表面的附着。在 MABR 稳定运行阶段，生物膜基本趋于稳定状态，应适当提高水相流速，降低生物膜与液相的边界层厚度，提高传质效率；同时可以通过较高流速产生的剪切力控制生物膜厚度。

（2）膜材料和膜组件的研发改进

天津大学李保安团队[44]通过左旋多巴对多孔性聚丙烯中空纤维膜进行表面改性，从而制备出一种新型复合膜。测试结果表明，与旧膜相比，水接触角从 121.5°降低至 75.1°，且保留了多孔性的特点。改性复合膜的生物亲和性得到显著改善，挂膜时间缩短为之前的一半，COD 和 NH_4^+的去除效率分别为 96.8%和 91.3%。

（3）MABR 生物膜的研究

Satoh[46]等人采用微电极测量的方式追踪 O_2、NO_3^-、NO_2^-、NH^{4+}等浓度梯度的连续变化，探究生物膜硝化层和反硝化层的分布情况。研究发现水相中 DO、COD 和氨氮等物质的浓度不影响生物膜好氧层、缺氧层和厌氧层的空间分布，只对每层的生物膜厚度产生作用。Downing[47]等人将 FISH 技术应用在生物膜菌群分布及占比随进水水质变化研究中。研究发现异养微生物如反硝化菌的丰度随进水 BOD 的增加而增加；且多数情况下氨氧化细菌在种类和数量上均多于亚硝酸盐氧化菌，但在高 BOD 的条件下，亚硝酸盐氧化菌的增长幅度远高于氨氧化细菌。

3 总结和展望

本文简要总结了 MABR 技术在石化废水处理领域的应用背景、基本原理、技术优势、

MABR 技术的研究现状。经过多年的探索与发展，该领域取得了丰硕的理论成果。然而，实际应用层面仍有许多难题有待解决：(1)如何实现石化废水处理 MABR 膜表面微生物快速富集；(2)石化废水特征有机物的抑制性能及毒性物质影响下的微生物驯化，维持微生物群落复合结构稳定的问题；(3)如何实现 MABR 工艺能耗计算及节能降耗潜力的分析问题。

与传统技术相比，使用 MABR 技术处理石化废水是一个较新的领域，其中蕴含着许多未知和挑战等待我们去发现和探索。

参考文献

[1] 丁岩，吴昌永，周岳溪，等．活性炭吸附石化二级出水有机物去除特性研究．环境科学学报，2016，36(4)：1183-1189.

[2] M Gual，A Moia，J G March. Monitoring of an indoor pilot plant for osmosis rejection and greywate reuse to flush toilets in a hotel[J]. Desalination，2008，219：81-88.

[3] 冯丽琼，王茜，薛彦奎．钻井及油气田废水重金属检测干扰消除探讨[J]．油气田环境保护，2013，23(3)49-50.

[4] 叶鸿宇，蔡晓健，陈雷，等．石化废水双膜法深度处理工艺分析及优化研究[J]．中国给水排水，2018，34(13)：120-124.

[5] 吴昊，张盼月，蒋剑虹，等．反渗透技术在重金属废水处理与回用中的应用[J]．工业水处理，2007，27(6)；6-9.

[6] J P van der Hoek，J A M H Hofman，A Graveland. The use of Biological Activated Carbon Filtration for the Removal of Natural Organic Matter and Organic Micropollutants from Water[J]. Water Science and Technology，1999，40(9)：257-264.

[7] TANG D Y Y，KHOO K S，CHEW K W，et al. Potential utilization of bioproducts from microalgae for the quality enhancement of natural products [J]. Bioresource Technology，2020，304：122997.

[8] 赵朝成，赵东风．深度氧化技术处理有机废水的研究进展[J]．油气田环境保护，2000，10(3)：12-15.

[9] 李成福，吴辉，岳春雨．三羟甲基丙烷废水处理技术研究．石油化工设计，2009，26(4)9-50.

[10] 张林生．水的深度处理与回用技术[M]化学工业出版社，2008：1-4.

[11] Iino T，Mori K，Suzuki K. Methanospirillum lacunae sp. nov.，a methane-producing archaeon iso：4lated from a puddly soil，and emended descriptions of the genus Methanospirillum and Methanospirillum hungatei [J]. International Journal of Systematic and Evolutionary Microbiology. 2010，60：2563-2566.

[12] 曹张瑛，王斯扬，张锡龙，等．不同微藻对典型行业废水急性毒性响应的敏感性研究[J]．生态毒理学报，2016，11(3)：92-100.

[13] 史博，陈涛，常旭轩，等．斜板溶气气浮处理油田污水实验研究[J]．石油化工高等学校学报，2015，28(05)：74-77.

[14] 姚宏，马放，李圭白，等．臭氧-生物活性炭工艺深度处理石化废水．中国给水排水，2003，19(6)：39-41.

[15] Allemane H，Delouane B，Paillard H，et al. Comparative efficiency of three systems (O_3，O_3/H_2O_2，and O_3/TiO_2) for the oxidation of natural organic matter in water. Ozone Scienc & Engineering the Journal of the International Ozone Association，1993，15(5)：419-432.

[16] An D，Zhang J，Yi Y. Using bundle filters to process petrochemical secondary effluent for industrial reuse. Water Science&Technology，1996，34(10)：127-131.

[17] Cui J Q，Wang X J，Yuan Y L，et al. Combined ozone oxidation and biological aerated filter processes for

treatment of cyanide containing electroplating wastewater. Chemical Engineering Journal, 2014, 241: 184-189.

[18] Dytczak M A, Oleszkiewicz J A. Performance change during long-term ozonation aimed at augmenting denitrification and decreasing waste activated sludge. Chemosphere, 2008, 73(9): 1529-1532.

[19] Fu L Y, Wu C Y, Zhou Y X, et al. Treatment of petrochemical secondary effluent by an up-flow biological aerated filter (BAF). Water Science and Technology, 2016, 73(8): 2031-2038.

[20] Foesel B U, Rohde M, Overmann J. Blastocatella fastidiosa gen. nov, sp. nov, isolated from semiarid savanna soil-the first described species of Acidobacteria subdivision 4. Systematic and Applied Microbiology, 2013, 36: 82-89.

[21] 李玫，李保安，兰美超，等．新型 MABR 生物脱氮过程研究进展[J]．膜科学与技术，2020，40(1)：6.

[22] 陈晴，王毅力，赵丽，et al. ABR-MABR 耦合工艺处理畜禽养殖废水的同步启动[J]．环境科学研究，2017，30(2)：8.

[23] Kiprotich Kosgey, Kartik Chandran, Jashan Gokal, Sammy Lewis Kiambi, Faizal Bux, Sheena Kumari. Critical Analysis of Biomass Retention Strategies in Mainstream and Sidestream ANAMMOX-Mediated Nitrogen Removal Systems. Environmental Science & Technology 2021, 55 (1) , 9-24.

[24] Karna D, Visvanathan C. From Conventional Activated Sludge Process to Membrane-Aerated Biofilm Reactors: Scope, Applications, and Challenges [G]//Bui X-T, Chiemchaisri C, Fujioka T, et al. Water and Wastewater Treatment Technologies. Singapore: Springer, 2019: 237-263.

[25] Dezotti M, Lippel G, Bassin J P. Advanced Biological Processes for Wastewater Treatment [M]. Cham: Springer International Publishing, 2018.

[26] Udo Wiesmann, In Su Choi, Eva - Maria Dombrowski. Fundamentals of Biological Wastewater Treatment [M]. Edition 1. Wiley, 2006.

[27] Hamza R A, Iorhemen O T, Tay J H. Advances in biological systems for the treatment of high-strength wastewater[J]. Journal of Water Process Engineering, 2016, 10: 128-142.

[28] S Yeh, C Jenkins. Pure oxygen fixed film reactor, J. Environ. Eng. Div. , 1978, 104(4): 611-623.

[29] H Onishi, R. Numazawa. Process and apparatus for wastewater treatment, US Patent, 1980, NO. 4181604.

[30] T B Vick Roy, H W Blanch, C R Wilke. Microbial hollow fiber bioreactors, Trends Biotechnol. , 1983, 1(5): 135-139.

[31] Hibiya K, Terada A, Tsuneda S, et al. , Simultaneous nitrification and denitrification by controlling vertical and horizontal microenvironment in a membrane-aerated biofilm reactor, J Biotechnol 2003, 100: 23-32,

[32] Luo J-H, Chen H, Yuan Z, et al. Methane-supported nitrate removal from groundwater in a membrane biofilm reactor[J]. Water Research, 2018, 132: 71-78.

[33] Acevedo Alonso V, Lackner S. Membrane Aerated Biofilm Reactors- How longitudinal gradients influence nitrogen removal-A conceptual study[J]. Water Research, 2019, 166: 115060.

[34] Pellicer-Nàcher C, Carlos Domingo-Félez, Susanne Lackner, et al. Microbial activity catalyzes oxygen transfer in membrane-aerated nitritating biofilm reactors [J]. Journal of Membrane Science, 2013, 446: 465-471.

[35] Hibiya K, Terada A, Tsuneda S, et al. Simultaneous nitrification and denitrification by controlling vertical and horizontal microenvironment in a membrane-aerated biofilm reactor[J]. Journal of Biotechnology, 2003, 100(1): 23-32.

[36] 刘旦玉．无泡曝气膜生物反应器的曝气和硝化研究[D]．天津大学，2005.

[37] 任志鹏，陈小光．无泡式中空纤维膜生物反应器研究与应用现状[J]．工业水处理，2022，42

(1): 10.

[38] Semmens M J, Gulliver J S, Anderson A. An Analysis of Bubble Formation Using Microporous Hollow Fiber Membranes[J]. Water Environment Research, 1999.

[39] Acevedo Alonso V, Lackner S. Membrane Aerated Biofilm Reactors- How longitudinal gradients influence nitrogen removal-A conceptual study[J]. Water Research, 2019, 166: 115060.

[40] Han B-C, Jiang W-L, Zhang Y, et al. Profile of organic carbon and nitrogen removal by a continuous flowing conventional activated sludge reactor with pulse aeration[J]. Process Safety and Environmental Protection, 2018, 117: 439-445.

[41] Perez-Calleja, M Aybar, C Picioreanu, et al. Periodic venting of MABR lumen allows high removal rates and high gas-transfer efficiencies[J]. Water Research, 2017, 121: 349-360.

[42] Yun Wu, Zuodong Wu, Hongliang Chu, et al. Comparison study on the performance of two different gas-permeable membranes used in a membrane-aerated biofilm reactor[J]. Science of The Total Environment, 2019, 658: 1219-1227.

[43] Sanchez-Huerta C, Fortunato L, Leiknes T, et al. Influence of biofilm thickness on the removal of thirteen different organic micropollutants via a Membrane Aerated Biofilm Reactor (MABR)[J]. Journal of hazardous materials, 2022(Jun. 15): 432.

[44] 王琴，胡亮，侯飞飞，等. 左旋多巴改性 MABR 中空纤维膜[J]. 化学工业与工程，2015，32(06): 52-57. DOI: 10. 13353/j. issn. 1004. 9533. 20141055.

[45] MEI X, GUO Z, LIU J, et al. Treatment of formaldehyde wastewater by a membrane-aerated biofilm reactor (MABR): The degradation of formaldehyde in the presence of the cosubstrate methanol[J]. Chemical Engineering Journal, 2019, 372: 673-683.

[46] SATOH H, ONO H, RULIN B, et al. Macroscale and microscale analyses of nitrification and denitrification in biofilms attached on membrane aerated biofilm reactors[J]. Water Research, 2004, 38(6): 1633-1641.

[47] DOWNING L S, NERENBERG R. Effect of bulk liquid BOD concentration on activity and microbial community structure of a nitrifying, membrane-aerated biofilm[J]. Applied Microbiology and Biotechnology, 2008, 81(1): 153-162.

电脱盐切水发黑原因分析及对策措施

陈好东

（中国石化镇海炼化公司炼油四部，宁波 315207）

【摘要】 分析了镇海炼化公司1#常减压装置在运行期时常有电脱盐污水发黑，带油现象发生的原因，通过工艺优化以及新增压力除油罐对装置进行升级改造等措施。实施后电脱盐污水含油量均≤300mg/L，合格率达到100%，效果显著。

【关键词】 常减压装置 电脱盐 切水发黑 压力除油罐

1 引 言

常减压装置是石油化工企业的龙头装置，中国石油化工股份有限公司镇海炼化分公司1#常减压装置以加工高硫原油为主，不但生产高等级道路沥青、柴油、-10#军柴、航煤、溶剂油、石脑油等主要产品；还可为下游炼油化工装置提供合格和优质的二次加工原料。电脱盐系统是原油加工的第一道工序，其原理是：在原油中加入破乳剂，进入电脱盐罐，在电场的作用下，通过调节操作温度、混合强度、注水等条件，破坏油水乳化状态，使小水滴凝聚成大水滴，在重力作用下沉降，使油水分离，原油中的大部分盐因溶解于水中而同时被脱除。电脱盐运行过程中存在如下问题：在炉管、换热器内，温度升高使原油的黏度降低，无机盐、固体颗粒很容易附着在不光滑的管线内表面上，形成垢，降低传热效率，锈蚀管壁，严重时堵塞炉管或换热器，造成非计划停工；重金属盐还会造成深度加工中催化剂中毒使产品质量达不到理想的技术指标。因此，开好电脱盐，尽可能地脱除原油中的腐蚀性介质，是一项“治本”的防腐措施，是常减压装置全面防腐的基础。

近年来，随着原油性质日益恶化，装置所炼原油的盐含量、硫含量、密度等不断变大，时长接近原油质量主要控制指标上限。同时经常换油导致原油性质变化频繁，电脱盐的运行面临着较多的困难。自2021年10月2#常减压停工后，1#常减压提高了掺炼重质原油加工比例，由于重质原油杂质含量高，电脱盐罐底部切水固体杂质含量增加，导致电脱盐切水时常发黑。且夏季期间电脱盐切水温度经常会超温，对下游排水也会造成不小影响。基于此种情况，为降低1#常减压电脱盐污水对下游装置冲击，通过操作优化和技术攻关，分析电脱盐切水发黑或带油的原因并制定相应措施。此外，对原有1#、2#常减压流程进行优化，新增1#常减压电脱盐污水至压力除油罐流程，利用压力除油罐对1#常减压电脱盐污水进行缓冲处理。降低电脱盐污水油含量，提高装置安全、环保运行水平，进一步夯实装置安稳长满优运行的基础。

2 电脱盐切水发黑的原因分析

1#常减压装置电脱盐采用的是二级串联交直流高速电脱盐罐，第一级、二级电脱盐罐V101/2，V101/3规格型号为Φ4200×38×27176，设计温度140℃，设计压力1.7MPa，主体材质16MnR。电脱盐注水采用脱硫净化水，亦可改注软化水，脱硫净化水通过注水泵先注入二级罐V101/3，二级罐V101/3脱水回注到一级罐V101/2，一级罐V101/2脱水经过冷却后排出装置。

造成常减压装置电脱盐切水发黑或带油的因素有：原油的性质、破乳剂型号的选择及注入量、电脱盐罐的温度、原油注水量及水质、电脱盐界位的控制、电场强度、混合阀压降、电脱盐罐沉渣冲洗的注水量、原油在电脱盐罐内的停留时间等。

2.1 原油性质的影响

由于部分原油密度大，黏度高，原油中的沥青质和胶质等物质在进入二级罐后V101/3会在油水乳化层区域慢慢聚积，形成稳定的乳化层，导致电脱盐乳化严重，油水分离困难，易形成水包油乳化液，使电脱盐罐V101/2效率降低。当原油油性或者电脱盐操作工况改变时，二级罐V101/3中大量的乳化液被注入一级罐V101/2，造成较大的扰动，加剧乳化。操作上将一级罐V101/2界位控制在较低位置，一级罐V101/2在脱水时携带沥青质和胶质等杂质一起排出，但是还有少量的原油会吸附在沥青质等杂质上，引起电脱盐罐切水带油的问题，同时装置还会掺炼部分罐底油和杂油，这些油中含有较多杂质，引起电脱盐罐底油泥沉积，导致切水发黑且带油。

2.2 掺炼重质油

1#常减压装置重质油比例提高后，电脱盐污水发黑是装置面临的一重要瓶颈。加工卡斯蒂利亚原油以来，电脱盐发生多次切水带油的异常工况。卡斯蒂利亚原油密度935.4kg/m^3，酸值0.48mgKOH/g，含盐9.7mgNaCl/L，凝点-11℃，硫含量1.67%，残炭含量较高12.60%，金属镍、钒含量较高分别为62.39mg/kg和251.25mg/kg，沥青质含量较高为16.75%；特性因数K为11.6，属含硫重质中间基原油。卡斯蒂利亚原油杂质含量偏高，小颗粒杂质悬浮在油水界面中，促进油水乳化，使得油水分离困难。为了防止电脱盐罐内聚积大量乳化层，引起电脱盐罐电流升高和脱后原油带水，通过拉低电脱盐罐界位排出乳化层，引起电脱盐切水发黑或带油，切水油含量超标。

装置换油频次增多，增加对电脱盐工况扰动频次，导致电脱盐工况失稳，油水乳化倾向增强，导致切水发黑或带油。

2.3 掺炼清罐油

清罐油中含有很多机杂、沥青质等杂质，清罐油进入电脱盐系统后，机杂、沥青质在电脱盐脱除时，吸附一些原油，引起电脱盐污水带油或发黑。掺炼清罐油不仅引起电脱盐油水乳化，脱水含油发黑，而且容易将清罐油中的机杂、沥青质、胶质等杂物带入后续设备引起堵塞等情况，影响装置长周期运行。

2.4 脱硫净化水pH高

1#常减压装置电脱盐所注脱硫净化水的pH在8.8~9.8之间，注水pH过高时，水中的碱性物质会与原油中含有的环烷酸形成稳定的乳化液，促进油水乳化。电脱盐及含盐污水系统受脱硫净化水水质的变化影响较大，即不利于原油破乳化和脱盐、脱水，又会造成切水带油发黑。为避免水中碱性物质与原油中含有的环烷酸形成稳定的乳化液，脱硫净化水的 pH 建议为 6~8 之间。

2.5 减顶污油回炼量大

1#常减压装置减顶污油通过泵升压后注入原油泵入口进行回炼。减顶污油性质同原油性质相比，其轻组分高，含有机杂和乳化液，且不稳定。大量的减顶污油注入电脱盐罐，会造成电脱盐罐内含水率、含乳化物大幅度变化，对电脱盐罐造成大的冲击和扰动，导致切水发黑或带油。

综上所述可以得出切水发黑的以下几种原因：①原电脱盐的设计目的主要为脱盐、脱水，无法对电脱盐污水进行处理；②原油中的沥青质、胶质等杂质较多，这些杂质沉积在电脱盐罐底部形成油泥，导致切水发黑，同时吸附少量原油使切水带油；③注水 pH 过高时，水中的碱性物质与原油中含有的环烷酸形成稳定的乳化液，促进油水乳化；④减顶污油回炼量大或回炼流量大幅波动造成电脱盐工况失稳，油水乳化倾向增强。

3 处理措施

3.1 工艺措施

首先 1#常减压在操作上要平稳，精调细调，将电脱盐罐的温度、电脱盐罐的界位、混合阀压降、注水量等相关操作参数控制好，排除操作不当导致电脱盐工况大幅波动引起切水发黑带油。在此情况下电脱盐切水若再出现发黑带油时要及时分析、查找要因并做出相应的处理措施。

(1) 掺炼重质、劣质原油前，罐区对罐内中部、下部、底部水分、水杂进行分析，便于对掺炼进行准确评估。加工卡斯蒂利亚原油期间原油罐沉降切水时间大于 12h，切水发黑时降低卡斯蒂利亚原油加工量。掺炼清罐油前对清罐油进行预处理，使水和沉淀物体积分数降低至 0.5%左右，预处理后的净化油回炼对常减压装置的影响会大大降低。

(2) 原油油性调整时时刻关注电脱盐罐电流和切水的变化情况，严格落实现场界位核对。

(3) 关注破乳剂注入量，工况调整时及时加大破乳剂注入量。

(4) 发现电脱盐切水发黑后，及时进行操作优化，降低注水量和混合阀压降，调整电脱盐罐界位。

(5) 每周定期拉电脱盐界位，降低乳化层和颗粒物累积厚度，主动改善电脱盐工况。

(6) 每周定期对电脱盐罐进行沉渣冲洗，减少罐底泥沙沉积，水冲洗量≯20t/h 控制，避免对乳化层产生扰动，导致切水发黑。

(7) 发现脱硫净化水 pH 升高或携带大量焦粉后，及时联系化验加样分析，联系生产处调度室和酸性水处理单元减少碱的注入量并且稳定进料量，保证脱硫净化水的水质满足装置所需要求。

(8) 稳定控制减顶污油回炼流量。在保证减顶污水出装置指标合格的情况下，加大减顶污水外排量，尽可能降低减顶污油的回炼量，且避免回炼量大幅波动对电脱盐罐造成大的冲击和扰动。

3.2 增加压力除油罐系统

自2021年2#常减压异地改造后，装置停工待料，压力除油罐V201/4处于闲置状态。对原有1#常减压电脱盐流程进行优化，利用2#常减压压力除油罐V201/4，完善1#常减压电脱盐污水流程。在1#常电脱盐污水进压力除油罐V201/4前加注反向破乳剂破坏水中油滴的稳定状态。利用压力除油罐V201/4对1#常减压电脱盐污水进行缓冲处理，分离出的污油由去电脱盐罐回炼改走重污油线排出至重污油罐，减小对装置冲击，提高1#常减压电脱盐污水外排合格率。

压力除油罐是浅池理论高效聚集板分离技术、粗颗粒填料分离技术、水力旋流离心场技术于一体的一种油水分离技术。1#常减压蒸馏装置新增的V201/4压力除油罐为卧式压力除油罐，容积550m^3，尺寸为Φ6000mm×20600mm(直径×罐总长)，其工艺流程见图1。

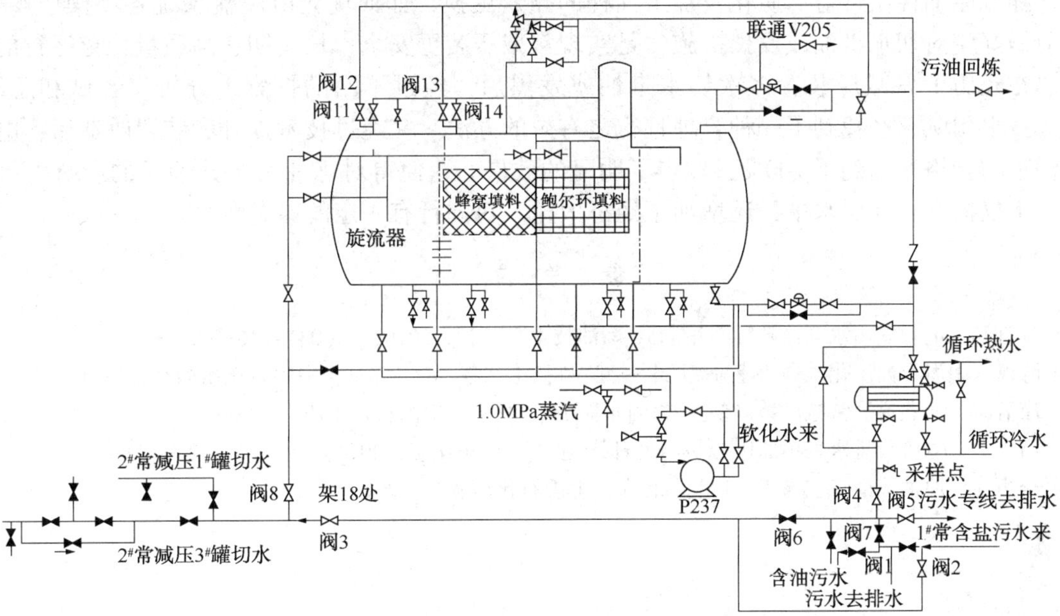

图1 压力除油罐工艺流程

1#常减压电脱盐污水从压力除油罐V201/4的上入口通过侧向切线进入旋流分离器，在高速旋流的影响下，通过油水的密度差异，将大部分的油和水进行分离，污水从底流口排出后进入聚积板分离室，污油从顶部溢流道排放到集油包。在该旋流分离器中，污油去除率大于85%。经过旋流分离器分离后的污水，在二级六边形蜂窝状倾斜管内，将剩余的小油滴在聚积板上聚集为大油滴。被分离出来的大油滴会流入到集油包中，污水会流入到两级粗粒化分离室中，在这个过程中，油分子会在粗粒化材料的表面上进行黏附和积累，并会互相碰撞，最终形成大颗粒油滴。压力除油罐V201/4为满罐操作。分离出的污油经过集油包汇集后，通过油水界位调节走重污油线排出至重污油罐。除油后的电脱盐污水经水冷器WC220冷却后，去污水出装置管线。反冲洗时电脱盐污水或除盐水作为冲洗水经冲洗泵P237升压后从罐底进入压力除油罐V201/4，反冲洗分段进行，罐底污泥随冲洗水流出并入污水输出管线。冲洗泵P237同时可作为退水泵使用。压力除油罐V201/4水相设安全阀用于保护设备，安全阀泄放液体排至污水输出管线。除此之外，还在罐底连接吹扫蒸汽管线，罐顶的甩头可以在检修时接金属软管连通低压瓦斯管网，密闭吹扫。

该项目投用后，电脱盐切水温度从90℃降至60℃，为确保压力除油罐V201/4能够满罐操作，在压力除油罐V201/4后新增排水控制阀，通过调节此阀可有效控制电脱盐一级罐V101/2界位。V201/4罐顶压力稳定在1.1MPa，电脱盐切水流量32t/h，电脱盐一级罐V101/2切水偶尔发黑或带油，但压力除油罐V201/4切水清白，大幅降低了对炼油污水处理厂的冲击，电脱盐污水含油合格率由2020年97.47%，2021年94.23%提高至100%，为公司每年可节省约76万元的污水处理费，取得了预期的效果。

4 结 论

随着原油性质日益劣质化及加工油种的频繁更换，如何优化电脱盐系统各项操作参数，提前做好应对切水带油或发黑措施，是实现常减压装置安全、长周期、高质量稳定运行的关键。在经历1#常减压装置多次切水带油或发黑后，经过不断的探索、分析、尝试和总结，专业技术团队已经找到了一种合理且行之有效的办法。在经过技术提升和装置改造后，电脱盐污水的合格率达到了100%，取得了明显的效果。这使得对炼油污水处理厂的影响大大降低，不仅提升了环保水平，还增加了经济效益。对同行有一定的参考意义。

参 考 文 献

[1] 赖奇峰．电脱盐污水含油超标对策[J]．炼油技术与工程，2016，46(03)：36-39.
[2] 陈淳．中海石油炼化与销售事业部“十一五”科技论文集[M]．北京：中国石化出版社，2011.
[3] 唐孟海，胡兆灵．常减压蒸馏装置技术问答[M]．北京：中国石化出版社，2004.
[4] 田兴龙．电脱盐排水发黑原因分析与处理措施[J]．广东化工，2014，41(11)：122-123.
[5] 李志强．原油蒸馏工艺与工程[M]．北京：中国石化出版社，2010.

臭氧工艺在高浓水处理中的应用

杨　皓　刘黎斌

（中国石油大连石化公司，大连 116000）

【摘要】 大连石化公司新建高浓水处理装置采用臭氧氧化工艺。本文主要对臭氧的本身特性与其工艺的主要系统进行了说明，针对臭氧氧化工艺应用于高浓水装置进行分析，并为装置的运行提出建议。

【关键词】 臭氧氧化　高浓水　有机物　臭氧应用

大连石化公司高浓水处理装置（见图 1）是为解决再生水装置浓水以及二循排污水直排造成的环境风险问题。装置设计处理能力 500m^3/h，采用苏伊士水务工程有限责任公司提供的“调节罐+除氮生物滤池+臭氧接触氧化+除碳生物滤池”同时配备气浮池、污泥处理系统工艺，臭氧发生系统为该装置的主要工艺及设备单元。

图 1　高浓水处理装置

1　臭氧的特性

臭氧是一种具有刺激性特殊气味的不稳定气体。常温下，臭氧呈现出并不太明显的淡蓝色，在标准状态下，其溶解度比氧大 13 倍，比空气大 25 倍，微溶于水。臭氧浓度较小，因此在水中的溶解度也较小，并且温度越高溶解度越小。臭氧非常不稳定，极易分解成氧气，并且在转化过程中会释放大量的热能，因此臭氧含量过高易发生爆炸。一般臭氧氧化工艺中，氧气或空气中臭氧的浓度为 0～14%。常温常压下，臭氧含量不超过 1%时，在空气中分解的半衰期为 16h 左右，温度越高，分解越快，但是比在水中的分解速度慢多。水中臭氧浓度为 3mg/L 时，其半衰期为 5～30min[1]。污水中往往含有大量的杂质，臭氧在污水中能迅速分解，但在纯水中分解相对较慢。常温下，臭氧在自来水中的半衰期为20min，且水温越高臭氧分解速度快，在0℃时，臭氧则相对稳定。臭氧具有很强的氧化性，其氧化还原电位仅次于F_2，比Cl_2、高锰酸钾等常用的氧化剂高很多，而且反应效率高，生成物是氧气，没有有害残留物，臭氧强氧化性同时又决定了其具有很强的腐蚀性。臭氧是一种有毒气体，但由于臭氧臭味较大，因此人们极易判断出臭氧是否泄漏，从而避免事故的发生。

2 臭氧发生装置简介

高浓水处理装置所使用的臭氧发生装置(图2、图3)主要包含臭氧发生器、PSU电源、冷却水循环系统等。系统气源选用了现场制取的浓度为90%以上、露点为-65℃的氧气。其原理是气源进入臭氧发生器后，经过高压发电使氧气变成臭氧。

图2 臭氧发生器

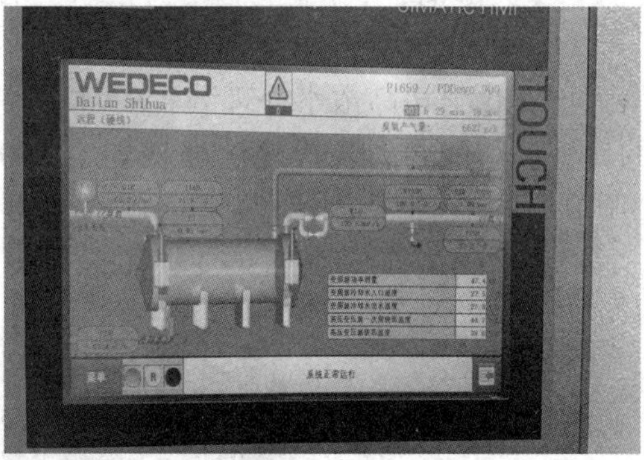

图3 臭氧发生器机柜操作界面

臭氧发生器本体对于气源有着露点检测，若露点大于-65℃，则臭氧发生器则保护不能启动，并同时执行放空程序，通过放空阀门开关使进气管线流动，让合格气源进入臭氧发生器内。同时臭氧发生器的产量通过出口在线检测仪表控制反馈，通过测定数值改变PSU机柜的电压，调整产臭氧量。

冷却水循环系统(图4)由一个板式换热器、两台内循环泵及管线组成。板式换热器分内、外循环，外循环由第三循环水场提供的循环水对内循环冷却。内循环冷媒介质为脱脂性乙二醇，水温最佳控制在15~25℃之间。内循环泵将冷媒送至PSU机柜以及臭氧发生器内，在实际运行臭氧发生器的过程中发现，由于高压放电的过程，会产生大量的热，而且PSU机柜内高压变频单元也会释放大量的热。如果外循环水没有将内循环冷媒的热量带走，或者板式换热器出现堵塞等现象，会造成内循环冷媒温度过高，造成臭氧发生器故障停机。尤其在夏季高温或者臭氧发生器的产量臭较大时，更应注意板式换热器的效果，确保内循环冷媒处于比较合理的温度范围内。

臭氧装置还有一个重要的单元，就是臭氧接触池。该单元由3台循环泵(2用1备)，2组尾破系统(1用1备)构成。产出的臭氧由循环水带入臭氧接触池内，为了使臭氧与污水有充足的接触时间，臭氧投加采用水射器辐流曝气的方式(图5)，接触时间一般为10~15min[2]，臭氧在接触池内有充足的停留时间。为了使得曝气效果最佳，一般接触后的余留臭氧最高浓度值可达到0.4mg/L左右。若将臭氧直接排放至大气，则会对环境产生不利的影响，并可能会造成操作人员中毒等。因此使用尾破系统，通过催化加热的方式将剩余臭氧转化成氧气排放至大气。

图 4　冷却水循环系统

图 5　臭氧接触池内水射器

3　臭氧氧化技术应用

在高浓水处理工艺中，臭氧氧化技术的主要目的是将入水中的长链有机污染物转化为短链的有机污染物，将难降解的有机污染物转化为较易降解的有机污染物；同时因为臭氧的强氧化性，也可以直接氧化一部分有机物。所以在高浓水工艺中，臭氧氧化技术就是去除污水中的有机物，并且为后续的 FLOPAC 滤池提供氧气，使易降解的有机污染物通过 FLOPAC 滤池去除掉。

在整个高浓水处理工艺中，有机污染物的来源，除了再生装置浓水以及二循排污水外，还应考虑反硝化滤池的药剂投加情况。臭氧接触池单元的前置单元为反硝化生物滤池，其主要作用为去除来水污染物中的硝态氮。因水中的碳源不足，所以我们需要向水中补充碳源即乙酸钠。在实际运行中发现，来水水质 COD_{Cr} 多数未超出指标要求，但总氮超出指标要求，并且来水硝态氮含量不稳定。假设磷源与氮源投加稳定，反硝化生物滤池微生物良好的情况下，当乙酸钠投加量过大时，总氮数值会减小，当入水中硝态氮消耗完后，乙酸钠会穿透滤池进入后续处理单元，造成出水 COD_{Cr} 上升。当乙酸钠投加量不足时，则出水 COD_{Cr} 数值不变，总氮数值会增大，当微生物不能“吃掉”硝态氮时，出水总氮会逐渐接近入水总氮，反硝化生物滤池失效。所以需要及时调整乙酸钠投加量，在使 COD_{Cr} 不变化的情况下尽可能降低总氮数值。因为在再生装置浓水中含有大量的难降解的 COD_{Cr}，所以利用臭氧氧化技术可以较高效的完成水中难降解有机物的处理。

4　实际运行的思考

在实际运行中，因装置不能随意进行操作变动，所以能得到的数据有限。11 月 3 日，检修尾破风机机壳，9:00~22:00 停运臭氧发生器系统，统计观察池的出口在线 COD_{Cr} 指标，如图 6 所示。

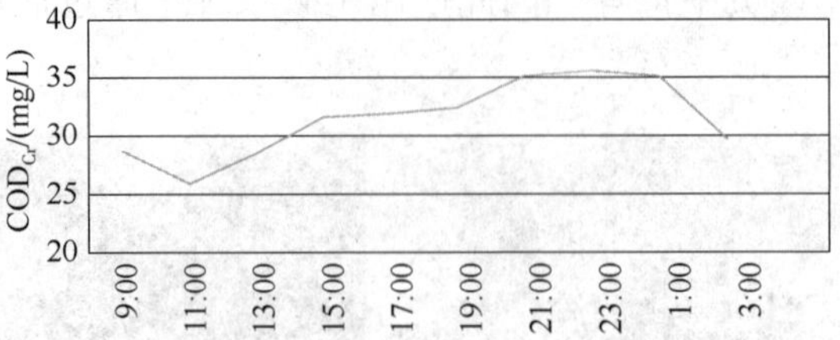

图6 11月3日出口在线 COD_{Cr} 曲线

由图6可以看出，停运臭氧发生器系统2个小时后臭氧接触池出水到达观察池，11:00过后出水 COD_{Cr} 开始上升，最高为23:00在线 COD_{Cr} 值为35.6mg/L。可推断，臭氧发生器的运行可以直接去除污水中将近10mg/L的 COD_{Cr}。所以可以根据实际的运行数据调整好臭氧发生器的运行，通过调整臭氧产量，减少变频器的运行功率，从而减少电能的使用；或者可以考虑停止臭氧发生器变频器的运行，只将氧气打入臭氧接触池，为FLOPAC滤池运行提供条件。装置运行可逐步优化。

5 日常运行过程中的注意事项

（1）在臭氧发生器运行过程中，需要注意DN池提升泵运行情况。若DN池提升泵因故障停运则要及时排查原因切换备泵。因为DN池提升泵长时间断流会造成臭氧接触池入口水封破坏，继而造成臭氧从臭氧接触池内逸散至空气中。所以针对臭氧接触池单元，DN池循环泵要保证连续运行。

（2）关注臭氧接触池的除沫系统。分析尾破风机在停工检修并重新运行系统时进水事件，其最主要原因是水中会含有大量微生物“尸体”，投加臭氧后产生大量气泡。建议在停工检修后应暂时不运行臭氧发生器变频器，并加强对除沫系统的监控，防止尾破单元催化剂中毒的情况发生。

（3）若臭氧发生器因为任何原因故障停机，会造成气源压力突升，应第一时间保证气源的连续性，打开制氧干燥器排放阀门，防止氧压机因压力高而停机。

6 结 语

高浓水装置已运行3个月，因为上游来水总氮的不确定性，需要调整装置的各项运行参数。下一步要通过数据研究，了解二循来水水质，制定出更合理的操作标准。随着污水排放标准不断提高，装置运行需要进一步优化。

参 考 文 献

[1] 赵亮，李星，杨艳玲. 臭氧预氧化技术在给水处理中的研究进展[J]. 供水技术，2009(4)：6-10.
[2] 蒋克彬等. 水处理工程常用设备与工艺. 北京：中国石化出版社，2010.

高桥石化污水处理场提标改造内容及运行现状

陈　斌

（中国石化上海高桥石油化工有限公司水务部，上海 200137）

【摘要】 高桥石化水务部3#污水处理场于2017年进行了整体提标改造，新建的污水调节罐、高效气浮池、高密度沉淀池和更新后的MBBR工艺、深度处理工艺极大提高了3#污水处理场的污水处理效率。提标改造后的污水处理场出水水质能稳定达到石油炼制工业污染物排放标准(GB 31570—2015)。

【关键词】 污水处理提标改造　出水水质

1　污水处理提标改造前情况

中国石化高桥石化水务部3#污水处理场污水处理系统设计处理能力为400m^3/h，主要收集1#/3#蒸馏电脱盐水、催化装置双脱水、1#/3#酸性水汽提净化水、水处理一站和水处理二站排水，17#罐区生活污水以及制桶厂来水等外单位来水。这些来水普遍存在COD_{Cr}(<1200mg/L)和氨氮(<40mg/L)较高等问题。图1(a)是2016年3#污水处理场进口COD_{Cr}、氨氮月平均数据，可以看到3#污水处理场的来水水质不容乐观，处理压力较大。具体表现为：(1)对于COD_{Cr}来说，虽然全年只有一个月份(2月)超出了进水指标，但是其他几个月的COD_{Cr}都居高不下，对于突发的污水进水水质超标事件没有很大的处理余量；(2)对于氨氮来说，全年共有4个月(5月、6月、7月、10月)发生了进水水质超标情况，进水水质超标率为33.3%，对3#污水处理场的冲击较大。

提标改造前3#污水处理场的污水处理工艺流程如图1(c)所示。

在这样的处理工艺下，2016年3#污水处理场外排水COD_{Cr}、氨氮月平均数据如图1(b)所示。与石油炼制工业污染物排放标准(GB 31570—2015)中COD_{Cr}(<60mg/L)和氨氮(<8mg/L)的排放标准相比，外排水水质合格率较低，亟须得到改进。具体表现为：①对于COD_{Cr}来说，全年共有7个月发生了外排水水质超标情况，超标率为58.3%。特别是在6月份，COD_{Cr}为134mg/L，远超出水质排放标准；②对于氨氮来说，全年共有9个月发生了外排水水质超标情况，超标率为75%。其中有4个月，氨氮大于20mg/L。

2　污水处理提标改造前存在问题

从提标改造前的2016年运行数据来看，3#污水处理场处理过程效果不佳的原因主要存

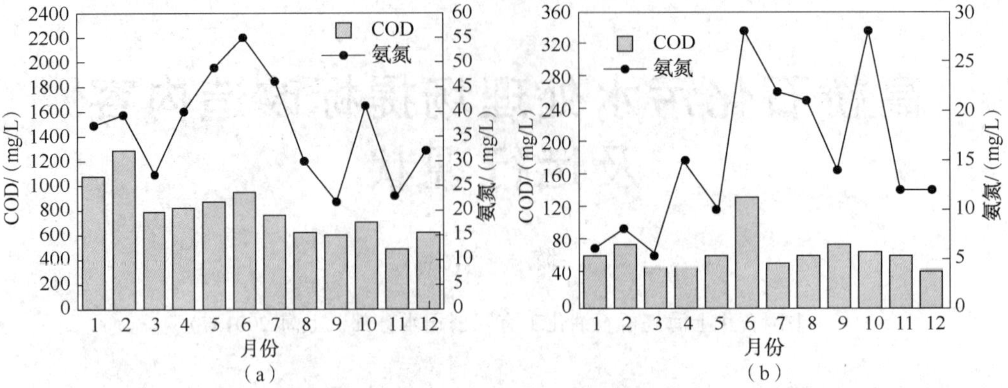

外装置来水 → 调节罐 → 平流隔油池 → 一、二级浮选池 → 均质池 → 曝气池 → 二沉池 → 接触氧化池 → 斜板沉淀池 → 纤维球塔 → 碳塔 → 外排

(c)

图 1 (a)2016 年 3# 污水处理场进口 COD_{Cr}、氨氮月平均数据；(b)2016 年 3# 污水处理场外排水 COD_{Cr}、氨氮月平均数据；(c)提标改造前 3# 污水处理场工艺流程

在于预处理、生化处理和深度处理 3 个单元。

2.1 预处理

预处理单元包括调节罐、平流隔油池和浮选池。目的是为了去除污水中的悬浮物和油等有毒有害物质，削减 COD_{Cr} 负荷，为进入后续生化装置做准备。

调节罐的主要作用是储存、缓冲和调节。上游装置来水进入罐中，初步实现油、水、泥三相分离，同时还可以对来水的水质和水量起一定的缓冲作用，避免水质突变对处理场造成冲击。但是原有的调节罐容积较小($5000m^3$)，无法对来水起到很好的均质缓冲作用，一旦遇到来水水质突然超标的情况更是力不从心，不仅会加大处理负荷，还会破坏原有的污水处理平衡。

溶解空气气浮是一种向污水中加入带压空气，使空气以高分散度的微小气泡作为载体将水中的悬浮颗粒载浮于水面，从而实现固-液分离的处理方法。原有的气浮工艺为全加压溶气气浮，即污水和药剂同时进入浮选集水井并初步混合，经浮选泵提升进入溶气罐，在溶气罐进口引入压缩空气，调节溶气罐出口调节阀，维持罐内压力在适当范围内，使空气溶解于水中。溶气罐出水进入浮选池，气水混合物骤然减至常压，溶解于水中的空气以微小的气泡形式(气泡直径为 20~100μm 左右)从水中析出，将水中的悬浮颗粒载浮于水面，经浮选刮渣机刮出，从而实现固-液分离。这种气浮工艺的缺点是所需的压力泵和溶气罐较大，因此投资和运转动力消耗较大。此外，由于缺乏污水回流，污水在气浮系统中的停留时间和处理时间较短，无法保证气浮出水的质量。

2.2 生化处理

生化处理单元主要由均质池、曝气池、二沉池、接触氧化池和斜板沉淀池组成，目的是利用池内活性污泥或生物膜上的微生物降解污水中的有机污染物，同时通过沉淀排泥降低污水中悬浮物的浓度。

接触氧化池中微生物所需的氧常通过鼓风曝气供给，生物膜生长至一定厚度后，近填料壁的微生物由于缺氧而进行厌氧代谢，产生的气体及曝气形成的冲刷作用会造成生物膜的脱落，并促进新生物膜的生长，形成生物膜的新陈代谢，脱落的生物膜将随出水流出池外。

接触氧化池存在以下问题：(1)滤料间水流缓慢，水力冲刷力小；(2)生物膜只能自行脱落，剩余污泥不易排走，滞留在滤料之间易引起水质恶化，影响处理效果；(3)滤料更换，构筑物维修困难。

2.3 深度处理

深度处理主要由纤维球塔和炭塔两部分组成，纤维球塔是利用过滤器中的纤维球填料截留废水中的悬浮物质，并把废水中的胶体物质吸附在自己的表面，目的是进一步降低COD_{Cr}、悬浮物浓度。炭塔是利用活性炭的生物化学性质。作用原理如下：(1)吸附：高比表面积活性炭吸附废水有机物；(2)化学作用：活性炭与其他元素如氧、氢等形成各种含氧官能团；对水中的某些金属离子产生交换吸附或络合反应；将水中的金属离子如二价铁氧化成三价铁，二价汞离子还原成金属汞；(3)生物协同作用：活性炭表面繁殖的微生物，参与对有机物的去除。这种处理方法虽然能起到一定的深度处理效果，但是当来水水质较差的时候还是无法做到高效率去除污水中的有机物、氨氮等组分，实际运行情况令人担忧。此外，纤维球和生物炭每隔一定时间就需进行更换，费时费力。

3 污水处理提标改造具体措施

2017 年，3#污水处理场整体进行提标改造，提标改造后的工艺流程如图 2 所示。

外装置来水 → 调节罐 → 平流隔油池 → 一级浮选池
→ 二级浮选池 → 均质池 → 曝气池 → 二沉池
→ MBBR → 高密度沉淀池 → BAF Ⅰ段 → 反硝化池
→ 臭氧催化氧化池 → BAF Ⅱ段 → 外排监控池
→ 外排缓冲池 → 外排

图 2 提标改造后 3#污水处理场工艺流程

与原有的工艺流程相比，扩建了调节罐，将两级全加压溶气气浮改为一级全加压溶气气浮+二级部分加压溶气气浮，将接触氧化池改为移动床生物膜反应池，将斜板沉淀池改为高密度沉淀池，将纤维球塔+炭塔改为曝气生物滤池+臭氧催化氧化+曝气生物滤池。

3.1 预处理

3.1.1 调节罐

新建一座 12000m^{3}污水调节罐，原 5000m^{3}污水调节罐变为污水事故缓冲罐。扩容后的污水调节罐能对来水起到很好的储存、缓冲和调节作用，对于提高污水水力停留时间也有很好的效果。此外，当发现外装置来水超标后，能第一时间将冲击污水储存至污水事故调节罐中，避免对指标范围内的污水造成影响，提升污水处理过程中的整体稳定性。

3.1.2 浮选池

原一、二级气浮合并为一级浮选，新建两座部分加压溶气气浮池作为二级浮选。部分加压溶气气浮的工作原理是：一级浮选出水进入二级浮选集水井，再次添加浮选药剂后经浮选泵提升至二级浮选池，二级浮选池为圆形内外池形式，污水自内池底部进入经内池壁溢流至外池后，从外池底部流出，出水一部分经回流泵加压进入溶气罐，溶气罐内通入压缩空气，维持罐内压力在适当范围内使空气充分溶解，罐内的溶气池出水并入气浮池内池污水进口管线上，通过特殊设计的压力释放喷嘴将溶气水压力降到常压。溶解的空气在压力释放喷嘴作用下可以释放出微小气泡，气泡表面携带油及悬浮物，上升至液面从而实现污水中油和悬浮物的去除。与原有的全加压溶气气浮相比，由于一部分污水会回流至浮选池再次气浮，进一步提高了污水的处理效果。

3.2 生化处理

3.2.1 移动床生物膜反应池

将原有的接触氧化池改为移动床生物膜反应池(MBBR)。反应器内设置多孔填料作为微生物载体，通过曝气系统使其保持悬浮状态。污水在曝气池完成 COD_{Cr} 的降解后，进入 MBBR 后利用池内硝化细菌的能力去除氨氮，并且为后续反硝化滤池的反硝化反应提供硝酸盐态氮。在此段工艺中需要控制好溶解氧和 pH，维持足够的碱度。与原有的接触氧化池相比，该反应器和后续的反硝化滤池联合，能极大提升氨氮的去除能力。

3.2.2 高密度沉淀池

废除斜板沉淀池，增设高密度沉淀池。高密度沉淀池又叫污泥循环沉淀池，是一种将污泥进行外部循环的改良型絮凝沉淀池。高密度沉淀池将斜管沉淀池和污泥浓缩池两种设备有效结合起来，目的是高效率地降低污水中悬浮混合物的浓度，为污水进入后续的曝气生物滤池做准备。其具有以下优点：①上升流速很高，设备组成结构紧凑；②设备配置灵活，对原水的水质和水量波动的适应性强；③对污染物去除率很高，沉淀后出水浊度低，根据水质不同，可以调整加药便可以获得极好的处理效果；④产生的污泥，无需浓缩即可进行污泥脱水。

3.3 深度处理

废弃“纤维球塔+炭塔”深度处理工艺，改为“曝气生物滤池+臭氧催化氧化+曝气生物滤池”深度处理工艺。

3.3.1 曝气生物滤池

曝气生物滤池简称 BAF，有降解和截留两大作用，其基本原理是：池底装设多级滤料，经过调试培养后，滤料表面会附着生长生物膜，滤池内部通过曝气补充生物反应所需氧含量。当污水进入 BAF 池时，水中的污染物、溶解氧及其他物质经过液相扩散到滤料所附着的生物膜表面及内部，生物膜上的高浓度微生物对污水中的有机物进行消化、降解。同时，因多级滤料粒径较小且生物膜具有生物絮凝作用，能够截留污水中的大量悬浮物，最终实现污水的净化。BAF 池运行一段时间后，需对滤池进行反冲洗，以释放滤料床层截留的悬浮物并更新生物膜。I 段 BAF 池后接反硝化池。在前面的生化反应中，污水中的氮被微生物氧化成硝酸盐，当污水流经反硝化段时，池内的反硝化菌可将污水中的硝酸盐还原成 N_2，使污水中的总氮浓度降低。反硝化段需要补充甲醇作为反硝化菌的碳源和能源。

3.3.2 臭氧催化氧化池

臭氧催化氧化池主要利用臭氧的强氧化性来实现污水中有机物的降解或提高污水的可生化性。该单元工艺设施主要由臭氧发生器、气水接触设备、气水分离设备等组成。其工艺原理是：臭氧通入水体后，一方面臭氧分子和有机物的直接反应，主要是断链反应，可将大分子有机物氧化成小分子有机物；另一方面，臭氧在水中快速分解产生羟基自由基(·OH)，其极强的氧化能力能将大多数有机物都可以发生快速的链式反应，无选择性地把有害物质直接氧化成 CO_2、H_2O 等无机物。

4 污水处理提标改造后运行效果

4.1 预处理

取提标改造前的2016年6月~10月的浮选出水和提标改造后的2022年6月~10月的浮选出水作为对比[图3(a)]，对比指标为石油类浓度。可以看到，二级浮选在使用部分加压溶气气浮工艺后，浮选池出水整体石油类浓度有明显降低。

4.2 生化处理

取提标改造前的2016年6月~10月的接触氧化池出水和提标改造后的2022年6月~10月的MBBR池出水作为对比[图3(b、c)]，对比指标为 COD_{Cr} 和氨氮。可以看到，在使用MBBR替代接触氧化池后，MBBR出水 COD_{Cr} 和氨氮浓度有明显降低。

4.3 深度处理

取提标改造前的2016年6月~10月的外排监控池进水和提标改造后的2022年6月~10月的外排监控池进水作为对比[图3(d、e)]，对比指标为 COD_{Cr} 和氨氮。可以看到，在使用BAF+臭氧催化氧化+BAF替代纤维球塔+碳塔后，外排监控池进水 COD_{Cr} 和氨氮浓度有明显降低。

4.4 总体效果

提标改造后，2022年3#污水处理场外排监控池进水 COD_{Cr}、氨氮月平均数据如图3(f)所示。与石油炼制工业污染物排放标准(GB 31570—2015)中 COD_{Cr}(<60mg/L)和氨氮(<8mg/L)的排放标准相比，外排监控池进水水质合格率为100%，提标改造效果良好。具体表现为：(1)对于 COD_{Cr} 来说，全年水质达标率为100%，且均<50mg/L，最低时为27mg/L；(2)对于氨氮来说，全年水质达标率为100%，最低时为3.4mg/L。

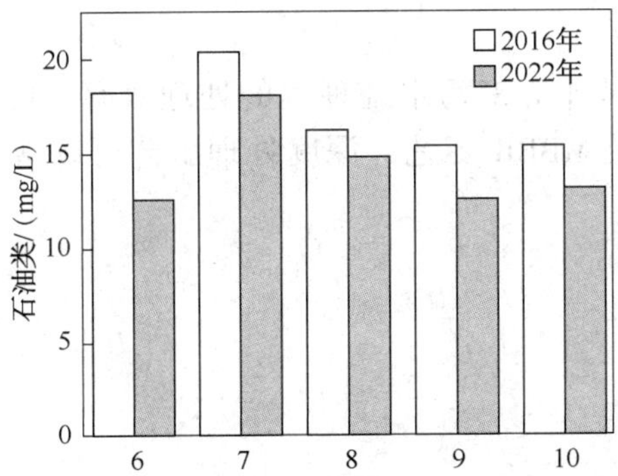

(a)

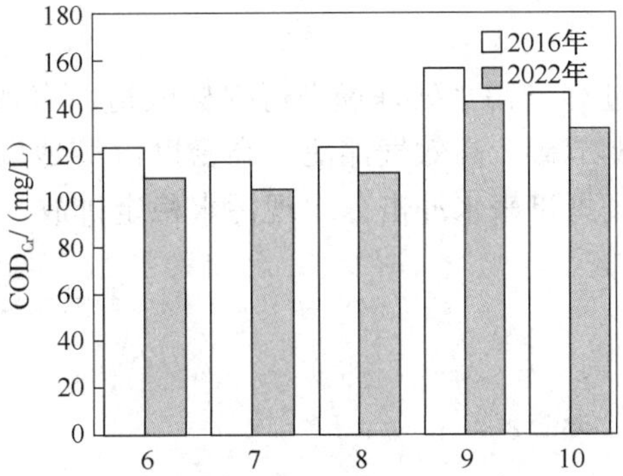

(b)

图3 (a)提标改造前后预处理出水石油类浓度；(b、c)提标改造前后生化处理出水 COD_{Cr} 和氨氮浓度；(d、e)提标改造前后深度处理出水 COD_{Cr} 和氨氮浓度；(f)2022年3#污水处理场外排监控池进水 COD_{Cr}、氨氮月平均数据

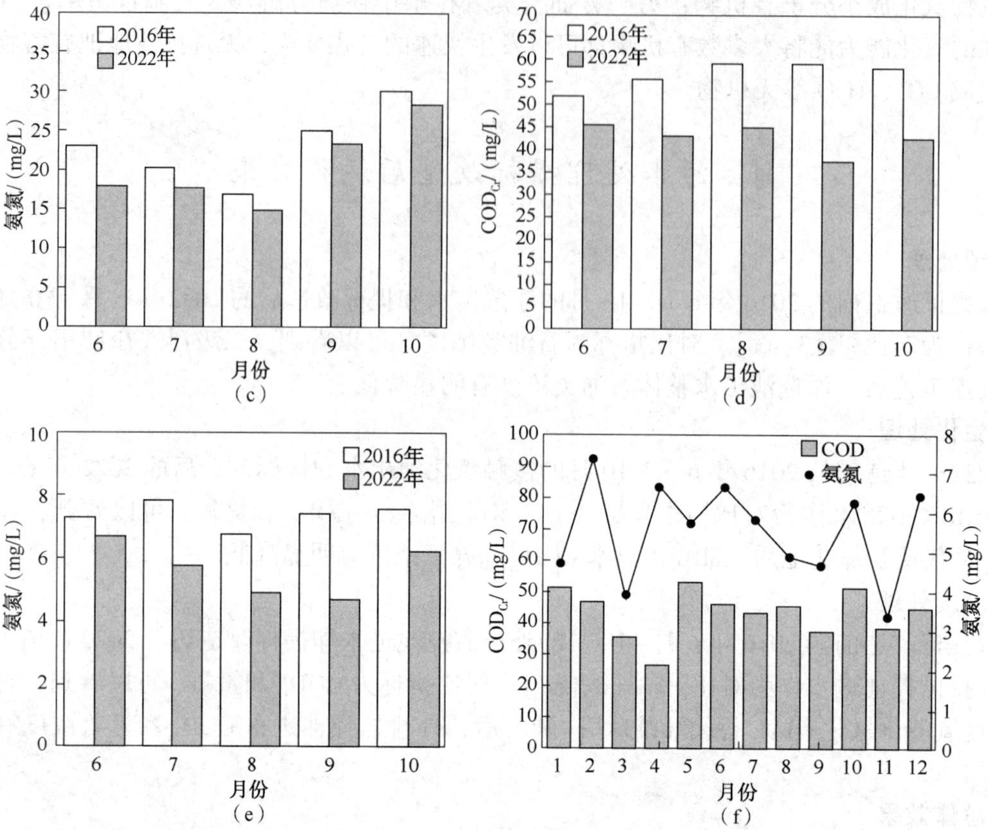

图 3 (a)提标改造前后预处理出水石油类浓度；(b、c)提标改造前后生化处理出水 COD_{Cr} 和氨氮浓度；(d、e)提标改造前后深度处理出水 COD_{Cr} 和氨氮浓度；(f)2022 年 3#污水处理场外排监控池进水 COD_{Cr}、氨氮月平均数据(续)

5 结 论

通过对 3#污水处理场进行提标改造，有效提升了 3#污水处理场的处理效率。投入使用的污水调节罐、高效气浮池、高密度沉淀池以及 MBBR 工艺、深度处理工艺可以帮助 3#污水处理场抵御来水冲击，实现污水稳定排放。

炼化企业“大污水场”一体化管理新模式探讨

陈永勤　董　继　白海阳

（中国石化镇海炼化公司，宁波 315207）

【摘要】 针对炼化企业污水特征复杂多变，简单粗放的工艺运行模式难以适用于日趋严格的出水排放标准等问题，提出了“大污水场”一体化管理新模式，通过污水场间“污水、活性污泥、废气”三联通、“药剂集中管理、操作集中控制”两集中等现代化创新管理新方式，统筹企业环保资源，最大化延展污水场的环保辐射边际，实现了污水系统统一管理、污染物负荷动态调配及内部资源化利用，进而实现环保及经济效益双赢。

【关键词】 炼化企业　大污水场　一体化管理　减排　资源化

某炼化企业经不断改扩建，目前拥有2400万t/a炼油加工能力、220万t/a乙烯生产能力，以及吞吐能力1.2亿t/a的大码头、储存能力超过1200万m^3的大仓储，构成了“大炼油、大乙烯、大码头、大仓储”的产业格局，集聚规模、成本、质量、技术、环保、管理、人才、发展等“八大优势”。在打造硬实力的同时，该企业不断深入贯彻落实习近平生态文明思想，深化“无废无异味绿色示范基地”建设，强化节约集约、降碳减污理念，充分发挥污水场“集中布置、集中控制、集中管理”优势，创新性提出了“大污水场”一体化管理新模式，降本挖潜增效，提高管理和应对风险能力，瞄准“净零”排放目标，为全面建成“世界级、高科技、一体化”绿色石化基地打下坚实基础。

1　企业污水处理现状

2015年该企业在筹备炼油污水场异地改建项目时，就结合企业发展规划，做好顶层设计，提出污水场集中布置、集中管理的一体化管理思路，将炼油1#污水场异地建设至1#乙烯污水场附近。2018年~2021年，又先后配套建设POX污水处理单元、2#乙烯污水场，从而形成了4座污水场集中布置、集中控制的“大污水场”一体化管理格局，实现“污水、污泥、废气”互联互通。目前“大污水场”总占地约28公顷，污水处理规模4450m^3/h，污水回用规模3000m^3/h。各污水处理场情况说明见表1。

表1　各污水处理场情况说明

序号	装置名称	建成时间	处理规模	装置特点
1	1#乙烯污水场	2010年	650m^3/h	达标污水经双膜处理后回用于电站作为锅炉补充水
2	POX污水处理单元	2018年	100m^3/h	处理煤制氢装置高硬度、高氨氮气化废水

续表

序号	装置名称	建成时间	处理规模	装置特点
3	炼油 1#污水场	2020 年	2400m^3/h	含油系列处理合格后回用至炼油循环水场作补水，含盐污水处理合格后达标外排
4	2#乙烯污水场	2021 年	1300m^3/h	采用"污水全混全回用"工艺，污水经双膜处理后回用到循环水场

2 "大污水场"管理概念

2014 年 1 月，曲久辉等 6 位环境领域著名专家提出，要应用全球最新理念和最先进技术，以"水质永续、能量自给、资源回收、环境友好"为目标，建设面向未来的中国污水处理概念厂，促进产业升级，引领中国污水事业跨越式发展[1]。这是环境领域最具影响力和认可度的里程碑事件之一，近年来各地不断推出各具特色的实践案例。

"大污水场"管理概念源于现代化工厂一体化管理内涵的扩展，与中国污水处理概念厂理念契合，主要解决排水业务中面临的数据分散孤立、标准不一、不能共享，主管部门无法进行及时科学监管等问题，通过整合优化、在线监控、协同联动等措施，实现管理效率最大化、人力资源最优化、运行成本最小化，扎实践行低碳绿色的国际先进理念，为打造世界一流的能源化工企业创造条件。

3 "大污水场"管理模式

炼化企业污水特征复杂多变，简单粗放的工艺运行模式难以适用于日趋严格的出水排放标准，通过污污分治、在线监控、纵横联动、资源利用等措施，强化污水全流程管理，打造全程全时、全模式全响应、牵一发而动全身的"敏态"大污水场管理新模式，实现污水处理由传统的经验管理向智慧化、低碳化、专业化、经济化转变，全面提升污水场运行管理水平。

3.1 实施污水管网可视化改造，促进源头减排

传统炼油污水主要以重力流形式排放至污水场进行处理，地下管网由于使用多年存在老化、破损及沉降问题，暴雨和多雨季节大量雨水窜入含油污水系统，导致污水量大幅增长，影响污水场正常生产，同时部分污水会渗漏至地下土壤，造成环境污染。为改善这一问题，从装置源头落实清洁生产，消减污水产生量，2016 年规划"炼油污水收集输送系统改造"项目，完善雨污分流系统，将含油污水管网敷设地上化、可视化，在炼油老区设置 4 座污水提升池，装置含油污水经压力提升送至污水场，减少地下污水管网泄漏量，降低泄漏含油污水污染土壤及地下水的风险，2020 年项目投用以来有效减少源头雨污互窜，实现雨季炼油区域污水减量 20%。

3.2 统筹污污分治，提高事故污水应急处置能力

根据污水水质情况合理设置排水管网，循环水排污水、电脱盐污水、汽提污水、气化废水、乙腈污水、凝水中和废水、脱硫脱硝废水等设置专线，地面冲洗水、初期雨水等低浓度

污水由生产污水管网(PD1)统一收集，系统上设置事故污水专线(PD2)作为PD1复线，应急转输检维修污水、水质超标污水等，实现了生产装置异常工况下高浓度污水与正常生产污水“污污分流、分质处理”，减少事故污水产生量。此外结合污水中特征污染物浓度，部分污水设置专罐储存，根据生化池负荷控制各污水罐出水量、调整各类废水混合比例，稀释有毒有害物质，加快废水中难降解有机物的降解，极大提高了事故污水处理效率。各类污水应急处理情况见表2。

表2　各类污水应急处理情况

序号	污水种类	污水后路	联通情况	
1	循环水排污	炼油1#污水场	含盐污水罐	2#乙烯循环水排污增设至炼油1#污水场含盐污水罐流程，实现互备
		2#乙烯污水场	循环水排污罐	
2	汽提污水	炼油1#污水场	汽提污水罐	汽提污水设有至4座污水场生化池流程，作为维持生化池负荷的重要水源
3	电脱盐污水	炼油1#污水场	电脱盐污水罐	新增电脱盐污水预处理流程，统一处理全厂4套常减压装置产生的电脱盐污水
4	气化废水	POX污水处理单元	1#气化废水罐	部分引流至1#乙烯污水场、炼油1#污水场生化池，补充碱度
		2#乙烯污水场	2#气化废水罐	
5	事故污水	1#乙烯污水场	事故罐	1#乙烯污水场、炼油1#污水场、2#乙烯污水场间PD2管线互通，实现各类事故污水罐互备
		炼油1#污水场	应急罐	
		2#乙烯污水场	事故罐	
6	废碱液	1#WAO	废碱液储罐	1#乙烯、2#乙烯废碱液原料线互通，实现1#WAO、2#WAO互备
		2#WAO	炼油、乙烯废碱罐	

3.3　优化生化池负荷调配，以废治废出效益

工业污水成分复杂，为保证污水混合处理效果，提高污水处理的灵活性和系统耐抗冲击性，结合污水在线仪表以及化验数据调配污水处理流程，最大程度利用污水中的资源，实现生化池负荷动态调整。传统生化池需投加化学药剂作为微生物生长所需的营养物质，如碳源、磷盐、碱度等，气化废水设计硬度(以$CaCO_3$计)约1100mg/L，具有高碱度特点，将其部分引流调配至低碱度的含油污水系统中，将污水中的碱度、COD等污染物利用为含油生化系统的“营养药剂”，减少碳酸钠、醋酸钠等药剂用量，降低了污水处理成本。

此外针对2#乙烯污水场生化池首次培菌，开工初期装置排污量远低于设计值、生化池运行负荷无法维持等问题，调配部分炼油1#污水场汽提污水作为开工原料污水、生化池剩余污泥作为开工菌种，生化系统建立周期较计划缩短一个月，缓解污水处理压力。

3.4　应用污水处理新技术，处理效果超预期

煤制氢装置产生的气化废水具有高氨氮、高硬度等特点，常规A/O工艺进行生化处理难度大，需采用硝化反硝化能力均很强的处理工艺。结合装置占地、投资等因素，分别采用“多级絮体+短程生化池+MBR+臭氧+BAF”工艺处理1#煤制氢装置气化废水[2]、“纯碱软化+汽提脱氨”工艺预处理2#煤制氢装置气化废水[3]，两种方式均实现了气化废水的稳定达标，各项污染物出水指标优于设计值。

装置新建或停工大检修期间会进行化学清洗，其中产生的高亚硝态氮钝化废水存在排放

时间集中、污染物浓度高等问题，仅依靠生化处理难度大，开发了一种利用氨基磺酸经济高效连续处理亚硝酸钠钝化废水的方法，氨基磺酸与亚硝酸钠在微碱性条件下可生成氮气，进而降低废水中总氮浓度，工业化应用时废水总氮浓度由2000mg/L降至300mg/L以内，总污染物产生量减少约85.9%，有效保障了装置开工。

3.5 打破污水场传统加药思维，创新药剂集中管理新模式

污水场常用药剂包括聚丙烯酰胺、聚合氯化铝、乙酸钠、碳酸钠、三氯化铁、氢氧化钠、硫酸等，药剂种类多、加药量大。传统加药模式为各污水场分别设置加药间，各类药剂通过专有配药、加药设施投加进污水处理单元，存在槽车接卸工作量大、生产成本高、设备运行可靠性低等问题。经评估论证后打破传统思维，在厂区内建设药剂集中服务中心，实现各药剂"集中储存、集中配置、集中输送、分散使用"，近10类药剂在药剂服务中心集中管理后通过管输方式进入各加药间药剂罐内，减少药剂接卸量，节约人力资源；各支线设置流量计、调节阀，实现精准控制药剂投加量，提高工作效率。

3.6 落实废气联通流程，消除异味隐患

污水系统包括集输系统和污水场两大部分，集输系统废气就近送装置加热炉作配风处理，同时设置活性炭吸附设施做备用手段；污水场废气包括预处理废气、生化废气两类，含油废气经除硫除湿预处理后送焚烧炉焚烧处理，生化废气经生物除臭、光催化氧化处理后经15m高排气筒达标排放。

结合项目进度，逐步打通1#乙烯污水场预处理废气送炼油1#污水场预处理废气主管流程、POX污水处理单元废气送炼油1#污水场生物脱臭系统流程；同时针对单台废液焚烧炉工况异常短时无法接收污水场废气问题，增设炼油1#污水场、2#乙烯污水场预处理废气后路备线，以及联通2#WAO反应器尾气至1#、2#废液焚烧炉作配风流程，全面落实废气备用流程，确保污水场废气处理达标率，减少异味排放。污水场废气联通处理情况见表3。

表3 污水场废气联通处理情况

序号	污水单元	罐区预处理废气处置去向	生化废气(反应器尾气)处置去向
1	1#乙烯污水场	炼油1#污水场预处理废气主管	1#乙烯污水场生物脱臭
2	POX污水处理单元	炼油1#污水场生物脱臭	炼油1#污水场生物脱臭
3	炼油1#污水场	1#废液焚烧炉/2#废液焚烧炉	炼油1#污水场生物脱臭
4	2#乙烯污水场	2#废液焚烧炉/1#废液焚烧炉	2#乙烯污水场生物脱臭
5	1#WAO	火炬系统	1#废液焚烧炉/废气焚烧炉
6	2#WAO	2#废液焚烧炉	2#废液焚烧炉/1#废液焚烧炉

3.7 固废内部资源化利用，降低外委处置成本

污水场固废主要包括生化污泥、油泥浮渣、化学污泥等3类，具有污染物和资源的双重属性，如不妥善处理和利用，将会造成严重的环境污染和资源浪费，资源化利用是目前减污降碳、无废工厂建设的重要手段。

油泥浮渣属于危险废物，外委处置费用高，因热值较高常规做法是经简单重力浓缩后送焦化装置回炼，但近年来装置规模不断扩大，1#乙烯污水场、2#乙烯污水场的油泥浮渣均并入炼油1#污水场油泥浮渣外送线上，污水场油泥浮渣量大幅增加，需落实其他协同处置装置。结合煤制氢装置已有成功掺烧有机物料运行经验，将油泥浮渣按不同比例与水煤浆掺

混，观察其掺混比对水煤浆流变性的影响，结果发现控制掺混量(质量分数)≯5%时，不影响水煤浆流变性，可协同处理油泥浮渣。目前油泥浮渣全量送焦化、煤制氢装置综合利用，全年内部综合利用量约2.5万t，同比增加265%。

污水场生化污泥已鉴定为一般固废，设置生化污泥送4#动力中心掺烧管线，2022年共约2.7万t剩余污泥实现内部处置，减少了固废的外委处置量；此外炼油1#污水场的污泥浓缩罐、离心机在前端设计阶段统筹考虑1#乙烯污水场、POX污水处理单元的污泥处理能力，统一布置，节省了建设成本。

表4　污水场固废处置去向

序号	污水单元	生化污泥	油泥浮渣	化学污泥
1	1#乙烯污水场	浓缩后送4#动力中心掺烧/送炼油1#污水场离心后外委	送炼油1#污水场油泥浮渣浓缩罐	—①
2	POX污水处理单元	送炼油1#污水场生化污泥浓缩罐	—	离心后外委
3	炼油1#污水场	浓缩后并至生化污泥送4#动力中心管线上/离心后外委	浓缩后送焦化、煤制氢装置回炼	—
4	2#乙烯污水场	浓缩后并至生化污泥送4#动力中心管线上/离心后外委	浓缩后并至油泥浮渣外送管线上	离心后外委

①“—”表示污水场无对应污泥产生。

3.8　开展跨岗位轮岗学习，人力资源持续优化

人力成本是影响污水场综合成本的关键因素之一，继提出污水场集中布置理念后，将污水场中控室也集约化布置，进一步优化扁平化垂直管理模式，充分发挥操作集中控制优势实现管理横向专业压缩，由同一作业区集中管理污水、雨水、回用水等岗位，同时通过阶段性开展4座污水场间班组长、内外操等重要岗位轮岗培训，为进一步优化人力资源配置创造条件。目前4座污水场操作岗位总定编27人，远低于《炼油化工企业公用工程劳动定员》(QSH 0310—2009)中45人定编，减员增效效果明显。

4　“大污水场”管理成果

“大污水场”管理理念聚焦“打造世界领先洁净能源化工公司”愿景目标，秉承“能源与环境和谐共生”的环保追求和“让白鹭告诉你”的环保理念，对标世界一流，推进环境管理体系有效运行，以标准化管理打造世界一流的环保业绩，实现环保效益、社会效益最大化。

(1) 外排污染物严格执行国家和地方政府有关法律法规及污染物排放标准，污染物排放总量得到有效控制，各项环保技术指标持续提升。2022年外排氨氮总量下降12.6%，万元产值水污染物排放量下降17.7%，外排工业废水达标率持续保持100%，外排污染物浓度远远低于国家排放标准，持续引领行业绩效。

(2) 通过立足污污分流、高低盐分质处理、分级循环利用，实现含硫污水、汽提净化水、含油污水、乙烯低盐污水等工业废水回用最大化。1#乙烯高盐污水、2#乙烯生产污水经超滤、反渗透处理后，双膜产水回用至化水站及乙烯循环水场，回用规模1600m^3/h；含油污水、1#乙烯低盐污水处理合格后直接回用至炼油循环水系统，目前炼油污水基本达到“近

零排放”目标，吨油新鲜水耗量、吨油外排污水量均达到了世界先进水平，有效助推企业在行业内水效持续领跑。

表 5 污水总排口污染物浓度

序号	污水总排口	污染物浓度/(mg/L)		
		COD	氨氮	总氮
1	炼油排口	25.7	0.75	9.85
2	GB 31570 排放限值	60	8	40
3	乙烯排口	23.0	0.14	19.8
4	GB 31571 排放限值	60	8	40

(3) 2021 年自主研发的大型国产废碱湿式氧化装置(2#WAO)一次投料开车成功，标志着同类装置被国外技术垄断的局面被成功打破，装置处理效果、运行稳定性和能耗均处于国际领先水平。出水水质全面优于设计指标，并且彻底解决了废碱液恶臭、高 COD 的问题，有效减轻后续污水生化处理设施的负荷，真正实现“中国技术治理中国废水”，为企业创造了巨大的绿色环保效益。

(4) 通过“大污水场”一体统筹，实现气化废水“变废为宝”，2022 年减少碳酸钠、醋酸钠等污水处理药剂用量约 4 万 t；开展新装置化学清洗废水污染物减排技术攻关，并固化操作经验，2021 年实现化学清洗废水减量 3 万 t，总污染物量减少约 85.9%(以总氮计)，为新建项目开工保驾护航；此外发挥污水场负荷调配、联通处理优势，2023 年实现约 17.4 万 t 装置停工污水在污水场内部应收尽收、自我消化，扎实做好装置检修的坚实后盾。

5 未来发展

目前炼化企业逐步向精细化工转型，并通过开发新技术、新工艺持续优化精细化工产品品种，但也造成工业污水中成分更为复杂，同时引入了丙烯腈、苯酚等有毒有害的难降解物质，污水处理难度进一步加大。因此要继续发挥“大污水场”规模效应，持续优化运行参数，充分利用好现有的污水罐空、生化系统等设施资源，提高运行稳定性，降低运行成本，实现污染物减排。

(1) 继续做好“大污水场”的“互联互通”平稳运行工作，将后续新建污水场纳入现有“大污水场”一体化管理，做大规模、做强管理，使污水处理专业管理实现“1+1>2”的效果。同时做好污水处理新技术、新装备的使用总结，与设计院、院校等机构合作，持续推进技术创新。

(2) 充分利用产业链聚集优势，将工业污水由粗放式混合向资源互补型精准混合转变，通过源头分类收集、分质处理、专线输送等方式，并结合在线分析仪表、流量计等智慧排水系统对污水成分进行分析和计算，实现精准控制混合比例，提高微生物对难降解有机物的处理效果，减少药剂投加量，实现节能低碳的废水混合处理技术的推广应用。

(3) 随着人工智能、云计算、物联网、机器人技术的迅速发展，多种技术与石化行业特点相融合必将是未来发展方向，因此要从业务出发，将工艺运行参数、水质数据等进行融合，实现全方位、多维度、集成的电子数据监控，进一步推动污水处理系统的智能化、数字化优化提升工作，增强应急响应速度和业务协同能力，加快推动污水场的升级与转型。

6 结　　语

“大污水场”一体化管理新模式以“运行自动化、数据信息化、决策智能化”为主要思路，通过污水场间“污水、活性污泥、废气”三联通、“药剂集中管理、操作集中控制”两集中等现代化创新管理新方式，统筹企业环保资源，最大化延展污水场的环保辐射边际，实现了污水系统统一管理、污染物负荷动态调配及内部资源化利用，进而实现环保及经济效益双赢。

参 考 文 献

[1] 建设面向未来的中国污水处理概念厂[N]. 中国环境报，2014-01-07.
[2] 陈永勤. 短程硝化反硝化技术在处理高氨氮废水中的应用[J]. 化工环保，2022，42(增刊)：77-82.
[3] 陈永勤. 纯碱软化-汽提脱氨法处理 SE 水煤浆气化废水[J]. 石油炼制与化工，2022，53(12)：91-96.

炼化企业含盐污水优化运行探讨

蒋霜霜　井　露

（中国石化洛阳石化公司，洛阳 471012）

【摘要】 2021 年 1 月，河南省生态环境厅发布《河南省黄河流域水污染物排放标准》（DB 41/2087—2021，以下简称新地标），规定现有排污单位自 2022 年 9 月 1 日起外排废水执行地方标准。新地标中对废水污染物 COD、氨氮、总氮、总磷外排限值均严于国标 GB 31570—2015，本文针对洛阳石化公司含盐污水处理情况，探讨含盐污水优化运行措施，保证含盐污水达标排放。

【关键词】 含盐污水　达标排放　污水回用　总氮

洛阳石化外排污水原执行 GB 31570—2015《石油炼制工业污染物排放标准》，此国标中规定石化行业污水重要污染物外排标准为：COD≤60mg/L，氨氮≤8mg/L，总氮≤40mg/L，总磷≤1mg/L，氟化物≤10mg/L，洛阳石化外排污水可达到国标要求。2021 年 1 月，河南省生态环境厅发布《河南省黄河流域水污染物排放标准》（DB 41/2087—2021，以下简称新地标），规定现有排污单位自 2022 年 9 月 1 日起外排污水执行地方标准，此地标中规定污水重要污染物外排标准更为严格：COD ≤ 40mg/L，氨氮 ≤ 3mg/L，总氮 ≤ 12mg/L，总磷 ≤0. 4mg/L，氟化物≤5mg/L。为实现外排污水达到新地标要求，分析含盐污水处理情况，探讨含盐污水优化运行措施，保证含盐污水达标排放是非常重要的。

1　含盐污水概况

1.1　含盐污水种类及水质

阳石化含盐污水主要包括电脱盐污水、煤粉炉烟脱废水、催化烟脱废水、循环水排污水、化学水浓水及化学水中和水，各类含盐污水水量水质情况如表 1 所示。从表 1 中可以看出，煤粉炉烟脱废水及催化烟脱废水总氮含量较高，且盐含量较高，为较难处理的高浓度含盐污水；电脱盐污水中油含量较高，需要进行除油处理；循环水排污水的水质特点为悬浮物浓度较高，且大部分为非溶解性 COD[1]；化学水浓水水量较大，且 COD、总氮排放无法稳定达标。

表 1　各类含盐污水水量水质情况

含盐污水类别	水量/(t/h)	COD/(mg/L)	总氮/(mg/L)	TDS/(mg/L)	油含量/(mg/L)	悬浮物/(mg/L)
电脱盐污水	120	441	16	1500	80	—
煤粉炉烟脱废水	20	461	63	34363	47	39

续表

含盐污水类别	水量/(t/h)	COD/(mg/L)	总氮/(mg/L)	TDS/(mg/L)	油含量/(mg/L)	悬浮物/(mg/L)
催化烟脱废水	20	70	200	40000	—	55
循环水排污水	135	108	46	3212	—	37
化学水浓水	260	40	15	—	—	—
化学水中和水	40	80	15	3234	—	—

1.2 含盐污水处理概况

洛阳石化含盐污水处理场包括炼油污水场150t/h含盐污水系列及450t/h含盐污水场。

炼油污水场于1984年建成投用，2008年配套油品质量升级改造，其中含盐污水系列处理能力150t/h。炼油污水场150t/h含盐污水系列工艺流程见图1，处理工艺主要由隔油、浮选、生化、膜过滤、活性炭等构成。炼油污水场于2014年新上炼油污水提标装置，依托炼油污水场原有工艺流程，在炼油污水末端增加深度处理装置，采用高效沉淀池+曝气生物滤池处理工艺，对炼油污水装置末端水进一步处理，进一步除去污水中存留的污染物质，达到国家一级新扩改排放标准及回用于循环水的目的，出水COD稳定保持在60mg/L以下。2019年增上200t/h污水提标装置，采用高密池、反硝化滤池、臭氧催化、BAF处理工艺，具备脱总氮功能，设计主要出水指标：COD≤40mg/L，总氮≤25mg/L。优化运行前炼油污水场150t/h含盐污水系列主要接收处理装置产生的含盐污水，经处理后实现100%达标排放或回用。

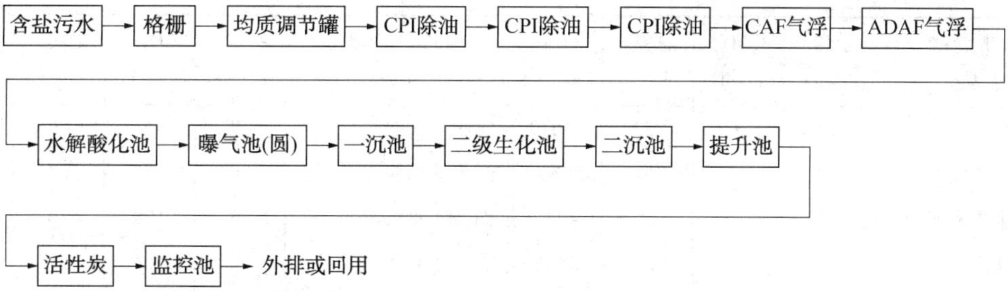

图1 炼油污水场150t/h含盐污水系列工艺流程图

含盐污水场于2020年12月建成投用，设计处理能力450t/h。含盐污水场工艺流程见图2，处理工艺主要由隔油、浮选、生化(水解酸化+A/O/O)、深度处理单元(高密池、反硝化滤池、前置BAF、臭氧催化、后置BAF)等构成，设计主要出水指标：COD≤40mg/L，总氮≤25mg/L。目前主要接收处理电脱盐装置、烷基化装置、原油罐区、循环水装置及热电部脱硫废水，处理后污水实现达标排放。

2 含盐污水优化运行

2.1 各类含盐污水盐平衡

含盐污水优化运行初期，洛阳石化摸排各类含盐污水水量水质情况如表1所示。从表中可以看出，含盐污水总水量较大，且煤粉炉及催化烟脱废水盐含量较高，且总氮较高，若单

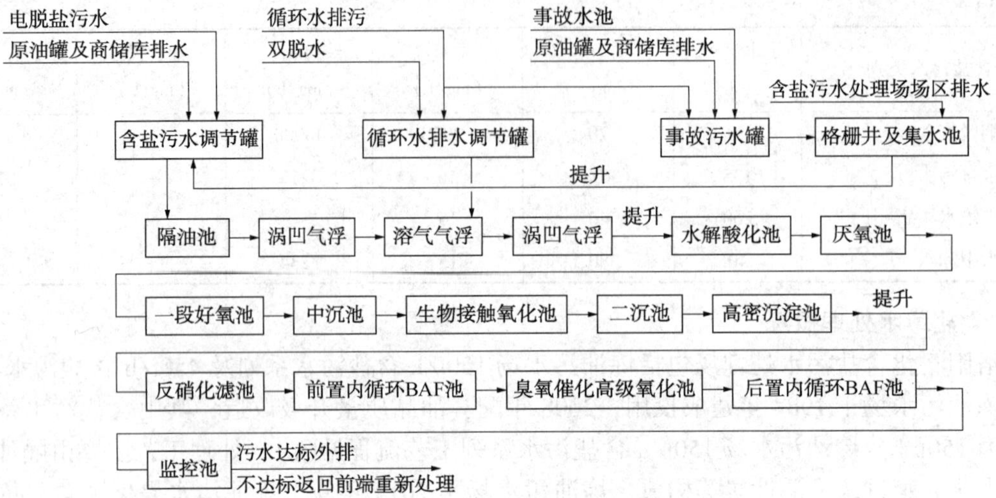

图 2　含盐污水场工艺流程图

独利用 450t/h 含盐污水场进行脱总氮处理，污水场生化系统污泥无法耐受如此高盐污水，排放出水总氮难以达标。因此，需利用 150t/h 含盐污水系列分担部分高盐污水，对两套含盐污水系统进行进水盐平衡如表 2 所示。从表 2 中可以看出，将催化烟脱废水及化学水中和水引入 150t/h 含盐污水系统，同时引入部分稀释水，可实现两套含盐污水系统进水盐含量 TDS 约 7000mg/L。

表 2　含盐污水系统盐平衡数据

150t/h 含盐污水系统	水量/（t/h）	COD/（mg/L）	总氮/（mg/L）	TDS/（mg/L）	450t/h 含盐污水系统	水量/（t/h）	COD/（mg/L）	总氮/（mg/L）	TDS/（mg/L）
一催化烟脱废水	10	86	331	33679	电脱盐含盐污水	120	441	16	1500
二催化烟脱废水	10	53	74	50000	煤粉炉烟脱废水	40	461	63	34363
化纤化水中和水	15	135	14	4031	循环水排污水	45	108	46	3212
惠康除盐水中和水	25	30	17	2436	循环水剥离水	40	108	46	3212
稀释水	90	40	23	900	双膜浓水	133	163	25	6500
平衡值	150	51.77	45.03	6927.70	平衡值	378	270.42	30.89	7121.80

2.2　150t/h 含盐污水系列改造

从含盐污水处理概况中可知，原 150t/h 含盐污水系列工艺流程中无脱总氮功能，若引入催化烟脱废水及化学水中和水，需要对 150t/h 含盐污水系列进行改造，使其具备脱除总氮功能，保证排水总氮达新地标要求。

洛阳石化建立炼油污水场 150t/h 含盐污水系列改造项目，收集处理催化烟脱废水及化学水中和水。催化烟脱废水主要特点是含盐量高，盐分主要为硫酸钠和亚硫酸钠为主，该股水的盐含量高达 50000mg/L，水量约 20t/h；化学水中和水主要为混床再生水、多介质过滤器冲洗水等，主要含有酸碱成分，通过酸碱调节使 pH 值在 6~9 范围，该股水的盐含量在 2000~4000mg/L，水量约 40t/h。考虑到此两股水的物化特性，设计将炼油污水二级生化处理后出水(80t/h)与之混合降低污染物浓度和盐含量后进入 150t/h 含盐污水系列，并将原含油污水200t/h污水提标装置切出作为含盐污水系列的深度处理部分。为达到除总氮效果，将150t/h含盐污水系列水解酸化池改造为缺氧池，并增加好氧区硝化液回流系统。

经改造后，150t/h含盐污水系列工艺流程见图3。来水进入含盐污水格栅池，经含盐污水提升泵提升后进入含盐污水调节罐，同时来自含油污水二沉池后的含油污水作为稀释水进入含盐污水调节罐。在调节罐内对混合水进行稀释、均质、均量，使污水稳质稳量进入后续处理单元进行处理。调节罐内污水进入缺氧池（由原来的水解酸化池改造）、二级生化池后进入原含油污水200t/h的深度处理单元，在深度处理单元依次进入高密度沉淀池、反硝化池、臭氧接触池、BAF处理后进入提升池，提升至原污水处理场活性炭塔吸附过滤后进入监控池，外排或回用。在缺氧池中，反硝化细菌利用从好氧区中经混合液回流而带来的大量硝酸盐，以及污水中可生物降解的有机物进行反硝化反应，达到同时去碳和脱氮的目的。好氧段采用二级好氧生化，在曝气池内聚磷菌在曝气充氧条件下分解体内贮存的PHA并释放能量，用于菌体生长及主动超量吸收周围环境中的溶解性磷，这些被吸收的溶解性磷在聚磷菌体内以聚磷盐形式存在，使得污水中磷的浓度大大降低。污水中各种有机物在经历厌氧、缺氧环境后，进入好氧区时其浓度已经相当低，这将有利于自养硝化菌的生长繁殖。硝化菌在好氧的环境下将完成氨化和硝化作用，将水中的氮转化为NO_2^-和NO_3^-。在二次沉淀池之前，大量的回流混合液将把产生的NO_x^-入缺氧区进行反硝化脱氮。要进行脱氮，必须考虑外加碳源，这样才能保证反硝化过程反应完全。甲醇是最常用的外加碳源之一，反硝化速率较快，吨水碳源成本低，系统改造新增甲醇投加设施，在缺氧池及反硝化滤池投加甲醇，促进反硝化反应完全。改造完成后150t/h含盐污水系列各阶段出水总氮指标见表3，从表中可以看出该系列缺氧池及反硝化滤池均呈现较好的脱除总氮效果。

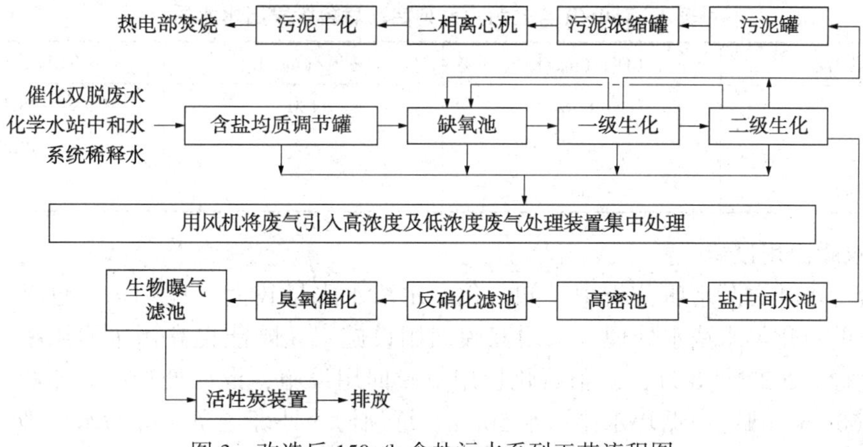

图3 改造后150t/h含盐污水系列工艺流程图

表3 改造后150t/h含盐污水系列各阶段出水总氮指标

各阶段出水	含盐总进	缺氧池出水	内循环BAF出水
总氮/(mg/L)	100	12	7

2.3 投加耐盐菌快速启动150t/h含盐污水系列

150t/h含盐污水系列改造后处理催化烟脱废水及化学水中和水，该部分废水含有较高的盐度，且以硫酸钠和亚硫酸钠为主，氯离子浓度较高，盐度对微生物有胁迫作用且废水中有机物的可生化性较差。针对高盐高氮废水生物脱氮系统启动慢、性能有待提高等问题，洛阳石化与浙江海洋大学联合开展耐盐复合菌剂制备及其在高盐高氮废水处理应用研究科研开发项目，构建高效耐盐反硝化脱氮复合菌剂，探讨有机物、盐度等影响因素对耐盐功能菌剂脱氮和去除有机物效果的影响，为高效耐盐功能复合菌剂强化生物膜处理系统寻求最佳环境条件，通过对菌剂投加量等条件的优化，实现 150t/h 含盐污水系列快速启动和有效运行，确保新地标按时达标。耐盐菌科研开发项目分以下三阶段进行：

(1) 耐盐高效反硝化复合菌剂开发(2022 年 2 月~3 月)

有针对性采集相关活性污泥，分别以不同浓度硝酸盐和盐度富集并驯化微生物，筛选耐盐性强、反硝化能力高菌株；采用分子生物学技术，获得性能高及生物安全性好的优势菌株及其组合方法和协同机理；研究微生物扩培和制剂技术，分别构建耐盐反硝化复合菌剂。

(2) 高效复合菌剂小试应用研究(2022 年 4 月~5 月)

在高效复合功能菌剂研究基础上，实验室内研究梯度盐度驯化、不同菌剂投加量等条件下启动效果，获得启动特征工艺参数，以期实现反应装置的快速启动和目标污染物高效去除。

(3) 高效复合菌剂现场应用研究(2022 年 6 月)

基于菌剂扩大化培养基础上，在缺氧反硝化池投加耐盐反硝化复合菌剂予以启动生物装置，通过优选的启动工艺参数运行反应器，跟踪监测装置运行效果，确保生物系统启动顺利和出水总氮达标。

150t/h 含盐污水系列启动后，生化系统运行良好，自 2022 年 9 月至今各阶段出水如表 4 所示，从表中可以看出该系列具有较好的脱除总氮功能。

表 4　150t/h 含盐污水系列启动后各阶段出水水质

各阶段出水	COD/(mg/L)	总氮/(mg/L)	TDS/(mg/L)
含盐总进	170	100	7820
缺氧池出水	865	12	7265
内循环 BAF 出水	60	7	—

2.4　投用双膜回用设施

由含盐污水种类及水质分析中可知，化学水浓水水量较大，且 COD、总氮排放无法稳定达标。目前对化学水浓水处理多采用双膜回用设施[2]，既能提高污水回用率，又能保证外排污水达标。2022 年 8 月，洛阳石化投用双膜回用设施，设计处理能力 500t/h，包括化学水浓水 260t/h、热电站循环水排污水 50t/h、炼油污水处理场及化纤污水处理场处理后污水 190t/h。双膜回用设施工艺流程见图 4，该设施对化学水浓水和循环水排污水先用 NaOH 和 Na_2CO_3进行软化、适度脱硬，再与炼油和化纤污水处理场处理后污水混合过滤，经过多介质过滤器去除大部分悬浮物和胶体，提升进入超滤系统自清洗过滤器，再进入超滤膜，超滤采用错流运行方式，错流部分的水及反洗废水、清洗废水排放至反洗废水池，提升至前端混凝沉淀池处理，超滤反洗用水采用超滤产水；多介质过滤器和超滤反洗废水再回到前端混凝沉淀池处理。超滤产水大部分进入反渗透系统脱盐，出水输送至主装置作为空冷补水、热电循环水场作为补充水；其余部分直接与反渗透产水混合回用至一循、三循和化循作为补充水。双膜浓水进入 450t/h 含盐污水处理场。双膜回用设施收集处理化学水浓水可同时解决浓水排放导致外排污水超标问题。

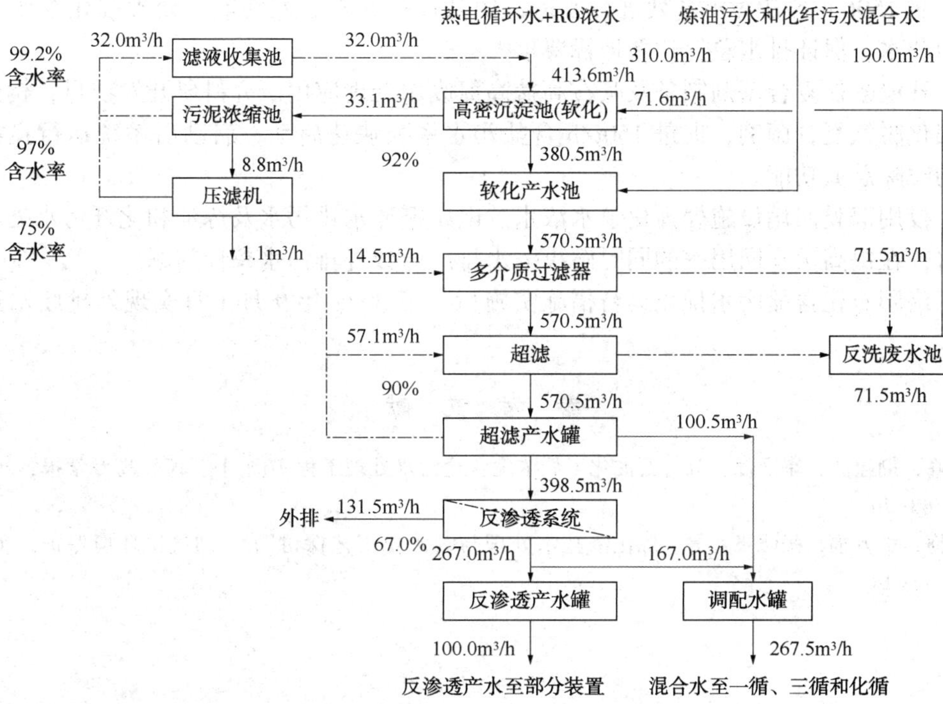

图 4　双膜回用设施工艺流程图

洛阳石化对含盐污水进行优化运行后，于 2022 年 9 月 1 日实现外排污水达到新地标要求，2022 年 9 月至 2023 年 4 月外排污水指标实际值与标准值对比如图 5 所示。

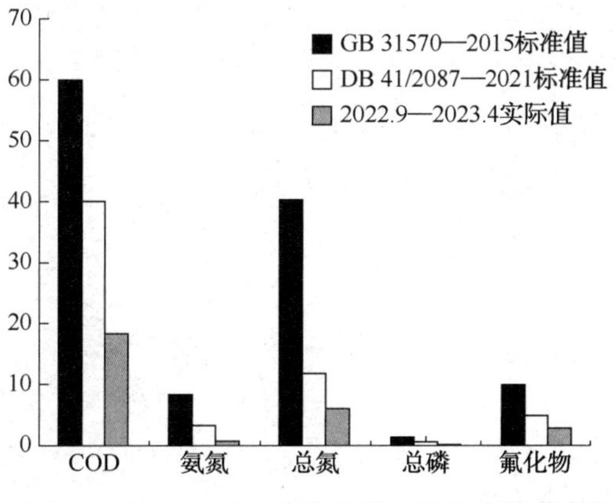

图 5　2022 年 9 月至 2023 年 4 月外排废水指标实际值与标准值对比

3　结　　论

洛阳石化外排污水达新地标要求重点工作在于含盐污水处理达标排放，分析含盐污水处理情况，开展含盐污水优化运行措施如下：

（1）摸排各类含盐污水水量水质情况，进行盐平衡分析，保证 150t/h 含盐污水系列及

450t/h 含盐污水场水质水量盐度合理分配。

（2）对 150t/h 含盐污水系列进行改造，使其具备脱除总氮功能，处理催化烟脱废水及化学水中和水，保证排水总氮达新地标要求。

（3）开展耐盐复合菌剂制备及其在高盐高氮废水处理应用研究科研开发项目，构建高效耐盐反硝化脱氮复合菌剂，促进 150t/h 含盐污水系列快速启动，启动后系统运行良好，具备较好的脱除总氮功能。

（4）投用双膜回用设施处理化学水浓水、电站循环水排污水及炼油和化纤污水处理场处理后污水，在提高污水回用率的同时解决浓水排放导致外排污水超标问题。

（5）洛阳石化含盐污水优化运行措施实施后，于 2022 年 9 月 1 日实现外排废水达到新地标要求。

参 考 文 献

[1] 张呈峰，荆建波，崔文江，等．石油化工低浓度含盐污水处理工程实例[J]．镇江高专学报，2021，34（3）：68-70.

[2] 赵欣梅，王万福，张晓飞，等．炼化浓盐水处理与资源化工艺探讨[J]．油气田环境保护，2011，21（1）：11-14.

炼油污水回用方式探讨

钱连新

（中国石化沧州炼化公司，沧州 061000）

【摘要】 分析了沧州炼化公司外排污水盐含量升高的原因和对污水回用的影响，通过改变达标污水的回用方式，不断扩展污水回用的范围，克服达标污水盐含量升高的问题，达标污水得到有效利用，实现了最大限度的节水减排。

【关键词】 污水回用　达标污水　污水双膜

沧州炼化公司自2003年开始回用污水处理场处理合格的含油污水，经过深度处理后，回用于循环水、消防水等系统作为补水，代替部分新水。回用初期，公司取新水量逐年下降，节水效果明显。但随着含油污水含盐量升高，达标污水回用带来的问题逐渐显露，回用带来的腐蚀问题越来越严重。通过交流、探讨，公司制定了水务一体化工作方案，采取分步走的措施，污水回用改变方式，摸索出了新的回用途径，达到较好的节水效果。

1　污水回用及存在问题

1.1　原有污水回用线路

公司自2003年开始污水回用工作，采用石油化工科学研究院开发的循环水配方，将污水处理场达标污水经处理后，回用于循环水系统作为补水，代替部分新水。

污水回用流程如下：

达标污水——→深度处理——→加药消毒——→循环水系统

回用初期污水水质如表1所示，可以看出公司回用污水水质与Q/SH 0628.2—2014《水务管理技术要求　第2部分　循环水》中对污水回用于循环水的水质要求（见表2）存在一定差距。这主要是由于，回用初期，受污水处理工艺和污水场自身调节能力所限，污水处理系统的耐冲击能力较差，生化系统对污水中COD、氨氮等污染物的去除效率不够，污水处理场不能长期高效稳定运行。出水水质仅基本满足了循环水补水水质的上限要求，经常出现污水系统及循环水系统水质受冲击现象。

表1　回用污水水质指标

项　目	控制指标	项　目	控制指标
pH值	7.0~9.0	含油量/(mg/L)	≤10.0
COD/(mg/L)	≤100.0	氨氮/(mg/L)	≤30.0
BOD/(mg/L)	≤20.0	悬浮物/(mg/L)	≤50.0
硫化物/(mg/L)	≤0.1		

表 2　污水回用于循环冷却水水质指标(Q/SH 0628.2—2014)

项　目	控制值	项　目	控制值
pH 值	6.5~9.0	挥发酚/(mg/L)	≤0.5
COD_{Cr}/(mg/L)	≤60	钙硬(以 $CaCO_3$ 计)/(mg/L)	50~300
BOD_5/(mg/L)	≤10	总碱(以 $CaCO_3$ 计)/(mg/L)	50~300
氨氮/(mg/L)	≤10	氯离子/(mg/L)	≤200
悬浮物/(mg/L)	≤30	硫酸根离子/(mg/L)	≤300
浊度/NTU	≤10	总铁/(mg/L)	≤0.5
硫离子/(mg/L)	≤0.1	电导率/(μS/cm)	≤1200
油/(mg/L)	≤2.0		

几年来，沧州炼化改造了循环水旁滤系统、加药系统，增加了循环水电絮凝和电渗析处理工艺，提高回用循环水系统的污水量；不断完善污水系统，包括改造污水隔油罐、曝气系统，提高了污水调节手段，实施了明沟及生活污水回收项目、污水深度处理项目，改善了回用污水品质；增加了除焦、绿化、冲厕、采暖等用水点，污水回用量不断增加。2016 年，沧州炼化回用污水 87 万 m^3，其中补循环水系统 49 万 m^3，消防水系统 21.7 万 m^3，污水双膜系统 11.4 万 m^3，绿化、冲厕 3.4 万 m^3，采暖系统 1.5 万 m^3；2020 年回用污水 85 万 m^3，其中补循环水系统 56 万 m^3，消防水系统 17 万 m^3，污水双膜系统 5.7 万 m^3，污水处理场自用 5 万 m^3；2016 年~2020 年，平均回用量 80 万 m^3，公司取新水量逐年下降，节水效果明显。

近年来，达标回用污水的含盐量逐渐升高，如图 1 所示，2005 年达标回用污水的电导率小于 1000μS/cm，2018 年升高至 3000μS/cm。电导率升高，使达标污水的腐蚀性增强，回用带来的腐蚀问题逐渐显露，尤其对消防水、循环水系统影响较大。

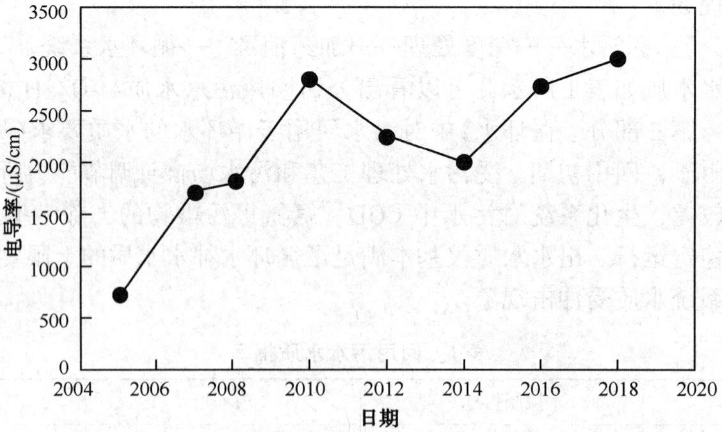

图 1　达标回用污水电导率变化

1.2　回用污水对消防水的影响

稳高压消防水系统是一个相对密闭的环境，尤其是管网末梢长期处于不流动状态，水在静止状态下，腐蚀速度升高。尤其是夏季高温季节，随着水温的升高，消防水中异养菌滋生，加重对管网的腐蚀。2010 年以后，消防管网陆续出现了泄漏情况，并且呈逐年加重趋势，2014 年 19 处，2016 年 34 处，2018 年 58 处。为减少腐蚀泄漏，消防水系统经常停止补充达标污水。2021 年初，消防水系统停止回用达标污水。

1.3 回用污水对循环水的影响

2018 年起，公司的水源由地下水、黄河水变为长江水，电导率由 1500μS/cm 降至 300~500μS/cm，但达标污水电导率一直居高不下，维持在 2000~3000μS/cm。因电导率升高，污水回用循环水系统难度不断增加。

循环水管理标准要求，浓缩倍数应控制在 3~5 倍，回用水电导率应小于 1200μS/cm；循环水系统氯离子控制上限 1000mg/L，钙硬度加总碱度控制上限 1100mg/L。循环水补水(污水回用与新水)采取按比例控制的方案。

当污水电导率为 2000μS/cm 时，新水电导率按 400μS/cm 计算，污水回用比可以达到 50%(1∶1)。此时，补水电导率平均值为 1200μS/cm，浓缩倍数可以达到 4~5 倍，循环水电导率为 4800~6000μS/cm。

当污水电导率为 3000μS/cm 时，新水电导率按 400μS/cm 计算，污水回用比最高只能达到 33%(污水∶新水=1∶2)。补水电导率平均值为 1270μS/cm，浓缩倍数 4~5 倍，循环水电导率为 5080~6350μS/cm，但氯离子、钙硬度加总碱度会超过控制上限。因此，当污水电导率大于 3000μS/cm 时，污水回用到循环水系统受到较大限制。2021 年以后达标污水因电导率过高，已经无法正常回用，只能间断少量补充循环水。

受回用污水劣质化影响，公司新水消耗升高，2020~2022 年分别为 261 万、253 万、275 万 m^3，其中 2021 年检修 2 个月。

2 原因分析

通过分析盐的主要来源，污水中的盐主要是由循环水浓缩、化学水制水产生的浓水、原油携带及压仓水携带。污水中盐含量的增加主要是水重复利用率的升高和原料携带盐含量的增加导致的。

2.1 水的重复利用率升高

随着公司节水减排工作的深入推进，水的重复利用率由 95%提高到 98.3%，水重复利用率的提高导致水被不断浓水，各装置排水盐含量不断增加。

2.2 原料携带

为追求企业效益最大化，公司采购的原油品种不断变化，原油含盐量不断变化(如图 2 所示)，经常有高含盐原油进厂，原油中的盐通过电脱盐装置进入污水系统，增加了污水系统的盐含量。同时，近 2 年，由于压舱水携带原油切水量显著增加。

原油切水含油、含盐量均很高，必须通过污水处理场处理才能达标排放。随着原油切水量增加，盐含量升高，达标污水电导率时常会超过 4000μS/cm。为减少原油切水对污水回用的影响，保证公司污水回用指标、新水取水指标的完成，采取储运部集中切水并存入污水调节罐，水务部根据运行情况，缓慢排入污水系统的方式。

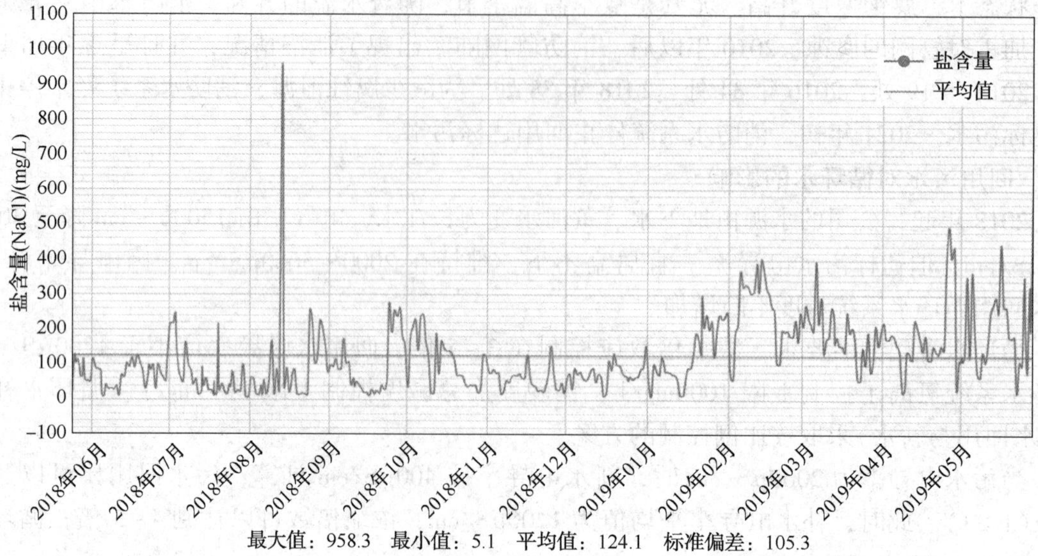

图 2 原油盐含量变化趋势图

3 解决方案、具体措施

3.1 改变污水回用方式

将达标污水的用途由直接回用作为循环水系统补水改为主要进入污水双膜系统脱盐后回用。改造原有化学水装置的双膜系统，作为污水深度处理装置，提高污水处理量。

2021 年大检修期间，化学水装置增加了污水双膜系统至软化水流程。同时，污水双膜设备进行升级改造，包括，增设多介质过滤器，更换反渗透膜，超滤膜由内压式改为外压式，减少了膜污堵，从而实现了污水双膜连续稳定运行。污水经双膜脱盐后作为软化水回用，减少化学水装置新鲜水使用量，提高污水利用率。

同时，公司为解决污水双膜产生的浓水超标排放的问题，引进含盐污水处理新工艺。该工艺，在核心单元池中，通过附着在高效载体表面的特效菌群的氧化作用，使污水中的难降解有机物被有效去除，排水 COD 稳定小于 30mg/L，保证外排污水稳定达标。

改造后，污水双膜回用污水量稳步提升，由 2022 年年初污水处理量不到 $30m^3/h$ 提高到 $60m^3/h$，全年处理达标污水 43 万 m^3，节约新水 21.5 万 m^3。

3.2 减少原料携带的盐

进厂原油减少带水，尤其压仓水，其盐含量数万 mg/L，电导率 50000～60000μS/cm，对污水处理及回用影响较大。每天控制原油切水 20t 左右，按污水总量 100t/h 计算，使污水处理场出水电导率增加 410～420μS/cm，控制污水电导率在 3000μS/cm 以内，保证达标污水正常回用。

3.3 优化循环水配方

鉴于公司达标污水的现状，石油化工科学研究院水处理技术服务中心根据公司补充水的水质特点和循环水系统的工况条件，开发了低磷阻垢缓蚀剂 RP-21(CZ)。优化后配方的循环水系统，主要补充新鲜水，并兼顾少量回用污水。

在石油化工科学研究院水处理技术服务中心的指导下，2022 年公司完成循环水低磷配方工业应用，四套循环水的腐蚀速率平均 0.0314mm/a，黏附速率 4.18mg/(cm^2·月)，处理效果显著提升，延长了水冷器的使用寿命，提高了换热效率；提高了循环水系统的浓缩倍数，使补充水量降低。2020 年循环水系统共补充新鲜水 64 万 t、回用污水 56 万 t，2022 年补充新鲜水 93 万 t，降低循环水补充水量 27 万 t/a。排入含油污水处理系统的循环水排污水的盐含量降低，从而降低含油污水的盐含量，有助于污水双膜系统的平稳运行，促进全厂水系统运行实现良性循环。循环水的吨水处理药剂费用有所下降，降幅 44.9%～53.1%；循环水系统的总磷质量浓度显著下降，从源头上杜绝了外排污水磷超标的风险。

改变污水回用方式后，虽然循环水用新水量增加，但改变配方后，循环水水质大幅度提高，水质由良变为优，腐蚀速率、黏附速率降低，减缓了设备腐蚀，2022 年未发生水冷器泄漏事件。

3.4 建立中水管网，扩大污水回用范围

将水冲厕所、催化原料冷却槽、油浆冷却槽、焦炭池补水由消防水、新水改为达标污水，增加达标污水用途。2022 年回用污水 82 万 m^3，其中污水双膜处理 43 万 m^3，补循环水系统 8 万 m^3，消防水系统 14 万 m^3(主要是反渗透浓水)，生产装置杂用水 10 万 m^3，污水处理场自用 7 万 m^3。

3.5 加强消防水管理，控制消防用水量

组织消防水稳定运行攻关组，进行用水考核，控制消防水补水量。2022 年，组织专业公司进行地下水管网测漏工作，共查出漏点 3 处，及时进行了堵漏处理；完成更换消防管线 3 段 500 米，共实现消防系统补水减少 $11m^3/h$。

4 结论及展望

通过改变污水回用方式，解决了劣质化达标污水回用带来的腐蚀及无法回用问题。2022 年回用污水量 82 万 m^3，其中污水双膜回用污水同比增加 30.34 万 m^3，实现了污水回用由循环水补水为主向污水双膜为主的良性循环。

未来，公司将增上含盐污水除油设施，将原油切水经除油后，送至含盐污水装置，从而减少进入含油系统的高盐污水水量。当含油污水的盐含量降低后，可进一步提高公司污水回用效率。

氯苯丙酮废水处理工艺技术研究

冯　涛　张　超　张玉军　蔡卫闽

（中国石化齐鲁石化公司，淄博 255400）

【摘要】 本文研究了一种针对含有氯苯、丙酮废水的处理技术。通过UV、芬顿试剂来对氯苯丙酮废水进行处理，通过实验结果分析，本文所研究的处理技术取得了不错的效果。

【关键词】 氯苯　丙酮　废水　处理

1　氯苯废水与丙酮废水处理工艺

氯苯废水与丙酮废水都是现代工业生产的常见污染，两者都对生态环境有较大的影响。目前，单独针对氯苯废水处理的工艺国内外已有广泛研究，单独针对丙酮废水处理的研究较少，通常是将其与其他废水进行混合处理。而将氯苯、丙酮两者混合的废水目前鲜有人研究，本文将针对氯苯丙酮废水的处理工艺进行研究，并其工艺对可行性进行分析。

1.1　氯苯废水处理工艺技术

氯苯类化合物是一种广泛应用于医药、农业和工业的化工原料，它具有较强的毒性，能够刺激人的皮肤和呼吸道，对人的神经系统产生抑制作用，损害肝脏和肾脏。因为氯苯类化合物有较强的化学稳定性，在自然环境中难以降解，所以针对氯苯类化合物废水的排放，国家有着严格的标准。

目前，国内外氯苯废水处理的工艺技术有很多种，主要分为六种大类，包括吸附法、萃取法、气提蒸馏法、膜法、氧化还原法和生化法[1]。吸附法主要是通过吸附剂对废水中的氯苯进行吸附，目前用于氯苯废水处理中常见的吸附剂主要有活性炭、低密度聚乙烯颗粒、聚氨酯膜等。萃取法是使用不同的介质将氯苯废水中的氯苯萃取出来从而达到降低氯苯废水中氯苯浓度的目的，目前已知的介质包括由 Radvinskii M B[2] 等发现的二氯甲烷、Mindermann F[3] 等发现的石蜡屑等。气提蒸馏法是利用废水中含有沸点低于水，或易挥发的物质时，进行气提、蒸馏的方法。膜法是通过反渗透技术在高于氯苯废水渗透压的作用下，将废水中的氯苯类化合物与水进行分离，从而达到处理氯苯废水的目的。生化法处理氯苯废水是一种较为经济的办法，但是其处理的废水中氯苯浓度不能太高，否则在进行曝气处理时会使氯苯扩散到空气中造成二次污染。氧化还原法是目前国内外使用较多的方法之一，主要是通过氧化剂将氯苯转化为无害物质来确保废水排放达标，氧化还原法大多是基于芬顿原理来设计的，都取得了不错的效果。

1.2　丙酮废水工艺技术

丙酮是一种有机化合物，常用于工业和实验室中，其同样具有毒性，会对人的皮肤和眼睛造成伤害，对人的心脏、肾脏和肝脏等器官造成损伤。

目前，单独对丙酮废水处理的研究较少，通常是将其与其他废水进行混合处理。丙酮的处理办法大体与氯苯废水处理办法类似，包括吸附法、蒸馏法、膜法、萃取法、氧化还原法、生物法等。其中氧化还原法也是用于处理丙酮废水的主流方法。

2 氯苯丙酮废水处理工艺技术研究

通过对氯苯废水与丙酮废水处理工艺的研究发现二者皆可利用氧化还原法进行处理，同时，芬顿试剂在工业废水的处理中已经广泛应用，本文将基于芬顿反应，利用 UV、过氧化氢处理氯苯丙酮废水。

2.1 工艺技术原理

芬顿反应是通过过氧化氢和铁离子(Fe^{2+})产出自由基的化学反应，在此反应中过氧化氢为氧化剂，铁离子为催化剂，在此基础上可以将氯苯、丙酮废水中氯苯中的氯转变为更易处理的氯离子，同时也可以将丙酮中的有机物氧化分解为 CO_2 和 H_2O，进而有效去除废水中的氯苯、丙酮污染物。

芬顿反应处理氯苯丙酮废水的化学方程式如下：

$$H_2O_2+Fe^{2+}\longrightarrow Fe^{3+}+\cdot OH+OH-$$

$$ClC_6H_5+\cdot OH\longrightarrow ClC_6H_4\cdot +H_2O$$

$$(CH_3)_2CO+\cdot OH\longrightarrow CO_2+H_2O+CH_3\cdot$$

其中 $\cdot OH$ 为羟基自由基，是一种高度反应性的自由基，可以与氯苯中的氯反应，将其转变为含氯自由基，使其更容易被氧化分解；也可以与丙酮中的甲基基团反应，将其氧化为 CO_2 和 H_2O。

同时，使用 UV 处理氯苯丙酮废水是利用紫外照射来实现高级氧化。在酸性条件下，高压紫外光也能催化过氧化氢分解产生羟基自由基。其原理为：

$$H_2O_2+UV\longrightarrow 2\cdot OH$$

Fe^{3+} 在紫外光照条件下，在酸性环境中可以水解生成羟基自由基化的 $Fe(OH)^{2+}$，$Fe(OH)^{2+}$ 在紫外光作用下又可以转化为 Fe^{2+}，同时产生 $\cdot OH$。其原理为：

$$Fe(OH)^{2+}\longrightarrow Fe^{2+}+\cdot OH$$

产生的 Fe^{2+} 又可以与过氧化氢发生芬顿反应，大大增加了芬顿反应效率，加快氯苯、丙酮降解速率。

在芬顿反应完成后，通过向废水中投加氢氧化钠将酸性水调节到中性水，投加聚铝、聚丙烯酰胺完成对废水的絮凝沉淀，投加亚硫酸钠对多余的过氧化氢残留进行去除，通过上述的操作进一步对废水进行处理以保证废水达标排放。

2.2 工艺技术效果

氯苯丙酮废水处理工艺如图 1 所示，氯苯丙酮废水在进入 pH 调节罐前通过管道在废水中加入浓硫酸来调节废水的 pH 值，将 pH 调节罐的 pH 值调节到 2.5 左右，pH 调节罐的出水在汇入铁盐溶液后进行 UV 反应釜的循环管线，循环管线首先通过废水冷却器移除部分热量后，管道注入过氧化氢，而后进行 UV 反应器进行 UV 光解，随后回到 UV 反应釜。当反应釜罐满时，废水通过反应釜上方溢流口流入高密度沉淀池，在途中加入氢氧化钠对废水

pH 值进行调节，将其 pH 值调节到 8 左右，在高密度沉淀池中加入定量聚铝、聚丙烯酰胺对废水进行絮凝，加入亚硫酸钠对废水中过量的过氧化氢进行去除。高密度沉淀池内有斜板，废水在经沉降后，上清液流入清水池，高密度沉淀池底部沉降絮凝物进入离心式脱水机，对絮凝物脱水后泥饼外运，滤液进入滤液池，而后返回高密度沉淀池内。清水池中的废水在检测达标后进行排放，若检测不合格将返回 pH 调节罐进行新一轮的处理，直至处理合格后排放。

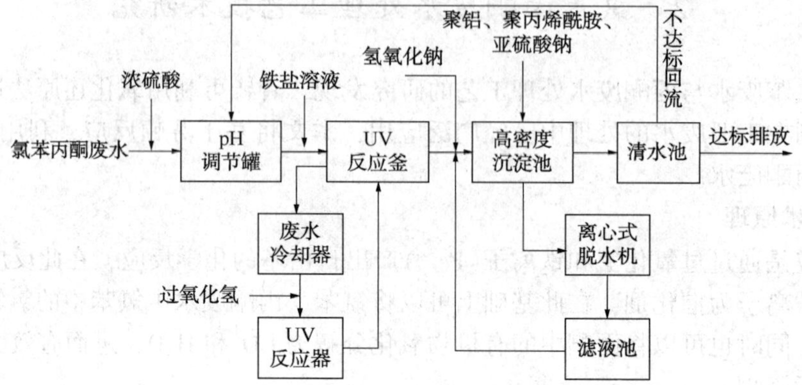

图 1　氯苯丙酮废水处理工艺

3　氯苯丙酮废水处理实验

在氯苯丙酮废水处理工艺技术研究的基础上，针对氯苯丙酮废水展开了为期 20 天的实验。在实验期间，每天不定时对实验的进水、出水进行采样分析。采样的进水为废水来水，出水为清水池水样。图 2 为实验期间氯苯、丙酮进出水的实验数据。

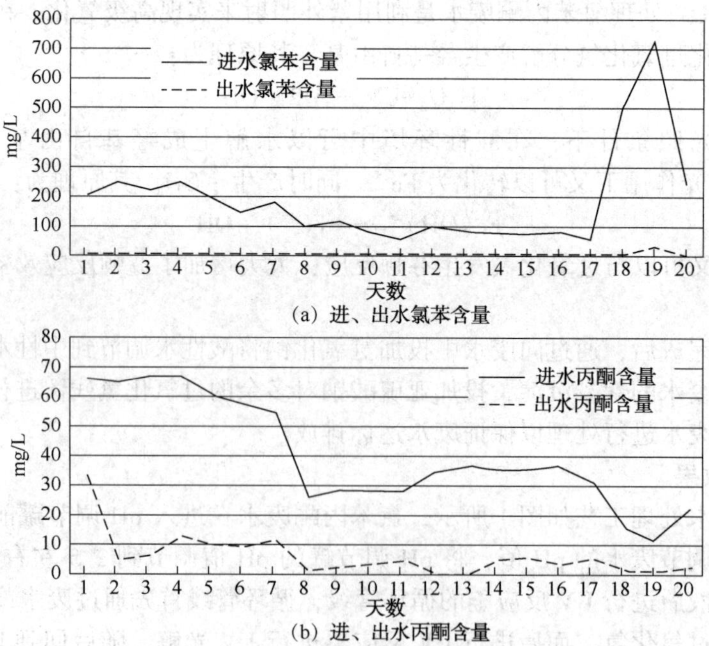

图 2　氯苯、丙酮进出水含量折线图

由图 2(a)可知，氯苯丙酮废水在经过 UV、过氧化氢和铁盐溶液的处理后，废水中氯苯含量在实验的 20 天中有 19 天氯苯去除率接近 100%，仅第 19 天进水氯苯含量为 725mg/L 时，未能将氯苯完全去除，但其去除率也达到了 96.4%。图 2(b)为进、出水丙酮含量图，出水中丙酮含量的去除率相较于氯苯去除率并不稳定，但其平均去除率也达到了 86.34%，在对废水进行循环处理后，出水的丙酮含量将进一步下降，直至下降至 5mg/L 后对废水进行排放。具体的实验数据如表 1 所示。

表 1　氯苯、丙酮进出水含量数据

天数	进水氯苯含量/(mg/L)	出水氯苯含量/(mg/L)	进水丙酮含量/(mg/L)	出水丙酮含量/(mg/L)
1	202. 16	0	65. 97	33. 31
2	247. 26	0	64. 78	4. 83
3	225. 46	0	66. 56	6. 48
4	238. 12	0	67. 24	12. 86
5	185. 96	0	61. 55	9. 38
6	142. 72	0	58. 08	9. 39
7	170. 62	0	55. 38	12. 14
8	96. 59	0. 79	26. 32	1. 11
9	112. 18	0	28. 76	2. 06
10	77. 16	0	28. 91	3. 64
11	55. 06	0. 4	28. 6	4. 93
12	95. 49	0. 3	35. 11	1. 4
13	84. 66	0. 27	36. 84	0. 87
14	79. 7	0	36. 21	5. 14
15	73. 15	0	36. 37	6. 01
16	81. 25	0	36. 59	3. 95
17	54. 67	0	31. 24	4. 68
18	497. 09	0. 86	15. 74	1. 18
19	725. 91	26. 05	12. 21	1. 23
20	236. 02	2. 74	22. 52	2. 54
平均值	184. 06	1. 57	40. 75	6. 36

4 总　结

经过系统的长期运行，氯苯丙酮废水在经过在经过 UV、过氧化氢和铁盐溶液的处理后，能够对废水中的氯苯、丙酮进行较好的去除。并且通过系统对氯苯丙酮废水的循环处理，能够满足实际运行需要。

参 考 文 献

[1] 赵立强，全鑫，杨宗生. 含氯苯及多氯苯废水处理技术研究进展[J]. 浙江：浙江化工，2020(2)：31-35.

[2] Radvinskii M B, Zharkova G B. Chlorobenzene decomposition process dynamics [J]. Vodosnabzh Environment, 1969.

[3] Mindermann F, Bauer W. Polychlorinated benzene contained wastewater disposal[J]. Pesticide of Environmental Protection, 1959.

浅谈 BDO 装置含偏铝酸钠废水以废治废的可行性

沈 磊

（中国石化长城能源化工（宁夏）有限公司，银川 750411）

【摘要】 介绍了宁夏能化含偏铝酸钠废水来源、特性以及 BDO 目前的处理方法和存在的问题，从偏铝酸钠处理废水的原理，结合宁夏能化废水的水质浅析了采用含偏铝酸钠废水以废治废的可行性，并分析了实施以废治废的难点及采取的措施。

【关键词】 偏铝酸钠 废水除硬 以废治废

1 概 述

随着黄河流域生态保护和高质量发展规划纲要持续贯彻落实，黄河流域生态保护和高质量发展已成为重大国家战略。黄河流域水资源短缺，废水回收利用、综合治理是减少废水排放的有力手段。

废水除硬软化的方法主要有沉淀软化法、离子交换法、电渗析法等，通过物理化学等方法将废水中溶解离子去除，以达到废水除硬软化的目的。其中，沉淀软化法是根据溶度积原理，在水中加入药剂，与水中的镁、钙离子反应生成难溶沉淀，达到去除水中离子的目的，常用的药剂包括液碱、碳酸钠溶液，在碱性条件下，水中钙镁离子反应生成氢氧化镁及碳酸钙，同时在投加絮凝剂、助凝剂条件下，形成矾花沉淀去除。而偏铝酸钠本身作为一种净水剂，同样可以达到净化水质的效果，完全无需单独处理，仅需在废水预处理除硬环节混合处理，达到以废治废的目的。

2 含偏铝酸钠废水来源及特性

2.1 来源

由 1,4-丁炔二醇（BYD）加氢反应生产 1,4-丁二醇（BDO）过程中，需在雷尼镍催化剂（42%镍和 58%铝组成的合金）作用下完成反应，而雷尼镍催化剂使用前需进行活化，活化过程主要使用 0.5%~2.5% NaOH 溶液对催化剂进行活化，去除催化剂中约 25%的铝。活化原理为：

主反应：$2Al+2NaOH+2H_2O \longrightarrow 2NaAlO_2+3H_2$

副反应：$2Al+3H_2O \longrightarrow Al_2O_3+3H_2$

反应器催化剂活化大约需要8~10h，活化完城后，需洗涤4h或pH值降至8及以下，在铝的去除率达到要求之后，用水洗除催化剂床层残留的碱液和反应生成的$NaAlO_2$，产生含偏铝酸钠废水，共计排放约14h，最大排放量170m^3/h，单台反应器排放量约2400m^3，合计约5000m^3。

2.2 特性

雷尼镍催化剂活化期间主要使用液碱活化，导致活化废水呈碱性，pH>10；为保证催化剂床层活化均匀，确保活化药剂冲洗干净，残留氢氧化钠偏多，继续反应而导致铝的去除率过大，需保证流速170m^3/h，活化时间加冲洗时间约14h，废水排放量较大，共计约5000m^3。此外，活化期间反应产生偏铝酸钠，根据催化剂活化去除铝约25%的要求，共计去铝理论值为：18182kg×58%×25%＝2636.5kg，即冲洗废水中含偏铝酸钠约3630mg/L。

表1　含偏铝酸钠废水特性指标

特性指标	特性参数	备　注
瞬时排放量/(m^3/h)	170	
总排放量/(m^3)	5000	
pH值	>10	
偏铝酸钠含量/(mg/L)	3630	理论计算值

3　BDO废水处理现状

3.1 处理方法

BDO废水通常采用气浮-隔油-高效厌氧反应工艺进行预处理，经预处理后降低废水COD，通过高效厌氧反应打断大分子长链有机物，以便进一步生化处理，而在BDO生产过程中，因活化废水属于间断间歇排放，排放期间与正常生产过程中产生的高浓度废水混合后一并进行处理，并未对活化废水进行单独预处理，而活化废水pH值高，且含有较高偏铝酸根，后续处理难度较大，为确保污水处理系统稳定运行，避免铝离子大量排入，冲击污水处理系统，需将含偏铝酸钠废水调整pH值后单独存储，后续逐量勾兑处理。

3.2 存在问题

(1) 活化废水与BDO生产废水混合排放，导致废水水质更为复杂，下游污水处理装置处理困难。

(2) 活化废水为间断产生，但单次排放量及瞬时排放量较大，如单独进行预处理，投资成本较高。

(3) 活化废水偏铝酸钠含量较高，不利于后续污水生化处理工艺，大量排放会导致污水生化系统被冲击。

4　偏铝酸钠废水以废治废可行性浅析

4.1 原理

偏铝酸钠作为一种常见的水处理剂，化学式为$NaAlO_2$，白色结晶性粉末，具有较强的吸附能力，能迅速将水中悬浮物沉淀下来，使水质变得清澈。偏铝酸钠在水中会发生水解反应，形成氢氧化铝和氢氧化钠，氢氧化铝在碱性环境下和硅酸盐发生沉淀反应，从而去除水体中的硅。

偏铝酸钠与强酸(如盐酸)反应，先生成白色沉淀，后沉淀消失，反应方程式如下：

$$NaAlO_2+HCl+H_2O \longrightarrow Al(OH)_3\downarrow+NaCl$$

$$Al(OH)_3+3HCl \longrightarrow AlCl_3+3H_2O$$

与弱酸(如 CO_2)反应生成 $Al(OH)_3$ 沉淀：

① CO_2过量：$AlO_2^-+CO_2+2H_2O \longrightarrow Al(OH)_3\downarrow+HCO_3^-$

② CO_2少量：$2AlO_2^-+CO_2+3H_2O \longrightarrow 2Al(OH)_3\downarrow+CO_3^{2-}$

4.2 可行性分析

偏铝酸钠本身作为一种净水剂，可有效净化水质，去除水中硬度、悬浮物等污染物，但因成本较高，生产中使用较少，而 BDO 生产装置催化剂活化产水的含偏铝酸钠废水，无需增加成本，只需将含偏铝酸钠废水与污水深度处理污水混合处理，即可达到废水除硬的效果，资料表明，偏铝酸钠质量浓度为 300mg/L 时，废水中硬度去除率可达 80%以上，反应如下：

$$2NaAlO_2+H_2O \longrightarrow NaOH+Al_2O_3$$

$$Ca(HCO_3)_2+2NaOH \longrightarrow CaCO_3\downarrow+2Na_2CO_3+2H_2O$$

$$Mg(HCO_3)_2+2NaOH \longrightarrow Mg(OH)_2\downarrow+2NaHCO_3$$

由上式可见，含偏铝酸钠废水可将废水中钙镁离子有效去除。

4.3 实施难点分析

(1) 含偏铝酸钠废水是催化剂活化期间产生的碱性废水，而废水深度处理除硬恰好需要碱性环境，但碱性废水输送对管道耐腐蚀要求较高，需采用防腐管道输送。

(2) 资料表明偏铝酸钠质量浓度为 300mg/L 时，硬度去除效率较高，需准确确定废水中偏铝酸钠含量，同时结合现有废水水质情况，确保合适配比，及时调整配水比例。

(3) BDO 装置催化剂活化时，需将反应器彻底置换清洗，防止物料残留，增加冲洗废水中 COD 含量，影响废水深度处理进水 COD 浓度。

4.4 实施措施

(1) BDO 装置催化剂活化废水建设调节水罐，均值缓存，使废水中偏铝酸钠含量均匀后，分析偏铝酸钠含量，确定配比后排至废水深度处理装置一并处理。

(2) 采用耐腐蚀管道将活化废水直接输送至深度处理装置除硬环节，管道采用可视化铺设，防止泄漏污染土壤地下水。管道设计流量计，确定配比后，监控排放流量。

5 建 议

建议将 BDO 生产装置催化剂活化产水的废水按一定比例直接排放至废水预处理除硬环节，不但可以有效处理催化剂活化废水，同时，可以有效去除废水硬度，降低药剂使用量，节约处理成本，达到废水“以废治废”的目的。

参 考 文 献

[1] 袁俭华，张琦. BDO 催化剂废水的处理研究[J]. 化工管理，2019(36).

[2] 田颖. 偏铝酸钠处理循环冷却水及配伍使用研究[J]. 工业水处理，2003，23(8).
[3] 崔益顺. 利用含铝废液制备聚合氯化铝絮凝剂[C]\\2004年全国铝盐行业年会论文集. 成都，2004.
[4] 田颖，陈科，李彦生. 偏铝酸钠处理循环冷却水[J]. 水处理技术. 2001，27(6).
[5] 化智峰，徐文凯，叶建泉. 甜水净化处理的两种新方法[J]. 中国油脂. 1998，6：23.
[6] 苟晓东，黄种买，董欣杨. 污水回用作工业循环冷却水的影响因素研究[J]. 天津化工，2004，18(1).

浅谈总碱度对浓盐水除硬的影响及应对措施

马治平

(中国石化长城能源化工(宁夏)有限公司，银川 750411)

【摘要】 通过选取宁夏某煤化工企业生产废水处理末端的浓盐水为处理目标，研究发现原高密度澄清池“双碱”法除硬工艺去除浓盐水中的永久硬度并不理想，经过对水中离子含量进行分析后，提出了的浓盐水除硬需要先在高密度澄清池前端采用熟石灰+烧碱+纯碱软化法(即“三碱法”除硬)处理硬度较大、总碱度较大的反渗透浓盐水，通过研究熟石灰、烧碱、碳酸钠的投加量和pH的控制对反渗透浓水的总碱度、硬度、钙离子、镁离子的去除情况，试验结果表明，当先投加熟石灰后投加烧碱，可以有效去除水中总碱度和镁离子，最后投加碳酸钠去除所有钙离子，硬度的去除率可达到90%以上，镁离子去除率可达95%。

【关键词】 浓盐水　总碱度　总硬度　除硬

我国是水资源短缺国家之一，而我国西北水资源短缺尤为严重，宁夏作为我国煤炭储量排名第六的省份发展煤化工是高效利用煤炭资源主要途径，而水资源作为煤化工发展的主要素，其深度重复循环利用是必然的[1]。为了节约水能，促进回收利用，零排放是永恒的目标。煤化工的反渗透浓水可以通过多级反渗透膜浓缩，收集产水重复利用，最终浓水通过蒸发结晶装置分离成为盐和纯净水，从而实现零排放。

宁夏能化煤基多联产化工企业所产废水成分复杂，废水经过污水处理装置处理后进入中水回用装置，与清净雨水、循环水浓水混合，经过机加池、气浮滤池预处理，通过反渗透处理得到大量纯净产水和减量浓缩的浓水，浓水送至高盐水装置，在高密度澄清池通过双碱法除硬处理和深度减量浓缩，即纯碱+烧碱+絮凝澄清+超滤+中高压反渗透处理，从浓盐水中抽取90%纯净水进行循环利用，剩余10%的高浓度盐水在结晶装置处理，实现零排放。

1　除硬对于处理浓盐水的必要性及总碱度对除硬的影响

1.1　除硬对于处理浓盐水的必要性

浓盐水永久硬度较高对深度减量浓缩装置和蒸发结晶装置影响较大。

浓盐水中的阳离子即钙、镁离子、阴离子即碳酸根离子硫酸根离子及水分子在反渗透膜浓缩分离过程中，水分子不断被抽出，阳离子即钙、镁离子和阴离子即碳酸根离子硫酸根离子不断被富集浓缩，在高压力加持下，形成的碳酸钙、碳酸镁、硫酸钙不断析出并在反渗透膜表面附着，形成结垢堵塞膜孔，影响反渗透系统的出水效率，致使化学清洗周期缩短，影响膜的使用寿命，甚至损坏反渗透膜，严重影响装置长期稳定运行。

经过反渗透浓缩减量后的高浓盐水进入蒸发结晶单元处理，高浓盐水中含一定量的钙离子、镁离子、碳酸根离子、硫酸根离子、氯离子及其他离子，高浓盐水首先通过加酸升温脱气除氧主要除去水中碳酸根、碳酸氢根离子和微量氧分子，然后在蒸发器换热列管快速换热降膜蒸发，在降膜蒸发过程中，钙离子、镁离子、碳酸根离子、硫酸根离子快速结合形成主要以碳酸钙、碳酸镁、硫酸钙的盐垢在换热列管表面附着沉积，然后快速形成垢层，大大降低换热器列管导热系数，致使蒸发器换热效率降低，盐水闪蒸量持续降低，最终导致装置停运。

经过对反渗透膜表面渣垢和蒸发器列管垢片进行分析，主要成分是碳酸钙、碳酸镁、硫酸钙及硅酸盐，为确保反渗透膜系统和蒸发结晶单元长周期稳定运行，必须在盐水进入反渗透膜前需对其进行除硬软化处理，主要对水中钙、镁离子予以去除，才能降低装置结垢风险。

1.2 总碱度对除硬的影响

高盐水装置原设计采用双碱法除硬即烧碱+纯碱除硬工艺，为确保除硬反应区永久硬度去除率必须控制 pH 值在 11 左右，在实际运行过程中，将反应区 pH 控制在 11 左右需消耗大量烧碱，且反应区 pH 波动较大，在足量投加絮凝剂后污泥沉降效果仍较差，产水区加酸(浓硫酸)装置过量投加仍无法将产水 pH 控制在 6~8 之间，pH 居高不下，盐水永久硬度去除率较低，烧碱、碳酸钠、浓硫酸消耗量较大，装置运行波动较大，反渗透和蒸发结晶污堵速度较快，装置长周期稳定运行的目标无法实现，此情况表明浓盐水除硬环节存在问题。

处理废水则要掌握水质指标中一个非常关键指标—总碱度，它是表征水吸收质子能力的参数，是判断水质和废水处理控制的重要指标，也常用于评价水体的缓冲能力及金属在其中的溶解性，所以，通过对该企业浓盐水和软化盐水水质指标进行分析，结果见表 1。

表 1 浓盐水除硬前后水质指标对比

项 目	永久硬度/(mg/L)	钙离子/(mg/L)	镁离子/(mg/L)	总碱度/(mg/L)
含硬废水除硬前	1380	270	130	360
含硬废水除硬后	580	40	100	230

经过上表分析结果看出，除硬前后钙离子去除率达到 85%，但镁离子去除率只有 23%，总碱度降低了 36%。

总碱度的测定分为酚酞碱度测试和甲基橙碱度测试，酚酞碱度用酚酞为指示剂滴定终点(pH 为 8.3)测定，甲基橙碱度由甲基橙作指示剂进行测定，其反应终点的 pH 为 4.3~4.5，总碱度的主要成分是(HCO_3^-)[2]。

在碱性环境下，总碱度的化学反应是：$HCO_3^- + OH^- \longrightarrow H_2O + CO_3^{2-}$，由此可见，总碱度可以消耗一定的烧碱。在酸性环境下，总碱度的化学反应是：$HCO_3^- + H^+ \longrightarrow H_2O + CO_2\uparrow$，$CO_3^{2-} + H^+ \longrightarrow HCO_3^-$。由此可见，总碱度可以消耗一定的浓硫酸，而且在碳酸钠足量投加过程中，少量的碳酸钠又反应生成了总碱度。

根据总碱度在强酸、强碱环境中都能反应，而且会不断水解、电离、反应，往复循环，就如一个大的缓冲体，会大大提高烧碱用量而又达不到彻底除硬的效果，使得除硬反应区 pH 波动，污泥沉降效果差，在软化盐水渠又大量消耗浓硫酸而又达不到有效降低 pH 的效果。

所以，浓盐水除硬前必须彻底消除总碱度。

2 优先引入熟石灰去除总碱度后再除总硬

2.1 去除总碱度的化学反应原理

在工业生产中，消除水中总碱度通常采用投加熟石灰[$Ca(OH)_2$]乳液的方式达到目标，主要原因：一是来水中总碱度(HCO_3^-)遇到熟石灰后会立即发生反应，不需要任何条件，除引入钙离子外无其他副产物，即化学反应是：$Ca(OH)_2+HCO_3^- \longrightarrow CaCO_3+H_2O$；二是熟石灰成本低，取材方便，反应后的石灰泥处置方便。

2.2 去除浓盐水中总碱度所需熟石灰量实验测定

以宁夏某煤化工高浓盐水处理装置试运行调试监测数据为依据，试运行方案为先采用熟石灰对浓盐水处理，然后使用30%液体烧碱+碳酸钠进行软化处理，控制除硬后的浓盐水总硬在200mg/L以下，钙离子40mg/L以下，镁离子20mg/L以下，总碱度20mg/L以下，试运行期间已每组实验运行48h为期限，测定高密度澄清池进水水质指标、反应区pH、产水水质指标，通过比较6组数据除硬效果得出最佳药剂投加量。先对浓盐水来水的pH，总硬、钙离子、镁离子、总碱度测定，然后根据浓盐水来水总碱度含量投加熟石灰，为了确保最大限度去除总碱度且较少的引入钙离子，总碱度与熟石灰按照1∶1.0、1∶1.2、1∶1.5三种比例设置，并控制除硬反应区pH值为10.5和11两种情况下进行试验，浓盐水进水量设置400m^3/h，设置六组实验测定比对。实验数据见表2。

表2 浓盐水除硬前后指标及药剂消耗实验数据记录

组/项目	浓盐水进水指标/(mg/L)				反应区pH控制及加药量/(kg/h)				软化盐水指标/(mg/L)			
	总硬	总碱度	钙离子	镁离子	pH	熟石灰投加量	烧碱投加量	碳酸钠投加量	总硬	总碱度	钙离子	镁离子
组1	1159	438	240	136	10.5	175	410	389	345	86	20	88
组2	1102	392	221	135	10.5	188	400	397	318	56	18	69
组3	1057	416	202	134	10.5	249	380	473	209	0	22	43
组4	1051	370	218	122	11	148	760	336	222	30	39	32
组5	1032	398	225	113	11	196	690	401	128	11	26	16
组6	1167	380	244	125	11	228	600	470	98	0	35	8

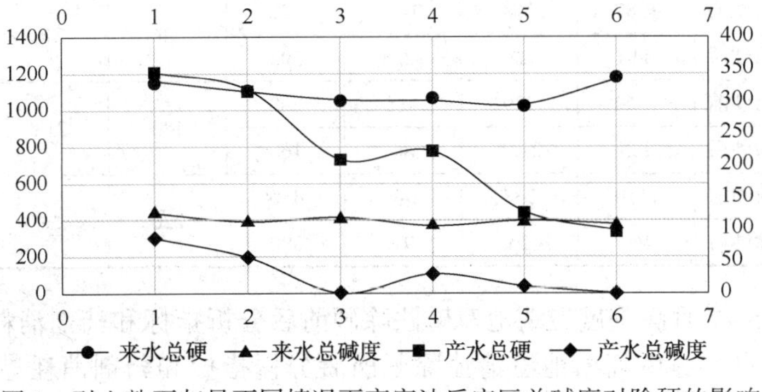

图1 引入熟石灰量不同情况下高密池反应区总碱度对除硬的影响

由表 2 得出，组 1、组 2 实验数据显示总硬去除率均较低，说明总碱度对永久硬度去除率影响很大，软化盐水总碱度含量越高，总硬去除率越低。组 3 数据说明，除硬过程中完全去除总碱度后大大提高了总硬去除效果，但一定程度上受到 pH(10.5)环境的影响，除硬效果并不理想。组 4 实验数据说明熟石灰与总碱度比例按照 1∶1 去除总碱度效果不明显，总硬去除率较低。组 5、组 6 实验数据显示总硬去除率高，说明在除硬过程中首先去除总碱度且维持 pH 在 11 左右可以高效去除总硬。由高密池反应前后总硬度和总碱度变化趋势可以看出，总碱度的去除对总硬度的去除起到决定性的作用。

以上实验数据分析得出，投加熟石灰后对总碱度去除效果较好，熟石灰与总碱度比例按照 1∶1 去除总碱度时效果较差，熟石灰与总碱度比例按照 1.2∶1 去除总碱度时效果明显，总碱度达到除硬目标范围后，除硬效果和成本控制达到最优值，1.5∶1 时可以完全去除总碱度，总硬可以控制在 100mg/L 以内，但熟石灰和碳酸钠消耗增加较多。

2.3 按照实验数据运行高密度澄清池验证除硬效果

按照文中 2.2 实验数据，对高密度澄清池引入熟石灰加药，配置浓度为 10%的熟石灰乳液，根据浓盐水来水总碱度按照 2~4m^3/h 区间投加量进行实时调整投加，碳酸钠配置浓度 4%投加流量 9m^3/h，30%液体烧碱按照 pH 控制在 11 按需投加，运行 3 个月得出数据见表 3、表 4。

表 3 “三碱法”除硬工艺改造后总碱度、总硬去除与药剂消耗记录

时间/指标	项目	永久硬度/(mg/L)	钙离子/(mg/L)	镁离子/(mg/L)	总碱度/(mg/L)	熟石灰消耗量/t	烧碱消耗量/t	碳酸钠消耗量/t	硫酸消耗量/t	总硬去除率/%
2023 年 2 月份	含硬废水除硬前	1255	153	204	430	199	461	195	63	90%
	含硬废水除硬后	130	34	11	5					
2023 年 3 月份	含硬废水除硬前	1348	140	220	310	152	530	169	104	92%
	含硬废水除硬后	112	20	15	11					
2023 年 4 月份	含硬废水除硬前	1101	210	130	388	120	367	210	91	88%
	含硬废水除硬后	131	27	16	16					

表 4 “双碱法”除硬工艺总碱度、总硬去除与药剂消耗记录

时间/指标(月平均)	项目	永久硬度/(mg/L)	钙离子/(mg/L)	镁离子/(mg/L)	总碱度/(mg/L)	烧碱消耗量/t	碳酸钠消耗量/t	硫酸消耗量/t	总硬去除率/%
2021 年 5 月份	含硬废水除硬前	1287	268	149	422	226	246	102	65.8%
	含硬废水除硬后	440	22	93.8	295				
2021 年 6 月份	含硬废水除硬前	1060	239	118	288	183	218	98	69.3%
	含硬废水除硬后	325	21.5	86	160				
2021 年 7 月份	含硬废水除硬前	1150	238	146	480	220	230	108	59.5%
	含硬废水除硬后	465	26	97	390				

调取 2021 年 5~7 月高密度澄清池双碱法除硬前后分析指标和药剂消耗，与 2023 年 2~4 月三碱法改造项目实施后高密池澄清池除硬前后分析指标和药剂消耗进行对比，2023 年 2~4 月高密池澄清池进浓盐水水质更为复杂，镁离子突升至 200mg/L 以上，总硬去除难度

变大，但通过三碱法除硬工艺，坚持先去除总碱度，再去除永久硬度，控制反应区 pH 值在 11 左右，仍达到了高效去除总硬的效果，药剂 30%液体烧碱消耗增大是由于高密度澄清池来水中镁离子偏高导致的。

3 结　论

（1）总碱度对浓盐水除硬效果影响较大，是导致除硬效率低、药剂消耗偏大的主要原因。

（2）使用三碱法除硬，即先使用熟石灰将浓盐水中的总碱度去除，然后通过烧碱和碳酸钠对水中镁离子、钙离子进行去除，系统运行稳定，总硬去除率高，效果较好，且工艺简单，处理成本低，可以提高浓盐水回收率。

参考文献

[1] 邱立新. 西北地区煤炭加工转化对水环境影响评价[J]. 煤炭科学技术，2008.
[2] 王振川，张焕祯. 工业冷却水中碱度和硬度快速测定法研究，1997.

浅析污水场离心脱水机运行调整

邓　超

（中国石油大连石化公司，大连 116000）

【摘要】 本文通过介绍污水处理场离心脱水机中出现的不出泥或出泥量低的情况，通过调整，脱水机能恢复正常出泥状态，达到良好的泥水分离效果，降低脱水污泥固废产生量。

【关键词】 离心脱水　堰板　含水率

1 引　言

1.1 污水二期处理场概况

污水二期是中国石油大连石化公司 2000 万 t 原油加工扩容改造的“三同时”配套项目，采用美国地球公司的工艺包，设计为 A(含盐)、B(非含盐)两个污水处理系列，处理能力各为 500t/h，2008 年 8 月开工投用。

1.2 污泥的来源

污水场正常生产运行过程中，连续产生一定数量的固废，统称“三泥”，需要进行集中和分类处理。“三泥”包括除油池产生的底渣、气浮池产生的浮渣、生化池产生的剩余活性污泥。

（1）原泥来源、性质、产生量及去向见表 1。

表 1　原泥概况

名　称	来　源	物料性质	产生量	去　向
污水一期原泥	DCI 除油池底渣	无机固体颗粒占 80% 有机油性粘泥占 20%	$50m^3/d$	DCI 泥渣池
	DAF 池浮渣	有机浮渣	$20m^3/d$	一期污泥储存池
	高密池沉泥	有机淤泥	$30m^3/d$	
污水二期原泥	API 除油池底渣	无机固体颗粒占 80% 有机油性粘泥占 20%	$50m^3/d$	DCI 泥渣池
	一级 DAF 池浮渣	有机浮渣	$100m^3/d$	二期污泥储存池
	三级澄清 DAF 池浮渣	有机浮渣	$15m^3/d$	
	A/O 池剩余污泥	有机活性生物污泥	$400m^3/d$	

(2) 最终产物(泥饼)产生量及性质见表2。

表2 泥饼产生量

名称	来源	物料性质	产生量	去向
污水一期脱水后泥饼	一期脱水机	有机生物污泥	$5m^3/d$	外委处理
污水二期脱水后泥饼	二期脱水机	有机生物污泥	$10m^3/d$	

注：①以上数据均随着离心机运行状态发生变化而变化，只代表某一时间段。

②目前污水一期；污水二期A、B两个系列连续运行。

③一期污泥脱水机处理能力为$10m^3/h$；二期污泥脱水机处理能力为$20m^3/h$。

1.3 污泥的处理过程

二期预处理DAF浮渣(A、B系列)、三级澄清浮渣(A、B系列)由池内链条式刮板连续刮除进入撇渣井，由提升泵按撇渣井液位开关控制自动启动，提升至二期污泥储存池，提升量分别为$20m^3/d$和$5m^3/d$。

二期A/O池(A、B系列)剩余活性污泥(含水率99.5%)间断提升进入二期污泥储存池。

二期污泥储存池内的混合有机污泥含水率96%~98%，由P6201A/B泵提升进入二期离心脱水机，脱水减量产生泥饼，泥饼含水率降到70%~75%，日常产量为$15m^3/d$。污泥脱水流程见图1。

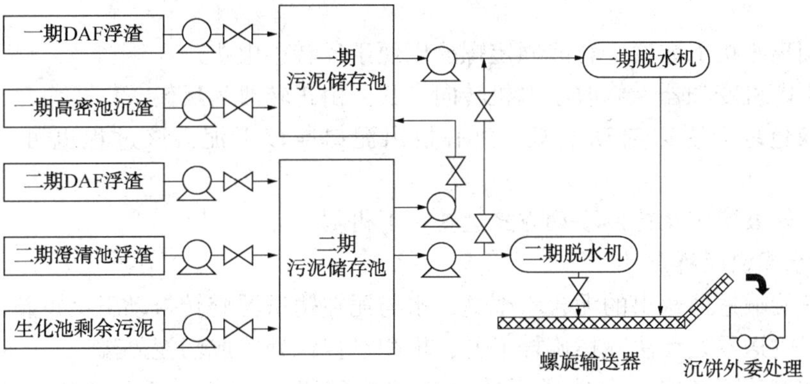

图1 污泥脱水流程简图

2 离心脱水机的原理及构造

2.1 原理

污水中的悬浮物借助离心设备的高速旋转，在离心力作用下与水分离的过程叫离心分离。由于在离心力场中悬浮物所受的离心力远大于它所受的重力，所以能获得很好的分离效果，远超过重力沉降法。含固体悬浮物的污水在离心设备中做快速旋转运动时，质量大的固体颗粒由于受到离心力作用而被抛到外圈，与壁面碰撞而沉降，达到与污水分离的目的。

2.2 工作原理及构造

通过回转体-转鼓和螺旋的高速旋转使其内的固液混合物随之高速旋转形成液环并产生

较高的离心力，通过此较高的离心力的作用加速固液的沉降分离，其中密度较大的固体颗粒沉降在液环的外圈，即沿转鼓的内壁形成泥环，通过螺旋与转鼓的差速由刮泥螺旋将泥推出回转体，液体环通过堰池口溢流出回转体之外，见图 2。

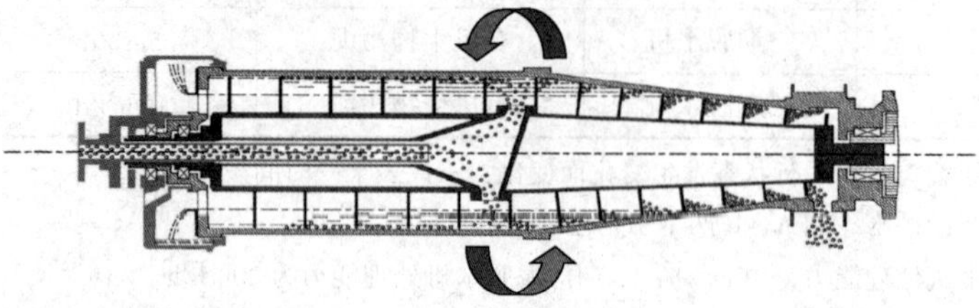

图 2　离心机工作原理图

3　实际运行中出现的问题及处理方法

3.1　出泥口出现堵泥故障

现象：脱水后的干泥在出泥口堆积，当达到一定高度时，出泥口被完全封死，造成干泥在脱水机内部随转鼓继续运动。当内部达到一定容积后，干泥会从轴密封处挤出。

影响：干泥从密封处挤出会造成轴承漏油、动平衡被破坏造成脱水机损坏。

处理方法：

（1）紧固离心机下方两个转鼓固定螺栓以便于反转小电机。

（2）在小电机变频器上修改小电机转向参数，由正转改为反转。

（3）按绿色菱形键以启动电机，离心机出泥口应该下泥，该过程也可以放点水冲入机器。

（4）松开转鼓紧定螺栓以手动方式运转一下机器。

3.2　出泥带水或出泥稀

现象：螺旋输送器送出的泥含水率高，水与泥在输送器旋转带动下又重新混合。由于泥料稀，在斜式输送器处无法随螺旋杆上升，堆积在接口处造成污泥外溢。

影响：如调节不及时，会造成螺旋输送器堵塞损伤设备；还会造成下水堵塞，污泥外溢。

处理方法：

（1）降低污泥原料泵流量，同时提高加药泵流量。

（2）降低稀释水流量，提高污泥加药制备系统的加药浓度。

（3）及时疏通螺旋输送器排水导淋，防止后出的干泥与水在输送器内再次混合。

3.3　不出泥只出水

现象：脱水机出泥口无干泥掉出，会喷出泥水混合物，且压力大。

影响：螺旋输送器全部是水，排水导淋流不及，会把螺旋输送器上盖顶开。造成下水不畅，水淹泵房。

处理方法：

（1）停机后，打开离心脱水机堰板上盖，把 4 个固定转桶的螺丝向圆心外侧调整，切记 4 个螺丝调整后要在同一圆周上。

（2）停机后，让污泥池沉降3小时以上，让泥水在池中完成初步分离。

（3）停机后，待所有转动设备停运后，再次启动脱水系统。

4 结　　语

污泥脱水系统自运行以来，操作人员在处理各种突发情况时，总结了一些很有价值并行之有效的方法。事实证明，在离心脱水机出现异常情况时，只要仔细观察、认真判断、处理及时完全可以使离心脱水机达到最佳的运行效果。

参 考 文 献

[1] 崔冬冬. 离心脱水机进料端轴承故障分析及对策[J]. 中国化工贸易，2017(17).

[2] 王浩英，张成藩. 卧式离心脱水机在炼油污泥处理中的应用[J]. 石油和化工设备，2014(11)：82-85.

石灰-氢氧化钠-碳酸钠联用除硬应用研究

王志鹏　韩玉杰

（中国石化长城能源化工(宁夏)有限公司公用工程运行部，银川 750411）

【摘要】 以某煤化工项目中的高密度澄清池为例，研究了石灰-氢氧化钠-碳酸钠联用去除水中硬度和碱度的方法，采用本方法在工业化应用的条件下硬度去除率从65%提升到了89%，同时每千克硬度去除成本降低了20%，对比目前主流的石灰-纯碱法、氢氧化钠-纯碱法等具有明显的优势。

【关键词】 除硬　煤化工废水　高密度澄清池　石灰　氢氧化钠

我国是一个煤炭资源丰富的国家，煤化工行业中，采用水煤浆气化及粉煤气化废水中硬度较高，会在管道、设备以及处理构筑物内结垢，引起堵塞和处理效果。在不断要求提升废水回收率的大前提下，采用膜法、蒸发结晶等工艺提升煤化工废水回用率节约水资源，在这个过程中硬度、碱度会进一步的富集在系统中难以去除，严重制约了提升废水回用率并造成了设备的频繁检修，增加了运行成本，并且在膜表面和蒸发结晶系统中容易产生结垢，破坏整个生产的稳定性。目前主流的去除水中硬度的方法有：①化学法，包括：石灰软化法、氢氧化钠-纯碱法等；②阻垢剂法；③离子交换法；④膜分离法；⑤物理法等[1]。但以上方法均存在一定的适用局限性，尤其是在已建成设施中改造存在投资大、运行成本高等问题，因此在现有大量使用的高密度澄清池等设备设施上，通过除硬工艺优化达到提高硬度、碱度去除率的目的成了一个可供参考的路径，本论文以某煤化工企业高密度澄清池为例，重点通过现场小成本技改来验证石灰-氢氧化钠-碳酸钠联用去除水中碱度、硬度的效果。

1　水中硬度的组成及化学除硬的原理

硬度是一项重要的水质指标，一般情况下使用Ga^{2+}、Mg^{2+}的含量来表征，其中包括碳酸盐硬度(即通过加热等简单的方法能以碳酸盐形式沉淀下来的钙、镁离子，故又叫暂时硬度)和非碳酸盐硬度(即加热后不能沉淀下来的钙、镁离子，又称永久硬度)。根据硬度的组成，化学除硬法通常情况下为溶度积原理，通过化学反应形成钙盐和镁盐的沉淀来达到去除水中硬度的目的，反应作用的基础原理如下：

$$Ca^{2+}+CO_3^{2-} \longrightarrow CaCO_3 \downarrow (K_{sp}=2.8\times10^{-9})$$

$$Mg^{2+}+CO_3^{2-} \longrightarrow MgCO_3 \downarrow (K_{sp}=3.5\times10^{-8})$$

$$Ca^{2+}+2OH^- \longrightarrow Ca(OH)_2 \downarrow (K_{sp}=5.5\times10^{-6})$$

$$Mg^{2+}+2OH^- \longrightarrow Mg(OH)_2 \downarrow (K_{sp}=1.8\times10^{-11})$$

根据以上反应式及对应的溶度积，可以看出去除水中的钙离子应考虑生成碳酸钙沉淀，去除水中的镁离子应考虑生成氢氧化镁沉淀。

2 高密度澄清池的组成

高密池澄清池是沉淀法水处理的代表性技术之一，物理化学法的典型工艺，主要用于去除固体悬浮物，也具备除硬、去除难溶或不溶物、也有用于去除水中总磷的应用[2]。

一般的高密度澄清池将池体一般分为前混凝系统，高密度絮凝系统，澄清系统，污泥浓缩系统，污泥回流及排泥系统，后混凝系统等。附属机泵设施一般包括污泥回流系统，污泥输送排放系统，絮凝剂，助凝剂投加系统，pH调节系统，粉状药剂溶解投加系统等。通过投加碳酸钠、熟石灰或氢氧化钠来去除水中的硬度，采用硫酸或盐酸将高pH的水调节到正常范围内，絮凝剂、助凝剂投加系统主要是用于将反应产生的沉淀物快速沉淀下来达到水质净化的目的。

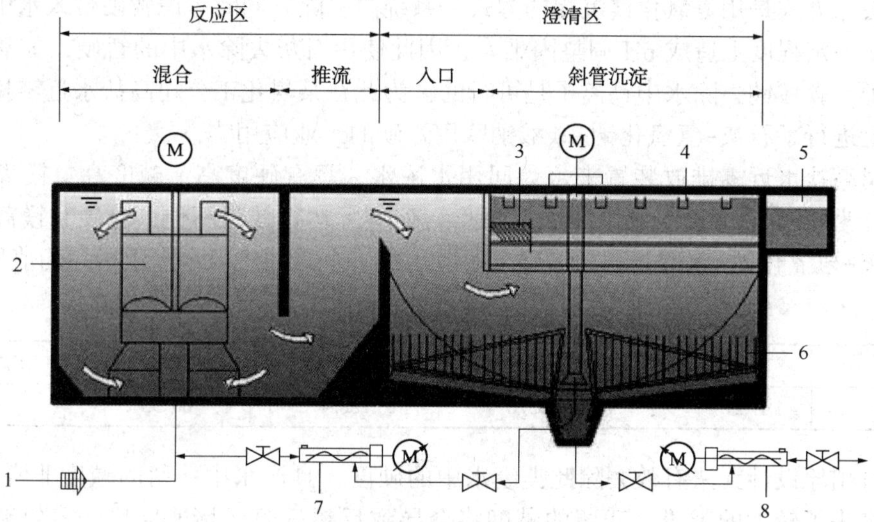

图1 高密度澄清池结构图

1—原水进水；2—絮凝剂投加、混凝剂投加；3—澄清池斜管；4—澄清水槽；5—出水渠；6—栅形刮泥机；7—污泥回流；8—污泥排放

3 石灰-氢氧化钠-碳酸钠联用的工艺原理和现场投加验证

来水中含有暂时硬度和永久硬度时，石灰、氢氧化钠、碳酸钠与暂时硬度永久硬度时的反应式分别如下：

（1）石灰去除水中暂时硬度

$$Ca(HCO_3)_2+Ca(OH)_2 \longrightarrow 2CaCO_3\downarrow+2H_2O$$

$$Mg(HCO_3)_2+Ca(OH)_2 \longrightarrow MgCO_3+CaCO_3\downarrow+2H_2O$$

$$MgCO_3+Ca(OH)_2 \longrightarrow Mg(OH)_2\downarrow+CaCO_3\downarrow$$

（2）纯碱去除水中永久硬度

$$CaSO_4+Na_2CO_3 \longrightarrow CaCO_3\downarrow+Na_2SO_4$$

$$CaCl_2+Na_2CO_3 \longrightarrow CaCO_3\downarrow+2NaCl$$

$$MgSO_4+Na_2CO_3 \longrightarrow MgCO_3\downarrow+Na_2SO_4$$

$$MgCl_2+Na_2CO_3 \longrightarrow MgCO_3\downarrow+2NaCl$$

$$MgCO_3+H_2O \longrightarrow Mg(OH)_2\downarrow+CO_2\uparrow$$

（3）氢氧化钠去除水中永久硬度

$$MgSO_4+2NaOH \longrightarrow Mg(OH)_2\downarrow+Na_2SO_4$$

$$MgCl_2+2NaOH \longrightarrow Mg(OH)_2\downarrow+2NaCl$$

（4）纯碱去除部分暂时硬度

$$Ca(HCO_3)_2+Na_2CO_3 \longrightarrow CaCO_3\downarrow+2NaHCO_3$$

$$Mg(HCO_3)_2+Na_2CO_3 \longrightarrow MgCO_3\downarrow+2NaHCO_3$$

$$MgCO_3+H_2O \longrightarrow Mg(OH)_2\downarrow+CO_2\uparrow$$

根据本论文前段分析，钙离子去除的最佳方式是用碳酸钙沉淀的方式从系统内去除，镁离子最佳去除方式是用氢氧化镁沉淀的方式从系统内去除。同时考虑暂硬带入水中的重碳酸盐离子会在一定程度上造成 pH 调整困难[3]，因此使用石灰去除水中的暂硬，氢氧化钠去除水中镁离子，碳酸钠去除水中钙离子是可行的，为此在某煤化工公司高盐水近零排放装置预处理装置上进行了石灰-氢氧化钠-碳酸钠联用除硬的工业应用[4]。

此公司高盐水近零排放装置来水为回用水浓水，具有硬度高、碱度高、镁离子高的特点，原设计为使用氢氧化钠+碳酸钠去除硬度，但实际运行效果不佳，总硬和镁离子去除率较低，石灰-氢氧化钠-碳酸钠联用除硬工业应用前一个月的进出水水质指标均值见表 1。

表 1 进水水质均值 mg/L

总硬	钙离子	镁离子	出水碱度	硬度去除率	镁离子去除率
1178.5	218.3	153.0	288.4	60.93%	37.65%

可以看出原设计无法有效去除此类废水中的硬度，且产水中残留的碱度非常高，给 pH 的调节，带来了较大的困难，残留的碱度将会导致反渗透膜污堵速度快，需要频繁的化学清洗。

4 硬度去除率分析

在现场增加一路石灰加药管，向高密度澄清池内投加一定量的石灰乳液，与现有的氢氧化钠+碳酸钠“双碱”联用形成石灰+氢氧化钠+碳酸钠“三碱”联用去除来水中的硬度，经过近一年的工业化使用结果见表 2。

表 2 近一年硬度去除率分析

月　份	2022 年 4 月	2022 年 5 月	2022 年 6 月	2022 年 7 月	2022 年 8 月	2022 年 9 月
硬度去除率	75.10%	75.11%	82.51%	84.79%	86.73%	81.29%
镁离子去除率	80.03%	83.25%	86.89%	89.69%	88.77%	90.24%
月　份	2022 年 10 月	2022 年 11 月	2022 年 12 月	2023 年 1 月	2023 年 2 月	2023 年 3 月
硬度去除率	81.29%	77.32%	76.41%	78.44%	86.65%	88.85%
镁离子去除率	87.04%	83.01%	86.74%	88.89%	95.11%	92.26%

钙离子去除率的均值为 81.2%，提高了 20.27%，镁离子去除率的均值为 87.65%，提高了 50%。可以看出，引入石灰乳液到高密度澄清池中可以有效提升总硬度和镁离子的去除率。

5 碱度的去除分析

在工业应用的过程中，通过分析数据发现，利用石灰-氢氧化钠-碳酸钠联用去除水中的硬度时，同步对水中的碱度去除量大幅度的上升，使得出水 pH 的调节变得更为容易，用于调节 pH 的酸量有了较大幅度的下降，近一年的出水碱度分析指标见表 3。

表 3 近一年碱度残留值

月　份	2022 年 4 月	2022 年 5 月	2022 年 6 月	2022 年 7 月	2022 年 8 月	2022 年 9 月
出水碱度/(mg/L)	59.60	27.90	37.50	39.25	40.85	28.73
月　份	2022 年 10 月	2022 年 11 月	2022 年 12 月	2023 年 1 月	2023 年 2 月	2023 年 3 月
出水碱度(mg/L)	44.36	33.25	30.25	64.90	41.74	22.40

即采用石灰-氢氧化钠-碳酸钠联用除硬的高密度澄清池出水在来水碱度、暂硬较高的情况下可以有效保持出水的低碱度，与前期相比碱度均值下降了 249.2mg/l，能够极大的降低调节 pH 使用的药剂。对后端反渗透的运行可以有较大的改善。

6 近一年除硬成本分析

在工业应用的过程中，需要加强对除硬成本的关注，分析此公司在氢氧化钠+碳酸钠“双碱”除硬过程中去除每千克硬度需要除硬药剂成本 5 元，在保持氢氧化钠、碳酸钠、石灰单价不变的情况下，通过引入石灰每千克除硬需要成本见表 4。

表 4 近一年每千克硬度除硬成本

月　份	2022 年 4 月	2022 年 5 月	2022 年 6 月	2022 年 7 月	2022 年 8 月	2022 年 9 月
每千克硬度除硬成本/(元)	4.36	4.50	4.41	4.63	4.54	4.56
月　份	2022 年 10 月	2022 年 11 月	2022 年 12 月	2023 年 1 月	2023 年 2 月	2023 年 3 月
每千克硬度除硬成本/(元)	3.87	4.94	5.00	3.79	3.85	3.86

可以看出在工业已能用的条件下，保持较高的硬度去除率的前提下，引入石灰乳液反而可以有效降低每千克硬度的除硬成本。最低的情况下可以降低至 3.7 元每千克，且具有进一步下降的空间。

7 结　论

(1) 高盐、高硬度水中硬度的去除率是制约大多数膜装置和零排放装置长周期运行的瓶颈之一，普遍存在缺乏有效的硬度去除手段或投资运行成本过大的情况。在国家大力推广高盐水零排放和矿井水处理的大背景下，石灰-氢氧化钠-碳酸钠联用优化过程中投资低，运行成本低，可以利用现有的加药设施进行改造，具有同类水质的良好的推广应用前景。

（2）高硬度水硬度去除目前基本采用“$NaOH+Na_2CO_3$”或“$Ca(OH)_2+Na_2CO_3$”双碱模式，“$NaOH+Na_2CO_3$”模式无法有效去除水中的碱度，为去除镁离子又会向系统内引入大量的碱度，导致出水需要投加大量的硫酸进行 pH 调节，容易向系统内引入大量的硫酸盐加剧膜的污堵，且成本较高。“$Ca(OH)_2+Na_2CO_3$”会向系统内引入大量的钙离子，不适用于低碱度、高钙离子废水的除硬。“$NaOH+Na_2CO_3+Ca(OH)_2$”模式采用以上两种双碱有点的结合，即保证了硬度的去除率又不会向系统内引入过多的污染离子，具有较大的优势。近两年国内出现较多管式膜等高效除硬手段，与“三碱法”相比，一次性投资过大，且药剂消耗较大，不利于全面推广，且管式膜等方法很难做到大水量原水的除硬。因此，“$NaOH+Na_2CO_3+Ca(OH)_2$”工艺模式是一种投资少、见效快、具有良好的社会推广应用前景的优秀工艺路线。

参 考 文 献

[1] 史元腾. 反渗透浓盐水双碱法除硬与除硅工艺研究[J]. 水处理技术，2019(12)：45.
[2] 肖超. 高密度沉淀池对去除水中硬度的应用分析[J]. 石油化工安全环保技术，2020，36(3)：53.
[3] 陈明. 石灰、氢氧化钠、碳酸钠用于水厂调节 PH 的对比试验研究[J]. 水工业市场，2009(11)：4.
[4] 吴金武，柳枫庆. 石灰，液碱，纯碱降低煤气化废水硬度的实验[J]. 煤化工，2018，46(5)：3.

石油化工复杂有机废水未来解决思路探讨

陈永华[1]　杜伯会[2]

（1. 北京科安博科技有限公司，北京 100012；
2. 山东省产品质量检验研究院，济南 250199）

【摘要】 分析了目前石油炼化行业有机废水处理的状况和存在的问题，提出目前深度处理过程的复杂性不仅是生产过程的不定因素导致，管理问题也是重要因素之一；石化有机废水的深度处理不仅需要技术方面的研究支持，更需要整体处理系统的综合性再细化量化管理结合处理技术的研究。只有这样才能真正做好有机废水处理过程向生态化、低能耗、低成本方向快速发展。

【关键词】 石油炼化　有机废水　深度处理　细化量化　系统管理

炼化系统各环节所产生的有机废水的成分、有毒物质及浓度都是不一样的，将各部分废水汇聚在一起，将本来就复杂的石化有机废水变得更加复杂多样性，同时，汇聚在一起，很多物质被稀释，处理量变大，处理效果变差，处理成本变高等。

因此，在石化有机废水深度处理技术研究和拓展的同时，也需要结合现实情况进行一些问题讨论研究。复杂有机废水含有难降解的有机污染物种类和数量多，有毒物质多等情况，可以考虑通过深入细化分析，深入认识其相互影响和抑制的干扰环节，抓住主要矛盾，并对其分级和分类处理和适当增加预处理分解段进行适当的前处理等措施再进行深度生化处理。以及不同废水混入的流程节点和是否需要预处理等也要关注。只有对企业自身运行所产生的有机污水状况及水处理系统各个环节所产生的废水成分数据情况了解的越深入，各个环节了解的越细分越充分，掌握的数据越接近真实情况，以此为依据所采用的技术流程方案才能更加有效和有针对性，才可能做出最优化的技术流程路径。

本文以某石油化工园区有机废水处理系统为例，详细分析其废水来源及成分，探讨了分段生化处理的可行性及实施策略，为石化有机废水深度处理的绿色化、低耗化发展提供了理论支撑。

1　化工园区有机废水情况简析

目前化工园区通常有机废水情况图 1 所示，含油污水管网→格栅→含油污水集水池→调节罐→隔油池→一级气浮→二级气浮→一级 A/O→一级沉淀池→一级中间水池→二级 A/O→二级沉淀池→二级中间水池→CBAF 曝气滤池→检测池→达标排放园区。各环节有机废水统一汇聚到污水处理场集中处理。

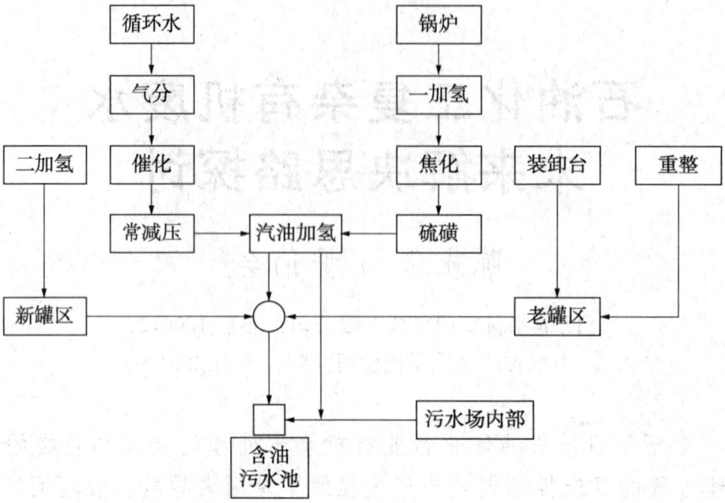

图 1　化工园区有机废水来源情况图

2　有机废水处理分段生化处理的设想思考

由于生化处理厌氧菌的工作环境和工作对象的差异，不同菌种之间会有一些干扰和彼此影响存在，顾此失彼是目前深度生化处理的关键影响因素之一。将复杂问题理顺，进行分类管理，合理配置处理流程，提高菌种的工作效率和活性是未来研究的重点之一。此外，需严格关注影响技术方案实施落地应用过程中的几点关键因素：

(1) 技术方案的稳定性、成熟度和可复制性；

(2) 技术实施和管理的难易程度；

(3) 投资成本因素与规模效益及经济效益情况分析。

3　应对策略

3.1　技术分析细化是解决问题的根本捷径。

知其然，知其所然，使其然。对于复合污染物的认知程度决定采取的技术处理方式的有效和经济性。在石化有机废水深度生化厌氧处理技术工艺的发展过程中，对有机废水中成分研究分析的越充分，处理技术方案就会更协调；对系统工作过程中的状态及检测指标观测越及时越有效，分析处理效果就越好；在这过程中的系统性分析管理和管制配合是有效实施的有力保障；

3.2　在线检测监测技术的调整和布局

随着有机废水生化深度处理技术工艺的不断发展，对现场工况的在线时时检测指标的种类和监测点位布局要求更加完善合理(如国外有对生化处理过程的生物反应的电位情况进行检测监测等)，信息及时有效，才能做到早发现、早诊断、早应对、早处理，为企业健康发展保驾护航。由于工艺流程的升级变化，在线水质分析仪在石化污水处理检测所需要的检测布置和检测重点需要重新再规划设计和调整。

3.3 企业的大型综合化发展

在企业向大型化发展，工业入园管理的发展趋势下，还应该考虑以下几个重要因素：

（1）分流治理是前提

不管是企业内部处理流程还是入园处理，不能单单看几项考核指标，更应该注意指标背后的相关因素，进行分门别类地管理和处理，才能向资源节约型方向快速发展；工业废水不能一混了之，高浓度的有机废水经过大量低浓度废水的稀释，导致废水处理量变大，厌氧菌的工作效率降低，处理的时效性变长，效果变差。如果废水来源不同行业节点，可能会导致部分环节产生的有毒污染物没有经过预处理而混入在一起，增加的废水生化处理的难度和处理效果。导致流程变长，处理时间变长等不利影响。

（2）规模效应是基础

要想做到分门别类地管理和处理，达到规模效应是前提保障。处理细化会增加投资成本，如果没有形成一定规模，就很难体现其经济效益的优越性，质变的前提是量变，规模效益是基础。

（3）废水入园标准指标考核是障碍

企业废水在没有入园区进行最后废水处理厂之前，一般是直排形式，排放标准要求很严，企业在污水处理和管理方面都额外重视。但是进入园区统一处理后，入园区污水处理厂的指标会有很大宽松，势必导致企业在内部污水处理的流程方式得到放松，结果是园区污水厂的污水变得复杂多样性，处理难度增加，处理效果很差，增加污水处理的成本。因此，为抑制企业污水处理的放松意识，建议考虑企业污水入园区污水处理厂按水量和水质等级进行阶梯划分收费，从而增强企业自身的管理意识，以实现最低处理成本来保证水资源的管理处理和再利用。

（4）增能扩建或同业入园管理是机会

相同或相似企业的废水性质一般是相近的，企业增能扩建形成规模化效应的同时，对污水的分类管理处理的量化提供了可行性的前提条件，另外，如果化工园区的入园企业能做到相同或者相似性企业入园共处管理，也可以到达规模响应的效果。

因此，石化废水深度生化处理技术也是一个系统管理工程。努力向着生态循环型处理技术方向发展研究，必须在做深度处理技术研究方案的同时，对整个废水处理系统进行全面管理，技术细化量化也要同时加以研究和考虑，才能做到切实可行的落地技术方案。

综合来看，降能耗，降固废，易管理运营维护，低成本运维，通过深度处理方式来运营发展，是石化企业对降污染期盼的一个长期努力目标。这种类似自然代谢循环的生态处理系统方式，是个系统工程。全面考虑，才能使有机废水污染物在处理过程中，以尽可能最低代价，来达到最优目标。

4 结 论

石化有机污水深度生化处理工艺是社会发展需要追逐的目标，企业从节能降耗降低生产成本的角度，需要更高效低成本的技术处理工艺路线；从社会可持续发展的角度看，也需要低碳环保型的技术工艺来彻底改善和实现碳减排的目标；此外，科学合理的利用生态系统的自身调节能力是社会健康发展的终极目标和保障，深度生化处理的技术路线还有待不断地挖掘提高和丰富。

参 考 文 献

[1] 马溪平，徐成斌，付保荣. 生态环境科学与技术应用丛书：厌氧微生物学与污水处理[M]. 2版. 北京：化学工业出版社，2017.

[2] 黄霞，文湘华. 水处理膜生物反应器原理与应用[M]. 北京：科学出版社，2012.

双效结晶器在煤化工污水处理过程中运行周期的研究

黄嘉逸　张庆星

（中天合创能源有限责任公司化工分公司，鄂尔多斯 017000）

【摘要】 对中天合创化工分公司高含盐水浓缩及结晶装置运行现状进行介绍，从硝酸根浓度、COD、清洗方式、TVR 抽吸效果等方面对结晶器运行周期的影响做了分析，同时对如何延长结晶器运行周期，优化清洗方式等方面进行探索，旨在分析高含盐装置运行中存在的问题、解决装置瓶颈，提高产盐量、提升装置运行负荷，实现浓盐水减量化，提供一定的理论依据。

【关键词】 运行周期　结晶器　产盐量

本工作是以中天合创化工分公司目前正在运行的高含盐水浓缩及结晶装置为基础，对结晶单元两效结晶器运行工况进行分析，对影响结晶单元运行周期、产盐量等相关指标进行数理统计分析，旨在通过工艺参数优化，提高结晶器运行周期和产盐量，提升装置运行负荷，实现浓盐水减量化，从而提升整个水系统的盐平衡。

1　高含盐水浓缩及结晶装置工艺流程简述

上游装置来水为气化装置排水、MTO 净化水、全厂其他污水以及循环水、化学水排污和清洗废水，处理后的水作为回用水供全厂使用。具体工艺为“调节池+一级氧化池+A/O+MBR+高效机械澄清池+V 型滤池+超滤+弱酸阳床+中压反渗透+高压反渗透”，最终来水为高压反渗透浓水，来水量 $110m^3/h$。高压反渗透浓水经高含盐预处理装置三联箱+管式膜+离子床+脱碳器，去除二氧化硅、硬度后进入一级反渗透和超高压反渗透进一步提浓，浓缩后的电导率在 17 万 μS/cm 左右，进入两效结晶器进行提浓出盐，一效结晶器产生的二次蒸汽供二效结晶器加热浓盐水，同时部分二次蒸汽通过 TVR 与新鲜蒸汽混合，供一效结晶器使用，节省了蒸汽用量。产生的凝液作为回用水的一部分进行回收或者回凝液管网。当浓盐水提浓至一定浓度，经过离心脱水机分离达到出盐的目的。

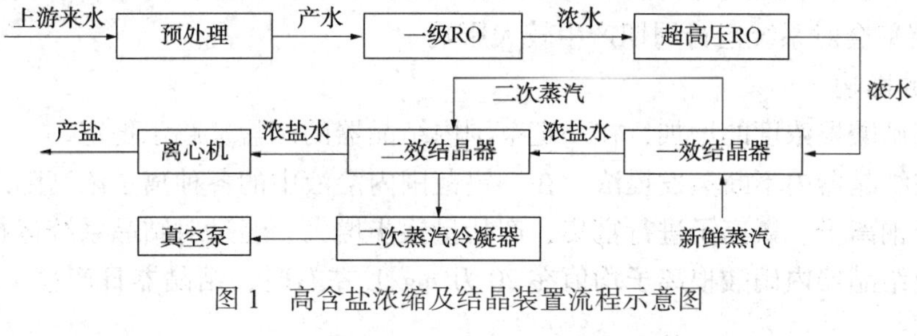

图 1　高含盐浓缩及结晶装置流程示意图

2 高含盐水浓缩及结晶装置运行现状介绍

经过多年的工业运行，结晶器系统暴露出较多问题，运行周期短、负荷衰减快、结晶器真空度较难控制、晶粒细小不出盐等，经过不断攻关优化，部分问题得以解决，但仍然存在比较突出的问题。

2.1 运行周期短

目前高含盐装置结晶系统运行周期平均为十五天，每十五天需进行一次料液置换。平均1至2个月需要进行一次机械清洗、化学清洗，运行周期太短，直接影响装置负荷及产盐量。

2.2 结晶盐产量呈周期性衰减

在每个运行周期的前期，装置的产盐量呈上升趋势，在后期由于真空度的破坏，结晶器换热器处的憋压，都会造成新鲜蒸汽调节阀频繁跳停，导致系统蒸发量下降，产盐量减少。

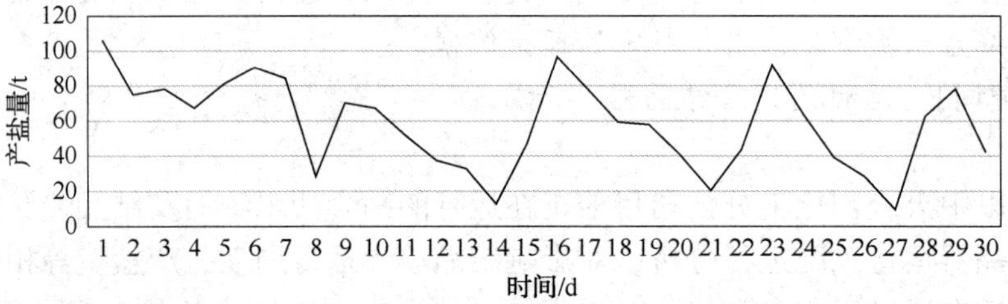

图2 产盐量与运行周期的关系

2.3 一效结晶器真空度较难控制

结晶器内真空度越高，盐溶液沸点就越低，在吸收较少热量的情况下可以蒸发出更多的水量，从而使盐溶液浓缩，直至出盐。目前，由于硝酸根离子浓度等的影响，在运行周期内结晶器的真空度逐步受到破坏，影响系统的蒸发量和出盐量。

3 问题分析及对策

根据目前的运行现状，装置经过多次尝试包括投加高温阻垢剂、投加晶种硫酸钙、定期进行料液置换、加酸降低碱度、加碱除硅、机械清洗以及部分管线流程的改造等措施，目前效果较为理想的为定期置换+机械清洗+碱洗。不论是定期置换，或者物理、化学清洗，有个共同点均为稀释料液，降低料液浓度，在不断提浓的过程中，部分离子的富集，会对系统的稳定运行造成影响。经过对料液中离子的初步分析，认为硝酸根离子、二氧化硅等结垢物质、COD的富集会对系统运行周期产生较大影响。

3.1 硝酸根的影响

（1）随着硝酸根浓度的增加，在一定范围内结晶器的产盐量趋于稳定。

浓缩液在结晶器内不断蒸发提浓，在一定范围内溶液中的各种离子浓度随之增高，结晶盐的主要成分钠离子、氯离子进行富集，产盐量逐步增大。经过对结晶系统运行数据进行统计分析，一效结晶器内硝酸根离子均值在20万mg/L左右时，结晶器日产盐量均值在45吨左右。由此可见，在一定浓度范围内的离子对结晶器的运行影响是稳定的。

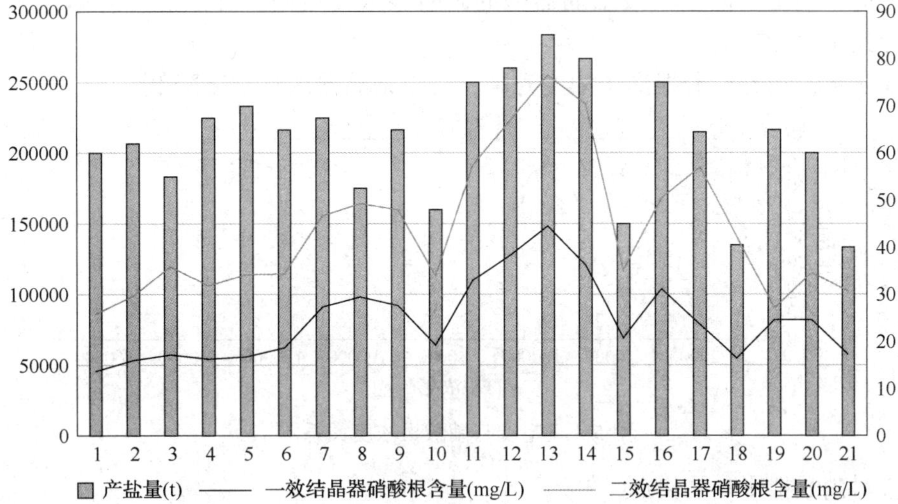

图 3　产盐量与硝酸根浓度关系图

(2) 一效结晶器内硝酸根离子浓度在 10 万 mg/L 左右时，装置日产盐量最高。

如图 4 所示，结晶器内硝酸根离子浓度不断富集，产盐量的趋势为先增后减，在一效结晶器内硝酸根离子浓度为 10 万 mg/L 左右时，装置日产盐量最高。装置进水硝酸根离子均值为 3325mg/L 左右，经反渗透浓缩两倍，汽提塔汽提后，进结晶器硝酸根浓度达 8000mg/L 左右，由此可见，进结晶器内的浓水在浓缩十二倍左右时产盐量较高。

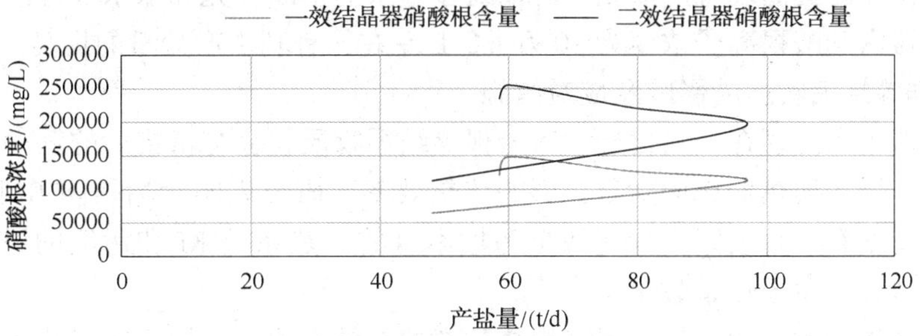

图 4　产盐量与硝酸根浓度关系图

表 1　2017 年 7 月至 2018 年 7 月装置进水硝酸根离子含量　　mg/L

7 月	8 月	9 月	10 月	11 月	12 月	1 月	2 月	3 月	4 月	5 月	6 月	7 月	平均值
1798	2715	3063	5044	3905	2688	3343	3561	4835	2160	3225	1798	4887	3325

(3) 硝酸根离子浓度的增加，会导致结晶器内料液沸点升高，从而会影响结晶器真空度。

以硝酸根为主的离子大量富集后会导致系统内盐溶液的沸点上升，大量蒸汽不断在结晶器内聚集，导致一效结晶器内真空度由原来的 35KPa 不断上升 80KPa 甚至更高。在结晶器内蒸汽压力值升高的同时，盐溶液沸点不断升高，导致恶性循环，一效结晶器盐溶液无法达到沸点，水分不能大量蒸发出系统，从而导致系统浓盐水提浓效果不佳，产盐量越来越低。

二效结晶器内蒸汽通过二次蒸汽冷凝器、真空泵等设备的控制，蒸汽迅速冷凝，真空度可以控制在运行范围，但是二效结晶器内的硝酸根浓度更高，导致沸点升高，蒸发能力不足，也会导致出盐量偏低。

如图 5 所示，随着硝酸根离子浓度升高，一效结晶器内真空度降低。

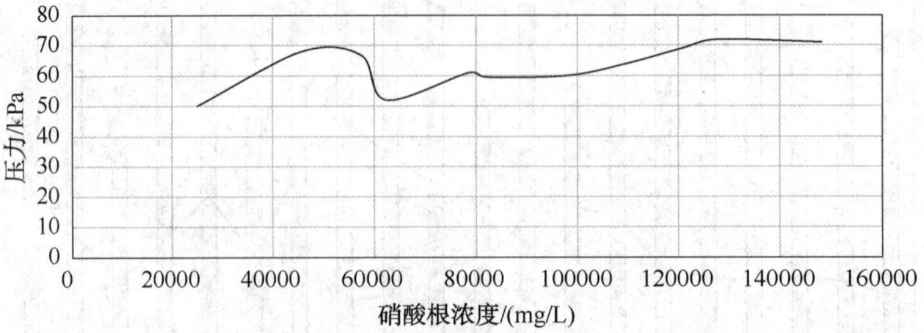

图 5 真空度与硝酸根浓度关系图

（4）应对硝酸根影响的措施：

如何控制硝酸根含量对结晶器的稳定运行及提高出盐量至关重要。首先要从源头上解决问题，在能去除硝酸根离子的 A/O 工艺中，通过加大污泥回流比例、投加生物增效剂等措施，提高反硝化效率，充分去除硝酸根离子。同时，生物段进水的 C/N 值较高有利于生物脱氮[1]，但进水有机物浓度过高也会抑制硝化菌的生长，C/N 值在 4~13.4 时系统的脱氮效果较好[2]。

在上游暂时无法很好地控制硝酸根的情况下，装置要尽量在硝酸根离子浓度最优的情况下长时间运行，才能提高装置产盐量。可以通过进水的不断补充和浓水及母液的排放，长时间将一效结晶器内硝酸根离子浓度为 10 万 mg/L 左右，有利于产盐量的提高。

3.2 二氧化硅等结垢物质的影响及应对措施

由于结晶器进水中存在二氧化硅、硫酸根等结垢物质，会与富集后的钙离子形成硅酸钙垢、硫酸钙垢，垢在换热器表面附着，影响传热效率，研究表明污垢热阻 Rf 的影响因素很多，但从传热角度看，直接因素只有两个污垢本身的导热系数 Kf 和污垢的厚度 x。垢的厚度越大，热阻越大，总导热系数越小[3]。

因此消除换热器表面的垢，是提高换热效率的有效方法。根据运行经验的积累，目前采用机械清洗加化学清洗的组合方式，效果较为显著。其中，为充分溶解硅垢，防止硅垢在换热器表面形成致密的垢样，影响换热效率。目前装置采用碱洗的形式进行化学清洗。一般运行两个月左右，进行机械清洗加碱洗的形式，恢复结晶系统的处理负荷。

3.3 COD 对结晶器运行工况的影响及应对措施

零排放系统的末端是结晶器，上游系统投加的药剂，包括阻垢剂、非氧化杀菌剂、消泡剂等，形成结晶系统的母液，无法进一步去除，因此在结晶器运行一定周期后，会导致无法蒸发导致系统运行负荷降低。目前高含盐水事故池水中 COD 高达上万毫克升，严重制约结晶器的运行工况。因此，在未进行提标改造，进一步去除 COD 前，目前装置采取的方式为定期置换，每周对结晶器内的料液进行排空，重新进料。同时，在后续提标改造中，通过臭氧氧化去除 COD，通过母液干燥或者焚烧进一步去除 COD 等均对延长结晶器的运行工况有较大的利处。

此外，结晶器除沫器的定期清洗，TVR后的放空改造、二次汽管线的污堵清理等措施，均是通过多年的运行摸索，探索出的提高结晶器运行周期的有效方式。

4 结　　语

综上，各种离子对结晶器运行工况的影响不是单一的，而是一个综合复杂的过程。延长结晶器运行周期，以最大负荷的处理浓盐水是零排放系统要关注的重点领域。同时，高盐水处理过程是一个复杂的离子分离、提取、转移的过程，对设备的腐蚀、工艺参数的控制，运行条件的优化等一系列问题，是处理煤化工高盐水处理过程中比较实际而又严峻的问题。

由于浓盐水这一特征，结晶器的定期维护、清洗、置换变得尤为重要，如何科学合理的组织系统清洗、置换，是关乎于系统处理负荷的一个重要影响因素，需要我们进行进一步的研究、探索。

参 考 文 献

[1] 马俊伟，曹芮，周刚，等. 浓度对高固体污泥热水解特性及流动性的影响[J]. 环境科学，2010，31(7)：1583-1589.

[2] 王志军，王伟. 污泥热水解过程中固体有机物的变化规律[J]. 中国给水排水，2004，20(7)：1-5.

[3] 高明，孙奉仲，黄新元，等. 换热器结垢工况下换热系数变化的分析研究[J]. 能源工程，2003(04)：9-13.

外排污水 COD 的影响因素分析及应对措施

毛伟忠

（中国石化金陵石化公司，南京 210046）

【摘要】 针对的现状，分析了金陵石化公司热电部近期外排污水 COD 数值偏高且易波动的原因。结合除盐装置再生和中和池调节数据，推断出除盐再生时产生的高盐分、加入的酸碱量、中和池调节后的 pH 以及较高的外排流量等因素导致外排污水 COD 偏高。通过调整再生液量、控制中和池 pH 和添加混凝剂等方法有效控制了 COD，提出了 Fe-C 微电解池法和反渗透法，有效地降低外排污水 COD 甚至满足污水回用的建议。

【关键词】 除盐再生 COD pH 值 外排流量 外排污水 反渗透

随着国家颁布的各项环保规定逐步实施，针对污水处理和工业废水方面的治理要求也进一步提高，为响应环保要求，中国石化金陵石化公司热电部外排污水排放指标的要求也逐步提高[1]。作为主要的排放指标金陵热电部外排污水，化学需氧量（COD）一般要求≤90mg/L。自 2022 年 11 月上旬以来，热电部外排污水 COD 指标波动明显（范围为 24.45～79.86mg/L），个别值逼近 80mg/L，存在外排污水排放不达标的风险。因此，分析外排污水 COD 偏高的影响因素并根据影响因素做出应对措施迫在眉睫。

本文针对外排污水 COD 偏高的现状，分析了如图 1 所示的整个除盐、再生及外排系统，得出除盐再生系统、酸碱量和外排流量为主要的三大影响因素，根据现阶段的情况，通过调整再生液量、控制中和池 pH 和添加混凝剂提高斜板沉淀池处理效果等方法对 COD 取得了

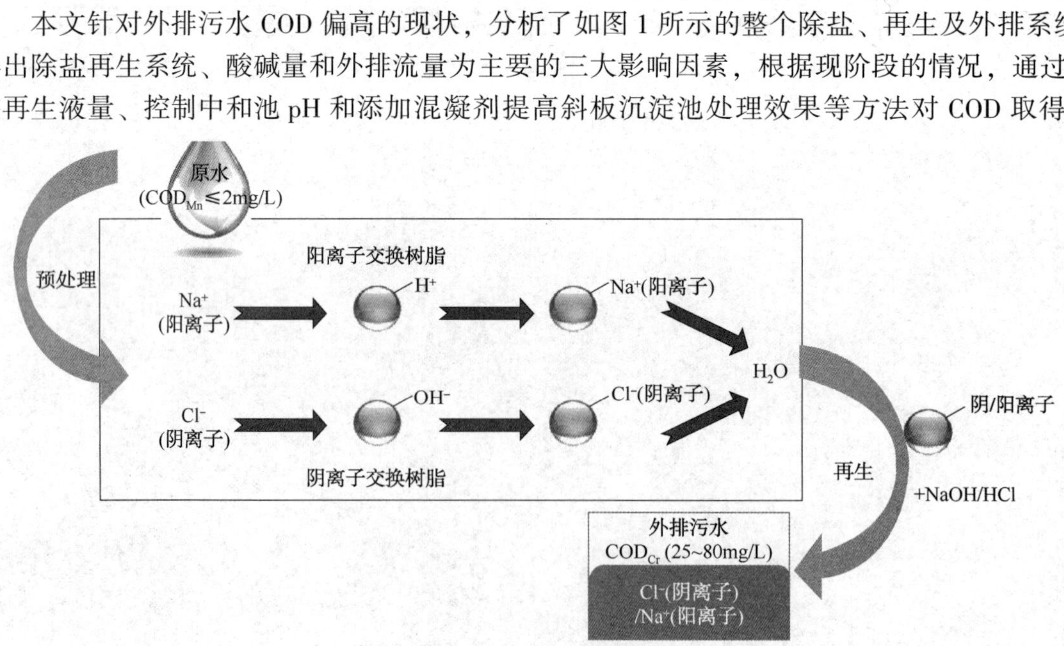

图 1 除盐、再生及外排系统简易图例

有效控制，另外，针对影响因素还提出了 Fe-C 微电解池法和反渗透法，预计通过这些方法结合可以有效地降低外排污水 COD 数值，甚至可以实现真正的外排污水零排放，从根本上解决外排污水可能存在的环保问题。

1 COD 的概念和测定原理

化学耗氧量 COD(Chemical Oxygen Demand)，是指在一定条件下，通过强氧化剂(主要是高锰酸钾或重铬酸钾)来处理污水水样，然后通过反应所消耗的高锰酸钾或重铬酸钾的量来计算出水样中具有还原性物质的量。另外，锰法适用于 COD 较低的湖泊水质测定，而铬法主要应用于 COD 较高的污染水体的水质测定，所以一般情况下工业污水使用铬法测定。其中，化学需氧量与水体污染的程度呈正相关的关系，也就是说化学需氧量 COD 数值越高，水体污染的程度越严重。在判定外排污水排放指标中，它是一个直接且能快速测定的污染参数。

COD 的测定原理为：在强酸性的环境中，以硫酸盐作为催化剂，以重铬酸钾为氧化剂，水样中的还原性物质会被重铬酸钾($K_2Cr_2O_7$)氧化，同时重铬酸钾中的六价铬离子(Cr^{6+})会被还原成为三价铬离子(Cr^{3+})，然后采用分光光度计进行三价铬或六价铬吸光度的测定，并与水样的 COD 值建立数值关系，从而得到水样 COD 数值[2]。

测定原理：Cr^{6+}+还原性物质⟶Cr^{3+}+氧化产物

2 外排污水 COD 现状

如图 2 所示，自 11 月上旬以来，热电部外排污水 COD 指标不随着时间的变化呈现规律性变化，而是一直存在波动数据(范围为 24.45~79.86mg/L)，个别值逼近 80mg/L，较高的 COD 数值使得外排污水排放存在不达标的风险，研究外排污水 COD 较高的影响因素具有重要意义。

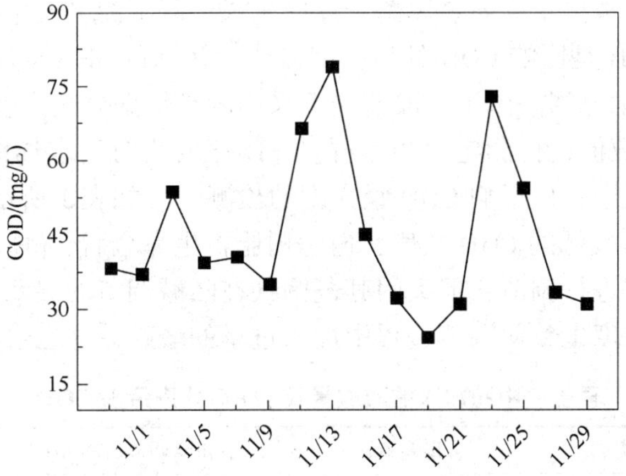

图 2 11 月 1~29 日不同时间的外排污水 COD 数据图

3 COD偏高的影响因素分析

3.1 除盐再生

除去溶于水中的各种电解质称为除盐。在热电部除盐水处理中主要使用H型阳树脂和OH型阴树脂。离子交换树脂(聚苯乙烯)，是带有离子交换的活性基团、不溶性的、具有网状结构的球形有机高分子化合物。原水通过边界水膜进入树脂内部分别以$Fe^{3+}>Al^{3+}>Ca^{2+}>Mg^{2+}>K^{+}>Na^{+}>H^{+}$和$HSO_4^{-}>SO_4^{2-}>NO_3^{-}>Cl^{-}>HCO_3^{-}>OH^{-}>HSiO_3^{-}$的选择性顺序将$H^{+}$和$OH^{-}$交换出来，形成去离子水。但是，离子交换树脂在较高的运行流量下会一直发生分解反应，由长链聚合物分解生成短链聚合物而随着水流流出除盐床，这一现象会导致外排污水中的有机物含量有所上升，从而影响COD数值。另外，当树脂失效时，需要用盐酸和氢氧化钠进行再生，再生前期，阴床上层树脂几乎全部失效，并会发生如下反应：$RHSO_4+NaCl \longrightarrow RCl+NaHSO_4$，$NaHSO_4$的生成会提高再生时的NaOH的加入量。再生完成后原本在树脂内部的各种离子随着再生过程进入中和池，而金属离子(如Al^{3+})在中和池中与OH^{-}反应形成胶体颗粒，另外一部分金属阳离子和阴离子相反应形成高盐水，其中，由于氯离子与重铬酸钾在酸性条件下会发生如下反应：$K_2Cr_2O_7+14HCl = 2KCl+2CrCl_3+3Cl_2+7H_2O$，高浓度的氯离子会大幅增加重铬酸钾的使用，从而导致外排污水COD数值增高。

3.2 酸碱量和中和池调节后的pH

双室浮动床作为化学水处理的主要除盐装置，具有较高的制水量，同时也发生了更多的离子交换反应，一个运行周期后装置内存在大量的离子基团，所以树脂再生时所需再生液的量也相对较高(盐酸：2348kg和氢氧化钠：1544kg)，因此以双室浮动床为对象探究酸碱量对外排污水COD的影响。如表1所示，再生和中和调节所需的大量酸碱是导致外排污水COD偏高的重要因素，其中占主导因素的是加入的盐酸量，因大量盐酸的存在会导致氯离子含量的大幅提高，氯离子与重铬酸钾在酸性条件下会发生如下反应：$K_2Cr_2O_7+14HCl = 2KCl+2CrCl_3+3Cl_2+7H_2O$，从而会导致COD数值偏高。另外，氢氧化钠的加入提供了一定量的氢氧根离子，氢氧根离子会与金属离子反应生成弱碱沉淀，使中和池调节的难度增大。

中和池调节后的pH是影响COD的另一因素[3]，污水的pH值过高或者过低都可能使污水中的COD值偏离正常范围。由于一般情况下采用的是依据分光光度法设计的COD快速测定仪来对污水的COD数值进行测定。当水样的pH值变化时，水样中部分分子会发生电离效应，分子结构的变化会直接影响COD吸光度的检测[4]。如表1所示，中和池调节后的pH范围在7.9-8.2内具有较低的COD数值，但是树脂再生完全后，pH基本不在该范围，所以需要加入一定量的酸碱进行调节，但又因其范围处在酸碱调节的突跃范围内，大大提高了调节难度，较高的调节难度也致使调节过程中加入过量的酸碱，这也会导致COD数值的提高。

表1 再生、中和加入的酸碱量及pH与外排污水COD对照表

序号	酸量/kg	碱量/kg	中和池调节后的pH	COD①/(mg/L)
1	2341	1502	7.5	38.39
2	2349	1552	8.0	36.73
3	2345	1568	8.5	54.20

续表

序号	酸量/kg	碱量/kg	中和池调节后的 pH	COD[①]/(mg/L)
4	2351	1578	8.0	39.52
5	2369	1543	7.9	40.36
6	2375	1543	7.8	35.01
7	2381	1589	8.0	66.69
8	2411	1544	7.4	79.86
9	2350	1591	8.4	45.26
10	2392	1541	7.9	32.12
11	2380	1540	8.0	24.45
12	2383	1565	8.2	31.40
13	2402	1586	8.5	73.78
14	2352	1544	7.7	54.26
15	2347	1546	8.0	33.45
16	2386	1555	8.1	31.51

①重铬酸钾测定法。

3.3 外排污水流量

现今外排污水系统设有两列斜板沉淀池，其中，斜板沉淀法是在滤渣悬浮层上方按 60 度的倾角安装斜板形成的，使污水中的盐分、固体、悬浮物或加入混凝剂后形成的絮状明矾，在斜板底侧表面堆积成薄泥层，依靠重力滑回滤渣悬浮层，再由污泥管排入晾晒池进行单独处理。斜板沉淀池的上层清液逐渐上升，继而通过管道排入监护池直接排放。另外，一列斜板沉淀池的处理能力为 35t/h，所以存在一定的处理瓶颈，现探究其外排污水的流量对 COD 的影响，在保证 COD 合格的前提下，在同一天内调整流量收集 COD 的变化趋势，如表 2 所示，外排污水的流量也是导致外排污水 COD 偏高的重要因素之一，排除少量的误差可以发现，COD 的变化与外排流量成正比例关系，尤其当流量在 67~73t/h 区间变化时，COD 增长速率出现明显提高，从而可知当流量超过斜板沉淀池的处理能力时，部分没得到处理沉降的悬浮物和胶体颗粒，使得 COD 明显提高，因此在满足排污需求时控制外排流量是必不可少的。

表 2 11 月 30 日外排污水流量与外排污水 COD 对照表

序号	时间	外排污水流量/(t/h)	悬浮物含量/(mg/L)	COD[①]/(mg/L)
1	0：00	59	28.1	25.12
2	2：00	61	28.5	28.74
3	4：00	63	28.5	29.75
4	6：00	65	30.7	36.77
5	8：00	67	31.5	34.75
6	10：00	69	34.6	39.54
7	12：00	71	38.9	51.79

续表

序号	时间	外排污水流量/(t/h)	悬浮物含量/(mg/L)	COD①/(mg/L)
8	14：00	73	42.6	55.13
9	16：00	75	46.6	62.77
10	18：00	76	48.1	67.85
11	20：00	79	50.6	72.98
12	22：00	80	54.1	78.31

①重铬酸钾测定法。

4 现阶段调整方法

4.1 调整再生液量和控制中和池 pH

以双室浮动床为例，装置内的离子交换树脂经过长期的运行、再生以及清洗后会发生树脂破损及跑漏的情况，从而导致原本设定的再生液量发生偏差，再生液量的偏差会导致再生效果变化以及再生后中和池 pH 的偏差，也会导致中和池酸碱添加量的增加。本着减少中和池酸碱添加量的原则，调整再生液量来控制中和池 pH，如表 3 所示，通过调整再生、中和加入的酸碱量，在中和池 pH 值控制在 7.91~8.07 时，总酸碱量有所降低，酸碱耗降低的同时，外排污水的 COD 也得到了一定的控制。

表 3 调整再生、中和加入的酸碱量和中和池 pH 值与外排污水 COD 对照表

序号	酸量/kg	碱量/kg	中和池 pH 值	COD①/(mg/L)
1	2331	1552	8.55	49.17
2	2334	1550	8.49	45.56
3	2338	1548	8.40	40.18
4	2341	1551	8.32	36.79
5	2344	1552	8.19	32.65
6	2347	1547	8.07	29.77
7	2349	1538	7.99	26.54
8	2348	1535	7.91	27.69
9	2347	1533	7.79	31.46
10	2348	1531	7.68	35.99

①重铬酸钾测定法。

4.2 提高斜板沉淀池处理效果

混凝法是水处理中常用的方法。其处理的对象主要是污水中难以用自然沉淀法去除的细小悬浮物和胶体颗粒，以及某些重金属和高分子有机化合物。它还能在处理过程中提高污泥的脱水性能，降低后续处理的负荷。针对现在的两列斜板沉淀池 70t/h 的处理能力，可以通过添加混凝剂和助凝剂提高斜板沉淀池的处理效率，如表 4 所示，在 65t/h 和 75t/h 的外排流量基础上添加一定量混凝剂，可以发现混凝剂的添加有效地降低了外排污水 COD，因此通过添加混凝剂及助凝剂可以解决外排污水 COD 偏高的问题。

表4 添加混凝剂后外排污水COD对比情况表

项目	外排污水流量/(t/h)	混凝剂添加量/(mg/L)	悬浮物含量(mg/L)	COD①/(mg/L)
调整前	65	—	30.7	36.77
调整后	65	7.5	22.4	28.39
调整前	75	—	46.6	61.77
调整后	75	7.5	35.5	54.98

①重铬酸钾测定法。

5 降低外排污水COD的应对措施

5.1 Fe-C微电解池法

Fe-C微电解池法是应用电解池法对外部污水进行科学有效的处理，它涉及电化学中的离子迁移和电子转移。在Fe-C微电解法处理高COD废水方面，常晓亮等[5]在反应时间50min，Fe-C比1∶1，pH值为5.6的情况下，废水COD去除率可达93.42%。其中的反应原理是将铁和碳粉放入污水中，形成腐蚀池和电极反应，在反应过程中，在铁的表面产生具有高化学活性的亚铁离子和氢离子，这两种离子很容易破坏污水中还原性物质的结构，使其断链[6]。另外，亚铁离子会与污水中的氧分子发生氧化还原反应，产生三价铁离子，同时随着反应的进行，溶液的酸碱度逐渐增加，三价铁离子逐渐被水解，产生更高聚合度的氢氧化铁胶体物质。由于氢氧化铁($Fe(OH)_3$)胶体具有絮凝作用，可以凝结水中的悬浮物以及短链聚合物，使污水中的含盐量明显下降，同时增强净水效果。从理论角度分析，通过Fe-C微电解池法来降低污水中的悬浮物以及短链聚合物，具有一定的可行性，能够在一定程度上能达到降低外排污水COD的效果。

Fe-C微电解池法发生的反应：

$$\begin{cases} Fe-2e^{-} \longrightarrow Fe^{2+} \\ 2Fe^{2+}+O_2 \longrightarrow 2Fe^{3+}+2O^{2-} \\ Fe^{3+}+3OH^{-} \longrightarrow Fe(OH)_3(\text{胶体}) \end{cases}$$

5.2 反渗透法

反渗透技术是通过对浓溶液一侧施加压力，迫使水分子改变流向，从浓溶液流向稀溶液，从而实现污染物和水体的分离，在低压侧获得清洁水，在高压侧获得浓缩液[7]。反渗透水处理设备由过滤器、膜组件、超滤系统等部分组成，污水进入处理设备后，在反渗透膜两侧形成压力差，通过在进水侧施加压力可以克服渗透压，随着进水侧的压力不断上升，水分子的流动方向发生扭转，达到洁净水与污染物分离的效果，继而使洁净水分子通过反渗透膜成为净化水后排出。

反渗透技术作为一种利用物理特性实现水与污染物分离的技术，操作简单，应用范围广，操作简单，在做好预处理的前提下，提高对膜元件的保护，可以满足众多工业企业的污水处理需求，因此在污水处理领域具有广阔的应用前景。在外排污水系统中，反渗透处理技术的应用能够实现高效除盐，降低污水中的高盐分，净化后的污水可回用于循环水补水系统，产生的少量浓水再经过臭氧氧化等方法降低COD后外排。

6 结束语

随着工业的快速发展，工业废水和外排污水的环保指标要求逐渐提高，而化学需氧量作为主要的环保指标，COD达标至关重要。本文针对近期外排污水COD数值偏高且易波动的现状，分析出造成该问题的影响因素为除盐再生时产生的高盐分、加入的酸碱量、中和池调节后的pH和外排流量。根据现阶段的情况，通过调整再生液量、控制中和池pH和添加混凝剂提高斜板沉淀池处理效果等方法对COD取得了有效控制。另外，针对影响因素还提出了Fe-C微电解池法和反渗透法，预计通过这些方法结合可以有效地降低外排污水的COD值。

参考文献

[1] 抚顺石油化工研究院. 石油化学工业污染物排放标准：GB 31571—2015[S]. 北京：中国环境科学出版社，2015.
[2] 邱攀，王白杨，胡春华，等. 物化+生化工艺处理高氮、高COD制药废水[J]. 中国给水排水，2017, 33(10)：100-103.
[3] 詹庆丽，马璇，艾明，等. 净化污水COD分析和应对措施[J]，石化技术，2020,(1)：15-17.
[4] 郧明磊，黄杰，俞小英. pH对COD吸光度影响的研究[J]，科技信息，2009,(32)：40-41.
[5] 常晓亮，苏赛赛，李轲，等. 铁碳微电解法处理高COD废水的实验研究[J]，山西化工，2021, 41(03)：22-24.
[6] 卢欣，李兴春，白瑶，等. 石化企业含盐废水处理技术应用进展[J]. 油气田环境保护，2015,(5)：74-76, 84.
[7] 祁本武. 反渗透技术在电厂水处理的应用分析[J]. 中国资源综合利用，2018, 36(11)：48-50.

某炼化项目污水处理系统建设运行模式分析

朱宇硕

（中国石油大连石化公司，大连 116000）

【摘要】 某公司拟在石化产业园区新建 1000 万 t/a 化工型炼油、120 万 t/a 乙烯及其下游并配套建设公用工程系统和辅助设施。本文对项目情况、技术路线进行介绍，根据计划的建设模式进行对比分析，同时提出建议。

【关键词】 石化含油含盐污水 AO 污泥浓度 运行能耗 污染物去除率

某石化现有炼油生产装置 38 套，化工生产装置 2 套，年原油一次加工能力 2050 万 t。拟在石化园区建设 120 万 t/a 乙烯及下游配套装置，生产高端聚烯烃产品等化工原料，实现由燃料型向化工新材料和高端化学品领域转型发展，提高对产品的市场适应能力，降低生产成本，实现企业效益最大化。而且毗邻项目厂址西侧仍有后续发展空间，能够推动企业做强、做优、做大，建成世界一流炼化一体化企业。

污水系统作为石化企业必备的配套辅助设施，其工艺路线、建设运行模式进行分析探讨。

1 项目基本情况

本设计将以清洁生产的原则，通过选用先进的生产工艺，降低能耗，采用实用、先进的环保处理技术等途径，确保项目建成后所有污染物达标排放，将项目对环境的影响减至最小。

本项目按清污分流原则设置排水系统，对各装置各单元的污水进行分类处理，凡达不到污水处理场控制指标的污水，根据水质情况经过装置内预处理或集中预处理，达到控制指标后排至污水处理场统一处理。

1.1 生活污水系统

本系统收集装置内的生活设施排出的生活污水，生活污水经管道收集并通过化粪池处理后排入生活污水泵站，提升后排至污水处理场处理。

1.2 生产废水系统

该系统主要收集循环冷却水系统的排污水、反冲洗排水等经重力流管道收集后排至装置内清净废水提升池，经泵加压后送污水处理场处理。

1.3 生产污水系统

生产污水主要来自装置的设备排水、装置及单元内塔区、炉区、泵区、冷换区的地面冲洗水、洗罐水、分析化验污水等。装置内重力流含油污水经管道汇集后排入装置内污水池，经泵提升排至全厂含油污水管道送至污水处理场进行处理。

1.4 再生水系统

该系统为经污水处理场回用处理设施处理后达到回用水水质标准的污水再生水，主要用作炼油区开式循环水场的补充水。

1.5 污染雨水系统

初期雨水系统主要收集装置内污染区地面冲洗水和污染区被污染的雨水。污染区地面冲洗水和被污染的雨水由围堰或明沟收集后经管道重力流排至装置区内的初期雨水池，后期雨水经切换井中阀门切换排入雨水系统。在装置内及罐区附近设置废水池，废水池中的污水用泵提升送污水处理场处理。

1.6 清净雨水系统

雨水系统主要收集装置内污染区后期雨水及其他非污染区的清净雨水。经重力流管道收集后排至雨水监控池，用雨水泵提升至界区外滨海河道。

1.7 污水处理场

污水处理场分为含油污水系列、含盐污水系列、循环污水处理系列。

各系列处理规模分别为：

（1）含油污水系列 $650m^3/h$。

（2）含盐污水系列 $1050m^3/h$，其中丙烯腈、ABS、己二腈、尼龙 66 的污水预处理规模为 $350m^3/h$。

（3）循环污水处理系列 $1100m^3/h$。

2 拟定项目技术路线

含油污水系列：来自常压蒸馏、轻烃回收、煤油加氢、渣油加氢、催化裂化、酸性水汽提、裂解汽油芳烃抽提、MTBE、硫黄回收、溶剂再生等炼油装置排出的含油污水，以及罐区、污染雨水、生活污水等进入污水处理场含油系列进行处理。污水经“调节→油水分离→一浮→二浮→A/O 生化→二沉→高密→臭氧氧化+曝气生物滤池 BA→微砂+炭”后回用。出水水质满足 SH 3173—2013《石油化工污水再生利用设计规范》，回用到循环水场作为循环水场的补充水。

含盐污水系列：来自常减压蒸馏装置的电脱盐罐排水，来自重油制氢的气化废水、乙烯裂解、EO/EG、ABS、丙烯腈、聚丙烯等化工装置的污水，来自碱渣湿式氧化 WAO 的污水，以及炼油循环水场排污等污水进入含盐污水系列进行处理。其中丙烯腈装置、ABS 装置污水中含有难降解的有机污染物及含有较高的氨氮需要进行预处理去除大部分污染物后，才能进入污水处理场进行处理。重油制氢的气化废水在装置内除硬、乙烯废碱经 WAO 处理后方能排入污水处理场。

污水经“调节→油水分离→一浮→二浮→A/O 生化→二沉→高密→臭氧氧化+曝气生物滤池 BA→微砂+炭”后西中岛工业园区的污水处理场。污水排放达到 GB 31571—2015《石油化学工业污染物排放标准》和辽宁省 DB 21/1627—2008《污水综合排放标准》的排放标准。

循环污水处理系列：主要处理来自化工循环水场的排污水等，污水经过“调节→微砂+炭→臭氧氧化+BAF→过滤”后送西中岛工业园区的污水处理场。污水排放达到 GB 31571—

2015《石油化学工业污染物排放标准》和辽宁省 DB 21/1627—2008《污水综合排放标准》的排放标准。

化学水站排水、重油催化裂解烟气净化产生的含盐污水、硫黄回收烟气净化产生的达标的生产废水，直接排入污水处理场的外排监控池，监控后送入园区污水处理场。

设置污泥干化单元，油泥浮渣处理后含水率 85%，活性污泥处理后含水率 30%~35%，化学污泥处理后含水率 75%~80%。污水处理场预处理区产生的废气经收集后送污水场焚烧炉设施；生化废气收集后进入生物脱臭废气处理装置，废气经处理达标后经排气筒排入大气。本项目还设置活性炭吸附单元作为保安措施。

3 拟定项目建设模式

3.1 基本情况

园区的污水处理均由第三方水务公司建设和运行管理。该公司由石化工业园区（园区）和第三方合资成立。

3.2 管理模式

企业工业和生活污水统一由北部公用工程能源中心污水处理厂集中处理并排放。污水收集管线为地上铺设，视企业的具体水质情况采用“一企一管”或“多企一管”的方式。

关于设计进水水质：园区要求上游企业方根据排水性质分别执行 GB 31570—2015《石油炼制工业污染物排放标准》，对应 1000 万吨炼油；GB 31571—2015《石油化学工业污染物排放标准》，对应 150 万 t 乙烯，对于大石化预可研中污水排放指标符合园区污水接管标准。其中第一类污染物需满足达标排放标准。第二类污染物中有部分指标为协商标准（如 COD 等），协商标准应满足园区污水厂进水水质要求。

园区污水处理厂处理后的污水达到《城镇污水处理厂污染物排放标准》中一级 A 标准，再生水达到《炼油化工企业污水回用管理导则》中初级再生水用于循环补充水的水质标准。

目前预可研方案为厂内污水处理达到排放标准，回用水处理及浓水处置由园区负责。

预估第三方水务公司将上述 2150m^3/h 污水处理至回用水质后送项目回用，处理费用 12.85 元/t，回用率≮60%。浓水由园区处理达标后排放，无额外费用。

4 污水回用系统建设模式分析及建议

4.1 污水回用系统建设背景

目前设计化工污水及循环水场排污水处理达标后送园区污水场进行回用处理。该部分工艺流程较为简单，常用核心工艺为 RO 反渗透膜进行回用处理，回用率一般为 60%~75%。园区保证回用率≮60%属于最低标准，同类装置运行效果较好，回用率一般为 70%~75%。

4.2 污水回用系统建设方案分析

对污水回用及 RO 浓水处理全部自建与“污水回用工艺处理装置自建+RO 浓水送园区处理达标后排放”进行对比分析。

表 1　污水回用处理价格对比

序号	名称	来源	正常用量/(t/h)	厂内价格/(元/t)	园区价格/(元/t)
1	污水回用	化工污水 循环水排污水	1050+1100	运行费用 4~5 元 (不含人工、折旧、维修费)	12.85

表 2　污水回用处理单价分解

序号	项目	单价	用量	年费用/万元	备注
1	用电成本	0.5 元/(kW·h)	回用水：2370kW·h	1038	
			浓水：2580kW·h	1130	
2	换膜成本	滤芯 4500 元/根	60 根/0.5 年	54	
		超滤膜 21000 元/根	620 根/5 年	260	
		反渗透膜 4800 元/根	2100 根/3 年	336	
3	药剂成本	回用水：0.5 元/t	2150t/h	942	
		浓水：8 元/t	860t/h	6027	
4	维修费	—	—	500	
5	制造成本	—	—	2000	按照 20 年折旧
6	人力成本	20 万元/人	10 人	200	
	合计	—	—	12487	估算

投资成本：根据生产用水需求，炼化一体化项目需要自建一套 2150t/h 的污水回用装置，投资成本约为 4 亿元。

运行成本：污水回用装置的运行成本主要包括电费、换膜费用、药剂费用、折旧、人力和维修费。参照行业同类装置运行成本理论测算污水回用装置年运行成本约 1.25 亿元。

依托成本：依托园区时，污水回用由园区处理，正常处理量为 2150t/h，价格为 12.85 元/t，年依托费用为 2.42 亿元。

表 3　污水回用装置自建与依托方案比较

对比项目	自建方案	依托方案
投资成本	4 亿元	0
运行成本	2 亿元，运行成本低	2.42 亿元，运行成本高
优点	(1) 污水处理自行调控，不影响装置生产运行； (2) 停检等原水水质异常，增加费用较少； (3) 运行成本稳定，不受他人控制； (4) 员工有装置运行操作管理经验； (5) 污水回用率高	污水排放由园区负责，环保风险小
缺点	(1) 浓水处理由公司负责，环保风险大； (2) 若国家排污标准提高需同步进行改造	(1) 上游排污异常时，园区根据水质额外收取费用； (2) 存在园区暂停接收污水影响装置生产风险； (3) 存在日后提高污水处理费用风险； (4) 污水回用率仅承诺≮60%

综上所述，建议污水回用装置自建。

5 其他问题及建议

5.1 循环水补水缺口

根据目前方案，项目循环水补水需求理论值 3420t/h，含油污水回用 650t/h，园区污水回用 2150×0.6=1290t/h，合计 1940t/h，存在较大缺口。需尽量提高污水回用量及回用率，或与园区讨论中水采购事宜。

5.2 排放标准提标

GB 31570—2015《石油炼制工业污染物排放标准》2022 年曾进行修改(征求意见稿)，GB 14554—1993《恶臭污染物排放标准》已经开始修订，涉及相关废水、废气处理要求需予以关注。新建装置需满足相应要求，比如：①有机废气排气筒中非甲烷总烃初始排放速率≥3kg/h 的，相应的处理装置处理效率不应低于 80%；②排放臭气浓度≤1000 等。

5.3 污泥处理系统

目前设计清净废水高密池、浓水软化澄清池等产生的化学污泥经浓缩、离心脱水后含水率 75%~80%。日产量约 22t/d，年产量 8030t。

根据运行经验，高密池化学污泥可以与生化污泥等混合处置，即处置后含水率降低至 35%左右。该部分固废年产量理论上可由 8030t 降至 3700t，每年节约费用 1000 万元。

化学污泥可以与生化污泥等混合，进行干化处置，相关处理装置规模需重新考虑。

5.4 污水外排

目前设计含油污水回用、化工及循环污水送园区。若流程不畅、异常工况、园区异常等情况影响排污流程，则可能影响全厂生产平稳。

因目前设计各污水场处置后，均达到国标排放标准，因此建议设立污水紧急排放流程，特殊工况下处理达标污水直接排海。

5.5 雨水回用

目前雨水系统收集后进入雨水监控池，若达标则外排，污染则送事故水池。

雨水水质普遍较好，问题是树叶等杂物较多。建议雨水监控池设置格栅等去除杂物处理设施后，增加回流至含油污水处理系统流程，提高回用水量。含油污水处理能力建议考虑一定余量。

新型药剂在炼油污水浮选工艺除油应用

彭　波　刘倩倩

（中国石化金陵石化公司公用工程部，南京 210033）

【摘要】 浮选工艺在除油过程使用新型药剂，不仅可以保证效率，还具有减少浮渣产生量等一系列好处，产生较好的环境效益和较大经济效益，完全能替代现有同类型药剂。本文针对浮选新型药剂试用运行过程中出现的变化，从操作调整、投加位置、设备选用、浮渣产生及刮渣等方面全方位分析了药剂的性能和适用性。

【关键词】 新型药剂　除油　浮选　絮凝　混凝

炼化企业污水处理浮选工段布局大都以两级气浮为主，其中涡凹气浮（CAF）+溶气气浮（DAF）工艺组合逐渐成为多数新建或改造污水场的选择。浮选工段高效稳定运行，是提高进入生化工段水质的重要保证，浮选工段可通过投加药剂等操作改善水质。

一般在原水处理除去固体粒子和含油废水处理除去油类的过程中，有机高分子絮凝剂效果好，投加量一般也很少，但如果结合无机混凝剂使用效果会更好。如在原水浊度较高时，先加入少量聚铝然后再加入少量聚丙烯酰胺，不仅混凝速度更快，而且投加药剂总量也比单独使用聚铝或聚丙烯酰胺的量低得多。有机絮凝剂与无机混凝剂配合应用，可以获得最大颗粒的絮凝体，并将油滴凝聚或吸附而除去。无机药剂与有机药剂的结合使用，可为新型药剂的使用提供理论支撑和可行性实践[1]。

1　浮选工艺及运行概况

金陵石化公司污水处理场采用两级浮选工艺除油，设计处理量为1000t/h。从罐中罐隔油（油含量≤150mg/L），经两级浮选串联工艺处理（油含量≤20mg/L），浮选工艺出水，再进入后续生化等处理后达标排放。[3]

原浮选单元药剂投加为聚合氯化铝（PAC）和液体（固体）状聚丙烯酰胺两种（PAM），随着科技的进步和环保要求不断提高，絮凝剂品种逐步增加，更新换代明显加快，有机多元产品逐步取代无机产品，金陵石化公司所选用“二合一”除油絮凝剂就是其中之一，通过生产性试用取代传统 PAC 和 PAM 配合使用的加药方式，寻求最大化价值取向。[3]

原用聚合氯化铝分别投加至一级涡凹浮选的配水池和二级浮选池入口，液体状聚丙烯酰胺投加至一级涡凹浮选池的入口段。由于新型 ZBH-233 复合除油絮凝剂兼具有机和无机絮凝剂特性，投加位置由原投加三个点位改为两个点位（同聚合氯化铝投加点）。

2 新型ZBH-233复合除油絮凝剂

2.1 性能指标

新型ZBH-233复合除油絮凝剂主要原料为聚合半胱氨酸改性PAM、半胱氨酸、丙烯酰胺，为阳离子共聚物，无色至琥珀色液体，无特殊气味。通过添加聚合半胱氨酸改性PAM，性能极大提高，黏度极低，相同浓度下黏度下降至1/1000以下，液态下可存放两年，环境友好。新型药剂性能指标见表1（试验方法：Q/320412ZYH043—2020），与常用药剂成分、作用、效果对比见表2。

表1 ZBH-233絮凝剂技术指标

项目	质量标准	项目	质量标准
外观	无色至黄色液体	密度(20℃)/(g/cm³)	1.05~1.30
固含量/%	≥28	不溶物质量分数/%	≤0.2
pH值(10g/L水溶液)	≥3.0		

表2 ZBH-233与常用PAC对比

项目	常用PAC			新型药剂
成分含量	$CaCl_2$等杂质	Al_2O_3 30%	Al的其他形态35%	聚合半胱氨酸、半胱氨酸、丙烯酰胺等
作用	杂质、无絮凝作用	有效成分，产生絮凝作用	部分有效，产生部分絮凝作用	有效成分，产生絮凝作用，无效成分完全溶于水
结果	无效成分为污泥，增加浮渣产量	与水中杂质结合，成为浮渣	有效成分与水中杂质结合，成为浮渣；无机成分为浮渣，增加浮渣产量	有机成分与水中杂质结合，成为污泥。无效成分溶解于水，不产生浮渣

2.2 除油对比

为考查新型除油絮凝剂浮选使用效果，在前期实验室采38个不同季节时间段样次试验的基础上，于2021年4月13日~5月12日在本污水处理场含油一级和二级浮选开始生产性试用以代替原两种药剂。

在生产性试用的一个月中，每天上午、下午两次对含油一级浮选进口段、一级浮选出口段、二级浮选出口段各采两次水样分析，主要分析油、氨氮、COD。其分析方法为油——红外分光法、COD——重铬酸钾法、氨氮为蒸馏滴定法。重点核查二级浮选出水油含量是否稳定达到≤20mg/L，分别取试用前后30个样品二级浮选出水油含量数据对比。部分数据见表3，剔除异常数据后，计算得油平均去除率为95.2%，COD平均去除率为42.9%，具有较好的去油和去COD效果，见表3。

从表3可看出，新型药剂使用后一个月内，出水油含量达标率较高且稳定，表明药剂除油作用性能好且稳定。在表3中出现了4次超标，为了查找原因，进一步分析试用前后一个月不合格样本浮选进出水中油的组分构成，见表4。由表4可以看出，试用前所有不合格样本出水溶解油占总油含量都超过70%，可以得出，溶解油占比较大，当其占比大于70%，浮选出水油含量（红外法分析方法）就很难达到控制指标要求。通常，浮选工艺只能去除大颗粒浮油和乳化油，传统旧药和新的zbh-233都很难将溶解油去除。

表 3　进出口油和 COD 分析数据

日期时间	浮选进口/(mg/L)		浮选出口/(mg/L)	
	油含量	COD	油含量	COD
2021-4-13	183	1310	16.6	614
2021-4-14	4620	2530	14.9	611
2021-4-15	3160	1500	17.2	725
			17.5	587
2021-4-16	90.5	794	18.8	492
			14.7	560
2021-4-17	215	1340	17.5	462
2021-4-18	160	554	20.0	504
2021-4-19	142	412	18.4	448
2021-4-20	64.4	717	18.6	495
2021-4-21	76	476	17.6	424
2021-4-22	112	512	17.6	347
2021-4-23	103	482	17.7	396
2021-4-24	243	534	18.6	396
2021-4-25	122	459	17.6	372
2021-4-26	125	468	17.2	677
2021-4-27	126	491	29.0	379
2021-4-28	106	407	19.2	377
2021-4-29	197	357	30.2	392
2021-4-30	169	801	19.8	334
2021-5-1	180	704	17.4	296
2021-5-2	173	764	17.1	326
2021-5-3	71	535	17.6	305
2021-5-4	215	559	17.6	300
2021-5-5	140	723	19.8	265
2021-5-6	110	776	19.8	312
2021-5-7	87.2	1120	17.3	377
2021-5-8	106	913	18.6	326
2021-5-9	270	595	18.2	369
2021-5-10	205	406	26.4	398
2021-5-11	166	930	26.5	472
2021-5-12	319	1410	19.1	280
平均值(剔除异常数据)	401.97	786	19.2	449
去除率			95.2%	42.9%

表 4 不合格样品进出水分析

日期	进水/(mg/L)	出水/(mg/L)			总油脱除率/%
	总油	总油	溶解油	比例/%	
试用前一个月					
2021-3-14	742	36.8	26.0	70.6	95
2021-3-15	426	36.5	25.9	70.9	91.4
2021-3-16	439	36.7	26.3	71.6	91.6
2021-3-17	658	34.4	24.6	71.5	94.7
2021-3-18	223	27.4	19.4	70.8	88.2
2021-3-19	473	25.4	17.9	70.4	94.6
2021-3-20	833	65.1	48.1	73.8	92.1
2021-3-21	206	69.2	50.3	72.6	66.4
2021-3-22	152	23.9	17.4	72.8	84.3
2021-3-23	254	27.7	20.2	72.9	89.1
2021-3-31	103	29.3	23.1	78.8	71.6
试用期间					
2021-4-27	298.0	22.1	15.9	71.95	92.5
2021-4-29	215.0	21.3	15.3	71.83	90.1
2021-5-10	189.5	23.6	16.1	68.22	78.5
2021-5-11	202.7	21.7	15.2	70.05	89.3

同时跟踪考察浮选单元整体去除能力，数据收集整理见表 3，按指标考核看，进浮选要求油大于 100mg/L，浮选出口油含量不大于 20mg/L，其综合除油能力为 95.2%，其中油和 COD 的月合格率也有大幅提高，由 3 月份的 67.7%提高到 4 月份 87.8%，见表 5，为下道工序生化处理打下坚实基础。结合药剂性能特点，可明显看出，新型药剂在试用过程中除油、COD 等污水中污染物效率较原药剂有较大提升。

表 5 新型药剂对油和 COD 的去除效果

项 目	试用前	试用期间
油/(mg/L)	24.95	19.2
COD/(mg/L)	589	425
合格率/%	67.7	87.8

2.3 产浮渣对比

统计一个月产生浮渣看，使用新型复合除油絮凝剂期间统计了累计月产渣量为 1458t，试用前三个月产渣量分别为 1 月产渣量为 2840t、2 月产渣量为 2019t、3 月产渣量为 2974t，三个月平均产渣量为 2611t。去年同期 4 月产渣量为 2399t，5 月份产渣量为 2594t。通过与今年前几个月及去年同期产渣比对，试验阶段一个月时间产渣量约为以前的 55.84%。月净减渣量约 1153t，按浮渣固含量 1%计算，可减少经离心机脱水产泥量(固含 20%)的污泥 57.65t，浮渣处置费用按 3000 元/t 计，可节省处置费用至少 57.32t×3000 元/t = 172950 元。

2022 年浮选平均产渣量为 1664.5t，截至 2023 年 1~5 月平均产渣量为 1535.6t。

该药剂中区别于 PAM 黏度低投加量小、使用性能稳定。即使投加过量也容易降解，不像 PAM 会导致生化系统难降解，而且产渣少、流动性好。浮选产生的浮渣量减少，可大大降低危废浮渣处理成本和劳动人工强度。经操作人员对新药剂使用后反映都说在排渣时，明显感到浮渣流动性好，刮渣机只需经过 1~2 轮次排渣，池面浮渣即能悉数刮除。

2.4 经济和社会效益对比

在试验期间，平均每天使用新型絮凝剂(稀释液)800kg，按水处理量 600t/h 计(药液投加量约 55mg/L)。根据两种不同药剂投加单价及投加量经测算，新型絮凝剂投加费用整体比原两种药剂混合投加费用有一定程度下降。

浮选工艺产生的浮渣是危险废弃物。相比普通絮凝剂，使用该新型药剂后危废浮渣产量大幅度减少，每月可节省危废处置费用近 17.3 万元。

使用新型药剂，减少了一套相应设施或设备，减少了投资和设备维护费用及运行耗能等。

新型复合除油絮凝剂为液体，易溶解，不堵塞加药计量泵和管路，配制操作方便，大大降低劳动强度。具有明显的经济效益和社会效益。

综合上述分析，新型絮凝剂具有如下特点：

(1) 该产品为绿色低碳产品，一般情况下使用单一药剂可取代 PAC 加 PAM 药剂组合，填补国内药剂空白。

(2) 具有破乳、絮凝、脱色等多种功能，是针对含油污水的专用絮凝剂。

(3) 无毒、无味、无粉尘污染，是安全环保型絮凝剂，有利于实现清洁化生产。

(4) 产品无杂质，水溶性好，不腐蚀管道，不堵塞加药泵。

(5) 投加量小，一般加量是 PAC 加 PAM 总量的 10%~15%左右。

(6) 液体产品使用泵输，形成浮渣易排除，可以降低现场人员劳动强度。

(7) 对含油污水中的硫、酚、氰类等污染物的去除率比 PAC 要高数倍。

(8) 该产品本质不增加浮渣，使用后浮渣一般可减少 50%，大幅度降低浮渣处理成本，具有明显的经济效益和环境效益。

(9) 抗冲击能力强，对处理高含油和高 COD 污水效果尤其显著。

(10) 该产品的应用必须通过气浮装置效果才能充分发挥。[2]

2.5 效果总结

经过一个月的试用，从数据看，新型复合除油絮凝剂具有原药剂同样的性能且对油的去除能力好于原药剂，气浮效果明显提高，主要浮选考核指标油含量能稳定控制在 20mg/L 以下。COD 由原来的平均 589 下降到 425，出水 COD 均值比使用原药剂去除能力提高近 27.7%，二级浮选出水水质明显改善。且危废浮渣产量大幅度减少，每月可节省危废处置费用近 17.3 万元。该药剂中含亲油和亲水基团因而破乳能力强，网捕作用发挥充分因而对 COD 等去除效果明显。

3 结 论

炼油污水处理场浮选装置是重要处理单元，该单元稳定且较低的污水含油量水质，对下道工序——生化工艺等的运行效能发挥，起到了重要的承上启下作用。使用既经济又除油效率高、且产生危废(浮渣)越少的絮凝药剂是浮选单元重要一环。通过一个月的试用及认真评估，该新型药剂对水中的悬浮油、特别是乳化油有很强的去除作用。新型除油絮凝剂能满足炼油浮选工艺除油的需要，为炼油污水除油增添了新的“良方”，具有较大应用前景。

参 考 文 献

[1] 纪轩. 废水处理技术问答[M]. 北京：中国石化出版社，2003.
[2] 陈柱，蔡兰坤，丛梅. 给水与用水处理技术[M]. 3版. 北京：化学工业出版社，2004.
[3] 唐受印，戴友芝. 废水处理工程[M]. 北京：化学工业出版社，2004.

烟气脱硫脱硝废水对污水处理装置的影响及解决措施

郝玉翠　邓春芳

（中国石化天津石化公司，天津 300270）

【摘要】 炼油催化裂化装置产生的烟气脱硫脱硝废水，排放 COD、pH 值、氨氮、SS 常超出下游污水处理提标装置的运行进口指标，威胁污水总外排口稳定达标。通过上下游联动加强沟通，源头采取 pH 值控制、调整加药量、对高密度澄清池安排检修和排泥置换、更换滤袋以及在余热锅炉检修时加强调整等措施；污水处理末端采取应急减负荷，水量平衡，加强监控，增加应急流程氧化氨氮以及后续进行提标改造优化，确保了外排达标工作目标。

【关键词】 烟气脱硫脱硝废水　外排达标　氨氮　COD　pH 值控制

随着环保要求的不断提高，催化裂化装置再生烟气中含有 SO_2、SO_3、NO_x 和催化剂粉尘，已成为我国炼厂主要的空气污染源，对再生烟气进行脱硫、脱硝、除尘处理已是必然趋势。烟气脱硫脱硝产生的废水，含盐量和 SS 高，偶有出现 COD、pH 值、氨氮超标，对下游的污水提标装置运行造成很大影响，严重威胁污水总排稳定达标。一方面急需开展源头治理或完善，查看其预处理污水设施存在的问题或缺陷，避免其高含盐量、高 SS 和偏碱的 pH 值对污水处理设施造成板结、设备结垢不可逆后果。另一方面急需在末端污水处理装置完善自身应对措施和工艺改进。

1　现　　状

1.1　污水处理末端现状

为满足外排达标，污水处理装置设有 2 套提标装置。1#提标装置主要包括反硝化滤池+臭氧氧化+活性炭生物滤池+高密度澄清池，该套装置主要处理炼油污水处理装置含盐系统生化装置出水。废水进入均质罐，通过反硝化脱氮、臭氧氧化去除 COD，再经过活性炭吸附、高密度混凝絮凝去除磷和悬浮物。2#提标装置主要包括高效生物反应池+高密度澄清池，该套装置主要处理催化裂化烟气脱硫脱硝废水、污水场回用装置的 RO 浓水、凝液回收装置中和废水等低 COD、难降解、高盐废水。几股水进入均质罐混合，出水通过提升泵进入高效生物反应池，通过菌群的氧化吸附去除 COD，再经过高密度澄清池池混凝絮凝去除磷和悬浮物。

催化裂化装置的烟气脱硫脱硝废水 TDS 达到 15000mg/L（主要为硫酸钠和亚硫酸钠），悬浮物常超 100mg/L，pH 值接近 10，COD 和 TDS 偶有超标。2022 年以来其排放水质更加恶劣(见表1)，一直稳定的氨氮指标也出现了大幅超标情况(见表1中10月12日数据)。

表1　烟气脱硫脱硝废水重点指标2022年情况

2022年	COD	氨氮	SS	TN	pH	TDS
指标	<50mg/L	<5mg/L	<50mg/L	<10mg/L	6~9	<15000mg/L
1月	115	1.4	142	5.1	8.4	14938
2月	106	2.1	89	8.4	8.4	20940
3月	41	0.6	75	2.4	8.7	14439
4月	30	0.52	50	2.15	8.9	14280
5月	44	0.38	28	1.68	8.6	13369
6月	50	0.55	59	1.74	8.9	14248
7月	71	0.63	102	1.52	9.2	11081
8月	25	0.78	164	1.27	9.2	18882
9月	21	0.63	39	1.35	9.4	13879
10月12日		57.91				

该废水水质恶劣，直接影响2#提标装置稳定运行，具体表现如下：高效生物反应池出水COD从12mg/L增至27mg/L，填料板结。高密度澄清池出水COD由12mg/L增至28mg/L，高密度澄清池底泥因无机质较多板结，造成排泥管线无法输送。

2021年9月对2#提标装置高密度澄清池产生的污泥进行氧化物全分析，发现污泥中硅、铝含量高(SiO_2占比15.4%，Al_2O_3占比49.1%)，判断为催化裂化装置烟气脱硫脱硝废水所带烟气催化剂的主要成分，其形成了硅铝分子筛，使得污泥呈板结状，造成排泥困难。2022年10月，对高效生物过滤器填料板结块取下的垢样进行全分析，钙元素占比高(CaO占比57%)，板结的盐垢应为在烟气脱硫脱硝废水提供的碱性环境下，其所带的硫酸盐、硅酸盐等与进入2#提标装置RO浓水中所带的钙硬，形成了钙盐类的结垢。2#提标装置受到了不可逆的影响，严重影响外排达标。

1.2　源头炼油装置烟脱废水装置现状

烟气除尘脱硫单元采用湿法脱硫技术，采用25%NaOH为脱硫剂；烟气脱硝系统采用选择性催化还原法(SCR)脱硝技术，在催化剂的作用下，还原剂(液氨)与烟气中的氮氧化物反应生成无害的氮和水，从而去除烟气中的NO_x。

催化裂化装置烟气脱硫单元排出的废液中含有大量的催化剂悬浮固体颗粒物，以及溶解性亚硫酸盐。主要流程包括高密度沉降器一级除尘和胀鼓式过滤器二级除尘，以及氧化罐设施；其处理后排放标准设计为温度≤45℃，pH值6~9，SS≤20mg/L，COD≤50mg/L。

废水通过提升泵进入高密度沉降器进行一级除尘，经固液分离后废渣从高密度沉降器底部排至渣浆浓缩缓冲罐，高密度沉降器上清液通过提升进入胀鼓式过滤器进行二级除尘，固液分离后从3台胀鼓式过滤器底部排出的浓浆含固率在3%~8%，排到渣浆浓缩缓冲罐。渣浆缓冲罐通过重力作用浓浆含固率提高到10%~20%，进入带式脱水机过滤后含固率为40%的泥饼外送处理。胀鼓式过滤器上清液进入5台氧化罐，通过压缩空气对上清液亚硫酸钠造成的COD进行氧化，氧化处理后出水自外排罐，经冷却器降温后排至污水厂。

其装置运行以来，高密度澄清器无备台，导致检修时直接跨越至胀鼓过滤器出水效果差；为保证出水 SS 达标胀鼓过滤器滤袋经常更换，更换费用高。

2 烟气脱硫脱硝废水水质超标原因分析

2.1 pH 值高

外排废水来源为烟气脱硫综合塔塔底浆液，塔底浆液注入碱液控制 pH 值在 7.0~7.5，塔底浆液至废水处理单元进行处理，期间流程中未再注入碱液。在这种情况下，随着氧化过程外排废水 pH 值上涨至 9。判断原因为碱性环境下，烟气中 CO_2易被吸收形成 Na_2CO_3或 $NaHCO_3$，在输送过程中 Na_2CO_3或 $NaHCO_3$水解会导致 pH 值升高，随着氧化过程，pH 逐渐升高，导致外排废水至下游装置后 pH 超出指标要求。

2.2 COD 高

烟气脱硫外排废水 COD 一般均认为是氧化罐效果不佳导致，但本次对烟气脱硫外排废水分别曝气 0、4h、6h、8h 的数据分别为 224mg/L、194mg/L、191mg/L、218mg/L。数据没有明显变化说明外排废水中有机 COD 高，曝气氧化只能处理无机 COD。

根据现场高密度沉降器处底泥积攒较多有臭味分析。应为进入烟气脱硫塔的催化剂含有焦炭有机物，且絮凝剂投加量由 330kg/d 提高至 660kg/d 过高，底部污泥泵排放不及时，污泥长时间在底部厌氧发酵产生臭味，造成 COD 升高。

硫酸盐还原菌(简称 SRB)是一种厌氧微生物，广泛存在于土壤、地下管道以及油气井等缺氧环境中，在适宜的 pH 值(6.5~7.5)、温度(30~60℃)及硫酸盐浓度(1%~4%)下嗜盐性 SRB 会呈现出暴发性繁殖。其所产生的 H:S——与铁离子反应时，会生成非常难溶的胶态 FeS 沉淀物，他们与细菌的细胞混合在一起，形成一种“胶黏的、滑腻的菌胶团”。高密池底部、胀鼓过滤器内部环境：pH 值 7 左右，温度 35℃，硫酸盐浓度 2.5%，无氧，是硫酸盐还原菌理想的生存环境。并且絮凝剂投加过量导致代谢产物黏结[1]。

2.3 悬浮物高

悬浮物超标应为污水预处理单元沉积的催化剂因搅动导致。

带式脱水机脱水效果较差，且在胀鼓反冲洗频次提高后，渣浆缓冲罐沉降时间进一步缩短，导致系统内存在较多污泥循环，导致 SS 进一步增加。

高密度澄清器因单台，在维修跨越期间，导致胀鼓过滤器压降很快升高至 0.25MPa，反冲洗频次增加，运行时间缩短，过滤效果下降。

2.4 氨氮高

本工程采用选择性催化还原法(SCR)脱硝技术。是指在催化剂的作用下，还原剂(液氨)与烟气中的氮氧化物反应生成无害的氮和水，从而去除烟气中的 NO_x。选择性是指还原剂 NH_3和烟气中的 NO_x发生还原反应，而不与烟气中的氧气发生反应。主要化学反应方程式包括：

$$4NO+4NH_3+O_2 \longrightarrow 4N_2+6H_2O$$

$$6NO_2+8NH_3 \longrightarrow 7N_2+12H_2O$$

一般烟脱废水氨氮不超标，本次超标发生检修操作如下。

在本次余热锅炉 A 检修中，烟气全部并入到余热锅炉 B，烟气流速增大。并且装置加工负荷高为75%~80%。两项原因导致烟气中的含N物质在炉膛内燃烧不充分，烟气中的N只有部分转化为NO_x，脱硝出口降低至12mg/m³。余热锅炉在部分燃烧再生条件下，催化剂上的焦炭部分烧掉，再生烟气中含有较多的CO，还含有还原态的含氮化合物HCN和NH_3，通常检测不到NO_x，以氨氮形式进入烟气脱硫废水中，导致烟气脱硫单元外排废水氨氮升高。

另外，为避免省煤器出口温度过高，炉膛温度控制在750~760℃，较正常偏低。

脱硝NO_x含量降低后，氨气控制阀基本关死，但仍有0.5%的开度，存在氨气进入脱硝反应床层后由于NO_x含量低，未反应的NH_3造成氨逃逸进入到脱硫废水中。

此三项操作均会加重再生烟气携带氨增加。催化裂化装置催化剂在贫氧再生时产生氨气进入烟气中，且烟气中携带的氨含量大于脱硫脱硝装置脱硝所需要的氨气量，过剩的氨气进入脱硫综合塔溶于浆液中，最终导致2#脱硫脱硝装置外排水氨氮含量超标。

3 应对措施

3.1 上游生产装置方面

（1）将综合塔底pH值适当降低至6.5~7.0，减少对CO_2的吸收。将外排水pH值控制在9以下，避免碱性的结垢环境。加强高硫原料的监控，根据原料油硫含量，提前做好应对措施。

（2）延长脱水机运行时长，并通过高密度沉降器底部向外排放污泥，加快系统内污泥的排放。

（3）更换胀鼓过滤器滤袋，减少反冲洗频次。高密度沉降器存泥较多时，紧急切除存泥放净后再次投用。

（4）合理调整加PAM成分的絮凝剂药量，有文献介绍废水处理量在25t/h时普通絮凝剂加注量维持70L/h，关注有机物微生物发酵导致高密池发臭和COD升高问题。

（5）提高余热锅炉炉膛温度至780℃，有企业摸索控制数值炉膛温度在800~890℃时，烟脱外排COD普遍合格[2]或者至少840℃。并提高炉膛内氧含量至3%以上，提高炉膛燃烧效果，确保烟气中含N物质燃烧充分。加强操作调整，余热锅炉如有并炉操作，外排NO_x含量如出现大幅度降低，停止注氨气并关闭现场手阀。

3.2 污水处理装置方面

（1）烟气脱硫脱硝废水超标时，利用存储空间和1#提标装置处理能力，降低处理负荷，增加其他废水处理量进行稀释。

（2）针对氨氮超标，可采取应急措施将2#提标出水利用临时泵，引至1#提标装置处理延长处理流程；并在末端投加次氯酸钠作为化学除氨氮的应急手段。

（3）针对2#提标装置高效生物反应池填料板结情况，全面反洗，然后安排逐间翻倒清理填料，疏通曝气管的人工检修。

（4）对高密度澄清池调整药剂投加比例，定期加大人工冲洗和排泥频次，在排泥螺杆泵出口增加清水冲洗流程，防止排泥管线因板结堵塞。

（5）长远措施，进行相应工艺流程优化改造：①增加烟气脱硫脱硝来水管线至高效生物反应池1#池进水管线单独路由，清除该池的填料，只用于处理烟气脱硫脱硝废水，避免其废水中的盐类与RO浓水的钙硬接触结垢。其出水再与其余间滤池出水混合排放；②两套提标间建立互供管线，充分发挥 1#提标的高效生物反应滤池对 COD 去除率高，以及 2#提标的 DNF 去除 TN 的优势。互供管线建立后，可以灵活延长工艺流程或停运臭氧单元，达到即节能又保证外排达标的目的。

4 结 语

炼油催化裂化装置烟气脱硫脱硝废水排放水质常超标，对下游污水处理装置运行造成影响。通过在源头采取 pH 控制、调整加药量、对高密度澄清池安排检修和排泥置换、更换滤袋以及在余热锅炉检修时加强调整等措施；在污水处理末端采取应急减负荷，水量平衡，安排检修，增加应急流程氧化氨氮以及后续进行提标改造优化等，确保了外排口污水外排达标工作目标。

参 考 文 献

[1] 蔡靖，郑平，张蕾. 硫酸盐还原菌及其代谢途径[J]. 科技通报，2009，25.
[2] 孙博文，吴学金. 催化裂化烟气脱硫废水 COD 控制[J]. 绿色化工，2017，11.

低磷缓蚀阻垢剂在循环冷却水系统的应用

李　程

（中国石油大连石化公司，大连 116000）

【摘要】 本文以大连石化公司循环水场为例，通过技术升级，将缓蚀阻垢剂由传统有机磷配方替换为低磷环保配方，对比升级前后水质情况，得出在生产实际中的综合性能评价和结论：低磷缓蚀阻垢剂在循环冷却水系统中应用效果良好，同时减少环境污染，具有显著的社会效益。

【关键词】 环境保护　低磷　循环水处理　缓蚀阻垢

1 前　　言

工业循环冷却水系统的安全运行离不开水处理剂的投加，主要目的是为了防止冷却水在循环过程中出现腐蚀、结垢、黏泥滋生等问题。同时，为了保证循环水水质达标，水场还需定期排污。随着环境保护要求的不断提高，我国的水处理剂的品种不断丰富，性能不断提高。

目前，我国各行业循环冷却水系统采用的缓蚀阻垢剂仍以有机磷配方为主。磷作为营养源，会使水体富营养化，促使微生物特别是藻类过度繁殖，造成湖水水华、海水赤潮等危害，破坏生态平衡。因此，禁磷和限磷的呼声越来越高，我国的一些城市和地区也对磷的排放进行了限制。从长远发展趋势看，磷系水处理剂的生产和使用必将受到限制，而被低磷甚至无磷水处理剂所取代。

1.1　循环冷却水处理常见问题及原因

循环冷却水处理常见问题主要来自水中杂质的危害。水中杂质的种类很多，按其性质可分为无机物、有机物和微生物；按其颗粒大小可分为悬浮物、胶体、离子和分子(即溶解物质)。在循环冷却水中，很多杂质会分解并沉积下来，循环过程中附着在传热表面，变成垢，造成换热器堵塞。

1.1.1　腐蚀

在循环冷却水系统中，大部分设备是金属材质，长期使用循环冷却水，会发生腐蚀穿孔。主要原因有：冷却水中溶解氧引起的电化学腐蚀、有害离子引起的腐蚀，以及微生物

(厌氧菌、铁细菌)引起的腐蚀等。

设备管壁腐蚀穿孔，会形成渗漏或工艺介质泄漏入冷却水中，损失物料、污染水体；或冷却水渗入工艺介质中，影响产品质量，影响生产安全，造成经济损失。在循环水中，由于养分的浓缩，水温升高和日光照射，给细菌和藻类的迅速繁殖创造了条件。细菌分泌的黏液使水中漂浮的灰尘杂质和化学沉淀物等黏附在一起，形成沉积物附着在传热表面，即生物黏泥。黏泥附着会引起腐蚀，冷却水流量减少，进而降低冷却效率；严重时会堵塞管道，迫使停产清洗。

1.1.2 结垢

在循环冷却水系统使用中，碳酸氢盐的浓度随蒸发浓缩而增加。当其浓度达到过饱和状态，或经过传热表面水温升高时，会分解生成碳酸盐沉积在传热表面，形成致密的微溶性盐类水垢，其导热性能较差。因此，水垢附着在传热表面，轻则降低换热器传热效率，重则使换热器堵塞，系统阻力增大，仪器负荷增大，水泵和冷却塔效率下降，生产能耗增加，产量下降，加快局部腐蚀，甚至造成非计划停工。

因此，冷却水长期循环使用后，必然会带来结垢、腐蚀和微生物滋生问题。并且结垢之后对清洗造成了不必要的麻烦，增加了工作量的同时，对装置正常运行造成严重影响。只有解决好这三个问题才能稳定生产、节约资源与能源，从而减少环境污染，提高经济效益[1]。

1.2 投加缓蚀阻垢剂的意义

在通常情况下，碳钢、不锈钢、铜和铜合金在循环冷却水中主要发生的是溶解氧产生的电化学腐蚀，此外由于水质组成的差异，运行工况条件的特殊，过水金属表面状况不同，除了溶解氧造成的全面腐蚀外，还存在着点腐蚀、缝隙腐蚀、垢下腐蚀、磨蚀、电偶腐蚀。使用缓蚀剂的目的，一是利用缓蚀剂的阴、阳特性，替代金属参与阴、阳极反应，从而改变金属在水中腐蚀的速度；二是利用缓蚀剂分子量大，在空间产生遮蔽效应，间接地阻碍电极反应的进行；三是利用缓蚀剂在金属表面形成各种形式的膜状覆盖物抑制金属的腐蚀。

冷却水中的污垢很少以单一物质的形式存在，往往以水垢、悬浮物、腐蚀产物和生物黏泥夹杂在一起沉积下来而成，污垢在金属表面的形成，产生污垢热阻，使换热系数急剧减小，大大降低换热器工作效率。加入阻垢剂的目的就是阻止垢在金属表面的形成和长厚。其阻垢原理，一是阻垢剂与水中的钙镁高价金属离子或由它们组成盐或氧化物的粒子发生离子交换等作用，阻碍了它们向金属表面的沉积；二是阻垢剂通过吸附、架桥等絮凝作用，把水中固体颗粒悬浮在水中，阻止其聚集、沉降。

1.3 缓蚀阻垢剂的应用与发展

20 世纪 40~50 年代，在美国等国家主要使用铬酸盐、亚硝酸盐作为缓蚀剂抑制金属设备的腐蚀。但由于本身的毒性，随着环境保护法规的日益严格，此类药剂的使用受到严格的限制，逐步被聚磷酸盐、磷酸盐所代替。到了 60 年代，聚磷酸盐被大量使用。但由于易水解出正磷酸根，导致磷酸盐垢形成；再就是使用浓度较高，引起环境富营养化。因此，逐步被结构稳定、使用浓度低的有机膦酸盐所取代。70 年代，有机膦酸盐由于结构稳定和磷含量低，减少了形成磷酸钙垢的危险，也减轻了环境富营养化污染的压力，得到了较迅速地发展。80~90 年代，欧美等国家由于环境保护限制磷的排放，开始注意低磷、非磷和非重金属缓蚀剂的发展。一方面加强含磷更低的缓蚀剂的开发和应用，另一方面磷酸盐与其他非磷缓蚀剂的复合也得到了新的发展，使配方中的磷含量有较大幅度降低。阻垢剂的使用与发展要比缓蚀剂晚，同样经历了由无机、有机到高聚物，从高磷到低磷的发展轨迹。此外，有些物质既具有缓蚀作用，也具有阻垢作用。单一化合物的缓蚀阻垢剂难以完全解决水处理系统中存在的腐蚀与结垢问题，必须利用多种药剂之间的协同增效作用，以保证循环水的使用和排放要求[2]。

1.4 磷对天然水体的危害

随着我国工农业不断发展以及人口的增加，含磷农药和化工用品的大量使用，导致水体的磷污染日益严重。磷是维系生命的主要元素之一，也是构成生物体并参与新陈代谢过程必不可少的元素。但水体中如果磷含量较高，就会导致水体富营养化，造成藻类大量繁殖，藻体死亡后分解会使水体产生霉味和臭味，影响鱼类等水生生物的生存。

天然水体中由于氮、磷等营养物质过量排入，引起各种水生生物、植物异常繁殖和生长，这种现象称作水体富营养化。氮、磷是藻类繁殖所需的各种成分中的限制性因素，因此水体中氮、磷含量的高低与水体富营养化程度有密切的关系，无机氮和总磷分别超过300mg/L和20mg/L就认为水体处于富营养化状态。而对于引发水体富营养化而言，磷的作用远大于氮的作用，水体中磷的浓度不是很高时就可以引起水体的富营养化。

湖泊的富营养化是一个自然过程，在自然界物质的正常循环中，这一历程需要很长的时间，需几万年甚至几十万年。但由于水体污染而造成的富营养化将大大促进这一过程。如果氮、磷等植物营养物质大量而连续地进入湖泊、水库及海湾等缓流水体，将促进各种水生生物的活性，刺激藻类等异常繁殖，这样就带来一系列严重后果：疯长的藻类会在水面越长越厚，终于有一部分被压在了水面之下，因难见阳光而死亡。湖底的细菌以死亡藻类作为营养，迅速增殖。大量增殖的细菌消耗了水中的氧气，使湖水变得缺氧，依赖氧气生存的鱼类死亡，随后细菌也会因缺氧而死亡，最终是湖泊老化、死亡。

2 大连石化公司循环水场水处理现状

2.1 循环水场概况

大连石化公司共有九套循环水场，设计总供水能力52200t/h。循环水场采用敞开式逆流冷却技术，配套加药系统、旁滤系统、水质在线监测系统等辅助设备设施。在冷却水循环利用时，由于溶解盐类的浓缩等原因，造成循环水水质恶化，在水系统中发生腐蚀、结垢、微生物黏泥等水质障碍，循环水水质处理就是针对这些障碍而进行过滤和投加各种水质稳定剂。

2.2 水质稳定管理

通过每日、每月对循环水水质数据的综合分析和趋势比对，重点关注浓缩倍数、缓蚀阻垢、微生物控制效果，通过投加缓蚀阻垢剂、杀菌剂监测管控水质数据，及时排污换水，达标运行。此外，使用监测换热器，模拟生产装置换热器换热的操作条件和运行工况，用饱和蒸汽做热介质，每月测算挂片腐蚀速率及黏附速率，掌握腐蚀结垢情况，优化加剂过程调整。

2.3 水质管控标准

制定严格的水质管理指标，碳钢腐蚀速率≤0.075mm/a，黏附速率≤10mg/(cm^2·月)，详见表1。

表1 大连石化公司水质管控标准

水场名称	运行浓缩倍数	腐蚀速率/(mm/a)		黏附速率/[mg/(cm^2·月)]	生物黏泥/(mL/m^3)	石油类/(mg/L)	异养菌总数/(个/mL)	浊度/FTU	pH
		碳钢	铜						
一循一套	≥4.0	≤0.075	—		≤5			≤20	
一循二套	≥4.0	≤0.075	≤0.005		≤5			≤20	
二循一套	≥4.0	≤0.075	≤0.005		≤5			≤20	
二循二套	≥3(4)	≤0.075	≤0.005		≤5			≤30(20)	
二循三套	≥3(4)	≤0.075	≤0.005	≤10	≤5	≤5	≤1×10^5	≤30(20)	6.8~9.5
三循	≥3.0	≤0.075	≤0.005		≤5			≤20	
四循一套	≥5.0	≤0.075	—		≤4			≤20	
四循二套	≥5.0	≤0.075	≤0.005		≤4			≤20	
五循	≥4.0	≤0.075	≤0.005		≤5	≤3		≤20	

2.4 补充水水质

2.4.1 新鲜水水质

新鲜水作为大部分循环水场的主要补充水源，其水质指标由自来水公司保证，表2为新鲜水监测数据。

表2 新鲜水水质数据

分析项目	指标	分析项目	指标
pH值	6.5~8.5	COD_{Mn}/(mg/L)	0.2~1.6
电导率/(μS/cm)	190~340	总溶解固体/(mg/L)	148~230
硬度/(mg/L)	72~135	硫酸根/(mg/L)	26~40
氯离子/(mg/L)	10~30	总碱度/(mg/L)	37~81
铁/(mg/L)	0.04~0.22	SiO_2/(μg/L)	0.2~3.3
Ca^{2+}/(mg/L)	55~102	悬浮物/(mg/L)	1~3

2.4.2 中水水质

中水作为二循二套和二循三套的主要补充水源，其水质指标由动力一车间再生水装置保证，中水水质见表3。但中水中断时改为新鲜水补水。

表3 中水水质数据

项目		指标	项目		指标
pH值		6.5~8.5	Cl^-/(mg/L)	≤	220
浊度/NTU	≤	5	COD_{Cr}/(mg/L)	≤	30
溶解性固体(TDS)/(mg/L)	≤	700	MH_3-N/(mg/L)	≤	3
总硬度/(mg/L)	≤	300	总磷(TP)/(mg/L)	≤	2
总碱度/(mg/L)	≤	250	异养菌/(个/mL)	≤	1×10^3

3 低磷缓蚀阻垢剂的应用

2019年大连石化公司加强循环水技术管理，在中石化石油化工科学研究院有限公司、中国石化集团水处理技术服务中心的支持下，采用通过旋转挂片试验和静态阻垢试验，筛选出低磷系缓蚀阻垢剂配方，同时利用动态模拟试验，对效果进行验证。以达到减轻后续循环水排放带来的磷系营养物质的污染及处理的目的。

3.1 低磷缓蚀阻垢剂简介

3.1.1 主要成分

主要由水溶性多元羧酸共聚物、有机膦酸、无机锌盐等组成。

3.1.2 理化特性

外观与性状：棕色或黄色水溶液

pH：1.00~4.00

固含量：≥28%

3.1.3 作用

控制循环水在浓缩过程中的结垢、腐蚀现象，以防止污垢在设备上的沉积且延缓腐蚀。

3.1.4 使用要求

（1）呈酸性，有一定腐蚀性，使用地点应有方便的应急洗涤设施。

（2）对眼和皮肤有刺激性，口服灼伤消化道。在操作时应穿防护服、戴防护镜和橡胶手套，应避免与皮肤、眼睛和衣服接触，禁止入口。

（3）当产品出现泄漏或遗洒时，用惰性材料进行吸附，然后根据特殊废弃物规则进行废弃处理。

（4）确保包装容器密闭严密储存在阴冷和通风良好的区域，避免阳光直照，储存期1年。

3.1.5 急救措施

（1）皮肤接触。脱去污染的衣着，用肥皂和大量流动清水冲洗，至少15min。就医。

（2）眼睛接触。提起眼睑，用流动清水或生理盐水冲洗，至少15min。就医。

（3）食入。勿催吐，给水。就医。

（4）吸入。移至空气新鲜处，对症治疗。就医。

3.2 动态模拟试验

新药剂配方正式投用前，为了进一步评价缓蚀阻垢性能，进行了为期15天的“动态模拟试验”对其应用效果进行模拟验证，分析结果见表4。

实验结果表明，新鲜水系统碳钢挂片腐蚀速率入口为0.0252mm/a，出口为0.0286mm/a，中水系统碳钢挂片腐蚀速率入口为0.0316mm/a，出口为0.0362mm/a，新鲜水系统碳钢挂片腐蚀速率比大连石化要求控制的碳钢腐蚀速率0.075mm/a低0.0464mm/a，中水系统碳钢挂片腐蚀速率比大连石化要求控制的碳钢腐蚀速率0.075mm/a低0.0388mm/a。

新鲜水系统黄铜挂片腐蚀速率入口为0.0017mm/a，出口为0.0022mm/a，中水系统黄铜挂片腐蚀速率入口为0.0021mm/a，出口为0.0028mm/a，新鲜水系统黄铜挂片腐蚀速率比大连石化要求控制的黄铜腐蚀速率 0.005mm/a 低 0.0028mm/a，中水系统黄铜挂片腐蚀速率比大连石化要求控制的黄铜腐蚀速率 0.005mm/a 低 0.0022mm/a。

表 4 大连石化低磷阻垢缓蚀剂动态模拟实验分析结果

项 目		新鲜水补水系统	中水补水系统
挂片腐蚀速率/(mm/a)	入口碳钢	0.0252	0.0316
	出口碳钢	0.0286	0.0362
	入口铜	0.0017	0.0021
	出口铜	0.0022	0.0028
碳钢试管腐蚀速率/(mm/a)		0.0521	0.0652
碳钢试管黏附速率/[mg/(cm² · 月)]		7.46	8.51

新鲜水系统碳钢试管腐蚀速率为 0.0521mm/a，中水系统碳钢试管腐蚀速率为 0.0652mm/a，以上腐蚀速率低于大连石化腐蚀速率要求。

新鲜水系统碳钢试管黏附速率为 7.46mg/(cm^2 · 月)，中水系统碳钢试管黏附速率为 8.51mg/(cm^2 · 月)，新鲜水系统碳钢试管黏附速率比大连石化要求控制的 10mg/(cm^2 · 月) 低 2.54mg/(cm^2 · 月)，中水系统碳钢试管黏附速率比大连石化要求控制的 10mg/(cm^2 · 月) 低 1.49mg/(cm^2 · 月)，二者均低于大连石化要求控制指标。

通过动态模拟试验，初步证明低磷缓蚀阻垢剂处理大连石化的循环水缓蚀、阻垢性能良好。

3.3 低磷缓蚀阻垢剂的应用

2019 年 9 月起，各循环水场改用低磷缓蚀阻垢剂，下面以二循一套、二循二套两座水场为例，选取更换药剂前后各 6 个月的水质数据分析缓蚀阻垢性能。

3.3.1 水场简介

二循一套水场于 1988 年 10 月建成投用，为石蜡加氢、催化、空压站、富氢回收、柴油加氢、连续重整等十套装置供水，设计供水能力 4500m^3/h，三间冷却塔，保有水量 2000m^3。设有旁滤器、加药设施、监测换热器等辅助设施。

二循二套水场于 2002 年 10 月建成投用，为催化、蒸馏两套装置供水，设计供水能力 9000m^3/h，四间冷却塔，保有水量 4350m^3。设有旁滤器、加药设施、监测换热器等辅助设施。

3.3.2 更换药剂前后水质数据对比

从表 5 可以看出，更换低磷缓蚀阻垢剂后，二循一套腐蚀速率(碳钢)、腐蚀速率(铜)、总磷均有所下降，黏附速率有所上升，生物黏泥持平。各项平均数据均在管控标准范围内。

从表 6 可以看出，更换低磷缓蚀阻垢剂后，二循二套腐蚀速率(碳钢)、腐蚀速率(铜)、总磷均有所下降，黏附速率有所上升，生物黏泥持平。各项平均数据均在管控标准范围内。

表 5　二循一套更换药剂前后水质数据对比

项　目	腐蚀速率(碳钢)/(mm/a)	腐蚀速率(铜)/(mm/a)	黏附速率/[mg/(cm^2·月)]	生物黏泥/(mL/m^3)	总磷/(mg/L)
管控标准	≤0.075	≤0.005	≤10	≤5	—
更换药剂前					
2019 年 1 月	0.0023	0.0006	1.2	0.2	4.37
2019 年 2 月	0.0028	0.0007	1	0.2	4.66
2019 年 3 月	0.0187	0.0011	0.8	0.2	4.75
2019 年 4 月	0.006	0.0009	0.6	0.2	3.94
2019 年 5 月	0.011	0.0012	4	0.2	3.61
2019 年 6 月	0.0051	0.0018	1.3	0.2	4.27
2019 年 1~6 月平均	0.0077	0.0011	1.5	0.2	4.27
更换药剂后					
2021 年 1 月	0.0027	0.0009	1.1	0.2	2.42
2021 年 2 月	0.0011	0.0005	1.0	0.2	2.37
2021 年 3 月	0.0016	0.0007	2.4	0.2	2.46
2021 年 4 月	0.0024	0.0004	2.1	0.2	2.50
2021 年 5 月	0.002	0.0004	2.6	0.2	2.42
2021 年 6 月	0.0012	0.0005	2.5	0.2	2.43
2021 年 1~6 月平均	0.0018	0.0006	2.0	0.2	2.43
更换药剂后升降率	降 76.6%	降 45.5%	升 33.3%	持平	降 43.1%

表 6　二循二套更换药剂前后水质数据对比

项　目	腐蚀速率(碳钢)/(mm/a)	腐蚀速率(铜)/(mm/a)	黏附速率/[mg/(cm^2·月)]	生物黏泥/(mL/m^3)	总磷/(mg/L)
管控标准	≤0.075	≤0.005	≤10	≤5	—
更换药剂前					
2019 年 1 月	0.0024	0.0006	3	0.3	4.47
2019 年 2 月	0.003	0.0006	0.9	0.3	3.95
2019 年 3 月	0.0072	0.0017	1.4	0.2	4.16
2019 年 4 月	0.01	0.0006	2.5	0.2	4.83
2019 年 5 月	0.0064	0.0009	1.6	0.2	5.09
2019 年 6 月	0.0072	0.002	3.7	0.2	4.96
2019 年 1~6 月平均	0.0060	0.0011	2.2	0.2	4.58

续表

项　目	腐蚀速率(碳钢)/(mm/a)	腐蚀速率(铜)/(mm/a)	黏附速率/[mg/(cm^2·月)]	生物黏泥/(mL/m^3)	总磷/(mg/L)
更换药剂后					
2021年1月	0.0051	0.0005	1.9	0.2	2.1
2021年2月	0.0034	0.0006	4.1	0.2	2.16
2021年3月	0.0029	0.0008	1.9	0.3	2.49
2021年4月	0.0048	0.0007	2.5	0.2	2.24
2021年5月	0.003	0.0004	2.0	0.2	2.33
2021年6月	0.0078	0.0005	3.8	0.2	2.35
2021年1~6月平均	0.0045	0.0006	2.7	0.2	2.28
更换药剂后升降率	降25%	降45.5%	升22.7%	持平	降50.2%

3.3.3 更换药剂前后部分水质数据对比曲线

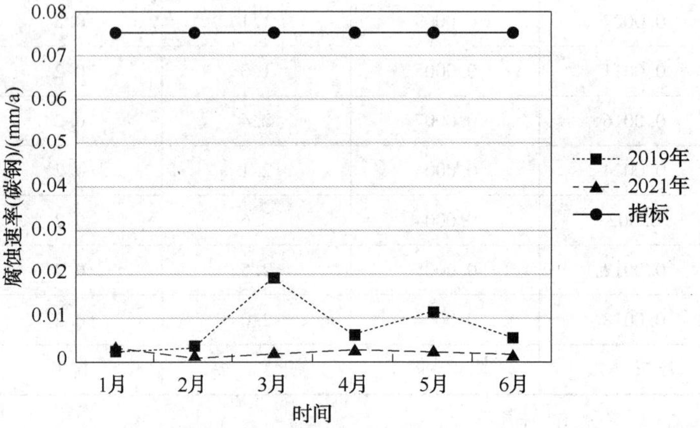

图1 二循一套更换药剂前后腐蚀速率(碳钢)曲线

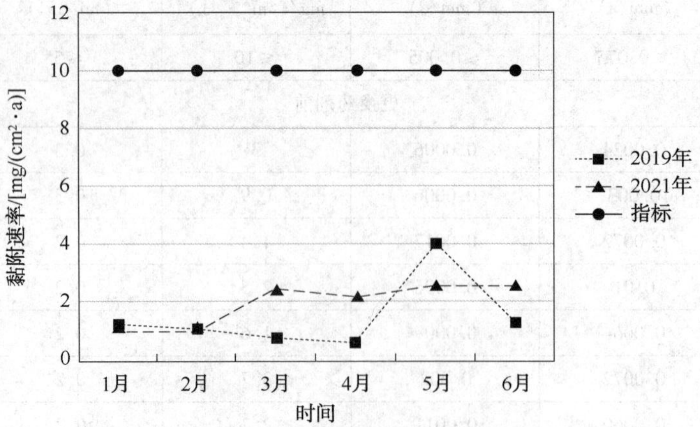

图2 二循一套更换药剂前后黏附速率曲线

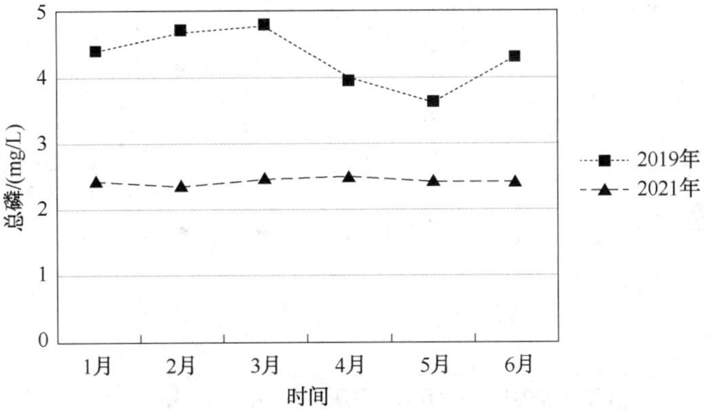

图 3　二循一套更换药剂前后总磷曲线

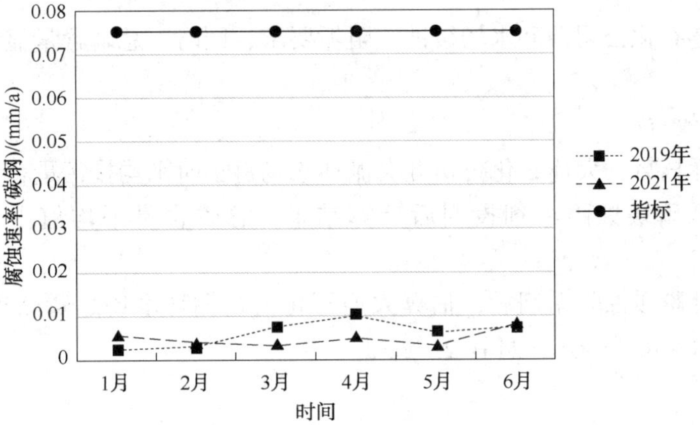

图 4　二循二套更换药剂前后腐蚀速率(碳钢)曲线

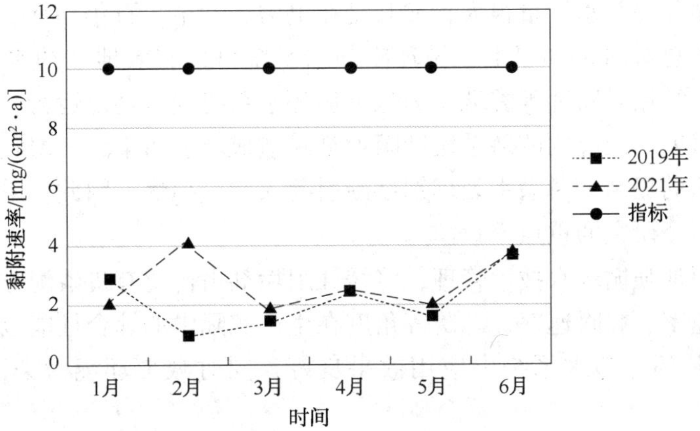

图 5　二循二套更换药剂前后黏附速率曲线

3.3.4　低磷缓蚀阻垢剂应用结果

2019 年 9 月起，大连石化公司循环水场改用低磷缓蚀阻垢剂，通过对比二循一套、二循二套更换药剂前后各 6 个月的水质分析数据，得出结论，低磷缓蚀阻垢剂的综合性能优

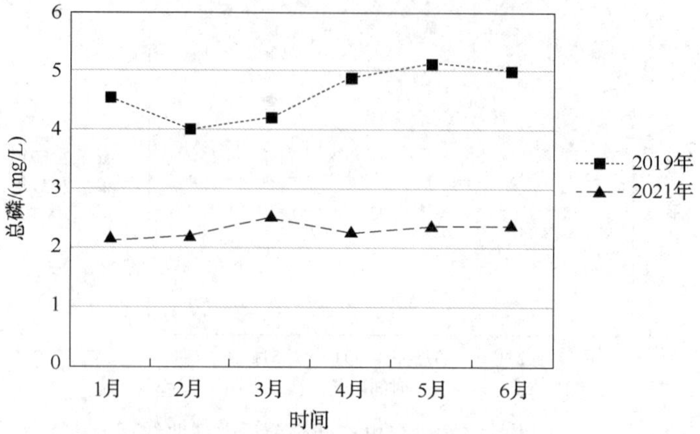

图6 二循二套更换药剂前后总磷曲线

良，能够满足大连石化公司循环水场缓蚀、阻垢要求，同时，总磷含量显著下降，取得了良好的环保效果。

3.3.5 环境保护效益

根据生产实际核算，大连石化公司九套循环水场每小时平均排污量合计约为 $150m^3/h$。

此外，根据低磷缓蚀阻垢剂投用后计算结果，总磷含量平均值由 4.43mg/L 下降至 2.36mg/L。

因此，投用低磷缓蚀阻垢剂后，估算大连石化公司循环水场总磷减排量为：$150m^3/h\times(4.43\sim2.36)mg/L\times10^{-6}\times365d\times24h=2.72t/a$。

4 结 论

工业生产中循环冷却水用量很大，尤其是在电力、冶金、石化和钢铁等行业，冷却水的用量约占企业用水总量的85%以上。循环冷却水系统可以有效地节约水资源，但其运行过程中会出现严重的结垢、腐蚀等弊端，为保证循环水系统安全稳定运行，需要向系统中投加缓蚀阻垢剂，而目前广泛应用的磷系缓蚀阻垢剂易造成环境污染，随着我国环境保护政策加强、国民安全意识的提高，磷系水处理剂逐渐引起人们的担忧，因此，采用低磷或无磷的缓蚀阻垢剂已成为当今研究的重点[3]。

大连石化公司加强循环水技术管理，将缓蚀阻垢剂由传统有机磷配方替换为低磷环保配方，本文从腐蚀速率、黏附速率、总磷等角度在生产实际中的综合性能分析，得出结论，低磷缓蚀阻垢剂在循环冷却水系统中应用效果良好，同时减少环境污染，具有显著的社会效益。

近年来，人们开始对无磷水处理剂进行研究，尽管国内外关于无磷水处理剂的技术或专利比较多，但从现有资料分析，无磷水处理剂由于成本、用量、性能等因素，用于工业循环冷却水系统中的较少，没有形成系统、成熟的药剂配方，实际成功应用案例较少。但无磷水处理剂是目前大家比较关注且有发展前途和竞争力的研究领域，相信不远的将来，会开发研制出性能良好、性价比高、无毒无污染的缓蚀阻垢剂。

参 考 文 献

[1] 陈勇，武栓义，康维. 无磷缓蚀阻垢剂在循环冷却水处理中的应用[J]. 清洗世界，2015，32(4)：21-22.

[2] 岳宏，高建村. 工业循环冷却水处理缓蚀阻垢剂的应用与发展[J]. 新疆石油天然气，2009，5(4)：88-90.

[3] 陈维忠，张晓冬，岳云怡，等. 一种低磷高效缓蚀阻垢剂的研究与应用[J]. 当代化工，2017，46(7)：1340.

电化学水处理技术在循环水场的应用

曾凡亮

（中韩（武汉）石油化工有限公司，武汉 430080）

【摘要】 为实现节水减排目标，在某石化公司循环水场进行了电化学方法处理循环水的试用。结果显示在不改变循环水系统运行方式的前提下，能将循环水中易成垢的钙镁离子、碱度离子去除，为循环水浓缩倍数提高创造了条件。能实现循环水水耗、水处理剂消耗、污水排放量降低，水处理成本也下降。达到了节水、减排、降费的目的，为污水回用率提升提供了一个可选方案。

【关键词】 电化学　循环水　节水　减排

1　概　　述

1.1　节水减排

为贯彻落实《“十四五”节能减排综合工作方案》，大力推动节能减排，中国石化明确要求所属企业2023年底前，污水回用率需达到60%以上，有条件的企业污水回用率要达到80%以上。提升回用率要从增加污水回用量、减少新鲜水消耗，降低排污等方面下功夫。循环水系统是炼化企业的用水大户，循环水系统排污也是排污大户，为了降低循环水系统补水量且同时减少排污，电化学水处理技术具有该功效。

1.2　循环水水质控制

冷却水在运行过程中水汽不断蒸发使循环水中盐含量逐渐增加，水中二氧化碳在塔中解析逸散，使水中碳酸钙在传热面上结垢倾向增加。冷却水和空气接触，吸收了大量的灰尘、泥砂、微生物及其孢子等污染物使系统的黏泥增加；水喷淋冷却过程中有光照、适宜的温度、充足的氧和养分都有利于细菌和藻类的生长、繁殖，从而使系统黏泥增加，在水冷器内沉积下来造成了黏泥腐蚀和结垢；循环冷却水如果不加以处理，水冷器一旦发生腐蚀或结垢，换热设备的水流阻力加大，除水泵的电耗增加、水冷器传热效率降低外，会影响企业的正常生产。因此循环冷却水系统必须综合解决腐蚀、结垢和黏泥（微生物）三个问题，最终目标是控制腐蚀和结垢。

目前广泛使用化学水处理方案对循环水进行处理，通过投加阻垢缓蚀剂来防止系统内的硬度和碱度离子直接形成积垢，通过投加杀菌剂来抑制细菌、生物黏泥形成的腐蚀和结垢。

1.3　循环水浓缩倍数控制

某石化公司1#焦化循环水系统补充水是新鲜水，循环水浓缩倍数的控制，以新鲜水中总碱度与钙硬度之和来确定。如果想进一步提高循环水浓缩倍数，则可以通过加酸来降低循环水碱度，但加酸需要配套设施安装平面，且安全风险也较大；也可以将循环水中的钙离子、碱度离子(CO_3^{2-} 和 HCO_3^-)去除或部分去除，达到提高循环水浓缩倍数的条件。常规运行的循环水系统最大浓缩倍数控制的依据是水处理剂的极限碳酸钙碱度值，国内现有的水处理技术及水处理药剂的性能，只能保证水中的极限碳酸钙+碱度在1100mg/L左右。

试用期间1#焦化循补新鲜水水质与2019年同期数据比较见表1。

表1 电化学水处理装置试用期间新鲜水水质与2019年同期比较表

项目取值范围	最大值		最小值		平均值	
	2021年	2019年	2021年	2019年	2021年	2019年
钾离子/(mg/L)	2.7	2.0	2.5	2.0	2.6	2.0
电导率/(μS/cm)	382.2	374.9	324.7	312.3	357.8	338.4
氯离子/(mg/L)	27.60	26.17	26.10	18.97	26.98	23.18
总碱度(以$CaCO_3$计)/(mg/L)	147.55	156.78	89.40	100.78	110.73	124.54
总硬度(以$CaCO_3$计)/(mg/L)	166.59	169.60	125.35	123.40	142.27	148.22
钙离子(以$CaCO_3$计)/(mg/L)	125.28	114.31	87.97	93.89	102.70	101.78
钙离子+总碱度(以$CaCO_3$计)/(mg/L)	272.83	271.09	177.37	194.67	213.43	226.32

对于自然浓缩的循环水系统，循环水中的离子浓度随浓缩倍数的增大同比例增大。按规范标准，补充新鲜水的1#焦化循环系统最大浓缩倍数应控制的指标是：

$$\text{理论最大浓缩倍数}=\frac{1100}{(\text{补水总碱度}+\text{补水钙硬度})}=\frac{1100}{110.73+102.70}=5.15\text{。}$$

日常运行过程中，因系统中会存在少量的介质泄漏，循环水实际碱度与同浓缩倍数碱度理论值比会偏低，1#焦化循环水系统浓缩倍数均控制在5.5以下是安全的，但平均浓缩倍数不会超过5.0。

2 电化学水处理

2.1 电化学水处理原理

电化学设备主要由阴极板和阳极板组成，电极板上存在的电化学反应见表2。

表2 电化学水处理电极板上存在的电化学反应

阳极反应	阴极反应
高级氧化作用杀菌灭藻、降解COD，电解形成强酸环境杀菌灭藻	电解形成强碱环境，具有杀菌功能，集结成垢
①$2Cl^- \longrightarrow Cl_2+2e^-$	①$2H_2O+2e^- \longrightarrow 2OH^-+H_2\uparrow$
②$OH^-+e^- \longrightarrow \cdot OH$	②$CO_2+OH^- \longrightarrow HCO_3^-$
③$2H_2O-2e^- \longrightarrow H_2O_2+2H^+$	③$HCO_3^-+OH^- \longrightarrow CO_3^{2-}+H_2O$
④$4OH^- \longrightarrow O_2+2H_2O+4e^-$	④$Mg^{2+}+2OH^- \longrightarrow Mg(OH)_2\downarrow$
⑤$O_2+2OH^--2e^- \longrightarrow O_3+H_2O$	⑤$Ca^{2+}+CO_3^- \longrightarrow CaCO_3\downarrow$
⑥$Cl^--e^- \longrightarrow \cdot Cl$	
⑦$H_2O-2e^- \longrightarrow \cdot O+2H^+$	

电解过程中阳极区域能产生 Cl_2、Cl_2、Cl_2、·OH、O_3、·Cl 等强氧化剂，这些强氧化剂具有非常好的杀菌效果，阳极区域为强酸区域(PH<3)。在电解过程中阴极区域会有大量的氢氧根离子和碳酸根离子富集，钙、镁离子在该区域形成碳酸钙、碳酸镁、氢氧化镁等沉淀物并吸附在阴极板上，阴极区域为强碱区域(pH>12)。待阴极板上沉淀物沉积到一定的厚度后自动刮除，彻底排出循环水系统；因碱度离子氢氧根、碳酸根部分被去除，装置出水的碱度会降低，pH 也会有所降低。

强酸、强碱都具有很强的细菌抑制和杀灭效果，鉴于循环水电化学处理装置杀菌效果突出，因此可以减少细菌等微生物对系统所带来的黏泥腐蚀和积垢。电解过程中产生的氢氧根离子、羟自由基和活性氧可促进管道内壁和各种换热器内壁的亚铁离子和铁离子最终生成四氧化三铁(Fe_3O_4)致密保护层，减缓输水管道和换热器管束的腐蚀。

2.2 主要设备及工艺流程

电化学设备属于撬装设备，只需配电、给水管线、回水管线、排污管线安装，安装相对简单。因该设备日常运行无需操作，参数设定后在零部件没有故障的情况下可实现全自动运行，只需将设备故障报警接入 DCS 系统即可，成套设备直接采用 PLC 控制即可。电化学水处理工艺原则流程见图 1。

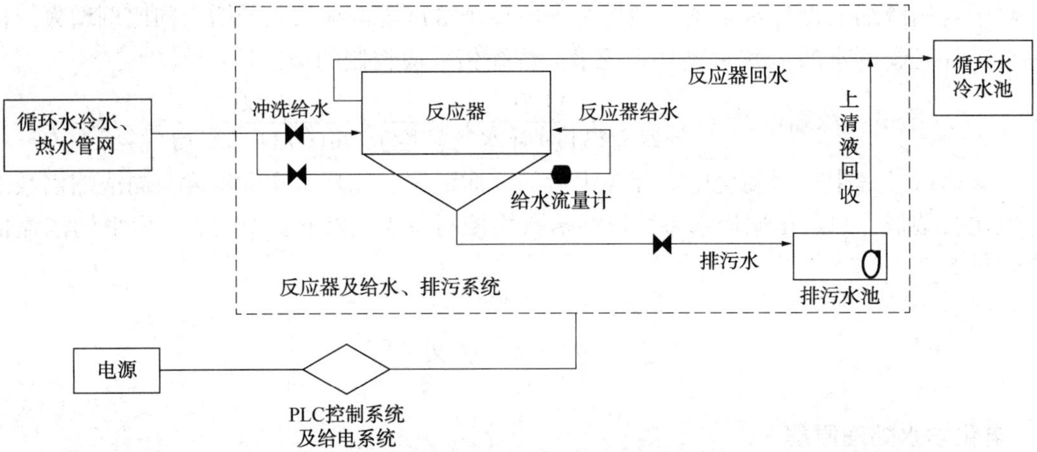

图 1 电化学水处理工艺原则流程图

电化学处理设备进水可以是循环冷水、也可以是循环热水；如果反应器回水进入冷水池，夏天高温季节使用循环冷水，冬季使用循环热水，避免循环水系统输出水温超标；如果反应器回水进入热水池，则反应器进水直接用循环热水。阴极板刮垢后的排污水和冲洗水进入污水池后，上清液回收利用，定期清理池底沉积物即可，可以实现循环水系统不排污或少排污，为循环水浓缩倍数提升创造条件。

3 电化学水处理设施试用

通过与专业公司技术交流，电化学除垢能去除水中的硬度离子、碱度，且能将水中的氯离子转化成氯气和次氯酸根，对循环水中的细菌控制有好处，控制得好能少用或不用水处理剂。电化学水处理技术对处理的源水水质要求低，处理方案、设施简单、安全。

3.1 第一次试用

考虑到试用期间的投入要低，2020 年 9 月至 10 月在 1#焦化循环水系统试用了甲公司的箱式电化学处理设施，试用期间水通量 $2m^3/h$ 时试用装置进出水离子浓度有差异，水通量达到 $20m^3/h$ 后进出水离子浓度差异难以测出，且一个试用周期才开盖清垢一次，运行 34 天除垢(折干)51.36kg，除垢效率相对较低，长周期运行实用性不强。

3.2 第二次试用

2021 年 3 月与乙公司交流，得知该公司有自动刮垢的电化学除垢设施及技术，处理效率高，再次在 1#焦化循进行试用。

3.2.1 试用方案

2021 年 5 月初将 1#焦化循水质数据、补充水水质数据等基础数据提交给乙公司，由该公司根据现场的实际和运营经验编制试用方案，石化公司组织对方案讨论后确定最后的试用方案，6 月 28 日双方签字确认后实施。因 2020 年同期大部分时段循环水系统停工检修，水质数据与物料消耗与试用期相差较大，试用结果选择与 2019 年同期进行比较。

3.2.2 技术协议签订

2021 年 7 月 5 日与乙公司签订技术协议，因协议内容中涉及双方权利和义务，虽然试用设备由乙公司免费提供，但设备制造、运输、安装、调试、现场服务等全过程双方都有较大的费用支出，为公平起见，石化公司请法律顾问对协议条款进行了审核，确保试用过程中无重大法律风险。

3.2.3 试用设施制造

2021 年 7 月乙公司根据试用水场的基本情况，设计试用设备规格型号、处理能力及布局方案，8 月 12 日完成详细设计，最后确定管线连接方式后出正式安装图。

8 月 25 日完成设备制造、调试，8 月底通过物流将设施、配件发到现场。

3.2.4 设备安装

8 月中旬根据设计，请安装公司动、静、电、仪各专业准备需要的电缆、管线、管件等材料，9 月上旬开始设备安装，9 月 27 日乙公司技术人员到现场对试用设备安装情况进行了检查确认，对设备进行了调试，并通过远程控制的方式完善了计量仪表、开关阀、控制系统进行了调试，9 月 30 日完成调试。

3.2.5 试用开始

2021 年 10 月 1 日正式开始试用，原计划试用两个月，经与乙公司沟通延长至 2021 年 12 月 31 日，试用期间循环水通量控制在 $70m^3/h$ 左右。

3.3 第二次试用期间数据及分析

3.3.1 物料消耗比较

试用期间循环水物料消耗与 2019 年同期比，统计结果见表 3。

表 3 试用期间 1#焦化循物料消耗与 2019 年同期统计表

消耗量 / 时间	强氯精/kg		阻垢缓蚀剂/kg		补水/m^3	
	2021 年	2019 年	2021 年	2019 年	2021 年	2019 年
10 月 1 日至 12 月 31 日累计	2065	2393	936	1584	40994	47605

比较表 3 中试用期与历史同期的物料消耗，物料消耗量都降低，其中试用期氧化性杀菌

剂强氯精的消耗量比历史同期减少 328kg，降低 13.7%；试用期阻垢缓蚀剂消耗量比历史同期减少 648kg，降低 40.9%；试用期补充水消耗量比历史同期减少 6611m^3，降低 13.88%。

试用期间循环水量与历史同期比较见表 4。

表 4 试用期间循环水量与 2019 年同期比较表 万 m^3

月年	10 月	11 月	12 月	合计
2021 年	153.19	161.14	170.03	484.36
2019 年	156.4848	150.384	155.3034	462.1714

从表 4 中两年循环水量数据，电化学水处理试用的三个月期间，2021 年循环水输出量比 2019 年多 22.1886 万 m^3，高 4.8%，但补水量及主要水处理剂消耗量比历史同期低。

试用期间循环水水处理剂、水耗与历史同期结果比较见表 5。

表 5 循环水水处理剂、水单耗与 2019 年同期比较表

项　目	杀菌剂单耗/(mg/L)	阻垢缓蚀剂单耗/(mg/L)	补充水单耗/(m^3/万 m^3)
2021 年	0.426	0.193	84.63
2019 年	0.518	0.343	103.00
单耗降低量	0.092	0.150	18.37
单耗降低率/%	17.76	43.73	17.83

注：试用期间水处理剂单耗及补水单耗均比同期降低，若系统浓缩倍数能与预期一致，降低效果将更好。

3.3.2 循环水水质比较

电化学水处理设备 2021 年 10 月 1 日至 12 月 31 日正常运行，10 月 1 日至 10 月 30 日，循环水浓缩倍数稳定上行，浓缩倍数最高达到 6.2，预期最高浓缩倍数为 7.0 以上。在循环水系统没有主动排污的情况下，11 月份开始浓缩倍数逐步下降，在处理了循环水场采样管泄漏问题后浓缩倍数有上升过程，但后期又持续下降，至 12 月底浓缩倍数已降低至 4.8，与浓缩倍数持续升高预期矛盾，后期了解到装置内 4 台机泵冷却水因回水管网失效导致循环水直排引起。试用期间主要水质平均值与 2019 年同期比较见表 6。

表 6 装置试用期间循环水主要水质平均值与 2019 年同期比较表

项　目	2021 年	2019 年	项　目	2021 年	2019 年
pH 值	8.77	8.81	电导率/(μS/cm)	1966.88	1758.27
游离氯/(mg/L)	0.25	0.31	硬度/(mg/L)	759.37	740.74
总碱度/(mg/L)	317.93	365.97	钙离子/(mg/L)	560.71	537.81
有机磷/(mg/L)	4.67	5.51	浓缩倍数	5.33	5.25
氯离子/(mg/L)	265.10	195.36	铁含量/(mg/L)	0.139	0.148
浊度/(NTU)	9.84	6.06			

从表 6 中的数据可以看出，试用期循环水浓缩倍数平均值为 5.33，比 2019 年同期的 5.25 略高，但试用开始初期浓缩倍数略低于对比期。试用期循环水总碱度和 pH 平均值低于对比期；循环水钙硬度、电导率比对比期高，与两个时期的循环水系统补水水质有关，具体情况见表 7。

表 7 试用期间循环水补充水水质与历史同期比较表

项目取值范围	最大值		最小值		平均值	
	2021 年	2019 年	2021 年	2019 年	2021 年	2019 年
钾离子/(mg/L)	2.70	2.00	2.50	2.00	2.62	2.00
电导率/(μS/cm)	382.2	374.9	324.7	312.3	357.8	338.4
氯离子/(mg/L)	27.60	26.17	26.10	18.97	26.98	23.18
总碱度(以 $CaCO_3$计)/(mg/L)	147.55	156.78	89.40	100.78	110.73	124.54
总硬度(以 $CaCO_3$计)/(mg/L)	166.59	169.60	125.35	123.40	142.27	148.22
钙离子(以 $CaCO_3$计)/(mg/L)	125.28	114.31	87.97	93.89	102.70	101.78
钙离子+总碱度(以 $CaCO_3$计)/(mg/L)	272.83	271.09	177.37	194.67	213.43	226.32

3.3.3 试用期间垢样分析

试用期间对循环水系统监测换热器试管内的垢样、试用装置极板上积垢的组分占比进行了分析，分析数据见表 8。

表 8 试用期间循环水监测换热器内积垢与试用装置极板积垢分析数据 %

监测项目 / 部位	灼烧减量		SiO_2	CaO	MgO	Fe_2O_3	ZnO	P_2O_5	合计
	450℃	900℃							
监测换热器试管内积垢	23.38	8.94	24.47	8.52	4.81	18.18	7.06	9.47	104.83
除垢装置极板上积垢	6.37	33.83	6.95	44.83	8.06	1.99	0	0.67	102.70

试用装置极板上的积垢是通过电化学方法主动形成的，目的是将循环水中的成垢离子以电化学附着方式从循环水中去除，从表 8 中的数据可以看出，极板上的垢样主要组分是碳酸盐类和少量的硅酸盐，另外有极少量的有机物及磷酸盐在成垢过程中附着，与设计的目标一致。监测换热器试管内的积垢主要组分是有机物、硅酸盐、锌盐和少量的腐蚀物，使用电化学除垢后循环水系统由钙镁离子形成的碳酸盐和磷酸盐垢比例显著下降。

3.3.4 效益分析

(1) 2021 年 10 月 1 日至 12 月 31 日 1#焦化循环水系统氧化性杀菌剂消耗量、阻垢缓蚀剂消耗量、补充水消耗量，并与 2019 年同期的数据比较见表 9。

表 9 试用期间循环水系统节约药剂及水量效益比较表

时间段	杀菌剂消耗量/kg	阻垢缓蚀剂消耗量/kg	补充水消耗量/m^3
2019 年 10 月~12 月	2393	1584	47605
2021 年 10 月~12 月	2065	936	40994
同期减少量	328	648	6611
单价	16.3 元/kg	7.7 元/kg	1.34 元/m^3
降低费用	5346.4 元	4989.6 元	8858.74 元

(2) 三个月的试用期药剂消耗降低、水耗降低带来的经济效益共 19194.74 元，节水量降低吨油取水 = 6611m^3 新鲜水/2358830 吨原料油 = 0.0028m^3/t。若其他水场全部用该处理方案，吨油取水量降低值将超过 0.02m^3/t。

(3) 电化学处理设施运行期间消耗电能，现场运行过程中，直流电电流 23.8V，电流平均值为 580A，则三个月试用期间的电耗为：92 天×24h×23.8V×580A/1000＝30479kWh；电单价为 0.58 元/kWh，则电费支出为 17678 元。

(4) 试用三个月期间，不考虑降低排污量减少污水处理费情况下，费用支出减少 19194－17678＝1516 元。即该项目没有增加费用支出，但循环水浓缩倍数由 2019 年同期的 5.3 升高到 5.4 以上，最高试用浓缩倍数已达到 6.2，如果系统没有渗漏问题，循环水浓缩倍数最高值将可以达到 7.0 以上，平均浓缩倍数达到 6.5 以上，降费效果更好，同时公司的循环水浓缩倍数指标将得到大幅提升。降低了水耗，减少了排污，具有显著的社会效益和环保效益。

4 存在的问题及解决方案

4.1 刮垢效果有待改进

自动刮垢刮板不能做调整，刮垢后阴极板上仍有 1mm 左右的积垢，影响到电解电流值的稳定和集垢效率。设置电流值为 850A，运行过程中最小电流值只有 443A，实际电解效率降低到 52%，需对刮刀进行改进，已向乙公司提出了改造建议。乙公司已准备好改造方案，待条件成熟时更换。

4.2 流量计的信号传输需改进

现场进水流量实际为 $55m^3/h$ 时，PLC 控制箱内显示的进水流量为负值，信号反映没有水流入设施，PLC 控制电解电流中断。将现场进水流量调整到 $70m^3/h$ 后，PLC 控制柜内的流量显示值与现场表的数据一致，自动运行状态时的电解过程能正常发生。设备制造商准备对仪表信号传输及控制系统进行优化，避免同类型的问题再次发生。

5 结 论

(1) 试用的电化学处理设施能实现自动控制运行，不需要人工操作，可以独立 PLC 控制运行。

(2) 试用的电化学水处理设施对进水的水质要求不高，能有效地将成垢离子以水垢的形式从循环水中去除，降低循环水中离子浓度，在碳酸钙+总碱度值控制范围内实现浓缩倍数提升；循环水系统由钙镁离子形成的积垢比例显著降低。

(3) 试用过程中虽然循环水系统存在漏损问题，但仍实现了节水、减排、降低水处理剂消耗的目的，具有提升污水回用率的功效；扣除设施运行电费后有一定的经济效益，有重大的社会效益和环保效益。

(4) 电化学装置阴极主要产物有碳酸钙、碳酸镁、氢氧化钙、氢氧化镁，属于一般固体废物，可直接填埋、也可跟煤渣、干污泥作为环保砖或水泥的原料。阳极产物有游离氯、次氯酸、臭氧、过氧化氢、羟基自由基，直接用于循环水系统自身的杀菌、灭藻、降解部分有机物以及系统防腐等。电化学处理不会带来污染物的增量，且主要产物无公害，可合理利用。

(5) 试用装置符合《中国石化"十四五"节水工作的指导意见》的技术要求，值得推广使用。

锅炉化学水电解-电絮凝耦合除硬体系及应用研究

余　伟[1]　江　波[2]

（1. 中韩(武汉)石油化工有限公司，武汉 430080；2. 青岛理工大学环境与市政工程学院，青岛 266520）

【摘要】 为满足锅炉化学水回用对硬度高效去除的技术需求，构建了一种基于阳极液膜提取的单腔室电解-电絮凝耦合工艺。单腔室电解槽以表面涂覆有催化剂的钛滤芯为阳极，其特点是从阳极扩散层提取电解产生的 H^+，在无隔膜的单腔室电解体系内实现酸碱高效分离。将分离的碱性溶液导入电絮凝池，电絮凝过程产生的大量絮凝颗粒为硬度离子结晶去除提供了广阔的晶种，诱导硬度离子高效去除。在电解单元电流密度为 $10mA/cm^2$、进水流量 100mL/min、酸液的提取流量为 15mL/min、铁电絮凝电流密度 $6mA/cm^2$ 时，单次连续出水总硬度($CaCO_3$)从原水的 500mg/L 降低至 190mg/L，能耗仅为 3.59kWh/kg$CaCO_3$，能效远高于现有的阴极沉积除硬技术。电解-电絮凝耦合除硬体系主要由电子驱动，避免了药剂的运输与使用，为循环冷却水的绿色软化回用提供了新思路。

【关键词】 锅炉化学水　水软化　单腔室电解　液膜提取　电絮凝

工业蒸汽锅炉是电力、石化、冶金等行业主要动力及供热设备，我国锅炉蒸汽产量约为 38 万蒸发量吨，年耗水量约为 33 亿 m^3，是工业用水重要组成[1]。为保障蒸汽锅炉安全稳定运行，其补水(天然水、自来水等)可经反渗透工艺处理，脱除易结垢的盐离子。同时，会产生一股反渗透浓水，即锅炉化学水。该股水电导率不高(<1500μS/cm)、COD 较低(<50mg/L)，回用该股浓水并作为工业循环水系统补水，对于提升工业用水效率、缓解我国水资源供需矛盾具有重要意义。但是，锅炉反渗透浓水硬度含量较高(一般>500mg$CaCO_3$/L)，若直接作为工业循环水系统补水，会冲击循环水系统水质平衡，增加系统换热器表面水垢沉积倾向，影响系统安全稳定运行[2]。

双碱法是工业常用的水体软化技术，但处理过程中大量酸碱药剂的使用增加了水体含盐量，若回用到循环水系统中会加大换热器的腐蚀倾向，同时增加了“近零排放”终端的废盐产量。相较于双碱法，能够原位电解水产生 OH^- 和 H^+ 的电化学技术具有显著的环境友好性，其中电化学阴极沉积除硬技术在工程领域引起了广泛关注[3,4]。在电化学阴极沉积除硬体系内，扩散至本体溶液中的 OH^- 和 H^+ 间发生中和反应，导致本体溶液 pH 未发生明显变化[5]，因此硬度离子只有扩散至阴极表面才可结晶去除。受硬度离子扩散传质的限制，其除硬速率一般不高于 50g $CaCO_3/(h \cdot m^2)$，无法达到工业应用需求[6,7]。提升电化学技术除硬效率的有效策略是在电解体系内实现酸碱高效分离，最大限度地将电解产生的 OH^- 用于硬度结晶去除。现有的酸碱分离体系是以导电离子交换膜为隔离介质的隔膜电解体系，利用离子交换膜的离子选择通过性，抑制 H^+和 OH^-间发生中和反应，以此来提升电解产生的 OH^-除硬利用率[8,9]。但是，在电场感应下，离子交换膜表面极易发生水垢沉积反应。此外，水中金属离子、溶解硅以及有机物等也会导致离子交换膜污染，致使该技术至今也未在工业废水软化领域得到推广应用。

本文开发了以表面涂覆有催化剂的钛滤芯为阳极的单腔室电解槽，其特点是可以从阳极边界层提取电解产生的酸性出水以实现无膜电解酸碱分离，进一步构建了一种基于阳极液膜提取的单腔室电解-电絮凝耦合工艺。阴极的碱性出水进入电絮凝单元，电絮凝过程中原位产生表面带电的絮凝体可通过静电作用吸附部分成垢离子，絮凝体复杂的理化结构以及广阔的表面积可为 $CaCO_3$和 $Mg(OH)_2$的沉淀提供更多的沉积位点，实现了电化学加速沉淀软化。絮凝沉淀后的软化水与从阳极边界层提取的酸液混合后，进一步降低水中剩余碱度。该反应体系中基于阳极液膜提取的单腔室电解体系可实现酸碱高效分离、快速软化效果明显、运行成本低等优势，有望推广工业化应用。

1 实验部分

实验水体中钙硬为 400mg $CaCO_3$/L，镁硬为 100mg $CaCO_3$/L，初始溶液 pH 为 8.3。电解单元能量输入模式为恒流，反应体系进水流速为 100mL/min。阳极为表面涂覆有 SnO_2-Sb_2O_5-RuO_2-IrO_2催化层的钛滤芯，阴极为 304 不锈钢圆筒，电极间距为 20mm，电解槽有效容积约为 500mL，水力停留时间为 5min，电解槽结构见图 1。在电解槽内，阳极电解产生的酸性液体在钛滤芯内部被抽走，从而使得阴极电解产生的碱性溶液被分离出来，实现了无隔膜单腔室的酸碱高效分离。电解产生的碱水进入电絮凝池，电絮凝单元阳极和阴极均使用铁板或者是铝板(2mm×50mm×60mm)，阴阳极间电极间距为 10mm，有效容积约为 500mL。沉淀池内设有絮凝反应池有效容积约为 200mL，使用蠕动泵以 0.3mL/min 的流速泵入 0.1% PAM 溶液，使得体系中 PAM 量为 3mg/L，搅拌转速为 200r/min，沉淀池有效容积约为 1000mL，耦合工艺流程见图 2。典型的实验进水流速为 100mL/min，酸液的提取流速达到 15mL/min，电解但愿电流密度为 10mA/cm²，电絮凝单元电流密度为 6mA/cm²。

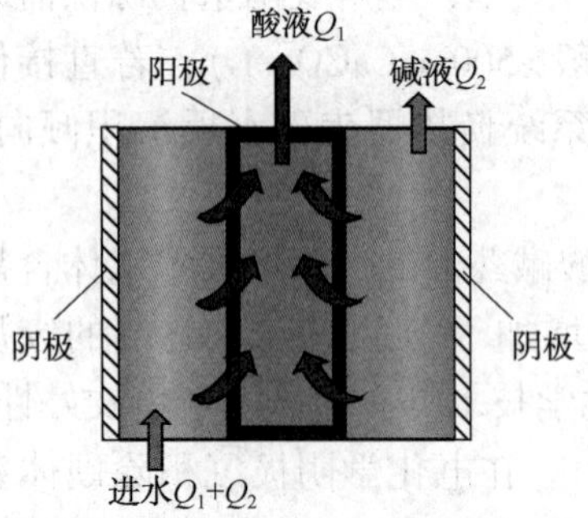

图 1 无膜电解槽示意图

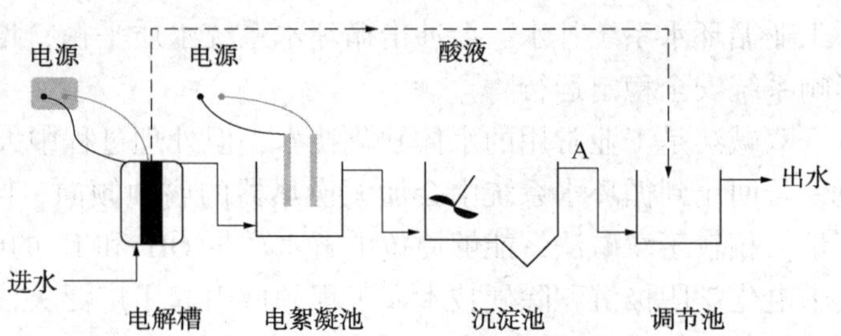

图 2 无膜电解-电絮凝耦合工艺流程图

产 H^+和 OH^-的电流效率计算如下：

$$CE=\frac{F\times\Delta n(H^+/OH^-)}{It} \tag{1}$$

式中 CE——电流效率,%;

F——法拉第常数(96485C/mol);

$\Delta n(H^+/OH^-)$——产生 H^+或者 OH^-的量, mol;

I——电流, A;

t——处理时间, h。

电解-电絮凝耦合体系除硬能耗计算如下:

$$E = \frac{UIt}{\Delta m} \tag{2}$$

式中 E——能耗, kWh/kg;

U——平均电压, V;

t——处理时间, h;

I——电流, A;

Δm——去除硬度质量(g, 按 $CaCO_3$计)。

2 结果与讨论

2.1 电解槽酸碱分离性能

水中硬度结晶去除需要提高水的 pH 值,本节将使用阳极室和阴极室流出物的 pH 值变化来衡量无膜电解槽的酸碱分离性能,电解质溶液为 20mM Na_2SO_4。如图 3(a)所示,电流密度为 10mA/cm²时,在 5~25mL/min 的抽取酸液变化范围内,其阴极室出水 pH 值分别从 7.0 增加到 11.45、11.64、11.73、11.76 和 11.80,而阳极出水 pH 值分别从 7.0 降低到 1.79、1.83、1.91、1.98 和 2.08。实验结果表明,无隔膜的电解槽中提取阳极边界层的酸性液体是一种可行的酸碱分离策略。如图 3(b)所示,10mA/cm²电流密度下,在 5~25mL/min 的抽取酸液变化范围内,其阴极电解水生成 OH^-的电流效率分别从 45.3%增加到 66.5%、77.3%、77.8%和 79.8%,而阳极电解水生成 H^+的电流效率分别从 13.7%增加到 22.5%、31.2%、35.5%和 35.2%。当酸液的提取流速达到 15mL/min,再进一步提高酸液的提取量时,电解水的电流效率很难进一步提升,因此后续试验如未明确说明,酸液的提取流速均为 15mL/min。

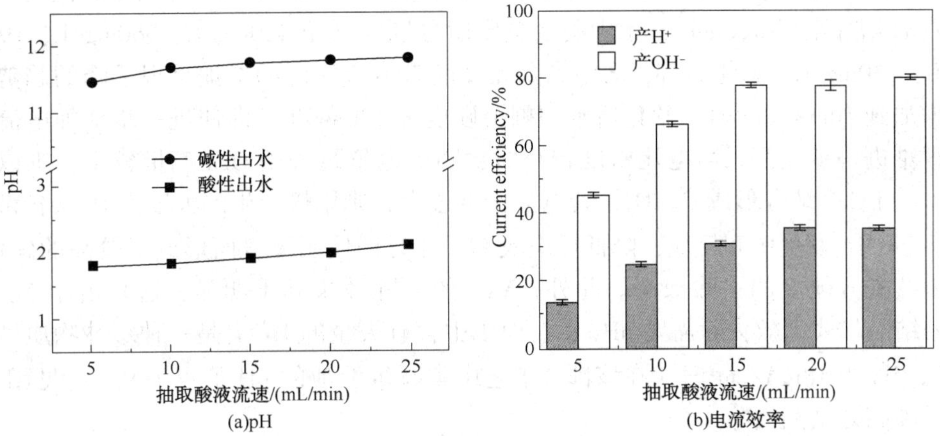

图 3 抽取酸液流速对电解槽酸碱分离的影响

2.2 电解-电絮凝耦合除硬体系

电解产生的碱性水给硬度离子结晶去除提供了化学驱动力，然而产生大颗粒碳酸钙晶体需要较长时间(1.5~3h)，引入晶种作为成核位点，可为沉淀晶体的异相成核和生长提供巨大的表面积，显著提高硬度离子结晶速率和固液分离效率，该过程常称作加速结晶软化工艺。本论文将电絮凝与电解耦合，利用电絮凝产生的大量絮凝体为碱性水中硬度结晶去除提供晶种，加速硬度离子结晶沉降。如图4所示，耦合体系内硬度离子可实现快速结晶去除，而电解单元碱性出水中硬度自然沉淀去除所需时间长达2h，这意味着在实际应用中自然沉淀法需要修建巨大的沉淀池，显然是不经济的。以上实验数据证明了通过电絮凝产生的絮凝体作为晶种诱导加速沉淀软化是可行的，且铁电絮凝与铝电絮凝展现出了相似的处理效果。

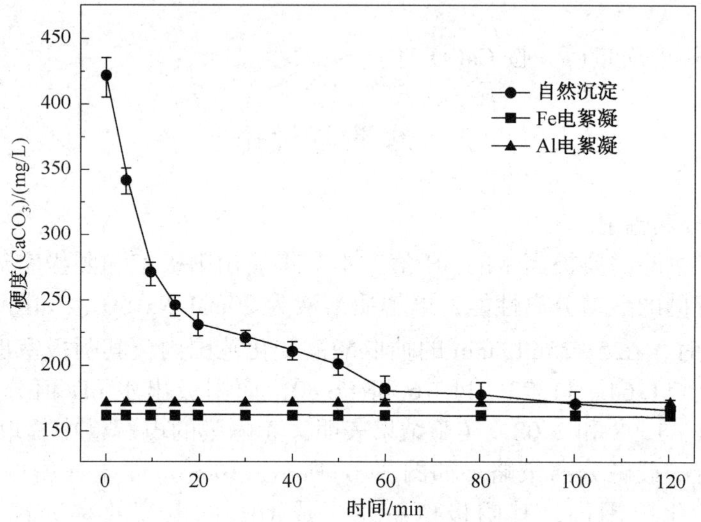

图4 加速沉淀软化实验

电流密度是影响电解产酸产碱性能的关键参数，直接影响电解-电絮凝耦合工艺的软化效率。电化学反应过程中，电流密度越大，阴极析氢反应越强烈，析氢反应产生的OH^-浓度也就越大，电化学软化效果越好。电流密度对钙硬度去除效果如图5所示。随着电流密度由$2mA/cm^2$增加至$18mA/cm^2$，水中剩余总硬度分别降低至420mg/L、260mg/L、190mg/L、180mg/L、150mg/L，总体而言，水中剩余硬度随着电流密度的增加呈现下降的趋势。当电流密度增加到$10mA/cm^2$时，软化后水的剩余硬度为190mg/L，即使进一步增加电流密度软化效果很难进一步提升。当电流密度较小时，阴极电解过程中OH^-产量较少，难以产生足量的CO_3^{2-}与Ca^{2+}结合形成$CaCO_3$；若电流密度过大，则阳极产生的大浓度H^+会扩散至本体溶液中，与OH^-发生中和反应，降低反应效率，此时即使阴极表面形成了较高的碱性氛围，也难以继续提升硬度的去除效率。此外，Mg^{2+}的去除效果并不明显，这是由于Mg^{2+}以$Mg(OH)_2$的结晶形式高效去除需要$pH>12$。而水中含有大量的HCO_3^-是一种缓冲物质，即使电解槽电流密度为$18mA/cm^2$时，在该耦合工艺中絮凝沉淀池的pH值仅为9.43(见图6)，无法驱动镁硬高效结晶去除。

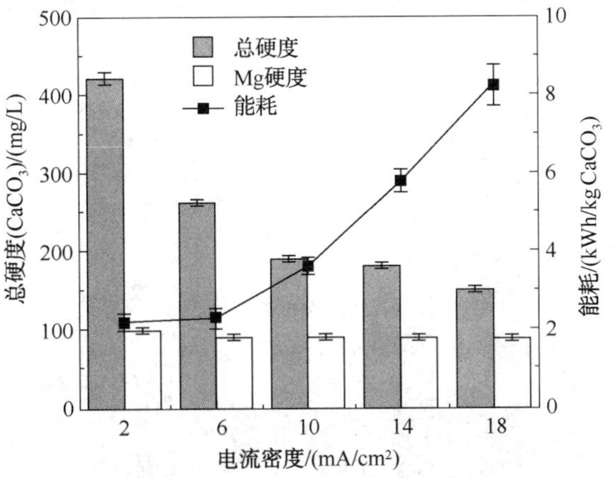

图 5　电解槽不同电流密度下出水剩余硬度和能耗

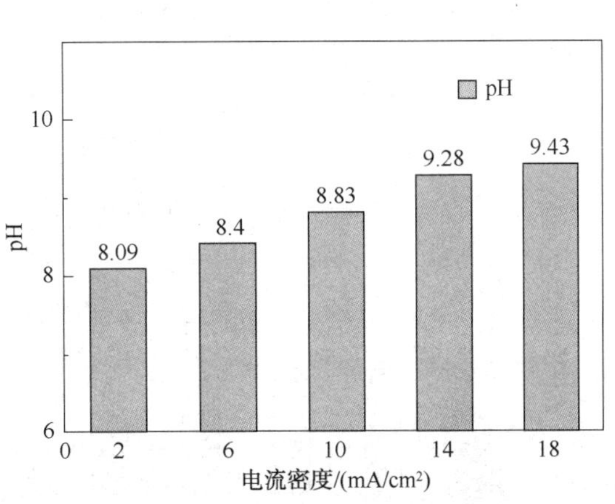

图 6　不同电流密度下沉淀池出水 pH 值

进一步提升电流密度会增加硬度的去除效率，但同时会导致能耗翻倍的增长，致使整个反应体系的电流效率也会发生显著的下降。如图 5 所示，当电流密度为 $2mA/cm^2$时，能耗为 2.21kWh/kg $CaCO_3$，电流密度增加到 $10mA/cm^2$时，能耗为 3.59kWh/kg $CaCO_3$，而电流密度升至 $18mA/cm^2$时，能耗同步增加至 8.19kWh/kg $CaCO_3$。此外，随着电流密度的升高，硬度去除电流效率也而展现出下降的趋势，电流密度为 $2mA/cm^2$时，电流效率为 68%。而当电流密度增加 $18mA/cm^2$时，除硬电流效率发生了断崖式的下降，仅为 32.92%。造成能耗增加和电流效率下降的原因主要是在高电流密度下酸碱中和反应发生概率随之增加，导致电解产生的 OH^-利用率降低。因此，在实际工业应用中，在保证处理出水水质满足要求的前提下，一般选择较小的电流密度，以降低运行成本。综合考虑到软化效果以及能耗，后续试验如未明确说明，电解单元的电流密度为 $10mA/cm^2$。

图 7 展示了铁和铝电絮凝电流密度对水中硬度去除效率和沉积速率的影响。在图 7(a)中，在铁电絮凝体系内电流密度为 2~$14mA/cm^2$，随着电流密度的增加，水中剩余的总硬度有着缓慢减少的趋势，分别从 500mg/L 降低到 195mg/L、190mg/L、185mg/L、175mg/L，电絮凝电流密度的增加对硬度去除促进作用有限，说明电絮凝吸附作用有限。如图 7(b)所示，铝电絮凝体系和铁电絮凝呈现相似的除硬趋势，进一步增加电流密提升的软化效果有限，在铝电絮凝电流密度 2~$14mA/cm^2$范围内，随着电流密度的增加水中剩余的总硬度分别从 500mg/L 降低到 220mg/L、210mg/L、190mg/L、180mg/L。此外，在相同电流密度下，铝电絮凝与铁电絮凝展现出的相似的软化效果，但两者增大电流密度对硬度的去除促进效果有限，这与 Hakizimana[10]等人的研究结果相似，使用电絮凝作为海水淡化的预处理工艺，结果表明仅有 10%的总硬度得以去除。

2.3　沉淀物分析

收集沉淀池中的沉积物，经去离子水彻底清洗后自然干燥，并采用 XRD 和 SEM 等表征手段对沉淀物进行晶型和形貌分析。图 8(a-b)为铁电絮凝沉淀物的 SEM 图，可观察到碳酸钙的晶型主要以针状的文石为主，还有少量的菱形方解石的存在。图 8(c-d)为铝电絮凝沉淀物的 SEM 图，可观察到碳酸钙的晶型主要以针状的文石为主，还有少量的菱形方解石的存在。图 9 为铁电絮凝沉淀物、铝电絮凝沉积物与标准卡片方解石 PDF#47-

1743 和文石 PDF#41-1475 的 XRD 谱图，对比发现两种电絮凝沉积物主要成分均为方解石和文石。

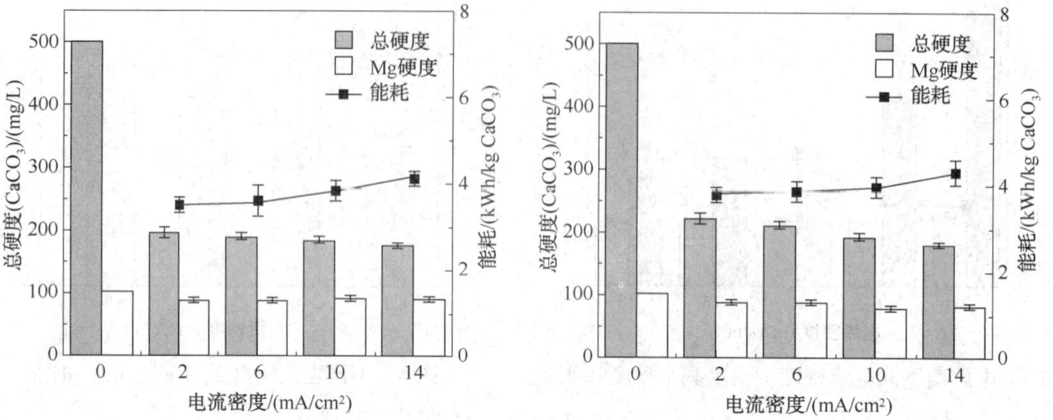

(a)铁电絮凝 (b)铝电絮凝

图 7 电絮凝体系内电流密度对除硬效率和能耗的影响

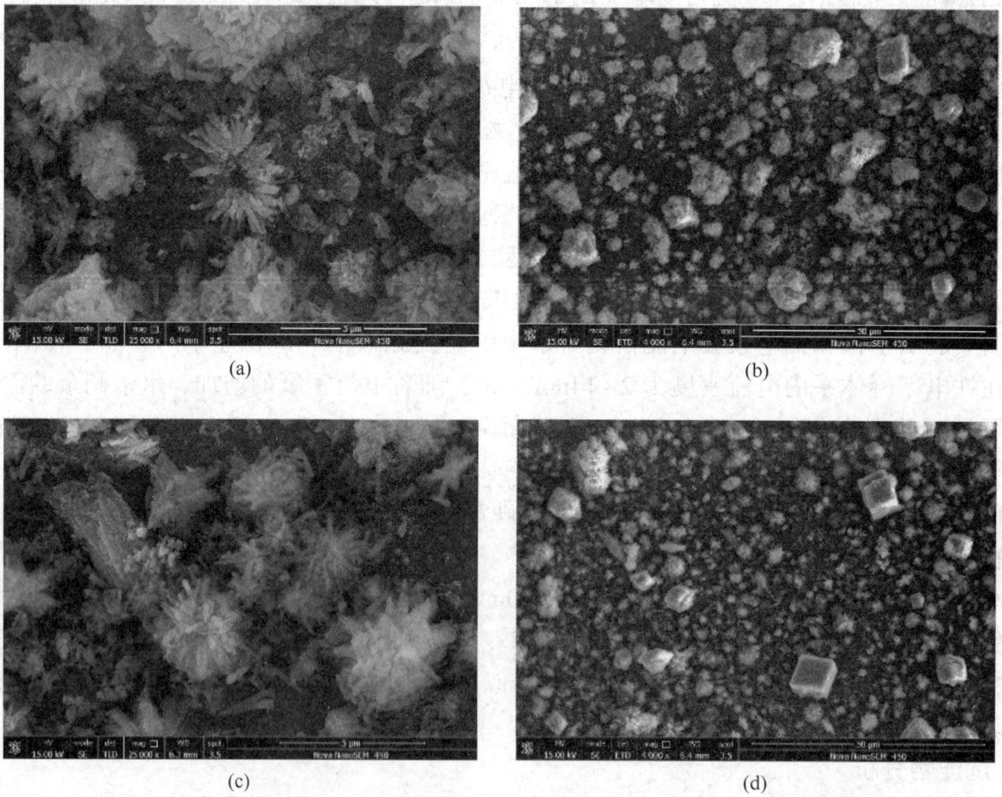

(a) (b) (c) (d)

图 8 铁电絮凝沉淀物(a-b)和铝电絮凝沉积物(c-d)的 SEM 图

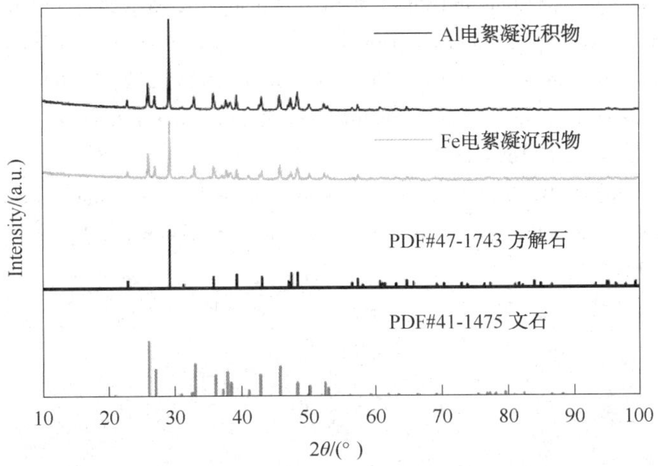

图 9 铁电絮凝沉淀物和铝电絮凝沉积物的 XRD 谱图

3 结 论

本文开发了一种适用于锅炉化学水除硬的基于阳极液膜提取的单腔室电解-电絮凝耦合工艺，在电解槽电流密度 $10mA/cm^2$、进水流速 $100mL/min^{-1}$、酸液提取流速为 15mL/min、铁电絮凝电流密度 $6mA/cm^2$ 时，出水总硬度($CaCO_3$)从原水的 500mg/L 降低至 190mg/L，能耗仅为 3.59kWh/kg$CaCO_3$。通过对絮凝沉淀物的 SEM 与 XRD 表征分析，沉淀物中的碳酸钙主要以文石为主，同时伴有少量的方解石存在。该工作可为工业锅炉化学水的高效除硬提供了新思路和新方向。

参 考 文 献

[1] 华经产业研究院. 2023—2028 年中国工业锅炉行业市场深度分析及投资战略研究报告. 中国：华经产业研究院，2020.

[2] Zhu H, Zheng F, Lu S, etc. Effect of electrochemical pretreatment on the control of scaling and fouling caused by circulating cooling water on heat exchanger and side-stream reverse osmosis membrane[J]. Journal of Water Process Engineering, 2021, 43: 102261.

[3] 苏艳，杨阳，古克亚，等. 循环冷却水系统的电化学除垢技术研究进展，工业水处理[J]. 2022, DOI: 10.19965/j.cnki.iwt.2022-0601.

[4] Xu H, Xu Z, Guo Y, etc. Research and application progress of electrochemical water quality stabilization technology for recirculating cooling water in China: A short review[J]. Journal of Water Process Engineering, 2020, 37: 101433.

[5] Yin F, Yang X, Zheng L, etc. Acid-base transport model depicting the dynamic pH response of interfacial reactions[J]. AIChE Journal, 2022, 68: e17669.

[6] Zhang C, Tang J, Zhao G, etc. Investigation on an electrochemical pilot equipment for water softening with an automatic descaling system: Parameter optimization and energy consumption analysis[J]. Journal of Cleaner Production, 2020, 276: 123178.

[7] Li X, Wang L, Sun W, etc. Study on electrochemical water softening mechanism of high-efficient multi-layer

mesh coupled cathode[J]. Separation and Purification Technology, 2020, 247: 117001.

[8] Kang W, Li L, Yan L, etc. Spatial and temporal regulation of homogeneous nucleation and crystal growth for high-flux electrochemical water softening[J]. Water Research, 2023, 232: 119694.

[9] Clauwaert P, De Paepe J, Jiang F, etc. Electrochemical tap water softening: A zero chemical input approach. Water Research, 2020, 169: 115263.

[10] Hakizimana J N, Gourich B, Vial Ch, et al. Assessment of hardness, microorganism and organic matter removal from seawater by electrocoagulation as a pretreatment of desalination by reverse osmosis[J]. Desalination, 2016, 393, 90-101.

全自动间断化学分析仪测定水中钾含量

沈锦芳

（中国石化镇海炼化公司质管中心，宁波 315207）

【摘要】 通过研发沉淀稳定保护剂，使生成的四苯硼钾沉淀完全、稳定，解决了采用全自动间断化学分析仪测钾标准曲线没有线性的技术难题，使得0~20mg/L标准曲线 $r>0.999$，数据准确性好，能广泛应用于水质、土壤、化肥等样品中钾的全自动测定，攻克了行业瓶颈。

【关键词】 全自动间断化学分析仪　四苯硼钠比浊法　沉淀稳定保护剂

1 概　　述

大型炼油、化工、电站等企业中的循环水及补充水中钾含量的测定，是衡量水质含盐情况、计算循环水管理重要控制指标“浓缩倍数”的依据。土壤、化肥中的钾，是植物生长的主要养分三元素之一，是了解土壤、化肥基本性质和肥力状况的重要指标。故钾含量的测定是一项非常重要的指标[1]。

化肥、土壤中高含量钾一般采用四苯硼盐重量法测定，但对于水质中含量较低的钾，四苯硼钠比浊法因无需特殊仪器、所用试剂及操作均较简单等原因，在水质检测行业得到了一定的应用。四苯硼钠比浊法测钾原理：利用四苯硼钠与钾生成的四苯硼钾沉淀对光的选择性吸收测定出样品中的钾含量，对于样品中可能含有的钙、镁等金属的干扰采用EDTA进行掩蔽；对于氨的干扰采用加入甲醛生成六亚甲基四胺进行消除[2]。美国哈希公司、意大利哈纳公司都有基于四苯硼钠比浊法的配套快速测定试剂和分光光度计供应。但其方法都存在标准曲线线性较差（r 值一般 <0.995）、数据准确性不理想的问题[3]。这些方法的用户经试验掌握方法所测结果与火焰光度经典测定法的差值规律后，进行有条件应用，一般仅用于现场工况调节的参考。也有实验室是经过较长一段时间火焰光度法等经典方法与比浊法的数据比对后，得出不同水样、不同浓度值下的经验校正系数，实际应用时用经验系数对比浊法测钾的结果进行修正。因为四苯硼钠比浊法测钾存在上述一系列技术问题，数据的准确性无法保障，不管是水质、土壤、化肥中钾含量检测还是医药行业血清中钾检测，近年逐渐出现了淘汰该法的呼声。

随着检测技术的不断进步，全自动间断化学分析仪已广泛应用于水质、土壤、化肥等多个行业中多个分光项目的全自动测定，如很多水质检测实验室将其应用于水质中磷酸盐、亚硝酸盐、硝酸盐、锌、氨氮、硫化物、氯化物、硅酸盐等10多个常见项目的全自动测定，提高实验室分析效率。但对于往往需要同时测定的重要水质参数钾，却因标准曲线根本没有任何线性，一直没能建立起四苯硼钠比浊法测钾的间断化学分析仪法，大部分实验室只能采用需使用液化气或汽油作燃料的火焰光度法对水样中的钾进行单独测定，使实验室存在爆炸、火灾等安全隐患，也不利于实验室提效，或者牺牲准确性有条件应用手工四苯硼钠比浊法测钾。故突破技术瓶颈，建立准确可靠的全自动间断化学分析仪法测钾的方法，将是一项非常有开拓创新意义的工作。

本方法通过改变原手工四苯硼钠比色法测定钾的多项反应条件，最关键的是研发出了沉淀稳定保护剂，使试样中的钾与四苯硼钠生成的沉淀完全、稳定，使得四苯硼钾沉淀在420nm 波长下的吸光度与试样中的钾含量符合郎伯-比耳定律，可比色定量。0～20mg/L 标准曲线线性相关系数>0.999，数据准确性好，实际样品测定结果与经典火焰光度法数据吻合，能广泛应用于地表水、循环水、土壤、化肥等样品中钾含量的全自动测定，攻克了行业瓶颈。

2 试 验

2.1 方法原理

在水样中加入四苯硼钠试剂，在沉淀稳定保护剂的作用下使水中的钾与四苯硼钠反应生成稳定的四苯硼钾沉淀，分光测定时溶液的吸光度含量与钾含量成正比，利用全自动间断化学分析仪进行全自动检测。

2.2 主要仪器

DeChem-Tech. Gmbh Cleverchem 的全自动间断化学分析仪，或其他功能类似的全自动间断化学分析仪。

2.3 主要化学试剂

沉淀稳定保护剂 R1：用分析纯磷酸钠、氯化钾、氯化钙、氯化镁配制成含 PO_4^{3-} 20mg/L、K^+ 10mg/L、Ca^{2+} 100mg/L、Mg^{2+} 20mg/L 的混合盐溶液。

四苯硼钠试剂 R2：60g/L。称取测血钾专用或分析纯四苯硼钠 6.00 克溶于 100 毫升水中，用 0.5mol/LNa0H 液调至 pH9 左右。配制好的四苯硼钠试剂，完全溶解后静置 24 小时后，试剂溶液呈较为均匀的悬浊液状态，倒入间断化学分析仪的试剂瓶直接使用。试剂的有效期为一周，每新配一次该试剂，应重新绘制标准曲线。当发现该试剂中有沉淀析出、上清下浑等异常现象时，不能使用。

蒸馏水 R3。

2.4 水中钾含量的测定

（1）打开全自动间断化学分析仪，打开工作站软件，则系统自动进入清洗和预热阶段。一般预热需要 30min。

（2）工作站软件中钾含量测定条件中各参数的设置。测量条件主要是考察取样量、各反应试剂的加入量、反应时间等。通过试验，DeChem-Tech. Gmbh Cleverchem ANNA 型全自动间断化学分析仪测钾方法各参数见表 1。

表 1 方法设置及主要参数

检测参数	钾	终点法(420nm)	扣除试剂空白
样品量/μL	100	延迟时间/s	×
试剂 R1(S1)	100	延迟时间/s	36
试剂 R2(四苯硼钠)	100	延迟时间/s	36
试剂 R3(蒸馏水)	300	延迟时间/s	60

(3) 绘制钾校准标准曲线。把沉淀稳定保护剂 R1、四苯硼钠试剂 R2、蒸馏水 R3 放入全自动间断化学分析仪试剂盘的相应试剂位上，20.0mg/L 钾标准溶液放置在 1 号样品位上，2 号样品位上放置一管蒸馏水，利用全自动间断化学仪的自动稀释功能自动稀释成一组钾标准溶液浓度组，启动仪器即可自动完成钾标准曲线的绘制，标准曲线见图 1：

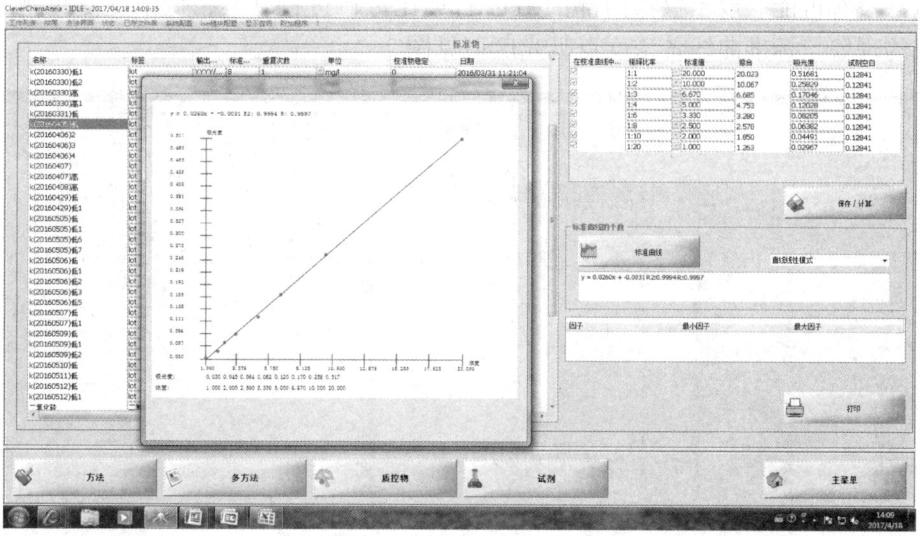

图 1 利用 Dechem-Tech. GmbH Cleverchem ANNA 绘制的钾标准曲线

标准曲线的浓度与吸光度值数据见表 2。

表 2 钾标准曲线数据

样品号	1	2	3	4	5	6	7	8
稀释比	1 : 20	1 : 10	1 : 8	1 : 6	1 : 4	1 : 3	1 : 2	1 : 1
钾含量/(mg/L)	1.00	2.00	2.50	3.33	5.00	6.67	10.0	20.0
A_0		0.12841						
$A_{标}-A_0$	0.02967	0.04491	0.06382	0.08205	0.12028	0.17046	0.25829	0.51681
标准曲线	$y=0.0260x-0.0031$				线性相关系数 r		0.9997	

用本方法的试验条件、采用 DeChem-Tech. Gmbh 全自动间断化学分析仪测钾，具有良好的线性关系。

(4) 样品中钾含量测定。将待测水质样品摇匀后转移至样品管中，放入仪器样品盘中相应的位置后，编制工作任务列表，启动钾测定程序完成钾的全自动测定，仪器根据样品的吸光度值直接计算得出样品中钾含量，单位为 mg/L。

3 结果及讨论

3.1 直接将手工四苯硼钠比浊法移植到全自动间断化学分析仪上进行测定，无法得到标准曲线的原因分析

理论上绝大部分分光光度法都可以直接将标准方法采用等比例缩小取样量和试剂加入量

的方法移植到仪器上实现全自动测定。采用手工四苯硼钠比浊法，虽然标准曲线线性不良，但在 50mL 比色管内能观察到系列浓度组 1mg/L、2mg/L、4mg/L、6mg/L、8mg/L、10mg/L 含量钾的各点都有沉淀生成。但利用全自动间断化学分析仪，低于 10mg/L 的各浓度点吸光度值基本与空白无异甚至会出现低于空白现象，标准曲线没有任何线性可言，甚至连拟合成二次曲线都没有可能。取出仪器内部的 1cm 石英比色皿进行观察，低浓度点也观察不到有沉淀生成的现象。标准曲线各浓度点吸光度值见图 2。

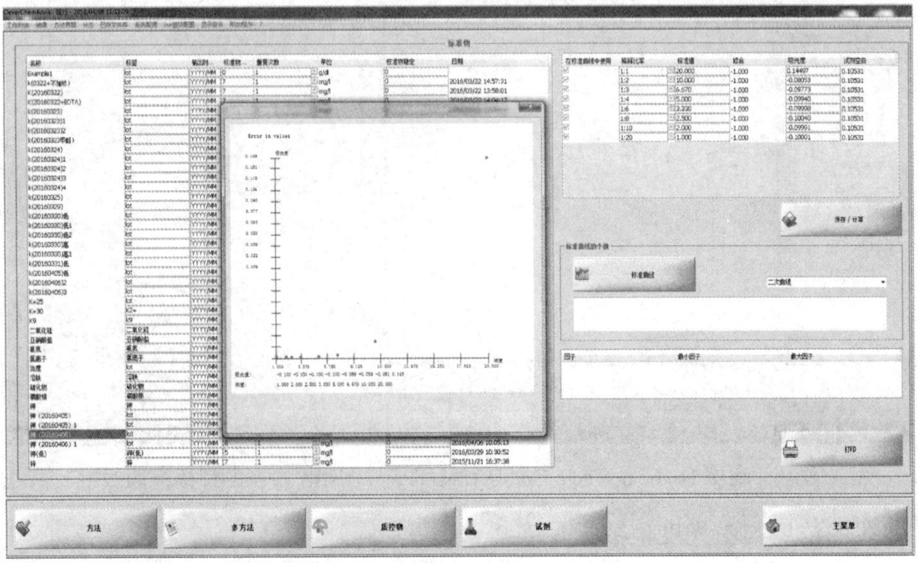

图 2　直接将手工四苯硼钠比浊法等比例减少取样量和试剂加入量移植到全自动间断化学分析仪上绘制标准曲线情况

该标准曲线的浓度与吸光度值数据见表 3。

表 3　钾标准曲线数据

样品号	1	2	3	4	5	6	7	8
稀释比	1 : 20	1 : 10	1 : 8	1 : 6	1 : 4	1 : 3	1 : 2	1 : 1
钾含量/(mg/L)	1.00	2.00	2.50	3.33	5.00	6.67	10.0	20.0
A_0		0.10531						
$A_{标}-A_0$	-0.10001	-0.09991	-0.10040	-0.09998	-0.09940	-0.09773	-0.08053	0.14497
标准曲线	一次、二次曲线都无法拟合				线性相关系数 r		无	

尝试了重新配制试剂、优化试剂加入量、加入顺序、显色时间等，都不能解决多个浓度点的吸光度值没有规律、吸光度明显偏低问题，无法拟合成标准曲线，故根本不可能用于样品中钾含量的测定。通过研究，出现上述异常现象的原因应与沉淀的形成机理有关，在钾含量较低、介质又非常纯净的情况下，在全自动间断化学分析仪的 1cm 比色皿内仅有 600μL 溶液，又没有较好的混匀措施，四苯硼钾沉淀不易生成，生成的沉淀形状、性状都不稳定，对建立在分光基础上进行测定的间断化学分析仪法的数据准确性影响大。

3.2　四苯硼钠比浊法测定实际样品结果往往偏高较多的原因分析

手工四苯硼钠比浊法采取各种措施建立线性达 0.995 以上勉强可用于检测分析的标准曲

线，但测定实际水样时，会发现测得的钾数据明显高于火焰光度法等钾的经典测定方法的测定结果，偏高的程度因水样而异，有些水样甚至偏高 50%以上。

出现上述反常现象的机理分析：实际水样中除了钾盐，还含有较多的杂离子和胶体粒子，而绘制标准曲线时，反应溶液中仅有钾盐(如氯化钾)、四苯硼钠。实际样品中的杂离子和胶体粒子起到了晶核作用，使沉淀更容易生成。另外，原四苯硼钠比浊法认为实际样品中钙、镁的干扰会使钾测定结果偏高，需加入 EDTA 掩蔽，但经大量试验表明，加入 EDTA 并不能真正解决实际样品测定时四苯硼钠法测定结果明显高于火焰光度法测定结果这一问题。

本方法人为加入远高于样品中含量的钙、镁组分，通过加入沉淀稳定保护剂混合盐，使钙、镁与磷酸根结合生成高度分散的胶体颗粒 $Ca_3(PO_4)_2$ 和 $Mg_3(PO_4)_2$，在四苯硼钠与钾进行反应的体系中，这些胶体颗粒可作为晶核，有助于钾与四苯硼钠更完全、更稳定地生成四苯硼钾沉淀。

3.3 解决全自动间断化学分析法标准曲线无线性、实际样品测定结果明显偏高的关键技术

本方法中的沉淀稳定保护剂是解决四苯硼钠比浊法测钾标准曲线无线性、测定结果明显偏高、数据重现性差的关键技术。沉淀稳定剂的成分如下：用磷酸钠、氯化钾、氯化钙、氯化镁配制成含 PO_4^{3-} 20mg/L、K^+ 10mg/L、Ca^{2+} 100mg/L、Mg^{2+} 20mg/L 的混合盐溶液。经大量试验，加入沉淀稳定保护剂后，可以促使钾与四苯硼钠完全、稳定地生成四苯硼钾沉淀，使得钾标准曲线线性由二次曲线更接近一次曲线；用于实际水样测定，数据准确性好(与火焰光度法的偏差<10%)，数据重现性好。实践是检验真理的唯一标准，通过大量标样试验及实际样品与火焰光度法数据的比较，本文中所述的沉淀稳定保护剂是使得利用全自动间断化学分析仪采用四苯硼钠比浊法测钾数据准确的关键。

3.4 甲醛试剂的取消

原手工四苯硼钠比浊法通过加入甲醛消除氨干扰，经试验当氨含量低于 2mg/L 时，对钾的干扰非常小。故一般水样均无需考虑氨干扰的消除。对于氨含量较高的水样，可通过调水样至碱性后水浴加热除氨后再测定。故本方法取消了甲醛试剂的使用，避免了有毒试剂对实验人员的伤害，使方法更环保安全。

3.5 本方法测钾标准曲线的稳定性

前后间隔一个月配制新试剂四苯硼钠、沉淀稳定保护剂后，重新绘制标准曲线。标准曲线可拟合成一次直线线性模式，且线性相关系数可达 0.999 以上，同浓度点吸光度值也都比较稳定。加入沉淀稳定保护剂后，使得采用全自动间断化学分析仪法测钾标准曲线线性良好，标准曲线也比较稳定，可应用于样品中钾含量的准确测定。

3.6 本方法测钾数据的重现性

配制一个 20mg/L 钾标样，连续两天利用同一条标准曲线、同一批试剂进行测试，每天各测试 4 次。结果见表 4。

表 4 本方法测钾方法重现性试验数据

利用同一条标准曲线，同一批试剂，前后两天各测定了 4 次 20mg/L 钾标准溶液的测定结果				
	1	2	3	4
第一天/(mg/L)	19.93	20.76	19.71	19.56
第二天/(mg/L)	19.52	19.56	19.17	19.12

3.7 本方法测钾的加标回收率

取一个典型的循环水样品进行加标试验，预先对水样进行过滤。取 10mL 该循环水样的滤液于 6 支 50mL 比色管中，分别加入 100mg/L 钾标样 0、1mL、2mL、3mL、4mL、5mL，定容至 50mL，取得一系列浓度的加标样品，利用全自动间断化学分析仪测定其中钾含量。结果见表 5。

表 5 本方法测钾的加标回收率

样品	钾加入浓度/(mg/L)	测定结果/(mg/L)			(加标试样测定值-试样测定值)/(mg/L)	钾标样的回收率/%
		1	2	平均值		
某循环水	0	5.98	5.62	5.80	—	—
	2	8.05	7.89	7.97	2.17	108
	4	9.93	10.10	10.01	4.21	105
	6	12.26	12.20	12.23	6.43	107
	8	13.90	13.34	13.62	7.82	97.8
	10	16.07	15.33	15.70	9.90	99.0

3.8 实际样品测定结果准确性验证

对于实际水样中钾含量测定数据准确性，目前首推火焰光度法为最可靠的方法。

用于某大型炼油化工企业原水、过滤水、大量循环水等水样中钾含量的测定，采用 0~20mg/L 的标准曲线进行测定，对于钾含量较高的循环水样，利用仪器自动稀释功能稀释相应倍数后再行测定。本方法与经典的火焰光度法进行比较，两法的数据较为吻合，两法数据的相对偏差均小于 10%。数据见表 6。

表 6 本方法与火焰光度法测钾数据比较

样品	火焰光度法/(mg/L)	本方法/(mg/L)	样品	火焰光度法/(mg/L)	本方法/(mg/L)
1#补充水	2.0	2.2	5#循环水	11.8	13.0
2#补充水	7.1	7.6	6#循环水	33.9	35.6
1#循环水	11.8	12.4	7#循环水	42.0	38.9
2#循环水	16.2	15.8	8#循环水	39.2	37.1
3#循环水	10.2	10.0	9#循环水	17.5	16.2
4#循环水	12.3	12.8	10#循环水	36.5	34.9

3.9 测量速度

采用四苯硼钠比浊法测钾，20 个水样均进行双平行测定，40 个钾含量数据仅需要 20min 即可完成测定，分析效率高。

4 结论

本文所提到的沉淀稳定保护剂很巧妙地突破了全自动间断化学分析四苯硼钠比浊法测钾存在的标准曲线没有任何线性、根本无法用于<20mg/L 水样中钾含量测定的技术瓶颈，使

得全自动间断化学分析仪法测钾成为可能，数据准确性好、分析效率高，对实验室提效、减员增效起到了很好的作用，可在水质检测行业加以推广应用。

另外，对于土壤、化肥中钾，因实际测定时均是将其中钾通过浸出、溶解等方式转移至水相进行测定，其原理实质上是高盐水中高浓度钾含量的测定。本攻关形成的利用全自动间断化学分析仪测钾方法，四苯硼钠与钾就是在高盐条件下进行反应，故可拓展应用于土壤、化肥中钾的测定，利用仪器的自动稀释或手工稀释将样品中的钾稀释至标准曲线浓度范围内即可实现快速的全自动测定。

参 考 文 献

[1] 梁窕. 钾分析技术及应用现状[J]. 中国高新技术企业，2008(21)：203.
[2] 劳家柽. 钾的四苯硼钠比浊法/土壤农化分析手册[M]. 北京：农业出版社，1988：381.
[3] 哈希公司. 哈希水质分析手册：方法 8049 钾四苯硼盐法，2009：549-554.

水冷器泄漏对循环水系统的影响及处置方法

余　雄

(中韩(武汉)石油化工有限公司，武汉 430080)

【摘要】 装置水冷器泄漏对循环水水质造成冲击，影响循环水系统腐蚀、结垢和微生物黏泥控制。分析了中韩石化炼油厂区第一循环水系统冷却器泄漏情况，分析了水冷器泄漏的原因；总结了循环水系统泄漏后的水质状况、查漏方法及处理对策。针对循环水系统运行及查漏过程中存在的问题提出了优化措施。

【关键词】 循环水　水冷器　泄漏　对策

冷器是炼油、化工装置的重要组成部分，装置在生产过程中，由于生产原料及产品的腐蚀性、或循环水水质控制不当等原因造成水冷器腐蚀泄漏，造成循环水水质异常。为了快速恢复循环水系统正常运行、装置正常生产，不得不将水冷器切出处理，该过程会增加水耗、能耗，影响循环水系统平稳运行，会导致生产装置降量、非计划停工，甚至造成安全环保事故，给企业带来巨大的经济损失和负面的社会影响。因此加强循环水水质管理、水冷器运行管理，减少水冷器泄漏频次、泄漏时长，是保证循环水系统及装置安稳长满优生产的重要手段。

1　循环水系统泄漏的类型、原因及影响

1.1　循环水系统基本情况

中韩(武汉)石化炼油厂区第一循环水场始建于 1976 年，经过多次改扩建后设计处理能力 25600m^3/h，日常运行时的供水量约 20000m^3/h，系统保有水量 8500m^3，主要为 1#常减压、2#常减压、1#加氢、3#加氢、1#催化、催化原料加氢、1#气分、2#气分、3#气分、MTBE、2#硫黄、1#脱硫脱硝、S Zorb、余热发电等装置约 300 台水冷器、机泵提供冷却水，被冷却的介质有气态烃、液态烃、酸性气、含硫污水、氢气、胺液、凝结水等。由于系统大、介质种类多，发生水冷器泄漏时，如果不能科学、合理、快速的组织查漏，泄漏源不能被及时找出并切出，长时间的泄漏对循环水系统、装置正常生产、周边环境等带来不利影响。

1.2　水冷器泄漏的介质类型及表象

水冷器在长周期运行过程中发生泄漏的情况比较常见，表 1 为炼油一循系统 2018 年-2020 年的泄漏情况。

由表中可以发现，一循系统年平均泄漏次数在 5 次左右。发生泄漏的泄漏点主要集中在水冷器管束、垫片、密封圈等部位。引发泄漏的主要原因有：管束腐蚀穿孔、垫片磨损泄漏、密封圈失效等，既有工艺方面的原因，也有设备先天不足的原因，还有施工质量管理等方面的原因[1]。

表1 一循系统2018-2020年泄漏情况统计表

序号	泄漏时间	装置	水冷器	泄漏部位	泄漏原因	冷却介质	现场表象
1	2018年1月20日	1#催化	L-401/1	管束	管束穿孔	酸性气	游离氯降低、pH下降、水中含硫化物、现场挂片腐蚀明显
2	2018年2月19日	1#加氢	E-306	管束	管束穿孔	重汽油	塔下油气味重，油含量、浊度、COD上升
3	2018年7月2日	蜡油加氢	K-301B	垫片	垫片破损	氢气	管网排气阀排气，报警仪检测报警
4	2018年10月17日	1#催化	L-401	管束	管束穿孔	酸性气	游离氯降低、pH下降、水中含硫化物
5	2018年11月23日	1#气分	E-111B	密封圈	密封圈失效	碳四	游离氯降低、回水气态烃分析仪报警、浊度上升
6	2018年12月10日	1#气分	E-105	管束	管束穿孔	碳二、碳三	游离氯下降、回水气态烃分析仪报警、浊度上升
7	2018年12月11日	1#气分	E-105	密封圈	密封圈失效	碳二、碳三	报警仪检测报警
8	2019年5月26日	1#催化	L-206	管束	管束穿孔	油	油含量、COD、浊度上升
9	2019年5月26日	1#催化	L-204	管束	管束穿孔	柴油	油含量、COD、浊度上升
10	2019年6月25日	1#气分	E-111B/D	密封圈	密封圈失效	碳四	游离氯降低
11	2019年12月4日	1#催化	L-401	管束	管束穿孔	酸性气	游离氯降低、pH下降、水中含硫化物
12	2020年1月13日	2#气分	E-109	管束	管束穿孔	丙烯	游离氯降低、回水气态烃分析仪报警、浊度上升
13	2020年4月28日	3#加氢	E-7103	管束	管束穿孔	氢气	报警仪检测报警
14	2020年5月1日	1#常压	E-1514	管束	管束穿孔	蜡油	油含量、浊度上升，塔下明显黄色油泡沫

1.3 循环水系统泄漏原因

1.3.1 换热介质腐蚀性强

一循供水装置中，1#催化脱硫系统部分水冷器介质含高浓度硫化物，且介质侧温度较高，虽然装置已将水冷器材质由碳钢升级为304不锈钢，但在湿硫化氢环境中，在电化学的作用下，水冷器管束中的铁仍会与介质中的硫进行反应，生成硫化亚铁，造成管道腐蚀，极易造成水冷器腐蚀泄漏。

1.3.2 循环水水质差

循环水在运行过程中，水温持续保持在27~40℃之间，同时在循环热水经过凉水塔喷淋降温时，会增加系统中的溶解氧，为微生物大量繁殖提供了极为有利的条件，因此需要投加杀菌剂及缓蚀阻垢剂控制系统中微生物的生长及腐蚀、结垢情况。若因循环水运行管理不到位或装置物料泄漏造成循环水水质变差，微生物大量的繁殖及其代谢产物会以生物黏泥的形式附着在管壁上，极易堵塞水冷器并造成垢下腐蚀[2]。图1为泄漏水冷器黏泥附着情况。

图1 水冷器黏泥附着图

1.3.3 装置水冷器运行工况差

在正常生产情况下，装置水冷器运行应在满足设计要求及循环水水冷器管理规定的要求下运行，但是在实际生产运行过程中，装置水冷器存在超温、超压、循环水流速过低等偏离正常工况运行的现象，且无反冲洗措施或未进行有效反冲洗，长期偏工况运行，杂质等堵塞管束口，容易造成管束结垢、沉积，导致水冷器发生泄漏。

1.3.4 水冷器检修施工质量不合格

在水冷器检修施工过程中，由于施工人员检修安装过程不细致，可能会导致水冷器投用后发生泄漏。2018 年 8 月在查漏过程中发现 1#气分装置水冷器 E-109 管束泄漏，装置立即将泄漏水冷器切出系统并开展检修，经过 2 天检修，施工人员更换水冷器管束后，重新投用后，循环水回水总管气态烃报警仪再次报警，经查仍为 E-109 泄漏，泄漏原因为施工单位密封垫圈安装错位，造成密封垫圈泄漏。

1.4 水冷器泄漏的影响

装置水冷器发生泄漏后，由于换热介质进入循环水系统，虽然泄漏物料的不同会对循环水水质造成不同的影响，但长时间的泄漏均会造成药剂消耗量增加，微生物控制难度加大，系统腐蚀情况加剧。2019 年 12 月 1#催化 L-401 泄漏，且装置不能立即将该泄漏的水冷器进行切除，只能调整水冷器运行工况，减小泄漏量，因泄漏介质中含硫化氢，不可避免地对循环水系统造成持续的影响，造成腐蚀速率升高。对该时期循环水系统指标统计结果见表 2。

表 2 1#催化 L-401 泄漏循环水指标数据对比表

指 标	2018 年 12 月	2019 年 11 月	2019 年 12 月	2020 年 1 月
黏附速率/[mg/(cm^{2}月)]	4.15	3.71	9.72	7.14
腐蚀速率/(mm/a)	0.0267	0.0228	0.098	0.065
缓释阻垢剂消耗/(g/t)	0.25	0.36	0.55	0.51
杀菌剂消耗/(g/t)	0.68	0.88	1.01	0.92
水耗/(t/t)	0.0069	0.0079	0.0081	0.0075

由表 2 中数据分析，2019 年 12 月 1#催化装置 L-401 发生泄漏，造成腐蚀速率明显上升，已接近控制指标 0.1mm/a，通过环比、同比分析，由于泄漏造成黏附速率、药剂消耗、水耗均有所增加。

2 泄漏的判断及查漏方法

2.1 泄漏后的现象及监控指标

在系统不发生泄漏的情况下，循环水水质一般处于平稳状态。一旦发生泄漏，循环水系统平衡将被打破[3]。多次查漏发现不同物料泄漏时循环水系统表现出不同的现象。具体情况见表3。

表3 不同物料泄漏循环水系统现象及监控指标统计表

序号	泄漏物料	循环水现象	监控指标
1	汽油、煤油	水体乳化、水面有彩色油花，现场油气味明显，COD、浊度、油含量上升，游离氯下降	油含量、COD、浊度
2	柴油	水体呈灰白色、水面有少量黄白色泡沫，COD、浊度、油含量上升，游离氯下降	油含量、COD、浊度
3	蜡油	水体乳化、水面有黄色漂浮物，COD、浊度、油含量上升，游离氯下降	油含量、COD、浊度
4	芳香烃	水体发红、乳化，水面有白色漂浮物，COD、浊度、油含量上升，游离氯下降	油含量、COD、浊度
5	气态烃	上塔立管有气阻声音，水体无明显变化，COD、浊度上升，在线浊度仪上下跳动，游离氯下降	COD、浊度、可燃气含量
6	氢气	上塔立管有气阻声音，水体无明显变化，在线浊度仪上下跳动	可燃气含量
7	硫化氢	pH、碱度、游离氯下降，COD、浊度、铁含量上升	pH、COD、浊度、硫化物含量
8	乙醇胺	塔下水池有密集白色小泡沫，pH先上升后下降，COD、浊度上升	pH、COD、浊度
9	二氧化碳	pH下降，总碱度、浊度上升	pH、浊度
10	甲醇	水体微红，有乳化现象，水面有明显细小稠密的白色泡沫，COD、浊度、油含量上升	油含量、COD、浊度

根据表3中的方法，依据循环水系统现象可以初步判断出系统是否发生泄漏及泄漏物料类别，为查漏工作的开展指定方向，减小排查范围，缩短查漏时间。

2.2 查漏方法

在日常运行过程中，通过不同物料泄漏时循环水水质表象，利用不同查漏方法进行组合分析循环水水质。

2.2.1 化验分析查漏法

循环水日常生产管理过程中每日对循环水水质进行监测分析，通过对比每日水质数据变化判断有无泄漏情况发生。由于一循系统较大，在水冷器微量泄漏时，化验数据不易明显察觉，且正常生产情况下化验数据一天一次，频次较低，往往需要5-7天的数据变化趋势才可判断是否存在泄漏，而此时泄漏已对循环水水质造成影响。但是化验分析的优势在于数据准确度高，在单台水冷器或支管加样漏点排查过程中起到重要作用。

2.2.2 在线分析仪查漏法

一循回水总管上装有pH、浊度、游离氯、油含量等在线分析仪表，能够即时反馈循环水水质状态，有效替代部分常规人工化验分析，对循环水系统最初判断是否泄漏起着重要的作用。同时部分装置回水总管装有气态烃分析仪、油含量分析仪，在装置发生泄漏时，通过在线分析仪的数据变化趋势，能够在泄漏早期察觉准确锁定发生泄漏的装置，缩小查漏范围，但目前装置总管装有气态烃或油含量分析仪覆盖面十分有限，只有部分装置总管装有分析仪，且维护校准的频次较高，维护不到位往往造成在线仪表误报，误导管理人员对泄漏的判断。

2.2.3 自制便携式查漏仪查漏法

自制便携式查漏仪根据气态烃分析仪工作原理，利用四合一报警仪等材料制成。具体实物及模型如图 2 所示。

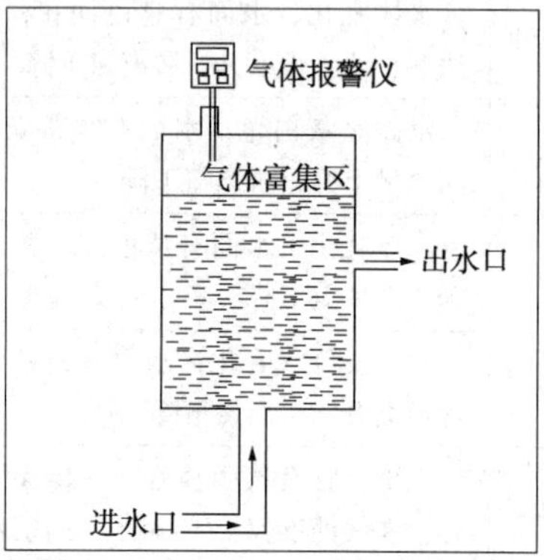

图 2 自制便携式查漏仪实物及模型图

自制便携式气体检测仪轻便、易携带，可对任意装置管网或水冷器采样口进行检测，能够缓解循环水系统管网在线分析仪不足问题，同时检测时间短，有利于快速锁定泄漏源，同时也减轻了化验分析人员查漏期间加样分析劳动强度。

化验分析、在线分析仪、自制便携式检测仪查漏各有优缺点，通过化验日常分析和在线分析仪表、自制便携式检测仪对主管线定期取样检测，可初步判定循环水系统是否存在泄漏；利用不同物料的泄漏循环水系统所表现出来的不同形式，初步判定泄漏物料类别，缩小查漏范围；再利用便携式查漏仪进行单台水冷器排查，配合加样人工分析，有效锁定漏点。

3 查漏过程中存在的问题

虽然按查漏方法通常能够快速准确查找到泄漏源，但在查漏过程中仍然遇到了很多问题，造成漏点切出时间过长，循环水水质得不到有效控制。

3.1 装置水冷器采样点不完善

在锁定泄漏区域进行单台水冷器排查时，有时会遇到单台水冷器采样点堵塞或无采样点等问题，无法进行采样分析，造成漏点无法确认。2018 年 5 月 26 日一循水质油含量、浊度上升明显，经过排查快速锁定为 1# 催化装置冷却器存在泄漏，装置边界总管浊度 163NTU、油含量 68mg/l，循环水水质日益变差。但由于装置内部多台水冷器无采样管或采样管不能正常使用，造成漏点锁定困难，直至 29 日装置配合拆卸水冷器循环水回水管线上的阀门才得以确认漏点。2020 年 10 月份开始中韩石化大检修，借此机会完善各装置总管以及单台水冷器采样管的安装，改善漏点排查过程中采样难的问题。

3.2 装置相关人员查漏不准确

由于循环水系统技术人员对装置水冷器分布情况、所含介质不了解，在锁定泄漏区域进行单台水冷器排查时，需要装置技术人员或操作人员配合，若装置相关人员对水冷器查漏工作对现场情况认识不足或不重视、不配合，查漏时间将大大延长。

2020 年 4 月开始，六循系统循环水 pH 值逐步下降，根据物料泄漏表象初步判断为酸性水、除盐水类介质进入循环水系统，漏入量 10~15m^3/h。多次向装置负责人了解是否存在除盐水、凝结水管线与循环水管线连接的问题，但一直反馈没有相关设置。循环水管理人员及相关部门负责人多次组织查漏未果，直至 7 月份才从生产装置技术人员口中了解到新建的烷基化装置存在机泵冷却水线增设过除盐水接口，现场排查发现有四台机泵存在接入除盐水问题，阀门处于开启状态；此次漏点排查历时近 100 天，7 月份循环水腐蚀速率为 0.0974mm/a，已接近超标。此次泄漏说明装置相关人员对现场情况不熟，对介质泄漏重视不足，直接影响到漏源查处。

3.3 工艺流程所限无法将泄漏源及时切出

2019 年 12 月，查出 1#催化 L401/1 存在内漏，此换热器无法切除系统，装置停工方可处理，只能通过减小该冷却器循环水出水阀门开度来运行，一循系统 pH、腐蚀速率一直偏离正常水平，2020 年 10 月停装置处理。

4 泄漏处置对策

水冷器发生泄漏后，必须尽快查找泄漏源并切出循环水系统，通过调整水质控制方案，如增加阻垢缓蚀剂投加浓度、用非氧化性杀菌剂替换氧化性杀菌剂、向系统中投加一定量的碱度药剂等，改善因系统存在泄漏对循环水水质的影响。

4.1 切出泄漏源

快速查出泄漏的水冷器并切出系统，是保证循环水系统正常运行的首要条件。对已确认泄漏又不能立即切出循环水系统的水冷器，应结合生产要求降低工艺侧介质压力，调整循环水进出水阀门开度，减小泄漏量。

4.2 加大换水量

循环水系统水质正常时，为了降低水耗，循环水浓缩倍数基本控制在 5 左右运行[4]。当油类水冷器发生泄漏后，造成循环水系统水质变差，循环水系统可通过凉水塔溢流、清扫池面浮油、增加滤池反洗、增加排污等方式减少泄漏介质在循环水系统中的浓度，减轻对系统的影响。

4.3 优化加药方式

循环水系统运行过程中，需要通过连续投加缓蚀阻垢剂，以保证循环水中的药剂浓度，使水冷器表面防腐蚀保护膜完整，降低系统腐蚀；投加强氯精及非氧化性杀菌剂控制系统内微生物含量[5]。正常情况下循环水系统阻垢缓蚀剂有机膦浓度控制在 3.5~5.0mg/L 运行，游离氯浓度控制在 0.1~0.3mg/L。当水冷器介质泄漏进循环水系统，可提高有机膦浓度为 5.0~6.5mg/L，游离氯控制浓度为 0.3~0.5mg/L 运行；当游离氯浓度难以提升时，停止投加氧化性杀菌剂，用非氧化性杀菌剂代替氧化性杀菌剂使用，必要时加强循环水系统杀菌、黏泥剥离清洗，控制循环水系统黏泥形成，避免水冷器堵塞、结垢甚至泄漏等严重后果。

5 后续工作建议

针对装置水冷器泄漏排查以及循环水系统运行过程中存在的问题，有以下建议：

（1）完善装置水冷器台账。循环水系统水冷器多，盲目查漏工作量大、耗时长。对各台水冷器的介质、进出口温度、泄漏现象、出现泄漏的次数和时间等进行统计，有利于摸出易泄漏的水冷器，出现泄漏后首先排查重点怀疑对象，以缩短查漏时间。

（2）完善在线分析仪表、加强在线分析仪设备维护，提高在线分析仪表在漏点判断中的作用。

（3）加强对水冷器运行工况的管理。对水冷器温差、流速等参数不满足规范要求的，有针对性采取措施，如增加副线、增压泵等。

（4）完善查漏制度，加大奖惩考核力度，提高装置人员查漏主动性。

参 考 文 献

[1] 梁芳，王爽．循环水系统泄漏的判断与处理[J]．当代化工，2014(43)：958-960.
[2] 齐东子．敞开式循环冷却水系统的化学处理[M]．北京．化学工业出版社，2006.
[3] 周本省．工业水处理技术[M]．北京：化学工业出版社，2003.
[4] 王天新．试论循环水浓缩倍数与节水降耗[J]．山东化工，2016(45)：106-109.
[5] 陈东华，马娟，马群．浅谈煤化工循环水泄漏的影响及处理[J]．广东化工，2016(43)：287-288.

循环水场物料泄漏的判断与查找研究

李　程

（中国石油大连石化公司，大连 116000）

【摘要】 炼化企业水冷器工艺物料泄漏是导致循环水水质持续恶化的主要因素之一，如何快速定位泄漏位置，及时有效处理漏点，对于循环水系统及换热设备正常运转至关重要，也是循环水日常管理的重点所在。本文以二循二套近期发生物料泄漏为例，阐述寻找有效合理处理措施的过程，对循环水场物料泄漏的判断与查找进行探讨。

【关键词】 循环水　物料泄漏　水质

二循二套水场于 2002 年 10 月投用，为四催化、三蒸馏两套生产装置供水，设计处理能力 9000m^3/h，系统容积 4350m^3。水场采用敞开式机械通风逆流冷却形式。

为了防止循环水系统腐蚀、结垢、微生物繁殖等问题的产生，使系统处于优化的状态，循环水场需加入阻垢缓蚀剂、杀菌剂等多种水稳药剂。在炼油装置生产运行中，不可避免地会出现装置发生物料泄漏情形，此种情况下，如何尽快判断及查找漏点，以便于循环水系统及早恢复稳定是关键。

1　水质异常现象

2022 年 3 月 9 日，二循二套 6#、7#塔底池水面上方漂浮大量白沫，回水水质浑浊。3 月 24 日、6 月 18 日，二套又相继出现塔底池漂浮白沫现象，见图 1。

三次回水异常有着高度相似性，均伴随着以下现象：池面漂浮白沫、水质浑浊（黄绿色）、无异味、浊度升高但未超工艺卡片，其余水质指标无明显异常。

3月9日池面　　3月24日池面　　6月18日池面

图 1　水质异常现象

分析二循二套自 2 月 1 日以来的所有水质数据，通过图 2 发现：二循二套浊度、氨氮呈上升趋势，pH 值、余氯、石油类、COD、回水温度无明显变化。

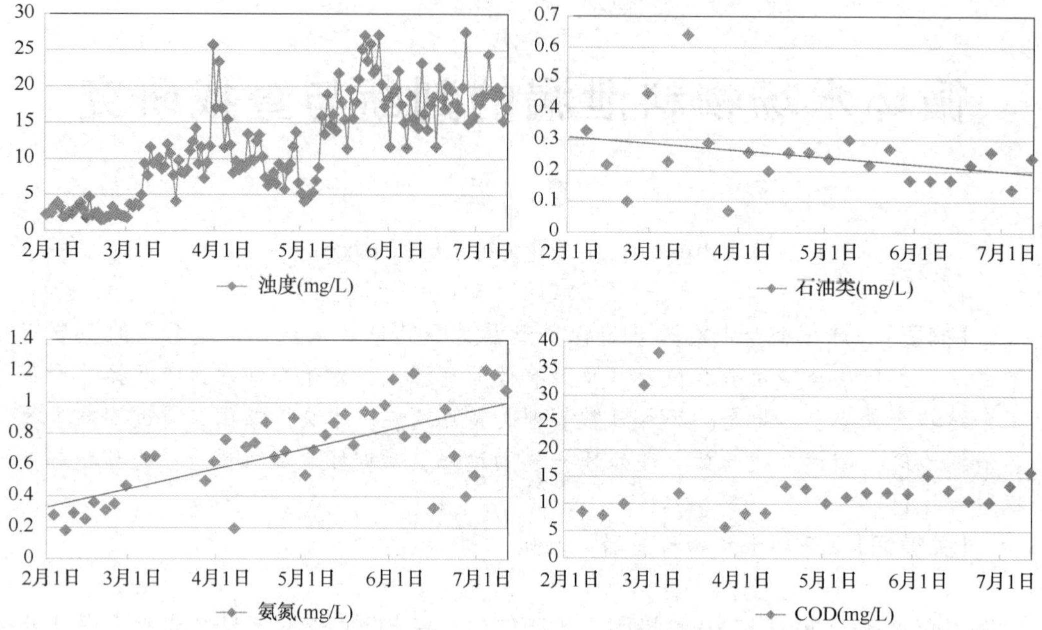

图 2　二循二套自 2 月 1 日以来水质数据

2　物料泄漏查找

2.1　常规查漏工作

自 3 月 9 日二循二套水质异常以来，开展多次自主查漏工作：

(1) 排查和水场有关的所有生产操作调整及加药情况。

(2) 安排药剂总包厂家对水面喷洒消泡剂(喷洒消泡剂无效果)。

(3) 根据化验分析数据，排水置换并做好水质置换后的药剂补充。

(4) 联系质检计量中心加样监测，分析项目包括浊度、石油类、COD_{Mn}、COD_{Cr}、氨氮、余氯、悬浮物等。

(5) 3 月 30 日，停运二循二套旁滤器和 6#、7#塔，清理塔底池淤泥，见图 3。

图 3　6#、7#塔池清理前后对比

(6) 5月18日，对二循二套旁滤器进行化学清洗，清理纤维球表面附着的污泥，见图4。

图4 旁滤器化学清洗前后填料对比

(7) 自6月1日起，二循二套非氧化杀菌剂投加次数由每月两次改为每周一次，防止水质异常引起细菌滋生。

(8) 为避免水质进一步恶化，7月11日，二循二套投加非氧化性杀菌剂 NTLN-601，对系统清洗剥离。

2.2 全面加样排查

7月11日，公司主管技术处牵头，组织相关部门成立二循二套水质查漏小组，制定排查方案。

三蒸馏、四催化两套用水装置分别对装置内的所有循环水换热设备开展全面加样排查，通过分析石油类和COD，两套装置分别排查异常数据2个和12个，见表1、表2。7月14日、15日再次开展两次全面加样排查，虽然通过全面加样排查无法准确锁定具体泄漏源，但是两套装置均缩小了排查范围。

表1 三蒸馏装置循环水分析数据

序号	样品描述	石油类	浊度值	pH	余氯	硫化物	总碱度	COD	氨氮
1	三蒸馏循环水上水	0.07	12.4	8.3	—	—	—	17.1	—
2	三蒸馏 E1024A	0.21	19.5	7.9	—	—	—	9.18	—
3	三蒸馏 E1024B	0.16	14.2	8.1	—	—	—	8	—
4	三蒸馏 E1031	0.28	12.6	7.9	—	—	—	12.9	—
5	三蒸馏 E1045	0.09	16.3	8.2	—	—	—	8.78	—
6	三蒸馏 E1051	0.16	13.9	8.1	—	—	—	15	—
7	三蒸馏 E1052	0.5	14.4	8.2	—	—	—	14.2	—
8	三蒸馏 E1110	0.34	16.9	8.3	—	—	—	10.3	—
9	三蒸馏 E1131A	0.14	16.8	8.2	—	—	—	12.5	—
10	三蒸馏 E1131B	0.2	12.8	8.2	—	—	—	14.2	—
11	三蒸馏 E1132A	0.27	23	8	—	—	—	9.06	—
12	三蒸馏 E1132B	0.22	22.9	7.7	—	—	—	10.3	—

续表

序号	样品描述	石油类	浊度值	pH	余氯	硫化物	总碱度	COD	氨氮
13	三蒸馏 E1133	0.78	12.5	8.3	—	—	—	13	—
14	三蒸馏 E1134	0.2	14.5	7.6	—	—	—	12.3	—
15	三蒸馏 E1216	0.08	14.9	8.3	—	—	—	10.3	—
16	三蒸馏 E1225	0.2	15.6	8.3	—	—	—	14.2	—
17	三蒸馏 E1235	0.17	13.4	8.3	—	—	—	15.3	—
18	三蒸馏 E1301	0.08	12.6	8.3	—	—	—	13.8	—
19	三蒸馏 E2904	0.25	13.2	8.3	—	—	—	15.8	—
20	三蒸馏 K1301A	0.36	13.7	8.3	0.05	1.826	214.1	11	1.03
21	三蒸馏 K1301B	0.22	12.4	8.3	0.05	0.16	211.6	12.6	1.11
22	三蒸馏 P1001A	0.41	13.3	8.4	—	—	—	8.74	—
23	三蒸馏 P1001B	0.35	17.9	8.3	—	—	—	10.3	—
24	三蒸馏 P1001C	0.4	13.7	8.4	—	—	—	8.08	—
25	三蒸馏 P1009A	0.32	31.4	8.2	0.07	0.053	218.1	18.9	1.13
26	三蒸馏 P1009B	0.34	15.4	7.7	—	—	—	13.8	—
27	三蒸馏 P1010A	0.24	32.1	8.3	—	—	—	14.1	—
28	三蒸馏 P1010B	0.36	26.3	8.3	—	—	—	14.6	—
29	三蒸馏 P1012A	0.36	131	8.2	—	—	—	20.4	—
30	三蒸馏 P1012B	0.22	22.9	8.3	—	—	—	11.1	—
31	三蒸馏 P1101A 非驱	0.23	285	8.2	—	—	—	29.9	—
32	三蒸馏 P1101A 驱	0.27	35.2	8.3	0.05	1	214.6	14.9	1.19
33	三蒸馏 P1301A	0.07	28.5	8.3	0.05	0.13	219.4	14.5	1.1
34	三蒸馏 P1301B	0.15	30	8.3	0.06	0.154	220.6	19.6	1.18
35	三蒸馏常减压撬块	0.08	17.2	8.3	—	—	—	15	—
36	三蒸馏轻烃撬块	0.13	15.2	8.3	—	—	—	15.1	—

表 2 四催化装置循环水分析数据

序号	样品描述	浊度值	pH 值	石油类	硫化物	余氯	总碱度	COD_{Mn} 含量	氨氮
1	四催化增压机 A	18.2	8.4	0.83	—	—	—	9.92	—
2	四催化 E3301	22.5	8.1	0.17	—	—	—	10.7	—
3	四催化 E1203A	15	7.9	0.34	—	—	—	11.1	—
4	四催化 E1302A	12.1	8.4	0.36	—	—	—	11.1	—
5	四催备风机润滑油	15.8	8.3	0.2	—	—	—	11.5	—
6	四催化 E1203C	27.1	7.8	0.27	—	—	—	11.7	—
7	四催化 E1316E 出	12.7	8.4	0.13	0.152	0.05	213.9	11.8	0.952

续表

序号	样品描述	浊度值	pH 值	石油类	硫化物	余氯	总碱度	COD_{Mn} 含量	氨氮
8	四催主风机润滑油	15.7	8.3	0.22	—	—	—	11.8	—
9	四催化 C1301	12.8	8.4	0.78	—	—	—	11.8	—
10	四催化 E1309 出	12.6	8.3	0.2	—	—	—	11.9	—
11	四催化 P1309B	11.9	8.2	0.19	—	—	—	12	—
12	四催化 E1309 入	13.1	8.2	0.1	—	—	—	12.2	—
13	四催化 E1317 入	14.4	8.3	0.15	1	0.05	211.8	12.2	0.989
14	四催化 E1302B	11.7	8.4	0.25	—	—	—	12.2	—
15	四催化 E1203G	14.5	8.4	0.1	—	—	—	12.4	—
16	四催化 E1203B	14.8	7.8	0.3	—	—	—	12.5	—
17	四催化 E1316C 出	12.8	8.4	0.12	—	—	—	12.7	—
18	四催化 E1203H	15.3	8.4	0.23	—	—	—	12.7	—
19	四催化 E3201	12.6	8.3	0.24	—	—	—	12.7	—
20	四催化 E1316A 出	11.9	8.3	0.37	—	—	—	12.9	—
21	四催化 E1316D 出	12.3	8.4	0.09	0.464	0.07	213.8	13	0.893
22	四催化 P1303A	41.1	8.2	0.24	—	—	—	13	—
23	四催化 E1316F 出	11.4	8.4	0.07	—	—	—	13.1	—
24	四催化 E3501	12.7	8.4	0.16	—	—	—	13.1	—
25	四催化 E1302C	11.5	8.4	0.21	—	—	—	13.1	—
26	四催化 E1203E	15	8.4	0.15	—	—	—	13.4	—
27	四催化 E1302D	11.3	8.4	0.17	—	—	—	13.4	—
28	四催化 P1309A	13.1	8.2	0.1	—	—	—	13.7	—
29	四催化 E1203D	14.9	8.4	0.25	—	—	—	13.8	—
30	四催化 E3202 出	14.7	8.2	0.27	—	—	—	13.8	—
31	四催备风机动力油	15.9	8.3	0.34	—	—	—	13.8	—
32	四催化 E1203F	14.6	8.4	0.2	—	—	—	14.2	—
33	四催化 P1303B	29.7	8.2	0.22	—	—	—	14.6	—
34	四催化 P1306	31.9	8.2	0.26	—	—	—	15.8	—
35	四催化 P1305B	23.4	8.3	0.18	—	—	—	16.6	—
36	四催化 P1304B	43.1	8.2	0.26	—	—	—	16.6	—
37	四催化 E1317 出	14.2	8.3	0.15	1.1	0.05	212.3	16.9	0.995
38	四催化 P1305A	23.8	8.2	0.12	—	—	—	18	—
39	四催化 P1304A	125	8.2	0.25	—	—	—	18.1	—
40	四催化 E1316B 出	14.1	8.4	0.1	0.351	0.06	216.1	20.9	0.856
41	四催主风机动力油	14.6	8.3	0.24	—	—	—	24.2	—

2.3 查阅循环水泄漏相关文献资料

技术人员借助论文查询系统查阅与循环水系统泄漏有关的论文，总结循环水系统查漏的技术手段、查漏方法和不同介质的泄漏现象；本次二循二套水质只有浊度指标异常，通过论文查阅，当有烯烃类物质泄漏时，循环水浊度升高，其他指标正常[1]。经过组内讨论，初步认为含有烯烃的烃类水冷器泄漏后的现象基本接近本次二循二套水质异常的现象，为进一步精准排查缩小了排查范围。

2.4 模拟泄漏试验

（1）试验方案：

模拟泄漏试验，即选取不同的换热介质加入循环水中进行试验，观察哪种物料会引起浊度和余氯数据变化，以确定泄漏介质。

（2）试验结果见表3。

表3 三蒸馏和四催化各装置加样试验分析结果

设备名称	加样前浊度	加样后浊度	加样前余氯	加样后余氯
四催化稳定汽油	17.8	13	0	0.81
四催化胺液	17.8	20.1	0	0
三蒸馏常顶循酸性水	17.8	13.7	0	0.5
三蒸馏减一线油	17.8	14.3	0	0.51
四催化压缩富气	17.8	15.7	0	0
四催化液化气	17.8	16.0	0	0
四催化分馏塔顶油气	17.8	14.5	0	0
四催化火炬气	17.8	13.4	0	0.8
四催化中冷器富气	17.8	17.5	0	0
四催化机组润滑油	17.8	14.6	0	8.8
三蒸馏一线油	17.8	12.2	0	6.5
三蒸馏轻石脑油	17.8	12.8	0	8.5
三蒸馏熏石脑油	17.8	12.6	0	5.6
常顶三B石脑油	17.8	13.7	0	5.2
三蒸馏热导油	17.8	18.8	0	8.8
三蒸馏含盐污水	17.8	12.6	0	6.5
三蒸馏100#润滑油	17.8	14.8	0	8.8
三蒸馏46#润滑油	17.8	13.9	0	8.7
三蒸馏液化气	17.8	12.5	0	7.3

试验结果表明四催化装置的胺液、压缩富气、液化气、气压机级间冷却器富气均能导致循环水中的余氯含量大幅下降。

2.5 采用余氯检测法查漏

（1）查漏原理：

由于介质泄漏会导致循环水系统微生物滋生，微生物的杀灭控制会消耗大量氧化性杀菌剂。因此考虑使用余氯检测法排查装置漏点，向循环水系统冲击投加大量氧化性杀菌剂，使用余氯检测设备现场检测各循环水采样点出入口余氯数据，通过数据比对排查物料泄漏部位。

（2）检测结果：

7 月 13 日余氯检测时发现四催化有一组异常数据，为 E1317 出入口余氯含量。E1317 入口余氯含量为 3.2，出口余氯含量为 0.5，入口是出口的 6.4 倍。初步判断 E1317 存在内漏的可能性，见表 4。

表 4　7 月 13 日四催化余氯检测结果

设备名称	入口余氯含量	出口余氯含量	差值
分馏塔顶油气冷却器 E1203A-H	0.05	0.06	-0.01
压缩富气冷却器 E1302A-D	0.64	1.5	-0.86
气压机中冷器 E1317	第一次 3.2/第二次 1.5	第一次 0.5/第二次 0.6/第三次 0.3	第一次 2.7/第二次 2.6/第三次 1.2
稳定汽油冷却器 E1309AB	8.2	8.8	-0.6
胺液冷却器 E3202AB	导淋无法采样	2.4	—
瓦斯冷却器 E3501	导淋无法采样	3.2	—
液化气冷却器 E1316A	8.8	8.8	0
液化气冷却器 E1316B	同 E1316A 入口(8.8)	6.1	2.7
液化气冷却器 E1316C	同 E1316A 入口(8.8)	第一次 1.22/第二次 8.8	第一次 7.58/第二次 0
液化气冷却器 E1316D	同 E1316A 入口(8.8)	第一次 0.70/第二次 6.6	第一次 8.1/第二次 2.2
液化气冷却器 E1316E	同 E1316A 入口(8.8)	第一次 0.18/第二次 5.7	第一次 8.62/第二次 3.1
液化气冷却器 E1316F	8.8	第一次 0.09/第二次 8.8	第一次 8.71/第二次 0
气压机冷油器 C1301	同 E1317 第二次入口成绩(1.5)	0.8	0.7
主风机组润滑油站 B1101	同备用主风机润滑油站入口(3.1)	3.6	-0.5
主风机组动力油站 B1101	同备用主风机润滑油站入口(3.1)	2.8	0.3
备用主风机动力油站 B1102	同备用主风机润滑油站入口(3.1)	2.5	0.6
备用主风机润滑油站 B1102	3.1	3.0	0.1
碱液换热器 E3301	2.6	2.6	0

7 月 18 日进行余氯复测，E1317 入口首次余氯含量 4.9，出口余氯含量 2.4，入口是出口的 2 倍，异常，见表 5。

表 5　7 月 18 日四催化余氯检测结果

设备名称	入口余氯含量	出口余氯含量	差值
分馏塔顶油气冷却器 E1203A-H	8.8	8.0	0.8
压缩富气冷却器 E1302A-D	7.8	8.0	-0.2
气压机中冷器 E1317	4.9	第一次 2.4 第二次 1.7	第一次 2.5 第二次 3.2
稳定汽油冷却器 E1309AB	8	8	0
胺液冷却器 E3202AB	导淋无法采样	8.8	—
瓦斯冷却器 E3501	导淋无法采样	5	—
液化气冷却器 E1316A	同 E1316B 入口(7.1)	8.8	-1.7
液化气冷却器 E1316B	7.1	8.8	-1.7
液化气冷却器 E1316C	同 E1316B 入口(7.1)	8.8	-1.7
液化气冷却器 E1316D	同 E1316B 入口(7.1)	8.8	-1.7
液化气冷却器 E1316E	同 E1316B 入口(7.1)	8.8	-1.7
液化气冷却器 E1316F	同 E1316B 入口(7.1)	8.8	-1.7
气压机冷油器 C1301	同 E1317 入口成绩(4.9)	4.3	0.6
主风机组润滑油站 B1101	同备用主风机动力油站入口(5.5)	6.2	-0.7
主风机组动力油站 B1101	同备用主风机动力油站入口(5.5)	6.4	-0.9
备用主风机动力油站 B1102	5.5	5.2	0.3
备用主风机润滑油站 B1102	同备用主风机动力油站入口(5.5)	5.7	-0.2
碱液换热器 E3301	8.8	8.8	0

通过两次余氯检测、模拟泄漏试验，以及对循环水设备多次全面采样排查，确定四催化装置气压机级间冷却器 E1317 存在内漏的情况。

三蒸馏装置首次余氯检测期间发现三组异常数据，但经过全面加样排查和 7 月 18 日余氯复测，未发现明显异常数据，因此，排除了三蒸馏的循环水设备存在内漏的可能。

2.6　跟踪检测 E1317 循环水侧总烃含量

四催化装置现场采样时发现 E1317 循环水回水采样瓶上部气相空间有明显油味，通过化验分析发现 E1317 回水采样瓶上部气相空间中的总烃含量和甲烷含量异常，总烃含量最大值为 40390mg/m^3，甲烷含量最大值为 1972mg/m^3，确定级间冷却器 E1317 内漏。随后几日持续跟踪 E1317 回水中的总烃含量。

技术人员根据换热器基本数据和工艺参数利用流程模拟软件计算泄漏量，模拟计算结果表明富气泄漏量约为 8.35kg/h，约为富气总量的 0.02%。

2.7 排查 2011 年 E1317 泄漏情况

7 月 14 日四催化装置和动力二车间分别对 2011 年 E1317 的泄漏情况进行了排查，结果表明本次泄漏现象与 2011 年泄漏现象基本一致。由于 2011 年泄漏量比较大，循环水回水不但浊度升高，油含量也有所升高，而且 E1317 回水排水时能够发现有大量的油气排出。

E1317 基本情况：

壳程直径为 1600mm，壳程为工艺介质，管程为循环水，换热面积 724m^2，长度 6m，管径 25mm，4 管程；壳程工艺介质为气压机一级压缩后富气。

3 漏点查找结果

泄漏源锁定后，公司组织四催化装置停工，对气压机级间冷却器 E1317 解体检查。经试漏发现，E1317 泄漏管束在第二管程，共堵管 3 根，见图 5。

图 5 E1317 泄漏管束

漏点消除后，车间有针对性地安排对系统彻底清洗剥离一次，二循二套现场水质明显好转，浊度降至 10mg/L 以下，并安排水场清洗预膜，进一步提升水质，见图 6。

图 6 漏点消除后二循二套现场情况

4 结 语

循环水系统对炼油化工企业的正常生产起着重要作用，一旦发现物料泄漏要及早处理，立即将泄漏设备切除隔离，采用科学合理的处理方案以减少损失，维持系统正常进行。同时要加强日常监管，做好各种应急处理及预防措施，才能解决循环水物料泄漏这一瓶颈问题[2]。

参 考 文 献

[1] 张哲，张国辉，温涛，等. 炼化企业循环水系统物料泄漏识别及处理对策[J]. 广东化工，2020(13)：87-88.
[2] 叶红成. 炼油企业循环水系统不同物料泄漏的水质分析及处理研究[J]. 工业、生产，2020(8)：18-19.

循环水电化学处理技术研究与应用

马俊福　甘小兵　梁满会　段海浩　王二虎

（青海油田格尔木炼油厂，海西蒙古族藏族自治州 816099）

【摘要】 电化学工艺处理循环水技术作为一种新型的循环水处理技术，近年来在工业水处理行业得到了广泛应用，循环冷却水系统采用电化学处理工艺，取得了良好的缓蚀、阻垢和杀菌灭藻效果，同时具有明显的节能降耗、减排控污等经济和环保效益。

【关键词】 循环水　电化学处理　节能减排

2019 年及 2021 年电化学处理技术入选工业和信息化部"国家鼓励的工业节水工艺、技术和装备目录"。2021 年 11 月 24 日由工业及信息化部、国家发展改革委、科技部、生态环境部、住房和城乡建设部、水利部六部委联合发布《工业废水循环利用实施方案》中明确要求，在石油化工行业大力推广应用电化学循环水处理技术。电化学处理技术可以优化循环水系统，保证系统稳定、可控运行，实现缓蚀、阻垢、杀菌灭藻的功能；通过提升浓缩倍数，达到节能降耗的目的。

电化学工艺处理循环水技术作为一种新型的循环水处理技术，近年来得到广泛应用，节水、降耗、减排作用明显。

1　电化学处理技术的技术原理

1.1　除垢原理

电化学处理系统需要根据循环水水质情况设定相应的电流密度，在阴极板附近产生大量氢氧根，形成小范围一个高 pH 值（pH 值可高达 13）环境。在此环境下能够让水中结垢离子析出并预先结垢。阴极附近局部的高氢氧根浓度形成的化学环境和用石灰处理形成的冷石灰软化环境类似。

$$2H_2O(l)+2e^- \longrightarrow H_2(g)+2OH^-(aq)$$

$$OH^-(aq)+CO_2(aq) \rightleftharpoons HCO_3^-(aq)$$

$$HCO_3^-(aq)+OH^-(aq) \rightleftharpoons CO_3^{2-}(aq)+H_2O(l)$$

在此离子溶液中，$Ca^{2+}(aq)$离子就会形成氢氧化钙 $Ca(OH)_2$和碳酸钙 $CaCO_3$；与此同时，悬浮物在电场作用下双电层压缩、体系失稳，在极板富集、沉积、析出，刮垢时随水垢一起排出循环系统。

电场作用下，水分子极化作用变强，对离子的络合、水合作用增强，有效降低循环水中钙、镁离子活度，实际上对结垢组分起到络合增溶的作用；增大溶度积常数，在较高浓度下仍然可保持溶解且不结垢的状态。

循环水经电化学设备处理，在相对低流速区域、高成垢离子浓度区域、长时间停留区域，电化学设备极板处是最佳结垢区域，极易结垢，从电化学设备中去除循环水中部分钙镁离子，以确保其余部分离子在循环水中相对低浓度、高流速、短时间停留区域不易成垢。

1.2 杀菌原理

循环水中的氯离子在设备阳极发生还原反应产生氯气，氯气溶于水又产生次氯酸：

$$Cl^- + e^- = \frac{1}{2}Cl_2$$

$$Cl_2 + H_2O = H^+ + Cl^- + HClO$$

次氯酸能够穿过细菌细胞壁，与原生质反应，与蛋白质上的N原子生成稳定的N-Cl键而造成蛋白质失活。因此，杀菌过程最终由次氯酸完成。为保证氯的杀菌效果，游离氯浓度一般控制在0.5~1mg/L范围内。一般电化学处理工艺中循环水系统余氯浓度约为1.3mg/L，具有良好的杀菌效果。即电化学设备在理论上具有令人满意的杀菌灭藻效能。

电极表面产生的短寿命中间产物，如·OH、O_2^-、O_3和H_2O_2等强氧化性物质对细胞造成不可逆的破坏而导致其死亡。此类物质数量难以量化且寿命极短，只存在于电极表面，也能够对循环水起到强烈的杀菌作用。

电化学处理技术核心在于实现大电流作用于水体，对防止微生物滋生，全面降低有害物质的生成起到重要作用。

电场对微生物的杀灭作用主要表现在以下几个方面：

（1）电场对细胞的机械压缩而产生的不可逆形变会造成细胞死亡。

（2）电场改变细胞膜的通透性进而破坏细胞膜的磷脂双分子层和糖膜，改变细胞膜通透性使小分子物质能够自由进出细胞，最终使细胞涨破、死亡。

（3）电场干扰细胞的新陈代谢活动。大部分微生物的呼吸作用都有电子转移过程的参与，电场会对该转移过程产生影响，使细胞不能正常地进行新陈代谢而死亡。

电化学杀菌具有高效、持续和作用范围广等特点，电化学处理水量为循环量的5%~10%，即电化学设备可在10~20h内对整个循环水系统的水整体处理一遍，电化学设备24h不间断高效运行，自动化程度高，全面监控循环水运行状态，运行安全可靠，使杀菌灭藻效果作用于整体循环水系统。

1.3 对水中营养物质的分解去除

由于采用电化学处理技术后，电凝聚过程产生的金属氢氧化物具有强烈的絮凝吸附作用，加速了水中无机磷的去除，故水中总磷也会逐渐降低。化学需氧量(COD)和氨氮在电化学的直接和间接氧化作用下得到一定程度的降低、去除和降解。

1.4 缓解腐蚀

电化学设备会对循环水的pH值起到一定的调节作用，使系统的pH值趋向于8-9的低腐蚀区间；其次通过杀菌灭藻控制黏泥消除垢下腐蚀，通过除垢阻垢作用消除垢下腐蚀；最后，循环水经过电化学处理设备时，电场对水起到一定的极化作用，使氯离子水合性增强、活度降低、自由迁移能力减弱，从而有效抑制氯离子的腐蚀性，该种水合作用对氯离子不锈钢的点蚀有良好的抑制作用。通过以上耦合作用，电化学系统使循环水系统在较高氯离子浓度下，腐蚀可控、腐蚀速率达标。

（1）在电场作用下，水分子极性变强，对氯离子的络合作用增强，从而降低循环水中起腐蚀作用的游离氯离子活度，进而降低循环水的腐蚀性。

（2）弱碱性水的腐蚀性相对更弱(弱碱水中金属腐蚀过程中氢或氧去极化的阴极反应被抑制)，电化学设备通过电解产生 OH^-，提高冷却水 pH 值，最大限度降低水的腐蚀性。

（3）在电场和阳极产生强氧化物质的作用下，有效的控制微生物，减少生物黏泥，阴极的除垢阻垢作用，有效控制结垢情况，防止垢下腐蚀。

（4）将阴极与换热管道相连接，通过施加电流，源源不断地提供电子来抑制金属失电子的过程，从而保护金属。

电化学设备的电场作用对氯离子活度的影响分析：

循环水可以看作是稀溶液，其各组分的活度系数可以用德拜-休克尔极限公式进行计算：

$$\lg\gamma_\pm = -A\left|z^+ \cdot z^-\right|\sqrt{I}$$

式中 $\gamma_\pm$——电解质的平均活度因子；

A——常数，在 298K 时取 0.509$(\mathrm{mol/kg})^{-\frac{1}{2}}$；

z^+、z^-——对某一电解质而言的离子电荷数；

I——离子强度。

电解质的平均活度因子 $\gamma_\pm$随溶液离子强度 I 的增加而减小。离子强度是离子电荷所形成的静电场的一种量度，电化学设备在该静电场的基础上附加了一个外电场，相当于增大了离子强度，故而能够使电解质的活度因子显著下降。

1.5 去除氨氮

根据电化学氧化原理，氨氮在阳极上可能发生直接电化学氧反应和间接电化学反应。

（1）氨氮直接在阳极表面失去电子被氧化去除。此过程中，氨氮先吸附在阳极表面，后直接与阳极之间发生三电子转移反应，如下所示：

$$NH_3+3OH^- \longrightarrow 0.5N_2+3H_2O+3e^-$$

（2）氨氮被吸附态羟基自由基氧化去除。当使用电催化性能较强的金属氧化物阳极时，吸附在电极表面的水分子与阳极氧化物空穴反应生产吸附的羟基自由基（·OH），氨氮被吸附的羟基自由基有效地氧化成氮气和水。

（3）氨氮间接电化学氧化。

通过阳极反应先生成强氧化剂，然后强氧化剂与氨氮反应，使氨氮降解脱除。氨氮的间接电化学氧化，根据氯离子(Cl^-)的存在状况可分成有氯离子存在和无氯离子存在两种形式。

废水中存在氯离子时，氨氮的电化学氧化反应接近于“折点加氯除氮”的反应过程。水中的氯离子先发生阳极反应生成活性氯(Cl_2、HOCl、ClO^-等)，然后氧化性很强的活性氯再与氨氮反应，从而达到去除氮的目的。

根据“折点氯化”反应机理，活性氯与氨氮的具体反应如下。

$$HOCl+NH_3 \longrightarrow NH_2Cl+H_2O$$

$$HOCl+NH_2Cl \longrightarrow NHCl_2+H_2O$$

$$NHCl_2+H_2O \longrightarrow NOH+2H^++2Cl^-$$

$$NHCl_2+NOH \longrightarrow N_2+HOCl+HCl$$

此外，活性氯与氨氮的反应过程中也会有一些副反应的发生，如析氧反应、析氢反应以及消耗活性氯的反应等如下：

$$2H_2O \longrightarrow O_2+4H^++4e^-$$

$$2H_2O+2e^- \longrightarrow 2OH^-+H_2$$

$$6HClO+3H_2O \longrightarrow 2ClO_3^-+4Cl^-+12H^++1.5O_2+6e^-$$

$$ClO^-+H_2O+2e^- \longrightarrow Cl^-+2OH^-$$

氨氮废水不含氯离子时，氨氮主要是被电化学反应过程中产生的羟基自由基氧化而去除。羟基自由基可以由水或 OH^-(碱性条件下)在阳极氧化产生，其电极反应如下。

$$2H_2O-2e^- \longrightarrow 2\cdot OH+2H^+$$

$$OH^--e^- \longrightarrow \cdot OH$$

羟基自由基是一种很强的氧化剂，同时，羟基自由基的电子具有很高的电负性或亲电性，能够对氨氮进行有效的氧化。氨氮可以被羟基自由基氧化为氮气和水。

$$6\cdot OH+2NH_3 \longrightarrow N_2+6H_2O$$

1.6 控制浊度

循环水的浊度是水中的细小悬浮物和胶体颗粒对光线散射产生的水质浑浊现象，这是由于水中含有泥砂、腐殖质和浮游藻类等物质所致。这些物质表面大都带有负电荷，且粒径极小，能够在水中稳定存在，是循环水处理的一项重要内容。在电化学条件下，浊度物质在电场作用下定向移动，双电层结构遭到破坏，稳定性降低，进而产生凝聚、沉降现象。同时，浮游藻类被电化学环境杀死，在极板产生的微小气泡作用下与腐殖质一起上浮，形成黏泥，脱离循环水系统，使浊度降低。

另一方面，电化学设备通过对循环水的极化，整体平衡优化水体，避免了大量投加药剂所造成的黏泥滋生和浊度升高。传统的投加药剂循环水处理过程中杀菌剂造成系统的浊度升高，往往通过排污置换的方式净化水体，而电化学通过持续杀菌抑制微生物滋生，进而减少黏泥量，使浊度长期维持在较低水平。

2 电化学处理技术应用情况

在某炼油化工企业某循环水场，自 2022 年 6 月 1 日正式投用循环水电化学处理技术以来，循环水系统运行稳定，解决了循环水场原总铁、浊度经常超标等问题，近半年运行指标优于管控要求。

2.1 工艺流程

运行自循环水场凉水塔上水管阀后引出支管，取水量约 5%左右，将循环水从冷却水系统引入电化学水处理系统，经过电化学水处理系统连续、稳定脱除部分易结垢的盐、黏泥等物质，再排入循环水池继续参与冷却循环。根据电极运行情况电化学水处理系统需实时调整定期刮垢参数，沉降、固液分离后的垢沉于垢箱定期进行清除。结垢物质主要为碳酸钙、氢氧化镁的盐和黏泥等垢，作为一般固废常规处理或回收利用，工艺流程见图 1。

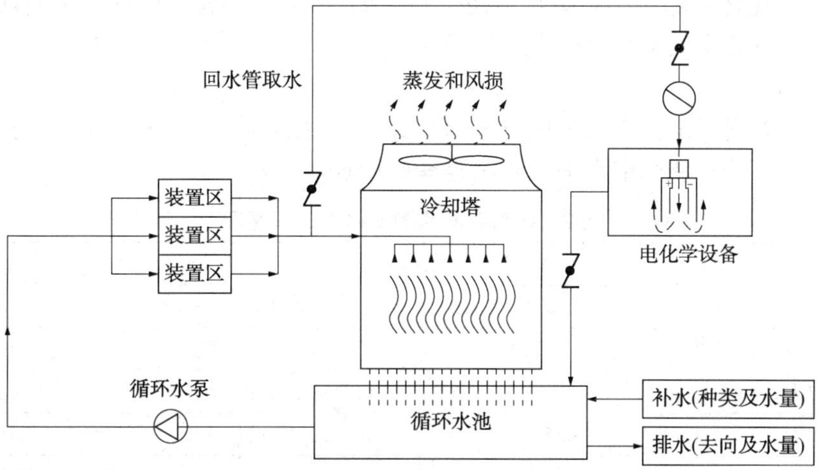

图 1 工艺流程示意图

2.2 循环水系统运行过程中水质情况

2.2.1 腐蚀情况控制

（1）铁离子

原化学水处理工艺运行时，铁离子经常超标，改为电化学工艺运行后正常工况下铁离子数值均低于 2mg/L 控制指标，运行 6 个半月铁离子均值 1.4mg/L，整体数值长期维持在 1mg/L 左右，在春季受补水铁离子较高影响，铁离子有所升高，但仍在控制范围之内。

（2）腐蚀速率

在循环水池和监测换热器内悬挂碳钢挂片来辅助监控循环水的腐蚀情况，碳钢挂片腐蚀速率满足国标要求（≤0.075mm/a）。

表 1 试验期间碳钢监测试片的腐蚀速率情况

月份	挂片编号	实验前重量/g	试验后重量/g	试验时间/h	腐蚀速率/(mm/a)
2022 年 6 月	2001	20.9479	20.8543	552	0.0676
	2002	21.0376	20.9524	552	0.0615
2022 年 7 月	1068	20.3171	20.2054	720	0.0618
	1073	20.0115	19.9019	720	0.0607
2022 年 8~9 月	1069	20.5197	20.3692	1200	0.0500
	1070	20.1552	20.0355	1200	0.0398
2022 年 10 月	1050	20.6082	20.5636	552	0.0322

2.2.2 结垢情况控制

（1）污垢热阻值

本项目配备一台监测换热器，监控循环水系统的结垢趋势，实时记录运行数据并计算换热管的瞬时污垢热阻值。实测监测换热器内换热管的瞬时污垢热阻值保持在 $1.0\times10^{-4}m^2\cdot K/W$ 以下，满足国标要求（$\leq3.44\times10^{-4}m^2\cdot K/W$）。

（2）电化学设备清垢情况

电化学自运行以来共清垢两次：2022 年 7 月 27 日，电化学下箱体清垢 3t；2022 年 9 月

30 日，电化学下箱体清垢 2.7t；平均每两个月产垢 3t 左右。电化学设备从循环水系统中取出大量沉积物，有效降低了换热器中的结垢速率。

2.2.3 黏附速率

电化学运行期间黏附速率满足国标控制要求，黏附速率小于 $15mg/cm^2$ · 月。在停酸期间，黏附速率有效控制在稳定水平，未因停酸而增加。

表 2 试验期间监测的黏附速率情况

时间	黏附速率[$mg/(cm^2$ · 月)]		达标情况结论
	国标要求	实测值	
2022 年 6 月	<15	4.48$mg/(cm^2$ · 月)	达标
2022 年 7 月		10.76$mg/(cm^2$ · 月)	达标
2022 年 8 月		0.35$mg/(cm^2$ · 月)	达标
2022 年 9 月			因介质泄漏监测换热器未投
2022 年 10 月		3.16$mg/(cm^2$ · 月)	达标

2.2.4 微生物控制

定期对循环水异养菌进行培养分析，结果见表 3。在换热器出现泄漏或 COD 含量较高时，异养菌数控制≤4×10^4CFU/mL，满足国标要求(≤1.0×10^5CFU/mL)。

循环水异养菌数据如表 3。

表 3 试验期间异养菌数情况

日期	异养菌数/(CFU/mL)	日期	异养菌数/(CFU/mL)
2022-6-11	3.1×10^3	2022-8-17	5×10^3
2022-7-14	4×10^3	2022-9-28	5×10^3
2022-8-5	7×10^3	2022-10-5	6×10^3

2.3 节水效果

该循环水系统电化学工艺于 2022 年 6 月 1 日正式投用运行，投用至今系统运行稳定，指标满足管控要求。截止 2022 年 12 月，该电化学工艺投用半年有余，2022 年同期系统补水相比 2021 年同期系统补水减少 10151t，即减少系统排污约 10151t，同时对应节约新鲜水 10151t。

2.4 减少药剂投加

自电化学正式运行以来，停止投加杀菌剂和缓蚀剂，系统腐蚀情况和绿藻情况控制良好。由于近期补水铁离子过高(最高 0.95mg/L)，导致循环水系统浓缩后铁离子偶有超标状况(超过 2mg/L)，为避免循环水持续高铁离子可能带来的系统腐蚀加剧，确保系统长周期安、稳、满、优运行，添加少量缓蚀剂配合电化学运行。其余时间均未投加任何化学药剂，节省大量药剂费用的同时，减少了大量化学药剂污染水体的排放，环保效益明显。

3 结 论

通过 2022 年下半年 10 万 t 循环水电化学处理技术的应用，对电化学处理技术总结如下：

（1）电化学工艺能够连续、稳定自循环水中取出易结垢的盐类物质，净化水体；而常规药剂工艺是非连续、非稳定的向循环水中加入盐、有机大分子等新物质，既净化又污染水体，电化学工艺对降低循环水总矿化度具有积极意义。

（2）电化学技术持续输入稳定大电流，连续处理循环水；药剂工艺是脉冲式投加，维持药剂浓度控制水体，存在失效时间。电化学工艺可连续、稳定控制腐蚀、结垢、微生物生长。

（3）电化学处理技术的应用，能够优化循环水系统运行，降低系统腐蚀、结垢、微生物量，运行指标能够满足循环水系统要求，稳定、受控。

（4）电化学处理技术的应用能够达到节约水资源，减少排污，节能降耗的目标。

泄漏介质的判断与查漏

赵雪扬

（中国石油大连石化公司，大连 116000）

【摘要】 本文阐述了某循环水场出现物料泄漏以及查漏的整个过程，并进行了归纳总结。

【关键词】 干气　泄漏介质　查漏

1　泄漏的发现过程

2022 年 12 月 6 日某企业二循二套开始出现浊度上升趋势，经过排水置换，浊度控制在 20mg/L 左右，由于水质其他指标均无超标现象，水场只能排水观察水质变化。

12 月 9 日塔底水呈黄灰状混浊，水面有少量褐色黏泥状漂浮物，浊度 25.6mg/L（超标），经过排水浊度仍呈上升趋势，最高上升至 31mg/L。判断有物料泄漏，汇报生产运行处、机动设备处，联系用水装置查漏，水场大量排水，控制水质。

2　泄漏物料的判断

水质异常后，从水场的表面状态看，循环水颜色变成黄灰色混浊，浊度持续超标，从这些方面已断定物料泄漏，但难以判断出泄漏的物料到底是什么。

分析 COD、硫化物、氨氮、油含量等指标，全部在合格范围内，油含量只有 0.2mg/L 左右，只能断定泄漏的物料中没有油。

随着泄漏时间的延长，发现 pH 和碱度呈下降趋势，分析泄漏物料可能酸性介质。

如果泄漏的物料中含有氨，在泄漏初期 pH 和碱度会升高，但在泄漏后期由于硝化反应，水中的 pH 和碱度也会呈下降趋势，所以不排除泄漏物料中含有氨。

综上分析，判断出泄漏的物料中含有酸性介质或含氨的介质。

3　查漏过程

3.1　全方位排查

二循二套供水装置为 1000 万 t/h 常减压蒸馏装置和 350 万 t/h 重油催化裂化装置。

在没有判断出泄漏的物料是什么之前，想把查漏范围确定在某个装置的某个区域，故对 1000 万 t/h 常减压蒸馏装置的 E1045、减顶间、干顶框架的回水，350 万 t/h 重油催化裂化装置的循环水去回水、分馏区去回水、稳定区去回水 9 个采样点进行采样分析，但由于泄漏量少，从数据分析结果无法确定泄漏区域。随后又对不同换热器的68个采样点进行采样分析，同样因泄漏量小、采样、分析等不同原因，分析数据起伏变化较大，无法确定漏点。

3.2 缩小查漏范围

在确定出泄漏物料的大体成分后，与用水装置共同确认可能发生泄漏的换热器，从63台换热器中筛选出19台，将查漏范围缩小至这些换热器，采用余氯比较的方法进行查漏。

首先，水场将次氯酸钠的加药量增加，运行半小时后系统余氯值从0.5mg/L提至2.0mg/L。再分别在换热器的出入口采样，现场分析余氯值变化，对出入口余氯值异常的换热器，立即重新分析，消除误差，当天现场分析水样50个，并结合其他分析指标，进一步确认漏点。具体分析数据见表1。

表1 次氯酸钠加药量增加后分析数据

序号	装置	采样位置	余氯/(mg/L)（入/出）	浊度/(mg/L)（入/出）	pH值（入/出）	碱度/(mg/L)（入/出）
1	350万吨/年重油催化裂化	胺液冷却器E3202	1.97/2.05	32.7/29.1	8.28/8.34	99.7/104.4
2		干气冷却器E3201	2.00/1.76	27.3/29.9	8.32/8.29	99.4/101.8
3		火炬气冷却器E3501	1.60/1.59	28.0/27.3	8.52/8.30	106.0/98.9
4		气压机中冷器	1.98/2.00	29.6/26.8	8.28/8.28	102.5/102.8
5		富气冷却器E1302A	2.12/2.14	27.4/31.1	8.19/8.34	97.0/99.6
6		富气冷却器E1302B	2.01/1.85	26.5/31.9	8.35/8.37	102.5/110.2
7		富气冷却器E1302C	2.10/2.14	24.8/33.1	8.30/8.36	103.5/101.3
8		富气冷却器E1302D	2.15/2.13	29.7/28.9	8.34/8.39	100.2/103.7
9		液化气冷却器E1316A	2.53/2.70	26.0/25.9	8.45/8.39	106.2/100.6
10		液化气冷却器E1316B	2.29/2.40	25.1/25.0	8.43/8.40	99.0/102.8
11		液化气冷却器E1316C	2.48/2.48	27.1/28.9	8.42/8.44	98.7/101.4
12		液化气冷却器E1316D	2.17/2.34	27.5/27.0	8.41/8.33	101.7/96.4
13		液化气冷却器E1316E	1.69/1.73	28.4/28.3	8.28/8.33	102.9/109.3
14		液化气冷却器E1316F	1.99/1.96	28.7/27.8	8.30/8.32	103.3/100.4
15	1000万t/h常减压蒸馏	E1045A	2.17/2.10	24.6/22.7	8.44/8.41	92.6/101.0
16		E1045B	2.16/2.33	23.6/23.4	8.66/8.43	113.6/101.0
17		E1216	1.90/2.20	23.2/30.4	8.31/8.35	89.3/96.3
18		E1225	-/2.01	-/23.6	-/8.38	-/92.6

从上述分析数据分析，判断350万t/h重油催化裂化装置的E3201和E1302B换热器有泄漏可能。

为了防止漏掉一台换热器，从分析数据入手，结合物料特性，根据生产实际情况，最终决定将350万t/h重油催化裂化装置的E3202、E3201、E3501、E1302B和1000万t/h常减压蒸馏装置的E1045B换热器循环水切出系统，观察循环水水质变化。

3.3 切出疑点换热器

12 月 16 日 10:30 时，350 万 t/h 重油催化裂化装置和 1000 万 t/h 常减压蒸馏装置分别将 5 台怀疑有物料泄漏的换热器循环水切出系统。二循二套排水置换至当日 20 时，浊度由 30.9mg/L 降至 16.9mg/L，停止排水观察水场水质变化。

表 2 二循二套水质变化(切出换热器)

时间	pH	浊度/(mg/L)	碱度/(mg/L)	备注
12 月 15 日 13：00	8.03	30.4	102.6	切出换热器前
12 月 16 日 20：00	8.12	16.9	90.2	切出换热器，排水后
12 月 17 日 6：00	8.29	19.8	87.8	切出换热器，停排后
12 月 17 日 9：00	8.11	15.9	87.5	
12 月 17 日 13：00	8.21	18.5	90.1	
12 月 17 日 16：00	8.25	17.2	91.2	
12 月 17 日 22：00	8.29	16.7	89.5	

3.4 并入换热器

经过 37 小时的观察，水场水质无明显变化，各项指标也无明显变化，浊度无明显上升，初步判定漏点在这 5 台换热器中。

结合分析数据，12 月 18 日 9 时开始，先后将 1000 万 t/h 常减压蒸馏装置的 E1045B 换热器、350 万 t/h 重油催化裂化装置的 E3202、E3501、E1302B 换热器逐台并入系统，每并入一台换热器都要经过最少 1 天的时间观察水质变化。经过 5 天的时间，发现这 4 台换热器并入系统后，水质均无明显变化，浊度无明显上升。最后只将 350 万 t/h 重油催化裂化装置干气冷却器 E3201 换热器循环水切出系统。

表 3 二循二套水质变化(并入换热器)

时间	pH	浊度/(mg/L)	碱度/(mg/L)	备注
12 月 18 日 6：00	8.33	19.5	85.3	切出换热器，停排后
12 月 18 日 9：00	8.11	17.0	119.7	
12 月 18 日 13：00	8.09	14.6	99.0	9：00 时 E3202 和 E1045B 换热器并入循环水系统
12 月 18 日 17：00	8.18	16.1	102.2	
12 月 18 日 22：00	8.25	18.0	102.6	
12 月 19 日 6：00	8.29	18.8	102.7	
12 月 19 日 9：00	8.28	16.5	115.9	
12 月 19 日 13：00	8.31	18.3	112.8	19 日 13：30 时四催化 E3501 换热器并入循环水系统
12 月 19 日 18：00	8.25	18.0	104.7	
12 月 19 日 22：00	8.30	16.7	115.0	
12 月 20 日 6：00	8.24	19.2	122.2	
12 月 20 日 9：00	8.38	17.5	157.4	

续表

时间	pH	浊度/(mg/L)	碱度/(mg/L)	备注
12月20日13：00	8.34	19.8	121.1	19日13：30时四催化E3501换热器并入循环水系统
12月20日18：00	8.39	17.1	123.1	
12月20日22：00	8.41	17.7	124.4	
12月21日6：00	8.34	17.9	125.9	
12月21日9：00	8.27	17.2	129.7	
12月21日13：00	8.28	19.1	131.6	21日10：00四催化E1302B换热器并入循环水系统
12月21日18：00	8.44	19.3	127.1	
12月21日22：00	8.39	19.2	127.9	
12月22日6：00	8.41	19.5	130.5	
12月22日9：00	8.42	19.7	135.4	
12月22日13：00	8.26	18.7	133.1	
12月22日18：00	8.28	18.2	132.8	
12月22日22：00	8.27	18.8	139.3	
12月23日6：00	8.35	19.8	134.4	

3.5 确认漏点

为了最终确认漏点，在系统只切出E3201换热器的情况下，对系统进行加药和排水置换处理，待水质正常后，观察水质变化。随后几天水质无变化，浊度平均15mg/L，最终确定350万t/h重油催化裂化装置干气冷却器E3201换热器泄漏，泄漏介质为干气，含有H_2S的C_1、C_2组分。

4 结论

（1）物料发生泄漏后，微漏情况下漏点很难发现，气体微漏，漏点更是难以发现，这需要工艺人员掌握足够的专业知识，认真分析水质的有关数据，在最短的时间内判断出泄漏物料的成分。

（2）查漏过程中不能放过任何一台换热器。E3201换热器是一台停用设备，水系统正常运转。查漏初期不少人员认为该台换热器不用检查，认为它不会发生泄漏，但最后恰恰是这台停用设备发生了泄漏。

（3）物料发生泄漏后，对疑似漏点立即采用切出、隔离等方法将漏点切出系统，阻止污染循环水进入循环水系统，最大限度地减少物料泄漏对系统的影响。

参考文献

[1] 周本省. 工业水处理技术[M]. 北京：化学工业出版社，1997.
[2] 郑能靖. 石油化工冷却水处理技术[M]. 北京：化学工业出版社，1989.
[3] 李本高. 工业水处理技术(第五册)[M]. 北京：中国石化出版社，2002.

烷基化装置 E212 腐蚀原因分析及防护控制措施

梁满会　唐海光　张　磊　袁智高

（青海油田格尔木炼油厂，海西蒙古族藏族自治州 816099）

【摘要】 本文针对某炼化企业烷基化装置脱正丁烷塔顶冷却器 E212 频繁腐蚀泄漏问题，根据该换热器检修腐蚀检查情况，从工艺运行、设备结构、工艺介质组成、循环冷却水运行等方面进行了原因分析，并提出了相应的腐蚀控制措施。

【关键词】 水冷器腐蚀　离子液　循环冷却水　金属表面涂装

某炼化企业 5 万 t/a 烷基化装置以 MTBE 未反碳四、气分重碳四、重整液化气中的烯烃及异丁烷等碳四组分为原料，在催化剂作用下烯烃与异丁烷反应，生成辛烷值高、调和性能好、挥发性良好和清洁燃烧性能的烷基化油。催化剂采用新型复合离子液催化剂，具有选择性高、转化率高、烷基化油质量高等优点。装置由原料预处理、工艺单元、公用工程等部分组成，2017 年 10 月装置开工建设，2018 年 12 月投入原料生产运行至今，由于各种原因存在旋液分离器效果不佳，离子液向碱洗系统携带，导致下游设备及管线腐蚀泄漏情况严重，极大影响了装置安全平稳运行，下面就装置冷换设备脱正丁烷冷却器 E212 腐蚀情况及应对措施分析如下。

1　换热器 E212 使用及腐蚀情况

1.1　换热器规格型号及运行参数

该换热器规格型号：BEU500-0.7/0.7-44-6/25-2I，材质：（管/壳）10/Q245R；为了延长设备使用寿命，对换热器管束内外表面均使用 DH22-2 换热器专用热固化防腐涂料进行了整体防腐，同时在管箱内贴有四块铝-锌-铟-硅合金阳极块对阴极换热器管束进行保护。换热器运行参数：换热介质（管/壳）循环水/正丁烷；操作温度：（管/壳）25/60℃；操作压力：（管/壳）0.7MPa/0.7MPa。对换热介质分析，除了循环水具有腐蚀性外，壳程正丁烷为一种化学性质很稳定易溶于水的可燃非腐蚀性气体，对碳钢不具有腐蚀性。

1.2　换热器腐蚀情况

该换热器主要是将脱异丁烷塔（T203）塔底馏分在脱正丁烷塔（T202）脱出的塔顶馏分正丁烷进行冷却冷凝，部分作为塔顶回流，另一部分作为正丁烷馏分送出装置。装置运行不到半年，2020 年 4 月 23 日换热器管束泄漏打开检查发现管束 U 形管弯管处大量结盐且有一根换热管腐蚀形成一个 5×15mm 蚀孔，对该管封堵后继续投入使用。2020 年 7 月 5 日又因同样原因打开检修，堵管 4 根后投入使用，2020 年 9 月 2 日、9 月 11 日及 9 月 28 日，又因同样原因分别堵管 2 根、5 根、11 根。2021 年大检修对该换热器进行清洗检修，并对壳程进行纳米涂料防腐，运行不到三个月，换热器腐蚀穿孔堵管 19 根，最后整体更换管束并对冷却器换热管内外表面进行热固化涂料防腐后投用，使用状况有所改善。

2 换热器腐蚀检查情况及原因分析

2.1 换热器腐蚀情况

2020 年 4 月 23 日对换热器进行检查分析，换热器管板及管箱腐蚀较轻，表面防腐涂层基本完好，合金阳极块表面腐蚀形成一层粉状物覆盖物；管束外表面弯管部位有一个 5×15mm 蚀孔；对管束换热管进行测厚，管板端换热管厚度基本在 2.0mm 以上，U 形弯管端换热管壁厚大部分在 0.9~2.0mm 之间，减薄严重。在 U 形管端结盐部位清洗后，换热管表面形成大量点状蚀坑。对结盐组分进行取样分析，结盐中氯离子、铜离子含量较高，其次还有部分铁离子、锌离子及铝离子。腐蚀情况见图 1、图 2。

图 1 内置铝-锌-铟-硅合金阳极块管箱

图 2 换热器 U 形管处腐蚀穿孔情况

对报废换热器管束腐蚀情况进行检查，发现换热器 U 形管端腐蚀严重，换热管外表面 80%以上防腐涂层脱落，未穿透换热管表面遍布深度 0.1~1.5mm 蚀孔，局部表面金属层剥落，大部分管子与折流板连接处腐蚀减薄严重，部分管子折流板处腐蚀穿孔，外径严重减薄，部分管子径向仅剩半根；换热器管板端腐蚀相对较轻，大部分表面防腐涂层完好，表面光滑且基本无附着物，局部防腐涂层呈现斑点状脱落而露出金属面，但露出的金属表面完好光滑无点坑状蚀坑或片状脱落现象。腐蚀情况见图 3。

图 3 换热器管束整体腐蚀情况

2.2 换热器腐蚀原因分析

2.2.1 换热器运行情况及工艺介质腐蚀分析

烷基化装置在运行中各级旋液分离器、沉降罐、高效聚结器主要用来分离烷油中的离子液。如果生产运行平稳，大部分离子液会被分离出来进入到离子液再生系统再生后在烷基化反应器R-201AB循环使用，少量处于油包水乳化态离子液被携带至碱洗塔T201中。然后通过管道混合器与碱液混合进行酸碱中和，生成NaCl等盐类，再通过水洗塔将NaCl等盐类进行溶解去处。但在实际运行中，旋液分离器、沉降罐及聚结器分离效果差，这部分离子液被携带到下游设备及管路中。该离子液主要成分为$AlCl_3$、CuCl、$CuCl_2$、三乙胺盐酸盐等组分形成的混合物。其在无水条件下化学性能相对稳定，对金属等材质腐蚀性极其微弱，但在烷基化装置运行时离子液中存在少量水分，在换热器中离子液会发生水解反应：离子液中的$AlCl_3$、CuCl、$CuCl_2$等组分强烈水解生成强腐蚀性盐酸，水解反应如下：

$$AlCl_3+3H_2O \rightleftharpoons AlO_2^-+3HCl+H^+$$

同时离子液与碱反应，生成盐NaCl和氢氧化物不溶盐，化学反应如下：

$$CuCl+1/4O_2+1/2H_2O+NaOH \rightleftharpoons Cu(OH)_2\downarrow +NaCl$$

由于离子液中含大量铜离子，Cu^{2+}与防腐涂层脱落的换热管金属铁发生置换反应，化学反应如下：

$$Fe+Cu^{2+} \rightleftharpoons Fe^{2+}+Cu$$

以上化学反应的发生，导致换热器内腐蚀性介质浓度越来越高，pH值持续保持低位酸性，换热管表面的金属铁不断反应溶解，在大量氯离子及表面结盐存在情况下形成大量蚀坑，导致换热管严重腐蚀穿孔。故换热器中工艺介质携带大量离子液，离子液在设备内发生水解反应是换热器腐蚀的主要原因之一。

2.2.2 换热器管板端腐蚀

根据换热器管束外表面腐蚀检查情况来看，换热器管板端腐蚀程度轻微，表面防腐涂层剥落很少，从换热器结构及运行情况来分析，脱正丁烷塔T202塔顶气经E212冷却器壳程冷却冷凝过程中，在换热器U形弯管端发生气液两相相变，液体汽化和气体冷凝成小气泡在换热管外表面不断波动变化，气泡形成及破裂过程中产生微小冲击波冲击换热管表面。其次由于流体经过U形管弯管时，介质的流向发生变化而在弯管处产生振动。再加上冷却器表面DH22-2换热器专用热固化防腐涂料的涂装质量无法完全保证。这些因素综合导致U形弯管端换热管表面防腐涂层受震动冲击而逐渐脱落，失去了防腐保护作用导致U形弯管端腐蚀严重。而管板端由于不存在两相相变且介质流动相对平稳，故管板端换热管表面受振动影响较小，防腐涂层相对完好而较好保护了换热管不受腐蚀介质腐蚀。

2.2.3 工艺侧换热器管束的腐蚀

在换热器中，如由于设计或制造等原因，换热管与折流板穿孔处间隙控制不好，换热器运行中会发生换热管与折流板(或支持板)不断相互磨损，尤其在E212这台U形管换热器中，U形弯管端流体引发的振动无法精确计算而一般采取经验来设计制造，故在换热器运行中换热器内部存在气液两相相变，液体汽化和气体冷凝成小气泡在换热管外表面不断波动变化，气泡形成及破裂过程中产生微小冲击波引起振动，同时流体经过U形管弯管时，介质的流向发生变化产生振动。两种因素导致换热管振动加剧了与折流板(或支持板)相互摩擦，在折流板穿孔部位换热管产生自锯现象直至磨穿泄漏。循环水串入工艺介质侧进一步加剧了离子液的水解，促进了工艺侧管束的腐蚀。

2.2.4 水侧换热器管束的腐蚀

管程循环冷却水的腐蚀与结垢：在敞开式循环冷却水系统中，由于循环水与外界空气充分接触并换热，故水中溶有大量的溶解氧，在经过冷换设备时，发生氧化还原反应 $Fe+1/2O_2+H_2O = Fe(OH)_2$反应中，金属铁发生氧化而不断溶解。由于金属的阳极溶解反应造成了金属的腐蚀。其次在循环水系统中，由于补充水含有大量的盐类如重碳酸盐，硫酸盐、氯化物，硅酸盐等矿物质，在循环冷却水通过凉水塔时不断被蒸发损失掉，水中矿物质和离子含量也不断被浓缩，部分离子和矿物质由于浓度增大而析出，有可能黏附在设备表面而形成硬垢。同时由于冷却水与空气充分接触，空气中的灰尘，杂物碎屑及冷却水系统中的泥沙，油污、腐蚀产物和微生物的尸体及其黏性分泌物等有可能黏附在管壁内表面沉积形成软垢，增大了循环冷却水管路流动阻力，降低了换热器换热效率，同时软垢还是某些微生物如厌氧菌生存和繁殖的温床，增大了微生物滋生和繁殖的趋势，加速了微生物的腐蚀。垢层的存在可在金属表面形成氧浓差电池，促进水侧换热器管束垢下腐蚀速度。

根据以上对换热器腐蚀情况的分析，该换热器腐蚀主要以壳程工艺介质携带的离子液发生水解反应引起的电化学腐蚀为主，循环水侧的腐蚀为次。故该换热器防腐措施要优先控制工艺介质侧腐蚀。

3 换热器腐蚀控制措施

（1）从换热器腐蚀原因来看，离子液腐蚀与结盐是造成换热器腐蚀的主要原因。要控制换热器的腐蚀，首先就必须严格控制工艺测的工艺运行条件，避免离子液随着工艺介质带入下游设备及管路中，造成下游设备及工艺管路腐蚀，这与旋液分离器的分离效果、沉降罐液位控制及聚结分离器的分离效果、碱洗塔和水洗塔的洗涤分离和各级聚结器的分离效果等息息相关，需要采取有效的手段优化以上设备的高效运行。

（2）从换热器管束整体运行及腐蚀检查情况来看，该管束自投用到报废更换，大部分泄漏换热管腐蚀穿孔处位于 U 形弯管端折流板部位，部分换热管在穿过折流板位置整个径向截面腐蚀仅剩不到整个断面的 50%，所以该换热器可能在选型设计方面存在不足之处。管壳式换热器在运行中由于在壳程安装有折流板，运行中流体介质横向流过管束，为了保证强化传热和提高换热效率，流体必须保证一定的设计运行流速，当流速偏离设计值较大时容易引起流体诱发的振动，再加上循环水在流经弯管时流向发生变化而引起管子振动，当管子振动过大时，管子与折流板不断摩擦而不断被折流板切割，最后导致管子磨损穿孔，再加上离子液水解产生的腐蚀产物影响，极大的加速了换热管的腐蚀减薄趋势，导致大量换热管穿孔泄漏。尤其是 U 形管换热器，U 形管的振动情况更复杂，对流体流速及防振措施设计要求更高，所以需要从工艺运行中合理调整工艺介质侧流速，减缓 U 形换热管振动趋势；或者，在一些使用场合尤其是换热负荷较小的场合，固定管板式换热器或浮头式换热器可能比较适合。

（3）根据该换热器使用及腐蚀情况，对换热器管束内外表面进行更合理的防腐处理或进行材料升级改造，目前该换热器管束采用换热器专用热固化防腐涂料进行防腐，换热器专用热固化防腐涂料作为目前使用用途广泛、防腐性能良好、耐用温度较高等优点，但有机防腐涂料由于硬度较低抗磨损性能欠佳，抗氯离子应力腐蚀及点蚀性能不佳。换热管与折流板间振动并破坏防腐涂层，从而导致换热管腐蚀甚至穿孔泄漏。化学镀 Ni-P 合金技术是一种防腐性能良好的金属表面防护和强化技术，早期用于机泵、阀门等小型设备的耐磨处，目前以耐腐蚀为目的的化学镀 Ni-P 合金技术已逐步应用到炼油化工装置冷换设备、塔器、容器等。它是在无外加电流的条件下，利用还原剂的作用，使镀液中的金属 Ni^{+}通过化学沉积的方法，向呈催化活性的基本表面析出沉积，并获得一层非晶态均一单相组织的 Ni-P 合金镀层。镀层厚度均匀、附着力强，表面结合力可达 400Mpa 以上；镀层硬度高、耐磨抗冲刷耐高温性能良好；孔隙率低致密性好，能有效隔离金属表面与腐蚀介质接触；且镀层呈均一单相组织无晶界，不易形成电偶腐蚀；且表面光滑传热及抗结垢性能优异。某炼化企业常减压装置常顶、减顶部位设备上采用 Ni-P 合金镀技术，设备使用寿命大大延长，较好解决了该部位 HCl、H_2S 腐蚀问题。根据烷基化装置的运行及工艺特点，该换热器采用化学镀 Ni-P 合金技术能更好地延长设备使用寿命。此外碳钢换热器采用碳钢金属表面合金共渗工艺也可以大大提高设备防腐阻垢性能，从而提高设备的使用寿命。考虑对设备材料升级时如果按常材质升级，将管束材质由碳钢升级为奥氏体不锈钢，由于脱正丁烷塔顶气携带大量离子液进入到 E212 时，大量离子液水解导致壳程介质具有高酸值、高氯离子及铜离子等特点。奥氏体不锈钢的耐腐蚀性也会大大降低，升级为纯钛材成本太高，经济性较差。故最佳防腐蚀措施还是对设备及管线表面进行防腐涂装。但无论采用有机防腐涂层还是化学镀 Ni-P 工艺、合金共渗工艺，在涂装质量控制过程要严格，确保涂装施工质量。同时在设备运输、使用及检修(吊装、搬运、检修、焊接、安装)过程中应严格要求保护好防腐涂层，以免造成镀层损伤脱落，加剧应用过程中存在电偶腐蚀的可能。

(4) 使用单位要定期对易腐蚀设备进行包括测厚、工艺介质组分化验分析等日常防腐蚀检查，并根据腐蚀检查及介质分析结果及时调整优化工艺操作。同时要加强循环水管理，确保循环水各项水质指标控制在要求范围内，确保水冷器循环水流速达到防腐指标对流速要求(换热器管程水流速≥0. 9m/s，壳程水流速≥0. 3m/s)。确保系统设备高效平稳运行。

根据以上对正丁烷冷却器 E212 腐蚀情况和防护措施的分析，E212 腐蚀是由设备结构及质量、工艺运行、磨损腐蚀，工艺介质水解产物化学及电化学腐蚀、管束防腐涂装质量等多因素交叉影响而产生的结果，只有消除这些影响因素，才能逐步缓解或消除该设备腐蚀穿孔故障，延长设备使用寿命，确保生产安全平稳运行。

参 考 文 献

[1] 聂清德. 化工设备设计[M]. 北京：化学工业出版社，1993：111-122.

[2] 张志宏，时军华. 典型炼油装置工艺防腐蚀实施与管理[J]. 石油化工腐蚀与防护，2022，39(1) 32-37.

[3] 中国工程建设标准化协会. 工业循环冷却水处理设计规范：GB/T 50050—2017[S]. 北京：中国计划出版社，2017.

循环水系统清洗、预膜过程控制及评价

崔增蛟

（中国石油大连石化公司，大连 116000）

【摘要】 简述根据循环水周期内运行状况和设备状态，对循环数系统进行针对性的化学清洗和预膜方案定制，循环水系统清洗、预膜操作前的准备工作，以及在清洗预膜操作期间对水质变化的检测，对药剂投加和过程控制，并对低磷配方的药剂清洗制定评价方法。

【关键词】 化学清洗 预膜 循环水

中国石油大连石化公司第二循环水场三套循环水供水装置，负责 220 万 t 重整、煤柴油加氢、加氢裂化、制氢、渣油加氢、硫黄回收、轻烃回收等装置供水，设计循环量 16000m^3/h。

1 系统运行概况

二循三套循环水装置从 2007 年开始投运，至今已经 15 年，从装置投运后一直使用回用水作为循环水系统补水，由于回用水 COD、溶解性固体含量较高，在经过长时间运行后，系统水会产生较多的生物黏泥、沉积物，并且出现设备结垢和腐蚀的情况。从 2020 年 7 月至 2022 年 8 月，系统出现 1 次泄漏，润滑油等物质进水循环水系统，化工介质的泄漏对系统水质影响较大，会造成不同程度的腐蚀和污堵，为了维持水冷设备的稳定运行，需要定期对循环水系统进行黏泥剥离和化学清洗、预膜操作[1]。本次清洗预膜时间为 2022 年 8 月 24 日~28 日。

2 技术路线

本次循环水化学清洗、预膜采用的技术路线为：杀菌剥离→水置换(一)→化学清洗(酸性)→水置换(二)→预膜处理→水置换(三)→正常运行。

3 杀菌剥离处理阶段

通过投加大剂量的非氧化型杀菌剂，使系统管线、水冷器及冷却塔内的微生物杀灭，并剥离生物黏泥。

使用药剂主要成分：季铵盐类阳离子表面活性剂，使用浓度：200mg/L。

操作要点如下：

（1）确认关闭所有系统排污、关闭旁滤，并与供水用户装置协调，尽量确保生产装置换热器流速、流量符合设计标准。

（2）于循环水泵吸入口附近一次性投加非氧化型杀菌剂，200mg/L。

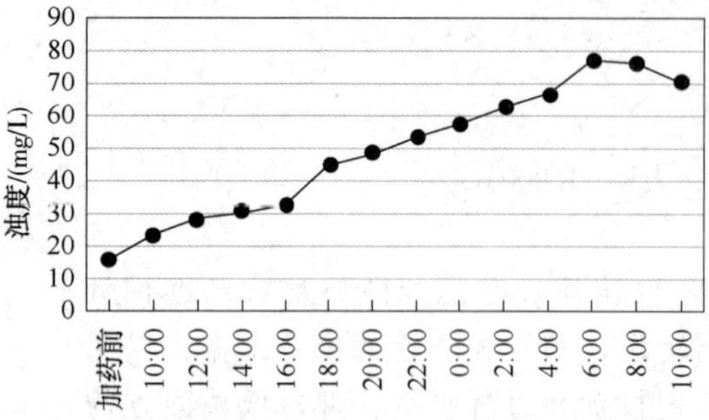

图1 杀菌剥离期间浊度的变化

（3）杀菌剥离运行时间不低于24h，期间如果泡沫过少，或黏泥过多，需根据实际情况补加非氧化型杀菌剂。

（4）如果杀菌剥离期间如果产生泡沫过多，需清理部分黏泥后，再投加消泡剂，防止黏泥二次沉积。

（5）杀菌剥离结束后，需要尽快将循环水置换至浊度≤15mg/L，并且确保非氧化型杀菌剂已经置换干净（水面无白色泡沫产生），防止对化学清洗操作造成影响。

4 化学清洗处理阶段

依据三氧化二铁、碳酸钙、磷酸钙、氢氧化锌等污垢或沉积物在酸性条件下易溶于水的原理[2]，向循环水中加入酸性清洗剂，洗去设备表面腐蚀物、钙垢及沉积物，恢复水冷器表面基材原本状态，确保预膜处理时设备表面条件更加适宜。

使用药剂主要成分：分散剂，使用浓度：300mg/L；浓硫酸，调节pH值：4~5。

操作要点如下：

（1）确认杀菌剥离后水质调节合格，于循环水泵吸入口附近投加分散剂。

（2）运行1h后，在塔池投加浓硫酸，将pH值调至4~5。

（3）酸洗阶段投加浓硫酸需要控制投加速度，防止投加过快，造成局部趋于pH值过低；也不宜太慢，防止运行浓缩期间过量消耗硫酸。

（4）化学清洗操作开始前后需要对水质指标进行检测，并且提高检测频次，确保掌握清洗期间水质变化的节点。

（5）化学清洗到达结束节点后需要及时进行置换排水处理，防止因为置换排水不及时，导致浊度、总铁二次升高的情况。

（6）置换排水阶段需要投加阻垢缓蚀剂，防止活化后的设备表面再次腐蚀。

（7）置换至总铁≤2.0mg/L，浊度≤10mg/L，即可停止置换，开始预膜处理。

5 预膜处理阶段

预膜处理是一次性大剂量投加成膜药剂，使之在活化的设备表面沉积形成保护膜，防止设备部表面直接与水接触，延缓设备腐蚀。

使用药剂主要成分：锌盐、有机磷，使用浓度：300mg/L；浓硫酸，调节pH值：5.5~6.5。

预膜处理前系统水质应具备以下条件：浊度≤10mg/L，总铁≤2.0mg/L。

操作要点如下：

（1）分析确定水质条件符合预膜要求。

（2）于泵吸入口附近冲击投加预膜剂。

（3）循环 1h 后测 pH 值是否符合预膜要求，如不符，需加浓硫酸或小苏打调节。

（4）测定总磷含量变化，当总磷≤5mg/L 时，需要及时补加预膜剂。

（5）依据循环水总磷变化情况，系统密闭运行 48h 后，置换排水，直至总磷、总铁符合正常运行指标。

6　化学清洗、预膜效果评价

6.1　杀菌剥离

经过第一阶段的杀菌剥离处理后，循环水塔池出现了大量被剥离下来的生物黏泥，而且循环水浊度明显升高，经过后期的冲洗、置换，基本确保系统内的微生物和生物黏泥已经清除干净。

整个杀菌剥离阶段持续 48h，加药前浊度 15.9mg/L；加药后浊度最高达到 77.2mg/L；置换后浊度 10.3mg/L。

6.2　化学清洗

化学清洗阶段，控制循环水 pH 值：4.0～5.0；持续时间 12h，钙离子最高达到 907.1mg/L；总铁最高达到 17.09mg/L；总磷最高达到 16.24mg/L；达到了本次化学清洗的目的，在清洗过程中通过总铁、浊度、钙离子的变化判断化学清洗进程和清洗终点，并总结清洗期间水质情况与时间增长的变化关系，为此阶段运行调整提供判断依据。

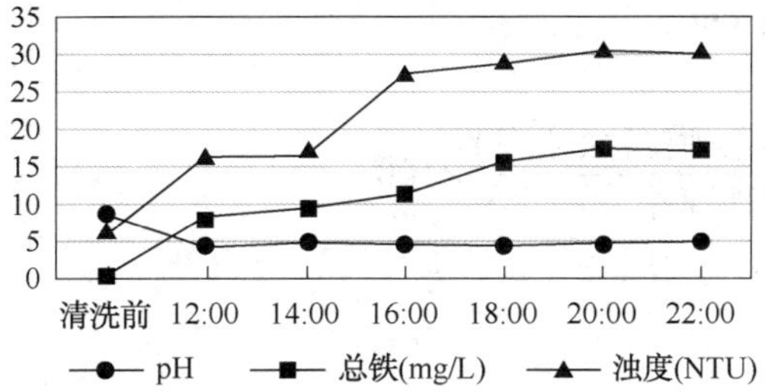

图 2　清洗期间水质数据的变化

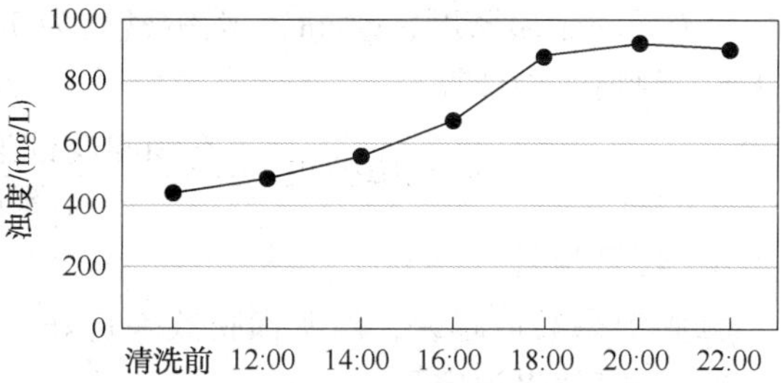

图 3　清洗期间水质钙硬度的变化

由图表可以看出系统化学清洗 12h 后钙离子浓度趋于稳定，12h 后总铁和浊度不在增长，之后一个监测点，总铁和浊度呈现下降趋势，依次判断系统设备表面的腐蚀产物、钙垢和沉积物已经清洗干净，化学清洗已经达到终点。再通过清洗期间悬挂的碳钢试片腐蚀率 0.16g/(m^2·h)，低于指标要求的 3.0g/(m^2·h)[3]，判断本次清洗没有对设备基材造成腐蚀。

6.3　预膜处理评定

近年出现的低磷系水处理药剂，缓蚀剂主要是无磷有机缓蚀剂和无机锌盐，因而形成的缓蚀膜与磷系水处理剂(聚磷酸盐)形成的缓蚀膜成分不同，目前尚无用于检测这种缓蚀膜效果优劣的国标和行标，因此，特制订针对低磷系药剂的预膜评价方法。

6.3.1　基本原理

采用腐蚀速率试验方法与不预膜试片进行对比，评价在相同条件下的腐蚀速率，用腐蚀速率大小表征缓蚀膜的优劣。

6.3.2 材料

Ⅰ型20#碳钢挂片

6.3.3 试验仪器

万分之一天平。

6.3.4 试验操作

（1）现场循环水。

（2）准备Ⅰ型20#碳钢挂片4片，将表面防锈油用无水乙醇清洗干净，用吸水纸将水分吸干后，称重并记录挂片原始重量。

（3）取称重好的Ⅰ型20#碳钢2片，在循环水系统清洗完成后预膜前安装在监测换热器进出口挂片器上，连续预膜48h。预膜结束，将经过的预膜2片挂片取出将清洗、吹干、称重并计算得到预膜腐蚀速率B；另外2片清洗完毕称重好的挂片在循环水系统转为正常运行后，安装在监测换热器进出口挂片器上，48h后，取出预膜后系统转为正常运行时挂的2个挂片清洗、吹干、称重，计算得到不预膜腐蚀速率B_0。

腐蚀速率计算公式：

$$B=\frac{KG}{ATD}$$

式中 K——3.65×10^3；

G——试片腐蚀后减少的质量，g；

T——试验时间，d；

A——试片腐蚀面积，cm^2；

D——金属密度，g/cm^3，碳钢密度为$7.85g/cm^3$。

6.3.5 预膜效果计算

$$预膜效果=\frac{(不预膜腐蚀速率-预膜腐蚀速率)}{不预膜腐蚀速率}\times100$$

6.3.6 效果判断

预膜效果数值越大，说明预膜效果越好。

6.3.7 预膜效果评定

在预膜处理阶段，为了保证药剂成膜效果，投加完预膜剂后，将系统pH值控制在5.5~6.5范围内，然后预膜期间通过预膜试片状态变化判断系统成膜情况，当系统预膜处理运行48h后试片表面光亮且有蓝色光晕，此时判断预膜处理已经达到终点，且达到了预期效果，此时结束预膜，开始置换排水。

预膜试片碳钢挂片腐蚀数据如表1。

表1 预膜试片碳钢挂片腐蚀情况

预膜期间碳钢挂片腐蚀速率/(mm/a)	正常运行期间碳钢腐蚀速率/(mm/a)	预膜效果/%
0.0129	0.0745	82.7
0.0131	0.0741	82.3
0.013	0.0743	82.5

6.3.8 预膜期间数据变化趋势图

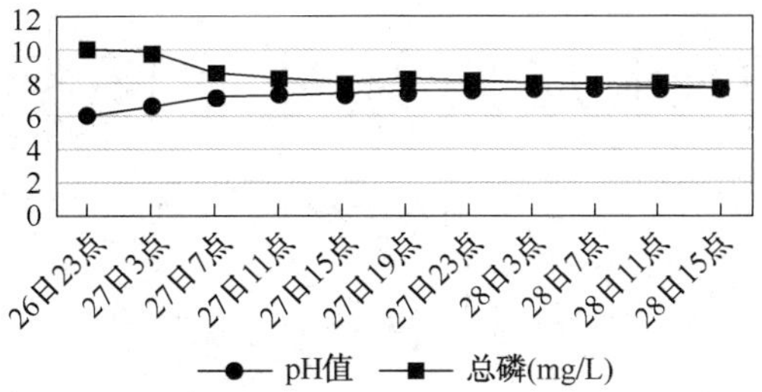

图 4　预膜期间水质数据的变化

7　结　　语

本次化学清洗、预膜处理后，循环水水质状态有明显改善，恢复正常运行后，投加氧化型杀菌剂后，水体余氯含量明显提升，水中总铁含量明显低于处理前的总铁含量。为了减少后期排水的总磷含量，本次预膜采用的低磷配方预膜剂，预膜期间总磷含量只有传统药剂的10%，但预膜结果也达到了合格要求。

参　考　文　献

[1] 窦照英. 实用化学清洗技术[M]. 北京：化学工业出版社，2001：1-2.
[2] 周本省. 工业水处理技术[M]. 北京：化学工业出版社，2002.
[3] HG/T 3778—2005. 冷却水系统化学清洗、预膜处理技术规则. 北京：中国发展和改革委员会，2006.

浅析循环水场腐蚀速率超标的原因

赵雪扬

（中国石油大连石化公司，大连 116000）

【摘要】 对循环冷却水系统铜腐蚀速率和碳钢腐蚀速率超标的原因进行分析研究，从现场查找腐蚀原因，并制定相应的对策，从根本上解决循环水场腐蚀超标问题，取得较好的结果。

【关键词】 腐蚀速率　铁细菌　缓蚀剂　杀菌剂

1 现　　状

全厂共有 8 套循环水场。2017 年 11 月统一更换新药剂配方，补水相同的循环水场使用的药剂配方大体相同。

2017 年 11 月至 2018 年 7 月，5 套水场相继出现铜挂片和碳钢挂片腐蚀速率超标的现象，挂片表面出现较为密集的斑点性腐蚀现象，此现象的发生给循环水系统的运行带来很大的威胁，具体见图 1、图 2 及表 1。

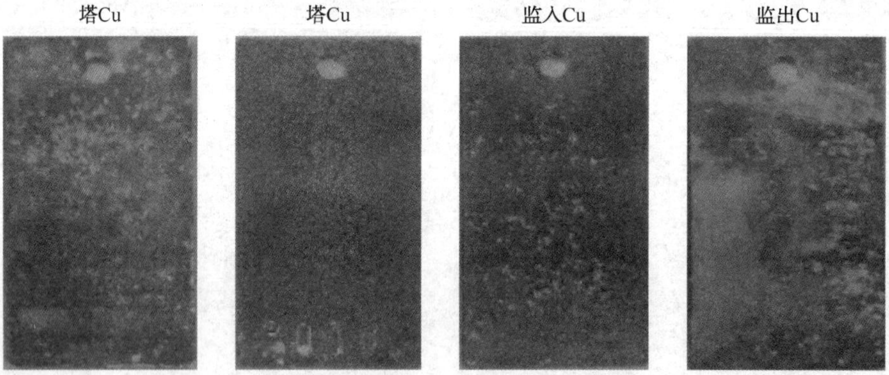

图 1　铜挂片

表 1　腐蚀速率超标情况表　　mm/a

时间	2017. 11			2018. 1	2018. 4	2018. 5		2018. 7
水场	二循二	二循三	四循二	四循二	二循三	二循二	二循三	三循
铜腐蚀速率（指标≤0. 005mm/a）	0. 007	0. 0059	0. 0107	0. 0063	—	0. 0056	—	—
碳钢腐蚀速率（指标≤0. 075mm/a）	—	—	—	—	0. 1338		0. 0828	0. 2568

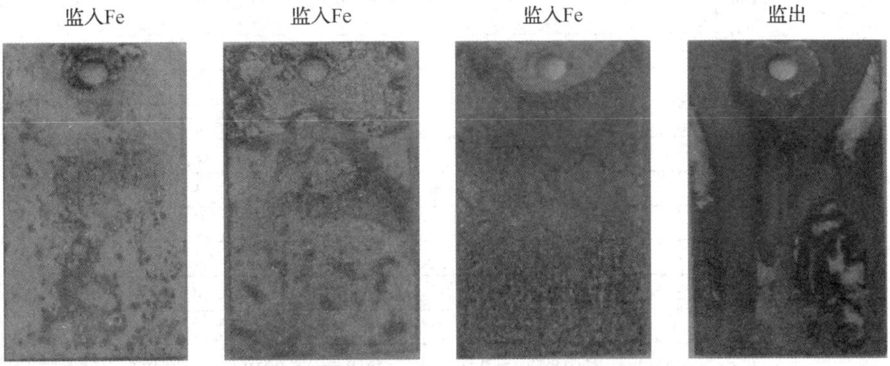

图 2　碳钢挂片

2　原因分析

循环水系统的腐蚀受多种因素的影响。水中缓蚀阻垢剂的浓度、微生物含量及冷换设备泄漏等情况，都会对腐蚀产生影响。

2.1　物料泄漏

物料泄漏不仅会加快水冷器的平均腐蚀速度，还会促进局部腐蚀。发生泄漏时，设备及管线内壁表面会被油膜或黏泥覆盖，这样循环水中的缓蚀剂难以在金属表面形成连续的缓蚀保护膜，缓蚀剂功效难以正常发挥，设备腐蚀速度势必上升。换热管上沉积的黏泥量显著增加，也必然导致垢下腐蚀的加快。因此腐蚀速率超标首先从物料泄漏查起。

此次水场腐蚀速率超标期间各水场水质没有异常迹象，氨氮、碱度、pH、氯离子、电导率等分析指标没有明显变化，且不同水场相继出现腐蚀速率超标的现象，所以这次的腐蚀速率超标问题可以排除物料泄漏的可能。

2.2　缓蚀阻垢剂

在水处理过程中，降低腐蚀速率的重要措施是向循环水系统投加合适的缓蚀阻垢剂。

水场采用的阻垢剂为丙烯酸类多元共聚物和耐氧化有机膦阻垢剂及铜缓蚀剂复配而成。它对磷酸钙、碳酸钙等垢有优异的阻垢分散作用，对氧化铁、黏泥的分散性能良好。缓蚀剂选用的是一种无机防腐剂，主要由磷酸盐及锌盐等复配而成，需要与其他阻垢剂产品混合结合使用。

药剂配方中的铜缓蚀剂是阻垢剂中的复配成分，从铜挂片表面状况分析，循环水中铜缓蚀剂浓度不足，造成腐蚀速率超标。

2.3　杀菌剂

杀菌配方我们采用了通过连续投加氧化性杀菌剂次氯酸钠，每月一次定期投加非氧化性杀菌剂和生物分散剂的方案。

2018 年 6 月三循铁细菌 95 个/mL(控制指标≤100 个/mL)，分析发现由于今年夏季气温异常炎热，杀菌剥离方案没有根据气温及时调整，且非氧化性杀菌剂单一，造成系统内微生物产生抗药性，铁细菌和硫酸盐还原菌等厌氧菌滋生严重。

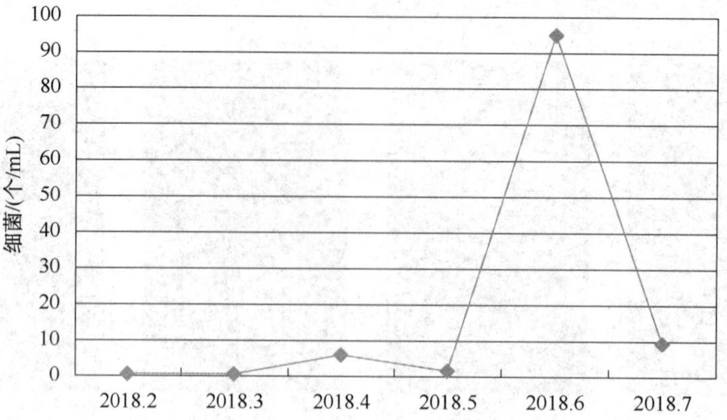

图3 三循铁细菌变化曲线

微生物黏泥沉积在金属表面，形成氧浓差电池而发生沉积物下腐蚀，其腐蚀产物又促进了铁细菌的生长，铁细菌从金属表面的阳极区除去亚铁离子，使钢的腐蚀速度增加。同时铁细菌产生的氧化铁沉淀在金属表面形成锈瘤构成了更多的氧浓差电池，更加剧了金属的腐蚀，形成恶性循环，对设备造成严重危害。

2.4 加药方式

2017年11月水场采用新药剂配方，由于交接原因，现场加药设备没有准备好，全部是人工冲击投加药剂。由于人工冲击投加，药剂浓度不均匀，投加量准确度低，余氯和正磷忽高忽低。余氯过高，会给系统造成腐蚀。而正磷过高时，则会沉积在铜设备上，造成铜的腐蚀速率超标。所以药剂的冲击投加，直接造成系统的腐蚀速率超标，这也是11月份3个水场铜腐蚀速率超标的直接原因。

3 控制对策

3.1 调整缓蚀阻垢剂配方

原水处理配方中是在复配的缓蚀剂中加有铜缓蚀成分，为了增强对铜材质的缓蚀能力，在原配方基础上再增加一种铜缓蚀剂，这种铜缓蚀兼具阳极缓蚀和阴极缓蚀作用，不仅对铜及铜合金有着极其优异的缓蚀效果，而且对铁、镉、锌、锡也有良好的缓蚀作用，更能对水中的游离铜离子有钝化作用，防止其在铁、铝、锌等金属表面沉积下来，并能防止黄铜脱锌，这样即保证了对碳钢设备的缓蚀，又保证了铜设备的缓蚀。

3.2 选择最佳的杀菌灭藻方案

原杀菌配方选用的是一种异噻类非氧化性杀菌剂，为了加强对微生物控制，额外增加一种溴类非氧化性杀菌剂，两种交替投加，避免微生物、藻类的抗药性。并将每月一次的非氧化性杀菌改为每月进行2次有机污垢和微生物黏泥的杀菌剥离处理。

杀菌剥离方案采用控制余氯0.5~1.0mg/L，冲击投加分散剂，维持4h；4h后停止投加次氯酸钠，冲击投加非氧化性杀菌剂，封闭运行24~30h，浊度最大时进行排污置换。置换过程中维持缓蚀阻垢剂的投加浓度加强防腐蚀的控制。

3.3 完善加药设备

药剂投加方式采用人工间歇性投加，投加量准确度低，循环冷却水系统的药剂浓度波动大，药量或不足或过量，降低了药剂处理效果，腐蚀趋势上升。

2017 年 11 月水场先后更换加药泵、加药管线，同时为了防止加药泵流量大，加药量不易调整的问题，在相应的加药装置上安装定时器，使氧化性杀菌剂和缓蚀剂全部采用加药泵连续自动投加，保证水中药剂含量平稳。

4 效　果

通过对上述对策的实施，收到了良好的效果，循环水腐蚀问题得到解决，2018 年 8 月至 10 月，各水场没有出现腐蚀超标的情况，见表 2。

表 2　技改技措后循环水场腐蚀情况汇总　　mm/a

水场	分析项目	控制指标	2018.8	2018.9	2018.10
一循二	碳钢腐蚀速率	≤0.075mm/a	0.0079	0.0067	0.0055
	铜腐蚀速率	≤0.005mm/a	0.0008	0.0005	0.0004
二循一	碳钢腐蚀速率	≤0.075mm/a	0.0045	0.0039	0.002
	铜腐蚀速率	≤0.005mm/a	0.001	0.0007	0.0003
二循二	碳钢腐蚀速率	≤0.075mm/a	0.0037	0.0048	0.005
	铜腐蚀速率	≤0.005mm/a	0.001	0.0006	0.0005
二循三	碳钢腐蚀速率	≤0.075mm/a	0.0123	0.0089	0.0127
	铜腐蚀速率	≤0.005mm/a	0.0011	0.001	0.0004
三循	碳钢腐蚀速率	≤0.075mm/a	0.0133	0.0177	0.0109
	铜腐蚀速率	≤0.005mm/a	0.0015	0.0005	0.0007
四循一	碳钢腐蚀速率	≤0.075mm/a	0.0148	0.007	0.0049
四循二	碳钢腐蚀速率	≤0.075mm/a	0.0197	0.0055	0.0065
	铜腐蚀速率	≤0.005mm/a	0.0005	0.0005	0.0003

参 考 文 献

[1] 周本省. 工业水处理技术[M]. 北京：化学工业出版社，1997.
[2] 郑能靖. 石油化工冷却水处理技术[M]. 北京：化学工业出版社，1989.
[3] 李本高. 工业水处理技术(第五册)[M]. 北京：中国石化出版社，2002.

淡化海水在石化企业中的应用

高　莹

（中国石化青岛石油化工有限责任公司，青岛 266043）

【摘要】 针对国家淡水资源短缺和石化行业的节水需求，某石化企业在2016年将淡化海水引入公用工程系统应用，取得了节水减排降低能耗药耗和提高公用工程系统保供能力、降低设备维修维护费用的双赢效果，经济效益和环境效益较高。本文论述了企业引入淡化海水后，在循环水、化学水装置中的综合优化情况和面临的问题以及解决措施，为淡化海水在石化企业中的应用提供了参考经验。

【关键词】 淡化海水　循环水　化学水　石化　节水

1　引　　言

我国是世界最贫水的国家之一，按照统计数据，我国人均水资源占有量仅为世界人均水资源占有量的1/3[1]，目前我国有110个城市严重缺水，主要分布在华北、东北、西北和沿海地区[2]，淡水资源紧缺已成为制约经济和社会可持续发展的最大瓶颈。

解决我国沿海地区及内陆地区的淡水资源短缺问题，除了提高水利用效率和实施必要的跨流域调水之外，大力发展海水淡化，优化我国水资源整体结构，是解决沿海地区水资源紧缺的一项战略选择[3]。

目前国家大力支持发展海水淡化利用，建立了一批国家海水淡化示范城市和示范工程，形成典型模式推广应用，并先后出台一系列政策推进淡化海水普及应用[4]。某石化企业积极响应政府号召，于2016年底将淡化海水引入公司替代新鲜水使用，并积极拓展淡化海水工业应用途径，从而满足国家及石化行业的节水需求。

2　石化企业应用

2.1　水质特点

某石化企业引入的淡化海水采用两级反渗透产水，其水质同新鲜水对比见表1。

表1　淡化海水与新鲜水水质指标对比表

水种	浊度/NTU	总碱度/(mg/L)	pH值	电导率/(μS/cm)	硬度(以 $CaCO_3$ 计)/(mg/L)	钙离子(以 $CaCO_3$ 计)/(mg/L)	氯离子/(mg/L)
新鲜水	0.40	128	7.34	813	292	205	118
淡化海水	0.10	3	7.40	137	6	4	41

① 淡化海水供水指标为pH值6.5~8.5，电导率<300μS/cm。

由表 1 可知，淡化海水经两级反渗透后去除了大部分离子。与新鲜水相比，淡化海水电导率、硬度、碱度大大降低，因厂家经过调质，其 pH 值呈中性。

为了对水质的腐蚀性和结垢性进行判断，我们选取常用的饱和指数、稳定指数、结构指数[5]进行计算，结果见表 2。

表 2 淡化海水与新鲜水结垢腐蚀倾向判断

水种	饱和指数 LSI	稳定指数 RSI	结垢指数 PSI	判断结果
新鲜水	0.56	6.22	5.93	结垢倾向
淡化海水	-2.61	12.63	14.79	腐蚀倾向

通过上述三个指数判断，当地新鲜水轻微偏结垢，淡化海水严重偏腐蚀。针对淡化海水的水质特性，某石化主要将其应用于公司化学水、循环水等公用工程系统中。

2.2 化学水系统应用

某石化企业化学水系统包括除盐水装置和软化水装置，其中除盐水装置建于 1999 年，采用多介质+活性炭+反渗透+混床的水处理工艺，设计最大生产能力为 200t/h；软化水装置建于 1982 年，采用钠离子交换工艺，设计生产能力为 30t/h[6]。

2.2.1 除盐水装置

除盐水装置制水源水全部使用淡化海水替代新鲜水，并不断摸索优化生产流程，降低制水成本：

（1）停加絮凝剂、阻垢剂

由于源水水质较好，硬度低且杂质少，预处理单元逐步停加聚合氯化铝絮凝剂、反渗透前逐步停加阻垢剂，经过运行近 2 个检修周期，未发现明显影响。

（2）优化预处理单元运行

除盐水装置预处理单元原设计为多介质过滤器和活性炭过滤器，以新鲜水为源水时，控制出水指标为 SDI<5，COD<1.5。源水水种改变后，多介质过滤器逐步将运行周期自 60h 延长至 300h，活性炭过滤器逐步停运，出水指标依然达标。

（3）反渗透单元优化

反渗透单元逐步将制水比由 75%提高至 90%，低压冲洗由 24h 一次延长至 72h 一次，运行验证反渗透产水水质达标，下游混床运行良好，化学清洗周期由原 1 个月一次延长至 3 个月一次，混床单床周期制水量也由 5000t 提高至 15000t，大大降低了药耗和设备损耗。

（4）优化高压水泵

除盐水装置原设计 4 套反渗透膜配备 5 台高压水泵，平日运行 2~3 套反渗透。原泵出口压力为 2.5MPa，而反渗透系统所需压力在 1.8MPa 左右，阀门节流情况较严重；采用淡化海水后，反渗透所需压力进一步下降，因此对其中 3 台泵进行了叶轮撤级改造，将泵出口压力降低至 1.8MPa，运行电流由 100A 降至 80A。正常生产时，优先运行改造泵，节约用电。

同时，每台泵设计流量为 85t/h，运行新鲜水时三套反渗透进水量约 200t/h，需开三台高压水泵。运行淡化海水时进水量可降至 165t/h，则开两台高压水泵即可。

（5）反渗透浓水再利用

由于淡化海水经反渗透处理后的浓水钙镁盐较低，其钙硬度依旧在 100mg/L 以下，因此公司将其引致催化烟气脱硫脱硝单元用于喷淋用水，减少除盐水使用。

2.2.2　软化水装置

由于淡化海水硬度满足公司软化水标准，因此软化水装置停用钠离子交换流程，将来水直接引入软化水管网，供生产装置冷却使用，改造后其供水能力也可根据需求增大。

2.3　循环水系统应用

某石化企业内设有循环水场3座，均采用机械抽风逆流式混凝土结构冷却塔工艺。其中1号、2号循环水场(简称一循、二循)为炼油部分循环水场，设计规模为12000m^3/h和8000m^3/h。

某石化企业一循二循原设计补充水为市政管网新鲜水。为节约水资源，该企业于2012年底开始投用污水回用装置，达标污水经双膜装置处理后回用至循环水场。2016年底引进淡化海水后，为进一步拓展淡化海水应用途径、提高循环水浓缩倍数，便将一二循调整为由新鲜水、回用污水和淡化海水按一定的比例构成的多水源补水[7]。

企业污水回用装置也采用双膜工艺，因此产水特质与淡化海水类似，也具有腐蚀性；由于生产规模等限制，企业回用污水产量较稳定，约为40~50t/h，因此控制三种水源的补水比例，主要是控制新鲜水与淡化海水的补水比。根据中国石化企业标准《水务管理技术要求　第2部分：循环水》[8]规定和自身运行条件及经验，企业规定循环水中的钙离子和碱度均需大于150mg/L，钙离子+碱度需小于1200mg/L以下，在此范围内尽可能补充淡化海水来提高循环水场浓缩倍数，目前循环水场浓缩倍数可达7以上。

2.4　应用效果

2.4.1　化学水系统效果

化学水系统通过使用淡化海水及系列生产优化后，产水能力得到了进一步提升，安全保供能力增强，同时优化后还减轻了设备的磨损，降低了人工劳动强度，减少了加注酸碱时的安全风险。

同时，在化学水系统中使用淡化海水经济效益较高。除盐水装置通过优化生产，降低了预处理单元反洗用水、反渗透浓水和混床再生用水以及相关药耗及电耗，软化水装置降低了制水用水电消耗及药剂消耗。

目前除盐水装置每月产水约10万t，软化水装置每月供水2.3万t。通过前述生产优化，每月可节约药剂费用2.17万元、新鲜水1.7万t、电1.44万kWh、净化风3700m^3，回收利用浓水0.7万t，综合效益约24.6万元。

2.4.2　循环水系统效果

(1) 循环水水质得到优化改善

循环水场水质合格率及浓缩倍数变化趋势如图1所示。

循环水系统采用多水源补水综合优化以前，水质合格率在95%左右，循环水浓缩倍数在4左右。自2017年综合优化后，循环水水质合格率和浓缩倍数稳步上升，2022年水质合格率达99.15%，浓缩倍数达6.32；装置周期检修及预知性维修时，水冷器打开观察多数十分光洁，无明显锈蚀和粘泥附着，装置运行期间因水质原因造成的泄漏次数也大大下降。综合优化取得了循环水系统安全保供能力和节水能力均提升的双赢局面。

(2) 经济效益显著

采用多水源补水综合优化前后循环水系统补水率变化如图2所示。

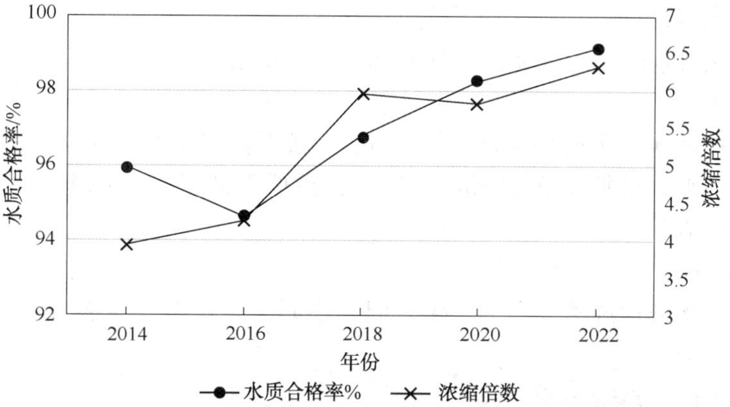

图 1　循环水系统水质合格率及浓缩倍数变化趋势

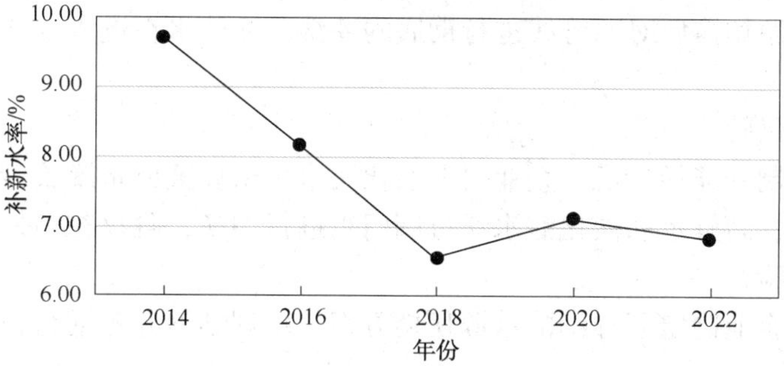

图 2　循环水系统补水率变化趋势

由图 2 可以看出，优化后循环水系统补水率由 8‰以上降至 7‰左右，节约系统约 15%，按照每月 1200 万 t 循环量测算，月节水约 1.5 万 t，节约水费药剂费约 10 万元。

同时，装置水冷器泄漏次数下降也大大节约了设备维修成本。

3　问题及建议

3.1　水质腐蚀问题

3.1.1　淡化海水管输腐蚀

由前面水质特点可以看出，淡化海水对管线腐蚀性较强，因此在应用淡化海水前期发现除盐水系统进水存在浊度升高发黄、铁离子含量高等现象，分析认为这和原旧管线长期使用新鲜水存在大量水垢和淡化海水碱度低腐蚀管线有关。

针对该问题，某石化企业对除盐水系统进水管网进行了改造，将淡化水流程中的碳钢管线全部改造成 AGR(丙烯酸共聚聚氯乙烯)管线，避免了因管输影响进水水质的问题。改造后进水水质明显变好，除盐水系统预处理单元部分停运。

3.1.2　软化水管网系统泄漏

长期运行淡化海水后，发现软化水系统管网系统泄漏现象增多。分析认为也与淡化海水具有较强腐蚀性和部分终端流速较低加重腐蚀有关。

企业原软化水系统管网为普通碳钢材质且运行多年，后期将根据管网锈蚀情况对其进行局部更新改造。

3.1.3 循环水系统腐蚀

前期运行淡化海水时，淡化海水比例较高，虽浓缩倍数升高，但循环水中铁离子浓度有所增加，水质发黄。

后期通过摸索发现，优化缓蚀阻垢剂配方，增加其防腐蚀药剂含量，并通过调整各水种补水比例，将循环水碱度控制在200mg/L以上，最低不低于180mg/L，循环水中铁离子含量明显降低，水质清澈。

3.1.4 水源切换影响

因市政淡化海水公司规模等原因，供水偶尔中断，企业需要对装置水源进行切换操作，切换时存在以下问题。

（1）水源切换时，携带杂质

新鲜水与淡化海水相互切换时，因原管网静置后投用，前期存水含有大量杂质。

因此需要在水源切换后对原管线进行彻底的冲洗，冲洗水在进入装置前排放，以免对运行设备造成污染。

（2）存在串水风险

因厂区位置限制和能耗考虑，企业引入淡化海水后未设置原水罐，借助原管网压力直接进入装置进行生产，新鲜水和淡化海水通过阀门组进行切换，且存在多处切换点，因此存在误操作导致串水风险。

针对此情况，企业制定了详细的水源切换方案，培训学习并定期组织演练，避免出现上述问题。

4 结 论

相对于新鲜水，在石化企业公用工程系统中引入淡化海水是十分可行的，既能节水减排降低能耗药耗，还能提高公用工程系统保供能力，降低设备维修维护费用，大幅降低操作人员工作量，经济效益和环境效益较高。当然，新事物的应用过程中肯定存在一些问题，但是通过摸索试验不断完善，企业总结出一定的淡化海水优化使用经验供各位参考。

相信随着国家节能减排政策的逐步落实和海水淡化技术的不断发展，淡化海水的应用前景将更为广阔。

参 考 文 献

[1] 代婷. 大型乙烯企业的节水工作[J]. 安徽化工，2016，42(5)：81-84.

[2] 邬晓龄，黄肖容，邓尧. 海水淡化技术现状及展望[J]. 当代化工，2012，9：964-966，1002.

[3] 王宏涛，李保安，刘兵. 海水淡化技术现状及新技术评述[J]. 盐业与化工，2014，6：1-5.

[4] 康权，王锐浩，黄鹏飞，等. 青岛市海水淡化利用现状及潜力分析[J]. 盐科学与化工，2021，5(50)：11-14.

[5] 丁恒如，吴春华，龚云峰. 工业用水处理工程[M]. 2版. 北京：清华大学出版社，2014：531-534.

[6] 彭良辉. 淡化海水在炼厂化学水装置中的综合应用[J]. 科技信息，2021，36：266.

[7] 高莹. 多水源补水在循环水系统的应用[J]. 中外能源，2020，11：91-95.

[8] 中国石油化工集团公司. Q/SH 0628.2—2014 水务管理技术要求 第2部分：循环水[S]. 北京：中国石化出版社.

江水净化混凝剂处理效果的对比研究

邓传真

（中国石化上海高桥石油化工有限公司水务部，上海 200137）

【摘要】 通过对江水净化系统使用聚合氯化铝来和聚合硫酸铁的实际运行及处理效果分析比较，总结出两种混凝剂在以黄浦江水为原水的江水净化系统及后续以中水作为补水的循环水系统应用的各自特点，为实际生产中混凝剂种类的选用提供依据。

【关键词】 江水净化 混凝 循环水 总铁

1 前 言

聚合氯化铝和聚合硫酸铁是两种常用的无机混凝剂，被广泛应用于石化、印染、造纸等行业的净化水工艺中，用以去除水中悬浮颗粒，净化水质。

高桥石化水务部2#水处理联合装置江水净化单元长期使用聚合硫酸铁作为混凝剂，进行黄浦江原水的混凝处理，处理效果达到设计要求。但是残留在水体中的总铁浓度长期处于较高水平，对后续循环水系统的安全运行带来不利的影响。铁离子是反映循环水体系腐蚀状况的一项重要目标，据相关资料，水中有2mg/L的Fe^{2+}离子存在时，会使碳钢水冷器年腐蚀率增加6~7倍，且会加剧水冷器局部腐蚀。冷却水中总铁含量超过0. 5mg/L时，会促进铁细菌繁衍，加快系统微生物的沉积和腐蚀。其产生的粘泥将会阻塞管路和加快换热设备的腐蚀。因此，一般循环水系统的总铁控制在1mg/L以内。

针对目前高桥石化水务部净化江水系统和循环水系统总铁等水质指标高企，影响水质安全的问题，本文选取两种混凝剂分析比较各自对净化江水的处理效果以及对江水净化以及后续的循环水系统的关键水质指标变化规律，为混凝剂选型提供数据支撑。

2 混凝原理

江水或循环水水中的泥沙、尘土、腐殖质以及菌藻等微生物能够与水形成具有沉降稳定性和聚合稳定性的溶胶状态的胶体微粒。通过投加混凝剂，将胶体微粒凝聚成较大颗粒后利用重力进行沉降。混凝是水中胶体颗粒脱稳过程和脱稳后相互聚集过程的总称，即包含有“凝聚”和“絮凝”两个过程。

混凝对于水中胶粒的作用机理主要有压缩和双电层机理、吸附电中和作用机理、吸附架桥作用机理和沉淀物卷扫作用机理。简言之，压缩和双电层机理是通过投加电解质，其中的反离子进入胶粒层及双电层，消除或降低胶粒ζ电位，达到胶体脱稳的目的；吸附电中和作用机理是混凝剂水解后吸附到胶体颗粒上，使胶粒变为电中性，达到等电状态，从而使胶体脱稳；吸附架桥作用机理是当常用的混凝剂如铁盐或铝盐少量溶于水后，不仅使胶体脱稳而凝聚，又因胶体对高分子物质的吸附作用，在高分子长链物两端同时吸附胶粒，形成胶粒连接的桥梁；沉淀物卷扫作用机理是较大量的铁盐或铝盐等高分子混凝剂在水中形成大量氢氧化物，在自身的沉降过程中网捕和卷扫水中的胶体微粒，产生沉淀分离。

本文中混凝处理效果比较所涉及的铝盐混凝剂是聚合氯化铝，铁盐混凝剂是聚合硫酸铁。聚合氯化铝(PAC)又称碱式氯化铝，是在铝盐中加碱后的水解产物通过羟基桥联等反应聚合而成的一种水溶性无机高分子聚合物，化学通式为$[Al_2(OH)_nCl_{6-n}]_m$。聚合硫酸铁(PFS)是一种多羟基、多核络合体的阳离子型混凝剂，化学通式为$[Fe_2(OH)_n(SO_4)_{3-n/2}]_m$。聚合硫酸铁是以硫酸亚铁为原料，将其氧化成硫酸铁后再聚合成聚合硫酸铁。

3　结果与讨论

高桥石化水务部2#水处理联合装置江水净化单元使用脉冲澄清池进行黄浦江原水的混凝沉淀处理，实际处理能力为500~600m^3/h，原水浊度为50-70NTU，净化江水出水浊度指标≤12NTU。生产流程为由一级泵站(四水源)提升黄浦江原水送到配水井，由配水井自流入脉冲澄清池进行混凝沉淀处理，净化江水由集水总渠汇流入集水井后进入清水池，由二级泵站(净化泵房)抽吸清水池内净化江水输送到各用水装置。

江水净化系统于2023年1月起连续使用聚合氯化铝来替代聚合硫酸铁作为混凝剂使用，为保证样本数据规模的代表性，本次试验选取2023年2月1日至3月27日总计50天的各项水质数据进行分析。为将原水水质、气温条件等外部因素对使用效果对比试验的干扰降低到最小限度，收集将聚合硫酸铁作为同一系统混凝剂的2022年同期的各项水质数据与之进行对比分析及讨论。表1为混凝剂对比试验总体情况。

表1　混凝剂对比试验条件

项　目	聚合硫酸铁	聚合氯化铝
执行标准	GB/T 14591—2016	GB/T 15892—2020
外观	红棕色液体	浅黄色液体
含量	11%	11%
pH值	2~3	3.5~5
投加浓度/(mg/L)	180	180mg/L
试验时间	2022年2月1日~2022年3月27日	2023年2月1日~2023年3月27日

3.1　对浊度的处理效果

浊度是净化江水(新鲜水)系统为数不多的水质控制指标之一，是用水的某种光学性质来表示水中悬浮物和胶体等粗分散颗粒对水体透明度的影响程度。混凝剂处理效果的主要指标是就降低净化水浊度的能力。图1为两种混凝剂对净化江水浊度指标的处理效果对比情况。

由图1可见，聚合氯化铝和聚合硫酸铁对浊度的处理效果相近。2022年使用聚铁平均浊度为2.80NTU，2023年同期使用聚铝后平均浊度为3.57NTU，均处于水质指标控制范围内。考虑到黄浦江原水浊度的变化、产水量波动以及加药调整响应速度等因素，两种混凝剂均可判断为在降低浊度方面使用效果良好。

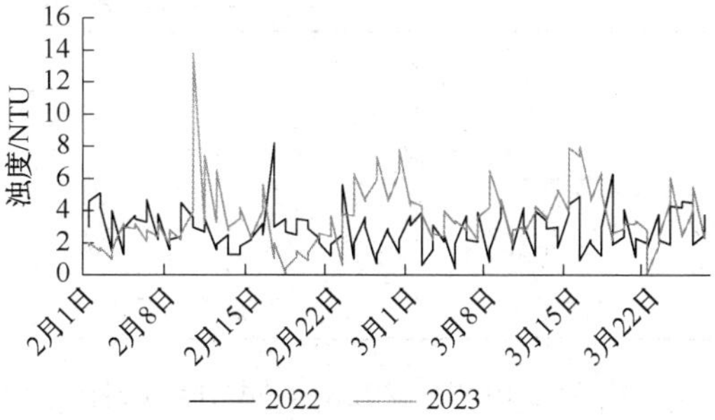

图 1 两种混凝剂对净化江水浊度的处理效果

3.2 对总铁的影响

总铁是水中铁离子（包括 Fe^{2+} 和 Fe^{3+}）和化合铁的总称，总铁的浓度是监测腐蚀和沉积情况的重要指标。净化江水经用水装置使用后排放至污水装置处理成为中水作为高桥石化水务部所属三套循环水场的补水使用，其中的总铁亦随此过程进入循环水系统，其在循环水中运行过程中经过不断浓缩提高浓度后对循环水系统的水冷器及管线产生腐蚀及结垢危害，增加缓蚀分散剂的消耗，不利于循环水系统的安全运行。本次对比试验的一个重要目的就是在净化江水混凝处理效果合格且相近的前提下，考察比较聚铝与聚铁在处理的净化江水以及传导至循环水系统中的总铁浓度，作为遴选江水净化混凝剂的重要依据，为后续循环水系统的安全平稳运行创造条件。图 2 为两种混凝剂对净化江水总铁指标影响的对比情况。图 3、图 4、图 5 是同期水务部三套循环水系统总铁指标影响的对比情况。表 2 是三套循环水系统同期浓缩倍数平均值对比表。

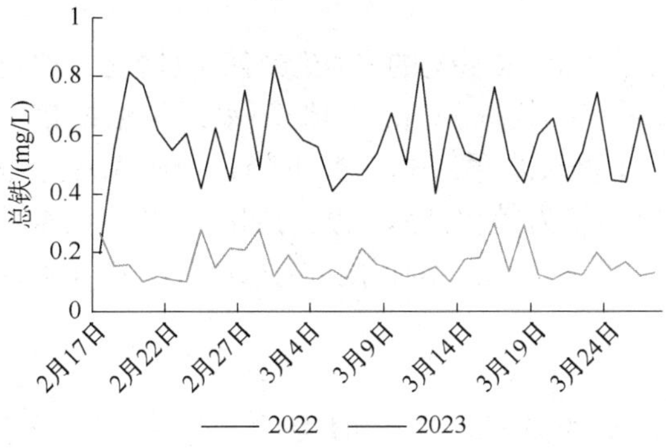

图 2 两种混凝剂对净化江水总铁的影响

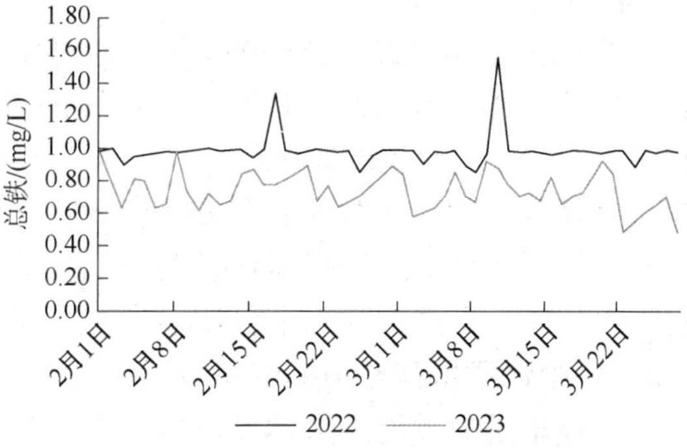

图 3 两种混凝剂对同期 2#循环水总铁的影响

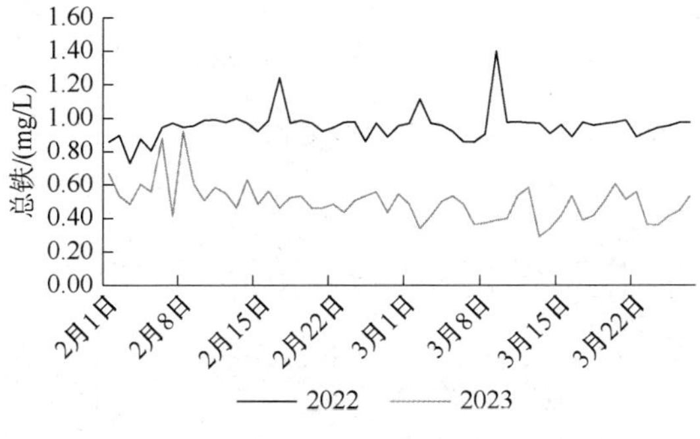

图 4 两种混凝剂对同期 3#循环水总铁的影响

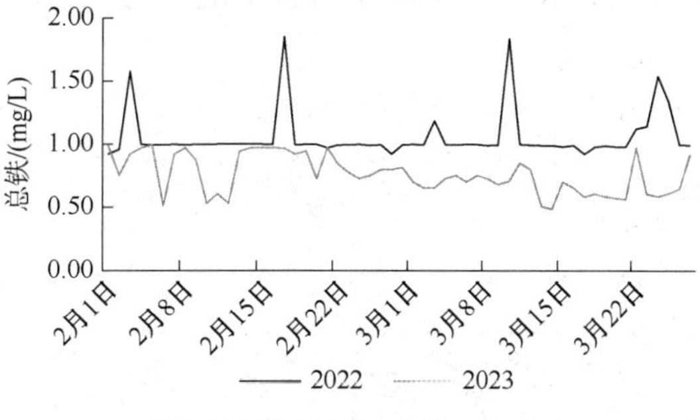

图 5 两种混凝剂对同期 4#循环水总铁的影响

表 2　三套循环水系统同期浓缩倍数对比表

项　目	浓缩倍数	
	2022 年 2 月 1 日~2022 年 3 月 27 日	2023 年 2 月 1 日~2023 年 3 月 27 日
2#循环水	3.11	3.80
3#循环水	3.06	3.07
4#循环水	3.56	3.44

由图 2 可见，2022 年使用聚铁作为混凝剂时净化江水的总铁平均在 0.56mg/L，最高达到 0.84mg/L。2023 年使用聚铝作为混凝剂后，同期总铁均值为 0.19mg/L，平均降幅度达到 66%，江水净化系统总铁下降现象十分明显。

由图 3 可见，2022 年 2#循环水系统补水使用聚铁作为混凝剂时总铁平均为 0.98mg/L，最高达到 1.55mg/L。2023 年同期使用聚铝作为混凝剂后，循环水总铁均值降为 0.77mg/L，平均降幅度达到 21%。

由图 4 可见，2022 年 3#循环水系统补水使用聚铁作为混凝剂时总铁平均为 0.95mg/L，最高达到 1.40mg/L。2023 年同期使用聚铝作为混凝剂后，循环水总铁均值降为 0.50mg/L，平均降幅度达到 47%。

由图 5 可见，2022 年 4#循环水系统补水使用聚铁作为混凝剂时总铁平均为 1.04mg/L，最高达到 1.85mg/L。2023 年同期使用聚铝作为混凝剂后，循环水总铁均值降为 0.76mg/L，平均降幅度达到 26%。

同时，考察 2022 年与 2023 年试验对比时段三套循环水系统的平均浓缩倍数情况，通过表 2 可见 3#循环水系统、4#循环水系统的平均浓缩倍数数据相近，2#循环水系统浓缩倍数 2023 年较之 2022 年同期还提高了 22%，由此排除了循环水系统总铁的下降是受到循环水浓缩程度降低的影响。对以上图表综合分析，使用聚铝作为净化江水混凝剂期间，净化江水系统和各循环水系统总铁指标均显著降低且运行曲线相对平稳，循环水系统总铁由净化江水通过中水传导而下降的效果十分明显。

3.3　对净化江水其他指标的影响

电导率是通过检测水的导电能力来反映水中溶解的离子含量。pH 是水溶液中氢离子浓度的常用对数的负值，用以衡量水的酸碱性比值。这两项重要的水质指标能够有效反映出水的腐蚀或结垢倾向。图 6 是两种混凝剂对净化江水 pH 指标影响的对比情况。图 7 是两种混凝剂对净化江水电导率指标影响的对比情况。

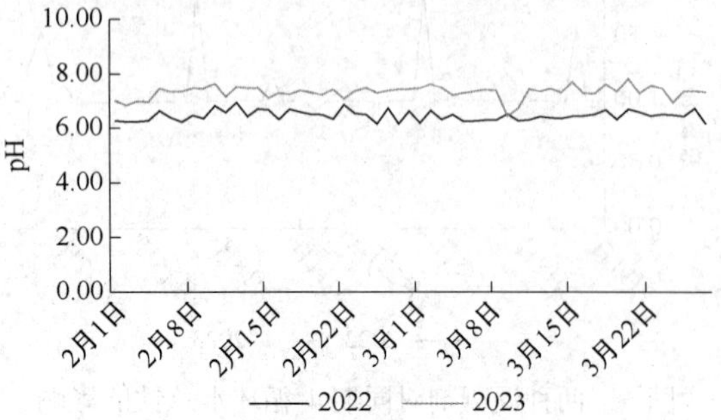

图 6　两种混凝剂对净化江水 pH 的影响

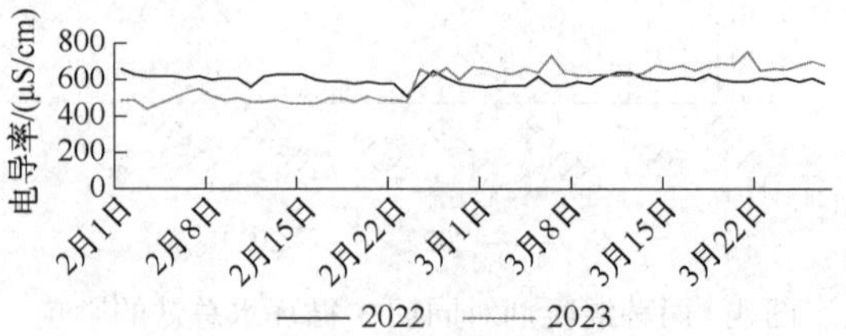

图 7　两种混凝剂对净化江水电导率的影响

由图 6 可以看出，聚铝作为净化江水混凝剂处理后的水质更加接近中性，有利于降低对净化江水系统的腐蚀，使用聚铝处理的净化江水以及处理后的中水作为补水将使循环水系统的水质运行更加安全稳定。由图 7 可见，两种混凝剂处理的净化江水电导率的基本一致。

3.4 净化江水杀生效果对比情况

经测算，使用聚合氯化铝作为混凝剂后，江水净化系统使用的溴氯复合氧化性杀生剂使用量较使用聚铁时期下降 5%-8%。在对净化江水脉冲池水面从目测观察，截止到 2023 年 5 月下旬往年同期出现的江水净化脉冲池出水口挂壁带状藻类消失，水面菌藻团块滋生速度显著降低。

3.5 净化江水污泥脱水效果对比情况

在使用聚铝作为混凝剂后，净化江水污泥脱水系统脱出污泥含水率降低，污泥疏松，团块间缝隙增大，嵌合度提高，使叠螺机出口污泥自由坠落时飞溅率和飞溅距离均大为减少。

综上所述，通过 2022 年、2023 年两年的 2 月 1 日至 3 月 27 日同期比较使用聚合氯化铝和聚合硫酸铁作为以黄浦江水为原水的江水净化装置混凝剂的实际使用效果的各项数据对比，可以总结在投加浓度上相同的前提下，使用聚铝避免了使用聚铁产生的理后水中铁离子后移现象，有效降低了原水总铁增加导致的循环水系统总铁上升并由此带来的腐蚀及结垢的问题；聚铝与聚铁在净化江水的浊度、pH 以及电导率等水质指标的处理效果和影响作用基本相同；通过观察发现使用聚铝能够有效提高净化江水系统的杀生效果并降低氧化性杀生剂投加量；以聚铝作为混凝剂的净化江水污泥脱水效果优于聚铁。聚铝较之于聚铁更加适用于高桥石化的江水净化的混凝处理，也与石化行业同类净化水场更广泛地使用聚合氯化铝作为混凝剂的现状相一致。

4 结　论

（1）聚合氯化铝和聚合硫酸铁在原水水质水量、气温条件以及投加浓度等使用条件相同的情况下，体现出的以浊度作为指标的净化江水混凝效果基本一致。目测使用聚铝混凝的水中色度明显降低，净化江水的 pH 更加趋近于中性，降低了水质的腐蚀性。同时系统的电导率变化不大，未有结垢倾向变化。

（2）在原水水质、气温等外部处理条件相同的情况下，使用聚合氯化铝作为混凝剂可大幅降低净化江水中的总铁含量，同时传导至循环水系统中的总铁大幅度下降，提高了循环水水质合格率，降低新鲜水、循环水系统由于高浓度铁离子带来的腐蚀、结垢等危害，为循环水系统的长周期安全运行创造条件。

（3）使用聚铝作为混凝剂较之聚铁使江水净化系统投加的溴氯复合氧化性杀生剂使用量显著下降，系统中菌藻附着及生长速度明显降低，杀生效果显著提高。

（4）通过对使用聚铝和聚铁在江水净化脉冲池混凝沉淀所产生的污泥进行脱水效果的比较可以看出，在污泥二次沉淀、使用聚丙烯酰胺絮凝剂类型、浓度等相同的运行条件下，直观地反映出由叠螺机脱出的污泥含水率及色度明显下降，污泥脱水效率提高。限于试验条件本文未做进一步研究。

参 考 文 献

[1] 丁恒如．工业用水处理工程[M]．2 版．北京：清华大学出版社，2014.
[2] 周本省．工业水处理技术[M]．2 版．北京：化学工业出版社，2002.

工业水系统水处理优化措施

邵剑波

（胜利油田胜利动力机械集团有限公司，东营 57000）

【摘要】 工业电站设计中热水供暖系统小部分采用钠离子交换器对自来水(或深井水)进行软化处理的方法，绝大多数并没有进行水处理；冷却水系统大多数没有采取任何水处理方法。但随着设计电站实际运行数量的增多，在后续运行及走访中发现很多问题，如腐蚀、结垢严重等。后续设计中应根据项目所在地水质情况增加相应的水处理方式，并优先采用简单、绿色、环保的处理方式。

【关键词】 循环水处理 结垢 绿色环保

1 暖通与制冷空调循环水系统水处理现状

热水供暖系统、空调(制冷)冷水或热水(以下简称冷热水系统)的水处理，以前曾采用钠离子交换器对自来水进行软化处理的方法，现今也有应用。制冷(或空压、空分)冷却水(以下简称冷却水系统)，以前没有采取任何水处理方法，而现今仍有不做任何处理。

1.1 冷热水系统现状

冷热水系统采用钠离子交换器对自来水(或深井水)进行软化处理。一部分冷热水系统采用人工或自动加药设备对系统实行加药的化学水处理，虽然装有加药装置，但运行中并未坚持使用。

1.2 冷却水系统现状

冷却水系统则采用电子水处理仪、磁水器等物理方法进行水处理。

2 暖通与制冷空调循环水系统特点

2.1 冷热水系统特点

冷热水系统一般为闭式循环水系统，但也有开式循环水系统。其运行、调试前的首次充水及运行期间的补充水一般为城市自来水。运行期间的补充水量，开式循环水系统比闭式循环水系统要大得多，并且对循环水水质要求也比较高。如水的细菌含量，水是否有毒性，水是否符合国家卫生标准等[1]。

冷热水系统，其循环水的温度夏季多在7~12℃；冬季50~65℃之间，而中央空调末端设备冬季供水温度一般多在60℃及其以下。

除蒸汽锅炉以外的系统，热水供暖系统循环水的温度多在100℃以下。

闭式循环水系统的水不受周围环境影响，并且没有浓缩水中原有各种离子的问题，其质量浓度不变；开式循环水系统的水受周围环境影响，如车间生产设备散发粉尘、新风采集及处理等都对循环水产生污染。

表冷器加喷淋的空调机或喷淋式空调机的水箱内很容易滋生大量细菌，水箱底部存有大量粘泥，卫生条件很差。

2.2 冷却水系统特点

冷却水系统一般为开式循环水系统，但也有闭式循环水系统。其首次充水及运行期间的补充水亦为城市自来水或深井水。冷却水温度一般为38～32℃，或低于该温度。冷却水受环境影响比较大，如尘埃(空气中的悬浮物)、细菌、空气中的氧气、二氧化硫、氮氧化合物、酸雨等[2]。这些物质一旦进入冷却水系统，则将严重污染冷却水，加上由于冷却水不断蒸发，水中的Ca^{2+}、Mg^{2+}、Cl^{-}、SO_4^{2-}及溶解固形物、悬浮物的浓度不断增加，造成对冷却水系统的腐蚀、结垢、细菌藻类繁殖，严重时会产生粘泥并堵塞管道或设备。

3 暖通与制冷空调循环水系统的基本问题

闭式循环冷热水系统的主要问题是腐蚀，而敞开式冷却水系统的主要问题则是结垢和腐蚀。

东营地区，闭式循环水系统的主要问题是普遍存在着腐蚀现象，而不是人们所想象的结垢。所以闭式循环水系统，在工程设计时应首先考虑如何防止系统腐蚀，与此同时当然还要考虑如何防止系统结垢等问题。针对上述问题应该转变思想观念，将如何防止系统腐蚀放在首位，其次是防止结垢等问题。为什么要这样讲呢？这主要是由于暖通与制冷空调的闭式循环水系统循环水量大、水温低，且设备换热表面温度亦低；因而不像蒸汽锅炉炉水那样，会产生浓缩循环水中原有各种离子的问题。加之暖通与制冷空调循环水系统的补充水量虽然比较少，但是含有一定量的溶解氧及含盐量，故腐蚀问题已成为首要问题。

冷却水系统是一个最不利的系统，更应搞好水处理工作。去年我们到现场参加一台冷却塔的清洗工作，这个冷却水系统设有一台500t/h的横流式冷却塔，并设有多台电子水处理仪。经过一个夏季的运行后，发现冷却塔的填料上结有大量碳酸盐水垢，其厚度约为20mm；进出水管道的内壁产生了很明显的氧化铁皮。将清理出的水垢和氧化铁皮收装起来足有6小麻袋。如果不及时清洗的话，将这些水垢、氧化铁皮带进设备，很容易堵塞热交换器，造成事故停车。后来该单位接受建议，采用自动加药水处理设备，对系统实行化学水处理。

4 暖通与制冷空调水处理的有关设计规范

应严格执行水处理的三个技术法规：GB/T 1576—2018《工业锅炉水质》[3]、GB/T 50050—2017《工业循环冷却水处理设计规范》[4]及GB/T 50102—2014《工业循环水冷却设计规范》[5]。

标准中已明确给出各种情况下给水硬度指标，本文中不再另述。但需要特别指出的是，标准GB/T 1576—2018《工业锅炉水质》中，对热水锅炉给水采用化学药剂处理水的工艺给水的硬度≤6mmol/L。而我国大部分地区的自来水的硬度低于6mmol/L(东营市自来水管网水的硬度约3.0mmol/L，pH值为8）。这对以水为载体的供暖、空调制冷循环水系统，为采用化学药剂水处理方法创造了十分有利的条件。也就是说，中国大部分地区的热水供暖系统、空调冷热水系统完全可以采用化学药剂处理水。因为这样就可减少以去除水的硬度为主要目的而采取钠离子交换方法，致使每年产生大量的、数以万吨的废盐液污染地下水的可能。

5 暖通与制冷空调水处理设计要点

5.1 收集有关水质资料

在进行水处理设计时，应首先收集系统用水的水质资料，如：硬度、PH值、溶解氧、氯离子浓度、溶解固形物(或含盐量)、悬浮物等，为工程设计中设法解决循环水系统普遍存在的腐蚀或结垢现象提供基础数据。

5.2 了解系统中设备与材料的材质

应确定或了解系统中设备、管道、阀门、水泵等所用材质，以适应设计工作对水质的要求及确定水处理方案，防止系统腐蚀及结垢。

5.3 冷热水系统的水处理工艺

5.3.1 热水供暖系统、空调冷热水系统的水处理方案

首先应采用先进技术及行之有效的方法——水处理自动加药设备对系统实行自动加药的化学水处理方法。单一采用钠离子交换器制取的软化水只防止系统结垢，但不能防止系统腐蚀，其腐蚀性大于自来水。这主要是由于，自来水中含有天然的碳酸氢钙，它是一种阴极性缓蚀剂。当自来水软化后，虽然提高了水的pH值，但是随着硬度成分的去除，水中原有的天然缓蚀剂—碳酸氢钙也被除去了；加之钠离子交换器的软化水比原水含盐量有所增加，其计算式为：

$$\Delta G=2.95H_{Ca}+10.84H_{Mg}$$

式中 ΔG——软化水含盐量的增加量，mg/L；

H_{Ca}——原水中Ca硬度，mmol/L；

H_{Mg}——原水中Mg硬度，mmol/L。

因此，单一采用钠离子交换器制取的软化水，还应投加化学药剂以阻止系统的腐蚀。这种方法既会使钠离子交换器产生大量再生废盐液而污染地下水，又会使设备一次总投资比采用化学复合药剂方法的水处理设备大得多。不仅如此，采用与循环冷、热水系统特点相对应的化学药剂进行水处理，其运行费用也较低。它还是一种无污染的绿色环保产品，应大力推广。

5.3.2 以物理方法进行水处理

采用磁水器、电子水处理仪等装置，在某种水质的情况下有阻垢效果，但没有防止腐蚀的作用，因而会使系统发生严重的腐蚀。某商厦安装2台日立牌螺杆冷水机组，运行几年后发现设备、管道严重腐蚀，原物理水处理设备根本不起作用。2015年初将原有的“电子水处理仪”及所有腐蚀管道全部拆除，拆除过程中发现管道内壁有大量锈瘤及氧化铁。因此对螺杆冷水机组也作了化学清洗。后改用“化学药剂方法”的水处理方案，采用自动加药设备，对空调冷热水系统及冷却水系统，均进行化学水处理，运行一年来收到了良好的效果。

5.4 冷却水系统的水处理工艺

为防止制冷(或空压、空分)系统的冷却水，受环境影响使冷却水中含有大量的尘埃、细菌、空气中的氧气、二氧化硫、氮氧化合物、酸雨等的污染，以及为防止由于冷却水不断蒸发，水中原有的 Ca^{2+}、Mg^{2+}、Cl^-、SO_4^{2-} 及溶解固形物、悬浮物浓度不断增加，造成对冷却水系统的腐蚀、结垢和细菌藻类的繁殖，以致产生粘泥并堵塞管道或设备，在设计上应首选“化学药剂方法”的水理方案。从目前现有技术来看，采用与冷却水系统特点相对应的化学药剂进行水处理，比其他任何一种方法更行之有效，符合现行国家技术监督局与建设部发布的国家标准。该方法从 GB 50050—2017《工业循环冷却水处理设计规范》及 GB/T 50102—2014《工业循环水冷却设计规范》考虑，优于其他任何一种方法。

5.5 应严格控制系统首次充水及运行期间的补水水质

如果首次充水或补水的水质不符合要求，则会对系统设备、管道造成腐蚀。即使是不锈钢设备(如 SUS304、SUS316 等材料)，如 Cl^-离子浓度过大，也会产生设备腐蚀或造成穿孔。

5.6 选用绿色水处理阻垢剂

水处理阻垢剂按照化学结构分为聚羧酸类、有机磷酸盐类、有机磷酸酯类，见表 1。

表 1 阻垢剂的种类

类 别	代表产品	主要特征
聚羧酸类	聚丙烯酸	阻碳酸钙、磷酸钙垢良好
	水解聚马来酸酐	阻碳酸钙、磷酸钙垢良好；生成垢较软，耐高温
	马来酸酐-丙烯酸共聚物	阻碳酸钙、磷酸钙垢良好；生成垢较软，耐高温
	丙烯酸-甲基丙烯酸酯共物	阻碳酸钙、磷酸钙垢良好
	膦羧酸共聚物	兼有阻垢和缓蚀效果，保持性良好
	磺酸基聚羧酸	兼有阻垢、分散作用，耐铁离子
有机膦酸盐类	ATMP	阻碳酸钙、硫酸钙垢良好，缓蚀
	HEDP	阻碳酸钙垢良好，缓蚀
	EDTMP	阻碳酸钙、硫酸钙垢良好，缓蚀
有机磷酸酯类	多元醇磷酸酯	阻碳酸钙、硫酸钙垢良好，稳定性高，缓蚀

目前，随着对阻垢剂的环保要求的日渐提高，绿色阻垢剂的概念已被提出并成为目前及今后的发展方向。绿色水处理剂又称环境友好型水处理剂，是指其生产过程清洁化，使用过程不影响人体健康和环境，并可生物降解而对环境无害的水处理剂。绿色水处理剂可表现在阻垢剂、缓蚀剂、絮凝剂方面，其中阻垢剂已基本实现绿色化，并已投入应用

绿色水处理阻垢剂见表 2。

表 2 绿色水处理阻垢剂的种类

类 别	主要成分
天然聚合物阻垢剂	木质素、单宁、腐殖酸钠、壳聚糖、淀粉、纤维素等
含磷水溶性聚合物阻垢剂	PCA、POCA
烷基环氧羧盐阻垢剂	AEC

续表

类　别	主要成分
聚丙烯酸型阻垢剂	PAA、PMMA 及其钠盐
磺酸类共聚物阻垢剂	AA、AMPS 二元或三元共聚物
马来酸酐类共聚物	马来酸酐类三元或四元共聚物
聚环氧琥珀酸型阻垢剂	PESA
聚天冬氨酸型阻垢剂	PASP 及其钠盐和酯

6　暖通与制冷空调水处理技术展望

破除传统观念，采用水处理新技术，人人都从绿色环保的角度出发设计、建设、管理美好家园。

制定有关优惠政策及相关法规，激励研制、生产更多廉价的绿色化学水处理药剂，以适应保护环境的需要。无磷(膦)、无毒性绿色化学水处理药剂，经在热水供暖系统、空调冷热水系统及冷却水系统使用证明，具有对环境无污染、无破坏的良好效果，其运行费用与含有机膦酸盐的阻垢、缓蚀药剂相当。特别值得一提的是运行中的排污不会造成对环境的磷污染。

水处理自动加药设备是一种可实现对循环水系统自动或定时加药，以减少人员劳动强度的设备。该设备可根据补水量的多少，比例式的自动加药或定时加药，还可以根据水中的 pH 值及补水量定量加药在线控制。我们要不断开发技术先进、操作简便、性价比优越的自动水处理加药设备，以促进我国暖通与制冷空调化学水处理的发展。

参 考 文 献

[1] 李全寿. 略论我国水处理技术的发展趋势[J]. 工业安全与环保，2005 年，3(31).
[2] 谢陈鑫，操卫平，冯玉军，等. 绿色水处理剂的研究现状与发展趋势[J]. 精细石油化工进展，2006 年，7(6).
[3] 国家市场监督管理总局. 工业锅炉水质：GB 1576—2018[S]，2018.
[4] 中国寰球工程有限公司. 工业循环冷却水处理设计规范：GB 50050—2017[S]. 北京：中国计划出版社出版，2018.
[5] 中国电力企业联合会. 工业循环水冷却设计规范：GB/T 50102—2014[S]. 北京：中国计划出版社，2014.

试论温室效应的后果及对策

凌金位

（中国石化镇海炼化公司质量管理中心，宁波 315207）

【摘要】 介绍了全球变暖的形式探讨了引起温室效应加剧的原理，分析了温室气体的来源指出了温室效应加剧给人类所造成的危害，提出了控制温室效应加剧的对策。

【关键词】 温室效应加剧　危害　对策

1　全球变暖形势

工业革命以来，地球大气中的温室气体含量呈上升趋势。从1950年到1985年，全球排放的二氧化碳（CO_2）等温室气体增加了20倍，世界6个工业化大国排放的温室气体占45%。同时，被称为“绿色之肺”的森林以每年16万平方公里速度被消失[1]，相当于我国山西省的面积。科学家已经认识到，这些气体的积累已经导致了“温室效应加剧”，引起了全球的气候变暖。气候专家预计，到2025年，全球平均表面气温将上升1℃；到21世纪中叶，将上升1.5~4.5℃。“温室效应加剧”在世界各地引起了强烈的反响，它已使人类的生存环境遭受严重的危害，它已成为人类面临的一个重要问题，是21世纪人类面临的巨大挑战。

2　“温室效应加剧”的原理

理解“温室效应加剧”的原理并不需要你成为一名科学家，这是一个简单的道理。地球外面被一层厚度3000公里的大气层所包围，地球大气按温度随高度的变化，由地表向上，依次可以分为对流层、平流层、中层和热层、外大气层。大气中除了含有氮（N）、氧（O）、氩（Ar）等成分外（共占空气总体积的99.96%），还包含一些含量十分微小，但对气候造成相当程度影响的温室气体，它们是二氧化碳（CO_2）、甲烷（CH_4）、氮氧化合物（NO_x）、氯氟碳化合物（CFCs）、臭氧（O_3）、水气（H_2O）等。这些气体的共同之处是能让太阳辐射的短波几乎无衰减地通过，但对因地球散热所产生的长波却有很强的吸收能力。

在这些气体含量相对正常的情况下：当阳光照耀大地时，一部分的热量会穿过大气层被反射到太空中去，其余的被海洋、土地、森林所吸收，并温暖我们生存的空间，创造出适宜我们生活的气候条件。正因为有了这种类似于“玻璃暖房”的温室效应，地球才保持了相对稳定的气温，从而使生命世界繁衍生息。但是，当大气中的温室气体增加到一定程度后，过多的温室气体会削弱地球热量向太空反射扩散的功能，从而减少了地球向外层空间的能量净排放，通俗地说“只进不出”，这些热量在大气中不断积聚，从而造成了气候系统的紊乱，造成地球温度的不断上升，这就是“温室效应加剧”。此外，有学者认为，人类消费能源所释放的热量，对大气也有增温效应。

3 温室气体的来源

3.1 二氧化碳(CO_2)

二氧化碳(CO_2)主要来源于化石燃料的燃烧与水泥制造。据2007年版《绿色数据小手册》显示，作为发电原料，化石燃料(即石油、天然气或煤)所发电量占全世界总发电量的66%。中东地区，矿物燃料占发电原料的比重为93%，东亚与太平洋地区为82%，而拉美和加勒比地区的这一比重较低，仅为38%。二氧化碳(CO_2)能吸收长波辐射。

3.2 甲烷(CH_4)

有机体发酵及物质不完全燃烧的过程会产生甲烷(CH_4)，主要来源于天然湿地(沼泽、苔原等)、水稻田、反刍动物、煤炭开采运输、垃圾发酵、海洋湖泊和其他生物活动场所、水合物的失稳分解等。甲烷(CH_4)能吸收长波辐射。

3.3 氮氧化合物(NO_x)

主要包括一氧化氮(NO)和二氧化氮(NO_2)，一半来自人为排放，以工业生产和汽车排放最多；另一半来自天然，如土壤中微生物分解产生含氮化合物、火山爆发、森林失火等。氮氧化合物(NO_x)能吸收长波辐射。

3.4 氟氯碳化合物(CFCs)

目前以CFC-11、CFC-12、CFC-13为主，使用于冷气机、电冰箱的冷媒，电子零件清洁剂、发泡剂。氟氯碳化合物(CFCs)能吸收长波辐射。

3.5 臭氧(O_3)

来自汽车等所排放的氮氧化物及碳氢化合物，经光化学作用而产生的气体。臭氧(O_3)能吸收紫外光及长波辐射。

不同气体对于“温室效应加剧”的“贡献”是不一样的(以二氧化碳为基准)，见表1。

表1 温室气体对于“温室效应加剧”的“贡献”比值

气 体	增温“贡献”	气 体	增温“贡献”
二氧化碳(CO_2)	1	臭氧(O_3)	1000
甲烷(CH_4)	10	氮氧化合物(NO_x)	10000
氟氯碳化物(CFC_S)	100		

注：水蒸气也有部分增温“贡献”[2]。

4 “温室效应加剧”后所造成的危害

4.1 全球变暖，气候转变

据最新的资料表明，现在人类每年要向大气中排放242亿t二氧化碳（CO_2）[1]。按这个排放量，不出几十年时间，大气中的二氧化碳（CO_2）含量是工业革命前的两倍，由此导致的全球平均气温将上升6~8℃，这个变化幅度几乎超出了上一次冰期与当代气候间的差距的整整一倍。气候转变已初露端倪。近年来，世界各地的气象记录已经显示了这种异乎寻常的变化：比如，更强悍的降雨，更猛烈的暴风雪，更剧烈的飓风；比如，不分季节和延长了的干旱导致了从得克萨斯到蒙古的庄稼歉收和毁灭性的森林大火；比如，能置人死地的热浪席卷了从印度到芝加哥的广大地区；比如，从也门到尼泊尔则发生了创纪录的洪水。全球变暖的可怕性不仅仅在于这些极端的气候状况，更严重在于它的恶性循环。最初由变暖引发的气候变化将不断自我强化，比如持续的高温将导致进一步的干旱和大面积的森林着火，由于植物具有吸收二氧化碳（CO_2）的功能，因此干旱和火灾对植物的破坏将加速温室气体的积累，于是导致进一步的变暖，又进一步使气候不稳定，从而将全球气候系统推入一个大起大落的不稳定时期[34]。

4.2 海平面升高

导致海平面升高的原因有两个：第一，海水受热膨胀、海水比重下降导致海平面上升；第二，地球各地冰川和南北极的冰川融化使海洋内的水储量增多，致使海平面上升。

有资料表明，喜马拉雅山山脉冰川在过去的30年一直在变薄和退缩，最近十年的消融速度达到惊人的水平。珠穆朗玛峰上的冰川从1953年开始已经退缩了5km，不丹的冰川每年以30~40m的平均速度在退减。

美国科学家最近公布的几项研究表明，由于大气和海水温度的升高，南极洲冰川的融化速度正在加快。美国宇航局的冰川学家在2002年利用激光高度计测量了南极洲6座冰架的厚度，测量结果表明，这些冰川正在以相当于20世纪90年代时两倍的速度消融，每年融化的体积为250立方公里，比它们的年积雪量还高60%。海水和大气温度升高，会直接使冰川底部消融，所以冰架就更容易滑向大海，加速其消融速度[3]。冰川的融化也会导致恶性循环，南北极的冰盖具有降低洋流温度并将太阳光反射回太空的作用，冰盖的融化使冰层下的黑土露出地面，南北极变得只能吸收阳光而不能反射阳光，从而加速地球气温的变暖，加速冰川融化，海平面进一步上升。

4.3 对生物多样性的影响

4.3.1 对温热带生物多样性的影响

由于气温持续升高，北温带和南温带气候区将向两极扩展，气候的变化必然导致物种迁移。许多物种似乎不能以高的迁移速度跟上现今气候的迅速变化。所以，许多分布局限或扩散能力差的物种在迁移过程中无疑会走向灭绝。只有分布范围广泛，容易扩散的种类才能在新的生境中建立自己的群落。

4.3.2 对沿海湿地和珊瑚礁生物多样性的影响

湿地主要是指沼泽、湖泊、滩涂、盐沼地、人工水稻等土地资源和生态环境，它不仅能调节气候，补充和释放地下水，在蓄水防洪、防止土壤侵蚀、降解土壤污染以及保护野生动物、保护生物多样性方面都有其特殊作用。珊瑚礁是指热带、亚热带海中的石灰岩礁，主要由珊瑚虫骨骼堆积而成，它是生物多样性丰富性的生态系统。在未来的50~100年中，海平面的升高会淹没沿海地区的湿地群落，同样会对珊瑚产生极大危害，由此将导致大量的珊瑚沉没以致死亡[2]。

4.4 对人类的潜在影响

4.4.1 生存的影响

目前，世界上有60%的人口住在离海岸线100km的范围之内。据调查，在过去的100年内，世界海平面上升了10~15cm。有资料反映，南极大陆的总面积为1390万平方公里，98%的地域被一个直径为4500km永久冰盖所覆盖，其平均厚度为2000m，最厚处达4750m。南极夏季冰架面积达265万平方公里，冬季可扩展到南纬55度，达1880万平方公里。总贮冰量为2930万立方公里，占全球冰总量的90%。联合国气候小组的一位专家警告说，按照人类社会加速发展的趋势，南极冰川完全有可能在一二百年之内全部融化，到那时海平面将上升50m。

事实上，案例已经摆在世人面前了。一批科学家发布的最新报告表明，如果目前全球变暖的趋势得不到遏制，那么位于印度洋中的南亚岛国马尔代夫(共有1200个岛屿，平均海拔只有1.5m)和其他一些地势低洼的国家可能在21世纪消失。马尔代夫总统纳希德表示，马尔代夫将尽力避免这种情况出现，但在最坏的情况下，马尔代夫可能举国搬迁[4]。

按照这位专家的预言，大一些的岛国如日本面积将压缩至只有原来小半的山地，岌岌可危。中国这样的大国虽然缓冲较大，但也不容乐观：

① 东北将新增两个出海口，分别是最东北的黑龙江抚远和吉林省珲春；

② 辽东湾将向北退至铁岭市；

③ 京津冀地区的秦皇岛、天津、唐山、北京，以及河北省的东南部将沉入海底；

④ 山东半岛将变成两个岛屿，第一大岛不再是台湾；

⑤ 江苏和上海消失，仅有云台山紫金山等零星小岛；

⑥ 安徽的淮北平原和长江沿岸地区被淹；

⑦ 江西的鄱阳湖平原、湖北的江汉平原、湖南的洞庭湖平原三大粮食产区被淹没，形成一个大湖区；

⑧ 浙江、福建、广东、广西的海岸线退缩较少，但杭嘉湖平原和珠江三角平原被淹没；

⑨ 台湾、海南的沿海平原被淹[5]。

4.4.2 政治的影响

有朝一日，当人类切实感受到由于气候驱动将面临巨大灾难的沉重打击时，政府可能会被迫采取军事管制以应对气候原因造成的流离失所、疾病暴发、食物短缺和经济崩溃，人类最足以自豪的民主政治过程和个人自由在饥饿和疾病面前苍白无力，极权主义为了集体的生存而将重新实行专制统治，文明将会让给黑面包[3]。

4.4.3 农业的影响

首先，由于海平面上升，沿海地区和内陆低洼地区的产粮基地将被淹没，届时许多国家会面临严重的粮食供应危机。其次，粮食品质劣化。实验证明，在二氧化碳(CO_2)高浓度的环境下，植物气孔为了吸收等量的二氧化碳(CO_2)必然要将气孔开得小一点，降低了蒸腾作用，以便使植物水分的蒸发损失会少一些，结果促进植物逐渐长大起来，从而粮食的品质因二氧化碳（CO_2）增加而退化。再次，世界上许多国家农业生产基础薄弱，生产方式相对落后，抗灾能力差，对气候的依赖性较大，“靠天吃饭”普遍存在，温室效应加剧必然导致奇异气候的发生，将给农业生产造成直接的经济损失。

4.4.4 水循环的影响

全球降雨量可能会增加，但是地区性降雨量的改变则不可预知。某些地区的雨量可能会骤增，某些地区的雨量可能会骤减，降雨会变得喜怒无常、疯疯癫癫。此外，全球温度的升高会增加水分的蒸发，这对地面上水源的运用会带来压力。

4.5 人类健康的影响

（1）气温变暖会增加某些疾病发生的危险和死亡率，增加传染病的发生几率和传播速度，会出现比非典、疯牛病、禽流感、甲型H1N1流感等强劲十倍百倍的传染病性疾病，强劲的瘟疫以犁庭扫穴、席卷万里之势扑向全球，让人类在瘟疫面前捉襟见肘、长吁短叹。

（2）冰川融化会使一些暗藏于冰川深处的古老病毒将重返现代社会。中国科学院寒区旱区环境与工程研究所从事冰川微生物研究的张新芳博士，从自己的研究经历中感受到了这身边的“威胁”。她发现，在我国的青藏高原冰川有病毒样颗粒存在，这些谜一样的古老病毒基因随着气候变暖，随时有被释放的可能。纽约大学教授斯塔摩尔长期从事冰川微生物研究，经过研究他发现：在即将融化的古老冰层中所隐藏的病毒种类相当繁杂，如各种怪异的流感病毒、骨髓灰质病毒、天花病毒等，另外还有许多至今尚未探明的病毒种类。斯塔摩尔教授表示：“尽管还不能确定有多少古老病毒会重返现代社会，还不能确定它们中有多少会威胁人类的生存环境和健康，但随着全球气候变暖，这一切确定将会发生。”[6]

5 控制对策

温室效应加剧不是线性和渐进的过程。根据对冰核记录及其他自然现象的动态判断，灾难性的变化往往是突发性的。在气候还没有出现突变之前，人类必须马上行动，控制“温室效应加剧”是一场彻底改变人类经济结构和消费方式的革命，它的意义将远远超过200年前那场工业革命，因为这关系到全人类的整体生存问题。生存，这是一个伟大的命题。每个人也应该知道全球变暖的事实真相，而且要勇敢地面对这个真相。再也不能一头扎进开着冷气的房间，然后自言自语地安慰自己：“世界依然凉快。”依然做愚蠢的鸵鸟。那么怎样来控制“温室效应加剧”呢？

5.1 彻底改变文化价值观

5.1.1 西方现代文明是一种“强势文化”

纵观全部文明史，可以看到在多数情况下，人类文明总是呈现多样化倾向。通常，各种文明并不都是齐头并进的，它们的发展也总是不平衡的。每种文化都有自己的“文化生命周期”，它们都必然地要经历发生、发展、成熟、鼎盛、衰落，及至消亡的整个过程。一旦某种文明蕴涵了极其旺盛的生命力，发展成一种能对世界文明整体产生巨大而又深远影响的“强势文化”，它会以高屋建瓴之势无可阻挡地向整个世界迅速扩展，打破原有的多样性文化格局，排挤形形色色的本土文化，成为独占鳌头的“主流文化”。

两百多年来，以西方文明为本体的现代工业文明异军突起，成为一种迄今人类历史上从未有过的、最咄咄逼人的“强势文明”。这种文明借助强大的科学技术实力，发达的交通运输，迅捷的信息传送，以及遍布全球的金融贸易网络(有时还要倚重优势的军力装备)，以锐不可当的气势，在极短时间就将其推进到世界的各个角落。这是一种蛮劲十足的霸道文明，简直就像台超强马力的巨型“推土机”，在这个星球的整体球面上任意地纵横驰突，往来推碾，一时间大有铲平一切异己文化之势，使得人类文明落入空前的模式趋同、价值趋同与形势的单一化。

5.1.2 古希腊文化的两个致命弱点

一种文化的核心之处往往寓于它的哲学与宗教之中。植根于古希腊文化的西方现代文明，作为一种“强势文化”，尽管它今天盛极一时，如日中天，却也并非十全十美。这种文化与生俱来地带有两个根本性的弱点：

一个是它没能跟自然保持良好的和谐，在与自然的关系上都郁纡着一段发自本源(宗教)的对立情结，并在它走向强盛的数百年里，让这种对立得到充分的展示。时至今日，它已彻底打破了从旧石器时代开始的、长达170万年人类与自然一直保持的和谐关系。而且这种紧张与对立已经危及今天人类自身的生存。

另一个根本性弱点在于它的“竞争”哲学。任何立足于“竞争”的理念都是重实力而轻德素的。它不仅本质上是疏离“善”的，而且从不否定人的“原始欲望”，更不需要根除近乎原罪的“人性恶”。作为一种社会秩序，只需限制它、规范它，通过制定法律，立下规矩，借以保障人类社会不致因恶欲泛滥而走向毁灭的结局。同时，它还要有意地利用人类这种古老欲望，逆撑顺推，“相反相成”，起到促进社会发展的作用。无怪乎一些政要商贾、经济谋士、传闻媒体总要推波助澜地鼓动人们的欲望，激发人们的需求，扩大人们的消费，拉动社会的发展，让这个竞相争夺的社会像服了“兴奋剂”似的，竭尽全力，相互比拼，力图超水平发挥，谋求最高速发展。在竞争的无情压力下，怎么成本低就怎么来，怎么能赚钱就怎么干，比的是实力，拼的是效率，斗的是心机，争的是市场，只有挤垮别人才能保住自己，只有压倒别人才能发达自己。在这种你死我活的较量中，又怎能容得了空泛的“善”呢？无所不在的“竞争”正是这种文明外表繁荣而内里残酷的症结所在。

5.1.3 拯救西方现代文明的“良方”

前些年，世界水稻曾经历过一场空前的灾难。由于对某一优良品种的普遍推广，全球有多达150万亩水田都种植了同一种水稻。不幸的是，一场突发的水稻黄矮病在全球大肆施虐，使这些国家的水稻大面积几乎绝收。为此，科学家们曾竭尽全力试图在现存水稻品种中寻找一种能够救治此病的抗病基因。也许这些稻种血缘太近，在遍查了47000种水稻后都没找到所需的抗病基因。他们的搜寻不得不转向血缘关系最远的野生品种。最后终于在印度山谷里找到一株野生水稻，它含有合格的抗病基因，从而挽救了全世界的水稻。类似的事例是，一些橡胶栽培学家专门到亚马孙河原始森林去寻找野生的原始橡胶树，想利用它们的远缘遗传基因来改进现有的园栽橡胶品种，防止物种退化现象滋生。

时至今日，人类现代文明确实是整体性患病了。这种发自本原的疾病必然导致人与自然的对立，以及人与人之间的不和谐。因此这种文明的整体罹病靠其自身是无法治愈的。你不可能在这种文化自身之中找到足以让其自愈的“抗病基因”(否则它早就痊愈了)。唯一的希望是看看有没有可能像寻找那株野生水稻一样，跋涉到与此种文化血缘尽可能远的，更接近于原生态的独立文明分支中去寻求能够拯救我们现代文明的“抗病基因”？

也许我们现在就应该着手到“血缘”关系最远的某些人类文明中寻求根治现代文明顽症

的良方。目前我们这种文明还值得拯救，它还不是深入骨髓病入膏肓，至少它当前仍具有强劲的生机活力与无限的发展潜力。也许我们想要寻找的远缘文明也像那株野生水稻，存在于人迹罕至的原始森林、雪域高原、深山险谷之中。那里肯定会有与我们这种文明本质上完全不同的生活方式与价值观念。

显然，这是一些最具顽强生命活力的文明，从而保证它得以在最严酷的自然环境中薪火不绝，代代传承。这又是一些丝毫没有受到现代文明负面污染的纯朴文明，使其能够更多地保持点古朴文明的原生态。这是一些始终能与大自然保持亲密贴合与良好和谐的文明，其中必然含有我们现代文明早已迷失的、能够使我们文明维持强健的"文化基因"。这是一些极其喜爱自己俭朴生活方式，并且绝无改变自己现有生活要求的人们。有些文明形态颇近于原始的部族，也许就生活在现代文明的拱抱之中，他们完全了解我们的文明是怎样的一种文明，却一点也不欣赏我们这种近在咫尺的富裕舒适生活。例如那些生活在美国印第安保护区的土著，他们确实生活得非常自得其乐，人与人和睦友爱，彼此之间像兄弟般地亲密无间，整个部族团结一致，互相扶持，真诚善待。这里没有贫富差别，没有尔虞我诈，没有紧张焦虑，没有贪财慕势，没有失业困苦，他们生活在大自然的怀抱之中，与天地万物浑然一体，何其乐哉。纵然没有空调房，没有私家车，没有电冰箱、电视机、摄像机，但他们觉得自己生活得无忧无虑，精神上非常富有。他们绝对无法忍受我们现代生活中的种种压抑、束缚以及缺少真情的人际关系。绝不愿意放弃自己现有的和谐自在的生活，去换取一点现代物质的享受。

生活在雪域高原的藏族同胞也过着同样俭朴的生活。他们有自己独特的价值观念，当放牧的牦牛群出现头数过剩时，他们会将这些多余的牛在角上、身上系好明显的表征吉祥的装饰物，放生到荒野草地上任其自生自灭。按照现代的价值观也许早就该引入外资，造个"肉制品罐头厂"收购加工牦牛。待到肉联厂发达了又需进一步扩大肉源，促进牧民再增加牦牛的放养头数。此种商业互动如此往复多次，最后必然会导致牲畜数量大大超出草场承载能力。这种过度放牧蔓延开来，势必造成整个雪域高原生态恶化。庆幸的是他们没有这样做。可能我们有些人会对他们的做法觉得难以理解，他们也未必不会认为我们的打算过于精明。这也许就是在文化价值观上的本质分歧，也是我们首先要引入更新的。我们真该尽早寻求这种优秀的"文化基因"，以便将其更早地引入我们的现代文明——而不要当我们的文明陷入无力自拔的绝境时，才让它们所特有的文明信条成为我们最后的救星。[7]

5.2　人口控制上

许多环境科学专家认为，人口是所有环境问题的罪魁祸首。因为人每天需要衣、食、住、行等多方面的要求，除此之外，还要进行经济、政治、军事、文化、教育等多种活动，都要占用大量自然资源，制造种种垃圾和废物，损害生态平衡，等等，不一而足，从而造成一系列环境问题——包括"温室效应加剧"这一环境问题。

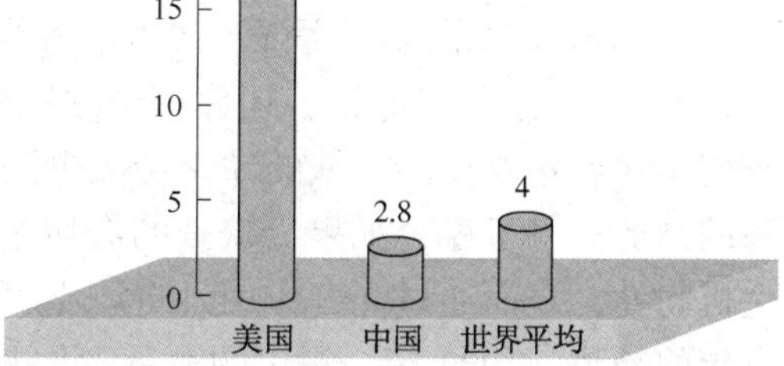

图 1　2008 年中美年人均二氧化碳排放量对比

不同的国家不同的地区，年人均二氧化碳（CO_2）排放量是不一样的。通过图 1 可以算出，如果将美国人口以 3 亿计算，那么美国 1 年排放的二氧化碳为 60 亿 t。中国的年人均二氧化碳（CO_2）排放量虽然只是美国 1/7，但由于人口基数大，每年向大气中排放二氧化碳(CO_2)仍相当可观。

因此，不论是发达国家还是发展中国家，在今后相当长的一段时间内，努力控制人口增长又着力提高人口素质都必须成为每个国家的基本国策。

5.3 法律上

为了人类免受气候变暖的威胁，1997 年 12 月，在日本京都召开的《联合国气候变化框架公约》缔约方第三次会议通过了旨在限制发达国家温室气体排放以抑制全球变暖的《京都协定书》，《京都协定书》规定，到 2012 年，所有发达国家二氧化碳(CO_2)等 6 种气体的排放量，要比 1990 年减少 5.5%。具体地说：与 1990 年相比，欧盟削减 8%、美国削减 7%、日本削减 6%、加拿大削减 6%、东欧各国削减 5%~8%[8]。作为世界上最能起领导作用的美国(人口仅占世界总人口的 3%~4%，而排放的二氧化碳却占全球排放量的 24%)应当义不容辞地承担起减排和限排温室气体的义务，应当义不容辞地签署《京都协定书》，从而使人类有史以来以法规形式限排温室气体的《京都协定书》真正生效。

5.4 技术上

(1) 采取措施促进节能技术的进一步开发及普及，提高能源的生产效率和使用效率，完善公共交通体系，限制私家车生产等。

(2) 改善目前的能源结构。主要措施是扩大天然气、液化石油气的使用比例，合理开发煤层气资源，以减少甲烷(CH_4)的排放量。

(3) 积极开发绿色能源，充分利用太阳能、核能、风能、水能、氢能、海洋能、生物能、地热等清洁能源。如何使这些技术在全世界范围内推广，全球每一个有责任感的政治组织都应该为此作出不懈的努力。

(4) 停止氟氯碳化物(CFC_S)的生产，并开发回收已投入使用的氟氯碳化物(CFC_S)，允许冰箱等生产企业根据现有的技术、工艺、装备以及产供销渠道、国际合作背景等条件，选择不同替代方案。

(5) 积极保护森林资源和湿地资源。森林是氧气的主要制造者和二氧化碳(CO_2)的消耗者，对维持大气层中氧和二氧化碳(CO_2的平衡起着重要作用。据估算，每公顷植物一年释放的氧，农作物为 3~10t，落叶林为 16t，针叶林为 30t，常绿阔叶为 20~25t，一株树龄百年的山毛榉，其叶片总面积约为 1600m^2，进行光合作用时每小时可吸收二氧化碳(CO_2)约 2352g[9]。因此，国际上要制订切实可行的公约，以减少森林砍伐，同时还要进行大规模地植树造林。湿地与人类的生存、繁衍、发展息息相关，是自然界最富生物多样性的生态景观和人类最重要的生存环境之一，它不仅为人类的生产、生活提供多种资源，而且具有巨大的环境功能和效益，在抵御洪水、调节径流、蓄洪防旱、控制污染、调节气候、控制土壤侵蚀、促淤造陆、美化环境等方面具有不可替代的作用，被誉为"地球之肾"。

(6) 积极探索"人工固碳"技术。大约 20 年前，美国海洋学家约翰．马丁说过一句意味深长的话："给我半船铁，还你一个冰川期。"马丁通过实验，他确信储存于大海中的铁对气候变化起着重要作用，铁的缺乏会减少海洋浮游植物的生长，浮游植物的生长需要铁来完成酶的制造。马丁说，如果给缺铁的海域进行"补铁"，使其中的铁含量增加，浮游植物就会生机勃勃，进而通过光合作用，将海洋表面的二氧化碳(CO_2)剥离掉一层，以达到遏制全球变暖的趋势。1993 年，马丁的继承者们将设想付诸行动。结果表明，缺铁的水域含铁一旦提高，确实会有海藻茂盛繁殖，一些科学家和企业家都认为这是既能减少大气中二氧化碳

(CO_2)含量又能得到可观回报的好办法。但是持批评意见的科学家认为，谁也不能通过小范围的增铁实验就推测出大面积水域增铁带来的后果，谁也不知道碳的长期存在情况或持续增铁会带来的负面因素。可见“人工固碳”技术还有待于大胆探索，积极求证。

6 结 束 语

大气中的温室气体的浓度仍在迅猛增加。相对于工业革命后的几十年，目前全球变暖正在加剧。人类必须高度重视这一问题，以便采取对策，保护好人类赖以生存的环境。为减少大气中过多的温室气体，人类需要改变自己的思想理念，推行可持续发展战略，普及环保知识，控制人口增长，履行《京都协定书》，人类尽量节约用电(发电烧煤)，限制私家车发展，开发绿色能源，保护森林湿地资源，大力开展植树造林，积极探索“人工固碳”技术。

退一步说，即使人类立即停止作为温室气体的“元凶”——二氧化碳(CO_2)的排放，那么原有的二氧化碳(CO_2)还会在大气中滞留100~200年，人类仍然要“享受”极端的高温天气与严寒、毫无规律的强风暴、泛滥的虫灾和快速蔓延的传染病。而立即停止二氧化碳(CO_2)的排放是根本不可能的事。全球变暖已向人类发出最后通牒，生态灾难已进入倒计时。全人类应当立即行动起来，共同抗击人类历史上最强大的劲敌——全球变暖。

参 考 文 献

[1] 毛志成. 对人类必须批评[J]，中关村，2008(3)：114-116.
[2] 刘宏文，夏秀丽. 浅析温室效应及控制对策[J]，中国环境管理干部学院学报，2008(9)：49-51.
[3] 林备军. 真相[J]，科技文萃，2004(2)：40-45.
[4] 陈占杰，全球气候变暖可能使马尔代夫消失，宁波日报，2009-9-15(A15).
[5] Tianyamifangcao. 南极冰川融化海平面上涨50米后的新中国地图[EB/OL]. http://tianyamifangcao.blog.163.com/blog/static/11870904120097189573964/,2009-08-18.
[6] 郭翔鹤，葛志浩. 极地冰川藏14万年前病毒 全球变暖可能致其复活[EB/OL]. http://discover.163.com/07/0803/08/3KV5TO9B000125LI.html,2007-08-0.
[7] 詹克明. 保护“诺亚方舟”[EB/OL]. http://www.gmw.cn/02sz/2004-06/01/content_65614.htm,2004-06-01.
[8] 新华社. 京都协定书蹒跚起步. 宁波日报，2005-2-17(12).
[9] 吴义生. 自然资源[M]. 北京：当代世界出版社，2003.

污水场废气处理装置蓄热焚烧单元自控逻辑设计建议

朱宇硕　杜海光

（中国石油大连石化公司，大连 116000）

【摘要】 某炼化企业污水处理装置 2021 年起采用 RTO 蓄热焚烧炉处理污水处理过程中产生的有机废气，实用过程中验证 RTO 蓄热焚烧炉废气处理效率高，出口成绩稳定达标。本文针对 RTO 蓄热焚烧单元自控逻辑从安全、降低人工操作、运行稳定性三方面考虑，介绍了废气焚烧单元自动控制逻辑以及关注点，并对部分逻辑、关键仪表控制等方面提出建议。

【关键词】 炼厂污水处理场废气　RTO　蓄热焚烧路　自控逻辑　污水 VOCs 治理

辽宁某炼化企业污水厂主要处理该企业炼油生产装置及辅助系统的含油含盐污水、硫黄回收净化水、部分生活污水以及雨水等。污水处理场分两期建设。2003 年污水厂一期投入使用，污水处理规模为 500m^3/h，后经改造，处理能力为 300m^3/h，2008 年污水厂二期设计处理规模为 1000m^3/h。一二期污水处理主体流程为隔油-气浮-生化的“老三套”工艺。

污水场 VOCs 治理装置废气主要分为高浓度废气以及低浓度废气两部分，高浓度废气来自预处理各单元(原水渠、API、DCI、DAF 等)以及污水、污油罐区，低浓度废气来自污水场生化区以及污泥区。预处理区高浓度废气通过管道收集后，经过洗涤塔碱洗去除废气中酸性气及部分可溶性 VOCs 组分进入“RTO 蓄热式焚烧炉设备”中净化处理。低浓度废气经收集后进入生物滴滤系统，去除易溶于水的无机硫化物如硫化氢等，之后进入生物过滤系统，将废气中的有机污染物被滤料滤床固定后被微生物降解为无害的化合物。装置工艺流程见图 1。

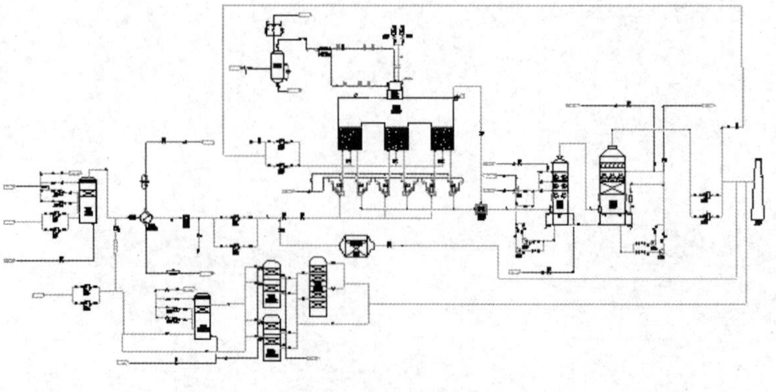

图 1　VOCs 治理装置工艺流程图

1 蓄热焚烧单元工艺流程简介

蓄热焚烧单元设计规模为20000Nm^3/h，操作弹性为60%~120%，自2021年建设运行，年运行时间为8760h，采用“预处理+蓄热式燃烧+尾气处理”工艺，设计停留时间1.5以上，保证废气连续稳定达标排放，实际运行出口VOCs小于20mg/Nm^3。设备中增加了蓄热陶瓷，具有高热效率(达到95%以上)，减少燃料的导入的特点。增上RTO设施后，污水系统高浓度废气与低浓度废气分开处理，处理效果稳定，运行成本低，高浓度废气出口浓度远低于标准要求，能够满足越来越严格的环保指标要求。

高浓度区域废气通过管道收集后，经过洗涤塔(原洗涤塔改造)去除废气中酸性废气及部分可溶性VOCs组分后，送入RTO装置界区，在洗涤塔前端设置LEL浓度检测仪，用于监测送入RTO的废气浓度是否高于23%LEL；LEL仪表距离RTO界区需满足安全防护距离，保证LEL仪表监测到废气浓度高于23%LEL时切断阀及时关闭以防止爆炸性气体进入RTO设备。

废气经洗涤塔系统处理，然后通过蒸汽加热器升温除湿后进入“RTO蓄热式焚烧炉设备”中净化处理，废气中有机组分在RTO设备中发生高温(780~850℃)氧化分解反应，生成CO_2和H_2O；RTO燃烧后的高温尾气(80~150℃)进入骤冷塔降温至60℃以下，再通过末端碱洗塔，去除废气中燃烧后产生的SO_2等酸性组分，净化后的尾气达标排放后通过排气筒进入大气。为保证废气处理装置持续稳定运行，当RTO各风机及循环泵故障、备用设备无法启动，提升阀、热旁通阀、新风阀等设备出现故障或尾气浓度超过设定值，炉膛温度超温时，VOCs气体通过应急活性炭吸附箱处理。

高浓度废气处理工艺流程见图2。

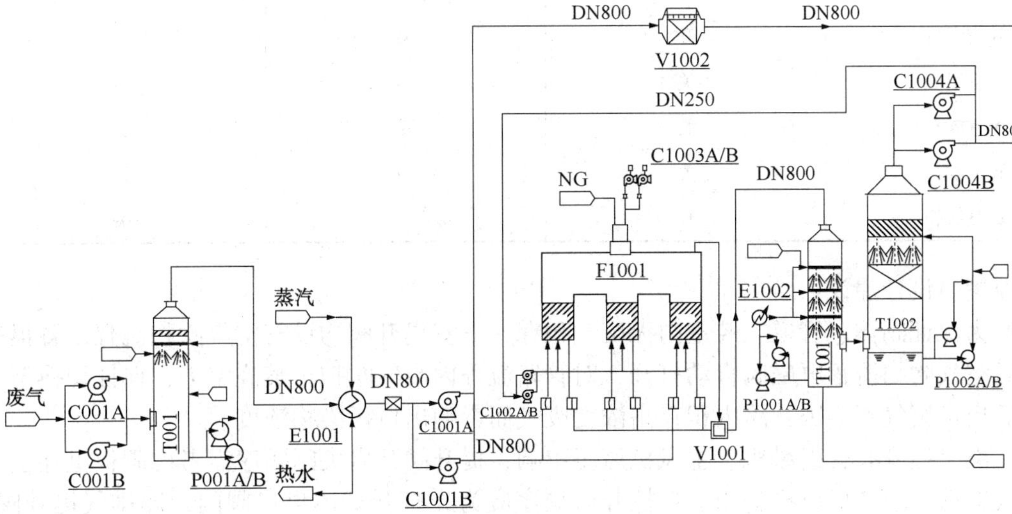

图2 高浓度废气处理工艺流程图

2 蓄热焚烧单元自控逻辑说明

2.1 蓄热焚烧炉切换提升阀自控逻辑

RTO氧化炉是由三个加固保温室所构成，室内部分区域填满耐高温陶瓷蓄热材。位于RTO旁边的切换阀和风管通道，不仅可以控制废气的进出方向，而且使废气在RTO炉内作一个顺时针和逆时针流动的作用。此方向切换的模式由PLC控制完成，这种定期切换的控制大大提高了系统热回收效率。一般一个切换动作的循环时间约为2min到4min。为了提高蓄热床的热回收效率，系统通过定时控制进出口提升阀动作来切换废气的流动方向。这样周期性的切换使温度更加均匀地分布到整个氧化炉体。

废气导入时提升阀运行状态为：模式1——A进、B出、C吹扫；模式2——B进、C出、A吹扫；模式3——C进、A出、B吹扫。每种模式保持60~180S可调，3套顺序轮换交替进行，下面以模式1工作周期来说明：

先打开B室排气提升阀、关闭A室排气阀，当B室排气提升阀开到位后，打开A室进气阀，关闭C室进气阀，当A室进气阀开到位后、打开C室吹扫阀、关闭B室吹扫阀，C室吹扫阀开到位后计时(60~180s可调)，到达后执行下一步(模式2)。焚烧炉各提升阀、吹扫阀的运行见表1。

表1 焚烧炉各提升阀、吹扫阀的动作描述

序号	模式1	模式2	模式3
A室进气	开	关	关
B室进气	关	开	关
C室进气	关	关	开
A室出气	关	关	开
B室出气	开	关	关
C室出气	关	开	关
A室吹扫	关	开	关
B室吹扫	关	关	开
C室吹扫	开	关	关

自控逻辑设计建议：

（1）为保证阀体、管道、腔室内无废气积存，三室提升阀均设有空气吹扫流程，各提升阀关闭后空气吹扫流程电磁阀自动打开，对管路流程内废气吹扫至焚烧室中，保证切换至下一模式后出口废气不会因管路内积存高浓度废气而影响出口污染物浓度。

（2）由于提升阀受引风机、主风机风压影响，提升阀开启关闭顺序需考虑阀板里外备压情况，气缸选型应考虑风机备压。自控开启顺序应为先打开炉体出口阀门，即排气提升阀，后打开进气阀门，另外三个排气或三个进气阀门可以同时执行开关动作，但不能有同时关闭状态，否则炉体压力波动可能影响燃烧器运行。

（3）焚烧炉装置启动时6台提升阀、3台吹扫阀需先执行自检逻辑，全部打开延时10s，检测所有阀门是否打开到位，若打开阀门中有故障阀门则停止并报警，若没有问题则关闭所有阀门延时10s后，检测阀门是否有关到位信号，若关闭阀门过程中有故障则停止运行并报警，若没有问题阀门自检完成。

（4）升降温模式时，三室进气阀门无动作，此时炉膛为负压状态，进气阀门可能因备压无法手动打开，该问题不影响正常运行。

2.2 炉膛温度自控逻辑

RTO蓄热焚烧炉运行温度正常在780~920℃。温度检测仪表为炉膛平均布置三个热电偶，自控数值根据三个热电偶平均值控制。为要防止RTO的炉膛温度过高，若温度>920℃，则自动打开新风阀补新风降温，风阀开度根据炉膛温度PID自控；若温度超过940℃，则联锁开高温旁通阀控制炉膛温度，旁通阀开度根据炉膛温度PID自控；若温度超过960℃，则高报警，人工调整入口可燃气浓度或者处理风量；若温度超过980℃，则触发SIS联锁关闭RTO入口废气阀门以及燃料气瓦斯切断阀门，同时发出联锁触发信号给DCS系统，DCS系统自控废气导入停止，燃烧器熄火停运，自控执行降温吹扫模式，废气自控引入应急吸附单元。若温度超过燃烧器高温限制器温度1050℃，则燃烧器自动熄火停运。

温度由燃烧器比例调节阀自动控制，即炉膛温度下降时燃烧器比例调节阀打开，燃料气瓦斯流量增加，为氧化室提供热量，当炉膛温度上升时燃烧器比例调节阀关小，燃料气瓦斯流量下降。若温度持续上升，燃烧器比例调节阀保持最小开度。

自控逻辑设计建议：

（1）蓄热焚烧炉运行温度设定值根据实际运行工况以及出口污染物浓度调整，目前实际运行过程中均可以满足出口VOCs≤120mg/m^3，运行温度越高，出口污染物浓度越低，但炉膛温度高会引发蓄热层温度上升、出口温度上升等工况，因此需根据实际工况设定。

（2）新风阀打开后RTO炉进气污染物浓度下降，进气温度下降，炉膛温度会有一定程度下降。但会导致高浓度废气实际处理量降低，集气系统入口可燃气浓度上升，因此阀门打开时需关注入口LEL表数据变化，配合调整相关操作。

（3）为保证RTO炉出口温度受高温旁通阀开启影响超过急冷塔处理负荷，高温热旁通开度建议予以限制，目前暂定开度≯30%，各装置根据后续单元实际运行能力以及运行工况设定。

（4）燃烧器一般为厂家撬块设备，温控热电偶为燃烧器自带设备，与RTO炉温控热电偶不是同一仪表元件，因此若该仪表出现误报警将导致联锁误动作，建议设计阶段落实仪表质量或要求采用RTO炉温控数据。

2.3 炉膛压力自控逻辑

正常运行工况下炉膛压力控制1~3kPa，若异常工况上升达到6.5kPa时自控联锁停止废气导入，燃烧器熄火，RTO系统停运(不再执行降温吹扫模式)。炉膛压力自控除保证装置正常运行，避免剧烈燃烧等异常工况炸炉，另外也是用于保护焚烧炉设置的爆破片，避免非必要情况下起爆或变形。

正常工况下炉膛压力取决于风机运行出口压力、电机频率、可燃气体浓度等，无自控调整逻辑，异常达到联锁值是执行联锁动作。

自控逻辑设计建议：

（1）RTO蓄热焚烧采用瓦斯作为燃料，瓦斯管网运行压力约0.3MPa，根据燃烧器运行要求，瓦斯进入燃烧器前减压至约6.5kPa。当炉膛压力上升至6.5kPa时，燃料气将难以进入焚烧炉，因此燃烧器将因进料中断熄火，火检同样会触发联锁停运RTO系统。因此设定联锁参数可以考虑略高于燃料气压力，避免起爆或者发生变形即可。

（2）炉膛压力上升的最大可能是提升阀故障导致炉膛憋压，此时焚烧炉废气将因风机风压导致超压。因此设计选型时建议风机风压选择应低于爆破片设定压力，或适当提高爆破片设定压力选型。避免因设备故障导致爆破片因风机出口压力而起爆或者变形。

2.4 焚烧炉火检自控逻辑

焚烧炉设置三个火检，其中燃烧器撬块自带一套A火检，另外设置两套B/C火检接入SIS系统，二取二联锁。

燃烧器撬块自带火检检测到熄火后报熄火故障，燃烧器熄火停运，DCS接收到燃烧器熄火报警后自控停止废气导入，并再次发出燃烧器熄火命令，RTO系统执行降温吹扫模式。

B/C火检同时检测到熄火时触发二取二SIS联锁，则触发SIS联锁关闭RTO入口废气阀门以及燃料气瓦斯切断阀门，同时发出联锁触发信号给DCS系统，DCS系统自控废气导入停止，燃烧器熄火停运，自控执行降温吹扫模式，废气自控引入应急吸附单元。

自控逻辑设计建议：

以上火检自控停炉方式为一路一取一、一路二取二，一取一误动作可能性较大，原因是燃烧器撬块自带火检，厂家不允许接收其他信号。建议在设计阶段考虑该问题，设置为SIS三取二报警，报警信号触发自控停运燃烧器以及相关单元。

2.5 焚烧炉入口LEL自控逻辑

因污水处理废气中大部分为空气，而且可燃气浓度随上游装置排污波动较大，为保证生产安全，避免达到爆炸下限的废气送入RTO焚烧炉，因此在前端设置三台LEL浓度检测仪，用于监测送入RTO的废气浓度。废气浓度三取二高于15%LEL时，DCS自控停止废气导入，执行降温吹扫模式，废气自动转入应急吸附单元。LEL仪表监测到废气浓度三取二高于23%LEL时，则触发SIS联锁关闭RTO入口废气阀门以及燃料气瓦斯切断阀门，同时发出联锁触发信号给DCS系统，DCS系统自控废气导入停止，燃烧器熄火停运，自控执行降温吹扫模式。

正常工况下LEL取决于上游装置排污水质等，无自控调整逻辑，异常达到联锁值是执行联锁动作。

自控逻辑设计建议：

（1）LEL仪表位置应满足废气经LEL表进入RTO炉时长大于切断阀动作时长。

（2）每次启动RTO系统前，因可燃气在密闭罩中聚集，导致废气导入初始状态可燃气浓度远高于正常运行状态，因此建议废气导入动作启动动作，应加入废气先引入应急吸附单元约10min，待入口LEL仪表数值稳定后，引入废气进焚烧炉单元。若入口LEL仪表数值高于SIS联锁值，应先对集气系统进行操作调整。

2.6 焚烧炉出口LEL自控逻辑

因瓦斯等流程存在阀门内漏可能，焚烧炉点火前需确认炉内气相空间组成，为保证生产安全，避免可燃气在炉内聚集点火时发生异常，焚烧炉出口设置一台LEL监测仪，每次点火前燃烧器自控逻辑执行60s吹扫动作，对炉膛内气相空间进行吹扫，在此期间当该仪表显示可燃气浓度高于1%LEL时，点火允许不通过，点火成功后此浓度不作为停火条件。

正常工况下 LEL 取决于 RTO 装置运行情况等，无自控调整逻辑，异常达到联锁值是执行联锁动作。

自控逻辑设计建议：

点火前应对炉膛废气进行人工化验分析，与该仪表进行比对，确认无误后进行点火。

2.7 焚烧炉蓄热陶瓷温度自控逻辑建议

RTO 焚烧炉是由三个加固保温室所构成，室内部分区域填满耐高温陶瓷蓄热材。废气通过陶瓷蓄热床进入氧化室，在这个过程中，高温蓄热陶瓷会先预热入口废气然后导入氧化炉腔。当废气经过蓄热床时，温度会急剧上升。在氧化室发生氧化反应后，高温干净的气体会通过并加热另一侧的蓄热床。

每个蓄热室为上中下三层，控制 RTO 蓄热室下层温度 100~350℃，中层温度 300~700℃，上层温度 600~900℃，当温度过高时，可能引发蓄热陶瓷支撑结构受热变形，出口温度上升超过后续单元处理负荷或废气在陶瓷层剧烈反应飞温。当温度过低时导致装置能耗过大或出口污染物浓度上升。

各层陶瓷温度上升时，该室提升阀运行时长人工减少 1s，观察运行情况，若仍无好转继续调整，下降时反之调整。为保护蓄热陶瓷支撑结构，防止受热变形，以及保证 RTO 炉出口温度满足后续单元处理负荷，下层温度设定联锁控制参数≯400℃，若达到联锁值触发 DCS 系统自控废气导入停止，燃烧器熄火停运，自控执行降温吹扫模式。

自控逻辑设计建议：

（1）下层温度自控联锁停机主要是为保护支撑结构，因此建议设计阶段将热电偶布点位置接近支撑结构，若位置偏离，设定控制参数将难以满足，并且不能直接达到控制目的。

（2）蓄热室温度控制建议增加温度变化梯度报警，避免温度波动较大造成蓄热陶瓷损坏。

3 结论及建议

（1）蓄热焚烧炉运行中比较关键的控制参数有：燃烧器火焰监测、炉膛温度、燃料压力、入口可燃气浓度，以上联锁控制建议由 SIS 系统自控，其余可由 DCS 自控。

（2）装置初始设计阶段建议对停机自控联锁仔细讨论，考虑自身人工监控及应急调整能力，确定后果是否可以承受，建议尽量减少停机联锁保证平稳运行。

（3）污水场废气中湿度较大，可能含有水滴，入口 LEL 表若采用 FID 原理检测需关注除雾效果。另外各类仪表短管考虑防冻凝措施。

（4）污水场废气存在污染物浓度变化波动较大且随上游装置排污水质情况波动没有规律的工况，RTO 系统各项参数随之变化可能引发装置运行波动。因此污水场加强上游管控，保证入水水质平稳是保证 RTO 系统平稳运行的关键之一。

石油化工 VOCs 销毁技术研究进展

彭帅伟

（中国石化镇海炼化公司，宁波 315000）

【摘要】 介绍了石油化工 VOCs 的成因，分析了生物降解技术、光催化技术、低温等离子技术、热氧化技术等 VOCs 销毁技术的原理及优势和局限性，从组合处理、绿色催化等方面总结和展望了 VOCs 销毁技术的未来发展方向。

【关键词】 挥发性有机物　石油化工　销毁技术

石油化工加热、加压、催化过程中，大量挥发性有机物（VOCs）逸散出来，暴露在环境中的 VOCs 具有大气化学反应活性[1]，对生态环境、人体组织产生不同程度损害[2]。VOCs 将增强人体过敏反应进而加重过敏性疾病[3]，刺激眼睛和上呼吸道系统[4]，诱发人体头痛、呕吐、四肢无力，甚至抽搐、昏迷、患癌等[5~8]。

为解决石油化工的污染问题，VOCs 的末端销毁工艺成为当今研究者、工程师们关注的热点问题。研究者们使用热氧化法[9]、热催化法[10]、光催化法[11~13]、生物降解法[14]、低温等离子体法[15]等技术销毁 VOCs 分子。基于此，本文对 VOCs 的销毁技术进行了总结，系统探讨其在石油化工领域的应用现状、前景。

1　石油化工 VOCs 成因

2015 年 7 月，中华人民共和国生态环境部出台 GB 31571—2015《石油化学工业污染物排放标准》，其中定义 VOCs 为“参与大气光化学反应的有机化合物，或者根据规定的方法测量或核算确定的有机化合物”。石油化工 VOCs 具有两大特点，即成分复杂、排放点分散。石油化工行业工艺复杂、排放繁多，不同环节中的排放特征差异极大导致石油化工 VOCs 成分多样化，石油化工 VOCs 排放点繁多加大溯源处理的困难程度。

石油化工 VOCs 来源于工艺中的原料、副产物、杂质、产物[16~20]，概括为醇类、酮类、醛类、酯类、烯烃、烷烃、芳香烃、卤代烃等，石油化工的繁杂工艺、物质增强 VOCs 组分的复杂性。Mo[21]等对长三角区域的石油化工、基础化工、氯化工的工艺单元 VOCs 进行了气相色谱-质谱/火焰电离检测，实验结果发现长三角的 VOCs 存在丙烷、丙烯、乙烷、1-丁烷、苯乙烯、甲苯、1,3-丁二烯、二氯甲烷、氯甲烷等。Peter[22]等对珠三角地区的 VOCs 进行为期两年的大气数据收集，实验结果发现甲苯、乙烷、乙烷、丙烷、乙烯、丁烷、苯、戊烷、乙苯和二甲苯等成分占据 VOCs 的 80%以上。

石油化工 VOCs 的排放源、排放点分散[23]，导致 VOCs 溯源处理困难。排放源有设备无组织排放、工艺有组织排放、装卸挥发、存储排放、废水处理排放、泄漏排放等。Liu[24]等通过在石化工业区进行环境空气采样，并使用气相色谱-火焰离子化、质谱分析等手段对

VOCs 进行定性、定量实验，发现不同来源的 VOCs 组分发生重叠，导致溯源困难。

为防治 VOCs 污染，工程师们通过源头管理[25,26]、过程控制[27~29]、末端治理[9]实现对 VOCs 的控制。源头管理、过程控制变更原材料、机械设备、工艺流程等控制 VOCs，虽其效果显著，但由于原材料、设备、工艺难以替换，导致此类方法在实际生产中难以应用。末端治理是防治 VOCs 链条最后一环，能在不影响原材料、设备、工艺的基础上剥离销毁 VOCs 分子，是控制 VOCs 从工业泄漏到环境中的有力手段。基于此，本文系统对 VOCs 销毁技术如热氧化法[9]、热催化法[10]、光催化法[11-13]、生物降解法[14]、低温等离子体法[15]等进行概述。

2 石油化工 VOCs 销毁技术

近年来随着 VOCs 末端销毁工艺的不断革新，工程师们通过传统、新型销毁技术破坏 VOCs 分子结构。传统方法有热氧化法[9]、热催化法[10]等，借助热能氧化/催化氧化分解 VOCs 分子并转化为无害小分子。与此同时，光能、电能、生物能等清洁能源的技术突破在很大程度上促进光催化法[10]、生物降解法[14]、低温等离子体法[15]等新型 VOCs 销毁技术发展，如表 1 所示。

表 1 石油化工 VOCs 销毁技术

销毁技术	销毁原理	优势	局限性
生物降解法	微生物	低污染	难以自动化
光催化法	光电载流子	低能耗	高耗时
低温等离子体法	高能电子	反应条件温和	二次污染
热氧化法	内能	高转化率	高能耗
热催化法	催化剂	高转化率	催化剂失活

2.1 生物降解技术

生物降解技术利用微生物的代谢过程实现 VOCs 分解，将 VOCs 作为微生物的营养源，通过微生物体内的代谢酶氧化/酯化/羧化/脱氢 VOCs 分子，最终形成无害化合物如醇、醛、酸、酮等。目前微生物降解技术应用于[30]处理中低浓度且种类单一的 VOCs，能够在常压、常温且无外界供能的条件下分解 VOCs 分子，可控性强且不易产生二次污染，具有低能耗、高效清洁、选择性强等优势。

VOCs 分子为微生物代谢原料时销毁效果良好，非代谢原料时销毁效果极差。Javier[31] 设计了嵌入聚合物基质微生物所构建的生物活性涂层，如图 1 所示，VOCs 在压缩机作用下送入生物反应床，进而与活性涂层中的微生物直接接触。研究发现，生物活性涂层对苯、蒎烯等 VOCs 的销毁率达 90%以上，但对于己烯的去除率却极为有限，销毁率不到 80%。

同时微生物活性受外界环境影响较大，生长代谢易受 pH、温度、湿度等外界环境所干扰，且仅对特定的低浓度 VOCs 具有良好销毁效果，导致实际处理 VOCs 过程中微生物法的维护工作较为复杂、难以自动化。

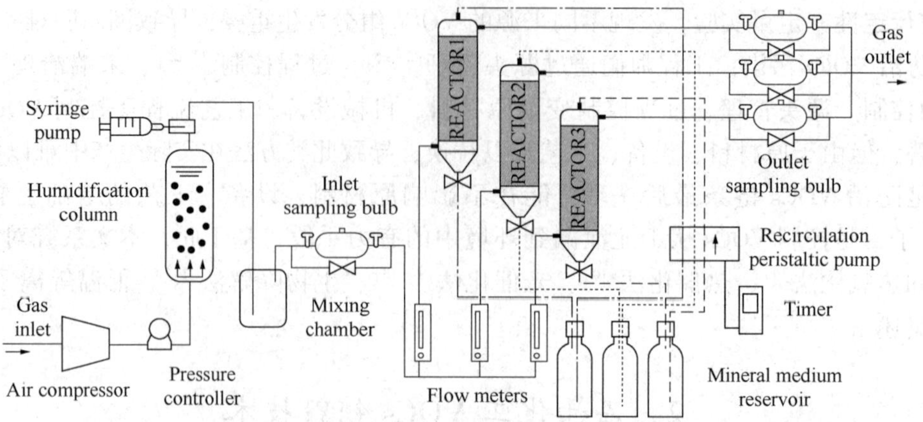

图 1 生物活性涂层降解 VOCs 的实验示意图[31]

2.2 光催化技术

光催化氧化技术(PCO)基于金属半导体催化剂(TiO_2、ZnO、$SrTiO_3$、WO_3、Fe_2O_3[32])与光子作用，将 VOCs 转化为无毒分子。如图 2 所示，金属半导体[33]吸收光子产生激发态电子与空穴(e^-+h^+)，激发态电子、空穴等电荷载流子与表面氧、水分子形成高反应性自由基、活性分子，如 ·OH、·O_2^-、H_2O_2等，最终诱发 VOCs 的氧化分解[34,35]。该技术不需除光能之外的能量输入且适用于各类 VOCs 的处理，能够在室温[36]、可见光[37,38]、极低浓度(ppb)[39]等温和条件下销毁 VOCs。

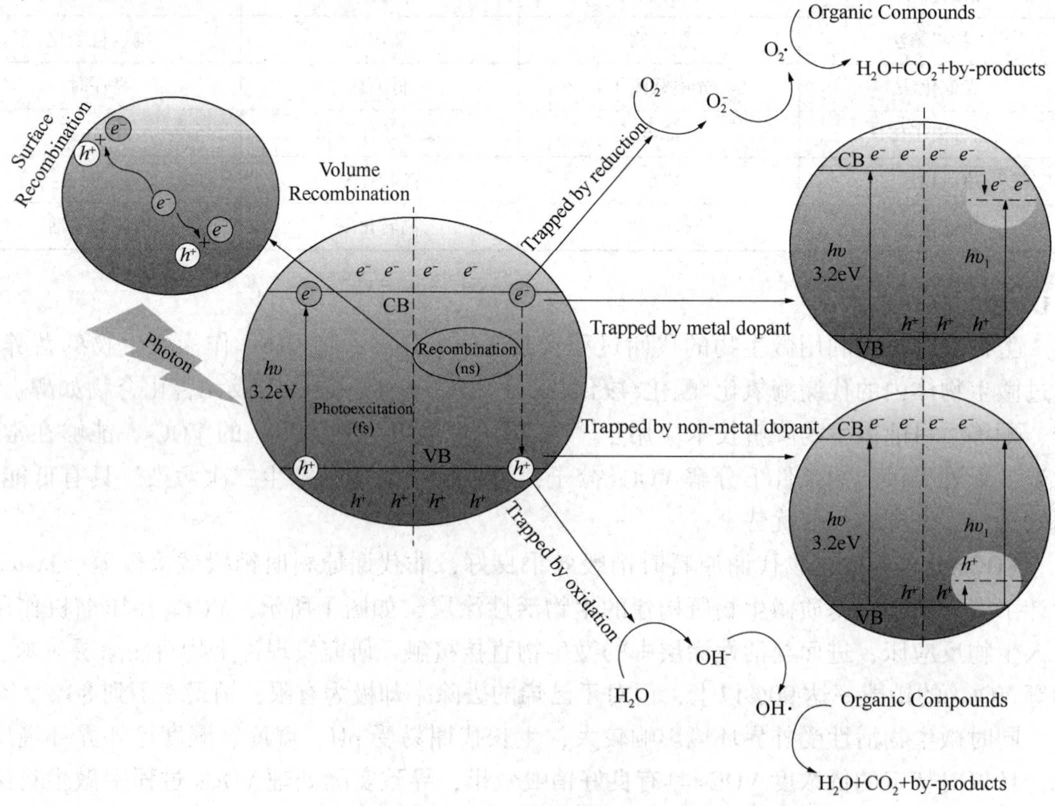

图 2 光催化技术销毁 VOCs 分子的原理示意图[47]

迄今 TiO_2 是研究最多的 VOCs 光催化剂[40-42]，下式阐释 TiO_2 光催化 VOCs 降解过程：

$$hv+TiO_2 \longrightarrow TiO_2(e^-+h^+)$$

$$OH^-+TiO_2(h^+) \longrightarrow TiO_2+\cdot OH$$

$$O_2+TiO_2(e^-) \longrightarrow TiO_2+\cdot O_2^-$$

$$VOC+O_2+\cdot OH \longrightarrow H_2O+CO_2+Product1$$

由上式可知，光子捕获、电荷载流子激发、电荷迁移三个过程控制 TiO_2 光催化效率。另外，金属半导体本体结晶度、晶相等[43,44]也是控制 TiO_2 光催化效率的关键参数，金属半导体的晶格缺陷、杂质将促进复合过程的发生，导致电流载荷子——激发态电子、空穴消失，极大降低光催化效率[45]。N. Bouazza[46]等分析 TiO_2 在加入 MCM－41、沸石、MOF、SiO_2、Al_2O_3、玻璃棉、石英棉等添加剂后的“复合光催化颗粒”的性能，“复合光催化颗粒”在 365nm 光子下具有高转化率，驱动丙烯转化二氧化碳、水。结果表明，TiO_2 在加入 MCM-41、SiO_2、玻璃棉、石英棉后具有较好的催化性能，研究者认为部分“复合光催化颗粒”的激发态电子、空穴复合性能导致催化效率差异。

2.3 低温等离子体技术

低温等离子体技术（Non-thermal plasma）利用高能电子诱发 VOCs 产生化学反应[48]，通过等离子体产生的强大电场能量破坏 VOCs 的分子结构，具有低能耗、低污染、高效率等独特优势，适合处理极低浓度且大流量的 VOCs[49]。其运行费用仅为热氧化技术的 20%，在销毁低浓度恶臭气体领域上具有巨大工业潜力。

低温等离子体中能量未用于加热背景气体因而具有较高能量效率，低温等离子体中电子温度远远大于离子、中性粒子温度，电子温度达 10000K 至 250000K（1-20eV），且离子、中性等重粒子温度仅达室温[50]。低温等离子体销毁 VOCs 有以下两种途径：

（1）高能电子直接破坏 VOCs 分子结构，断裂 VOCs 化学键进而分解得到 CO_2、H_2O 等小分子：

$$e^-+VOC_s \longrightarrow Product1+Product2$$

上式中，e 为高能电子，VOCs 为污染物分子，Product 1、Product 2 为 VOCs 的分解产物。

（2）高能电子与背景气体分子碰撞形成高反应活性粒子，如离子、自由基等，进而氧化/还原 VOCs 分子：

$$e^-+C \longrightarrow D$$

$$D+VOC_s \longrightarrow Products1+Products2$$

上式中，e 为高能电子，C 为背景气体分子，D 为离子/自由基，Product 1、Product 2 为 VOCs 的分解产物。

VOCs 种类、背景气体、气体流速、湿度等对低温等离子体技术的分解效率、销毁产物有显著影响。Chen[51]等利用线-筒式脉冲电晕反应器在室温下分解二甲硫醚（Dimethyl sulfide），研究了空气、氮气、氩气、氧气、湿度、气体流速等对击穿电压、能量产额、二甲硫醚分解率的影响，结果发现在空气中含有 0.3%水的气流能够达到二甲硫醚的最高分解效率。E. H. Lock[52]等使用脉冲电晕放电技术分别对干、湿空气流中的 VOCs（甲醇、二甲硫醚）等进行定向销毁，并记录该过程中副产物（NO_x、CO、SO_2）、能量消耗等随着气体流速、湿度的变化。

低温等离子体中高能电子、活性粒子的反应活性高、反应速度快，如图3所示，导致活性粒子与VOCs碰撞后易形成副产物(CO、Cl、NO_x、O_3)，因此要合理选择低温等离子体的反应条件以控制副产物的生成[49]。

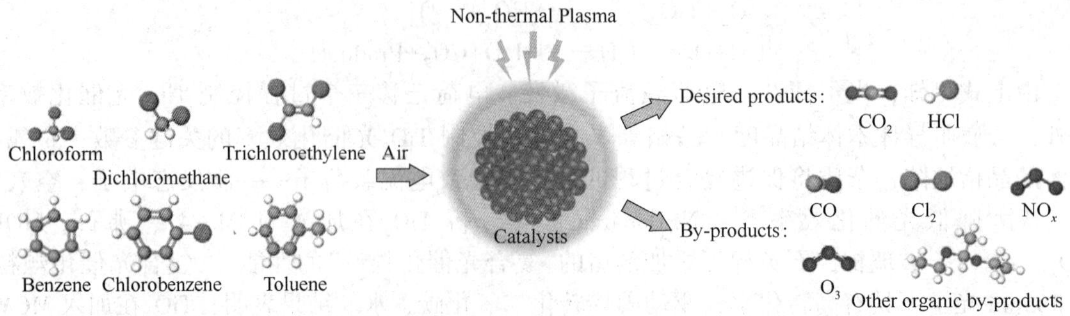

图3 低温等离子体技术销毁VOCs分子的流程示意图[15]

2.4 热氧化技术

热氧化技术是较为传统的低浓度VOCs销毁技术，具有较高的销毁率因而在工艺有组织排放中已得到广泛应用。该技术通过高温分解VOCs分子，将VOCs分子分解为无毒的碳化物，具有高温度要求(T>863K)、高销毁率、高能耗、反应快等特点。在实际应用中配备热能回收装置以降低系统能耗。如图4所示，依据热能回收装置原理的不同，热氧化法的处理工艺可分为回热式、蓄热式[53]等。

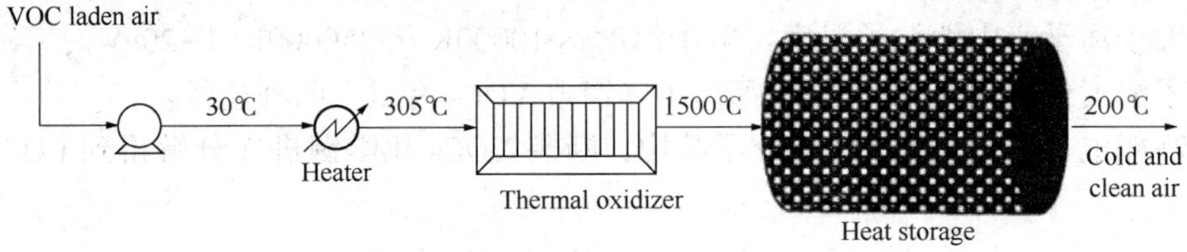

(a)蓄热式

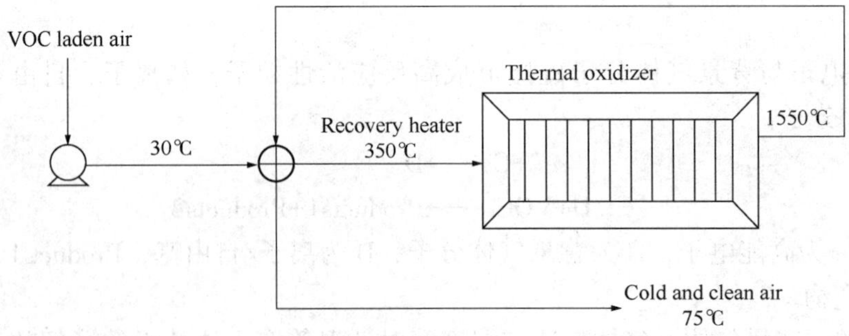

(b)回热式

图4 热氧化技术销毁VOCs分子的流程示意图[53]

蓄热式、回热式等工艺回收内能[53]以降低能耗，并实现99%以上VOCs氧化破坏，VOCs处理浓度范围为100~2000ppm，停留时间为0.5~1.0s。蓄热式工艺使用陶瓷床来吸收燃烧区气体内能，通过多个陶瓷床以实现95%内能回收，当VOCs含有足够燃烧焓时，蓄热式氧化系统甚至可在无外加燃料下运行。回热式工艺使用的金属换热器(管壳式)回收内能，回热式工艺达运行条件的所需时间相对较短，其热能回收率为输入燃料和 VOCs 燃烧潜热的 70%。

停留时间、氧化温度共同控制着热氧化法的销毁效率(Destruction and Removal Efficiency)。当 VOCs 浓度过低、有难以氧化物质等情况时，需延长 VOCs 分子在燃烧区的停留时间、氧化温度来增加销毁效率，且热氧化系统 VOCs 入口浓度应低于 25%LEL 以避免爆炸事故的发生[54]。热氧化系统中，氧化温度高于 1255K 时易产生二次污染物 NO_x，气流排出的残存卤代化合物将转化为酸性化合物，因此需要耐腐蚀材料并使用酸性气体控制技术作为后处理手段。

2.5 热催化技术

热催化技术是较低能耗 VOCs 销毁技术，在热氧化技术基础上降低 VOCs 氧化温度，保留高销毁率同时缓解高能耗的缺点，普适性强可销毁多种 VOCs。然而，催化剂失活将显著增加装置运行成本，研究发现 28%运行成本来自催化剂失活[55]。催化床是热催化技术的核心设备，传统催化床由颗粒催化剂堆成，而颗粒催化剂则由多孔材料载体(SiO_2、Al_2O_3、ZrO_2[56])负载活性相(Pt、Pd、Rh、Cu、Ti、Va、Co、Ni、Mn[57])制备。

目前研究主要集中于催化剂的性能，催化剂机理研究相对较少。三种催化机理得到广泛认同——Mars-van Krevelen(MVK)[58]、Eley-Rideal(E-R)[59]、Langmuir-Hinshelwood(L-H)[60]。MVK 机理基于氧化还原反应，阐述金属氧化物催化剂上 VOCs 氧化还原过程，催化剂表面活性晶格氧消耗、再生，VOCs 最终氧化成 CO_2 和 H_2O。E-R 机理基于扩散动力学，描述被吸附分子和气相分子发生反应。L-H 模型基于吸附机理，控制步骤是表面分子反应，O_2 和 VOCs 分子被吸附在表面上，在表面反应后脱附。

催化剂是热催化技术核心因而得到研究者们的广泛研究，催化剂的催化效率、失活速率直接控制 VOCs 的销毁效率。如图 5 所示，Hui 等[56]采用浸渍法制备负载在 SiO_2 的 Pd/Pt 双金属催化剂，并加入油酸(OA)改善 Pd/Pt 的分散性。研究表明金属负载量低则催化活性低，油酸能有效提高双金属的分散性进而提升催化剂活性，同时双金属 Pd-Pt 催化剂的催化活性强于单金属 Pd/Pt 催化剂，TGA 曲线表明催化后无焦炭形成，成功制备了低温催化 VOCs 高活性抗焦化催化剂。

总而言之，生物降解法、光催化法、低温等离子体法、热氧化法、热催化法等技术能够有效销毁 VOCs 分子。此类技术因其特点可应用在石油化学工业的不同领域，热氧化法、热催化法虽具高能耗缺点，但因高稳定、高销毁率等优势在 VOCs 有组织工艺排放环节已广泛应用。生物降解法中微生物活性受外界影响大，导致维护复杂且难以自动化，目前主要应用于工业污水池 VOCs 处理。低温等离子体法的销毁效率易受背景气体影响，实际背景气体含量难以达到最佳处理浓度，导致销毁率降低、产生二次污染，适用于简单低浓度 VOCs 废气处理。光催化法销毁 VOCs 过程需要较长处理时间，实际应用中常处理时长不够因而销毁率降低，常用于低流量 VOCs 废气处理。

3 结语与展望

本文系统总结石油化工 VOCs 销毁技术的降解原理及实际应用，生物降解法、光催化法、低温等离子体法、热氧化法、热催化法等 VOCs 销毁技术分别具高销毁率、低能耗、温

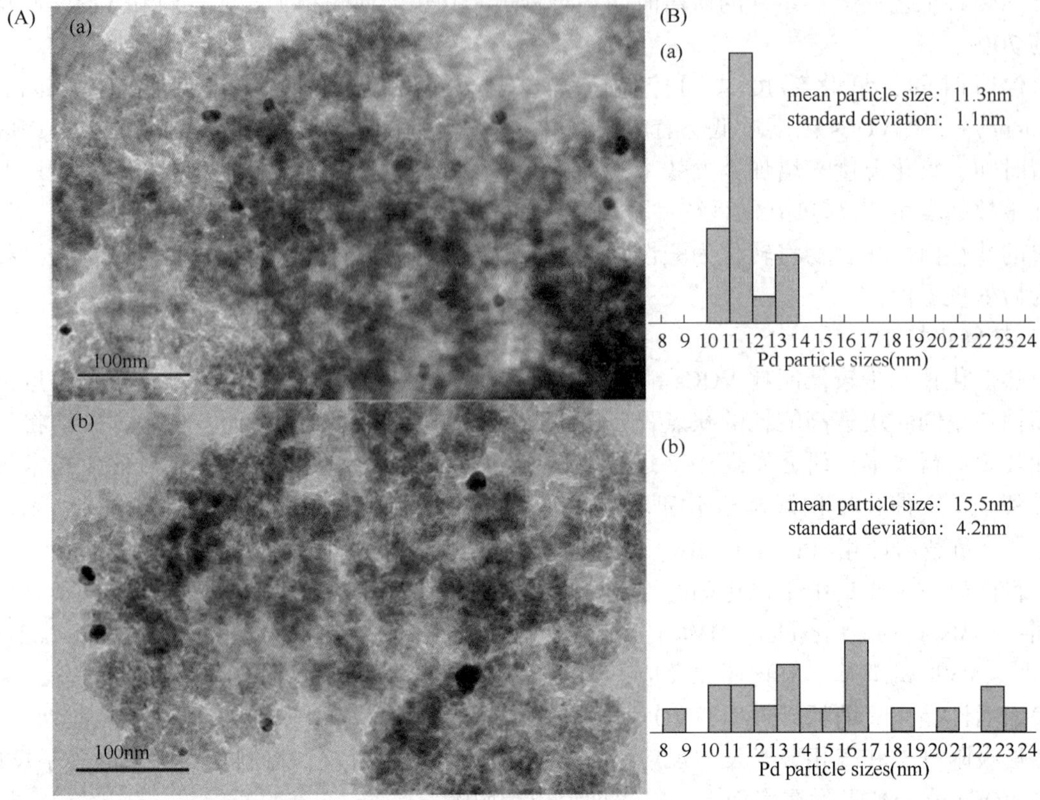

图 5 Pd 催化剂颗粒的 TEM 图像与粒径分布图

(A)催化剂 TEM 图；(B)Pd 粒子直径分布；(a)0.5%Pd/SiO_2-OA；(b)0.5%Pd/SiO_2

和条件等特点，基于这些独特优势 VOCs 销毁技术分别在工艺有组织排放、污水处理等领域表现出良好应用价值。在 VOCs 销毁技术得到长足的发展同时，高能耗、处理量低、二次污染、催化剂易失活等缺点也逐渐显现，VOCs 销毁技术如何提升效率、降低能耗成为未来发展方向。

3.1 组合处理

组合处理将多种技术结合，进而提高 VOCs 销毁率、拓宽 VOCs 销毁范围。传统单一销毁方法易销毁 VOCs 不彻底，导致二次污染产生而污染大气环境。而组合处理技术通过多种环节，分离难反应成分、浓缩易处理组分、回收可利用组分、提供辅助成分，极大提升 VOCs 的处理能力和效率。

3.2 绿色催化

绿色催化技术能够在无污染的情况下催化 VOCs。传统催化 VOCs 技术难以处理 Cl-VOCs，往往易产生 CO、Cl_2等高毒性副产物，具有巨大的潜在风险。而绿色催化技术对催化反应机理进行归纳总结，找到影响副产物生成的关键因素，进而设计出抑制副反应产物生成的催化策略[61,62]。

3.3 室温销毁

随着新型 VOCs 销毁技术突破，使得 VOCs 分子在室温条件下销毁成为可能。高温销毁技术的能耗极高，通常需要配套的能量回收装置以降低运行成本，且有一定操作危险性。相较而言，室温销毁技术因其低温、低能耗特点具有极大的成本优势，新型 VOCs 室温销毁技术能够利用光能、电能、生物能在室温环境下有效销毁 VOCs 分子。

参 考 文 献

[1] T W, L W X, J D A, et al. Increasing surface ozone concentrations in the background atmosphere of Southern China, 1994-2007[J]. Atmospheric Chemistry and Physics, 2009, 9(175): 6217-27.

[2] DARR J A, ZHANG J, MAKWANA N M, et al. Continuous Hydrothermal Synthesis of Inorganic Nanoparticles: Applications and Future Directions[J]. Chemical Reviews, 2017, 117(17): 11125-238.

[3] KIMATA H. Exposure to road traffic enhances allergic skin wheal responses and increases plasma neuropeptides and neurotrophins in patients with atopic eczema/dermatitis syndrome[J]. International Journal of Hygiene and Environmental Health, 2004, 207(1): 45-9.

[4] P WOLKOFF C K W, P A CLAUSEN, G D NIELSEN. Organic compounds in office environments -sensory irritation, odor, measurements and the role of reactive chemistry[J]. Indoor Air, 2006, 16(1): 7-19.

[5] NORBäCK D, HASHIM J H, HASHIM Z, et al. Volatile organic compounds (VOC), formaldehyde and nitrogen dioxide (NO2) in schools in Johor Bahru, Malaysia: Associations with rhinitis, ocular, throat and dermal symptoms, headache and fatigue [J]. Science of the Total Environment, 2017, 592 (AUG. 15): 153-60.

[6] LIANG Z, YU Y, SUN B, et al. The underappreciated role of fugitive VOCs in ozone formation and health risk assessment emitted from seven typical industries in China[J]. Journal of Environmental Sciences, 2024, 136(1001-0742): 647-57.

[7] CHOI Y-H, KIM H J, SOHN J R, et al. Occupational exposure to VOCs and carbonyl compounds in beauty salons and health risks associated with it in South Korea[J]. Ecotoxicology and Environmental Safety, 2023, 256(0147-6513): 114873.

[8] WEI W, RAMALHO O, MANDIN C. Indoor air quality requirements in green building certifications[J]. Building and Environment, 2015, 92(0360-1323): 10-9.

[9] DONLEY E, LEWANDOWSKI D. Optimized design and operating parameters for minimizing emissions during voc thermal oxidation[J]. Metal Finishing, 2000, 98(6): 446-58.

[10] WANG J, SHI Y, KONG F, et al. Low-temperature VOCs oxidation performance of Pt/zeolites catalysts with hierarchical pore structure[J]. Journal of Environmental Sciences, 2023, 124(1001-0742): 505-12.

[11] LEI D, XIE X, XIANG Y, et al. An efficient process for aromatic VOCs degradation: Combination of VUV photolysis and photocatalytic oxidation in a wet scrubber[J]. Chemosphere, 2022, 309 (0045-6535): 136656.

[12] FIORENZA R, SPITALERI L, PERRICELLI F, et al. Efficient photocatalytic oxidation of VOCs using ZnO @ Au nanoparticles [J]. Journal of Photochemistry and Photobiology A: Chemistry, 2023, 434 (1010-6030): 114232.

[13] ROUHANI S, TAGHIPOUR F. Photocatalytic oxidation of volatile organic compounds (VOCs) in air using ultraviolet light-emitting diodes (UV-LEDs) [J]. Chemical Engineering Science, 2023, 272 (0009-2509): 118617.

[14] ZAROOK S M, SHAIKH A A, ANSAR Z, et al. Biofiltration ofvolatile organic compound (VOC) mixtures under transient conditions[J]. Chemical Engineering Science, 1997, 52(21): 4135-42.

[15] MU Y, WILLIAMS P T. Recent advances in the abatement of volatile organic compounds (VOCs) and chlorinated-VOCs by non-thermal plasma technology: A review [J]. Chemosphere, 2022, 308 (0045-

6535): 136481.

[16] ZHANG C, XU T, WU G, et al. Reduction of fugitive VOC emissions using leak detection and repair (LDAR) in a petroleum refinery of Pearl River Delta, China [J]. Applied Energy, 2022, 324 (0306-2619): 119701.

[17] HUANG Y, CHE X, JIN D, et al. Mobile monitoring of VOCs and source identification using two direct-inlet MSs in a large fine and petroleum chemical industrial park [J]. Science of the Total Environment, 2022, 823(0048-9697): 153615.

[18] LV D, LU S, TAN X, et al. Source profiles, emission factors and associated contributions to secondary pollution of volatile organic compounds (VOCs) emitted from a local petroleum refinery in Shandong [J]. Environmental Pollution, 2021, 274(0269-7491): 116589.

[19] SHI Y, LIU C, ZHANG B, et al. Accurate identification of key VOCs sources contributing to O3 formation along the Liaodong Bay based on emission inventories and ambient observations [J]. Science of the Total Environment, 2022, 844(0048-9697): 156998.

[20] HU W, LIANG W, HUANG Y, et al. Emission of VOCs from service stations in Beijing: Species characteristics and pollutants co-control based on SOA and O3 [J]. Journal of Environmental Management, 2023, 336(0301-4797): 117614.

[21] MO Z, SHAO M, LU S, et al. Process-specific emission characteristics of volatile organic compounds (VOCs) from petrochemical facilities in the Yangtze River Delta, China [J]. Science of the Total Environment, 2015, 533(0048-9697): 422-31.

[22] LOUIE P K K, HO J W K, TSANG R C W, et al. VOCs and OVOCs distribution and control policy implications in Pearl River Delta region, China [J]. Atmospheric Environment, 2013, 76(125-35.

[23] SHAO P, AN J, XIN J, et al. Source apportionment of VOCs and the contribution to photochemical ozone formation during summer in the typical industrial area in the Yangtze River Delta, China [J]. Atmospheric Research, 2016, 176-177(0169-8095): 64-74.

[24] LIU Y, SHAO M, FU L, et al. Source profiles of volatile organic compounds (VOCs) measured in China: Part I [J]. Atmospheric Environment, 2008, 42(1352-2310): 6247-60.

[25] WANG Z, TIAN X, LI J, et al. Quantitative evidence from VOCs source apportionment reveals O3 control strategies in northern and southern China [J]. Environment International, 2023, 172 (0160-4120): 107786.

[26] LU X, GAO D, LIU Y, et al. A recent high-resolution PM2. 5 and VOCs speciated emission inventory from anthropogenic sources: A case study of central China [J]. Journal of Cleaner Production, 2023, 386(0959-6526): 135795.

[27] WANG Y, DING L, SHI Q, et al. Volatile organic compounds (VOC) emissions control in iron ore sintering process: Recent progress and future development [J]. Chemical Engineering Journal, 2022, 448 (1385-8947): 137601.

[28] HUANG P, LI Y, SHU Y, et al. Abatement of VOCs mixture of emerging concern by VUV-PCO process: From lab to pilot scale [J]. Science of the Total Environment, 2023, 857(0048-9697): 159295.

[29] JIN Y, QUAN Y, LIU J, et al. Controlled synthesis of niobium and rare earth mixed oxides for catalytic combustion of chlorinated VOCs in the synthesis process of polyether polyol and polyurethane [J]. Journal of Solid State Chemistry, 2022, 313(0022-4596): 123318.

[30] LIN S-K. Air Pollution Prevention and Control: Bioreactors and Bioenergy. By Christian Kennes, Maria C. Veiga, Wiley-Blackwell, 2013; 570 Pages. Price US $195.00, ISBN 978-1-119-94331-0 [J]. Sustainability, 2013, 5(5): 2272-87.

[31] GONZáLEZ-MARTíN J, CANTERA S, LEBRERO R, et al. Biofiltration based on bioactive coatingsfor the abatement of indoor air VOCs[J]. Sustainable Chemistry and Pharmacy, 2023, 31(2352-5541): 100960.

[32] ALMAIE S, VATANPOUR V, RASOULIFARD M H, et al. Volatile organic compounds(VOCs) removal by photocatalysts: A review[J]. Chemosphere, 2022, 306(0045-6535): 135655.

[33] CHEN H, NANAYAKKARA C E, GRASSIAN V H. Titanium dioxide photocatalysis in atmospheric chemistry [J]. Chem Rev, 2012, 112(11): 5919-48.

[34] ZHONG L, HAGHIGHAT F. Photocatalytic air cleaners and materials technologies -Abilities and limitations [J]. Building and Environment, 2015, 91(0360-1323): 191-203.

[35] NAKATA K, FUJISHIMA A. TiO2 photocatalysis: Design and applications[J]. Journal of Photochemistry and Photobiology C: Photochemistry Reviews, 2012, 13(3): 169-89.

[36] TARANTO J, FROCHOT D, PICHAT P. Photocatalytic Treatment of Air: Comparison of Various TiO2, Coating Methods, and Supports Using Methanol or n-Octane as Test Pollutant[J]. Industrial & Engineering Chemistry Research, 2009, 48(13): 6229-36.

[37] KIRCHNEROVA J, HERRERA COHEN M L, GUY C, et al. Photocatalytic oxidation of n-butanol under fluorescent visible light lamp over commercial TiO2 (Hombicat UV100 and Degussa P25) [J]. Applied Catalysis A: General, 2005, 282(1): 321-32.

[38] YU J C, HO W, YU J, et al. Efficient Visible-Light-Induced Photocatalytic Disinfection on Sulfur-Doped Nanocrystalline Titania[J]. Environmental Science & Technology, 2005, 39(4): 1175-9.

[39] WU Y-T, YU Y-H, NGUYEN V-H, et al. Enhanced xylene removal by photocatalytic oxidation using fiber-illuminated honeycomb reactor at ppb level[J]. Journal of Hazardous Materials, 2013, 262(0304-3894): 717-25.

[40] LOPES F V S, MONTEIRO R A R, SILVA A M T, et al. Insights into UV-TiO2 photocatalytic degradation of PCE for air decontamination systems[J]. Chemical Engineering Journal, 2012, 204-206(1385-8947): 244-57.

[41] DEVEAU P A, ARSAC F, THIVEL P X, et al. Different methods in TiO2 photodegradation mechanism studies: gaseous and TiO2-adsorbed phases[J]. J Hazard Mater, 2007, 144(3): 692-7.

[42] GUILLARD C, DEBAYLE D, GAGNAIRE A, et al. Physical properties and photocatalytic efficiencies of TiO2 films prepared by PECVD and sol-gel methods[J]. Materials Research Bulletin, 2004, 39(10): 1445-58.

[43] PUDDU V, CHOI H, DIONYSIOU D D, et al. TiO2 photocatalyst for indoor air remediation: Influence of crystallinity, crystal phase, and UV radiation intensity on trichloroethylene degradation[J]. Applied Catalysis B: Environmental, 2010, 94(3): 211-8.

[44] OHTANI B, PRIETO-MAHANEY O O, LI D, et al. Whatis Degussa(Evonik)P25? Crystalline composition analysis, reconstruction from isolated pure particles and photocatalytic activity test[J]. Journal of Photochemistry and Photobiology A: Chemistry, 2010, 216(2): 179-82.

[45] WEN J, LI X, LIU W, et al. Photocatalysis fundamentals and surface modification of TiO2 nanomaterials [J]. Chinese Journal of Catalysis, 2015, 36(12): 2049-70.

[46] BOUAZZA N, LILLO-RóDENAS M A, LINARES-SOLANO A. Enhancement of the photocatalytic activity of pelletized TiO2 for the oxidation of propene at low concentration[J]. Applied Catalysis B: Environmental, 2008, 77(3): 284-93.

[47] SHAYEGAN Z, LEE C-S, HAGHIGHAT F. TiO2 photocatalyst for removal of volatile organic compounds in gas phase-A review[J]. Chemical Engineering Journal, 2018, 334(2408-39.

[48] KARATUM O, DESHUSSES M A. A comparative study of dilute VOCs treatment in a non-thermal plasma

reactor[J]. Chemical Engineering Journal, 2016, 294(308-15.

[49] QU M, CHENG Z, SUN Z, et al. Non-thermal plasma coupled with catalysis for VOCs abatement: A review [J]. Process Safety and Environmental Protection, 2021, 153(139-58.

[50] VAN DURME J, DEWULF J, LEYS C, et al. Combining non-thermal plasma with heterogeneous catalysis in waste gas treatment: A review[J]. Applied Catalysis B: Environmental, 2008, 78(3): 324-33.

[51] CHEN J, SU Q, PAN H, et al. Influence of balance gas mixture on decomposition of dimethyl sulfide in a wire-cylinder pulse corona reactor[J]. Chemosphere, 2009, 75(2): 261-5.

[52] LOCK E H, SAVELIEV A V, KENNEDY L A. Methanol and Dimethyl Sulfide Removal by Pulsed Corona Part I: Experiment[J]. Plasma Chemistry and Plasma Processing, 2006, 26(6):

[53] KHAN F I, KR. GHOSHAL A. Removal of Volatile Organic Compounds from polluted air[J]. Journal of Loss Prevention in the Process Industries, 2000, 13(6): 527-45.

[54] BENNETT G F. Current and potential future industrial practices for reducingand controlling volatile organic compounds[J]. Journal of Hazardous Materials, 1994, 38(2): 345-6.

[55] GALLASTEGI-VILLA M, ARANZABAL A, ROMERO-SáEZ M, et al. Catalytic activity of regenerated catalyst after the oxidation of 1, 2-dichloroethane and trichloroethylene[J]. Chemical Engineering Journal, 2014, 241(1385-8947): 200-6.

[56] WANG H, YANG W, TIAN P, et al. A highly active and anti-coking Pd-Pt/SiO2 catalyst for catalytic combustion of toluene at low temperature[J]. Applied Catalysis A: General, 2017, 529(0926-860X): 60-7.

[57] J. H, S. V. Catalytic incineration for odour abatement and VOC destruction[J]. Catalysis Today, 1993, 17(1-2): 349-58.

[58] SUP SONG K, KLVANA D, KIRCHNEROVA J. Kinetics of propane combustion over La0. 66Sr0. 34Ni0. 3Co0. 7O3 perovskite[J]. Applied Catalysis A: General, 2001, 213(1): 113-21.

[59] BEHAR S, GóMEZ-MENDOZA N-A, GóMEZ-GARCíA M-Á, et al. Study and modelling of kinetics of the oxidation of VOC catalyzed by nanosized Cu-Mn spinels prepared via an alginate route[J]. Applied Catalysis A: General, 2015, 504(0926-860X): 203-10.

[60] EVERAERT K, BAEYENS J. Catalytic combustion of volatile organiccompounds[J]. Journal of Hazardous Materials, 2004, 109(1): 113-39.

[61] LIN F, ZHANG Z, LI N, et al. How to achieve complete elimination of Cl-VOCs: A critical review on byproducts formation and inhibition strategies during catalytic oxidation[J]. Chemical Engineering Journal, 2021, 404(1385-8947): 126534.

[62] SU Y, FU K, ZHENG Y, et al. Catalytic oxidation of dichloromethane over Pt-Co/HZSM-5 catalyst: Synergistic effect of single-atom Pt, Co3O4, and HZSM-5[J]. Applied Catalysis B: Environmental, 2021, 288(0926-3373): 119980.

镇海炼化重醇资源处理路线的探讨

徐可敏

（中国石化镇海炼化公司，宁波 315207）

【摘要】 环氧乙烷/乙二醇装置在生产过程中会出现重醇危废，结合镇海炼化公司现有2套EOEG装置重醇产出情况，分析了现有各种重醇处理方法和路线的优劣，综合比较各种处理方法的技术经济效益，对最优处理方法提出建议。

【关键词】 EOEG装置　重醇　膜回收　分子精馏

1　现状及问题

目前市场上，乙烯路线的环氧乙烷/乙二醇装置工艺包专利商主要有SD、SHELL和DOW。SD、SHELL和DOW的工艺，均为乙烯和氧气直接氧化，生成的环氧乙烷通过工艺水吸收，吸收后的EO最终通过EO水合反应制得多种乙二醇混合物，然后进入精制单元进行精制分离，从而得到主要的目标产物一乙二醇（MEG），二乙二醇（DEG）和三乙二醇（TEG），剩余的蒸馏残液被认为是重醇。

根据2021年1月1日最新发布的《国家危险废物名录》，重醇为危险废物，具体见表1。

表1　重醇危废表

废物类别	行业来源	废物代码	危险废物	危险特性
HW11 精(蒸)馏残渣	基础化学原料制造	261-130-11	环氧乙烷直接水合生产乙二醇过程中产生的重馏分	T(对生态环境和人体健康具有有害影响)

重醇被列入危废品列入危废管理后，原则上要求送往有资质的危废处理厂家处理，直接导致了乙二醇装置的生产成本增加（处理费用3000元/t以上），对各乙二醇装置造成了一系列不利影响。如有的装置找不到合适的下游处理厂家，直接造成了重醇的涨库。

镇海炼化公司设置有两套EO/EG装置，其中1#50万tEOE/a的1#EO/EG装置（DOW专利），装置重醇（包括DEG（C-6851）塔釜液及排放乙二醇回收单元精制塔（C-6221）塔釜液），全年生成量超1万t，2#63万tEOE/aEO/EG装置（SHELL专利）全年重醇生成量约为5000t，合计重醇生成量超15000t，如果全部作为危废处理，成本将极其高昂。为解决上述问题，在公司统筹协调下，采用以下方法进行减量化处理：

（1）《国家危险废物名录》中标明危险废物在下列情况下可豁免：“在环境风险可控的前提下，根据省级生态环境部门确定的方案，实行危险废物“点对点”定向利用，即：一家单位产生的一种危险废物，可作为另外一家单位环境治理或工业原料生产的替代原料进行使用。”根据此原则，1#EO/EG装置将重醇送往同一化工园区的某化工有限公司进行回收利用，该公司具有危废处理资质，因此规避了环保风险，但重醇的价格很低，基本为100~150元/t，而重醇中MEG，DEG及TEG含量通常超60%，经济上损失较大。

（2）除此之外，2#EO/EG装置设计全部送往公司内部焚烧炉进行焚烧处理，只能回收重醇回收的热量，但重醇中MEG，DEG，TEG等高价值组分无法得到回收，对于清洁生产和装置经济效益而言都不是最优化处理方法。

（3）两套装置设置有重醇连通线，当焚烧炉或下游的化工公司出现问题时，重醇实现互供，保证重醇不会出现涨库问题。

综上所述，通过以上方法，已解决了重醇处理途径的有无问题，但从环保效益与经济效益两者最优化配置的角度来看，两套装置合计超15000t/a的重醇并没有在符合国家环保法规的基础上，充分回收重醇中乙二醇，二乙二醇，三乙二醇等有效组分，实现环保效益与经济效益双丰收。

2　技术方法和路线

为解决上述问题，对国内各种重醇处理工艺进行探讨研究，总体上重醇处理的思路为回收减量+环保无害化处理，其中有以下几种工艺路线适合公司的生产实际。

2.1　基于刮膜蒸发器设计的分子蒸馏装置

分子蒸馏是一种特殊的液--液分离技术，它不同于传统蒸馏依靠沸点差分离原理，而是靠不同物质分子运动平均自由程的差别实现分离。当液体混合物沿加热板流动并被加热，轻、重分子会逸出液面而进入气相，由于轻、重分子的自由程不同，因此，不同物质的分子从液面逸出后移动距离不同，若能恰当地设置一块冷凝板，则轻分子达到冷凝板被冷凝排出，而重分子达不到冷凝板沿混合液排出。这样，达到物质分离的目的。在沸腾的薄膜和冷凝面之间的压差是蒸汽流向的驱动力，对于微小的压力降就会引起蒸汽的流动。在100Pa下运行要求在沸腾面和冷凝面之间非常短的距离，基于这个原理制作的蒸馏器称为短程蒸馏器。短程蒸馏器(分子蒸馏)有一个内置冷凝器在加热面的对面，并使操作压力降到0.1Pa。

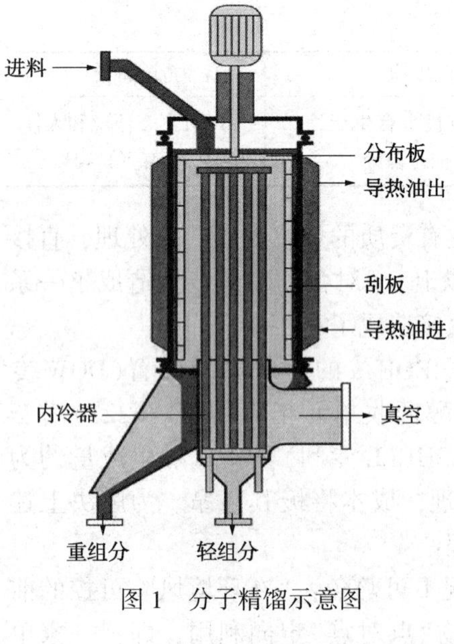

图1　分子精馏示意图

蒸馏过程是：物料从蒸发器的顶部加入，经转子上的料液分布器将其连续均匀地分布在加热面上，随即刮膜器将料液刮成一层极薄、呈湍流状的液膜，并以螺旋状向下推进。在此过程中，从加热面上逸出的轻分子，经过短的路线和几乎未经碰撞就到内置冷凝器上冷凝成液，并沿冷凝器管流下，通过位于蒸发器底部的出料管排出；残液即重分子在加热区下的圆形通道中收集，再通过侧面的出料管中流出，流程见图1。

优点：

（1）对于高沸点、热敏及易氧化物料的分离，分子蒸馏提供了最佳分离方法。因为分子蒸馏在远低于物料沸点的温度下操作，而且物料停留时间短，降低重醇分解/聚合/结晶的风险。

(2) 分子蒸馏可极有效地脱除液体中的物质如有机溶剂、臭味等，这对于采用溶剂萃取后液体的脱溶是非常有效的方法。

(3) 分子蒸馏可有选择地蒸出目的产物，去除其他杂质，通过多级分离可同时分离2种以上的物质。

(4) 分子蒸馏的分馏过程是物理过程，因而可很好地保护被分离物质不受污染和侵害。

缺点：

分子蒸馏设备价格昂贵，分子蒸馏装置必须保证体系压力达到的高真空度，对材料密封要求较高，且蒸发面和冷凝面之间的距离要适中，设备加工难度大，造价高。

目前分子精馏设施已在扬巴乙二醇装置成功实施，该设施未设置脱盐设备，其刮膜蒸发器投用后一直运行良好，从2005年投用后未出现故障，期间打开检查，内壁及刮刀洁净，未出现结盐挂壁现象。此外，业内的海南炼化乙二醇装置已安装此设备。上海石化乙二醇装置及茂名乙二醇装置也立项研究此工艺。

2#EO/EG装置的生产工艺及重醇处理量与海南炼化乙二醇装置基本一致，海南炼化新上的分子精馏装置投资约为1360万元，预计可回收乙二醇300kg/h，单价按照4000元/t计，每年可增加产值960万元。

2.2 膜回收系统

针对1#乙二醇装置重醇中有效组分含量大，但杂质含量高的特点，公司与上海化工研究院合作，开展了重醇膜回收利用的科研开发项目，具体如下：

2.2.1 工艺原理及特点

膜分离是新型的高效分离、浓缩、提纯及净化技术，具有操作简单、占地面积小、处理过程中无相变、不引入新的杂质、分离效果好等。膜分离的原理是与膜孔径大小相关的筛分过程，分离过程中以膜两侧的压力差为驱动力，以膜为分离介质，在一定的压力下，当原液流过膜表面时，膜表面密布的许多细小的微孔只允许水及小分子物质通过形成透过液，原液中体积大于膜表面微孔径的物质则被截留在膜的进液侧，成为浓缩液，因而实现对原料分离的目的。

组合膜分离系统采用经过活性官能团改性的有机膜，该有机膜表面官能团通过与原料中的杂质形成分子间的亲斥作用，实现膜对杂质的截留，从而提高乙二醇的紫外透光率和二乙二醇的热色度。组合膜分离系统分成两部分，即粗多乙二醇一级膜分离系统、多乙二醇二级膜分离系统，一级膜和二级膜采用不同的膜组件，通过工艺匹配提高杂质脱除率。

2.2.2 经济效益测算

通过物料衡算及能量衡量，对膜回收系统产生的经济效益粗略计算如表2。

表2 膜回收系统效益表

项目			数量	单价	金额
膜回收设施费用	自带泵电费	万元/a			1.845
	设备折旧费	万元/a			29
	膜更换费用(1次/a)	万元/a			20

续表

项目			数量	单价	金额
回收价值	MEG	t/h	0.084	4500	378
	DEG	t/h	0.275	4300	1183
	小计	t/h			1561
		万元/a			1367
效益		万元/a	1316		

从表 2 可以看出，膜回收系统产生的效益是明显的，但仍有几个问题值得注意：

（1）上述效益计算的基础是产生的浓缩液内部焚烧处理，不作为危废外送。如外送作危废处理，则效益则大大下降了。但膜回收处理后，浓缩液的醇含量下降了，且品质下降，极有可能会被下游的厂家拒收。居安思危，因此我们对膜回收处理后浓缩液的后续处理有以下两个想法，一是送往 POX 掺烧，二是内部焚烧处理。

（2）膜回收系统针对的主要是有机杂质，但对重醇中盐类的去除能力仍有待验证，如果盐类没有得到充分的排除，不排除后期出现盐类浓缩结晶或分解的安全风险。

（3）现有流程设置过于复杂，未能充分发挥膜回收装置设置简单，操作方便的优势，且 1#EO/EG 装置现场布置存在一定的困难，需要对流程进行一定的优化。

（4）目前经济测算是基于现有重醇量，但 2018 年装置更换新的催化剂后，注碱量大幅下降，从理论上来说，C-6221 塔釜外排量可相应大幅降低，装置增上膜回收的技术经济效益比需重新测算。

2.3　跨装置流程优化(1#EO/EG 装置 C-5851 尾液送 2#EO/EG 装置回收)

1#EO/EG 装置 DEG 塔尾液目前有约 0.17t/h 左右排往 D-6917(重醇罐)→天利化工，此部分尾液的组成如表 3。

表 3　DEG 塔尾液组成

项目	乙二醇	二乙二醇	三乙二醇
含量/%	0.97	76.89	21.70

此部分物料由于 1#EO/EG 装置无 TEG 塔，无法进行回收，只能送往天利化工，收益 100~150 元/t，如送往 2#EO/EG 装置回收，经济效益可达(4000×0.0097+5400×0.7689+6000×0.2170)=5493 元/t，预计年回收效益 6493×0.17×24×365=9669376 元。

由于目前两套装置间设置有重醇互供流程，因此此流程优化基本不需增加新的设备，投资成本可控制在 5 万元以内。

2.4　POX 生化池碳源

POX 污水的可生化性较差，需定期向生化池补充碳源，碳源包括醋酸钠或甲醇，有时也利用乙二醇装置的高 COD 污水。根据以上经验，公司的安环部门牵头华东理工大学对重醇的可生化性进行了测试，发现重醇的可生化降解性较差，B/C 值均不超过 0.03。后对重醇分三次进行厌氧消化预处理，每次厌氧消化周期为 4h。厌氧消化后的样品 BOD5 均有显著提升，分别达到 76900、91300、86900mg/L，水样 B/C 由此提高至 0.077，相对原样提升显著，表明厌氧消化预处理过程有助于改善水样作为碳源的可生化性，尽管如此，重醇的可生化性仍无法满足 POX 生池补充碳源的要求，此方面的尝试暂时中止。

2.5 POX 掺烧

作为膜回收系统的配套方案，POX 掺烧重醇也列入了镇海炼化公司的内部攻关课题。主要思路是重醇注入磨煤机入口，用来替代部分磨煤水。

煤仓中原料煤经原料煤称重给料机计量后送入磨煤机，在磨煤机中与磨煤水、添加剂混合，被磨煤机磨成一定粒度分布的水煤浆；含油浮渣就是从磨煤机入口注入，用来替代一部分磨煤水，掺混期间务必确保磨煤机抽吸器处于正常工作状态，并建议将磨煤机观察口关闭，以免易挥发气体逸出；其工艺流程详见图 2。

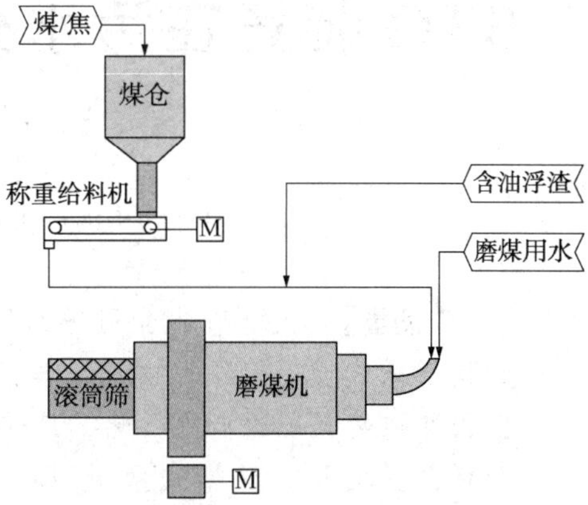

图 2 轻度危害的液态有机物料掺混流程

以上方案仍有待进一步验证。

3 结论和建议

综上所述，重醇是种危废，但在某种意义上也是资源。只要我们拓展思路，本着减量化、资源化及无害化的环保“三化”指导思想和基本战略，勇于创新，可以变废为宝。结合公司现有流程设置，可以考虑以下几种工艺路线，进行进一步的优化：

（1）增上分子蒸馏装置设施，进一步回收重醇中乙二醇资源。

（2）优化膜回收设施流程，进一步回收重醇中乙二醇资源。

（3）1#EO/EG 装置 DEG 塔尾液送 2#EO/EG 装置进一步回收 DEG 及 TEG 资源。

RTO 装置在污水处理场废气治理中的应用

肖　君　于玺颖

（中国石油大连石化公司，大连 116000）

【摘要】 大连石化公司污水处理场污水含有的挥发性有机物(VOCs)较高，通过集气系统收集后经生物法处理，排放仍超出 GB 31570—2015 中的要求的排放限值，并在装置周边产生异味，严重影响周边环境。通过对收集后的高浓度废气进行分析，发现采用蓄热式氧化工艺进行处理比较合适，决定采用蓄热式焚烧炉(RTO)处理有机废气。RTO 装置开工调试初期，容易出现火检运行不稳定、提升阀运转故障等影响装置平稳运行的情况。通过改造调整火检位置及信号强度，改善火检运行不稳定的情况，调节提升阀对中度及阻尼，解决提升阀故障卡涩等情况，改进后装置运行平稳率接近 100%。自 2021 年 6 月 RTO 装置开工以来，高浓度废气中 VOCs 去除率到达设计要求的 98%以上，排放的尾气中非甲烷总烃、苯、甲苯、二甲苯等污染物浓度值均低于国标要求。

【关键词】 RTO　蓄热式焚烧炉　VOCs

1　前　言

VOCs 废气处理技术主要有热破坏法、吸附法、生物处理法、压变吸附分离与净化技术、氧化法、液体吸收法和冷凝回收法等[1]。氧化法又分为催化氧化法和热氧化法，热氧化法中的热力燃烧法为现阶段典型的 VOCs 处理方式，即利用辅助加热的热量将混合气体加热到要求的温度，使可燃有害组分在高温下进行全氧化分解。RTO(regenerative thermal oxidizer)即为蓄热式氧化炉，可用于处理中、高浓度的有机废气，同时回收废气分解时释放的热量，废气分解率可达 98%以上，热回收率达 95%以上。该工艺主要应用在石油化工、油漆生产及喷漆等领域。RTO 装置具有净化效率高、可适用组分复杂波动性大的 VOCs、热回收效率高、运行稳定性好等优点，是目前适用性最好、净化效率最高的 VOCs 治理装置，随着国家对 VOCs 废气排放要求越来越严格，RTO 得到了广泛应用[2]。

2　RTO 工艺运行状况

2.1　工艺原理

蓄热式氧化炉处理有机废气利用有机气体在高温下发生氧化分解产生二氧化碳与水等无害物质来达到去除废气中的 VOCs 的目的。

蓄热式氧化炉为三室结构：当第一台蓄热室处于被冷却而废气被预热的阶段时(冷周

期)，第二台蓄热室正处于被净化气加热的过程(热周期)，而第三台蓄热室则在吹扫(清洗周期)。因此，当一个循环后，废气始终进入到在上一循环时排出净化气的蓄热室，而原来进入废气的蓄热室则用净化气(或空气)吹扫，并将残留的未反应废气送回到反应室进行氧化，然后与净化气一起从冲洗过的蓄热室排出。一个蓄热室运行 1.5~2min 轮换至下一个蓄热室。工艺流程见图 1。

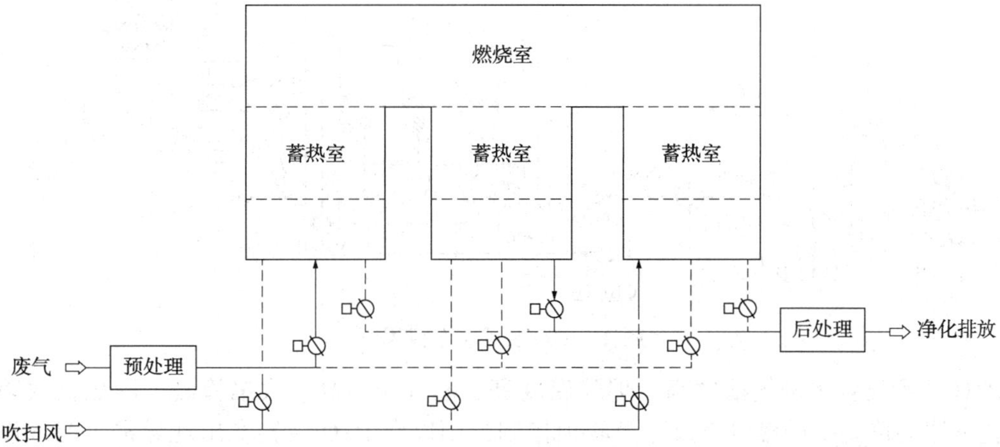

图 1　三室 RTO 工艺流程示意图

有机废气加热到 760℃以上，使废气中的 VOCs 氧化分解成 CO_2和 H_2O，氧化产生的高温气体流经特制的陶瓷蓄热体，使陶瓷体升温而“蓄热”，此“蓄热”用于预热后续进入的有机废气，当废气提供的热量不足以维持 RTO 自燃运行时，通过补充一定量的燃料气实现设备正常运行。

2.2　工艺流程

废气通过管道收集后，经过洗涤塔去除废气中酸性废气及部分可溶性 VOCs 组分后，通过蒸汽加热器升温除湿后进入 RTO 蓄热式焚烧炉中净化处理，废气中有机组分在 RTO 设备中发生高温(780~850℃)氧化分解反应，生成 CO_2和 H_2O；RTO 燃烧后的高温尾气(90~120℃)进入骤冷塔降温至 60℃以下，再通过末端碱洗塔，去除废气中燃烧后产生的 SO_2等酸性组分，净化后的尾气达标排放后通过排气筒进入大气。RTO 装置工艺流程见图 2。

2.3　安全设计

RTO 装置设置 LEL 在线检测仪，用于实时监测待进 RTO 装置的废气 VOCs 浓度，且 LEL 在线检测仪与 RTO 蓄热式焚烧炉之间距离大于 LEL 在线检测仪响应时间内设计风量下废气通过的距离。当废气浓度超过设定联锁值(25%LEL)，采取停止废气进入蓄热式焚烧炉，避免高浓度废气直接进入 RTO 炉体从而引发安全事故。LEL 在线检测仪的按照位置和选型应从时效性、准确性等方面考虑，确保 RTO 系统能够及时、有效地做出应对措施[3]。

RTO 蓄热陶瓷堵塞或者某一时间段内废气浓度骤升时，RTO 蓄热式焚烧炉燃烧室存在超压风险，因此在 RTO 蓄热式焚烧炉燃烧室上设置防爆门，在主风机入口安装阻火器，并在 RTO 装置进出口管路设置了差压监测仪表，并设报警值，当进出口管路压力差值发生变化时，可调节风机频率保持进出口差压在设定值附近波动。

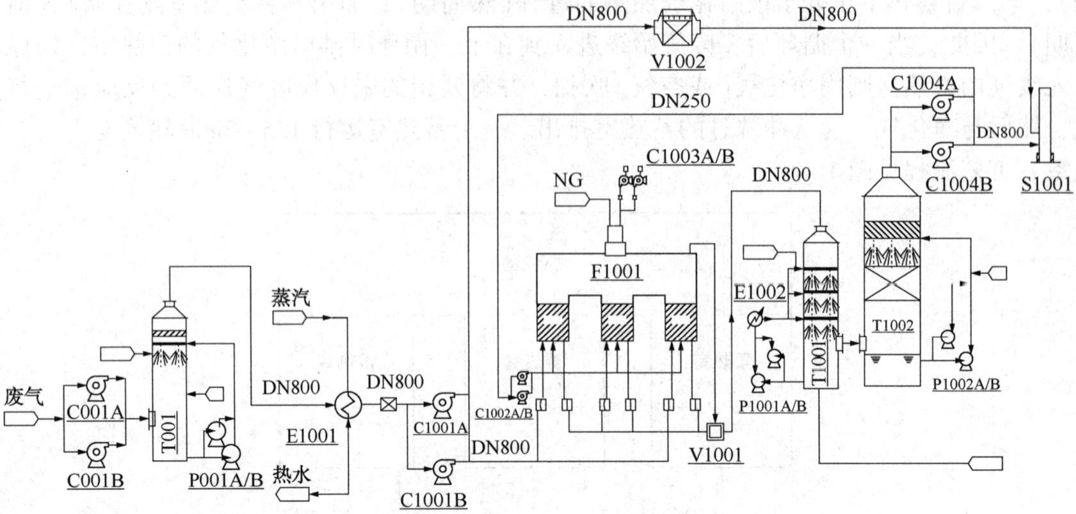

图 2 RTO 装置工艺流程图

RTO 装置设置了进气浓度高、炉膛温度高、燃气压力高、火焰检测、燃烧器故障、蓄热陶瓷下层温度高、助燃风机故障等联锁控制，用以在 RTO 装置在出现异常工况或设备故障时保证装置安全。

3 RTO 装置运行效果分析

RTO 装置自调试后运行，整体上运行平稳，处理效果见表 1。

表 1 RTO 运行后出口排放废气指标

日期	非甲烷总烃/(mg/m³)			苯/(mg/m³)	甲苯/(mg/m³)	二甲苯/(mg/m³)
	入口	出口	去除率	出口	出口	出口
7 月 12 日	667	2. 61	99. 61%	0. 210	0. 190	0. 0846
7 月 13 日	911	9. 49	98. 96%	0. 571	1. 12	0. 110
7 月 14 日	875	5. 39	99. 38%	0. 151	0. 844	0. 0751
7 月 15 日	576	7. 55	98. 69%	0. 272	0. 262	0. 228
7 月 16 日	867	6. 88	99. 21%	0. 188	0. 0285	0. 43
7 月 17 日	1110	5. 13	99. 54%	0. 0959	0. 0282	1. 5
7 月 18 日	1120	5. 18	99. 54%	0. 585	0. 0701	2. 53
7 月 19 日	504	5. 13	98. 98%	0. 515	0. 134	1. 02
7 月 20 日	827	5. 96	99. 28%	0. 2	0. 0197	0. 809
7 月 21 日	573	4. 74	99. 17%	0. 17	0. 241	0. 829
7 月 22 日	935	9. 32	99. 00%	0. 63	2. 3	1. 53
7 月 23 日	1070	10. 4	99. 03%	0. 198	0. 147	3. 99
7 月 24 日	919	6. 29	99. 32%	0. 276	0. 101	3. 99

续表

日期	非甲烷总烃/(mg/m³)			苯/(mg/m³)	甲苯/(mg/m³)	二甲苯/(mg/m³)
	入口	出口	去除率	出口	出口	出口
7 月 25 日	1302	13. 3	98. 98%	0. 276	0. 0747	7. 4
7 月 26 日	872	10. 6	98. 78%	0. 328	0. 0661	2. 97
7 月 27 日	1120	7. 56	99. 33%	0. 235	0. 166	2. 32
7 月 28 日	880	11. 6	98. 68%	0. 383	0. 195	3. 89
7 月 29 日	700	13. 8	98. 03%	0. 264	0. 0563	0. 921
7 月 30 日	540	3. 78	99. 30%	0. 178	0. 336	0. 231
7 月 31 日	566	5. 6	99. 01%	0. 44	0. 122	0. 481

由表 1 可知，污水场 RTO 装置的非甲烷总烃去除率为 99. 09%，达到了设计要求。出口非甲烷总烃、苯、甲苯、二甲苯合格率 100%。

RTO 装置 VOCs 去除情况如图 3 所示。

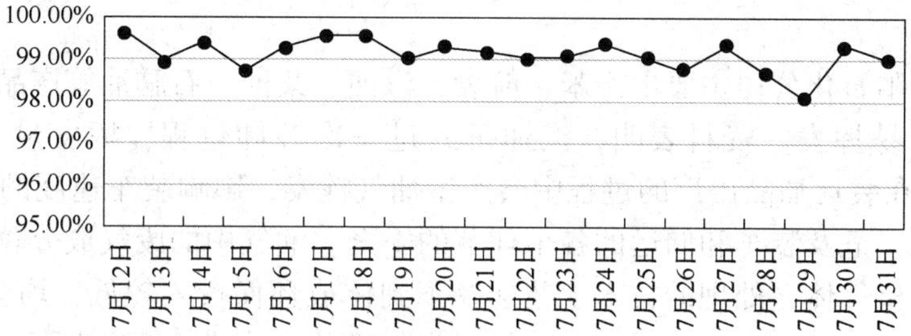

图 3 VOCs 去除率情况

由图 3 可知 RTO 装置对废气中的 VOCs 去除率较高，在 98%以上，且去除率稳定。

RTO 装置自开工调试以来将污水处理场高浓度废气引入 RTO 焚烧炉后，大幅减少 VOCs 废气排放及装置周边异味，提高了企业环保治理水平，改善员工工作环境，降低了企业环保风险。

4 结 语

自 RTO 装置开工以来，RTO 装置对废气中的 VOCs 的去除率达到了设计要求的 98%以上。调试期结束后装置运行平稳，排放的尾气中非甲烷总烃、苯、甲苯、二甲苯等污染物浓度的平均值均低于国家标准。

参 考 文 献

[1] 尹峰. 蓄热式氧化炉在石化企业废气处理的应用[J]. 安全、健康和环境，2017，17(10)：30-34.

[2] 陈振坎，董其超，孙鑫，等. 精细化工行业蓄热式氧化炉系统安全设计优化[J]. 广州化学，2019，44(6)：31-35.

[3]刘亚东，蔡鹏山，杨振华，等. RTO 装置在焦化废气处理中的应用[J]. 燃料与化工，2018，49(5)：48-50.

VOCs 油气回收装置问题研究与改进对策

周于佩　唐晓丽　庞晓利　盖振海

（中国石化洛阳石化公司，洛阳 471000）

【摘要】 在分析洛阳石化公司应用的“吸收+膜”工艺下的油气回收装置的基础上，结合生产单位设备设施的实际使用过程对油气回收装置存在的问题和改进措施进行研究。

【关键词】 挥发性有机物　VOCs　油气回收　装车

1 引　　言

中国石化洛阳石化公司主要生产苯、航煤、汽油、柴油、石脑油等产品。轻质油品在储存、运输过程中易挥发。资料表明，汽油每经过一次装卸过程，挥发量大约是装卸量的2‰~3‰，因此在装运油品出厂的过程中会产生油气挥发，影响装车速度的同时也会对环境产生一定的污染，危及装车和储运的各个环节的安全。油气中的废气成分较为复杂，多为易燃易爆的混合有机气体，处理的技术工艺选择不到位或环保投入较低，均会带来生产隐患。因此 VOCs（Volatile Organic Compounds）油气回收装置是油品储运过程中不可或缺的配套工程设施[1]。现阶段装卸车台油气 VOCs 治理技术常见的主要有三种工艺方法，分别是“吸收+膜、冷凝+吸附、吸附+吸收三种”技术[2]。从三废排放、安全性风险控制上均能满足规范要求，且在国内均有成功使用的典型案例[3]，油气回收各组合工艺优缺点对比见表 1。

表 1　油气回收方案对比表

对比项	吸收+膜	吸附+吸收工艺	冷凝+吸附工艺
寿命	膜组件更换周期约为 4~7 年	活性炭更换周期约为 3~5 年	整体使用寿命>10 年
维护费	更换一次膜组件约为 200 万元	更换一次活性炭 25 万元	无
治理效果、三废排放	排放口满足去除效率≥97%的要求、三废排放满足相关规范要求		
功率	装机功率约为 250kW	装机功率约为 250kW	装机功率约为 300kW
主要优点	适用长期、稳定、高浓度油气回收；膜处理后油气浓度较低，有效地减少吸附床层产生高温热	操作简单，生产运行稳定对长期运行和间歇运行都适用	生产中的低温环境、油气处理相对安全；模块化、占地小
主要缺点	压缩机防爆性能要求高，要求流量稳定；控制复杂；占地中等	吸附剂易中毒；吸附床层易产生高温热；占地较大	控制复杂；需要提前建立冷场，无法即开即用

2 装卸台尾气治理

目前，公司现有 5 个轻质油装车栈台，充装的主要介质有三苯(包括苯、甲苯、对二甲苯)、航煤、汽油、石脑油、柴油等。洛阳石化结合实际生产情况，占地、投资、使用的稳定性以及后期维护的费用等方面以及表 1 中三种方案的优劣对比，为了彻底、有效、持续性地对 VOCs 进行治理，采用“吸收+膜”工艺的治理技术。同时根据装车工艺流程及栈台布局情况，设计了 2 套油气回收装置：880Nm³/h 的轻油油气回收装置和 250Nm³/h 的三苯蒸气回收装置。轻油油气回收装置吸收处理石脑油、汽油、柴油充装过程中挥发的油气；三苯蒸气回收装置吸收处理苯、二甲苯和航煤充装过程中挥发的油气。汽油、石脑油装车时，油气经 800#跨 961#油气管线进入轻油油气回收装置进行回收。三苯或航煤装车时，油气经 861#油气管线进入三苯蒸气回收装置进行回收。

具体工艺流程为装车时，油气以微正压经过密封管线集中并送入装置中，经液环压缩机加压至操作压力，压缩后的气体与柴油一起进入喷淋塔中部。在塔内通过切向旋流可将液体与压缩气体分离。油气在塔内由下向上流经填料层与自上而下喷淋的柴油对流接触，柴油会将大部分油气吸收，形成富集的柴油。富集的柴油经回液泵送往柴油储罐。剩下的油气以较低的浓度经塔顶流出后进入膜分离器。膜分离器将油气分成两股——含有少量烃类的截留物流和富集烃类的渗透物流。净化的截留物流中烃类的含量低于排放标准，可以直接排入大气。渗透物流与收集的油气相混合，进行上述循环。当装车完毕，油气汇总管内气体压力降低至设定值时，装置停车，具体如图 1 所示。

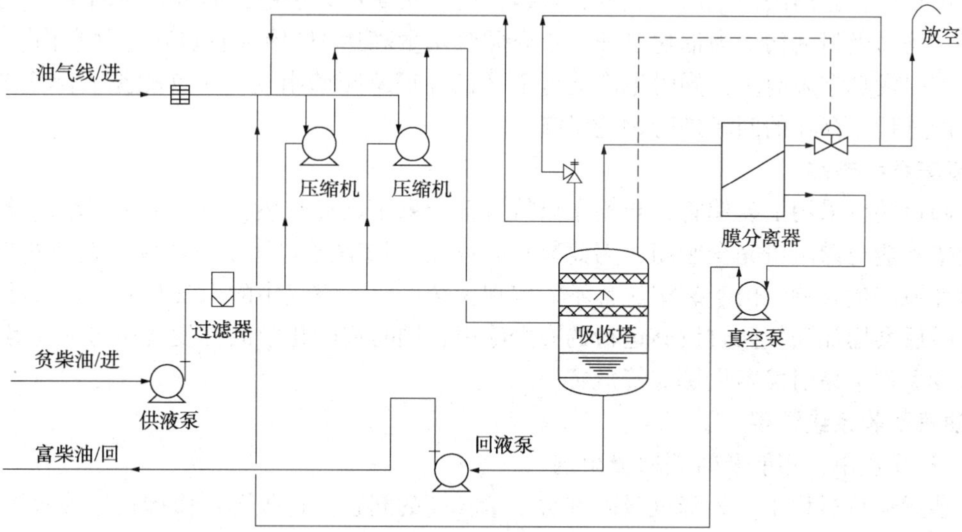

图 1　膜分离法油气回收装置工艺流程

该装置采用上位机+PLC(Programmable Logic Controller)模式控制，运行中实行多点监控，实时在线监测吸收塔液位高度、塔内压力、来油温度等数据，使整个装置保持动态平衡状态，这些监测点中有 25 个监测点参与联锁，其中任意一个数据达到联锁值都会造成装置停车。部分联锁逻辑见图 2。

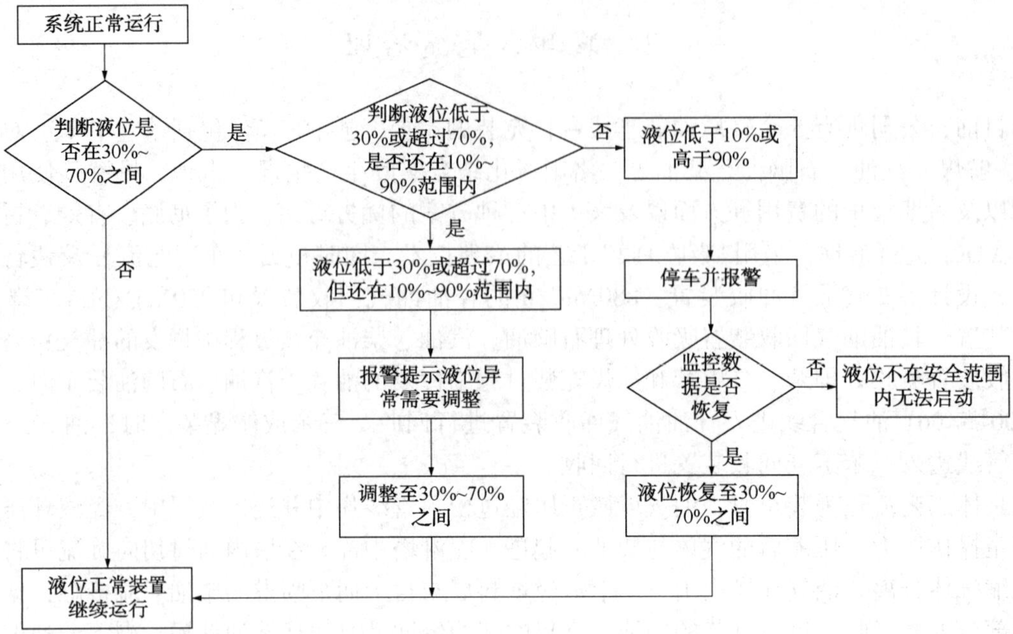

图 2 液位联锁逻辑图

3 存在的问题

洛阳石化膜分离法油气回收装置投入运行后，初期较为平稳，但因长时间生产，问题逐渐显现。例如吸附剂初期为催化柴油，该介质含水量高达1%导致有机膜组件损伤、真空泵乳化严重引发真空泵故障，同时生产运行不平稳等现象频繁出现。本文根据实际生产情况，总结生产过程中存在的问题进行讨论研究。

3.1 装车系统弊端

装卸台鹤位采用上装鹤管，与槽车口接触部分采用锥形胶垫密闭，由于槽车口设有呼吸阀，胶垫不能与槽车口完全密闭，因此装车时挥发气逸散到空气中，不仅会造成物料损失，还会对环境产生影响。由于装车流程不能实现完全密闭，空气中的水气和氧气进入油气收集系统管线后会增加油气回收设施运行的安全隐患，同时危险化学品挥发气体与氧气混合，在一定浓度条件下易引发着火爆炸等危害。

3.2 油气回收系统弊端

3.2.1 管线占用，不能及时获取吸附剂

在装置运行过程中，为降低吸附剂含水量较高的问题，将吸附剂由催化柴油改为直馏柴油。由于吸附剂需要用86#线从储运罐区运送至油气回收装置，如果油气回收装置需要吸附剂进行置换时，管线正好在进行其他油品输送作业时，两者就会产生冲突，需要等待管线作业完毕后才能进行吸附剂的置换，在一定程度上将会影响油气回收装置的运行。

3.2.2 含水率高

尽管将吸附剂从催化柴油改为直馏柴油，但油气中仍然含有一定量的水。油气中的水蒸气通过膜组件，对膜组件造成损害。同时水蒸气通过膜组件后，进入真空泵后造成润滑油乳

化，乳化后的润滑油会堵塞进油管导致润滑油不能流入压缩室，造成旋转体、轴承干磨损伤。

3.2.3 吸收剂温度过高

吸收剂要求的温度是≯35℃，但进入夏季后，气温逐渐上升。夏季6月下旬至9月中旬，室外温度最高达40℃以上，柴油吸收了压缩机工作产生的热量后温度会超过60℃，造成压缩机联锁停机，装置无法正常运行。柴油温度高还会影响吸收塔的吸收效率，造成油气回收不充分，环保不达标。

3.2.4 排放不达标

随着国家对尾气排放要求的提高，新标准实施后，尾气排放标准大幅提高，排放的尾气需满足《油品装载系统油气回收设施设计规范》(GB 50759)中规定的非甲烷总烃的质量浓度≤25g/m³、苯≤12mg/m³、甲苯≤40mg/m³、二甲苯≤70mg/m³的要求，油气去除效率≥97%[4]。因此对装置进行优化，降低尾气排放浓度，更好符合新排放标准是亟待解决的问题。

4 解决方案

4.1 装车工艺优化

面对胶垫不能与槽车口完全密闭导致油气挥发的痛点问题，装卸区域将轻质油装车栈台鹤管改为充气式气囊型密闭装车小鹤管，气囊采用耐苯氟橡胶，其优点为弹性、耐磨性、耐腐蚀性较好。装车时，密封气囊充气，气囊式密封帽通过空气腔外氟橡胶的变形适应一定范围内的偏差变化，密封面较好的贴合在槽车帽口，降低现场油气浓度，有效地优化了装车工艺，避免了油气挥发。

4.2 油气回收工艺优化

4.2.1 增设进料备用管线

装卸区域对804#油气回收装置收油用线进行跨线改造，将台四85#柴油成品油装车线跨线至804#油气回收装置收油用线，当86#直馏柴油管线被占用时，使用85#柴油成品油管线进行吸收剂的输送，充分解决了86#占用时无法输送吸收剂的难题。

4.2.2 进料方式改变

为解决含水率高的问题，装卸区域增设两个内浮顶罐，由从前吸收剂直供吸收塔，改为吸收剂先经过T-01、T-02两个内浮顶罐，沉降30min分钟脱水以后，再进入吸收塔，两个罐可容纳进料300m³，使装置循环运行8h左右，同期增加了两台罐的液位监控系统和内浮顶罐的远传液位计，实现了对罐内液位的实时监控。

4.2.3 增上制冷系统

为解决吸收剂温度过高问题，公司于2023年大检修期间新增一套就地安装的撬装制冷系统及一台柴油抽出泵。在启用油气回收设施前，用泵将柴油从罐T01/02抽出送至制冷撬装冷却，冷却后再返回至罐T-01、T-02储存，待油气回收设施启动后直接使用冷却后的柴油进行工作，降低吸收剂的温度，有效避免了因温度过高，造成压缩机联锁停机的隐患。

4.2.4 增加(Pressure Swing Adsorption，PSA)吸附装置

为响应国家新的尾气排放标准与规范，公司新增加了PSA吸附装置来降低尾气排放浓

度，其工艺流程如下：变压吸附单元有两组吸附罐(A-C 罐为Ⅰ组，B-D 罐为Ⅱ组)，每组吸附罐由一个(A 罐、B 罐)和一个(C 罐、D 罐)串联在一起，两组吸附罐采用并联安装。气体经过变压吸附罐时，吸附与解析过程是同时进行的，即一组吸附罐进行吸附过程的同时另一组吸附罐进行解析过程，两组吸附罐吸附与解析过程交替完成，每组吸附罐先后经过增压—吸附—泄压—抽真空—反冲洗过程。从膜分离器出来的截留物流经过Ⅰ组吸附罐进行吸附过程之前首先打开 PCV6190a 号阀门进行增压，压力达到设定值后进入吸附过程，绝大部分油气被吸附，未被吸附的气体在保证油气浓度不大于排放标准值的情况下直接排放至大气；Ⅰ组吸附罐进入吸附过程的同时Ⅱ组吸附罐进入解析过程，解析过程首先是进行泄压，Ⅱ组吸附罐压力泄压至设定值后打开 PCV6197 号阀门抽真空，抽真空一定时间后打开 PCV6190b 号阀门引入排放空气进行反冲洗解析，解析出的油气经真空泵循环至膜法回收系统入口，与收集的油气/空气混合物及经过膜分离起的渗透物流相混合，进行上述循环，解析时间达到设定值后打开号阀门给Ⅱ组吸附罐进行增压，增压后同样进入吸附过程(此时Ⅰ组吸附罐进入解析过程，即泄压—抽真空—反冲洗过程)，循环往复，具体见图 3。

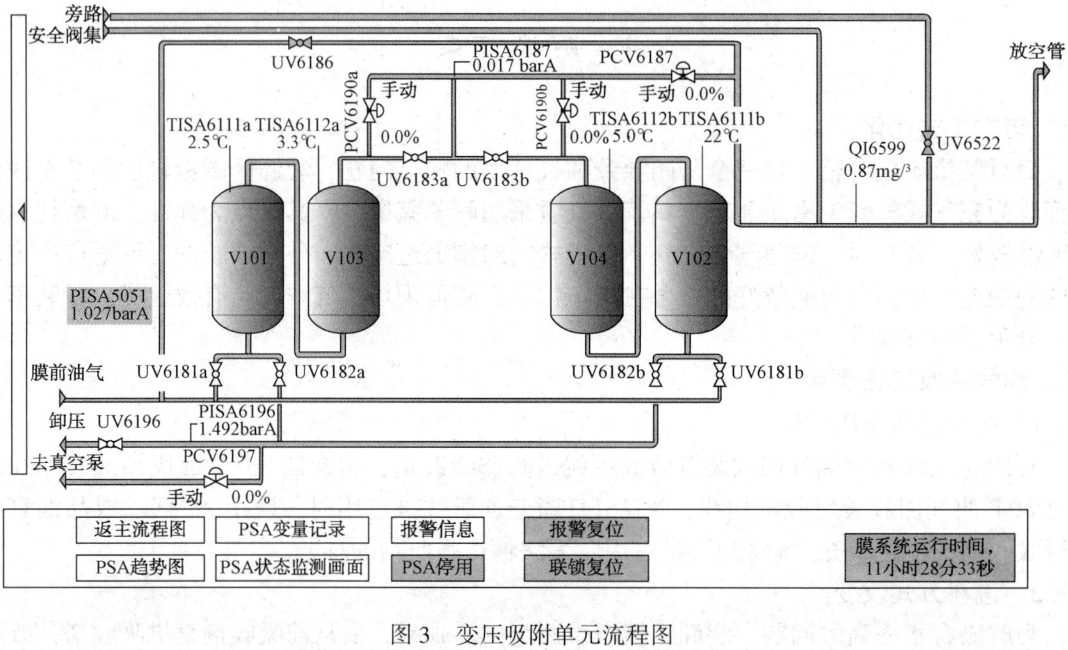

图 3 变压吸附单元流程图

5 结 语

通过实施以上措施，改进与优化了油气回收工艺与流程，为企业带来了经济和环保双赢的效益。经过计算，三苯和轻油两套油气回收装置年耗电费用约为 37 万元，每年可回收油品合计 411.74 万元，很大程度上减少了油品的损耗，提升了油品质量，为企业创造了一定的经济效益。同时 VOCs 主要成分为丁烷、戊烷、苯、二甲苯、乙基苯等，它们大多属致癌物质，油气挥发会造成环境污染、浪费资源、火灾隐患、危害人身安全等问题。油气回收装置的优化实现了油气达标排放、减少油气对现场操作人员的伤害、消除了火灾爆炸隐患，具有一定的社会效益。

综上所述，通过对 VOCs 回收处理技术的研究，可进一步降低或避免油品装运环节 VOCs 的泄漏挥发，减轻对环境的污染，减少资源浪费，获得一定的经济效益和社会效益。这是炼化企业实现节能环保发展目标的有效途径，更是符合国家环保政策日益趋紧的必然要求。

参 考 文 献

[1] 刘洋，郭兵兵，祝月全，等. 装车油气回收技术的研究[J]. 当代化工，2013，42(5)：641-644.

[2] 何少林，陈辉，李毅，等. 石油石化有机液体装载油气回收技术评估[J]. 油气田环境保护，2022，32(01)：17-20.

[3] 张志檩 . 国外石油化工信息技术应用展望[J]. 石油化工，2000(1)：55-62.

[4] 张德成，崔明凯，沃拓征 . 油气回收设施相关问题的探讨[J]. 当代化工，2021，50(05)：1124-1127.

空气中有害杂质对空分设备的危害

赵星策

（中国石油大连石化公司，大连 116000）

【摘要】 以空分设备实际运行情况为例，分析了目前工况下对空分系统有危害的空气中的杂质可能对空分设备造成的危害，并提出了解决方案，确保了空分装置的安全平稳运行。

【关键词】 碳氢化合物 液氧 分馏塔

1 前 言

目前大连石化分公司空分空压装置运行二空分 B 套空气分离设备，其氮气产量为 $8000Nm^3/h$，液氮产量为 $700Nm^3/h$。投产后，工艺的各项参数均运行正常，但经过连续运行一段时间后，于 2021 年 3 月分馏塔冷凝蒸发器总烃含量超标报警，后经分析查证，是由于分析管设备结构、制作质量等，造成的局部总烃节流积聚，附着在在线分析线管口或节流处，当化验分析时打开阀门，气体压力随之改变，使附着的总烃脱落汽化，随着气流到在线分析仪表，进而造成分析结果突变。

2 烃类物质分馏塔塔内的积聚过程

2.1 烃类物质的来源

空气分离设备的原料气均为空气，原料气中含有一定量的碳氢化合物以及一些其他的有害杂质，这些有害杂质在空气中的种类和百分比含量，与周围境有关，与气象条件，特别是风向等也有一定的关系，在类似石油厂、化工厂附近，其含量较其他地区高。在大连石化公司附近，近一年其有害杂质含量平均值见表 1。

表 1 空气分离设备原料气有害杂质含量平均值

项 目	乙炔	甲烷	总烃	二氧化碳
含量/(μL/L)	<0.5	2.8	4.4	453.6

2.2 有害杂质的物理特性

有害杂质气体是否会在空分塔内积聚浓缩，主要决定于这些有害杂质气体的沸点、在液空和液氧中的溶解度及其饱和蒸气压。沸点(相对于液空、液氧的沸点)越高、溶解度越大、饱和蒸气压越小，则越易在液空和液氧中积聚浓缩。由表 2 可见，这些有害杂质气体一旦进入塔内，极易积聚浓缩。

表 2 空气中一些有害杂质气体的特性数据[1]

杂质名称	分子式	标准压力下沸点/K	熔点/℃	90K 时在液氧中的溶解度/($\times10^{-4}$%)			90K 时的饱和蒸气压
甲烷	CH_4	111.5	89	980000			75.9
乙烷	C_2H_8	184.5	101	215000	128000		6.9×10^{-3}
丙烷	C_3H_8	203.6	83.1	50000	9800		1.1×10^{-5}
正丁烷	C_4H_{10}	272.6	134.8	860	175		2.5×10^{-9}
乙烯	C_2H_4	169	103.6	25700	20000		2.6×10^{-2}
丙烯	C_3H_6	226	85.5	6700	3600		2.2×10^{-5}
1-丁烯	C_4H_8	266.9	87.9	1000	109		2.7×10^{-8}
乙炔	C_2H_2	189.3	193.1	5.2	5.6	5.4	1.4×10^{-4}
臭氧	O_3	161.25	80.45	176000			1×10^{-1}
二氧化氮	NO_2	294.3	263.7	15			忽略不计
氧化亚氮	N_2O	184.5	170.6	70		74	2×10^{-5}
一氧化氮	NO_2	121.2	109.4	6			2.3
硫化氢	H_2S	212.2	190.5	50			8.5×10^{-5}
硫化碳	CS_2	319.1	164			0.32	3.98×10^{-10}

2.3 碳氢化合物在液氧中的积累原因

如上表所示，碳氢化合物的沸点都高于液空和液氧温度，且在 90K 时的饱和蒸气压均很低，这就决定了它们一旦进入塔，碳氢化合物均会在液空、液氧中积聚。正常情况下，只要连续排放 1%左右的液氧，就可防止碳氢化合物在液氧中的积聚。如果周围的工厂大量排放 CO_2 及碳氢化合物，分子筛工作负荷大幅增加，当分子筛不能有效吸附 CO_2 后，则 CO_2 和绝大分碳氢化合物就随压缩后空气进入塔内，就会在主冷中快速积聚浓缩。

3 碳氢化合物在液氧中爆炸的原理

3.1 碳氢化合物在液氧中爆炸的条件

燃烧或化学性操作必须同时满足三要素：即可燃物，助燃物及点火源。在空分系统中，液氧和气氧是始终存在的。科学研究证明，当碳氢化合物液氧中的含量达到其爆炸极限，且析出固体碳氢化合物后，再有足够引燃爆炸能量，才会发生爆炸。

3.2 引起爆炸的能量来源

对空分分馏塔来说，能够引起爆炸的能量来源主要有：

（1）乙炔、碳氢化合物等析出的固体与分馏塔内壁及主冷通道的摩擦、撞击产生的机械能。

（2）静电放电火花与干冰、分子筛粉末。固体乙炔等在液氧中沸腾时与器壁及主冷通道的摩擦、撞击，可产生很的静电电压(因液氧电阻极大)。当液氧中有干冰、分子筛粉末时，静电电压即可达 3000V。静电场强度取决于固体颗粒在液中的运动速度、杂质的数量和性质。对同种固体微粒，其运动速度快，杂质数量多，产生的静电电压则就迅速提高。静电电压即可引燃固体乙炔等碳氢化合物[2]。

3.3 其他因素

（1）臭氧(O_3)的因素：当臭氧存在时会导致碳氢化合物更易在液氧中，其引爆所需的冲击能则较无臭氧存在时小。

（2）氮氧化合物的因素：当二氧化氮与臭氧在液氧中同时存在时，碳氢化合物的爆炸敏感性就有很大提高。许多主冷爆炸事故报告指出，当空分塔附近其他装置向空气中大量排放氮氧化合物，即使液氧中乙炔含量比大气中无氧化氮时的乙炔含量低很多，但主冷仍发生了爆炸，可见氮的氧化物促进了主冷的爆炸。

综上所述，当主冷的爆炸下限，并达到其点燃能量后，爆炸就变得难以避免了。

4 防范烃类物质在分馏塔积聚爆炸的几个措施

为防范有害杂质在空分塔内的积聚、爆炸的基本要求：首先是空分装置的原料空气条件要好，大气中的有害杂质含量尽量不要超标；其次，当原料空气有害杂质超标不可避免时，净化后空气入塔前，要尽最大可能将其中的有害杂质净除掉；最后是一些有害杂质由于工艺手段有限不能去除干净，要避免其在分馏塔中积聚。

（1）原料空气尽可能干净

空分装置的选址应尽可能远离其他装置的排放口，尤其是远离排放物中烃类含量较高的装置，从源头上降低空分设备净化的负荷；在原料气入口处设置入口过滤器进而保护空分净化设备。

（2）加强对加工空气中有害杂质的净化

为保证有效净除空气中的有害杂质则必须好保证分子筛正常、高效的工作。

① 保证纯化系统中分子筛、活性氧化铝的质量完好，按时定期补充活性氧化铝，保证其吸附杂质的能力。

② 保证空气进入纯化系统的温度。根据实验表明，预冷效果不佳会严重影响分子筛吸附剂的吸附效果，严重的更会造成分子筛失活、分子筛带水以及净化后空气露点超标，在生产中我们要严格控制空气出空冷塔(冷冻机组)的温度，减少空气中的饱和含水量，来保证分子筛的负荷，以及净化后空气指标。

③ 保证分子筛纯化器的再生温度。操作员可以通过监盘和查看历史趋势，关注冷吹时出分子筛吸附器温度峰值要达到120℃以上，冷吹末期温度接近常温，出现“拐点”时分子筛吸附剂完全再生，恢复活性利于下次使用。如若再生不彻底，则会严重影响分子筛的活性，降低其吸附效果，严重的更会导致有害介质大量进入分馏塔，增加其爆炸风险。

④ 不超周期运行，按规定的工作周期运行，不得随便延长工作时间。特别要指出的是：当其他装置大量排放烃类物质或二氧化碳等有害杂质气体时，应密切注视净化后空气中上述有害杂质气体含量的变化，当发现有害杂质净化后含量有上升趋势时，则应立即缩短分子筛运行周期，如果采用上述措施后效果仍然不佳，则必须对分馏塔进行保冷停工，对低温设备进行加温吹除。

5 结 束 语

空分设备分馏塔总烃积聚爆炸是极其严重的事故，但只要在日常生产中注意操作，加强分析检测，在监盘过程中及时发现，及时上报，及时解决，就能避免爆炸事故的发生，从而实现安全生产、有效生产。

参 考 文 献

[1] 薛君玉. 空分生产中的安全技术[J]. 深冷技术，1975(3).
[2] 庄胜强，薛裕根. 制氧安全技术[M]. 北京：中国环境科学出版社，1988.

炼化企业隔油池的 VOCs 废气治理

刘云彬

（中国石油大连石化公司，大连 116000）

【摘要】 通过对大连石化公司一、二、三提升站 3 座隔油池排气量的研究计算，对隔油池进行密闭改造，增上稳定可靠无动力的 VOCs 治理设备，使治理后的 VOCs 浓度降到 30mg/m^3 以下，符合国家标准要求，有效解决了隔油池周边异味问题，达到了污染减排的目的。

【关键词】 隔油池 无组织排放 VOCs 治理

1 前 言

近年来石油化工行业空气污染引发的环保投诉数量呈现快速上升的趋势，VOCs 的无组织排放，硫化氢中毒致死事件频发。此外，VOCs 和 H_2S 分别是雾霾和恶臭污染的直接肇因。因此，工业污水集输系统中的无组织排放 VOCs 和 H_2S 污染问题日益受到重视。我公司污水提升站现有隔油池 3 座(一、二、三提升各 1 座)，是利用重力分离的原理，借助悬浮油、无机泥渣与污水的比重差实现分层分离，进而分离去除，将污水提升进污水处理场，含油泥渣外委处理。3 座隔油池主要污染物为非甲烷总烃、苯、甲苯、二甲苯等，目前虽为密闭污水池，但由于建设年代较早，存在密封不严以及局部敞口逸散的问题。因此，本次对隔油池的 VOCs 治理采用稳定可靠无动力的原位处理成型设备，最大限度减排 VOCs 并实现 VOCs 的有效控制。

2 提升站隔油池排气量

2.1 隔油池排气特征

提升站的 3 座隔油池经过密闭后，排气口接入现场安装的处理设备通过自然的呼吸作用排气，不采用风机进行抽吸，通过进水量的波动导致了液位的变化。

这种液位发生变化的污水池废气量计算是根据进液量确定大呼吸排气，废气排放最大量为来液量的 100%。液位变化的污水池废气排放量取决于液位与加盖间的空间体积变化，单位时间内来液量大，液位变化快，体积内压力变化强，最大排气量就高。因此需要通过人工不定期监控隔油池液位，主动控制其液位变化幅度不能过大，以降低污水池与外界的气体交换量。

2.2 隔油池排气量计算

根据液位变化计算排气量，正常运行时，当池内匀速进液，进液量小于 VOCs 治理设备的处理量时，空间压力缓慢升高，池内空间向外排气，气体依次通过处理设备的各个单元模块，实现呼出气体的净化处理，合格的排气从设备上部两侧的排气口排出；当进液量瞬间增大，液位瞬间上升，各污水池提升泵工作，液位会降低，池内空间压力也会降低，池内需补充外部气体进入池内，平衡池内压力。通过对提升站 3 座隔油池规格尺寸及日常运行中液位的数据，来计算最大排气量，见表 1。

表 1　隔油池排气量计算

序号	名称	规格/m	液位/m		最大排气量/(m^3/h)
			最低	最高	
1	一提升隔油池	25×14×4	1. 30	1. 66	5. 25
2	二提升隔油池	23×9×4	1. 77	2. 24	6. 95
3	三提升隔油池	27×12×4. 5	2. 62	3. 04	10. 99

3　VOCs 治理设备的选用

3. 1　设备组成及原理

VOCs 治理设备组成主要包括排风盖、挂架、保温箱体、预处理单元、FOA 膜单元、核心处理单元、底座。整机设计充分考虑了各保障性功能，包括防渗、防漏、防水、防冻、防静电、阻燃、隔爆等。

3. 1. 1　预处理单元

预处理单元的主要功能是去除废气中的水雾和油滴。通过微米级纤维结构对井内上升气流形成了曲折的通道，在惯性碰撞、扩散拦截和直接拦截三种过滤机理的作用下，水雾和油滴被超细纤维捕获，液体表面张力使小液滴聚结成较大型液滴，由于重力作用，回流至污水池。

3. 1. 2　膜分离单元

膜分离单元的主要功能是使 VOCs 等有害组分优先通过，且完全隔离水汽和油气，为其上部净化单元提供良好的运行条件，提高 VOCs 去除效果和效率。本设备采用的气体质子膜分离技术是一种新型气体分离膜技术，膜材料具有亲有机物、疏水的特性，其表面拥有特异性涂层，涂层上的特殊化合物利用特殊的结构域和范德华力吸附结合小分子有机物，并做跨膜运动。配合隔油池自带的呼吸作用，保证了在无动力情况实现可持续的分离和净化过程。

3. 1. 3　处理单元

处理单元依次包括三个核心技术模块，分别为氧化脱硫模块、SODO 催化氧化模块和生物触媒保安模块(见图 1)。

(1) 氧化脱硫模块

气体质子膜分离、筛选出的污染物质，首先通过氧化脱硫模块完成 H_2S 的分解和去除，该模块内填充的脱硫剂为稀土改性生成的特定金属氧化物，该金属氧化物可与 H_2S 发生反应，最终产物为金属硫化物和 H_2S。对比常规的固体脱硫法，脱硫精度和硫容更高且全反应过程无明显产热，更加安全高效。经氧化脱硫模块处理后的废气可达到 DB 11/447—2015

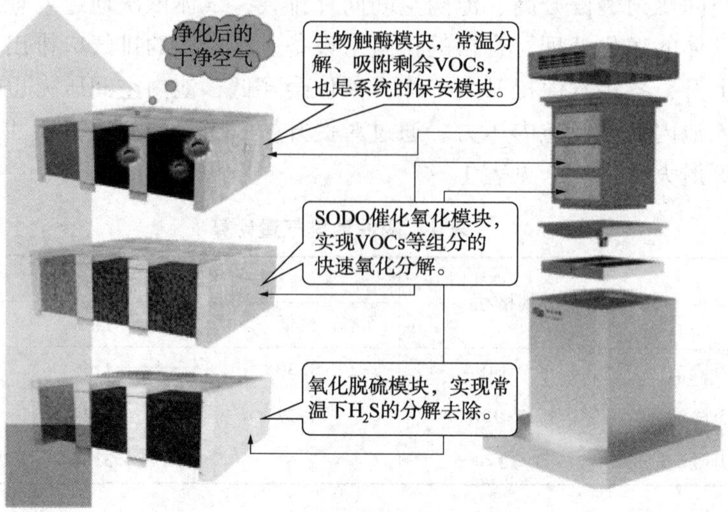

图1 核心处理单元技术原理图

《炼油与石油化学工业大气污染物排放标准》中其他产生或使用硫化氢的工艺单元要求的 H_2S 排放限值≤5mg/m^3。

（2）SODO 催化氧化模块

脱硫后的废气进入 SODO 催化氧化模块实现 VOCs 的催化氧化分解，SODO 催化氧化基于铁碳微电解反应机理，通过铁碳原电池形成局部微电流氧化有机污染物，最终分解成 CO_2、H_2O 和少量无机气体。SODO 技术最大创新点在于将纳米复合固态电解质（CSSES）应用其中，实现了铁碳微电解其在 VOCs 气体治理领域的应于。

（3）生物触媒模块

生物触媒模块为设备最后的保安模块，最后极少数不易氧化和未完全分解的 VOCs 组分在生物触媒模块实现分解和吸附，模块内含的填料是一种以高质量活性炭为载体负载生物酶制作形成的生物触媒活性炭，以生物酶分解为主、附带少量的吸附功能。生物酶本身不同于生物法，酶的本质是一种蛋白质催化剂，比生物法分解效率更快反应更彻底，比传统的活性炭吸附法极大地缩小了填料用量、同体积使用寿命更长。VOCs 废气经过处理后最终完全达到 GB 31570—2015《石油炼制工业污染物排放标准》大气污染物排放限值中有机废气排放口非甲烷总烃去除率≥97%的标准要求。

3.2 主要技术参数

设备主要技术参数如表 2 所示。

表 2 单台治理设备技术参数

项 目	技术参数
设计进口浓度	NMHC≤40000mg/m^3，H_2S≤200mg/m^3
设备处理效果	NMHC 去除率≥97%，H_2S≤5mg/m^3
设计运行风量	0~2m^3/h
运行环境温度	-30~60℃

4 实施方案

4.1 治理方案

依据规范要求，方案采用了稳定可靠无动力的原位处理成型设备，最大限度减排 VOCs，并实现 VOCs 的有效控制。

本此治理项目共涉及一、二、三提升站共 3 座隔油池。现有的隔油池虽为密闭隔油池，但是由于建设年代较早，部分存在密封不严情况，因此，对各隔油池的 VOCs 治理首先需要实现密闭改造，并预留密闭检修口，设集中排气口。

密闭改造后的隔油池的排气口与 VOCs 治理装置入口相连。根据液位变化计算，选择 VOCs 治理装置数量(见图 2)，正常运行时，当池内匀速进液，进液量小于 VOCs 治理装置的处理量时，空间压力缓慢升高，池内空间向外排气，气体依次通过处理设备的各个单元模块，实现呼出气体的净化处理，合格的排气从设备上部两侧的排气口排出；当进液量瞬间增大，液位瞬间上升，各污水池提升泵工作，液位会降低，池内空间压力也会降低，池内需补充外部气体进入池内，平衡池内压力，这时需安装单向阻火呼吸阀，从外将空气吸进池内，避免池内形成真空状态，影响污水输送。

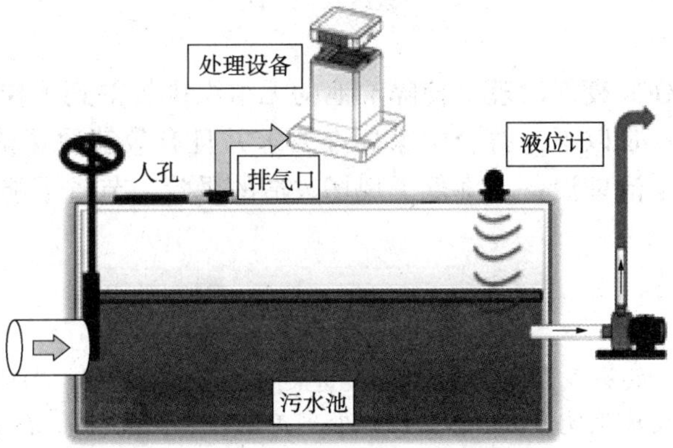

图 2 污水池治理方案示意图

4.2 设备选型方案

根据上述计算得出的 3 座隔油池的排气量，以及单台设备的主要运行参数，可以得出每个隔油池需增上的 VOCs 治理设备数量，见表 3。

表 3 隔油池配置设备表

序号	单元	尺寸/m	安装设备数量
1	一提升隔油池	45×14×4	4 台
2	二提升隔油池	43×9×4	4 台
3	三提升隔油池	27×12×4.5	6 台

4.3 方案实施后运行效果

提升站 3 座隔油池的 14 台 VOCs 治理设备经过 14 天的现场安装，在 2021 年 5 月底正式投用后，隔油池周边异味明显消失。通过环保监测单位使用便携式采样器，按照相关标准定期进行采样发现，VOCs 治理设备起到了显著的效果，废气排放浓度满足国家相关标准要求，见表 4。

表 4 提升站隔油池成绩（VOCs<30mg/m³）

日期	一提升隔油池	二提升隔油池	三提升隔油池
2021-6-2	2.26	4.62	5.20
2021-6-.3	1.72	2.62	13.1
2021-7-5	0.68	0.59	3.15
2021-7-7	0.77	1.42	11.9
2021-7-9	1.05	2.24	3.13
2021-8-3	1.20	4.55	13.1
2021-9-17	0.82	3.74	27.6
2021-10-29	0.61	3.02	17.8

5 结 论

提升站隔油池的 VOCs 废气治理，使隔油池的无组织排放得到了控制和管理，使治理后的 VOCs 浓度降到 30mg/m^{3}以下，符合国家标准要求并且有效解决了隔油池周边异味问题，采用的可靠无动力 VOCs 治理设备，降低了现场改造的风险，节省了能源消耗的成本，达到了污染减排的目的。

参 考 文 献

[1] 王瑜华. 大气中 VOCs 的污染现状及治理技术研究进展[J]. 环境与发展，2020，32(05)：80-81.
[2] 邹智. 炼油化工污水集输系统 VOCs 恶臭气体处理工艺技术比较[J]. 石油化工，2022，38(01)：57-60.

膜分离技术在 2# EOEG 装置中的应用

秦金超

（中国石化镇海炼化公司烯烃二部，宁波 315207）

【摘要】 介绍了膜分离设备 PK-201 在镇海炼化 2#EOEG 装置的应用情况：通过乙烯、甲烷回收率及氩气、氮气的截留率以及回收气量的技术对 PK-201 运行性能进行了评价，并提出了改善建议。

【关键词】 膜分离 氩气 乙烯 EOEG

1 气体膜分离技术的发展

膜是指分隔两相界面，并以特定的形式限制和传递各种化学物质的阻挡层。其主要利用了混合组分中各组分在膜透过的速率不同进而实现分离，相比于其他分离过程，膜分离具有过程简单环保、能耗低、效率高等优点。膜分离主要用于微米、纳米及亚纳米尺度的物质分离，广泛用于海水淡化、药物提取及气体分离领域[1]。人类对气体膜分离技术的研究始于1829 年，1931 年有学者用高聚物膜进行了氢气和二氧化碳混合气的渗透试验，发现了不同气体分子透过膜速率不同的现象，揭示了用膜实现气体分离的可能性。1979 年，美国 Monsanto 公司研制出“prism”气体分离膜装置，通过在聚砜中空纤维膜外表面上涂敷致密的硅橡胶表层，成功地将之应用在合成氨弛放气中回收氢气[2]。此成果在全世界引起巨大反响，成为气体分离膜技术发展中的里程碑。

经过近百年的研究，气体分离膜也开辟出了多孔膜和致密膜两种分离膜，其中致密膜已经广泛应用于工业生产。致密膜往往由橡胶态的聚合物高密度堆积而成，其分离机理为溶解扩散机理并非孔径筛分(即人们常说的小分子通过、大分子被截留)，气体传输过程分三步：第一步，气体的吸附溶解过程，气体在膜上表面被吸附、凝聚、溶解；第二步，气体在膜内的扩散过程，在膜两侧的压力差以及浓度差的推动下，被吸附的气体分子按照不同的速率扩散到膜的另一侧；第三步，气体分子的解吸过程，气体在膜的下表面解吸出来，脱离膜面。

氮气、氩气动力学直径更小(即人们常说的小分子)更容易通过膜内传输通道，但是根据相似相溶原理，有机气体对有机膜的亲和性更好，更容易吸附在膜面从而占领膜内传输通道。最终使得机气体透过膜的速率大于氮气、氩气等气体。这一现象使得膜分离技术广泛应用于有机气体如乙烯、可挥发性有机物(VOCs)回收等领域。

2 2#EOEG 装置中的膜分离应用

2.1 氩气的引入与危害

镇海炼化 2#EOEG 装置主要反应流程如下：原料乙烯、氧气反应产生环氧乙烷(EO)，

EO 与水反应产生乙二醇(EG)。当前所使用的氧气由深冷技术产生，即利用空气中各组分的沸点不同(氧气沸点：-182.9℃、氩气沸点：-185.9℃、氮气沸点：-195.8℃)，将各个组分剥离开来得到高纯度的空气产品如氧气、氮气等。由于氧气和氩气沸点接近，获得的氧气产品往往携带微量的氩气。

氩气的积累对装置主要有三个危害：(1)氩气分子量为 40，相对氧气、乙烯、甲烷等主要循环气组分分子量较大，会加重循环气压缩机 K-201 负荷；(2)氩气的比热容较小，所能携带的热量低，在经过反应器床层时带走的热量较少，这使得反应器床层更容易产生热点，甚至产生飞温，导致装置跳车；(3)氩气会降低循环气的氧限值，从而降低反应器操作裕度。

循环气中氩气的脱除对于 2#EOEG 装置而言至关重要。相比惰性气氩气，乙烯等透过有机分离膜的亲和性更高、透过速率更高，使得膜分离技术得以应用于 2#EOEG 装置中循环气中氩气的脱除。

2.2 膜回收装置 PK-201 介绍

在 2#EOEG 装置中，膜分离设备主要的作用是脱除氩气、氮气回收乙烯、甲烷等，故也被称为膜回收，设备位号 PK-201。PK-201 所使用的分离膜为聚甲基辛基硅氧烷/聚丙烯腈复合膜，其中聚甲基辛基硅氧烷(POMS)构筑的致密膜层起分离作用，聚丙烯腈(PAN)构成的支持层膜层，起支撑作用。

PK-201 流程如图 1 所示，原料气先经聚结过滤器(PK201-F01)，脱除气体中可能夹带的液滴和粉尘，主要因为明水会使得 POMS 膜发生溶胀，粉尘会破坏膜面，从而降低分离膜的使用周期。而后原料气由缠绕在管外的三根电伴热带加热，使膜分离器进气温度高出 3~8℃，防止液滴产生。膜分离器共两级，一级膜分离器(PK201-S01A/B)共两台并联，二级膜分离器(PK201-S02)设一台。原料气在膜前后压差推动下，渗透侧得到富集乙烯气(亦称渗透气)，被截留的气体(亦称尾气)经送至下游装置作燃料气。

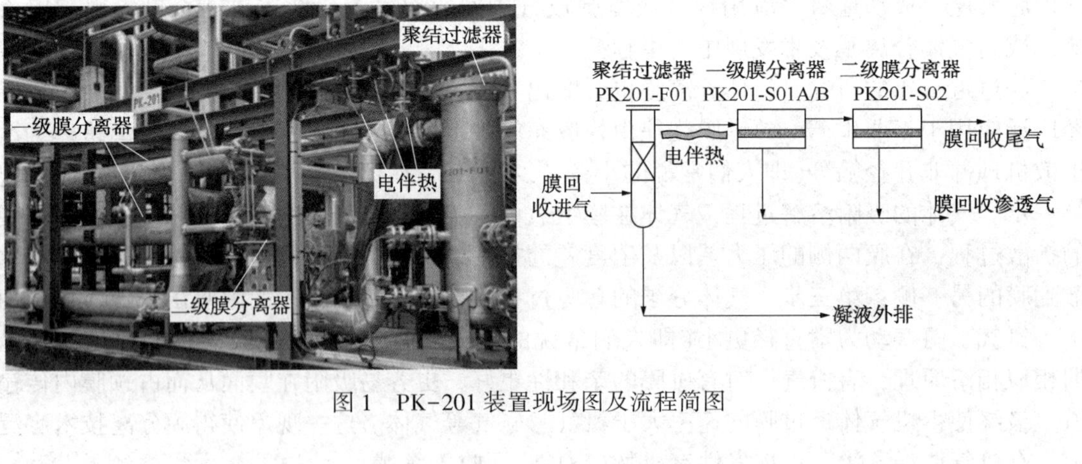

图 1 PK-201 装置现场图及流程简图

3 膜回收 PK-201 性能评价

3.1 PK-201 当前运行情况简介

2#EOEG 于 2022 年 1 月 17 日开车成功产出合格 MEG 产品，至今已运行 9 个月，这期间 PK-201 运行稳定。当装置负荷 100%(SOC)稳定运行期间，PK-201 主要物料进出如图 2 所示，5.46t/h 的 31.5℃循环气排放气，经 FCV-20202 进入 PK201-F01 脱水，由电伴热加热至 32.2℃后进入膜分离器，产生尾气 1217kg/h 进入 5#动力中心用做燃料气。PK-201 的渗透气经 PCV-20208 进入压缩机 K-301 加压后返回循环气系统。

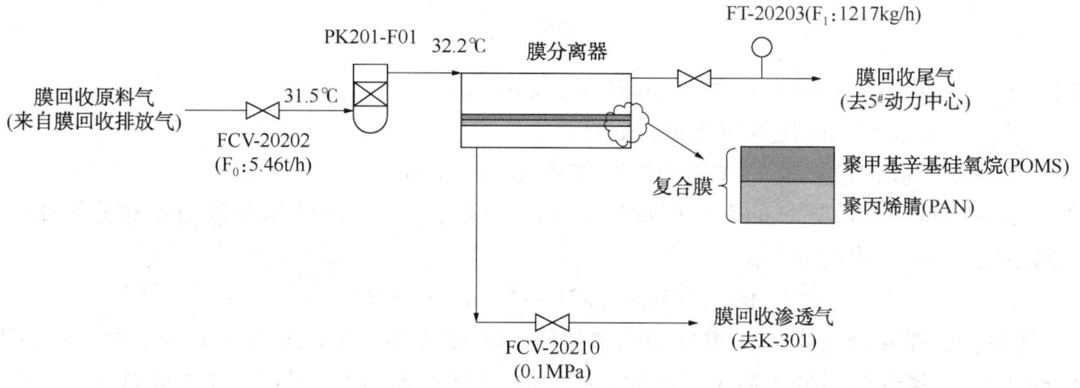

图 2　PK-201 简单示意图

在装置 100%负荷运转稳定的前提下，维持 PK-201 的进料、出料及压力、温度参数不变，分别于 7 月 23 日、7 月 24 日上午 9：00 对膜回收的原料气、尾气进行采样分析，结果如表 1、表 2 所示。

表 1　PK-201 原料气组分表

气体组分	O_2	Ar	N_2	CH_4	C_2H_6	C_2H_4	C_3H_6	CO_2
7 月 23 日组分分析/%(mol)	4.16	0.28	3.37	57.27	0.01	33.98	0.01	0.91
7 月 24 日组分分析/%(mol)	4.28	0.24	3.48	57.09	0.01	33.96	0.01	0.91
平均值/%(mol)	4.22	0.26	3.43	57.18	0.01	33.97	0.01	0.91

表 2　PK-201 尾气组分表

气体组分	O_2	Ar	N_2	CH_4	C_2H_6	C_2H_4	C_3H_6	CO_2
7 月 23 日组分分析/%(mol)	8.88	0.68	8.08	66.95	0.01	15.12	0.01	0.29
7 月 24 日组分分析/%(mol)	9.00	0.58	7.68	67.18	0.01	15.24	0.01	0.30
平均值/%(mol)	8.94	0.63	7.88	67.07	0.01	15.18	0.01	0.295

由表 1、表 2 可知，7 月 23 日、7 月 24 日的膜回收进气、尾气组分含量基本一致，这表明循环气中氩气含量稳定，无氩气积累现象，PK-201 运行稳定，能满足装置的脱氩需求。

3.2　PK-201 运行参数计算

膜回收供货商承诺四项性能指标，分别是：(1)乙烯回收率：>88.2%(一个催化剂周期内的保证值)，性能保证值：>92%(100%工况下)；(2)氩气脱除量：不小于 2.62kmol/h(SOC)；不小于 3.56kmol/h(EOC)(3)氮气脱除量：不小于 0.14kmol/h(SOC)；不小于 0.19kmol/h(EOC)；(4)渗透气压力：0.099MPa。

为了解 PK-201 实际运行情况及查验 PK-201 性能是否达到装置初期(SOC)100%负荷运行性能指标，并为以后装置的节能降耗工作做好铺垫，需对 PK-201 的运行性能进行计算评价。

3.2.1 氩气及氮气的脱除量计算

氩气及氮气的脱除量，主要由膜回收的尾气排放流量及尾气中的摩尔分数依据式(1)，计算而来。

$$f_a = C_a \times \frac{F_1}{M_1} \tag{1}$$

式中 f_a——即混合气体中A组分的排放量，kmol/h；

F_1——即膜回收的尾气排放量，kg/h；

C_A——即膜回收尾气的A组分的摩尔分数，%(mol)；

M_1——即膜回收尾气的平均相对分子质量，即各个组分的摩尔分数与相对分子质量的乘积之和，具体如式(2)所示。

$$M = C_a \times M_a + C_b \times M_b + C_c \times M_c + C_d \times M_d + \cdots \tag{2}$$

其中，C_a即混合气体中A组分的摩尔分数，M_a即A组分的相对分子质量，C_b及M_b即B组分的摩尔浓度和相对分子质量，以此类推。根据上述式(1)、式(2)可计算氩气、氮气的排放量如表3所示。

表3 PK-201尾气中氩气、氮气的排放量

项 目	7月23日	7月24日	平均值	设计值
Ar排放量/(kmol/h)	0.40	0.35	0.38	2.62
N_2排放量/(kmol/h)	4.81	4.58	4.70	0.14

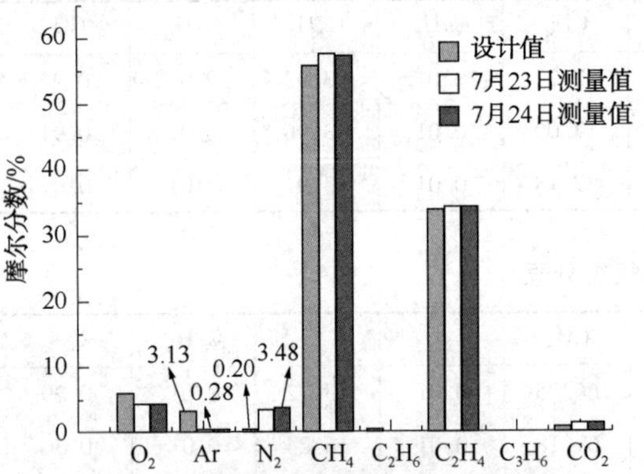

图3 膜回收进气组分的设计值与实际运行值对比

由表3可知，PK-201对氩气的排放量为0.38koml/h，远小于设计值2.62kmol/h，而氮气的排放量为4.70kmol/h远大于设计值0.14koml/h。结合表1，当前的氩气脱除量虽未能达到设计值，但是已经满足系统的脱氩需求。为进一步探究氩气及氮气的脱除量与工艺设计差别较大的原因，将实际循环气组分与工艺设计值对比如图3所示，按设计：氩气含量为3.13mol%，氮气含量为0.20mol%，但是实际运行中氮气含量3.48mol%，而氩气含量为0.20mol%。氩气主要由氧气带入系统，按设计氧的纯度为99.8%，而实际纯度达到99.90%，氧气纯度提高是系统内氩气含量低的主要原因。对膜传输而言，膜上游的组分含量越高，该组分通过膜的量越多。因此在实际运行中，膜回收的氩气排放量小于设计值，而氮气排放量大于设计值。

3.2.2 乙烯、甲烷回收率及氩气、氮气的截留率

分离膜对某组分截留率越高，则该组分越难透过膜。原料气中各组分的截留率用R_1表示，回收率用R_2表示，计算公式如下式

$$R_1 = \frac{f_{a1}}{f_{ao}} \times 100\% \tag{3}$$

$$R_2 = 1 - R_1 \tag{4}$$

其中，f_{a1}代表膜回收尾气中的 A 组分流量，kmol/h；f_{a0}为膜回收进气中的 A 组分总量，kmol/h。可根据式(3)、式(4)计算 PK-201 对循环气中各组分的截留率及回收率如表 4 所示。

表 4 PK-201 原料气的各个组分的回收率及截留率

项　目	7 月 23 日	7 月 24 日	平均值
C_2H_4回收率/%	89.59	89.47	89.53
CH_4回收率/%	72.66	72.40	72.53
O_2回收率/%	50.07	50.67	50.37
Ar 截留率/%	56.8	56.69	59.75
N_2截留率/%	56.08	51.77	53.92
CO_2截留率/%	7.45	7.74	7.59

据表 4 可知，氧气、甲烷、乙烯的回收率依次增大，这主要因为有机硅膜 POMS 对该三种气体亲和性逐渐增大，相对氧气和甲烷，乙烯分子更容易在吸附在膜表面，继而完成膜传质。其中，乙烯的回收率达到 89.53%，高于一个周期内的保障值 88.2%，但是小于 100% 负荷下的性能指标 92%。另外，由于 CO_2的动力学直径较小，且对有机硅类膜材料亲和性较好，故 PK-201 对 CO_2的截留率只有 7.59%。由于氮气、氩气都是惰性气体，氮气的动力直径(0.36nm)略小于氩气的动力学直径(0.38nm)，故 PK-201 对氮气的截留率略小于氩气。

3.2.3 PK-201 的气体回收量

为进一步考察 PK-201 的气体回收效果，将膜回收脱氩与直接排放循环气脱氩的气体损失量作对比。由上文可知，当前氩气排放量 0.38kmol/h，在已知膜回收进气及尾气的气体组分的情况下，可计算上述两种脱氩方式造成气体的损失量如表 5 所示。

表 5 两种脱氩方式导致的循环气各个组分损失量

项　目	总量	Ar	N_2	CH_4	O_2	C_2H_4
7 月 23 日气体损失量/(kmol/h)	59.49	0.40	4.81	39.82	5.28	8.99
7 月 24 日气体损失量/(kmol/h)	59.60	0.35	4.58	40.04	5.36	9.08
平均值气体损失量/(kmol/h)	59.55	0.38	4.69	39.93	5.32	9.04
直接排放气体损失量/(kmol/h)	144.23	0.38	4.94	82.47	6.09	48.99

由表 5 可知，在脱除 0.38kmol/h 氩气的前提下，PK - 201 使得甲烷和乙烯的损失量在 39.93kmol/h 和 9.04kmol/h。同样前提下，直接排放循环气的方式将会损失甲烷 82.47kmol/h、乙烯 48.99kmol/h。由此可见 PK-201 对甲烷和乙烯有明显回收效果。为进一步考察 PK-201 的回收效果，由直接放空循环气排放量减去膜回收尾气的排放量，并做单位转化即得 PK-201 的实际回收气体量如图 4 所示。

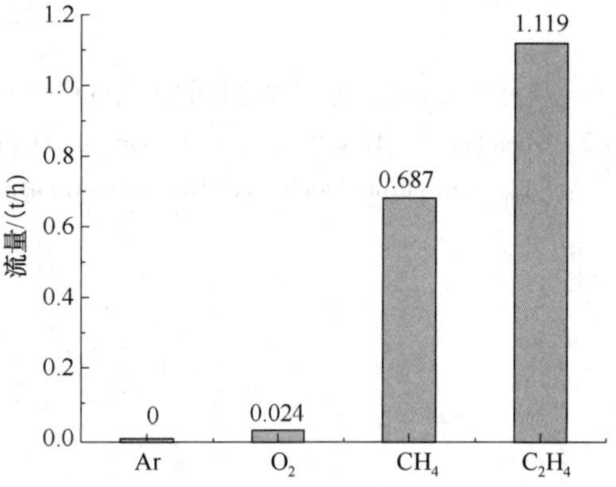

图 4 PK-201 循环气中氧气、甲烷、乙烯的回收量

由图 4 可知，PK-201 每小时回收约 1.189t 乙烯、0.687t 甲烷及 0.024t 氧气。按设计装置每

年运行 8000h，则相比直接排放循环气脱氩气的方式，PK-201 每年约为装置节省 9512t 乙烯、5496t 甲烷及 192t 氧气。

4 改善建议

当前 PK-201 的虽能满足工艺需求，但与给定性能指标有所差距，在今后的生产中可从以下几个方向改进。

（1）乙烯回收率仅为 89.53%，未能达到设计值 92%。在实际运行中膜回收渗透气压力为 0.105MPa 大于设计值 0.99MPa，可降低膜回收渗气压力，使得膜回收推动力——膜前后压差提高、渗透气量提高最终乙烯回收率上升。此做法会导致循环气中氩气含量提高，但是相应的 PK-201 的氩气截留率也会提高，故循环气中氩气的含量会达到一个新的平衡值。可在不影响反应的情况下，逐步降低渗透气压力，提高乙烯回收率。另外此做法会导致膜回收尾气流量下降、且氩气、氮气浓度上升则膜回收尾气热值下降，应与尾气接收的下游装置做好沟通。

（2）可在保证反应器选择性及活性的前提下，适当降低膜回水的尾气排放量，此操作会从而达到降低乙烯损耗的目的。此做法会导致循环气中氩气含量提高，但是可最大限度地回收乙烯。可在不影响反应的情况下，逐步降低膜回收尾气排放量。另外此做法会影响尾气接收的下游装置，应提前做好沟通。

（3）当前乙烯回收率低的根本原因是 POMS/PAN 分离膜对乙烯/氩气的分离选择性不够高，下次更换膜组件时可选用具有更高分离选择性的分离膜。

（4）循环气中氮气浓度较设计值偏高，氮气的存在一定程度上占据了乙烯在分离膜中的分子传输通道，可通过调整涉 EO 安全阀的氮气吹扫量等操作降低循环气中氮气含量，继而提高乙烯回收率。

（5）按设计，膜分离器进气温度应高于聚结过滤器前原料气 3~8℃，但是实际在电伴热全开的情况下仅高出约 0.7℃，这可能导致进气中的微量气体水分子在膜分离器中液化形成小水滴继而破坏分离膜结构降低分离效果、缩短分离膜使用寿命。故需增加电伴热，提高膜分离器进气温度以保证分离效果及分离膜的使用寿命。

参 考 文 献

[1] 申静，王志斌. 分离膜材料的研究进展与发展趋势[J]. 广州化工，2018，46(22)：17-20.

[2] Guenther A，Hewitt C N，Erickson D，et al. A global model of natural volatile organic compoundemissions [J]. Journal of Geophysical Research Atmospheres，1995，100(D5)：8873-8892.

物流罐区“冷凝+吸收”工艺处理装车区 VOCs 尾气超标原因浅析

高　星　李　宁

（中国石化长城能源化工（宁夏）有限公司公用工程运行部，银川 750411）

【摘要】 介绍了中国石化长城能源化工（宁夏）有限公司物流罐区装车区新建VOCs处理装置的工艺流程，试车的过程及存在的问题，从设计风量、气相流速、甲醇吸收饱和、环境温度等方面浅析了尾气超标的原因。

【关键词】 VOCs　冷凝　吸收　超标分析

1　引　　言

VOCs易分解，易挥发，能参加大气光化学反应，在阳光下产生光化学烟雾，能够以总挥发性有机物（TVOC）、非甲烷总烃（NMHC）为污染物控制项目来表征其总体排放情况[1]。按其化学结构可以分为：烃类（烷烃、烯烃和芳烃）、酮类、酯类、醇类、酚类、醛类、胺类、腈（氰）类等，VOCs超过一定浓度时，会刺激人的眼睛和呼吸道，同时会通过血液-大脑并损害人体中枢神经。而化工行业排放的VOCs一直是造成污染的主要来源。因此，针对工业废气中VOCs处理技术与应用的探索随着环保要求的提高也显得意义重大，如何有效控制并减少化工行业VOCs排放至关重要，而且备受行业所关注。

根据化工企业的具体生产过程，VOCs排放主要来自设备动静密封点泄漏、有机液体储存与调和挥发损失、有机液体装卸挥发损失、废水输送、储存、处理处置过程逸散、燃烧烟气排放、工艺有组织排放、工艺无组织排放、采样过程排放、火炬排放、循环冷却水系统释放、非正常工况（含开停工及维修）排放、事故排放[2]。化工行业内常用的治理工艺方式主要包括热破坏法、变压吸附分离与净化技术、吸附法和氧化处理方法等，几种工艺各有优势，但核心思想依然是从“源头消减、过程控制、末端治理”三个方面对废气进行分类收集、分质处理。

2　宁夏能化 VOCS 装置存在的问题

2.1　宁夏能化罐区 VOCs 治理装置简介

宁夏能化公用工程运行部物流罐区装车区采用重庆川维石化工程有限责任公司设计方案，即“低温冷凝+甲醇洗涤吸收+水洗吸收工艺”对罐区装车区VOCs进行控制治理。主要对汽车、火车液体灌装过程中产生的挥发性有机气体进行收集处理。其中，对醋酸乙烯火车装车和醋酸乙烯汽车装车的 VOCs 废气收集处理设计量 300Nm³/h，甲醇火车装车和甲醇、醋酸甲酯汽车装车的 VOCs 废气收集处理设计量 300Nm³/h，VOCs 治理规模为 600Nm³/h。VOCs 废气经冷凝器冷凝、低温甲醇喷淋洗涤和水洗塔洗涤后的 VOCs 气体总的非甲烷总烃控制在 100mg/m³内。排放气满足 GB 37822—2019《挥发性有机物无组织排放控制标准》中对挥发性有机液体储罐有机物无组织排放控制的要求，具体去除率和排气指标如表 1 所示。

表 1　达标尾气限值

污染源	污染物	排放限制/(mg/m³)	依　据
工艺废气	非甲烷总烃	去除率≥97%	GB 31571—2015《石油化学工业污染物排放标准》
	VAC	20	
	甲醇	50	

2.2 工艺流程简介

醋酸乙烯、醋酸甲酯和甲醇火车装车或汽车装车产生的 VOCs 尾气经废气冷凝器(E099402)冷凝(-2℃)，不凝汽送入两串联的甲醇洗涤塔(T099403)、(T099404)，两甲醇洗涤塔采用串联的方式，新鲜甲醇从甲醇洗涤塔(T099404)顶部进料，VOCs 从甲醇洗涤塔(T099403)底部进气，每个甲醇洗涤塔为三段填料塔，从塔的中下部进行侧采，利用循环泵打循环，送至塔中上部进行逆流洗涤吸收，为保证喷淋密度，利用甲醇洗涤塔塔釜泵(P099406A/B/C)将塔釜液送至甲醇洗涤塔(T099403)顶部作为吸收液。甲醇洗涤后的 VOCs 气体中富含甲醇和微量产品，再经水洗涤塔(T099406)洗涤其中的甲醇，水洗涤塔为两段填料，由于甲醇与水互溶，考虑一次吸收，仅少量返回至第二段填料上部循环洗涤，水洗后总的非甲烷总烃控制在 100mg/m³内。塔内填料及布水器如图 1、2 所示。

图 1　塔内填料

图 2　槽盒式溢流分布器

上面两股水洗后的 VOCs 气体分别进入对应的吸风机，风机最大抽吸压力为-5kPa，甲醇洗涤塔采用的甲醇为-2℃低温甲醇，用于吸收醋酸乙烯或醋酸甲酯；水洗涤塔(T099405/6)洗涤液为常温工业水，用于吸收经甲醇洗涤后 VOCs 尾气中的甲醇。装置建成后，自 3 月 2 日开始吹扫、水洗及尾项处理，3 月 19 日正式投料试车，为期 1 个月的调试工作，采取了三段水洗、冷凝+三段水洗、冷凝+甲醇洗+水洗、冷凝+低温甲醇喷淋洗+水洗工艺、冷凝+

低温新鲜甲醇喷淋一次洗+水洗的工艺方式进行验证，出气非甲烷总烃始终无法≤100mg/m³。因此，在本文中将对运行过程超标原因展开分析。

2.3 测试过程出气指标无法稳定达标

本次投料试车过程以近化工装置倒开车方式，充分暴露后工序在工艺、设备和操作方面的问题，及时加以整改，以保证主装置投料后顺利打通全流程，做到投料试车一次成功，缩短试车时间，降低试车成本。第一阶段使用甲醇洗涤塔注水加水洗塔三段水洗方式进行测试，第二阶段三段水洗加冷冻机方式进行冷冻冷凝效果测试，第三阶段甲醇洗涤塔T099401/T099402注入精甲醇，打通VAC废气系统冷凝+甲醇洗+水洗工艺路线，甲醇甲酯废气仍沿用三段水洗+冷凝工艺路线，第四阶段冷凝+低温甲醇喷淋+甲醇洗+水洗工艺路线。

3月19日将T099401-T099406塔内注入生活水，打开汽车装车站台废气管线阀门。3月20日VOCs废气通过冷凝器超越管线并入系统，开始三段水洗测试，于3月21日-23日装车过程中取甲醇、VAC进出气样品并做分析气相。甲醇甲酯废气管线进口甲醇分析结果0.06%、出气0.02%，VAC废气管线进口VAC分析结果1648PPm，出口568ppm。3月24日至28日启动冷冻机组并投用冷凝器，VOCs废气从超越管线切回冷凝器入口。冷冻机组供回水温度在-5到-8.9℃区间，3月29日-4月2日开始采用冷凝+甲醇循环洗+水洗比对低温甲醇喷淋洗工艺路线，装车过程中取样2个分析出气指标中醋酸乙烯含量分别为65mg/m³和46mg/m³，分析结果单位换算如下：

浓度单位ppm与mg/m³的换算：

$$C=C'\times M/22.4\times 273/(273+t)\times Pa/101325 \qquad (1)$$

式中 C——以mg/m³表示的气体污染物质量浓度；

C'——以ppm表示的气体污染物体积浓度；

M——污染物的分子量；

22.4——空气在标准状态下(0℃，101.325kPa)的平均摩尔体积；

t——大气环境温度，℃；

Pa——大气压力，Pa。

因近期环境温度在10℃以内，暂不考虑环境温度影响，因此换算公式采用：$C=C'\times M/22.4$。

通过4种工艺方式，出气指标如图3所示

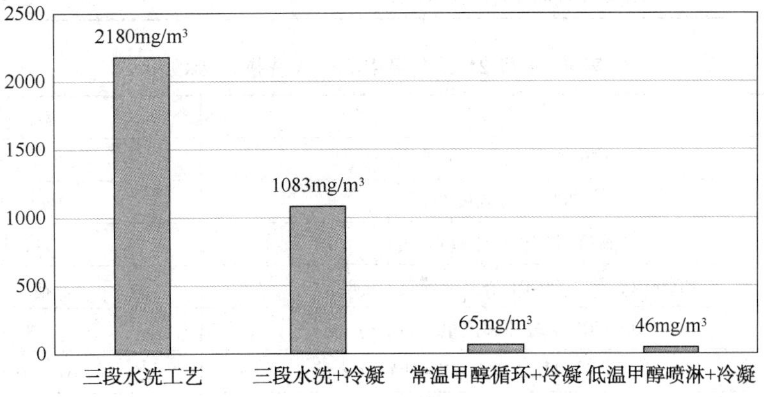

图3 四种工艺出气指标对比

3月30日同时装4节VAC火车和2个VAC汽车分析405水洗塔末端尾气中甲醇、VAC含量，目的判定T099401、T099402塔在注入甲醇循环后甲醇挥发量及VAC吸收率。分析结果见表2。

表2　3月30日VAC装车分析数据

甲醇洗涤塔T099401+099402+099405(VAC废气系统)					
火车数量	汽车数量	风机设定负压	出气VAC含量	出气甲醇含量	理论风量
4车	2车	-1.2kPa	23.04mg/m³	642mg/m³	300Nm³/h

4月20日至21日经与设计院沟通采取VAC废气系统使用低温新鲜甲醇一次洗，无循环模式进行测试，采取工艺路线(液)甲醇汽车泵(新鲜甲醇)→板式换热器→T099402塔→塔釜泵P099405C(额定1.5m³/h)→T099401塔→塔釜泵P099405A(额定1.5m³/h，运行控制1.7m³/h)→甲醇缓冲罐暂存；(气)装车站台→E099401→T099401→T099402→T099405→C099402风机→至取样点(高排)，21日分析结果挥发性有机物：Max(100↑)Ave(88.28)Min(18.95)，22日分析结果挥发性有机物：Max(100↑)Ave(97.08)Min(51.52)，运行参数如表3、表4所示。

表3　4月20日一次低温甲醇洗操作参数

序　号	关注参数	数　据
1	VOCs气量/(Nm³/h)	49.5-198
2	板换出口温度/℃	-4.13-4.73℃(Ave-1.13)
3	新鲜甲醇投加量/(m³/h)	1.71
4	T099402至T099401塔釜液流量/(m³/h)	额定1.5
5	T099401至缓冲罐流量/(m³/h)	1.68
6	冷凝器入口压力PT-099401A/kPa	Ave(-0.08kPa)
7	冷凝器入口压力PT-099401B/kPa	Ave(-0.08kPa)
8	甲醇洗涤塔T099401入口压力/kPa	Ave(-0.19kPa)
9	甲醇洗涤塔T099402入口压力/kPa	Ave(-0.24kPa)
10	风机C099402入口压力/kPa	Ave(-0.29kPa)
11	水洗塔T099405置换流量/(m³/h)	2.35

表4　4月21日低温甲醇一次洗操作参数

序号	关注参数	数　据
1	VOCs气量/(Nm³/h)	198
2	板换出口温度/℃	Ave(-2.29)
3	新鲜甲醇投加量/(m³/h)	1.70
4	T099402至T099401塔釜液流量/(m³/h)	额定1.5
5	T099401至缓冲罐流量/(m³/h)	1.62
6	冷凝器入口压力PT-099401A/kPa	Ave(-0.09kPa)
7	冷凝器入口压力PT-099401B/kPa	Ave(-0.08kPa)

续表

序号	关注参数	数　据
8	甲醇洗涤塔 T099401 入口压力/kPa	Ave(-0.40kPa)
9	甲醇洗涤塔 T099402 入口压力/kPa	Ave(-0.54kPa)
10	风机 C099402 入口压力/kPa	Ave(-0.83kPa)
11	水洗塔 T099405 置换流量/(m^3/h)	2.36

通过为期一个月的测试，五种工艺运行条件的摸索，出气指标仍存在不同程度的波动，无法稳定达标。

3　超标影响因素分析

3.1　设计风量影响因素

在设计资料中，挥发性有机液体装载作业排气量宜通过实测确定，在无实测数据时，可按以下公式计算确定。

$$V_g = V_1 \times \beta \tag{2}$$

式中　V_g——挥发性有机液体装载作业工况排气量，m^3/h；

V_1——发性有机液体装载作业工况液体流量，m^3/h；

β——修正系数，取值 1～1.1，VOCs 气体依靠罐(舱)内压力输送时，系数可取 1；VOCs 气体依靠风机等外力输送时，系数可取 1.1，因我方使用罗茨风机抽前段 VOCs 气体，因此系数取 1.1。

因此，可以计算出汽车装车作业工况排气量：

汽车最大装车量：4 车×(45×1.1=49.5)Nm^3/h=198Nm^3/h<设计风量 300Nm^3/h

火车最大装车量(400～450)×1.1=(440～495)Nm^3/h>设计风量 300Nm^3/h

在日常操作中，汽车装车量的产气量完全在设计范围之内，而火车装车量在 7-8 车时将超出设计范围，计算结果与实际装车中尾气数据吻合。

3.2　气相流速影响因素

在 4 月 25 日测试中，在线指标上涨至 100mg/m^3 后，考虑塔内超标气对下一步试验的干扰，决定对 T099401、T099402 塔气相空间进行氮气置换，风机入口压力控制在-1.0kPa，同时保持塔间循环，经过 30min 的置换，在线指标却呈现阶梯式上涨，峰值达 360mg/m^3，进行原因分析后判断氮气注入后系统内压力上升，风机在自控状态自动提高转速保持负压导致气相流速加快，同时甲醇喷淋入塔后雾状液滴被夹带至 T099405 塔，水洗呈现满负荷状态导致甲醇吸收不完全成为尾气超标主气源，同时出水中甲醇气味较重可以旁证。考虑上述因素，将甲醇塔釜泵和输送泵停机，保持液体静态，10min 后出气指标降至 29.56mg/m^3。查阅前期实验数据，如表 2 中 3 月 30 日所示风机负压设置-1.2kPa，尾气中醋酸乙烯含量降至 23.04mg/m^3，甲醇含量 642mg/m^3。实验证明气相流速过快，导致喷淋甲醇夹带至末端，水洗无法完全吸收，导致尾气超标。

3.3　甲醇吸收饱和影响因素

在 4 月 20 日缓冲罐及 T099401、T099402 塔全部更换新鲜甲醇(优等品)进行测试，同时每2日根据出气指标对塔釜液内醋酸乙烯含量进行分析，分析结果如图4所示。结果表明，甲醇塔釜液中醋酸乙烯含量随装车量逐日上升，涨至1.67%时对醋酸乙烯废气失去部分吸收效果，导致尾气超标，无法合格。4月26日更换新鲜甲醇后，数据呈现稳定合格趋势，如图5所示。

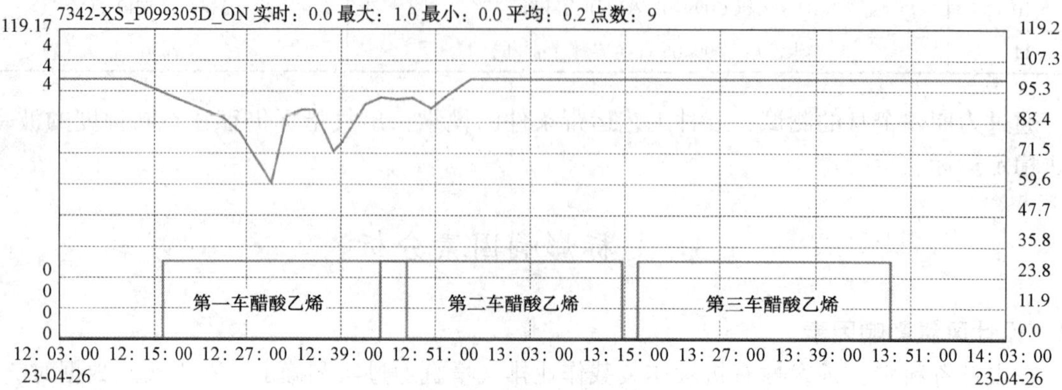

图4 甲醇吸附饱和后出气指标

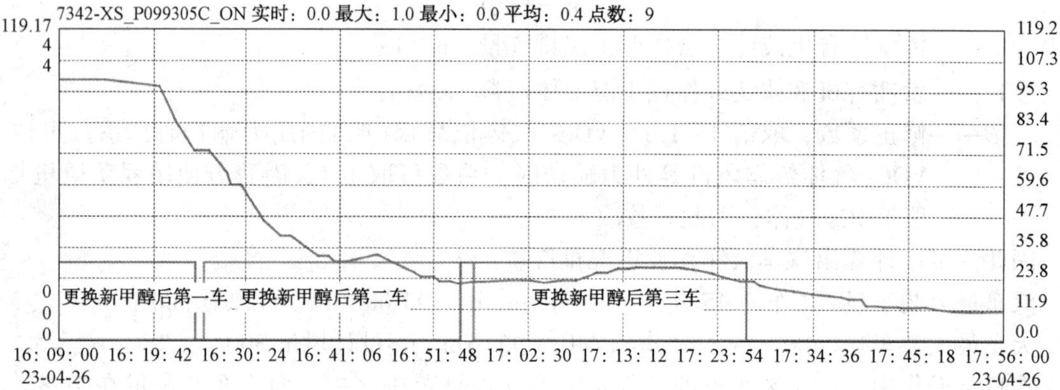

图5 更换新鲜甲醇后装车与出气指标

3.4 环境温度影响因素

在整个调试过程中，多次出现非装车静止条件下，出气指标频繁波动导致超标的异常出现。对时间段与环境温度、塔釜液温度、凝液罐温度比对，发现出气指标与三者呈线性关系。目前间歇运行条件下，无法实现低温甲醇持续喷淋将导致塔釜液温度随环境温度上升，同时在原设计中2个凝液罐人孔未做保温且无持续冷源，造成装车过程回收的凝液在温升过程中，达到饱和蒸气压。再次以挥发气形式从呼吸阀进入系统中，导致超标气在塔内、管线形成高浓度集聚，因此表现为装车前期存在一个出气指标从波峰下降过程，如图6所示。

从图6可以看出当冷凝器出口温度上升(与环境温度接近)时凝液罐的液位出现同步变化，同时两者的波峰对应尾气数值陡升至最大量程100mg/m^3，波峰一致。可以判断环境温度对现有条件下的凝液罐、塔釜液存在温升挥发情况。

3.5 装车过程杂气影响因素

在试运行后期，我们对进出气进行了全分析，重点对汽运罐车常载物料如甲醇、醋酸乙烯、醋酸甲酯、乙醛、丙酮含量进行测定，连续三天从冷凝器前段和风机入口尾气中均检出

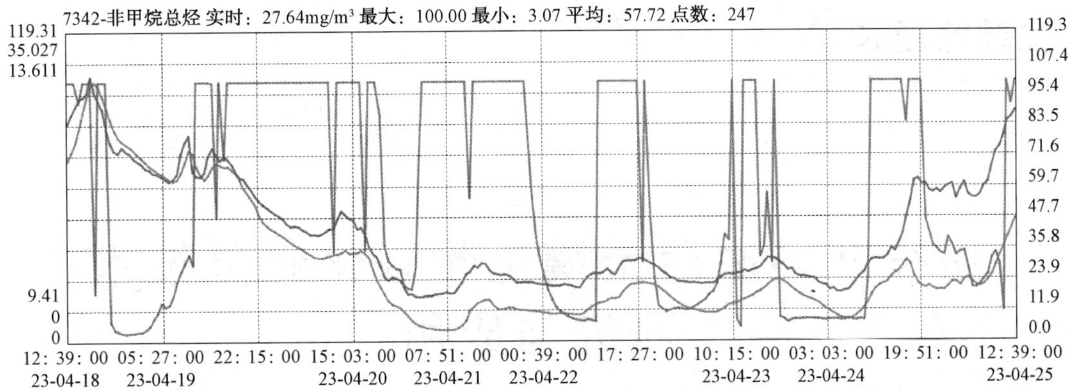

图 6　冷凝器出口温度与凝液罐液位、出气指标对比

杂质气。其中，去除罐区灌装产品外，检出醋酸甲酯、丙酮含量居前列。在 4 月 24 日灌装醋酸乙烯产品过程气相检测中，进气口醋酸甲酯检出量 10. 1mg/kg、乙醛 1. 1mg/kg、丙酮 1. 8mg/kg，4 月 23 日末端出气检出醋酸甲酯 36. 6mg/kg，分析原因判断为汽车槽车在入厂之前罐内装过相关物料，蒸罐不彻底存在少量残留，导致进入废气处理系统。

4　结　束　语

罐区装车系统 VOCs 处理装置作为公司重点环保治理项目，关乎企业绿色环保、职工健康的永续发展，挥发性有机物的无组织逸散恰恰成为病痛所在。查明系统尾气超标原因，找出应对措施已迫在眉睫，经过一个月余的测试分析，挖掘出了原设计中的问题和运行条件限制，也为下一步的设备改造、工艺优化指明了方向，提供了数据支撑。试验虽然已临近尾声，但未来装置出气如何实现持续性稳定达标还有相当工作量，仍需时刻保持严谨、警惕的态度做好后续工作。因个人文笔粗略，生产经验储备有待提升，对该论题未能深入展开，只能算作试生产过程中的一篇浅薄总结分析。

参　考　文　献

[1] 赵琪. 工业源 VOCs 气体污染控制技术应用研究山[J]. 化工管理，2020(23)：64-65.
[2] 江苏省重点行业挥发性有机物排放量计算暂行办法.

退役井场油污土壤生物强化修复技术研究与应用

王 冠 丁明山 徐博文 冯 云 王 新

（中国石化胜利油田石油工程技术研究院，东营 257000）

【摘要】 油污土壤是油田含油固废中的特殊一类，目前缺乏经济环保的处置技术。本研究针对某采油厂退役井场油污土壤的物性特征，系统分析原油污染物的特征及土著菌群结构，构建高效降解菌系，并开展场地修复试验。研究结果显示该类油污土壤含油率为14.6mg/g，胶质和沥青质含量占比57%，菌群结构中缺少降解这类重质油的特种烃降解菌。室内优选2株具有协同效应的功能降解菌，并利用固定化技术提高了嗜烃效率，降解达标时间由120d缩减到80d。现场开展2700m^{2}场地修复试验，采用原位+地耕法工艺，修复8个月后含油率降至3.3mg/g，达到建设用地二类用地要求。

【关键词】 退役井场 油污土壤 高效降解菌 生物强化修复

引 言

退役井场油污土壤属于油田含采出液沉积物中的一类，是油井开发早期作业、井口溢流致使原油撒落而形成的污染土壤。不同于一般含采出液沉积物的是，井场油污土壤是历史遗留问题，石油污染物在土壤中滞留时间更长，经过长期的风化和氧化，轻质组分挥发殆尽，剩余的重质组分与泥砂结合更为紧密，处理难度更大[1]。此外，一些退役井场地下还存留有泥浆池，其成分更为复杂，包括钻井泥浆、钻遇原油、压裂返排液等，这类污染物包含有重金属和石油类污染物，目前对于这类污染没有较好的处置办法，一般采用固定化处理，通过加入化学固化剂，发生复杂的物理化学反应，降低其沥滤性，防止污染物的迁移扩散。

对于退役井场油污土壤，通常按照常规含采出液沉积物处置工艺进行处理，如焚烧、热解析或热水洗，但限于该类污染物的特性，其处置处理往往成本偏高、难度更大[2]。除此以外，油污土壤的主要成分为土壤，一般占总量95%以上，在采用高温热处理时会破坏土壤的物理性质，土壤功能丧失。因此，开发经济、环保的绿色处理处置技术，如生物修复技术[3]，符合当前社会的发展要求。

生物修复技术是利用特种微生物以石油烃为碳源代谢生长，实现对油污土壤的无害化处理。生物修复技术按照投加的材料分为生物强化和生物刺激等工艺，其中生物强化是指根据污染物特征及场地条件投加外源嗜烃菌剂，该类菌剂往往是油污土壤中缺失而降解过程必需使用的高效菌剂[4]。除了菌剂的作用，优化营养体系、促进剂等配套药剂，亦能起到协同增效的作用。

本研究在系统分析某采油厂 G-35 退役井场地表油污土壤理化性质基础上，室内优选高效降解菌剂及促进剂，开展模拟评价实验，在此基础上开展场地原位修复试验，收集数据资料，评估修复效果。退役井场油污土壤的生物强化修复技术研究与应用对今后油田石油污染治理、废物综合利用和清洁生产，以及环境保护具有重要意义。

1 材料与方法

1.1 实验材料

退役井场选自某采油厂 G-35 退役井场，该井场于 2014 年 7 月 12 日因报废封井，井场面积 45 米×60 米。现场取样参照《污染场地环境监测技术导则》(HJ 25.2-2014)及相关的场地环境调查规范，根据实际场地条件，现场采用 5 点法取样，同一取样点取 3 个层位，分别为 0~20cm、40~60cm 和 80~100cm。

1.2 油污土壤的理化性质分析

样品采集后采用红外光谱法测定油污土壤中总石油烃含量(TPH)，测试方法参照 GB 5085.6中附录中 O 的要求。将上述样品充分混合，检测混合样品的含油率。利用 SARA 组分分析方法分析油污土壤中石油污染物的四组分，并与该井场临近同层油井产出原油组分对比。分析混合样品的 pH、总 N/P、矿化度。

1.3 油污土壤土著菌群结构分析

将混合后样品充分混合均匀后，称取 100g 加入到无菌三角瓶内，随后加入 200ml 无菌生理盐水和 50ml 石油醚。通过机械振荡清洗样品，并用离心(12000r/min，15min)收集下层水相中的微生物菌体。提取土壤中土著菌群的 DNA 及进行微生物群落高通量测序分析[5]。

1.4 高效降解菌剂的筛选

使用增殖培养基，将前期从临近联合站氧化塘分离出的 3 株多环芳烃和重质油降解菌 TK-3、DM-2 和 TM-1 进行发酵培养，获得种子液。增殖培养基配方(g/L)：葡萄糖 20、酵母膏 3、蛋白胨 2、NH_4NO_3 1、$MgSO_4 \cdot 7H_2O$ 0.2、KCl 0.2。以试验区块原油为碳源，监测上述单菌及组合菌利用原油代谢生长能力，通过显微镜检测菌剂的生长情况优选降解菌系。无机盐培养基配方(g/L)：NH_4NO_3 3、KH_2PO_4 1.5、K_2HPO_4 1.5、$MgSO_4$ 0.1、$FeSO_4$ 0.01、$CaCl_2$ 0.01g。

1.5 室内降解性能研究

利用增殖培养基培养优化的菌剂，增殖过程培养基中投加 20%的锯末，使微生物吸附在锯末表面，形成固定化。木屑在使用前，用 5%NaOH 煮沸 30min。生物降解过程，在花盆中加入 500g 待修复土壤，随后投加 2%的固定化菌剂和适量无机营养盐(按照 C：N：P=100：10：1 施加)，同时按照菌浓等量投加游离菌剂，考察固定化菌剂降解效率。实验过程使土壤含水保持在 35%~50%。将塑料盆置于室外环境，定期检测含水、石油烃含量，如遇雨天转移至室内。

考察生物降解过程投加促进剂对降解效率的影响，为此在投加菌剂的过程，加入一定量的促进剂 S-1 和 F-3，定期监测降解效率。

以上每组实验均设置 3 个平行实验，实验结果取平均值。

1.6 场地修复试验

2019 年 7 月在 G-35 退役井场开展场地原位生物修复试验，根据前期勘察确定待修复面积 45m×60m，修复深度 50cm。现场首先使用挖掘机将油污土壤全部转移至场地外，随后铺设防渗层，上面覆盖 30cm 净土。将油污土壤全部转移至场地内，铺设厚度不超过 60cm，场地周围设置围堰，上面覆盖防渗布。将固定化生物降解材料和营养盐喷洒到场地内，以旋耕犁混拌均匀，补充清水使含水保持在 35%以上。定期取样检测含水、含油率、总 N/P，并根据检测结果进行动态调整。

2 结果与讨论

2.1 油污土壤的理化性质

表 1 给出了 G-35 退役井场油污土壤含油率、含水率等分析，从测试结果可以看出不同取样点、不同层位含油率和含水率差异较大，各取样点中干物质含油率最低值为 0.26mg/g，最高值为 62.8mg/g，最高值位于井口东南侧，符合该点地势低，井口溢流流向造成污染。实验过程为优化工艺方案，将上述不同取样点位的样品进行均匀混合，然后开展实验研究。混合后的油污土壤进行了含油率和含水率分析，结果表明含油率为 14.6mg/g，含水率为 30.9%。

表 1 退役井场不同取样点油污土壤的组分组成

取样点	取样深度/cm	含油率/(mg/g)	含水率/%	含固率/%	干物质含油率/(mg/g)
a	0~20	16.3	29.3	69.07	23.0
	40~60	8.51	28.6	70.55	11.9
	80~100	1.27	32.4	67.47	1.88
b	0~20	23.8	31.2	66.42	34.6
	40~60	3.47	32.7	66.95	5.16
	80~100	0.87	33.8	66.11	1.31
c	0~20	10.9	28.4	70.51	15.2
	40~60	2.84	29.7	70.02	4.04
	80~100	0.17	29.1	64.3	0.26
d	0~20	8.96	30.7	78.96	11.2
	40~60	1.33	31.4	79.51	1.67
	80~100	0.54	30.5	70.88	0.76
e	0~20	43.1	31.4	64.29	62.8
	40~60	25.6	31.8	65.64	37.5
	80~100	5.78	31.6	67.82	8.45

表 2 给出了现场油污土壤的基本理化性质，见表 2。从表 2 可以看出，油污土壤中的总 N/P 含量较低，其含量不足以支撑烃降解微生物正常的嗜烃代谢活动。而总矿化度达到 8674mg/L，属于盐碱地。土壤的 pH 为 7.3，满足微生物代谢活动的适应范围。

表 2　油污土壤基本理化性质分析

总 N/(mg/L)	总 P/(mg/L)	总矿化度/(mg/L)	pH
32.4	6.71	8674	7.3

利用组分分析法分析了油污土壤中原油的组成，结果见图 1。从图中可以看到，相对于区块原油，井场油污土壤中原油组成中的轻质组分，如饱和烃和芳香烃相对含量下降，重质组分含量上升，由 40%升至 57%，呈现出明显的重质化趋势。这主要是由于油污土壤长期置于井场露天环境，自然环境的风化、氧化作用会致使原油中的轻质组分挥发，剩下重质难挥发组分。在采用生物修复技术处置该类油污土壤时，应充分考虑其原油组成，激活或选择能够降解重质油的特种烃降解菌。

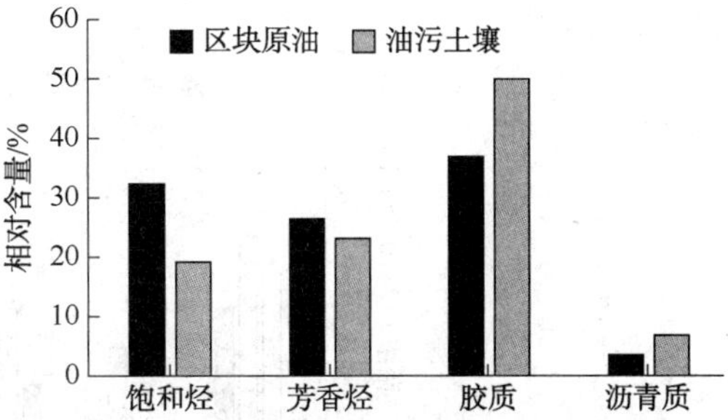

图 1　油污土壤与区块原油的组分组成分析

2.2　油污土壤的菌群结构

利用高通量测序分析了油污土壤中的土著微生物群落结构，结果见图 2。从图中可以看到，菌群以食烷菌属(Alcanivorax)、海杆菌属(Marinobacter)、假海源菌属(Pseudidiomarina)等为主。上述菌株在文献报道中均具有降解饱和烷烃的功能，而缺失降解重质油的降解菌。为了实现油污土壤的有效生物修复，应人工投加能够降解重质组分的菌剂。

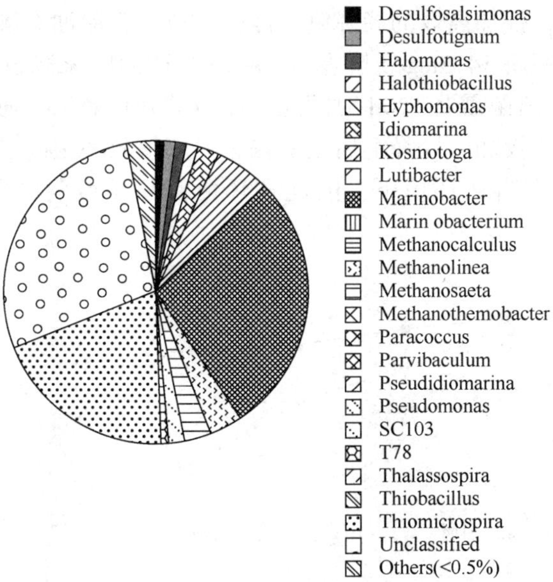

图 2　油污土壤土著微生物群落结构分析

2.3　高效降解菌系的优化

本研究选择了能够有效降解多环芳烃和重质油组分的 TK-3、DM-2 和 TM-1，其中 TK-3 和 DM-2 为短杆菌，能够降解胶质和沥青质，TM-1 为红球菌，能够降解多环芳烃。研究考察了上述 3 株菌的配伍性，结果见图 3。从图中可以看到，上述单菌或组合菌均能够利用原油为碳源代谢生长，在这种密闭培养模式下，生长代谢曲线基本符合 15 天达到代谢平衡期，随后营养消耗导致进入衰退期特征。这其中，TK-3+DM-1 利用原油代谢活性最高，说明这两株菌具有较好的协同作用，降解利用原油。鲜明对比的是，DM-2+TM-1 混合菌效果较差，存在较显著的拮抗作用。因此，在随后的生物降解实验中选择 TK-2+TM-1 为优选菌剂。

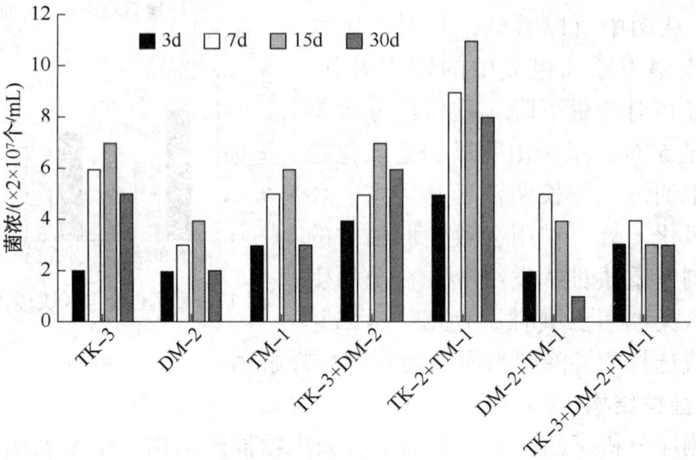

图 3　不同烃降解菌利用原油代谢生长情况

2.4　室内降解评价

考察所优选菌剂投加方式对其烃降解性能的影响，结果见图 4。从图中可以看出，在油污土壤的生物修复过程，投加高效的烃降解菌能够有效提升原油降解效率，其中以固定化菌方式投加后 80d 时含油率由 14.3mg/g 降至 4.3mg/g，达到国家建设用地二类用地标准（GB 36600—201）。而投加游离菌需要 120d 时间达到相应的处置效果。通过比较这两种投加方式可以看出，以固定化方式投加时烃降解启动更快，烃降解效率更高，而游离菌在处置过程受环境影响更大，特别是在自然环境下，因此在环境修复领域菌的固定化是其发展的重要方向[6]。

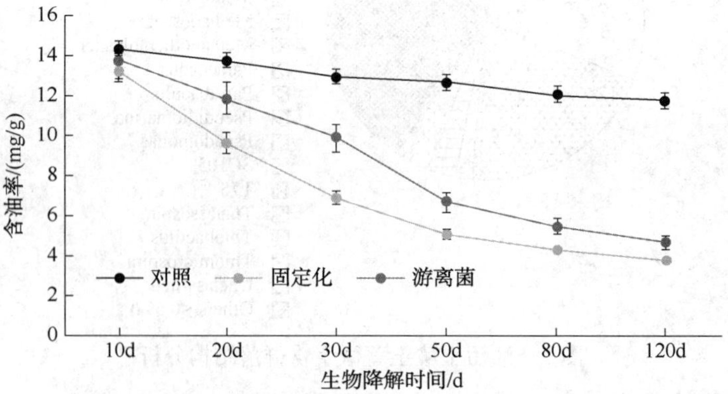

图 4　烃降解菌投加方式对生物降解效率影响

研究进一步考察了促进剂投加对烃降解效率的影响，结果见图 5。从图可以看到，投加促进剂能够促进微生物对原油的嗜烃降解。促进剂是一类包括乳化剂、生物酸的物质[7]，该类物质能够提升原油的分散，促进微生物对原油的摄取与降解。从实验结果来看，投加促进剂 F-3 后 50d 能够将油污土壤含油率降至 4.5 以内，达到环保标准要求，并有效提高生物修复经济性。

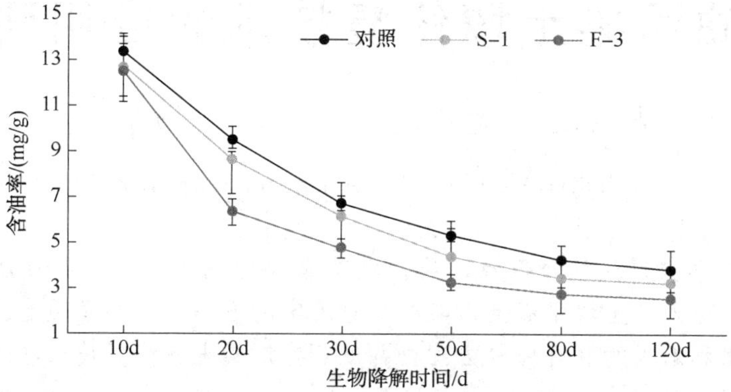

图 5　促进剂投加对生物降解效率影响

2.5　现场试验

在室内研究基础上，于 2019 年 7 月开展现场试验。现场采用原位修复+地耕法工艺实施。实施前，将进行场地整理，摊平。采用分批次投加生物降解材料。定期进行翻耕，提升溶氧量。实施后，定期监测含水率、含油率、总 N/P 等生化指标参数。实施前含油率为 14.6mg/g，实施 8 个月后含油率降至 3.3mg/g，达到国家环保标准要求（GB 36600—2018）。

3　结　论

退役井场地表油污土壤是一类特殊的油田含油固废，其特殊的物化性质决定其应采用生物修复技术等环保工艺进行处置处理。针对某油田退役井场油污土壤的主要物化特征，如原油污染物组分组成、pH、矿化度，及土著菌群结构，建立生物强化修复技术。室内优选出 2 株高效联用烃降解菌，并优化固定化投加方式。室内生物降解 80d 时含油率由 14.6mg/g 降至 4.3mg/g。现场开展 2700m^2 场地修复试验，现场采用原位+地耕法工艺实施，修复 8 个月后含油率降至 3.3mg/g，达到国家环保标准要求。

参 考 文 献

[1] 张强，傅晓文，季蕾，等．生态堆技术修复老化油泥污染土壤[J]．环境工程学报，2017，(11)：6142-6146.

[2] 赵晓非，张晓阳，刘立新，等．新型油泥处理技术展望[J]．化工进展，2016，35(s1).

[3] 张雷，赵奇，武伟男，等．石油污染土壤生物修复技术现状与展望[J]．现代化工，2018，(1)：18-22.

[4] 张宝良，王宝辉，田禹，等．油污土壤生物修复高效菌筛选鉴定[J]．哈尔滨工业大学学报，2006，38(12)：2180-2184.

[5] 胡婧，束青林，孙刚正，等．油藏内源微生物演替规律及其对驱油效果的影响[J]．中国石油大学学报(自然科学版)，2019，043(1)：108-114.

[6] 张秀霞，耿春香，房苗苗，等．固定化微生物应用于生物修复石油污染土壤[J]．石油学报(石油加工)，2008，24(4)：409-414.

[7] 刘爱娟，夏文香．表面活性剂在生物修复海洋油污染中的应用及发展[J]．海洋湖沼通报，2007，(3)：57-62.

石油污染土壤修复技术的应用研究

朱启之　孟凡宾　秦　冰　杨宇宁

（中石化石油化工科学研究院有限公司，北京 100083）

【摘要】 本文通过简介石油污染土壤的原因和现状，总结了石油污染土壤所造成的影响，引入了土壤中石油污染物含量测定的方法，列举了现有治理土壤中石油污染的技术和新兴的联合修复方法，并就石油污染土壤修复技术在下一步的实验和应用进行了展望。

【关键词】 石油污染　土壤性质影响　土壤修复技术

1　研究背景

1.1　土壤污染概况

土壤是一种复杂的自然资源，由矿物质、有机质、水分、气体和各种生物组成。它是植物生长和生态系统的基础，也是人类生存和发展的重要根基。随着 2014 年 4 月我国生态环境部和国土资源部共同颁发的《全国土壤污染状况调查公报》结果（如图 1 所示），我国土壤环境质量不容乐观，土壤污染情况必须受到重视[1]。

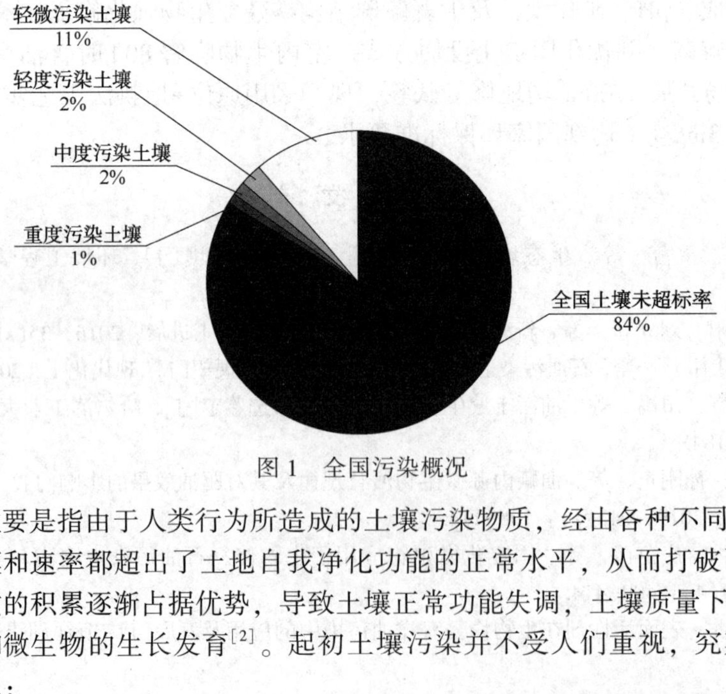

图 1　全国污染概况

土壤污染主要是指由于人类行为所造成的土壤污染物质，经由各种不同的输送渠道进入土壤中，其规模和速率都超出了土地自我净化功能的正常水平，从而打破了自然界动态平衡，使污染物质的积累逐渐占据优势，导致土壤正常功能失调，土壤质量下降，从而影响土壤动物、植物和微生物的生长发育[2]。起初土壤污染并不受人们重视，究其原因，我们可以分为以下几点：

（1）土壤污染通常是隐蔽的，不如空气和水污染那么明显。人们很难直观感受到土壤污染所带来的直接影响，因此土壤污染不容易引起人们和有关部门的关注。

（2）土壤污染的后果并不是立竿见影的，而是在较长的时间内逐渐显现。这导致人们往往无法意识到土壤污染的严重性。

（3）土壤污染的治理难度很大，需要投入大量的资金和人力物力[3]。相较之下，空气和水污染的治理更加方便、快捷，因此政府和中大型企业更愿意投资这些行之有效的领域。

（4）土壤污染的责任难以界定。由于土壤污染往往是历史遗留问题，难以确定造成污染的责任方，这也使得土壤污染的修复变得愈加困难。

1.2 土壤污染源及主要污染物

根据有关数据显示，我国已然成为世界上土壤污染最严重的几个国家之一，已有超过1.5亿亩的污染耕地以及不计其数的工业和城市化污染场地，其污染原因复杂且污染物种类繁多，对14亿人民的生命健康和国家的未来发展产生了巨大的威胁[4]。在众多污染情况中，影响大、比例高的污染源有工业加工污染、农业活动污染和交通运输污染等，具体情况如表1所示。

表1 土壤污染源及主要污染物

污染源	污染原因	主要污染物
工业加工	石化企业和各类工厂的长期加工与制造不可避免地会发生跑、冒、滴、漏等现象，而且排放的污水等也会进入土壤	Hg、Cd、As、Pb、多环芳烃（Polycyclic aromatic hydrocarbons，PAHs）等
农业活动	农业生产中的化肥、农药等化学物质会渗入土壤中，长期使用会导致土壤污染。	有机氯以及超量的有机磷、氮、钾等易溶性化合物
交通运输	汽车尾气中重金属可能通过大气传输过程在更大尺度上进行转移，并借助大气干湿沉降影响土壤	尾气中的铅和PAHs、轮胎中的添加剂锌等
废弃物处理	垃圾填埋场、废弃物堆积场等场所长期堆积的污染物会对周边土壤和地下水带来严重威胁	三氯甲烷、四氯化碳、三氯乙烷等单碳、双碳的氯代烃类有机物
其他特殊污染源	化学武器遗弃场地和危险化学品运输、爆炸现场通常会造成严重的场地土壤污染。	主要砷的污染，其砷含量通常超出污染控制标准的几十倍甚至上百倍

1.3 石油污染土壤现状及危害

石油污染指的是由石油或其衍生物（如燃料油、柴油、润滑油等）在环境中的非正常释放引起的污染现象。石油在土壤中经过一系列的蒸发、水洗、迁移扩散、生物降解和光氧化等作用后，其中的一部分便会长期停留在土壤之中形成污染。石油污染的来源包括石油开采、运输、储存、加工、使用和废弃等环节，主要集中在石化企业活动较为频繁的场地，其中最常见的是石油泄漏和溢出[5]。

近年来世界上各个国家的石油泄漏事故较为常见，表2例举了一些较为严重的泄漏事件。

表 2 石油泄漏举例

污染名称	污染时间	污染状况
墨西哥湾漏油事件	2010	由于石油公司 BP 的钻井平台 Deepwater Horizon 爆炸，导致约 5000 万加仑的原油泄漏至墨西哥湾海域，对当地生态环境和经济造成了巨大的破坏
中国大连港漏油事件	2010	一艘载满原油的油轮在大连港附近搁浅，造成约 11 万吨的原油泄漏，对当地渔业和旅游业产生了重大影响。
委内瑞拉安哥拉海岸漏油事件	2012	一艘来自委内瑞拉的油轮在安哥拉海岸附近搁浅，导致约 10 万桶原油泄漏，对当地的捕鱼业和生态环境造成了不可逆的影响
美国加利福尼亚州圣巴巴拉县漏油事件	2015	由于一家石油公司的管道泄漏，约 10 万加仑原油泄漏至海岸线，对当地生态环境和经济发展造成了严重影响
俄罗斯西伯利亚泄漏事件	2020	由于一座矿井发生泄漏，导致约 2 万吨柴油泄漏至西伯利亚河流，此次事件对河流两岸的居民和生态环境造成了不小的影响

由此可见，石油污染对环境和生态系统造成严重的危害，包括土壤、地下水、河流、湖泊、海洋等水体的污染，以及野生动植物的死亡和生态平衡的破坏，而且还严重威胁到人类的身体健康。在石油污染对土壤的危害这方面，有学者们展开过一系列研究，本文将石油污染对土壤的危害简单总结为以下几个方面：

（1）物理方面的影响

Balks 等[6]研究发现石油污染后的土壤表面黑化，降低土壤表面的反射率，其温度比对照可高达 10 度。魏准等[7]科研人员的研究结果显示：在土壤中，石油污染会使土壤中的气-液-固三相比率发生变化，而当土壤中的石油污染水平很低时，其对土壤的容重及孔隙率的影响并不大；在含油量大于 3%的土壤中，其容重随含油量的增大而减小；当污染水平大于 5%时，随污染水平的提高，土体孔隙率明显增大，其结果大不相同的原因可能与土体的质地、油污在土中的滞留时间、油污的渗透性等因素有关。Khamehchiyan 等人[8]的研究发现，在中东地区受石油污染的土壤中，饱和导水率与土壤颗粒直径成正比，含油量越高，饱和导水率越低，而受石油污染影响的砂土孔隙度降低是造成其饱和导水系数改变的重要因素。

由此可见，石油进入土壤后会直接影响其物理状态，改变土壤的通气量和透水能力，影响土壤中水分和溶质的迁移转化。也间接导致土壤的结构发生变化，从而易造成土壤盐渍化等环境问题。石油污染对于土壤的力学性质也有一定的影响，但国内对于该方面的深入研究和报道还寥寥无几[9]。

（2）化学方面的影响

石油进入土壤后可引起 pH 值的变化，在土壤微生物的代谢作用下，一些石油类化合物会被吸收转化为酸性的化学产物，从而改变土壤的 pH 值。王传远等人[10]的实验表明，土壤中的氮素水平与土壤中的石油污染含量无关，对总氮的影响不大，但却使土壤中的有机碳明显升高，造成土壤中的 C/N 失衡。Ogboghodo 等[11]研究结果表明，石油污染对土壤中有机磷的生物有效性有一定的影响。在石油污染的土壤中，有机质含量明显增加，而可利用磷含量则明显下降。Khosravi 等[12]研究结果显示在石油进入土壤之后，随着石油浓度的增加，土壤黏性也会随之增加，反之其摩擦角和压缩性会降低，不过石油类化合物对土壤剪切力的影响并不明显。

可见，石油渗入后的土壤中碳、磷等元素含量都会发生变化，导致土壤的pH和黏性等化学性质受到影响。这些因素的改变也会从侧面影响土壤酶的活性，在生物层面造成不同程度的影响。现在对于石油污染土壤的化学影响主要集中在碳、氮、磷、钾等主要元素，却忽略了土壤中微量元素的重要性，因此对于土壤中硼、钼、锰等其他微量元素的研究还有待进一步深入。

(3) 生物方面的影响

由于石油组成复杂，多为百余种化学物质组成的混合物，所以石油浸入土壤后会对土壤酶等生物性质造成影响。王华金等人[13]监测石油污染土壤的相关酶活性后发现土壤中脂肪酶、脱氢酶、过氧化氢酶等的活性与污染水平均有着良好的相关性。在石油污染土壤之后，石油烃(Total petroleum hydrocarbons，TPHs)等污染物会诱导碳烃类降解菌的富集和繁殖，提高可培养微生物的丰富程度，而未浸入石油的土壤中石油烃降解菌就几乎检测不到[14]。除此之外，油污侵入土壤后，会附着于植物或农作物根部，影响它对氧气的吸入和养分吸收，造成作物根系腐烂、生育期延长、抗逆性下降等不良性状，最终导致作物产量下降。Baek等人[15]发现，随着石油污染程度的加深，红豆作物和玉米的生长都会产生不同的反应，当石油浓度为10000mg/kg时，红豆作物和玉米的生长受到了抑制，而当石油浓度低于1000mg/kg时，则没有表现出任何抑制作用。

总之，石油对土壤各个方面的影响，最终都会或多或少的体现在生物层面。土壤受到TPHs等污染后，微生物群落和结构会发生变化，进而影响土壤的生态环境[16]。在微生物吸收有机污染物时所产生的中间产物经常被忽略，这些中间产物也存在进一步污染环境的可能性。农作物在吸收石油污染物之后，未被反应消化的污染物将会通过食物链进入人体，这些物质在人体内富集够一定剂量之后将会对人的生命健康造成威胁，增加致癌风险。除此之外，现在已知的PAHs毒性仅仅是石油污染物总毒性的其中之一，还有很多未知的毒性物质有待进一步考究。

2 研究意义

土壤修复的意义在于恢复土壤的自然生态功能。保护生态环境和人类健康。随着我国石油污染问题愈发严重，石油土壤污染关注度在不断增加，相对应的土壤修复技术也层出不穷。但现有的修复技术普遍存在着修复效率低、二次污染率高、拖尾现象严重等现实情况，因此对于如何开发绿色、高效的新型土壤修复技术问题的研究，具有一定的现实意义和理论意义。接下来本文将对石油污染土壤修复的研究进展进行叙述并对未来新兴修复技术的发展做出展望。

3 研究进展

3.1 石油污染物含量测定方法

石油污染物含量的测定是我们开展石油污染土壤修复的首要任务，在石油污染土壤的研究中，必须先进行土壤中石油污染物的检测，只有准确地了解到土壤中石油污染物的种类和数量，才能更好地开展石油污染土壤的研究，选择效率最高的修复方法。

含量测定的前提是污染物的提取，实验室中常用的物质提取法为液相萃取。其原理是利用系统中组分在溶剂中有不同的溶解度来分离混合物的单元操作[17]。在萃取土壤中石油等有机污染物常用的萃取溶剂有石油醚、乙醇、三氯甲烷和正己烷等，常用的提取方法为索式抽提，但该方法存在抽提时间长、溶剂需求量大等缺点。因此，国外研究人员通过超声波、微波等外源辅助的方式，减少萃取时间，提高抽提效率。天津大学的杜永亮等人[18]通过相似相溶原理的研究，发现正己烷-丙酮、石油醚-丙酮等混合萃取溶剂，其对土壤中石油类污染物的萃取率可达89%，重质油组分中的胶质抽提效率可达90%。毛朝阳等人[19]通过对比几种不同的油污染海砂中TPHs含量的萃取方法，得出对于要求快速分析的实验应选择超声萃取法，而对于精确的要求较高时可选择超声索式萃取法的结论。

现如今石油类污染物的定量检测技术有：紫外-可见光谱定量分析，近红外光谱分析技术、拉曼光谱方法等。朗伯-比尔定律和吸光度的加和性质是紫外光谱定量分析的理论依据。当对单组分进行定量测定时，可选用标准对照法、绝对法、吸光系数法等。在进行多组分混合物的测定时，如果未作预先分离，可采用等吸收点作图法、多波长作图法、解联立方程法等。在正式实验过程中，需要根据具体的测定对象和目的来进行选择。土壤有机质含有氨基、羟基和羧基等多种官能团，采用近红外光谱结合偏最小二乘法(PLS)可准确测定土壤种的总有机质和总氮等含量。拉曼光谱与红外光谱互相补充、相互印证，已经成为物质结构分析的重要工具。在环境监测领域，利用表面增强拉曼光谱或紫外共振拉曼光谱可对水源中的PAHs、硝酸盐、亚硝酸盐和重金属离子等多种污染物进行检测。

3.2 石油污染土壤修复技术

目前，国内外对石油污染土壤的修复技术和修复治理都进行了比较系统的研究。国内对修复技术的研究多停留在引进学习和自主研发阶段，一些大型企业依靠引进国外先进科技初步地掌握了核心技术，而对其应用于实际石油污染土壤修复的报道则较少。现在市面上的应用技术主要分为物理法、化学法、生物法和联合修复法[20]，本文将对其做简要介绍。

3.2.1 石油污染土壤物理修复技术

电动修复技术是指通过将反应电极(通常是石墨棒)插入到污染土壤要修复的区域中，并施加微弱电流。该方法利用电场中的电动力，对有机污染物的进行定向输运，实现对有机污染物的富集和集中、高效去除。换句话说就是在电流的驱动下，对细菌和污染物的定向传质进行强化，并添加电子受体、外源降解菌和养分等，来对被石油污染的土壤进行强化修复。但电动修复对非极性和溶解性较差的污染物去除效率并不高。

热脱附技术是指对污染土壤进行加热将污染土壤加热至目标污染物的沸点以上，使目标污染物与土壤分离，然后收集挥发后的污染气体进行统一处理的技术[21]，流程如图2所示。Chien[22]通过2kW功率的微波对石油污染土壤进行实地修复，加热三个半小时即可去除大部分碳数较高的石油烃。但该方法容易影响土壤中的微生物群落，而且热量利用率不高，并不太适用于大范围的土壤修复。

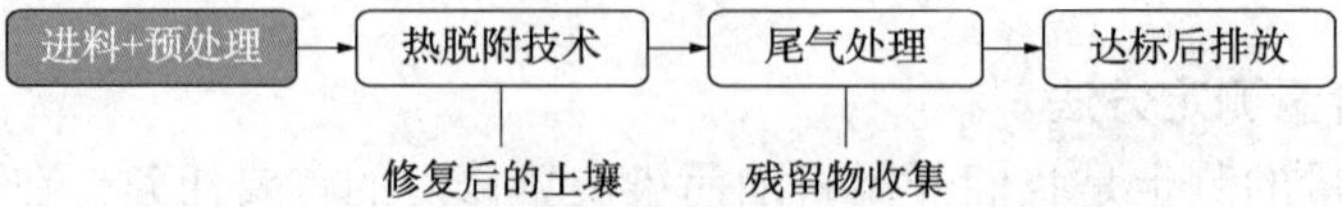

图2 热脱附技术流程

气相抽提技术是把空气注入土壤中利用真空泵抽屉空气形成负压，将挥发性有机物(VOCs)抽离土壤的修复技术。该技术在渗透率大于 $10^{-6}cm^2$ 的砂土和高渗透性土壤中更加适用。例如某污染场地主要为渗透性良好的砂质土，通过原位气相抽提技术修复八个月，修复系统采用工作 7h，暂停 5h 的间歇工作方式，最终土壤中苯的去除率可达 95.2%以上。通常情况下，气相抽提技术的设备包括了抽提系统、气液分离器、非水相液体-水分离器、尾水和废气处理设备，这些设备的造价在 200 万到 8000 万元之间，单位投资在 100 到 800 元/m^3 土壤之间[23]。

等离子体是由部分电子被剥夺后的原子及原子团被电离后产生的正负离子组成的离子化气体状物质，是气液固之外的第四态，并且具有导电性[24]。等离子体修复技术是指通过外加电场放电形成的高能量电子轰击污染物分子，使其发生电离或分解，从而达到降解污染物的目的[25]，原理图见图 3。对于 PAHs 污染土壤的治理，国外已对其进行过试验[26]，结果表明，当 PAHs 初始浓度为 100mg/kg 时，将外加电压由 28kV 提高至 40kV，可使多环芳烃(PAHs)污染土壤的修复效率提高 27%～30%。该技术具有简单易行、无二次污染的优点，是新兴的物理修复技术之一，但其对污染物的具体降解机理还有待深入研究。

除此之外还有玻璃化、焚烧法、填埋法、固化法等。这些技术具有成本低、操作简单、技术成熟等优点，但会大量占用土地资源且污染物易渗入地下水等资源从而造成二次污染。

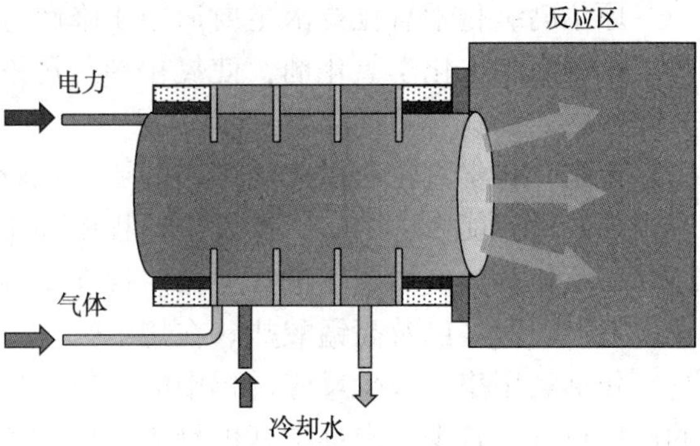

图 3　等离子体产生原理图

3.2.2　石油污染土壤化学修复技术

化学修复技术主要包括萃取法、化学热洗法和原位化学氧化等。萃取法是利用与石油产品具有相同非极性的溶剂，通过相似相溶的原理来萃取土壤中的油相组分。具有简单、高效等优点，但由于大多数溶剂价格高昂且萃取过程中溶剂的损失过多，目前萃取法没有大范围的应用。化学热洗法是通过表面活性剂溶液加热碱洗含油土壤来实现的，常用的表面活性剂有阴离子表面活性剂、阳离子表面活性剂、非离子表面活性剂、生物表面活性剂和混合表面活性剂，具体情况如表 3 所示。

表 3　各类表面活性剂比较[27]

表面活性剂类型	具体物质名称	优点	缺陷
非离子表面活性剂	Tween 80 NP-10 AEO LAE-9 Triton X-100	非离子表面活性剂 CMC 值较低，增流和增溶能力较强，对石油污染土壤的修复效果较好。能够提高修复效果，减小拖尾和反弹概率	土壤理化性质、表面活性剂性质和石油类污染物的组分对修复效果有较大影响。另外，吸附损耗也会导致其性能下降
阴离子表面活性剂	SDS DPDS AES SDBS	该类表面活性剂对于芳香族石油化合物具有更好的去除效果	在石油污染物质的增容方面表现相对较差，而且易与阳离子表面活性剂形成络合物

续表

表面活性剂类型	具体物质名称	优点	缺陷
生物表面活性剂	鼠李糖脂 皂素 单宁 表面活性素	生物表面活性剂对环境危害较小，且具有更小的乳化粒径和更高的粒子内清洗效果	现在生物表面活性剂的问题主要存在于价格高、大批量生产困难，产品纯度不够高
阳离子表面活性剂	CPC OTAB CTAB	阳离子表面活性剂与阴离子表面活性剂相似，在水中也会被电离，其 CMC 值高于非离子型表面活性剂	阳离子表面活性剂由于其毒性高，吸附损失大，通常不适合用于石油碳氢化合物污染的土壤
混合表面活性剂	SDS/TritonX-100 Span20 /DBTB CTAB/DBTB 鼠李糖脂/Span 60	混合表面活性剂有较低的 CMC 值和较小的吸附和沉淀损失，并且受温度、pH、无机盐离子以及其他条件的影响很小	价格比其他几种表面活性剂更高。分子层面的修复机理还不够清晰，有待进一步深入研究

在使用萃取法、化学热洗法处理石油污染的土壤时，除了考虑洗脱效果，洗涤剂及洗脱后的无害化处理也应该优先考虑。

原位高级化学氧化技术主要适用于降解分子量较高的 PAHs，该技术主要是通过向石油污染土壤中加入化学氧化剂，使氧化剂与污染物充分接触并发生化学反应，最终实现污染物去除的目的。

但是，化学氧化法对化学试剂的要求比较高，第一，所选择的化学试剂要对目标污染物有很强的反应能力，第二，在反应过程中和生成的产物不能对人类的健康造成危害，此外，还要对氧化剂的使用成本进行考量。现在实验中常用的化学试剂有 Fenton 试剂(过氧化氢)、臭氧、过硫酸盐以及高锰酸盐。在接下来的研究工作应注重于新型流动性更高的氧化剂，提高氧化剂利用率，减少反应过程中的无效损失。而且还要探究这些氧化剂于石油烃类污染物的反应机理，减少与土壤中其他物质的反应和中间无效产物的生成，并对氧化剂对土壤生物群落的影响做出判断。

3.2.3 石油污染土壤生物修复技术

1930 年，Tausz 和 Donath 首次提出了利用微生物来修复石油及其衍生物污染土壤的概念，从此生物修复污染物土壤便走进了大众的视野[28]。生物修复既可以原位修复，也可以异位修复，根据生物特性也可以在好氧或者厌氧条件下来回选择，这些优势使得生物修复已经成为石油污染土壤修复的主要技术之一。

生物修复的主要作用机理有矿化作用、共代谢作用和间接作用[29]。矿化作用是指利用土壤微生物将土壤中的有机污染化合物转变成无机化合物的行为。阿特拉津、苯酚、石油醚类等特殊生物物质可被特定的降解菌高效矿化，这些菌类在矿化过程中还可从污染物中获得碳、氮、硫、磷等营养物质。共代谢是指微生物从其他底物获取大部分碳源和能源后将同一介质中有机化合物降解的过程。尽管共代谢过程无法将全部污染物彻底降解，但是它可以将污染物转化为其他形态，并由具有降解能力的微生物对其进行降解，从而实现对环境中污染物的快速去除。间接作用指的是微生物经过一系列的生理活动，使环境中的氧化还原电位、pH 值等发生变化，或者是微生物的代谢产物与环境污染物发生反应，最终导致环境污染物的降解和转化的过程。在了解了主要作用机理之后，本文将介绍几种常见的生物修复技术。

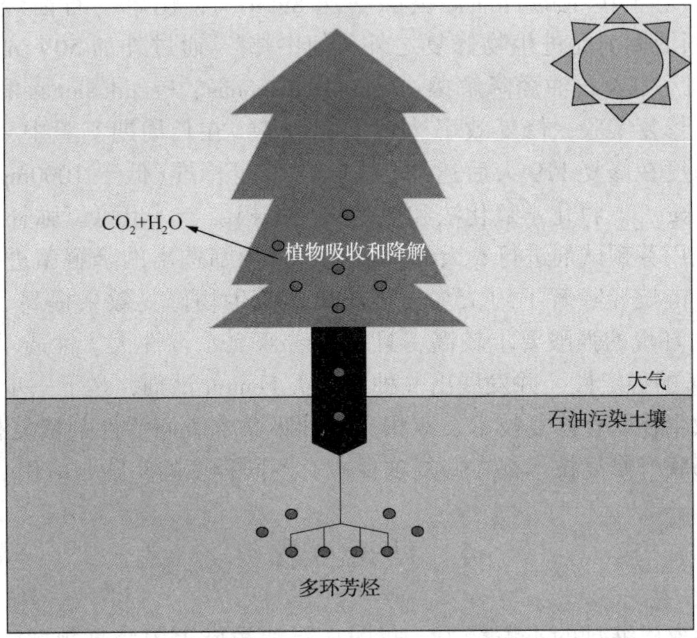

图 4 植物土壤修复示意图

植物修复是指在污染土壤表面种植绿色植物从而吸收和降解污染物的原位修复技术。现如今主要用于石油污染土壤修复的植物有农作物黄豆、玉米和苜蓿、牛尾草等草类植物，除此之外，梧桐、杨树和松树等树木类植物也可用于石油污染土壤修复。王盼盼等人[30]选取芦苇、狗尾草、翅碱蓬三种植物对胶州湾石油污染海岸线进行植物修复，最终取得了良好的修复效果。动物微生物修复是指利用土壤中的原生生物(蠕虫)或微生物的代谢作用来降解石油污染物的方法。Parrish 等[31]研究了蚯蚓对废弃石化厂污染土壤中 PAHs 的生物富集情况，结果显示蚯蚓对低环数(3～4 环)的 PAHs 富集效果较好，富集量达 0.08～0.2mg/kg。在微生物对石油烃的降解过程中，微生物菌类除了刺激自身的碳氢化合物转化机制外，还能加速其对石油烃的降解，并将其转化为中间代谢物，最后将中间产物引入到菌株中。由于微生物种类众多，在修复过程中可以根据不同的石油烃污染物类型选择最为合适的微生物菌种进行修复。堆肥法一般是利用粪肥、废弃植物等有机质材料与石油污染土壤混合培养，促使降解菌共代谢污染物的过程[32]。堆肥过程需要在好氧条件下进行，此过程会导致修复温度升高，从而提高污染物的生物可利用性。在不同的温度条件下，堆肥过程中的微生物种群数量也在发生变化。

3.2.4 石油污染土壤联合修复技术

随着时代的发展，对石油污染土壤修复效果的要求也在不断提高，单一修复技术的局限性逐渐显现出来，为了减少 pH、土壤有机物含量等因素对修复效率的影响，提高污染物可利用性、优化降解产物，从而达到高效的修复目的，研究人员开发出一系列同时或先后顺序实施的联合修复技术。周文君等人[33]通过对棉花秸秆生物质炭进行 Fenton 和硝酸改性，采用室外盆栽实验处理石油污染土壤，结果表明经过改性后的生物炭具有更优的表面结构，对土壤中总石油烃的降解效果也更加显著。徐立明等人[34]将 5 种表面活性剂(十二烷基苯磺酸钠、鼠李糖脂、Tween80、Tween60 和 TRS-1)结合土著石油烃降解菌群修复石油污染土壤，结果显示复配菌群对土壤中的石油烃去除率达 89.91%，比单一石油烃降解菌修复高出 26.50%。除了表面活性剂促进生物修复之外，何中炜[35]通过外加 50V/m 的正弦交流电场优化土壤条件，然后加入石油烃降解菌(Stenotrophomonas、Pseudomonas 和 Bacillus)进行三周的石油污染土壤修复实验，修复效率达到了 31.6%。在长周期实验中，其他条件充足的情况下，石油烃浓度在修复 119 天后达到相关土壤修复标准(低于 $1000mg/kg_{干土}$)，去除速率为每天 $22.0mg/kg_{干土}$。将化学氧化法和微生物技术相结合，也可以弥补单一技术的不足。有国外研究人员先用芬顿试剂进行 5 天的预氧化，再用筛选出的降解菌进行 24 天的微生物修复，结果显示直链烷烃降解了约 75%，相比单独微生物修复效果提高了 14%[36]。然而，由于 Fenton 工艺对环境的强酸要求较高，且存在着双氧水毒性大、性质不稳定等问题，因此，如何改善 H_2O_2 的稳定性，并发展出一种新的类 Fenton 试剂，是下一步研究工作的重点。此外，还有植物微生物联合修复技术、双相真空抽吸联合表面活性剂修复技术、超声波+活化过硫酸盐技术等联合修复技术都在修复项目中有不同程度的实践与应用。

4 结论与展望

通过各位学者夜以继日的不懈努力，我国在石油污染土壤修复领域已经取得了部分成就，掌握了一些可以投入实际工程应用的土壤修复技术。在根据不同的石油污染土壤类型(TPHs、PAHs)，不同的土壤性质(pH、渗透率、微生物含量)，以及在实际工程中对场地的要求(周边居民环境、安全要求)，应在实地调研之后考虑和选择最适宜的修复技术，同时还要注意修复过程中产生二次污染的可能性，以达到修复效果和经济效益的最佳化。

但在现代研究过程中，还存在一些问题有待解决：

(1) 在确定新型修复技术的修复效果时，应选择不同污染程度的土壤进行修复效果差异的对比，从而分析最适合该修复技术的污染物含量范围。

(2) 现代化工厂的污染土壤多为重金属与石油烃等有机物的复合污染，在以后研究中应该深入研究其复合污染机制，打好理论基础，从而找到更为合适的复合污染土壤修复技术。

(3) 由于石油组分复杂，大部分研究主要集中于 TPHs 的去除，而忽略了石油中的其他组成部分，后续研究可以分析石油组分中低碳和高碳含量的变化。

(4) 在化学、生物土壤修复过程中，经常会有中间产物的产生，而这部分产物的理化性质却经常被忽略，从而导致有毒性的中间产物对环境造成二次污染。在以后实验中，中间产物的性质和处理也应纳入考虑范围和修复效果评定。

(5) 应多在微观层面注重土壤石油污染物的脱附机理，从分子角度阐述修复效果，加强生态毒理反应机理的研究工作。

(6) 为了提高修复效果和经济效益，在修复土壤的同时也应考虑到地下水污染的治理，通过土壤和地下水的协同修复从而达到效益最大化和生态的绿色可持续发展。

参考文献

[1] 崔丽鸽．甘肃省耕地生态补偿问题量化研究[D]．兰州财经大学，2021.

[2] 乔颖．我国土壤修复产业发展研究——评《我国土壤修复产业预测分析和发展战略》[J]．生态经济，2022，38(10)：2.

[3] 吕大勇．土壤环境监测技术的现状及发展趋势分析[J]．皮革制作与环保科技，2022(007)：003.
[4] 崔纪委，岳丽娜，郭富成．土壤污染来源及解决措施[J]．现代农村科技，2023(3)：1.
[5] 余春浩．石油泄漏对土壤的污染[J]．当代化工，2019，48(10)：4.
[6] Balks M R，Paetzold R F，Kimble J M，et al. Effects of hydrocarbon spills on the temperature and moisture regimes of Cryosols in the Ross Sea region[J]. Antarctic Science，2002，14(04)：319-326.
[7] 魏准，田应兵，杜显元，等．石油污染对土壤物理性质的影响[J]．长江大学学报(自科版)：下旬，2016，13(3)：4.
[8] Khamehchiyan M，Charkhabi A H，Tajik M. Effects of crude oil contamination on geotechnical properties of clayey and sandy soils[J]. Engineering Geology，2007，89(3-4)：220-229.
[9] 魏样．石油污染对土壤性状的影响及植物修复效应研究[D]．西北农林科技大学，2020.
[10] 王传远，杨翠云，孙志高，等．黄河三角洲生态区土壤石油污染及其与理化性质的关系[J]．水土保持学报，2010(2)：4.
[11] Ogboghodo I A，Iruaga E K，Osemwota I O，et al. An assessment of the effects of crude oil pollution on soil properties，germination and growth of maize (Zea mays) using two crude types--Forcados light and Escravos light. [J]. Environmental Monitoring & Assessment，2004，96(1/3)：143-152.
[12] Khosravi E，Ghasemzadeh H，Sabour M R，et al. Geotechnical properties of gas oil-contaminated kaolinite [J]. Engineering Geology，2013，166：11-16.
[13] 王华金，朱能武，杨崇，等．石油污染土壤生物修复对土壤酶活性的影响[J]．农业环境科学学报，2013，32(6)：7.
[14] Delille D，Pelletier E，Delille B，et al. Effect of nutrient enrichments on the bacterial assemblage of Antarctic soils contaminated by diesel or crude oil[J]. Polar Record，2003，39(4)：309-318.
[15] Baek K H，Kim H S，Oh H M，et al. Effects of crude oil，oil components，and bioremediation on plant growth. [J]. J Environ Sci Health A Tox Hazard Subst Environ Eng，2004，39(9)：2465-2472.
[16] 杨博，李娜娜，陈景辉，等．微生物修复石油烃污染土壤研究进展[J]．西安石油大学学报：自然科学版，2023，38(1)：12.
[17] 张博．石油污染物在土壤中迁移规律及修复技术研究[D]．东北石油大学，2017.
[18] 杜永亮．高浓度石油污染土壤溶剂萃取过程的研究[D]．天津大学，2012.
[19] 毛朝阳，陈江艳，王力．油污染海砂中石油烃含量的萃取测定方法研究[J]．山东化工，2015，44(23)：5.
[20] 程家乐，赵贵章，李垒成，等．石油类污染土壤轻质非水相流体迁移机理与修复技术[J]．炼油技术与工程，2023，53(4)：4.
[21] 朱瑞欢，黄泽坚，林朝萍．我国农业土壤重金属修复技术研究进展探析[J]．广东化工，2022，49(21)：3.
[22] Chien Y C. Field study of in situ remediation of petroleum hydrocarbon contaminated soil on site using microwave energy[J]. Journal of Hazardous Materials，2012，199(Jan. 15)：457-461.
[23] 李爽，高兰兰，陈军，等．土壤修复应用案例及费用组成分析[C]//中国环境科学学会环境工程分会. 中国环境科学学会2022年科学技术年会——环境工程技术创新与应用分会场论文集(三).《工业建筑》杂志社有限公司，2022：585-590.
[24] 卞菁菁，崔行磊，方志．不同溶液浓度下气液两相介质阻挡放电特性实验及仿真研究[J]．绝缘材料，2021.
[25] 黄祺．土壤污染治理工作中的等离子体修复技术[J]．中国高新科技，2021.
[26] Abbas Y，Lu W，Dai H，et al. Remediation of polycyclic aromatic hydrocarbons (PAHs) contaminated soil with double dielectric barrier discharge plasma technology：Influencing parameters[J]. Chemical Engineering

Journal，394.

[27] 王永剑，单广波，徐佰青，等．表面活性剂在石油烃污染土壤修复中的应用研究进展[J]．当代化工，2021，50(6)：6.

[28] Dzionek A，D Wojcieszyńska，Guzik U．Natural carriers in bioremediation：A review[J]．Electronic Journal of Biotechnology，2016，23：28-36.

[29] 梁栋．扑草净降解菌 DY-1 的筛选、鉴定及特性的研究[D]．东北农业大学，2021.

[30] 王盼盼．芦苇、翅碱蓬、狗尾草配置设计模式对胶州湾滨海岸线石油污染土壤修复研究[D]．青岛理工大学，2021.

[31] Parrish Z，White J，Isleyen M，et al. Accumulation of weathered polycyclic aromatic hydrocarbons（PAHs）by plant and earthworm species[J]．Chemosphere，2006，64(4)：609-618.

[32] Semple K T，Reid B J. Impact of composting strategies on the treatment of soils contaminated with organic pollutants[J]．Environmental Pollution，2001，112(2)：269-283.

[33] 周文君，朱新萍，陈康怡，等．改性生物质炭对原油污染土壤中苏丹草萌发的影响[J]．农业环境与发展，2022(001)：000.

[34] 徐立明．表面活性剂结合土著微生物修复石油烃污染土壤的研究[D]．青岛科技大学，2020.

[35] 何中炜．电场强化微生物修复石油烃类污染土壤的研究[D]．浙江大学，2020.

[36] 谢宜，史学峰，李昌武，等．化学氧化联合微生物修复石油烃污染土壤[J]．湖南有色金属，2022(003)：038.

高冷效、低能耗冷却塔改造技术的应用

王建军　刘　皓　曹丽颖

（中冷环境科技有限公司，沧州 061000）

【摘要】 冷效与运行能耗是冷却塔最重要的技术指标。本技术是在不改变塔体结构的情况下，运用高效冷却填料、高收水低阻力收水器以及配置更优的配水系统，进一步优化提升冷却塔性能，在众多已建设冷却塔运行维修中实现提高冷效、减低能耗、减碳排。

【关键词】 高冷效　低能耗　超低漂水率　高效填料　喷头　收水器

逆流式机械通风冷却塔在石油、化工、发电等行业随中国市场的发展应用越来越广泛，20 世纪 90 年代如雨后春笋般的涌现，到现如今，老一批的冷却塔已经面临着老旧，高能耗，低效率，飘滴严重等多方面的问题，一方面是当时好的冷却塔已经破旧，另一方面也是因为当时技术的不足，新建的冷却塔也有一部分存在着这样那样的问题。所以国内市场虽然新建项目也在进行，但是老塔再建，老塔改造的趋势日渐增多，在冷却行业的占比也在逐年上升。故本技术旨在如何在原有老塔基础上更好提高冷却塔的冷效，节约其能耗，更好解决飘滴问题，以期为同类工程提供参考。

1　工程案例及问题分析

广西某炼化企业目前在用的七台 4500m^3/h 的逆流式机械通风冷却塔，在 2022 年进行了冷却性能测定，从测试的数据和最后的计算结果来看，该 7 台冷却塔冷却能力分别为 83.6%、78%、81.7%、82.8%、73%、79%、76.6%，综合冷却能力约为 79.3%左右，均未达到《大型开式冷却塔》GB/T 7190.2—2018 中第 5.1.2 条要求的冷却能力不小于 95%的标准。对此七台冷却塔先后多次进行勘察，发现其存在问题如下：

（1）从直观上看，塔的运行状态基本稳定，冷却塔外观较整洁，风机运行较稳定，但整塔的布水存在不均匀现象，主要是上塔两端水的喷洒量较小，边角部位存在少水、无水现象，塔的隔墙壁流水量较大。

（2）塔内填料有存在破损和排列不整齐等现象，直接导致冷却塔的换热效率下降。

（3）冷却塔风机的风量对比设计风量，普遍偏小 20%左右，基本上在 2100000m^3/h。风机的运行阻力偏大，在风机的风筒喉部下测得的风机静压均在 160Pa 以上，甚至有的达到

200Pa 以上，而且两进风侧的静压不均衡，最大差值可达 30Pa 左右，这说明塔内填料可能存在不同程度的堵塞现象，使得塔内阻力增加，再加之塔的两侧淋水不均匀，存在淋水量的差异或淋水的不均匀，均会造成两侧阻力的不均衡。

（4）塔的运行阻力与塔的设计理论计算阻力存在较大偏差，实际运行大于塔在设计时的理论计算阻力，设计全压为 177Pa，动压为 47.39Pa。塔的实际运行阻力与计算值出现较大偏差，会使得所选风机的实际运行工况点偏离设计选型工况点，从而风机实际运行工况偏离高效区，风机运行效率低下。

（5）风机设计轴功率 141kW，但随着风机运行时间的延长，风机的风量也会随之下降，造成风机运行风量不足，或风机在安装时叶片角度未达到设计角度，也是风机风量不足的主要原因，从风机驱动电机的运行情况看，运行电流普遍在 10A 左右，运行功率在 130kW 左右，驱动电机额定功率 185kW，额定电流 13.7A，从数据上看风机的驱动电机还有 20kW～25kW 的提升空间。

（6）人站在塔下能感觉到轻微的如毛毛细雨的感觉，说明冷却塔存在漂水现象。

2 循环水运行数据分析

2.1 循环水系统运行数据

一循四台冷却塔设计水量 18000m^3/h，设计回水温度 43℃，供水温度 33℃，回、供水温差 10℃，实际运行水量约 19000～19500m^3/h，超设计水量 8%，回水温度 38.2℃左右，供水温度 32.5℃左右，回供水温差约 5.7℃。

二循三台冷却塔设计水量 13500m^3/h，设计回水温度 43℃，供水温度 33℃，回、供水温差 10℃，实际运行水量 10500～11000m^3/h，是设计水量的 80%左右，回水温度 36.2℃左右，供水温度 31.5℃左右，回供水温差约 4.7℃。

从以上两个循环水系统的实际运行数据来计算，一循所供装置的实际热负荷约为 4.65 亿 kJ，二循所供生产装置的实际热负荷约为 2.16 亿 kJ。

2.2 循环水运行能耗数据

2.2.1 冷却塔的运行能耗

T101A～D 冷却塔风机运行电流分别为：10.4A、9.6A、10.1A、10.8A，各风机运行功率为：140kW、130kW、136kW、146kW，合计耗能约 552kW。

T102A～C 冷却塔风机运行电流分别为：9.6A、9.4A、10.8A，风机运行功率为：130kW、127kW、146kW，合计耗能约为 403kW。

2.2.2 循环水输送能耗

一循供水泵 P101A、P101B、P101C、P101E、P101G 的运行电流分别为：49.3A、49.4A、43.3A、38.1A、11.7A，各供水泵的运行功率分别为：679kW、680kW、596kW、520kW、165kW，一循合计循环水输送能耗约为：2640kW，则每吨循环水输送能耗为 0.139kW/t。

二循供水泵 P102B、P102C、P102E 的运行电流分别为：39.5A、47.2A、55.9A，各供水泵的运行功率分别为：544kW、650kW、790kW，二循合计循环水输送能耗约为：1984kW，则每吨循环水输送能耗为 0.189kW/t。

2.2.3 循环水综合能耗

一循的综合能耗约为3192kW；二循的综合能耗约为2387kW。

3 提升冷却塔性能的改造方案

从循环水运行的各项数据来看，循环水向装置供水的温度在32.5℃时，是被生产装置普遍可以接受的温度，也是生产装置在生产管理中较为理想的一个循环水温度，所以在冷却塔改造时将循环水的供水温度确定为32.5℃，同时按原冷却塔设计条件的100%冷却效率来提升性能改造，以实现提能降耗的目的。改造前后冷却塔设计参数如表1所示。

表1 改造前后冷却塔设计参数

项目	原设计参数	改造后核算参数
冷却水量 $Q/(m^3/h)$	4500	4500
进塔水温度 t_1/℃	43	40
出塔水温度 t_2/℃	33	32.5
进塔空气干球温度 θ/℃	31	31
进塔空气湿球温度 τ/℃	28.5	28.5
大气压力 p/Pa	101	101
风机轴功率/kW	141.8	158.5

改造设计是以达到原设计条件100%冷却效率作为基准，然后根据GB/T 7190.2—2018冷却塔能力测试的相关计算，对改造后的冷却塔进出塔水温等数据进行核算，经核算后改造冷却塔的回供水完全可以在40~32.5℃区间运行[1~5]。

3.1 填料系统改造

冷却塔的主要改造内容是原冷却塔风筒、风机、电机等动力部分利旧，对冷却塔填料系统、配水系统、收水系统进行优化设计、改造，使冷却塔达到使用要求。

3.1.1 更换填料

从塔的测试数据来看，目前塔内填料的容积散质系数 $\beta_{xv}=13000kg/(m^3\cdot s\cdot kg/kg)$ 左右，而根据现有冷却塔设计参数计算，水冷却需要填料的容积散质系数 β_{xv} 要达到 $18000kg/(m^3\cdot s\cdot kg/kg)$ 以上才能满足冷却需求，两者相差过多，显然不可能满足冷却需求。而提高容积散质系数的途径，一是增加填料体积，还有就是提高填料性能。该塔的各项尺寸已经固定，故将填料更换为比表面积更大、热力性能更好的ZL-TB19型高效填料来增大冷却塔气水换热面积。

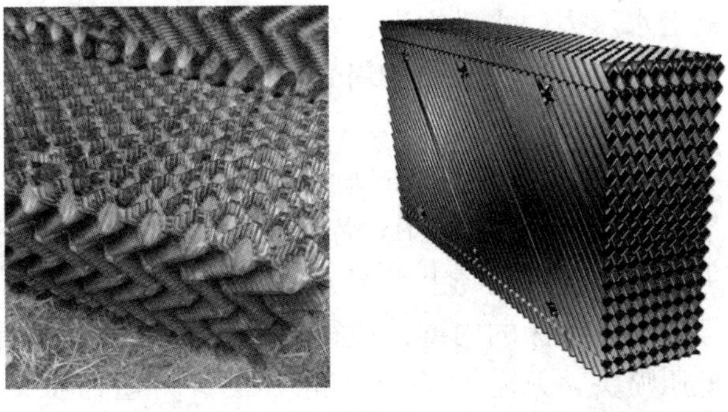

图1 原塔填料与更换后的ZL-TB19型高效填料对比

ZL-TB19 型填料是高效低阻型填料，片间距 19mm，比表面积 168.38m^2/m^3，可有效降低气水比、提高换热能力。层高 1.22m，单层布置，避免了层与层之间交错安装对填料接触面造成的损伤，同时，也避免了填料层与层之间缝隙处易堆积杂物等缺点。填料粘接成块，尺寸为 1830mm×1220mm×305mm，是新建项目也是改造低效冷却塔的首选填料，此款填料可悬吊安装，具有更低的全塔热力特性与阻力特性。

相比原塔使用的 S 型复合波填料，片间距 33mm，比表面积 115.35m^2/m^3，三层布置，总高 1.5m，改造后填料换热面积提高了 18.7%。

3.1.2　更改填料安装形式

原塔填料安装形式为下沉式安装，如图 2 中的左图，第一层填料安装在梁内，可减少几十立方填料，但填料梁却占用了宝贵的填料安装空间，空气只能在下层填料内进入填料内部，其有效进风面积就是塔体内尺寸刨去填料梁后所剩余的面积，有效换热面积减少，造成冷效低下。

改造方法就是借助原填料梁作为支撑将 ZL-TB19 型高效填料安装在梁上，通过改变填料梁处进风的形式，实现减少风阻，增大风机有效风量的目的。如图 2 中右图为改造后的安装方式，粘接好的填料直接搁置到新增加的 FRP 填料支撑上，可使填料进风截面的挡风面积降至最低，即消除了填料支撑对填料进风面积的干扰，使塔内的通风面积增加、通风阻力减小，从而使冷却塔静压降下降，风机的运行功率减少，实现降低能耗的目的。

图 2　原填料安装形式与改造后填料安装形式对比

3.2　配水系统改造

原塔塔内布水系统喷洒不均匀，边角的洒水量不足，主管管径偏小，流速过快。需重新进行水力计算，布水喷头要求 90%喷头布水量差小于平均数 5%，其余 10%喷头布水量差小于平均数 10%。

计算过程按照管道的上水压力，水头损失，水流经管道内部各点位的理论压力，根据水压适当调整部分区域的喷头出口口径，并结合蜗壳式旋喷喷头的特性计算各点位喷头的喷洒效果。

拆除原冷却塔配水系统，用 ZL-P5 蜗壳式旋喷喷头替代三溅式喷头，并增加喷头数量使得喷头间能够充分搭接和有效补偿。ZL-P5 蜗壳式旋喷喷头具有一种抗堵塞的特点，如图 4 中的图片所示，其进口水流通过蜗壳上半部分的倒流作用使得出水变成了一种旋流的出水形式，这种旋流能不停地冲刷喷涂的内壁，使得任何杂质都无法残留到喷头内堵塞出口。此外蜗壳式喷头是一种低压喷头，只需 1.5m 水柱的压力即可达到喷头的理想设计流量，确保了在更低的布水压力下，各布水点在不同流量下均能均匀的布水。喷头的耐水力波动性极强，在70%~120%的运行水量范围内，布散效果均能表现良好。喷口至填料顶部的距离仅需610m，有效降低塔体高度并降低冷却塔扬水高度。配水系统经改造后布水非常均匀，详见图5，前后对比非常明显。

图3　重新计算后的喷洒效果图

图4　蜗壳式喷头图片

图5　原塔淋水效果与改造后的淋水效果对比

3.3　收水系统改造

拆除原有多波收水器，更换为ZL-S150型收水器。此收水器为蜂窝式立体三维四折向设计，其入风角度和出风角度的设计均按照实际气流方向而设计的，保证了冷却塔空气流场的均匀性。收水器采用单层布置，粘接成块后，无需支架，可直接搁置在混凝土次梁上。该收水器的飘滴损失和阻力特性是其他收水器不能相比的，其飘水损失仅为循环水量的0.0005%，远优于国家标准0.005%的要求，节约用水的同时，对抑制雾霾的产生具有一定的作用。ZL-S150收水器片间距为30mm，而多波型收水器的片间距通常在50~60mm，较小的片间距可起到更好的收水效果。该收水器在安装上无须其他任何附属设备和材料，装卸极为方便。能长时间在恶劣环境中运行，是目前世界上最好的收水器之一。

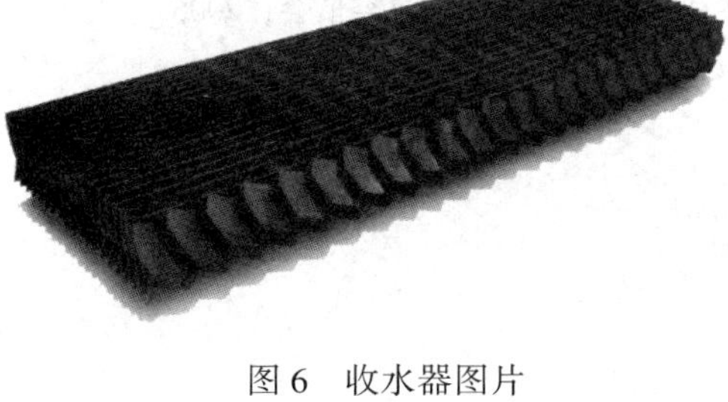

图6　收水器图片

3.4 动力系统调节

针对老塔的运行情况以及改造目标，重新进行塔内空气动力计算，视其使用年限、实际状况等通过调整扇叶角度来增加风机的风量。

4 改造后的优异效果

两个循环水系统经过改造后，一循的运行水量可以控制在满负荷的18000m^3/h以下运行，循环水的回、供水温差为7.5℃，则热负荷处理能力为5.65亿kJ，是一循所负责生产装置实际热负荷的1.2倍以上，完全可以满足生产的热负荷需要；二循的循环水量也可以控制在两台塔的9000m^3/h以下来运行，回、供水温差为7.5℃，其热负荷处理量为2.82亿kJ，是二循所负责生产装置热负荷的1.3倍以上，完全满足生产热负荷需要。

T101A~D冷却塔风机按照轴功率核算，冷却塔风机运行能耗合计约为634kW。T102A~C冷却塔由于水量减少，改造后的冷却塔只运行两台风机，则风机合计运行能耗为317kW。

按每吨循环水输送能耗为0.139kW/t计，一循的循环水输送能耗约为2502kW，比改造前可降低138kW；按每吨循环水输送能耗为0.189kW/t计，二循的循环水输送能耗约为1701kW，比改造前可降低283kW。

改造后，一循的循环水综合能耗约为3136kW，比改造前综合能耗降低56kW；二循的循环水综合能耗约为2018kW，比改造前综合能耗降低369kW。

经济效益：循环水系统原运行按年8000h计，一循、二循改造后可实现节电340×10^4 kW·h，综合电价按0.6元/kW·h计，则可实现经济效益约为204万元/a。

可减少漂滴损失1.215t/h，年运行时间按8000h计算，则年节约用水量约为9720t/a。水费按6.5元/t，每年可节约经济效益约为6.318万元/a。

社会效益：根据国家生态环境环保部门相关专家的统计，每节省1000度kW·h，折合减少碳排放0.581t。每年可减少碳减排1975.4t。

综合以上来看，冷却塔改造后，有可观的经济效益和社会效益。

参考文献

[1] GB/T 50392—2016. 机械通风冷却塔工艺设计规范[S]. 中华人民共和国住房和城乡建设部与中华人民共和国国家质量监督检验检疫总局联合发布，2016.

[2] GB/T 7190.2—2018. 机械通风冷却塔第2部分：大型开式冷却塔[S]. 国家市场监督管理总局与中国国家标准化管理委员会发布，2018.

[3] DL/T 742—2001. 冷却塔塑料部件技术条件[S]. 中华人民共和国国家经济贸易委员会，2001.

[4] DL/T 1027—2006. 工业冷却塔测试规程[S]. 中华人民共和国国家发展和改革委员会，2006.

[5] 赵顺安. 冷却塔工艺原理[M]. 北京：中国建筑工业出版社，2015.

横流塔改造应用实例

王筱梅[1]　程顺一[2]

（1. 中冷环境科技有限公司，沧州 061000；2. 中国石油大庆炼化公司，大庆 163000）

【摘要】 通过对某炼油厂横流塔塔内部件的改造实例，介绍金属框架薄膜填料在横流塔中的应用情况，改造后运行冷效得到较大提升。

【关键词】 横流塔改造　金属框架填料　冷效

八九十年代，国内各石化行业循环水装置中的冷却塔以横流式机械通风塔居多，包括混凝土结构、钢结构的塔体。随着科技的进步，横流塔因效率低能耗高等问题，逐步被逆流塔替代。对于已建成的横流塔，随着使用年限的增加，塔内各构件及塔体结构都出现各种情况的损坏、腐蚀，导致冷却塔的冷效大幅下降。随之出现了对横流塔的各种改造方式——横改逆或混装改造[1~3]。其中混装改造是通过将边层点滴填料更换为薄膜填料，组成边层薄膜填料与内层点滴填料的混装方式，边层填料一般为无框架填料或塑料框架填料。这种改造方式在一定程度上提高了冷却塔的冷却能力。但边层填料在使用过程中也存在一些问题，本文给出了某炼油厂钢结构横流塔的改造方案，说明金属框架薄膜填料替换塑料框架或无框架薄膜填料的改造应用。

1　工程概况

炼油厂三循共有6台钢结构横流冷却塔，其中301#、302#塔为1997年投运，设计流量为2000m³/h；303#～306#塔为1999年投运，设计流量为3500m³/h。三循总设计水量为18000m³/h，设计进水温度为40℃，出水温度为30℃，联合向厂内炼油二厂和润滑油厂供水。该循环水为一根回水总管，301#和302#塔合用一根出水管，303#～306#合用一根出水管，见图1。

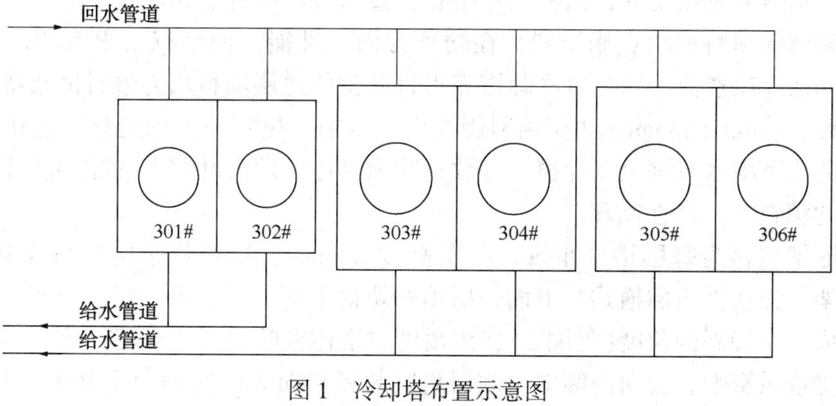

图1　冷却塔布置示意图

（1）淋水填料

301#～304#塔为全薄膜填料，外层为塑料框架直波填料，内层为普通横流塑料薄膜填料；305#、306#塔外层为塑料框架直波填料，内层为拱形板点滴填料。

（2）配水系统

均采用池式配水系统，包括配水管、消能槽、配水槽及靶式喷头。

（3）收水器

均采用多波收水器，材质 PVC，片间距自上而下分别为 30mm、40mm、50mm。

（4）动力系统

301#～302#，配套 L80 风机和 110/37/18.5KW 三速电机；303#～306#塔配套 L92 风机和 200KW 电机。

2 改造前存在的问题

这 6 间冷却塔的布置为 2 塔一组，共 3 组，分别为不同厂家设计，所有塔原设计中，内部填料均为点滴填料，后经不同时期的填料更换，改造成为混装填料或全薄膜填料。

2.1 运行情况

2018 年 6～8 月份的运行水量和进出水温，见表 1。可以看出，冷却塔的运行状态并未达到设计能力。

表 1 改造前运行数据

月份	水量/(m^3/h)	进水(回水)温度/℃	出水(给水)温度/℃		温差/℃	
			301#～302#	303#～306#	301#～302#	303#～306#
2018 年 6 月	12028	37.1	26.97	25.89	10.13	11.21
2018 年 7 月	13142	39.09	30.69	28.44	8.4	11.46
2018 年 8 月	13136	37.36	29.03	26.53	8.33	10.83

注：以上数据为月平均值。

2.2 设备情况

经多年运行，钢结构有不同程度的腐蚀，尤其是一些支撑件，有些已经腐蚀脱落，严重危及设备的安全运行。

收水器、填料有老化现象，因使用年限长，塑料件均出现老化碎裂。

塑料框架薄膜填料相比点滴填料，在防冰方面及性能方面已有了很大的改进[4]，但仍然存在一些问题。改造前，该项目冷却塔靠近百叶窗的边层填料均为塑料框架薄膜填料，填料片垂直放置，片间距 33mm。边层填料因受阳光直射，更容易出现老化。老化变形或碎裂后的填料，造成下淋水飞溅至百叶窗，导致百叶窗结冰，而百叶窗上的冰层融化掉落后，又会砸坏附近的填料[5]，恶性循环。

原塑料框架填料为每层错位布置，单层高度 396mm，填料片采用塑料穿管穿接而成，外加塑料框架，连接件为插槽式。下面一层填料块比上面一层靠内一些，形成一个阶梯状布置，整体构成一个倾斜的角度（见图 2），该角度与塔体百叶窗倾斜角度一致。当开风机运行时，下淋水受进风影响，会向内倾斜，倾斜角度与填料布置的倾斜角度基本一致（见图 3），从图 3 中可以看出，阴影部分基本上属于无效区；当风机停运时，下淋水几乎为垂直下落（见图 4），无效区会更大，且靠近百叶窗的下淋水有一部分不经过填料直接落到百叶窗上，容易造成结冰。

图 2　塑料框架填实[5]

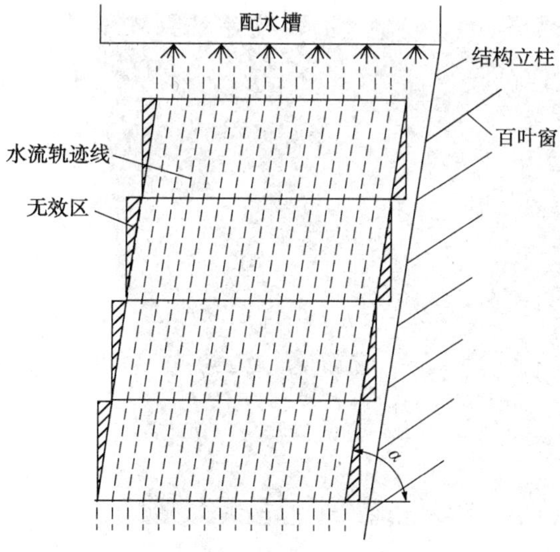

图 3　塑料框架填料风机运行时下淋水示意图

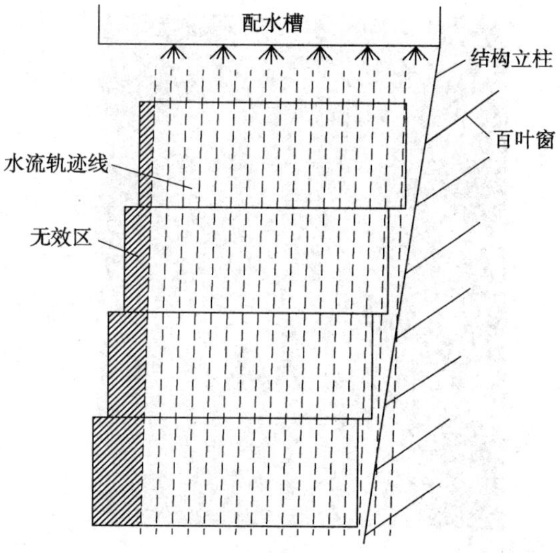

图 4　塑料框架填料风机停运时下淋水示意图

同时，喷头有掉落或堵塞情况。堵塞的喷头造成部分区域填料无水，无法进行水气接触，造成填料不能有效利用，降低了冷效；喷头脱落，形成水流水柱，对填料产生冲击性损坏，亦会影响冷却效果。

3　改造措施

2016 年、2019 年分别对 305#～306#塔、301#～304#塔进行了改造。改造的主要内容是边层薄膜填料更换、内层薄膜更换、收水器更换、喷头更换、钢结构防腐加固等。

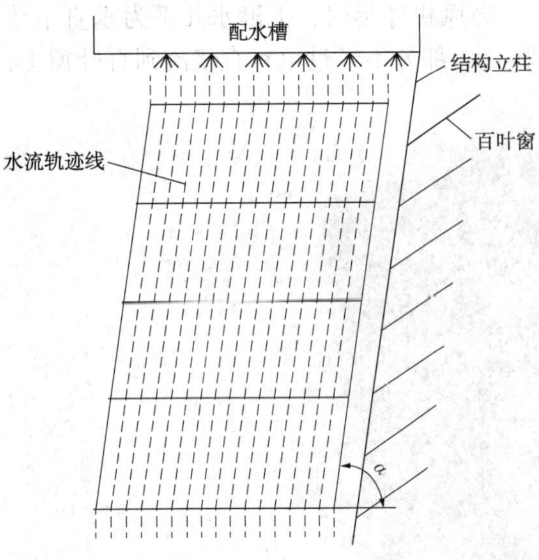

图 5　金属框架填料风机运行时下淋水示意图

3.1　边层填料

将塑料框架薄膜填料更换为钢制框架薄膜填料。采用 25mm 波高的填料片，热浸锌碳钢框架，填料片采用钢管穿接并固定于框架内，框架为螺栓连接。

填料片设计具有以下特点：

(1) 单片填料的倾斜角度与塔体一致(见图 5)，避免了原填料的上述无效区的问题，提高的填料片的利用率，可提高塔体冷效。

(2) 填料的迎风面有成蜂窝状的导流器，具有良好的均布风的效果，提高并稳定了水气的热交换强度。其迎风面导流器倾斜亦呈一定的角度，有效地减少了飞溅，降低了百叶窗结冰的可能性(见图 6、图 7)。在冬季风机停运的情况下，导流器也可使水流沿填料片流下来，避免了上述下淋水流出填料区域的情况，减小水滴飞溅至百叶窗上的可能性，防止结冰。

图 6　填料外侧导流器

图 7　导流器正面图

(3) 填料片高度不受生产加工工艺影响，可根据塔的实际尺寸进行设计，该项目填料片高度为 1089mm。

钢制框架相比塑料框架具有更好的刚性，且填料片采用粘接及钢管穿接双重固定方式放置于钢制框架，可有效保证整体填料块的强度。

3.2　内层填料

内层填料更换为专用于横流塔的垂直波形填料，片间距为 33mm，采用粘接组装方式。

3.3　收水器

全部更新，仍然采用多波形收水器，片间距不变。

3.4 喷头

更换消能盒及喷头，喷头采用全新的靶式喷头，内塞可根据运行水量进行更换调节。

3.5 塔体防腐

拆除塔内构件后，对主体钢结构进行除锈并重新防腐，对腐蚀严重的构件，进行更换或加固，包括斜拉筋、填料支撑等。

4 改造后运行情况

2016年对305、306进行了外侧框架填料改造，2019年8月对301~304进行了上述改造，

根据现场监测数据，对比改造后最热月6~8三个月与去年同期数据，温差有较大提升，且风机全年运行时间降低。现场数据如表2、表3所示。

表2 改造前后水温对比 ℃

	6月			7月			8月		
	湿球温度	进水(回水)温度	出水(给水)温度	湿球温度	进水(回水)温度	出水(给水)温度	湿球温度	进水(回水)温度	出水(给水)温度
301#、302#塔									
2018年	—	37.1	26.97	24.64	39.09	30.69	21.26	37.36	29.03
2020年	—	36.06	26.08	24.59	36.69	28.17	20.77	36.44	26.78
对比	出水温度降低0.89℃			出水温度降低2.52℃			出水温度降低2.25℃		
303#~306#塔									
2018年	—	37.1	25.89	24.64	39.09	28.44	21.26	37.36	26.53
2020年	—	36.06	25.39	24.59	36.69	26.17	20.77	36.44	25.72
对比	出水温度降低0.5℃			出水温度降低2.27℃			出水温度降低0.81℃		

注：以上数据为月平均值。

表3 风机运行时间 h

	1月	2月	3月	4月	5月	6月	7月	8月	9月	合计
301-302塔										
2019年	920	231	763	1144	1350	1440	1488	设备检修	1440	8776
2020年	5	4	128	748	1241	1440	1484		1440	6490
说明：1~9月份(进行设备检修的8月份不计算在内)风机运行时间减少2286h，节省运行费用2286h×110kW×0.8×0.74元/kW·h度电=148864.32元。										
303-306塔										
2019年	1840	650	1439	1924	2952	2880	2976	设备检修	2880	17541
2020年	2	2	126	1324	2043	2730	2968		2880	12075
说明：1~9月份(进行设备检修的8月份不计算在内)风机运行时间减少5466h，节省运行费用5466h×200kW×0.8×0.74元/kW·h=647174.4元。										

5 结　语

通过对塔内部件更新，尤其是将边层填料更换为较小片间距的金属框架填料，增加了单位体积的热交换面积，提高了冷效；金属框架及填料的组装方式增强了填料的整体刚度，延长使用寿命；填料迎风面具有边层导流的效果，不易引起飞溅结冰。金属框架填料在本项目中的应用取得了较为满意的效果。

参 考 文 献

[1] 王五平，刘成．横流式冷却塔淋水填料的改造[C]//冷却塔研究会成立暨技术交流大会论文集，2004：34-39.
[2] 程丽芳．四循冷却塔优化改造与热力计算[J]．江西能源，2001(1)，12-14.
[3] 王德文．横流冷却塔技术改造及运行效果[J]．设备与防腐，2018，46(1)，37-38.
[4] 王志岳，陈文娟，等．框架薄膜点滴填料混装式横流冷却塔的应用[J]．工业用水与废水，2008，28(4)，80-82.
[5] 李兆一，王进友．冷却塔的结冰与防止[J]．工业用水与废水，2005，36(4)，68-70.

灯泡贯流式水轮机余压回收技术在炼油循环水的研究与应用

唐　曼　李世君

（中国石化广州石化公司，广州 510725）

【摘要】　通过对国内循环水余压利用技术现状进行调研，选择灯泡贯流式水轮机余压回收技术在炼油循环水系统进行试点应用，在回水压力 0.32MPa，流量 2900m^3/h 的实际运行工况下，机组发电功率达到 98kW，年节约成本 41.16 万元，具有较好的经济效益，可进一步推广应用。

【关键词】　循环冷却水　余压余能利用　循环水能发电

循环水系统是化工企业最为重要的辅助性系统，年耗电量占据厂用电 20%以上。据统计分析，约有 15%循环水能量可以余压能形式回水利用。鉴于目前现有技术的状况，研究与开发适合多种工况下、安全、高效的余压能利用技术和装置，是高效利用能源、减少排放最有效途径，已成为能源环境领域热点课题。广州石化公司共有 10 套循环水装置，可利用的余压能源丰富，选择并实施高效余压回收技术，将回水水流中的富余能量转化为机械能后进一步转化为电能，再经过输变电系统将电能回馈到系统本身或提供给其他低耗能设备[1]，对于企业的节能减排具有现实意义。

1　国内循环水余压利用技术现状

循环水系统及其管道是工业生产中重要的辅助性设备，其组成包括机泵单元、冷却塔单元、换热器单元和管网单元，其根本目的是带走工艺生产过程中产生的废热，使工艺侧温度达到生产需求。在工业应用中，为满足高位换热器供水需求，避免回水压力过低导致高位换热器回水管道出现负压状态导致系统安全问题，往往通过调整冷却塔上塔阀，提高系统的供回水压力。由于冷却塔上塔阀门开度较小，导致上塔阀门流动阻力较大，回水上塔余压较大，造成大量的能量浪费。为了实现回水余压的回收利用，国内外学者和科研机构研发了一系列回水余压能再利用装置，如灯泡贯流式水轮机余压回收技术。

2　灯泡贯流式水轮机余压回收技术原理及优点

2.1　技术原理

西安格睿能源动力科技有限公司循环水系统余压回收利用发电技术采用灯泡贯流式水轮机+三相异步电机组成，是一种新型的循环水余压能回收发电装置。

贯流式水轮机，是一种卧轴式水轮机，即水流在流道内基本上沿着水平轴向运动。它主要适用于1~30m的水头，是低水头、大流量水电站的一种专用机型。如图1所示，由于其水流在流道内基本上沿轴向运动，不转弯，因此灯泡贯流式水轮机组具有结构紧凑、稳定性好、效率高的特点。可很好的解决现有技术中效率低、安全可靠性低、适用性较窄等问题，实现用低碳节能减排技术，最大限度地降低产品的成本、降低能耗、深度回收循环水系统余压能的目的。

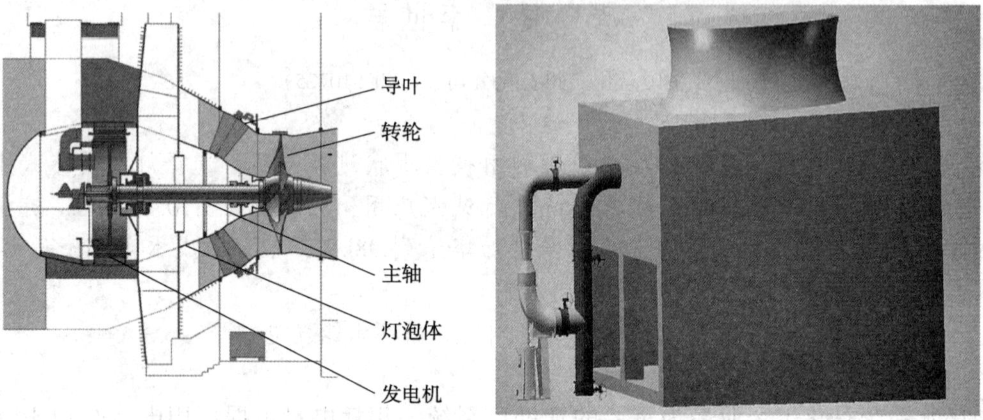

图1 灯泡贯流式水轮机结构形式

三相异步发电机技术为鼠笼转子全封闭自扇冷三相异步发电机，额定频率为50Hz，额定电压为380V，发电机基本结构及安装形式为立式安装，发电机轴承的允许温度(温度计法)不超过95℃。

2.2 技术改造后特点

(1) 能够实现水力能的高效转化，水力能-电能的能量综合转换效率达到85%，远高于市场同类产品(75%~80%)。

(2) 由于贯流式水轮机水头适用范围为1~30m，该技术可以通过调整贯流式水轮机结构，实现较宽范围内回水余压能的利用，适用于目前工业所有的循环水系统。

(3) 本技术不改变系统原有技术参数，循环水系统供回水压力、流量改造前后一致。

(4) 结构简单，与原有立管平行布置，不影响冷却塔的热力平衡和进风效果。

(5) 由于水轮机和管道采用一体化设计，主体设备的施工期大大缩短，7d内即可完成水轮机和发电机的安装施工。

(6) 不改变循环水系统原有管道结构，一旦水轮发电机组出现故障，可快速恢复至原有运行工况，实现系统安全稳定运行。

3 循环水余压发电技术试点应用

3.1 试点选择

广州分公司第三循环水系统原为化肥厂循环水场，共有9座法国赫尔蒂冷却塔(位号E9401A-I)，为炼油千万吨扩建生产装置配套循环水系统，在用8座冷却塔，回水上塔阀门前压力为0.37MPa，循环水供回水总流量约为14500m^3/h。

考虑为不影响冷却塔冷却效果，单塔处理量按照 2400m³/h 计算。

目前系统回水压力为：

$$P_0=0.37\text{MPa}/0.8\text{m}$$

喷头高度：

$$H_0=13.5\text{m}$$

目前冷却塔为逆流塔，为保证喷头雾化效果，喷头处余压为：

$$P_1=1.0\text{m}$$

为保证系统运行稳定，需要在原上塔主管道处新加旁路系统，同时在原主管道处新增 2 个蝶阀，因此需考虑新增阻力。考虑裕量，每个蝶阀考虑 1.0m 阻力，合计新增阻力为：

$$DP_1=2.0\text{m}$$

冷却塔上塔阀门的主要目的是用于冷却塔停工检修。除此外，由于实际使用过程中，各塔喷头、布水器、填料性能有所差异性，为最大限度保证冷却塔冷却效果，需要根据实际情况对各塔流量进行合理分配，此时必然需要对各塔上塔阀门开度进行调整。因此，此时，需要考虑一定的可调整裕量：

$$DP_2=2.0\text{m}$$

综上所述，水轮机发电可利用水头为：

$$H=P_0-H_0-P_1-DP_1-DP_2$$

即可利用水头为：

$$H=20.06\text{m}$$

其中，A-F 六间塔喷头高度为 13.5m，G、H 两间塔喷头高度为 15.5m，因此 A-F 塔可利用水头为 20.06m，G、H 两间塔可利用水头为 18.06m。将这部分能量通过水轮机组发电的形式回收，所发电量并入装置低压电网。

经现场实际调研及测试，E9401B 塔冷却性能好，风机效能高，上塔阀开度约 30%，可利用水头高，电仪线缆布线条件便利，选择 B 塔作为余压发电项目应用试点。

3.2 应用效果

广州石化循环水余压回收发电项目 2020 年 11 月 30 日 18 点 30 分正式并网试运，12 月 2 日 18 点 30 分完成 72 小时试运行。运行期间机组运行平稳，轴承、绕组温度平稳，转动部件连接牢靠，电气设备运行稳定、可靠。

第三循环水回水压力 0.33MPa，发电功率考核值为 74.5kW，实际发电功率 98kW 左右，见表 1，满足考核要求。

图 2 第三循环水余压发电机组现场图

表 1 第三循环水余压发电机组

项 目	1 月 20 日	1 月 21 日	1 月 22 日	1 月 23 日
循环水流量/(m³/h)	2256	2537	2537	2520
回水压力/MPa	0.333	0.333	0.334	0.334

续表

项　目	1月20日	1月21日	1月22日	1月23日
累计发电量/(kW·h)	116146	118479.5	120839.1	123206.1
每日发电量/(kW·h)	—	2333.5	2359.6	2367
总发电量/(kW·h)	7060.1			
平均发电功率/kW	98.06			

发电接入N2变电所0.4kV系统，供给第三循环水低压电网等量替代澄清水泵、冷凝液泵等的耗电，见表2。

表2　余压发电替代设备表

设备名称	位号	型号参数
脱阳离子后水泵	G9205A	KCC80X50-200
		流量：75m^3/h，功率：22kW
		扬程：50m，转速：2925r/min
		原动机型号：YB2-180M-2
处理后冷凝液泵	G9212A	ZA80-2250
		流量：105m^3/h，功率：45kW
		扬程：50m，转速：2970r/min
		原动机型号：YB225M-2
澄清水泵	G9213A	150TH45
		流量：238m^3/h，功率：37kW
		扬程：50m，转速：2957r/min
		原动机型号：YB3-200L2-2

3.3　经济效益

广州石化公司第三循环水B塔余压发电回收初始设计工况为回水压力0.37MPa，流量2400m^3/h时，发电功率106kW(保证值为104.8kW)。实际运行工况为回水压力0.32MPa，流量2900m^3/h时，发电功率达到98kW。按年运行8400h，电价成本0.5元/kW·h计算，年回收余压发电82.32kW·h，节约成本41.16万元。项目投资145万元，投资汇报周期约3.5年。

4　结　　论

(1) 灯泡贯流式水轮机+三相异步电机组成的循环水余压能回收发电装置具有结构紧凑、稳定性好、效率高的特点。可实现深度回收循环水系统余压能的目的。

(2) 广州石化公司选择炼油第三循环水B塔作为灯泡贯流式水轮机余压回收技术应用试点，投运后机组运行平稳，电气设备运行稳定、可靠。在回水压力0.32MPa，流量2900m^3/h的实际运行工况下，机组发电功率达到98kW。

(3) 该余压发电试点项目投入费用145万元，按年运行8400小时，电价成本0.5元/kW·h

计算，年回收余压发电 82. 32kW · h，节约成本 41. 16 万元，投资汇报周期约 3. 5 年，有较好的经济效益。

（4）可借鉴炼油第三循环水 B 塔余压发电回收项目的实施和运行经验，在有富余裕水量和压头的循环水塔、循环水水场继续应用推广。

参 考 文 献

[1] 杨学军，赖喜德．一种循环冷却塔系统余压余能利用的方法[J]. 华电技术，2009(12)：69.

空气悬浮风机节能新技术在污水处理设备上的应用

郝玉翠　臧志伟

（中国石化天津石化公司，天津 300270）

【摘要】 本文针对污水处理系统中耗电量占比最高的生化单元中主要耗能设备鼓风机进行节能新技术提升改造，通过引入空气悬浮轴承、高速永磁电机和回转轴与叶轮直连等新技术，将传统离心式鼓风机设备进行节能改造，节电量高达40%。并且由于其具备变频功能，为生化单元随运行负荷变化随时调整风量，避免了通过出口管路放空控制风机出口压力和风量的方式，实现节电同时避免了现场放空的噪声污染。空气悬浮风机，其节能高效、噪音低，可以在污水处理系统替代传统鼓风机方面得到广泛应用。

【关键词】 节能　空气悬浮　永磁高速电机　污水处理

随着国家降碳工作的要求，污水处理环保装置的节能降碳工作势在必行。污水处理系统电耗主要分布在污水提升、生化曝气、推流搅拌、加药系统以及污泥处理、废气处理几个部分。因为大部分污水处理都为好氧工艺，需要进行空气曝气，不考虑污泥及废气处理部分，空气曝气电耗在污水处理电耗占比中高达50%。因此对各类好氧单元中主要耗能设备鼓风机进行节能新技术提升改造意义重大。

1　现　　状

某企业含油污水处理装置AO池溶解氧控制指标是2~6mg/L，采用离心式鼓风机向池内提供曝气，共三台（流量4200m^3/h），设计两开一备。近几年由于环保源头治理有效，进入污水处理装置的废水浓度越来越低，污水生化单元经常处于低负荷运行，当运行负荷偏低时，为了保证生产需求，只能通过出口管路放空的方式来控制风机出口压力和风量，该措施不仅浪费电能，也对放空点周边一定范围内造成噪声污染。并且传统风机不具备变频调速功能，不能满足鼓风量需要针对来水波动随时调整风压及风量的需求变化。同时，该传统风机技术落后，结构复杂，故障率高，维修困难，能耗高，既是生产运行能耗点，又是稳定运行的潜在隐患。

2　应用比对

通过调研和技术交流，比对空气悬浮和磁悬浮两种新型节能技术，最终在AO池鼓风机房内更新1台空气悬浮风机(流量4500m^3/h)。该技术有“高速永磁电机”“航空特殊叶轮设计”及“气悬浮轴承”三个创新点，原本在航空领域应用，目前在污水处理行业也开始展开应用。最核心的技术为“空气悬浮轴承”为实现高速旋转创造条件。空气悬浮离心风机运行风量可在40%~100%范围内进行自由调节，同时保证设备的高效率运行，满足A/O池低负荷风量需求。其具有节能、噪音小，无需润滑，设备维护简单等多个优点。

3　设备特点

3.1　永磁高速电机

采用永磁电机；超高速旋转20000~67000r/min，超高速调频电机(见图1)。

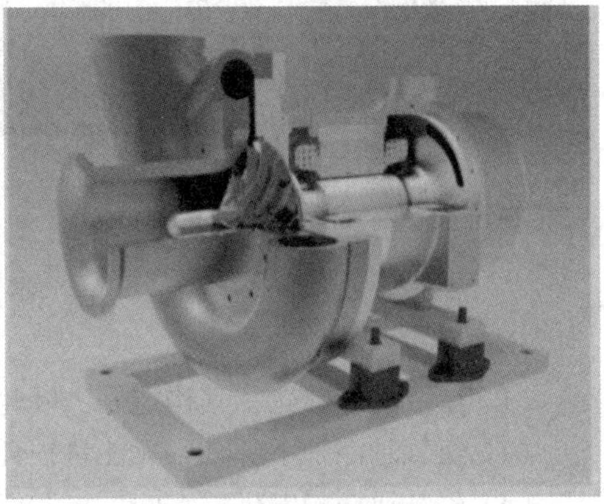

图1　永磁同步电机与叶轮

3.2　叶轮独特设计

叶轮采用了铝合金材质经过精密的5轴加工设备制作而成(见图2)，所以具有极高的精确度；回转轴与叶轮直连(见图3)，传导效率高达97%，回转轴制作平衡精度高。采用空气悬浮轴承及叶轮与电机直连技术，无振动产生，运行噪音小。

3.3　气悬浮轴承

动压空气轴承通过轴与轴承相互运动，将气体带入滑动副表面之间收敛的区域而形成压力气膜。在压力气膜的形成过程中，随着速度的提高，轴承承载区依次出现边界摩擦、混合摩擦和流体摩擦。当达到一定的回转速度是，空气压力场使得轴承悬浮，并起到润滑作用。由于气体黏度小，空气轴承几乎没有摩擦与能量损失，大大提高系统效率与寿命。由于空气悬浮轴承是通过高速旋转来实现自我悬浮，因此结构简单，无需配套注油装置。

图2　叶轮构造

图3　回转轴与叶轮直连

3.4　柜机构成

风机整体柜机(见图4)分为电气部和机械部。机械部(见图5)生成压缩空气，电气部为机械部供电并由控制装置和保护装置组成。

图4 空气悬浮一体柜图

图5 机械部分主要设备

4 新技术风机优势

（1）单级离心叶轮，其构造好，叶轮与电机直连，动力传递效率97%高。

（2）空气悬浮轴承，基本无能量损耗，效率高。

（3）超高速调频电机，不同厂家制造的空气悬浮鼓风机会采样不同的调频手段，本次应用的电机主要依靠永磁。

（4）无油冷却，维护便捷。

（5）其运行风量可在40%~100%范围内进行自由调节，同时保证设备的高效率运行。

5 新技术风机与传统风机性能比对

磁悬浮与空气悬浮风机均为节能新技术，明显优于传统多级离心风机，具体见表1。两种新型风机整体比对，认为空气悬浮更具优势。磁悬浮风机易受失电影响造成主轴损害，空气悬浮风机因其不受事故停电影响，压力气膜逐步变小，事故停电状态下相当于正常关机。另外，通过电话调研，2家企业使用的空气悬浮风机，经计算能效节约30%左右；1家企业使用的磁悬浮，能效计算在15%左右。

表1 新技术风机与传统风机性能比对

性能比对	空气悬浮单级离心风机	磁悬浮单级离心风机	多级离心风机
轴承类型及寿命	动压空气轴承，半永久型	磁悬浮轴承，半永久型	滚珠轴承，2~3年
电机类型	高速永磁电机	高速永磁电机	低速异步电动机
传动形式	直连	直连	联轴器
电机效率	0.97	0.97	0.86
调速类型	调节转速，调节幅度大	调节转速，调节幅度大	没有调速系统，除非增加变频电机和增加变频控制器

续表

性能比对	空气悬浮单级离心风机	磁悬浮单级离心风机	多级离心风机
叶轮形式及寿命	铝合金三元流，20 年	铝合金三元流，20 年	焊接碳钢或铸铝，10 年
整机效率	效率最高，能耗低	效率较高，能耗低	效率低
噪音	低	低	高
振动	低	低	高
安装	不需吊具和基础	不需吊具和基础	需吊具和基础
控制柜	不需配备控制柜	不需配备控制柜	需另配备控制柜
难受事故停电性能	不受事故停电影响，事故停电相当于正常关机	不能经受断电事故，对供电系统的可靠性要求高	受事故停电影响较大，容易损坏机械部件
日常维护	更换空气过滤棉，不需润滑油，维护工作量少	更换空气过滤棉，不需润滑油，维护工作量少	润滑油定期补充，费用中等低
易损件	无	突然断电，轴承易损（一套轴承 10 万元）	轴承、密封
整机价格	高	高	低
运行费用	极低	低	高

6 实施效果

6.1 风机参数

表 2 空气悬浮风机设计参数

规格型号	工作参数						原动机	
	介质	流量/(m^3/h)	电机温度/℃	电流/A	工作压差/Pa	扬程/m	型号	采用功率/kW
HT125-0.8	空气	4500	-20~40	170	≤1200	7.5	—	94

6.2 试运期间运行参数

表 3 空气悬浮风机运行参数

电机温度/℃			
控制指标	实际值 2 月 23 日	实际值 2 月 24 日	实际值 2 月 25 日
-20~40	27.6	27.5	27.4
运行电流/A			
控制标准	实际值 2 月 23 日	实际值 2 月 24 日	实际值 2 月 25 日
≤170	123.3	124.5	125.1

续表

工作压差/Pa			
控制标准	实际值 2月23日	实际值 2月24日	实际值 2月25日
≤1200	408	410	409

空气悬浮风机其他运行参数见控制面板，日常运行流量为 3750～4600m³/h（额定 4500m³/h），功率 70～78kW，转速 28100r/min（设计 20000～67000r/min），运行电流 115～131A；鼓风机房噪声监测 73dB。运行流量 4200m³/h，电流 125A。

传统离心鼓风机运行参数，日常需要流量为 4000～6000m³/h（单台额定流量 4200m³/h），开 2 台时池上需要大量放空，功率 132kW，转速 2980r/min。同工况运行鼓风机房噪声监测 87dB（指标 85dB）。运行流量 4200m³/h，电流 210A。

6.3 节电效果

2021 年 12 月完成了 AO 池风机的安装，并于 3 月完成性能考核。按同等 4200m³/h 供出风量时，原离心鼓风机电流为 210A；现空气悬浮风机电流为 125A；按照 $P=1.732\times I\times U\times\cos\psi$ 公式，功率因数按照 0.85 估算，计算各自功率分别为 117kW 和 70kW，按照 $(P_1-P_2)/P_1\times100\%$ 计算节电率达 40.17%。按目前工况预计年节约电费可达 29 万元。

7 结 论

相比传统鼓风机，空气悬浮鼓风机效率更高，节电率可达 30%，噪音低、节能效果和经济效益明显，在污水处理曝气鼓风机提升改造上有着广泛的应用前景。

参 考 文 献

[1] 沈建，吴悦岚．浅谈空气悬浮风机在污水厂节能降耗中的应用[J]．中国科技纵横，2018(15).

[2] 谢荣焕，梁文逵，刘爱辉，等．空气悬浮风机在污水厂节能降耗中的应用[J]．中国给排水，2014，30(15)：108.